AUTODESK®

REVIT®

建模與建築設計

適用Revit 2021~2024
含國際認證模擬試題

建築設計製圖必修
原廠認證·考試必備

序

在這凡是工程設計均採用 3D 模型建立的世代，3D 模型與 2D 施工大樣圖的連結展現軟體的強大功能，若是再結合材料成本精確運算能力，在建築相關產業則屬 Autodesk Revit BIM 模組軟體為翹楚了。

本書撰寫方向以實際建立建築物專案模型，符合未曾從事建築相關行業人員與建築相關從業人員和在校學生均可使用本書的條件為主，循序漸進帶領讀者一個步驟接一個步驟詳細引導的方式編排，採雙主軸的方式進行：

主軸一：採用完成專案方式由淺入深操作指令，引導初學者認識軟體功能，進而熟悉軟體的使用技巧，同時建立專業能力。

主軸二：課程進行的同時，穿插相關的原廠認證模擬試題，協助讀者在研習完所有課程後，能夠輕鬆通過國際認證測驗。

本書內容適合 Autodesk Revit 入門使用者、校園用書、國際認證考試。

Autodesk 的國際認證考試，一直以來廣受各國、各界的推崇，其原因在於考題的出題動機正確。

Autodesk 的一系列考試，出題的用意都是要考核應試者是否對該軟體、該產業有正確的認識，並符合業界期待及需求，且不會出現艱澀少用的功能，更不是以「考倒應試者」、「讓應試者答不完」為目標，而是以引領學習者正確的學習方向為目的。

本書中所列出的模擬試題內容涵蓋 Autodesk Revit ACU 及 Autodesk Revit ACP 兩種等級認證題型；讀者除了可以用來熟練軟體應用技巧外，更可以利用模擬試題將 BIM 觀念確實掌握。

希望各位讀者藉由本書，深入了解建築物採用參數化軟體設計的效益及世界趨勢，進而取得專業認證。

説明：本書共 18 章，其中第 15~18 章的內容為 PDF 形式的電子檔，請見線上下載，並請詳細閱讀、演練，方能順利取得國際認證證書。

翁美秋 2024.01 於台中市

第 1 章　Autodesk Revit 基礎入門

第 2 章　樓層與柱線網格

第 3 章　地下一樓平面

第 8 章 屋頂系統

第 9 章　室內外元件

第 10 章　敷地平面

第 11 章　平面視圖處理

第 12 章　立、剖面視圖處理

第 13 章　大樣與局部詳圖

第 14 章　配置圖面與列印

第 15 章 協同合作

※ 此單元為 PDF 形式電子檔，請見線上下載。

第 16 章 陰影與太陽日光設定

※ 此單元為 PDF 形式電子檔，請見線上下載。

第 17 章 彩現與穿越

※ 此單元為 PDF 形式電子檔，請見線上下載。

第 18 章 量體分析

※ 此單元為 PDF 形式電子檔，請見線上下載。

附錄 A Autodesk 原廠國際認證簡介

※ 此單元為 PDF 形式電子檔，請見線上下載。

線上下載說明

本書範例檔請至 http://books.gotop.com.tw/download/AER060200 線上下載。

CHAPTER 1

Autodesk Revit 基礎入門

課程概要

本書將以圖 1-1 所示的 3 層樓別墅專案為例，按照建築設計建築的建模流程，從設定樓層和繪製網格開始，到列印出圖結束，詳細講解建築專案設計的過程，以便讓初學者用最短的時間全面掌握 Revit Architecture 的使用方法。並藉由熟悉本案例的操作通過 Autodesk Certified Professional(ACP) 及 Autodesk Certified User(ACU) 的 Revit Architecture 原廠國際認證考試。

在正式開始專案設計之前，本章首先將簡要介紹 Autodesk Revit 2023 軟體的操作介面，瞭解指令功能區、快速存取工具列、性質選項板、專案瀏覽器、狀態列等軟體的建築使用方法，並設定公司自訂樣板檔的預設選擇路徑，使新建的專案符合設計規範的要求。最後新建和儲存專案檔，開始本軟體教程的專案設計。

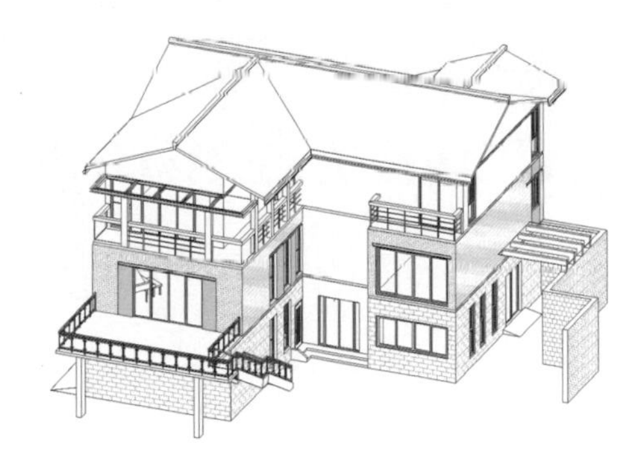

↑ 圖 1-1

課程目標

透過本章的操作學習，您將實際掌握：

- 熟悉 Autodesk Revit 2021~2024 版軟體的操作介面
- 掌握建築樣板檔的路徑設定方法
- 掌握「新建」和「儲存」專案檔的細節及注意事項

Autodesk Building Design Suite Ultimate（本書後續簡稱 Autodesk Revit）是一款完全的 3D 建築設計軟體，也是建築資訊模型單一資料庫（Building Information Modeling，簡稱 BIM）的主要設計工具之一。

Autodesk Revit 建築資訊模型平台是一套專案設計與文件管理整合系統，支援建築、結構、電控、營造等專案所必需的設計概念、提供圖面規劃和材料明細表。建築資訊模型（BIM）在您需要時提供有關專案設計、範圍、數量和階段的工程資訊。在 Revit 模型中，所有圖紙、2D 和 3D 視圖及明細表，都是用於呈現同一建築模型資料庫中的資訊。當您在圖面和明細表視圖中工作時，Autodesk Revit 會收集有關建築專案的資訊並調整所有其他已連結專案中的相關資訊。而 Revit 參數化功能會自動調整且修正您在專案上的任何視圖（包括模型視圖、圖紙、明細表、剖面和平面）所做的設計變更。

所以，Autodesk Revit 改善了傳統建築 2D 設計中，平面、立面、剖面視圖各自獨立且無法相互關聯的繪圖模式。因而節省了大量的繪製與處理圖紙的時間，讓建築師的創意能真正發揮在建築設計上，而不是建築的繪圖工作上，並有效的提高了設計和施工的品質。

1.1 Autodesk Revit 操作介面認識

Autodesk Revit 是一款功能強大的 3D 參數化設計軟體。其操作介面主要包括：應用程式功能表\檔案標籤、資訊中心、功能區、快速存取工具列、選項列、性質選項板、專案瀏覽器、繪圖區域、視圖控制列和狀態列等等，如圖 1-2～圖 1-6 所示。

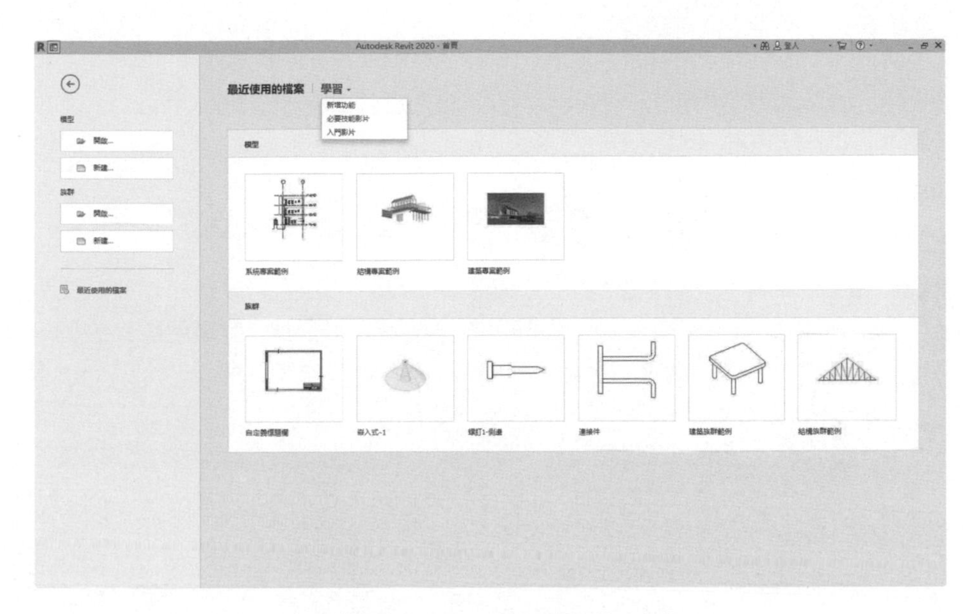

↑ 圖 1-2　2020 版之前初始介面

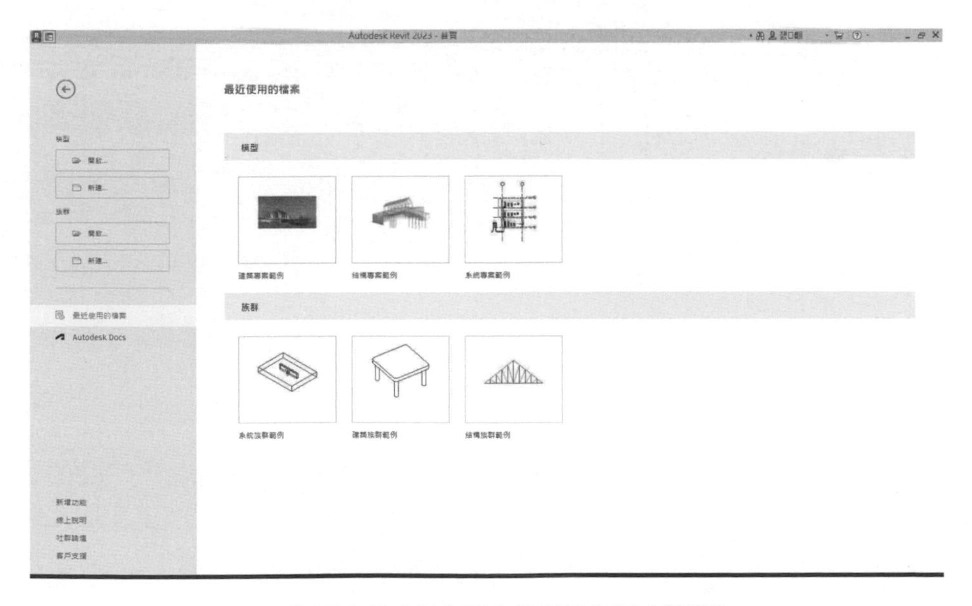

↑ 圖 1-3　2023 版之後初始介面（首頁）

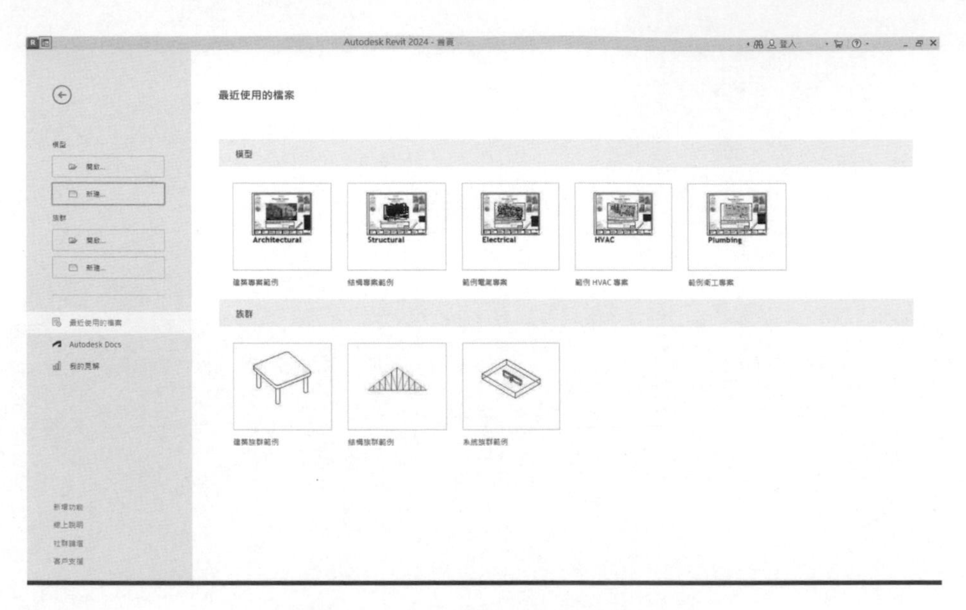

↑ 圖 1-4 2024 版之後初始介面（首頁）

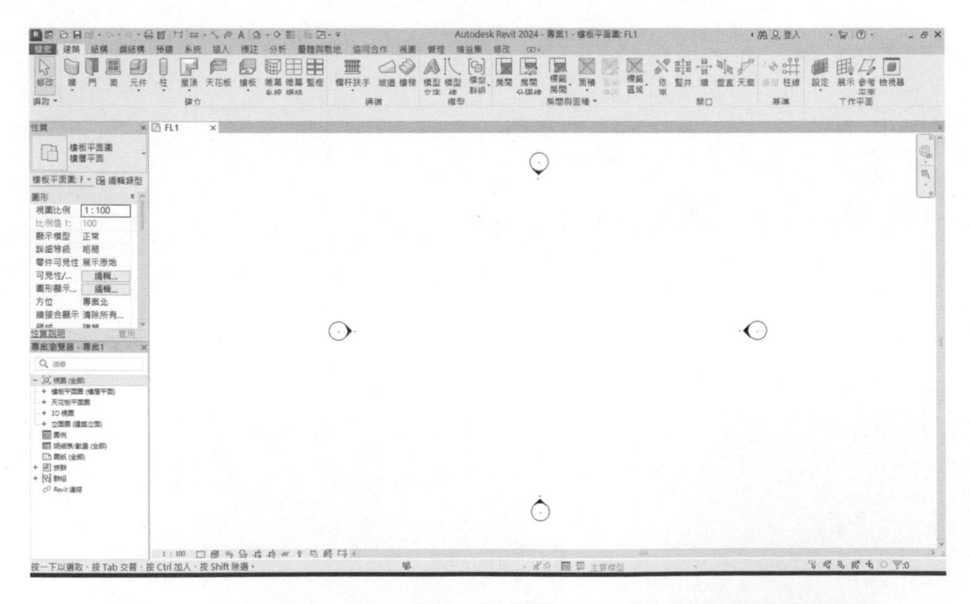

↑ 圖 1-5 2024 操作介面，值得一提的是 2024 操作介面增加美化色彩

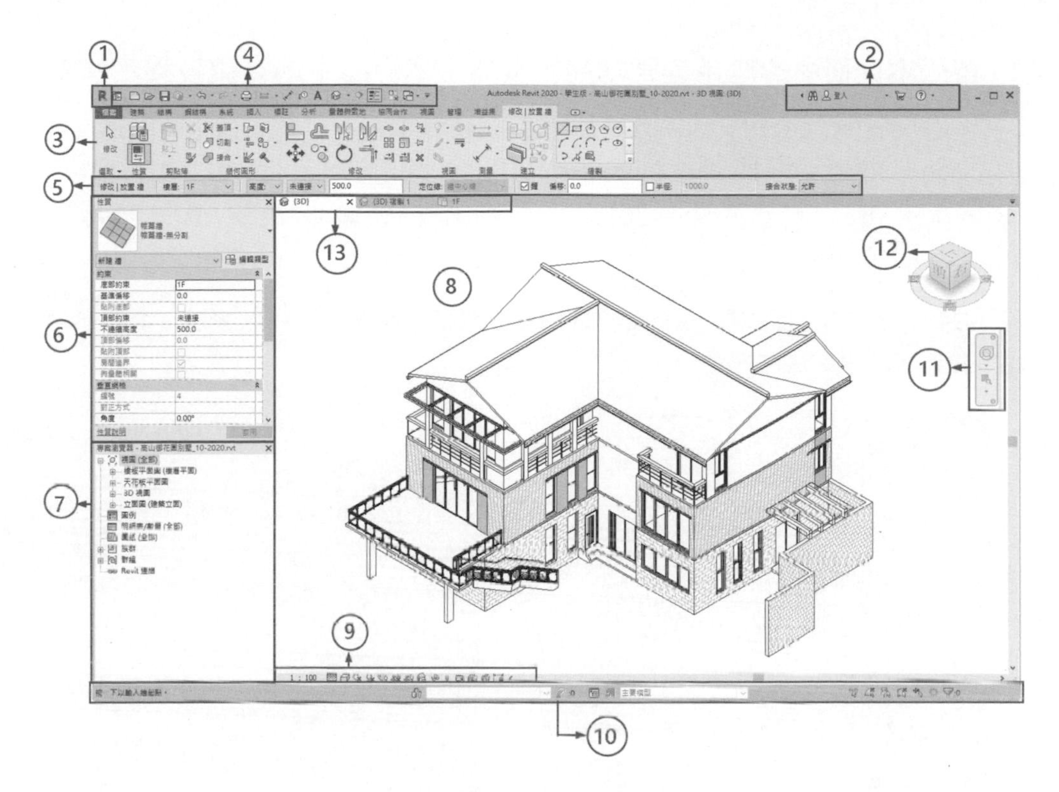

↑ 圖 1-6 介面名稱

(1)應用程式功能表　(2)資訊工具列　(3)指令功能區　(4)快速存取工具列

(5)選項列　(6)性質選項板　(7)專案瀏覽器　(8)繪圖區

(9)視圖控制列　(10)狀態列　(11)View Cube　(12)導覽列

(13)「檔案」頁籤

(1) 舊版本介面中的應用程式功能表及新版本介面中的首頁及檔案標籤

Revit 介面中改變最大的地方是應用程式功能表部份，它可以讓您輕鬆操作一般檔案動作，例如，新建、開啟和儲存。它還可讓您使用更多進階工具來管理檔案，例如「匯出」和「發佈」主要在 2018 之前版本出現，如圖 1-7 所示，按一下 R 以開啟應用程式功能表。

在較新的 2020 版本開始出現了首頁及檔案頁籤的操作介面，如圖 1-8 所示，將影響到使用者的操作習慣。

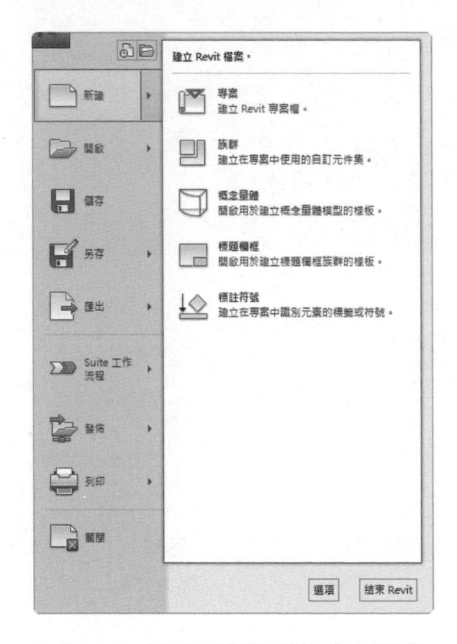

↑ 圖 1-7 2018 版應用程式功能表

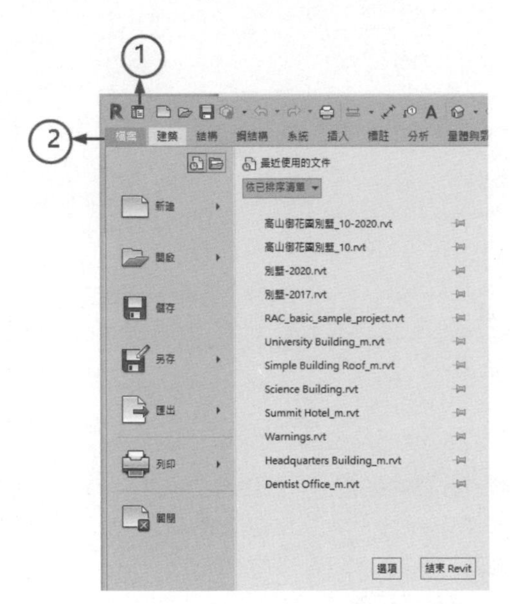

↑ 圖 1-8 2020 版之後介面改成(1)首頁及(2)檔案標籤

(2) 資訊工具列

您可以使用資訊工具列 ，利用關鍵字來搜尋各種軟體操作資訊、於跨公司或部門協同作業時登入雲端作業，還可以輕鬆地存取產品更新和通告。

(3) 功能區

當您建立或開啟檔案時將顯示功能區。它提供建立專案或族群所需的所有工具，以頁籤及面板方式呈現指令分類，當建築模型建立時，點選已存在物件，則功能區馬上顯示該物件可編輯指令於修改頁籤上，此為 Revit 貼心設計。如圖 1-9 所示為 Revit 功能區指令頁籤介紹。

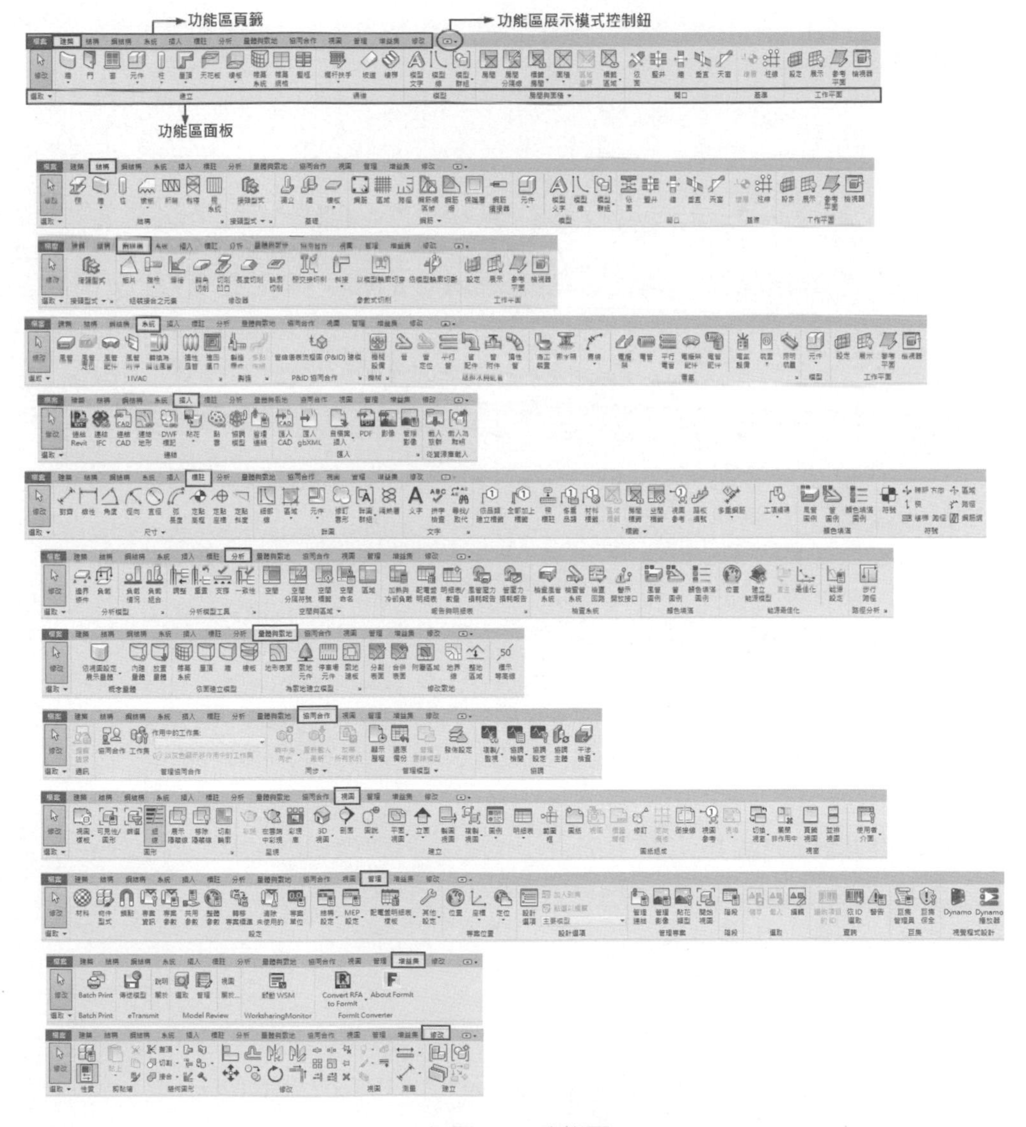

圖 1-9 功能區

(4) 快速存取工具列

快速存取工具列包含一組預設工具，您可以自訂此工具列以顯示您最常使用的工具。

(5) 選項列

選項列位於功能區的下方，其內容依目前的指令工具而有所不同，選項列則是 Revit 指令操作重點。

若要將選項列移至 Revit 視窗的底部（狀態列上方），請在選項列上按一下右鍵，然後按一下「停靠在底部」即可。

(6) 性質選項板

性質選項板是無模式對話方塊，您可在其中視圖及修改定義 Revit 中元素之性質的參數。當您選取新建模型指令或欲編輯原有圖元時，性質選項板會顯示即時資訊，供您修改或調整內容，而其內容分為例證性質參數或類型性質參數，同時，性質選項板會提供所有圖面資訊。如圖 1-10 所示。

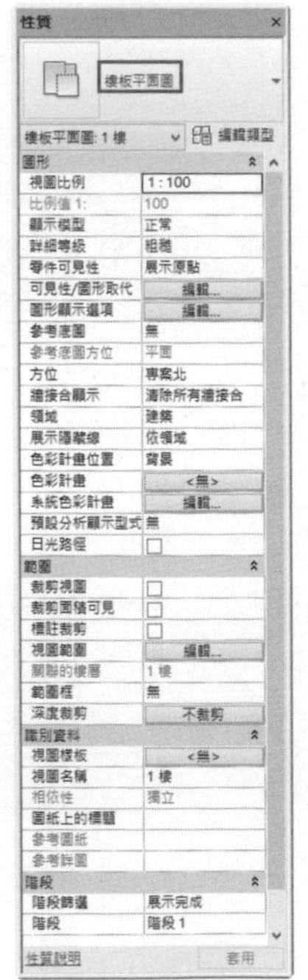

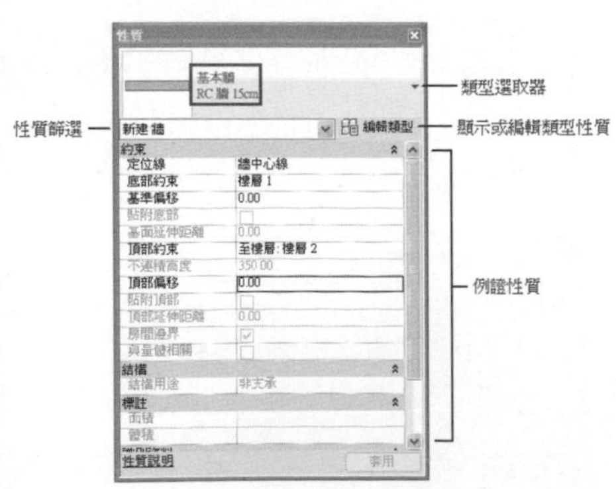

↑ 圖 1-10 性質選項板

(7) 專案瀏覽器

專案瀏覽器展示目前專案中所有的樓層平面、天花板平面、3D 視圖、立面、剖面、圖例、明細表、圖紙以及族群、群組、連結的 Revit 模型等，全部分門別類放在專案瀏覽器中統一管理。利用展開和收闔每個分支時，顯示下一層項目。在專案瀏覽器中對欲查看的視圖名稱點兩下即可在繪圖區域打開其視圖；而選擇視圖名稱點選滑鼠右鍵即可找到複製、重新命名、刪除等建築命令，在目前版本中，依所建立的專案樣板不同，就會提供其所需規劃視圖種類。如圖 1-11、圖 1-12 所示。

↑ 圖 1-11 專案瀏覽器

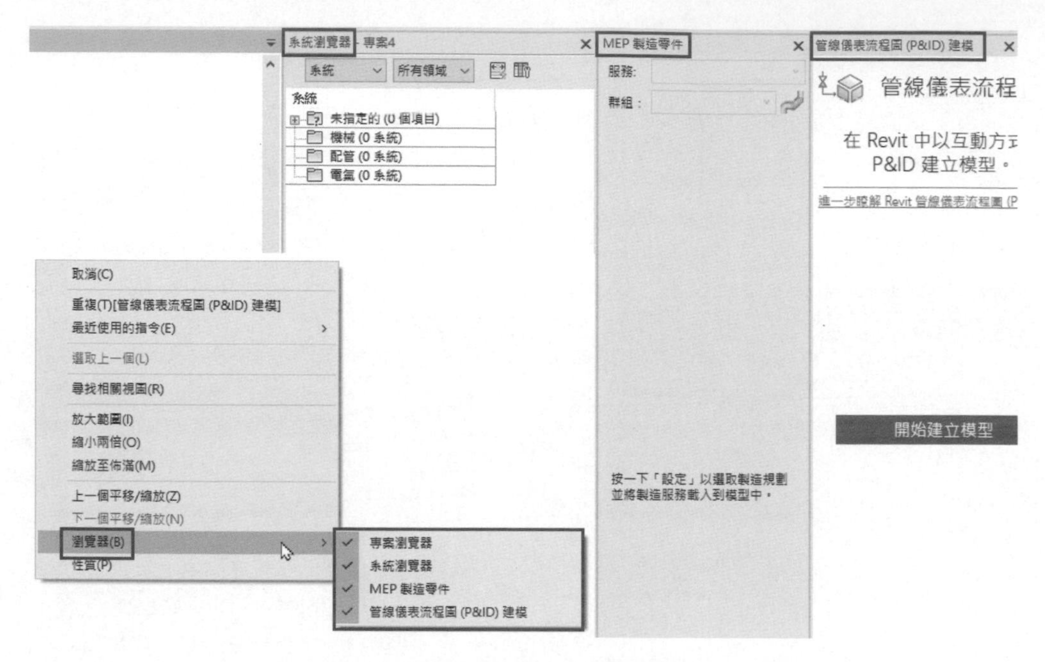

↑ 圖 1-12 機電工程瀏覽器

(8) 繪圖區域

繪圖區域主要顯示模型，供即時觀察視圖用。Revit 視窗的繪圖區域用於顯示目前專案的視圖（以及圖紙和明細表）。每次開啟專案中的某個視圖時，依預設，該視圖將顯示於繪圖區域中其他已開啟視圖的最上層。其他視圖仍然為開啟狀態，但它們位於目前視圖的下方。使用「視圖」頁籤 ➤「視窗」面板中的工具，可以排列專案視圖，使其適合您的工作方式。

繪圖區域的預設背景顏色為白色，您可以將顏色反轉為黑色。（請參閱以下指示。）

1. 按一下 R ➤「選項」。
2. 在「選項」對話方塊中按一下「圖形」頁籤。
3. 對「顏色」\「背景」選項直接變更其顏色即可。

(9) 視圖控制列

視圖控制列 1 : 100 可設定視圖的比例、詳細程度、模型圖形樣式、設定陰影、彩現對話方塊、裁剪區域、隱藏 / 隔離等與觀看繪圖區物件顯示模式。

(10) 狀態列

狀態列位於 Revit 視窗的整個底部，其功能眾多。使用工具時，狀態列的左側提供有關要執行動作的秘訣或提示，而狀態列的右側為進階選取工具，而中間則是工作集及設計選項。亮顯元素或元件時，狀態列將顯示族群的名稱及類型。

(11) View Cube

View Cube 預設位置於 Revit 3D 繪圖區右上方，可在應用程式功能表\檔案標籤中的選項功能內變更位置及其細節設定。使用 View Cube 可自由切換 3D 預設視角並可拖曳左鍵獲得直覺式 3D 環轉功能，在 View Cube 上按右鍵則可直接操作視圖儲存等動作。如圖 1-13、圖 1-14 所示。

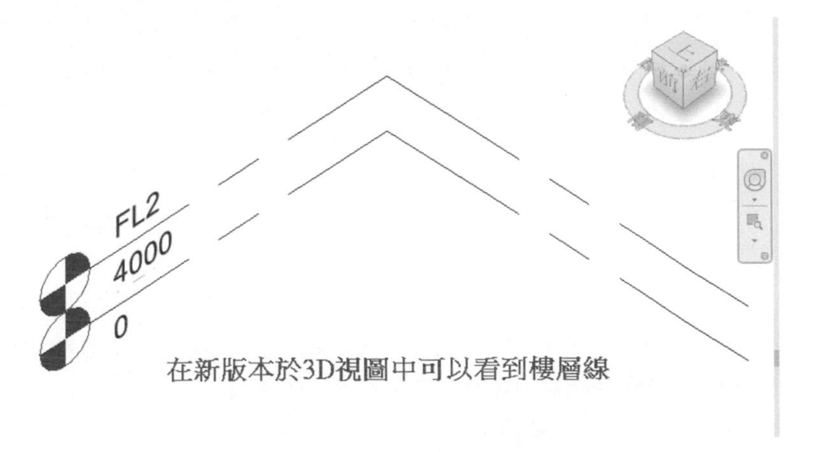
FL2
4000
0
在新版本於3D視圖中可以看到樓層線

↑ 圖 1-13 View Cube 及導覽列

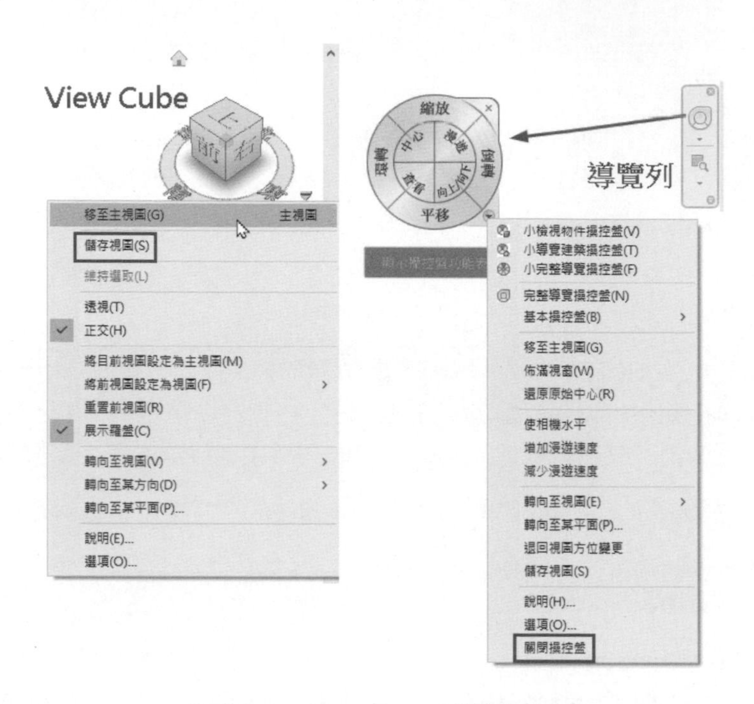

↑ 圖 1-14 View Cube 及導覽列功能

(12) 導覽列

導覽列位於 View Cube 下方。可開啟羅盤提供即時縮放、環轉、平移與各式視圖功能。如圖 1-14 所示。

- 使用者介面開關說明

  上述使用者介面可由功能區\視圖頁籤\使用者介面中勾選，作為開啟\關閉設定，另外，在新近版本中，可由繪圖區任何位置按滑鼠右鍵\快顯功能表中找到性質選項板及專案瀏覽器直接開啟，如圖 1-15 所示。

  值得一提的是，Revit 在 2014（含）版之後，性質選項板與專案瀏覽器可以由使用者自由配置，操作時直接拖曳面板標籤位置即可，需注意的是，於拖曳過程中，請留意貼附位置所預先顯示的邊緣，尤其是切勿遮蔽了視圖控制列，如果有需要，過程中可加「Shift」鍵提高貼附效果。如圖 1-16 所示。

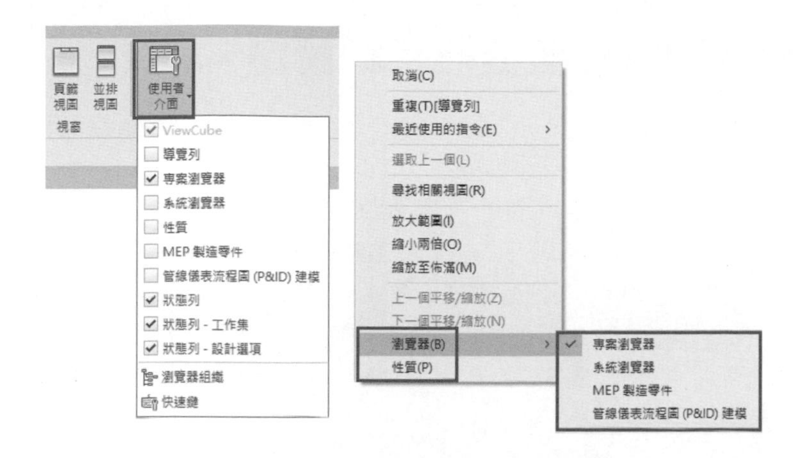

↑ 圖 1-15

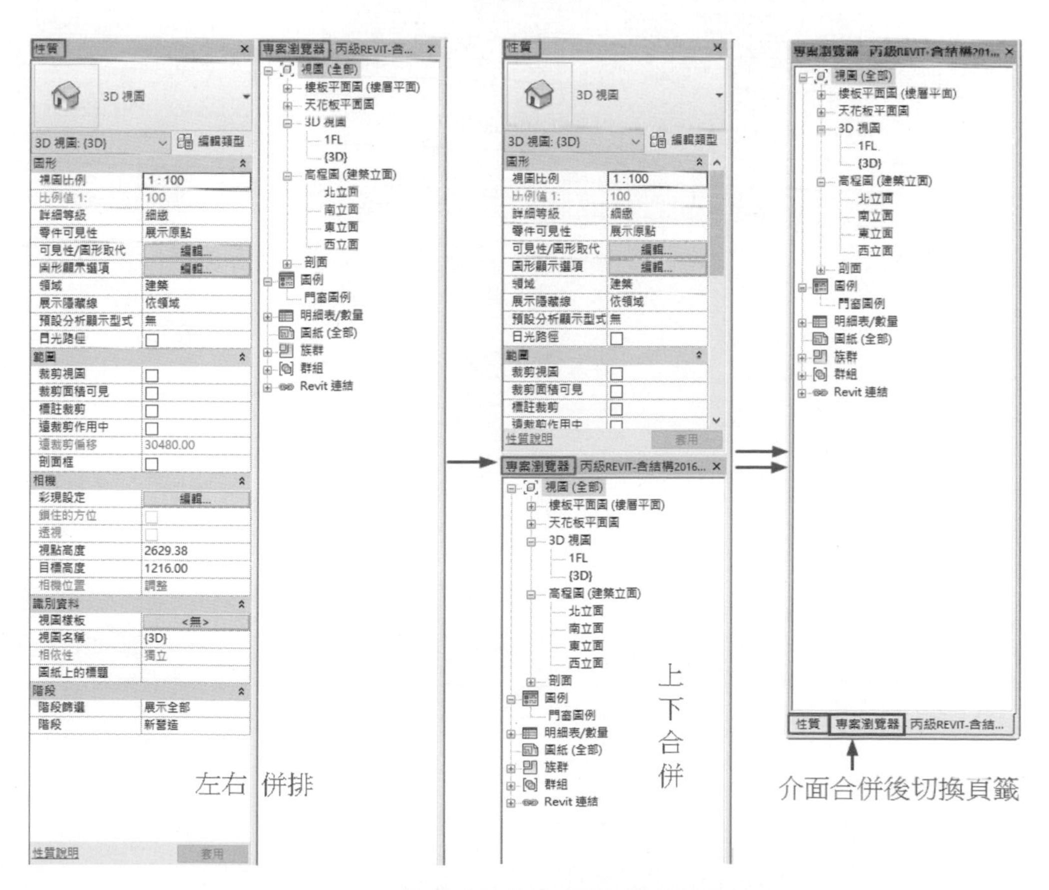

↑ 圖 1-16 性質選項板與專案瀏覽器配置參考

1.2 使用者自訂樣板檔系統設定

在 Autodesk Revit 初次安裝完成後，軟體將提供各式建築相關樣板檔案，位於 C:\ProgramData\Autodesk\RVT 2020\Templates\Traditional Chinese_INTL 或 Chinese_Trad_INTL 資料夾中，其中 RVT 2020 為版本代號，會因版本不同而出現變化；直接開啟「新建」專案時則可依需求挑選專案樣板，如圖 1-17 所示。當其預設的各種標註樣式、文字樣式、線型樣式、樓層符號等無法滿足公司建築設計規範的要求時，可依公司規範建立專用樣板檔，並且可以利用「應用程式功能表\選項\檔案位置」重新設定各樣板路徑，如圖 1-18 所示。

↑ 圖 1-17 預設樣板檔案

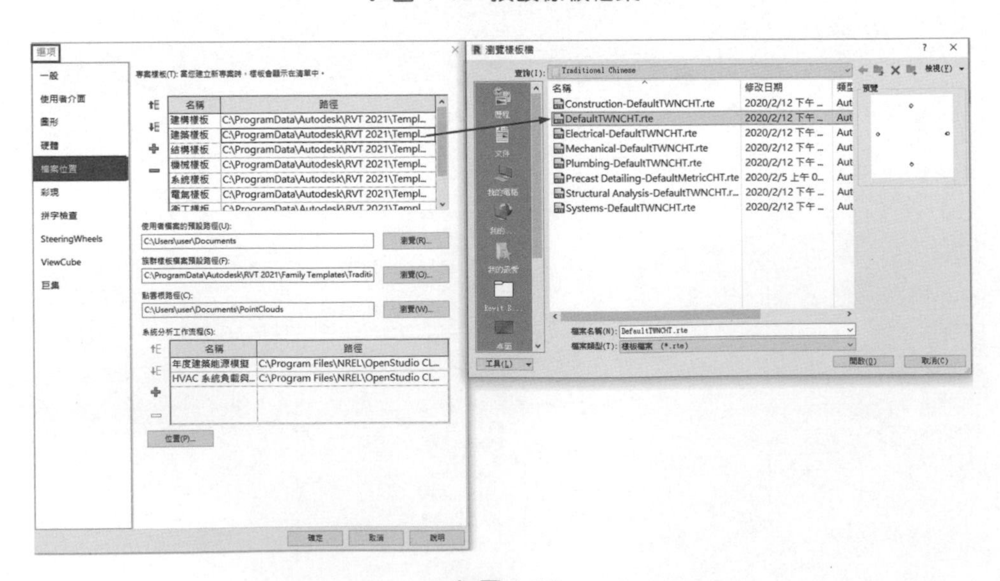

↑ 圖 1-18

本書附帶練習檔案中包含了各版本自訂「建築專案樣板.rte」檔案，讀者可以變更預設樣板位置路徑，方法如下：

- 複製「Revit 練習文件\第 1 章」資料夾於硬碟中，內含有「建築專案樣板.rte」樣板檔。
- 點選應用程式功能表下打開「選項」對話方塊，依圖 1-18 提示 ✚ 新增設定即可。
- 接著練習開立新建築專案，點選應用程式功能表的「新建」-「專案」指令，打開「新專案」對話方塊，系統會自動使用剛才設定的自訂專案樣板為專案底圖。

注意

本書以闡述國際認證內容為重點，將以說明建築設計建模及其操作細節為主，其他專案類型操作則與上述方法相同，請讀者自行延伸應用。

1.3 新建、儲存項目

在 Revit 應用中，專案是整個建築設計的檔案資料集合。建築設計所需標準視圖、3D 視圖以及其元件、材料明細表等資訊都包含在專案檔中。只要修改模型，所有相關的平面、立面、剖面視圖和明細表都會隨之自動更新；而建立新的專案檔是開始進入 Revit 建築世界的第一步。

1.3.1 新建項目

- 啟動 Autodesk Revit 軟體，點選快速存取工具列上的「新建」按鈕 🗋 建立新的專案檔案，接下來本書以 1.2 節軟體所預設的「DefaultTWNCHT.rte」為範本來建立新的建築設計專案，請依下述步驟視圖並設定專案內容。
- 從 Autodesk Revit 預設建築樣板中發現，是一個早已建立 1、2 樓層的新建築專案，並自動載入一個具有系統元件和建築設定的子集範本檔。繪圖區域將會呈現 1F 樓層平面圖作為建築視圖，視窗中會有四個立面視圖的標記；我們將在這個 1F 平面圖視窗中建立所需要的建築物。其他有效視圖包括各樓層平面視圖（FL1、FL2 及敷地）、天花板平面圖、3D 視圖及高程圖\建築立面視圖（東、西、南、北）。如圖 1-19 所示。

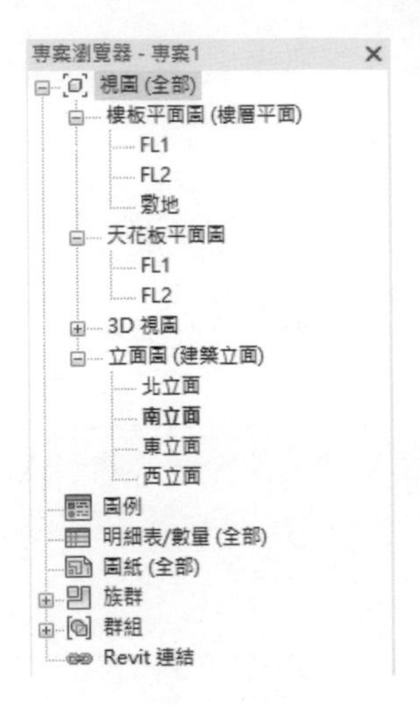

↑ 圖 1-19

- 請點選功能區「管理」頁籤的「設定」面板-「專案資訊」，打開如圖 1-20 所示的「專案性質」對話方塊並依需要填寫「專案性質」內容。

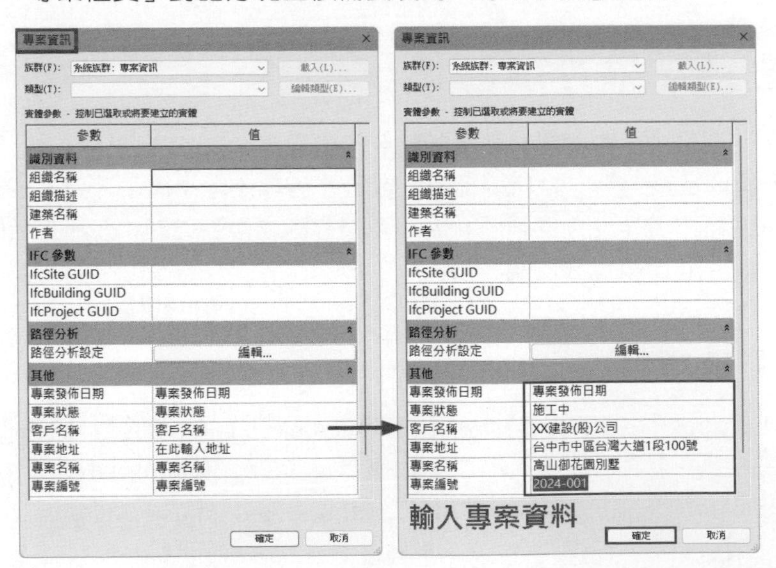

↑ 圖 1-20

- 請由功能區上打開「專案單位」設定對話方塊，如圖 1-21 所示。點選「長度」選項組中的「格式」列按鈕將長度單位設定為公分（cm），四捨五入至小數 1 位，並勾「選抑制結尾零」；接著視圖或設定相關需求條件，如「面積」選項組中「格式」列按鈕將面積單位設定為平方米（m^2），點選「體積」選項組中「格式」列按鈕將體積單位設定為立方米（m^3）。

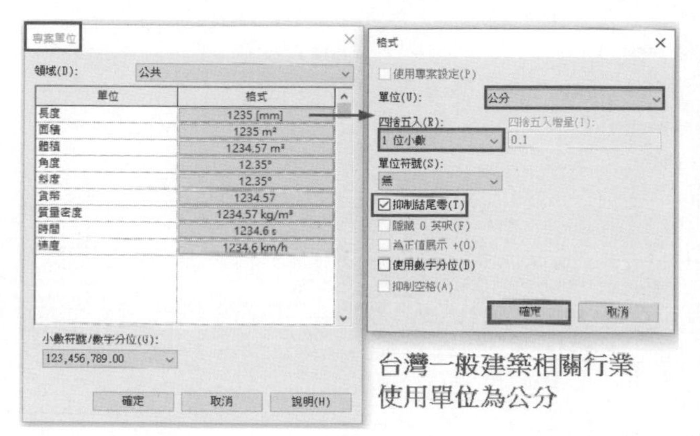

台灣一般建築相關行業
使用單位為公分

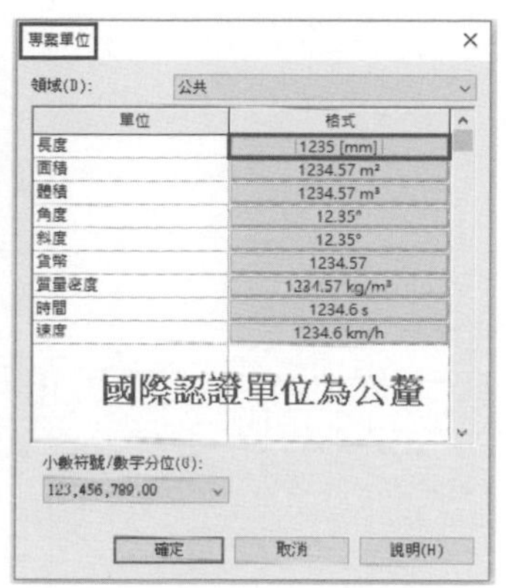

↑ 圖 1-21 專案單位設定

注意

1. 國際認證操作過程中均以開啟原廠提供檔案作為標準，所以在公制單位國家均以公釐為主，同樣的，英制單位為英吋；本書為符合國際認證需求，在軟體操作範例單位均採用公釐為單位，而在認證過程重點則需特別注意的是依題目要求實際操作所得數字為主要答案，不需多做換算或是進位數值。
2. 本書專案所採用單位為公釐（mm）。
3. Autodesk Revit 中文版的專案單位，會有公釐（mm）與公分（cm）兩種，依購買或是下載時間點不同而有差異；專案單位不同，可能所安裝的元件庫 Library 也會不一樣，請特別注意。
4. 上述採用公分單位，乃是依台灣建築設計建築單位說明應用設定方法。

- 接著，打開「鎖點」 鎖點 設定對話方塊，並於長度增量中輸入 50 和 10 鎖點增量備用，完成後請按「確定」結束鎖點設定，角度部份同樣可以依專案設計需求增加條件；另外，Revit 的自動鎖點功能非常方便, 建議採用原廠預設值即可，如圖 1-22 所示。

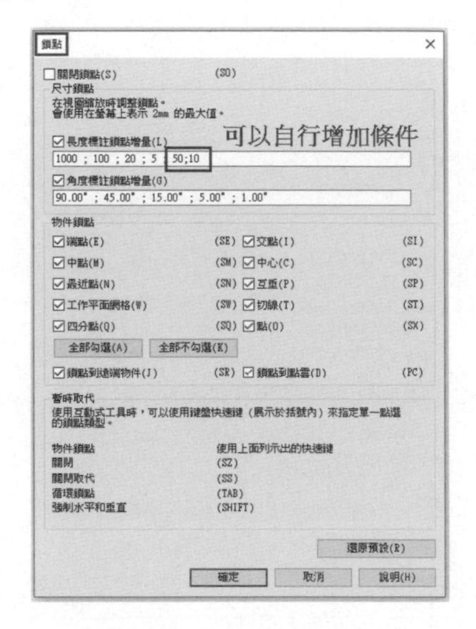

↑ 圖 1-22 鎖點設定

1.3.2 儲存專案

- 完成專案建築設定後，請點選快速存取工具列中- 「儲存」指令，或點選應用程式功能表的「儲存」按鈕 儲存，打開「另存」對話方塊，進行存檔動作。
- 設定儲存路徑，輸入專案檔名為「高山御花園別墅_01.rvt」，並請點選儲存「選項」，將備份最大數量設定為 1，以降低檔案備份數量，點選「儲存」即可儲存專案檔。如圖 1-23 所示。

↑ 圖 1-23 儲存專案檔

- Autodesk Revit 系統會以預設 30 分鐘作為提醒儲存間隔，請點選應用程式功能表下「選項」指令按鈕，打開「選項」對話方塊，點選「一般」頁籤即可視圖或修改提醒儲存間隔通知的設定內容。如圖 1-24 所示。

↑ 圖 1-24

注意

Revit 為參數化軟體，所以不能夠降版次儲存，也就是任何 Revit 檔案類型經 2024 版本存檔或另存後，較舊的版本軟體，例如 2021 版就無法開啟此檔案，反之，2024 版本軟體，則可開啟任何早期版本所建立的檔案，樣板檔也不例外。

若有需要時，可以在新軟體中採用「檔案\匯出\儲存 ICF 檔案」格式由較舊軟體以「插入\連結 ICF 檔案」，於舊版本軟體中連結進來查看，但不適合修改。

1.3.3 另外儲存成企業自訂樣板檔

- 完成建築專案檔設定後，請點選檔案標籤\ 另存「另存」樣板指令，設定儲存路徑，並輸入樣板檔名為「自訂 2021 專案樣板.rte」，檢查儲存「選項」，將備份最大數量設定為 1，以降低檔案備份數量，點選「儲存」即可儲存樣板檔。如圖 1-25、圖 1-26 所示。當然，可依圖 1-18 指示，將此樣板指定為未來建立新專案的樣板檔。

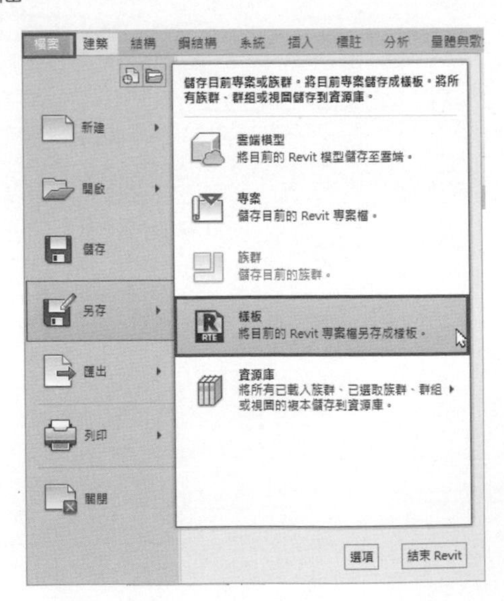

↑ 圖 1-25

↑ 圖 1-26

注意

Revit 於安裝時會因時間點不同而有台灣版和國際版的區分，主要在預設單位及系統族群與元件庫會不一樣，圖 1-27~圖 1-28 為公分版本的台灣慣用單位及族群類型。

圖 1-29 則提醒讀者們，雲端元件庫已經是常態模式，務必自行整理備用方能具工作效益。

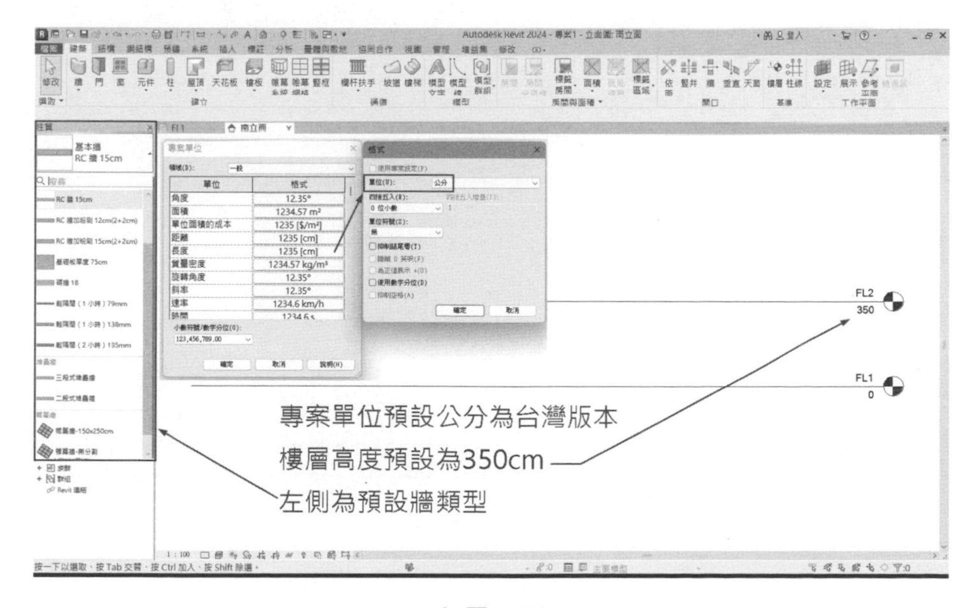
專案單位預設公分為台灣版本
樓層高度預設為350cm
左側為預設牆類型
FL2
350
FL1
0

↑ 圖 1-27

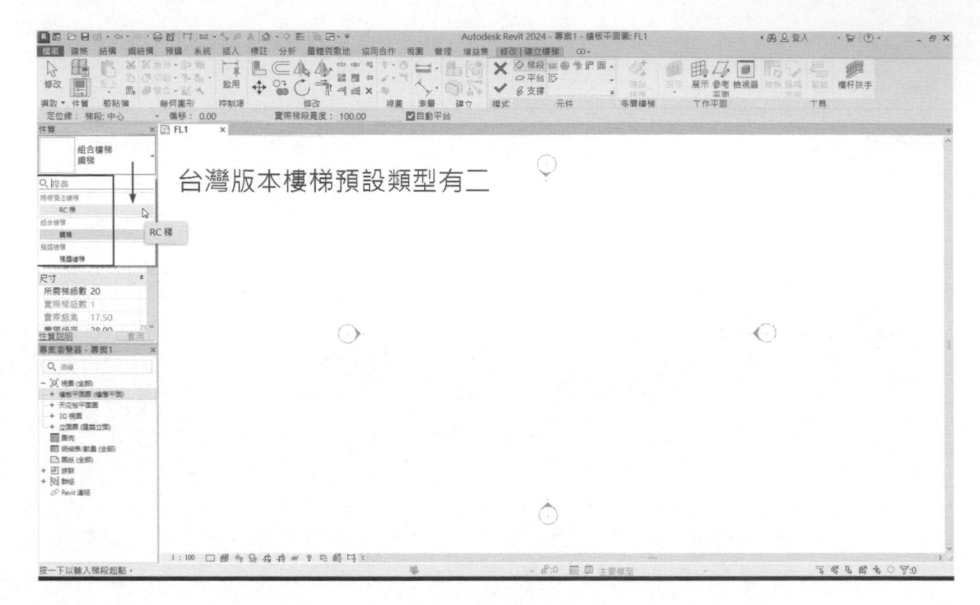
台灣版本樓梯預設類型有二
RC 梯

↑ 圖 1-28

雲端元件庫Libraries
載入 Autodesk 族群
從雲端載入 Autodesk 族群。
在雲端預設的 Revit 資源庫中搜尋 Autodesk 族群，並將其載入至使用中文件。
按 F1 以取得更多說明

↑ 圖 1-29

模擬試題

藉由本章的介面操作，使用者對 Autodesk Revit 的各部名稱略有記憶，我們將利用下列題目來加深各位使用者對此軟體操作介面的熟悉度。

經由下面練習題，同學們可以自我評量本章學習效益。

1. 欲修改專案單位時，須由 Revit 軟體介面哪一個區域點選指令進行操作？
   (A)性質交談框＼例證參數　(B)功能區＼管理標籤
   (C)專案瀏覽器＼族群　(D) 檔案標籤＼選項

2. 要修改 Revit 儲存提醒間隔，需由下列哪一個介面進行選項操作？
   (A)性質交談框＼例證參數　(B)功能區＼管理標籤
   (C)專案瀏覽器＼族群　(D)檔案標籤＼選項

3. 想要預設公司專用設計樣板檔，除了開啟原廠樣板再自行修改成習慣操作方式外，欲另存成公司樣板需由下列哪一個介面進行選項設定？
   (A)性質交談框　(B)功能區　(C)專案瀏覽器　(D) 檔案標籤

4. 若不小心關閉「導覽列」，該如何再次開啟導覽列，即其操作方法為何？
   (A) 由功能區＼視圖＼使用者介面作勾選
   (B) 檔案標籤＼開啟
   (C) 由快速存取工具列右側按鈕設定顯示與否
   (D) 檔案標籤＼選項＼使用者介面作勾選

NOTE

CHAPTER

2 樓層與柱線網格

課程概要

本章首先將按照一般建築師的設計習慣，在第 1 章新建的「高山御花園別墅_01.rvt」建築專案中，建立樓層與柱線網格，為後續設計、建立 3D 模型製定基準。

需要說明的是，在 Autodesk Revit 中並沒有嚴格規定先後設計流程，一切以專案設計的具體情況和設計師的個人習慣為主。

課程目標

透過本章的操作學習，您將實際掌握：

- 樓層的新增與編輯方法
- 柱線網格的建立與編輯方法

在 Autodesk Revit 中，樓層和柱線網格是建築模型在平面和立、剖面視圖中定位的重要依據，二者存在著密切關係。在軟體操作上則建議：先建立樓層，再建立柱線網格。這樣在立面視圖中軸線的頂部端點將自動位於最上面一層樓層線之上，軸線與所有樓層線相交，所有樓層平面視圖中便會自動顯示柱線網格。

注意

先建立樓層，後建立柱線網格，這點很重要。如果先建立柱線網格，再添加樓層，那麼之後所建立的樓層其對應的平面視圖中將無法顯示所有柱線網格。因為只有在相關立面圖上軸線與所有樓層線相交，所有樓層平面視圖中才會自動顯示柱線網格。否則，需由立面圖中調整柱線網格線一致高度。

2.1 樓層

2.1.1 建立樓層

在 Autodesk Revit 中，「樓層」指令必須在立面圖和剖面視圖中才能使用，因此在正式開始專案樓層規劃之前，必須先由專案瀏覽器打開一個已存在的立面視圖。

- 打開「REVIT 練習文件\第 1 章\高山御花園別墅_01.rvt」檔，開始進行樓層規劃。
- 在專案瀏覽器中展開高程「立面圖（建築立面）」選項，快點兩下視圖名稱「南立面」進入南立面視圖，如圖 2-1 所示。

注意

1. Revit 系統預設了兩個樓層 — FL1 和 FL2。隨後我們將建立其他樓層。只有使用「樓層」指令添加樓層時，Autodesk Revit 才會自動為每個新樓層建立樓板平面圖和相關天花板平面圖。
2. 同時樓層預設的高程基準面均為專案基準點。

- 點選「FL2」樓層時，在樓層 1 與樓層 2 之間會顯示一條藍色暫時尺寸標註，同時樓層標頭名稱及樓層值也都會變成藍色顯示（點選藍色顯示的文字、標註等即可修改數值）。

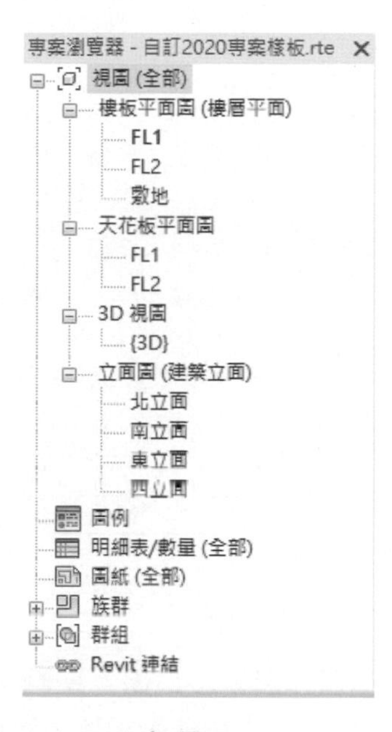

↑ 圖 2-1

- 接下來為基本操作練習說明，在藍色暫時尺寸標註值上點選啟動文字框，輸入新的層高值為 -450 或其他高度後，按「Enter」鍵確認，將 FL1 與 FL2 之間的層高值修改為 -45 公分，且樓層線會因標高馬上調整向下且重疊，如圖 2-2 所示。

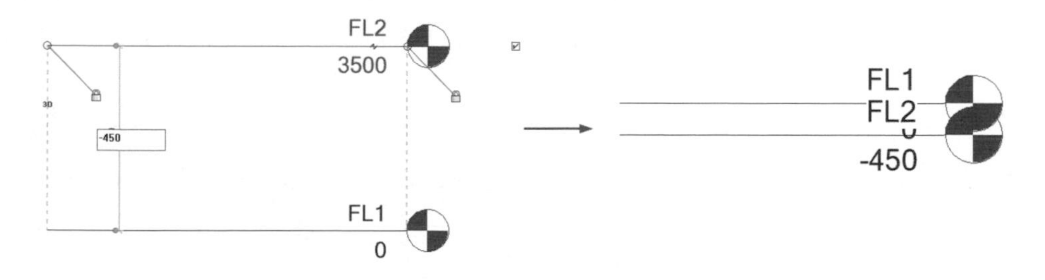

↑ 圖 2-2

- 快點 2 下樓層名稱「FL1」，並更名為 1FL，接著快點 2 下樓層名稱「FL2」，並更名為 0FL；Revit 均會詢問是否要變更所對應的平面視圖名稱，如圖 2-3 所示。

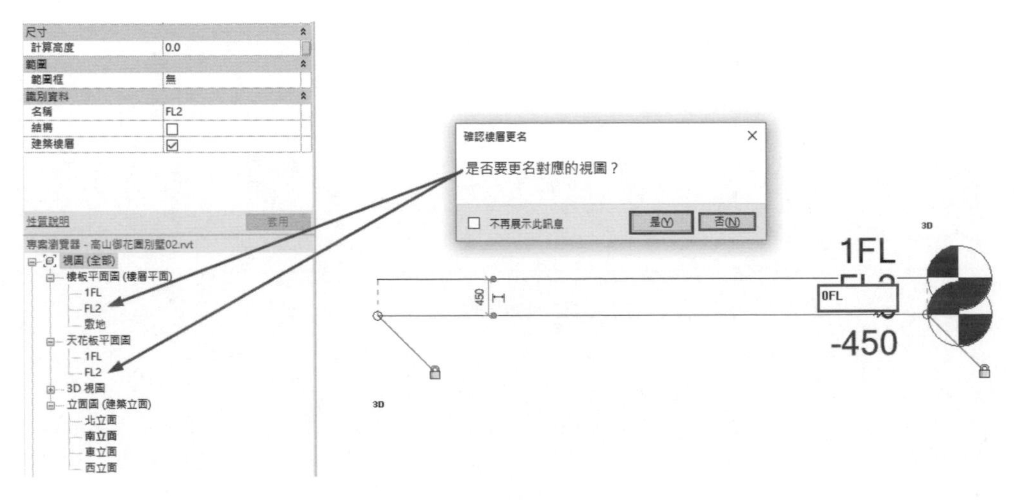

↑ 圖 2-3

- 新增樓層步驟如下述：點選「建築」頁籤「樓層」指令 ，移動游標到視圖中「1FL」左側標頭上方大概位置，當出現導引柱線網格的對齊虛線時，點選滑鼠左鍵選取樓層起點，過程中記得一條線只需要點頭尾兩點就好。
- 從左向右移動游標到「1FL」右側標頭上方，當出現導引柱線網格的對齊虛線時，再次點選滑鼠左鍵選取樓層終點，建立名稱為「2FL」的樓層。繪製樓層間不必擔心標高尺寸，樓層線繪製完成後再使用上述方法調整其樓層間距暫時尺寸，使 1FL 與 2FL 的間距為 3300mm，這就是參數化軟體的優點。
- 接著，依上一操作說明再新增樓層「RFL」，使 RFL 與 2FL 的間距一樣為 3300mm ，如圖 2-4、圖 2-5 所示。

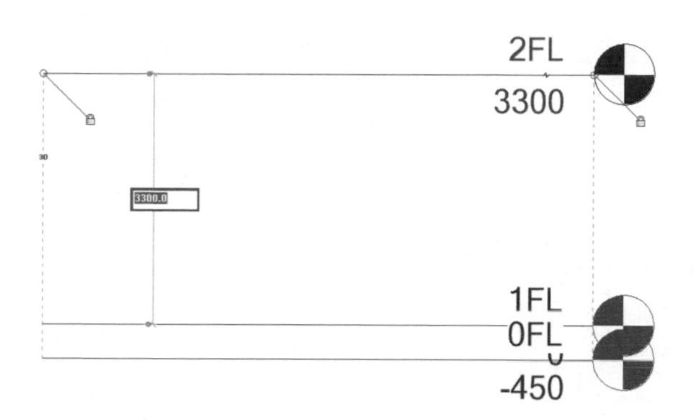

↑ 圖 2-4

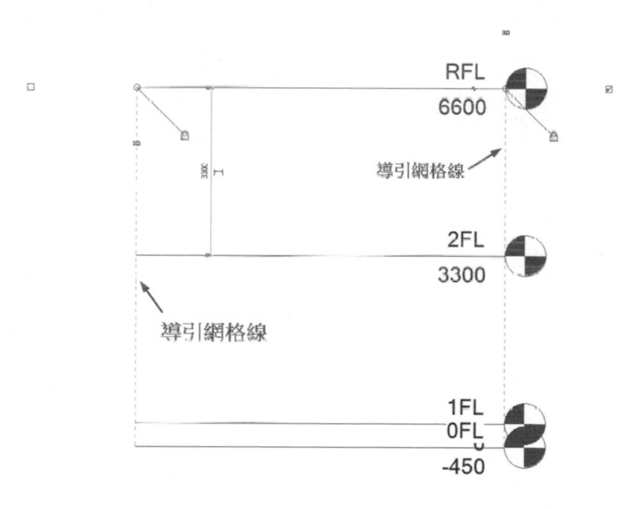

↑ 圖 2-5

注意

1. 指令功能區中的「樓層」指令，在某些版本中可能出現中文是「圖層」；而「柱線網格」指令也可能出現中文是「柱線」或「柱線網格」。
2. 要調整哪一個樓層的尺寸，就應點選啓動該樓層然後再進行修改，若一次選取多個樓層反而會誤將其他樓層的尺寸修改。
3. Revit 新版本中，當新增第三個樓層後，專案瀏覽器中會主動產生「結構平面」圖。

- 其次，若欲新增多個樓層且間距皆相同時，可使用樓層\「點選線」 指令並利用選項列上的「偏移」條件新增樓層，如圖 2-6 所示。

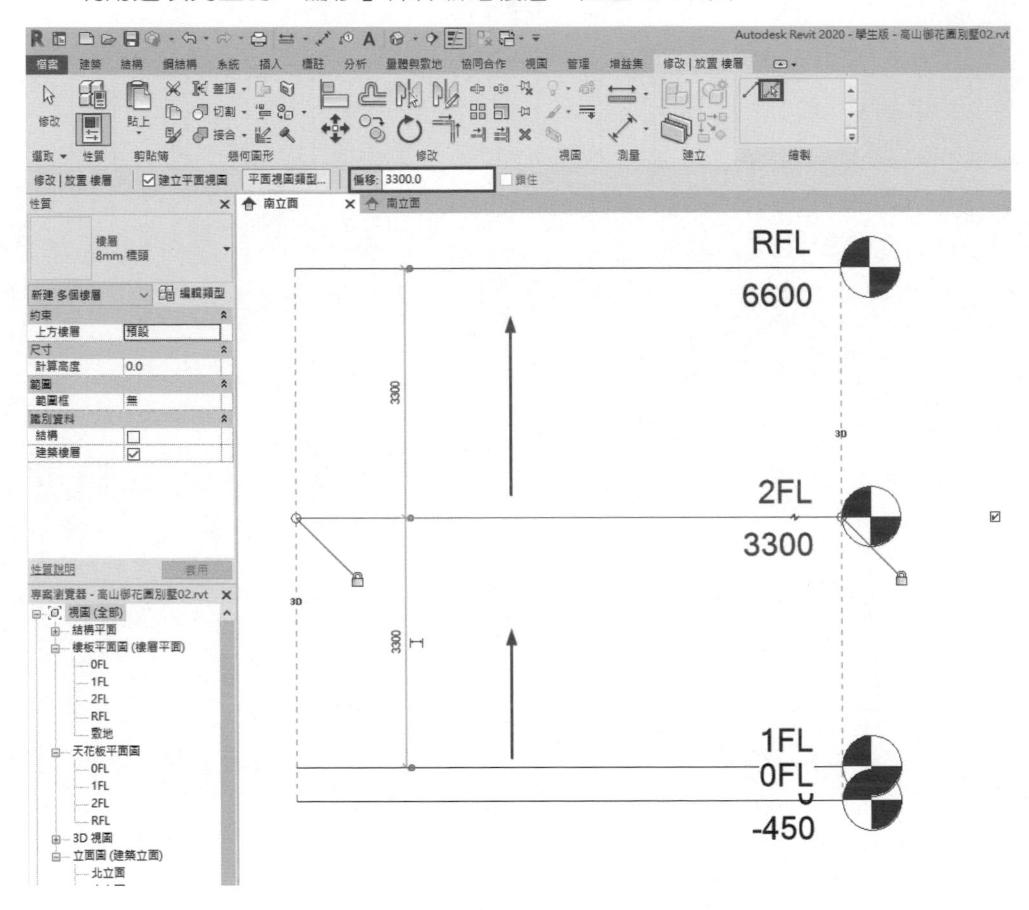

↑ 圖 2-6

- 接著利用工具列「複製」指令，重複建立樓層 3~5FL。先選擇樓層「RFL」，再點選「複製」 指令，於選項列勾選多重複製選項「約束」及「多個」 修改 | 多個樓層 ☑約束 ☐分開 ☑多個 ，讓複製指令可以約束垂直向上完成三個樓層的建立。
- 其操作方法為，在樓層「RFL」上方點選任意點作為複製向上的參考點，然後垂直向上移動游標，輸入間距值 3000 後按「Enter」鍵，確認後複製新的樓層 3FL，如圖 2-7 所示，請接續向上複製 4FL 到 5FL 樓層。

注意

1. Revit 在複製多個物件時，都會由最後一個樓層當參考點計算位移量，所以上述操作練習每次都輸入 3000 即可。
2. 在 Autodesk Revit 中複製的樓層是參照樓層，因此新複製的樓層標頭都是黑色顯示，而且在專案瀏覽器中的「樓層平面」項目下也沒有建立新的平面視圖。

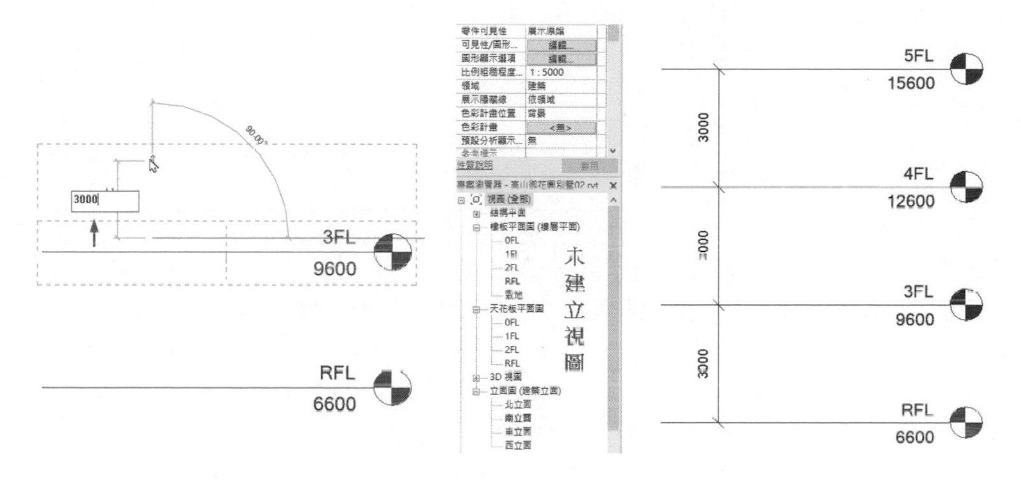

↑ 圖 2-7

- 若欲將視圖顯示在專案瀏覽器中，如圖 2-8 所示，選擇把利用複製指令完成的 3FL 到 5FL 樓板平面圖顯現出來。
- 新增平面視圖步驟如下述：點選「視圖」頁籤「平面視圖」指令，點選樓板平面圖，再挑選樓層名稱即可；結構平面圖及天花板平面圖操作方法也是一樣的。

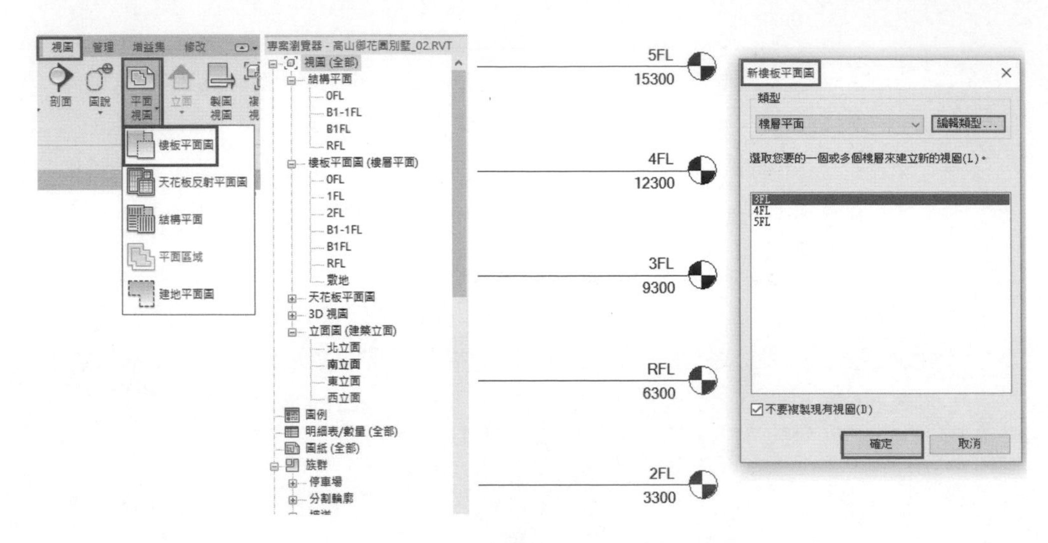

↑ 圖 2-8

- 接著繼續向下完成地下室 B1FL、B1-1FL 樓層建立，樓高分別為 2850、200，可採用樓層\點選線指令或複製指令，結果如圖 2-9 所示。

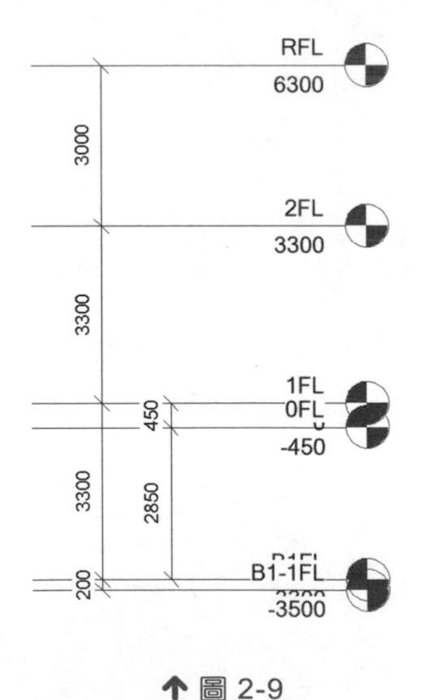

↑ 圖 2-9

- 練習完成樓層建立指令後，請刪除前面所建立的 3~5FL 樓層。
- 此時，會發現樓層標頭之間有重疊情形，接下來的單元將對樓層做細部調整。
- 至此建築的各個樓層就建立完成了，請記得儲存檔案。

2.1.2 編輯樓層

由下面的樓層細部編輯，可以練習並了解 Revit 的大部份物件修改方式。

- 請開啟「REVIT 練習文件\第 2 章\自訂元件\樓層標頭符號-上標.rfa」，並由功能區中點選載入到專案 指令，Revit 會主動切換到別墅專案中，如圖 2-10 所示。
- 另外，也可以在建築專案中由插入\載入族群指令 ，將「REVIT 練習文件\第 2 章\自訂元件\樓層標頭符號-下標.rfa」元件載入進來備用。另外，可以由「插入」頁籤 -「載入族群」指令，將書籍提供【Revit 書本元件】資料夾中所有元件一併載入備用，後續章節便可以直接取用元件了。
- 在別墅專案中的南立面中，按住「Ctrl」鍵點選所有樓層，從「性質」交談框中，點選「編輯類型」，並在「類型性質」面板中點選「複製」指令，再輸入新類型名稱「上標頭」，如圖 2-11、圖 2-12 所示。
- 接著，在「類型參數」選擇圖形「符號」下拉清單中選擇「樓層標頭符號-上標」族群類型，按「確定」完成新樓層標頭類型設定，此時繪圖區中的圖形標頭會自動更換成上標頭符號；結果如圖 2-13、圖 2-14 所示。
- 請儲存檔案。

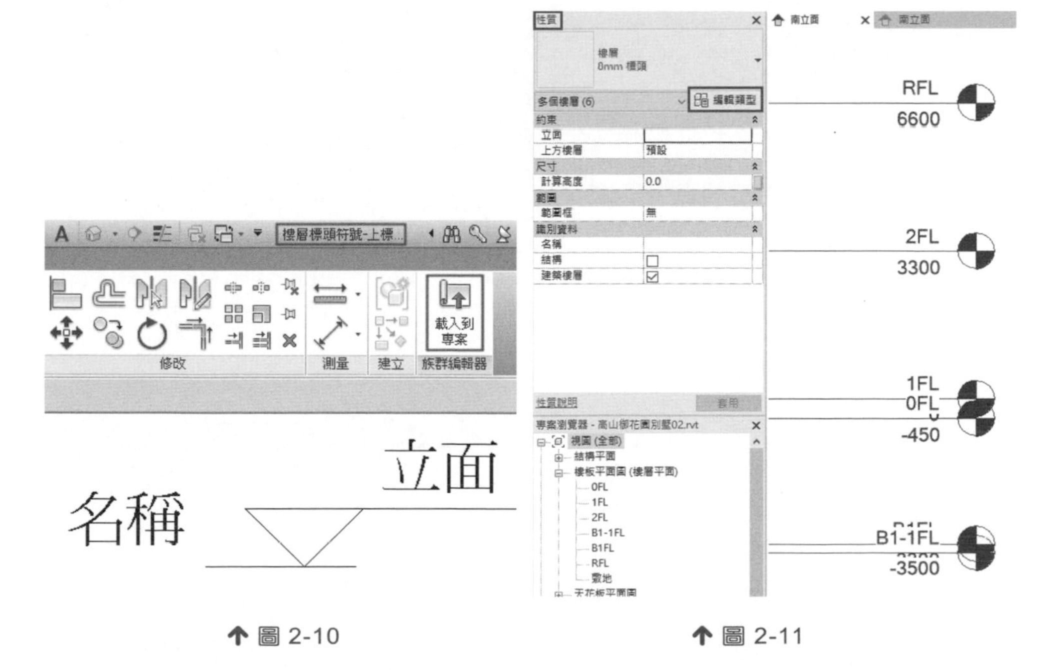

↑ 圖 2-10　　↑ 圖 2-11

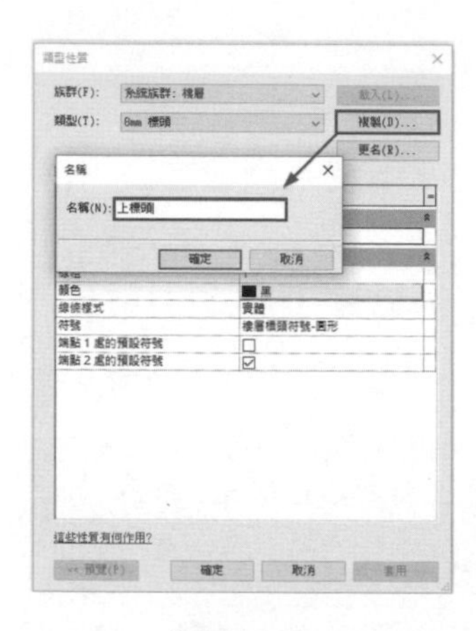

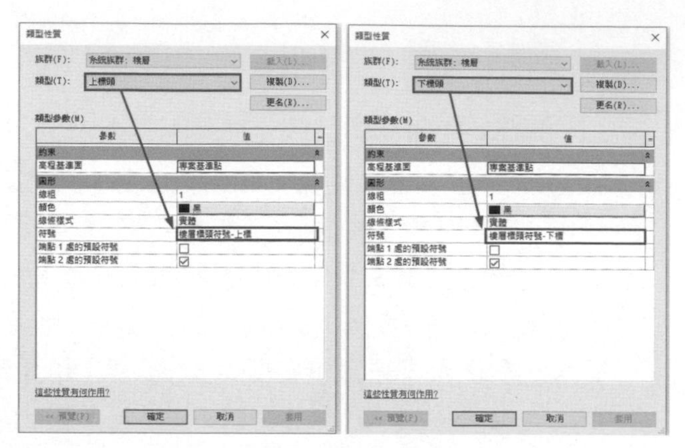

↑ 圖 2-12　　↑ 圖 2-13

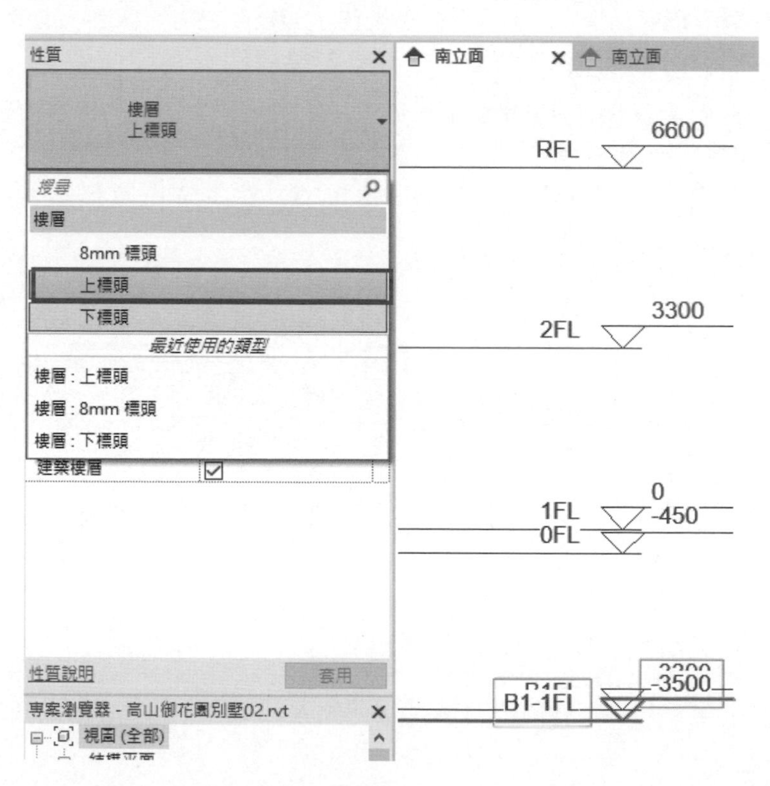

↑ 圖 2-14

注意

除了「樓層標頭符號-圓形」是既定樣板內部符號外，其餘符號需自行載入或建立；而上述「樓層標頭符號-上標」族群類型是採用 Revit 軟體預設「樓層標頭符號-圓形」族群類型修改而來，在使用上則由設計者訂定個人喜好類型。

其次，讀者由編輯類型交談框中，可見樓層約束「高程基準面」預設均為「基準點」。

- 其他樓層編輯方法：選擇任意一條樓層線，會顯示臨時尺寸、一些控制符號和核取方塊，如圖 2-15 所示，可以編輯其尺寸值、點選並拖曳控制符號可整體或單獨調整樓層標頭位置、控制標頭隱藏或顯示、標頭折彎偏移等操作。

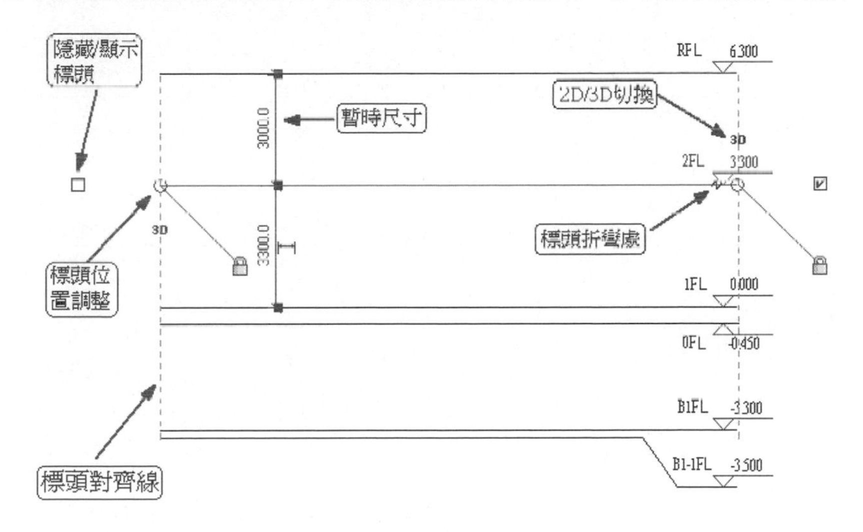

↑ 圖 2-15

注意

當建立新專案時，會有兩種以上的樣板供選用，讀者在建立新專案時，務必仔細查看，詳細可查閱第一章圖 1-11 所示。

- 另外，在樓層線的美觀上，南北立面圖為互相對應的視圖，當南立面圖完成編輯時，可以選取所有樓層線並點選功能區指令擴展範圍 ，快速將北立面圖的樓層線完成相同編輯，如圖 2-16 所示，而東西向立面圖及下一單元的柱線網格操作方法則雷同。

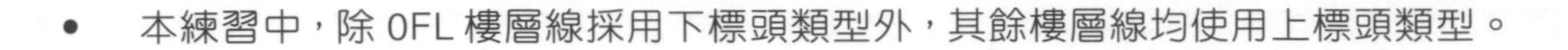

- 本練習中，除 0FL 樓層線採用下標頭類型外，其餘樓層線均使用上標頭類型。

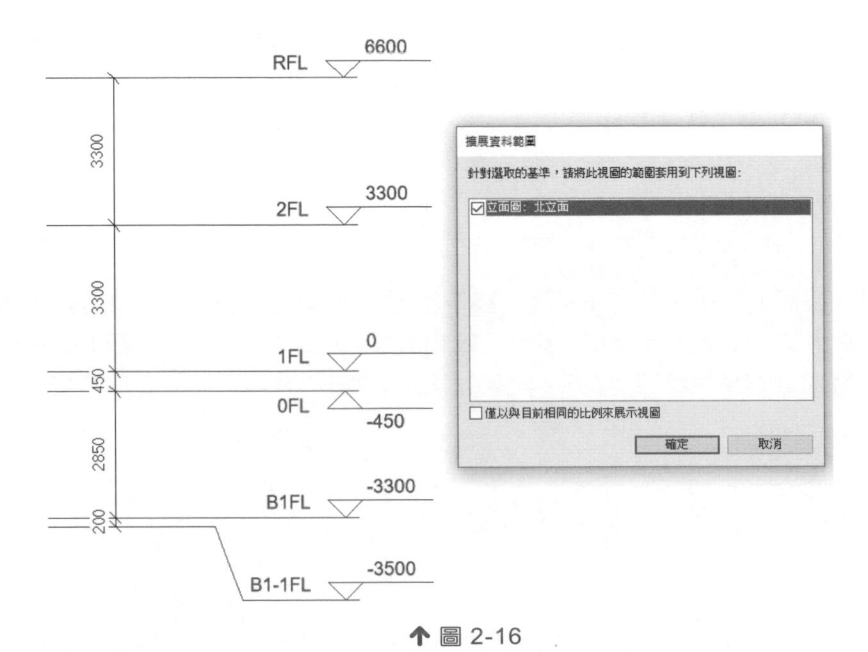

↑ 圖 2-16

2.2 柱線網格

2.2.1 建立柱線網格

接下來我們將在平面圖中建立柱線網格。在 Autodesk Revit 中柱線網格只需要在任意一個樓板平面視圖中繪製，其他平面和立面、剖面視圖中都將會自動顯示對應柱線網格線。

- 接續 2.1.2 節的練習，在專案瀏覽器中「樓層平面圖」項目下的「1FL」視圖快點兩下，打開一樓平面視圖。
- 點選「建築」頁籤-「基準」面板的「網格(柱線)」指令 或 ，在平面視圖中點選滑鼠左鍵選取一點作為柱線網格線起點，然後從下向上垂直移動游標一段距離後，再次點選滑鼠左鍵選取柱線網格線終點，建立第一條垂直柱線網格線，請確認或修改柱線網格編號為 1，並打開柱線網格線另一端標頭。另外，柱線網格可以是直線、弧或是區段，草繪區段過程會是洋紅色線條，完成需點選完成編輯模式 ✔，才能真正完成區段式柱線網格線。

注意

1. AUTODESK REVIT 各中文版本的指令翻譯並不一致，但其功能完全一樣，讀者需留意。
2. 繪製柱線網格線時，線的頭尾可以互相對齊。如果柱線網格線已對齊且您選取了一條線，將顯示鎖形以指出對齊。如果移動柱線網格範圍，則所有對齊的柱線網格線都會隨之移動。

- 再來是複製柱線網格線練習：先選取垂直的 1 號柱線網格線，再點選功能區「複製」指令，於選項列勾選多重複製選項「多個」和正交約束選項「約束」 修改 | 網格 ☑約束 □分開 ☑多個 。
- 在 1 號柱線網格線上點選一點作為複製的移動起點，然後水平向右移動游標，輸入間距值 1200 後按「Enter」鍵確認，複製 2 號柱線網格線，Revit 系統會自動連續編號。保持游標位於新複製的柱線網格線右側，分別輸入 4300、1100、1500、3900、3900、600、2400 後按「Enter」鍵確認，完成 3~9 號柱線網格線的複製。
- 選擇 8 號柱線網格線，標頭文字會變為藍色，點選文字輸入「7-1」後按「Enter」鍵確認，將 8 號柱線網格線改為附加柱線網格線。同理，選擇後面的 9 號柱線網格線，修改標頭文字為「8」，完成垂直柱線網格線結果如圖 2-17 所示。

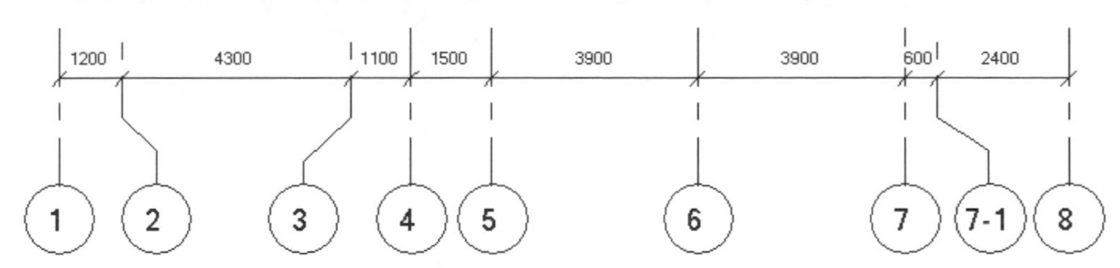

↑ 圖 2-17

- 水平網格建立方法與上述相同。
- 點選「建築」頁籤 -「基準」面板「柱線」或「柱線網格」指令，移動游標到平面視圖左下方 1 號柱線網格線標頭的左上側位置後，點選滑鼠左鍵選取一點作為柱線網格線起點。然後從左向右水平移動游標到 8 號柱線網格線右側一段距離後，再次點選滑鼠左鍵選取柱線網格線終點建立第一條水平柱線網格線。

- 選擇剛建立的水平柱線網格線，修改標頭文字為「A」，建立 A 號柱線網格線，並打開柱線網格線另一端標頭。
- 點選水平的 A 號柱線網格線，再點選工具列「複製」指令，於選項列勾選多重複製選項「多個」和正交約束選項「約束」。
- 移動游標於 A 號柱線網格線上點選一點作為複製的移動起點，然後垂直向上移動游標，保持游標位於新複製的柱線網格線上方，分別輸入 4500、1500、4500、900、4500、2700、1800、3400 後按「Enter」鍵確認，完成複製 B～I 號柱線網格線。
- 您可能需要移動立面圖 位置，或調整全部柱線網格線的水平垂直對應效果。
- 選擇 I 號柱線網格線，修改標頭文字為「J」，建立 J 號柱線網格線（注意：目前的軟體版本還不能自動排除 I、O 等柱線網格線編號）。
- 完成後的柱線網格如圖 2-18 所示。

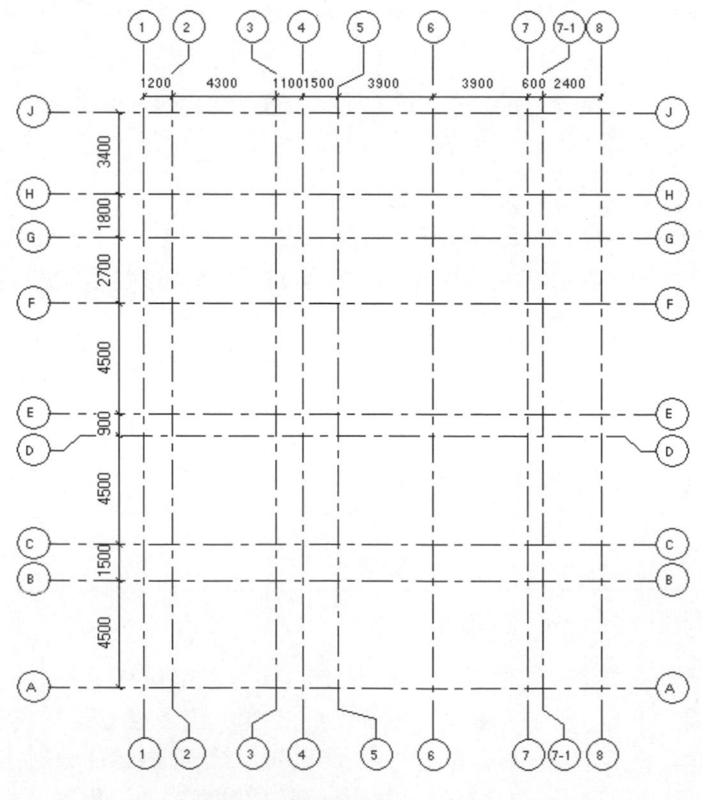

↑ 圖 2-18

2.2.2 編輯柱線網格

繪製完柱線網格後，必須在平面圖和立面視圖中手動調整柱線網格線標頭位置，修改 7 號和 7-1 號柱線網格線、D 號和 E 號柱線網格線標頭重疊等，以滿足出圖需求。

- 編輯柱線網格方法和樓層編輯一樣，選擇任意一條柱線網格線，會顯示暫時尺寸、一些控制符號和複選框，如圖 2-19 所示，可以編輯其尺寸值、點選並拖曳控制符號可整體或單獨調整柱線網格線標頭位置、控制標頭隱藏或顯示、標頭偏移等操作。

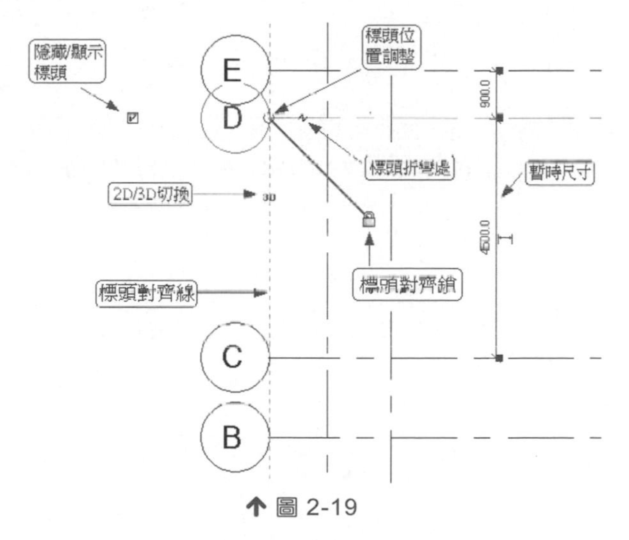

↑ 圖 2-19

- 在本例中，選擇 D 號柱線網格線，點選柱線網格線兩側標頭位置的「添加彎頭」符號，上下偏移 D 號柱線網格線標頭位置。垂直柱線網格線 7-1 操作原理相同，偏移後要在藍色實心圓點上按住滑鼠左鍵拖曳標頭到右側位置，如圖 2-20 及圖 2-21 所示。

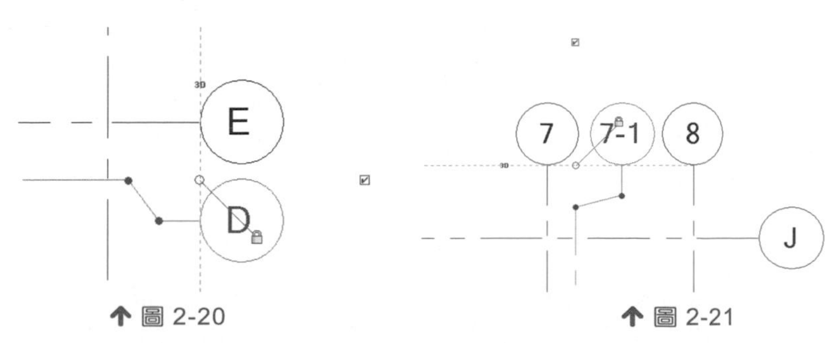

↑ 圖 2-20　　↑ 圖 2-21

- 標頭位置調整：在「標頭位置調整」符號上按住滑鼠左鍵拖曳可整體調整所有標頭的位置；如果先點選打開「標頭對齊鎖」，然後再拖曳即可單獨移動一條標頭的位置，作法如圖 2-22 所示。

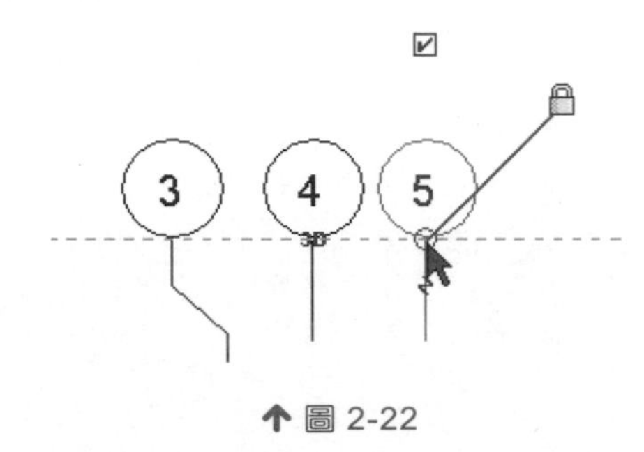

↑ 圖 2-22

- 在專案瀏覽器中雙擊「立面圖（建築立面）」項目下的「南立面」進入南向立面視圖，使用前述編輯樓層和柱線網格的方法，調整標頭位置、添加彎頭，結果如圖 2-23 所示。

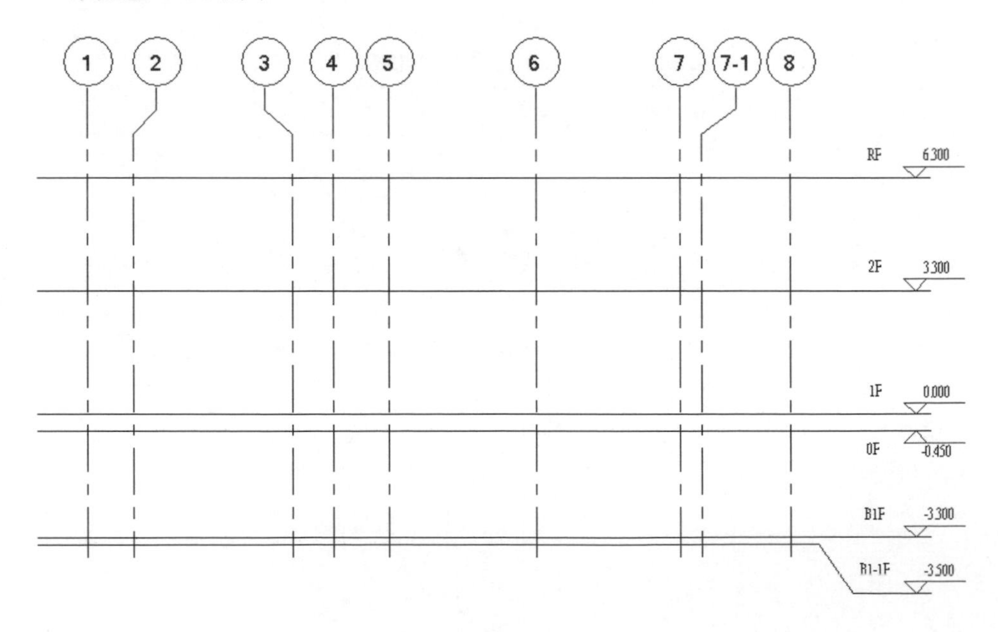

↑ 圖 2-23

- 以同樣方法調整東立面或西立面視圖樓層和柱線網格，並可以使用擴展範圍方法將所有平面圖柱線網格線一次調整好彎頭，如圖 2-24 所示。

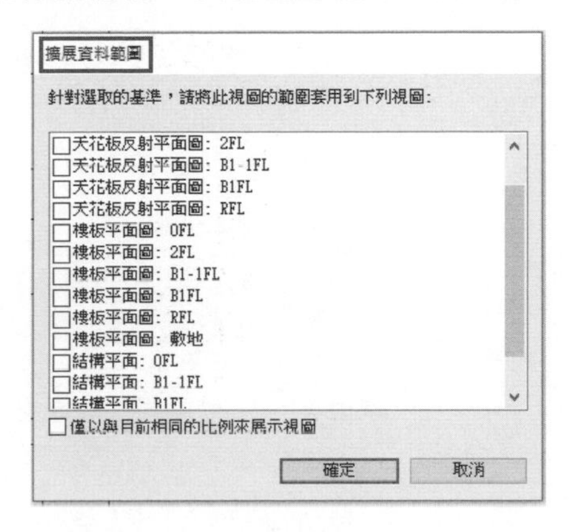

↑ 圖 2-24

- 到此階段，別墅專案的樓層和柱線網格已建立完成，完成後的結果請參考「REVIT 練習文件\第 2 章\高山御花園別墅_02.rvt」檔案。

注意

本書以闡述國際認證內容為重點，將以說明建築設計建模及其操作細節為主，其他專案類型操作則與上述方法相同，請讀者自行延伸應用。

2.2.3 柱線網格線在結構上應用說明

柱線網格線的主要應用在建築物設計、施工過程可以達到定位功能，橫縱兩方向網格軸線交點即為結構柱的柱位所在；下面的練習主要是說明柱線網格線的優點。

- 利用柱線網格交點放置結構柱，啟動樓板平面圖 1FL，在「結構」頁籤選擇結構柱指令 ，在性質選項板中點選類型選取器，選擇混凝土-矩形 30×50cm，並編輯類型，複製成 800×500mm 類型，修改其柱深及柱寬尺寸後，在選項列上用預設的深度條件建立由 1FL 到 B1FL 的垂直結構柱，如圖 2-25 所示。

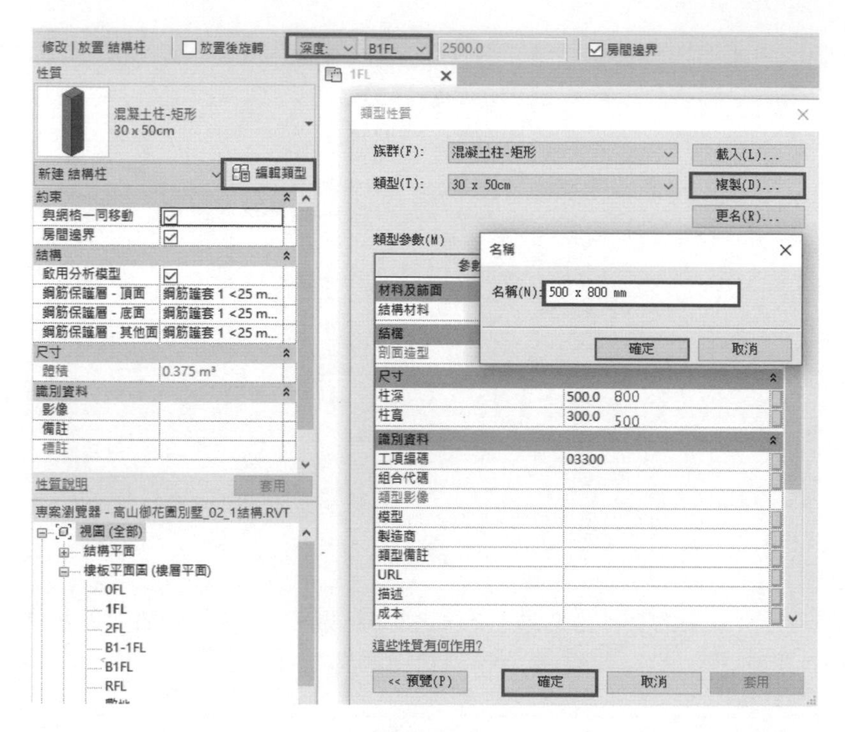

↑ 圖 2-25

- 點選功能區上在柱線網格上指令，框選所有平面圖柱線網格線再勾完成，因結構柱屬於向下深度性質，所以在 1FL 無法顯示向下樓層的結構柱，Revit 有警告提醒出現在繪圖區右下角，此時切換到 0FL 或是{3D}視圖就可以看見了，如圖 2-26~圖 2-28 所示。
- 兩柱線網格線太接近而無法放置結構柱時，Revit 系統會主動刪除其中一方結構柱，若是有需要則可以手動刪除、變更尺寸類型或是位置。

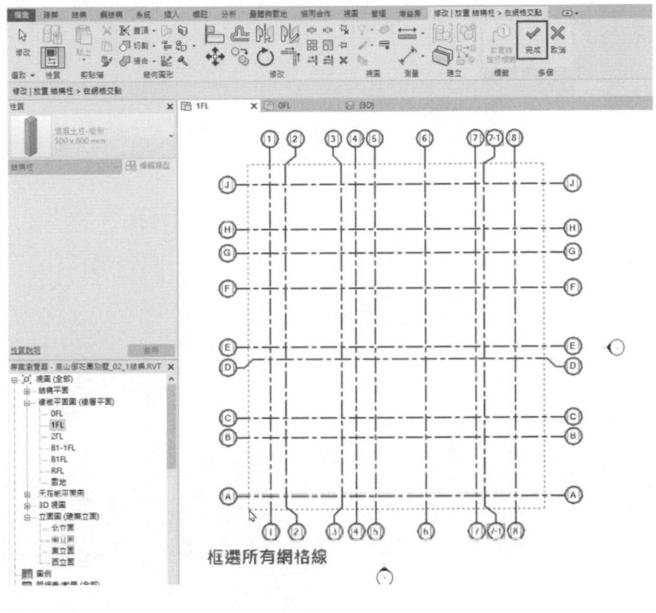

↑ 圖 2-26

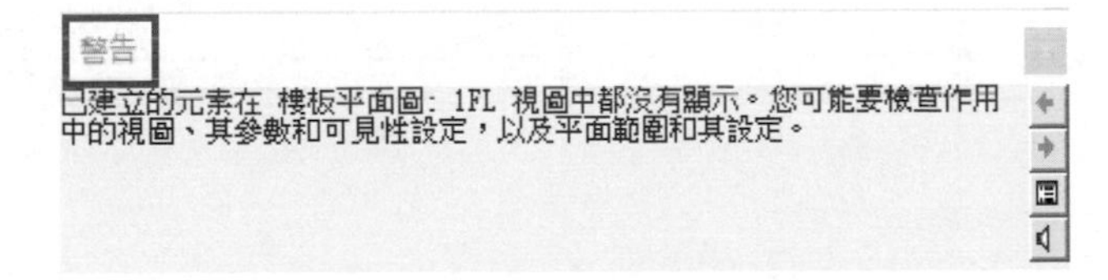

↑ 圖 2-27

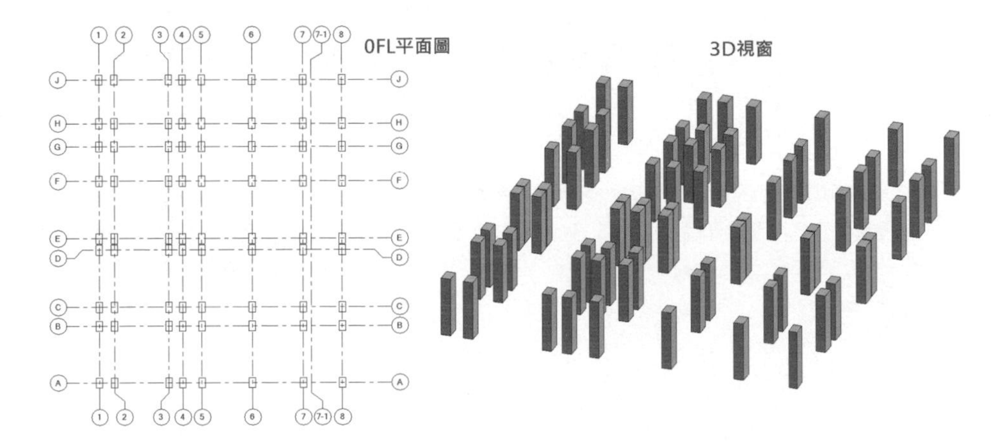

↑ 圖 2-28

- 接著回到樓板平面圖 1FL 練習利用結構柱的柱分析節點在柱線網格線交點（柱位）的特性建立結構構架-樑的大量放置。

- 點選功能區上在網格指令，框選所有平面圖柱線網格線再勾完成，因結構構架-樑屬於向下深度的地樑性質，所以在 1FL 無法顯示向下樓層的結構構架-樑，Revit 有警告提醒出現在繪圖區右下角，此時切換到 0FL 或是{3D}視圖就可以看見了，如圖 2-29 所示。

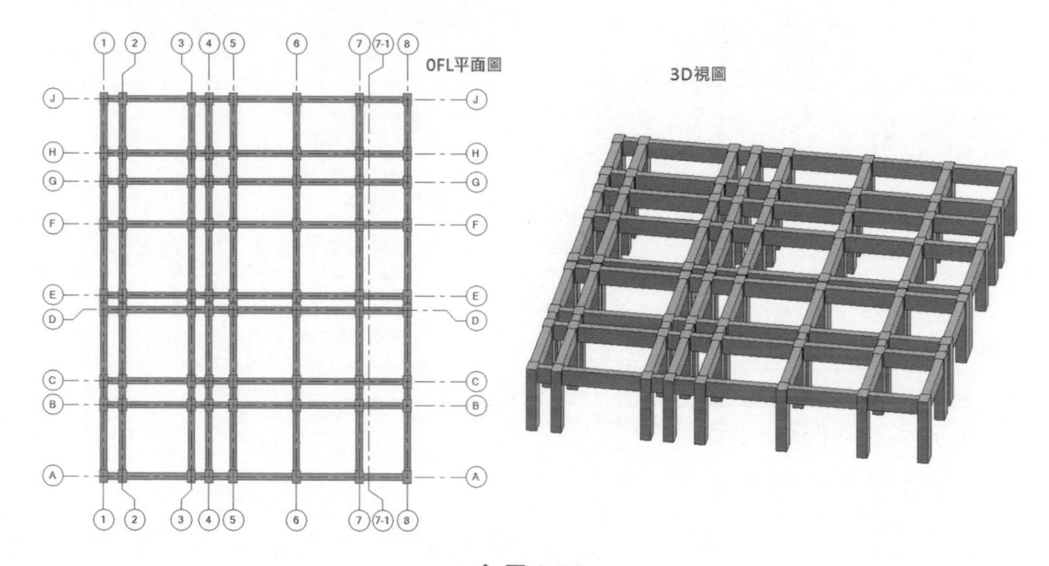

↑ 圖 2-29

- 在{3D}視圖看見了結構柱及樑，請全部框選並在剪貼簿上選取複製指令，再貼上與選取的樓層對齊，複製結構框架到 2FL 及 RFL，如圖 2-30～圖 2-31 所示。

- 在南立面視圖中窗選 1FL 結構樑，在剪貼簿上選取複製指令，再貼上與選取的樓層對齊，複製結構框架到 B1FL，如圖 2-32～圖 2-33 所示完成結構框架。

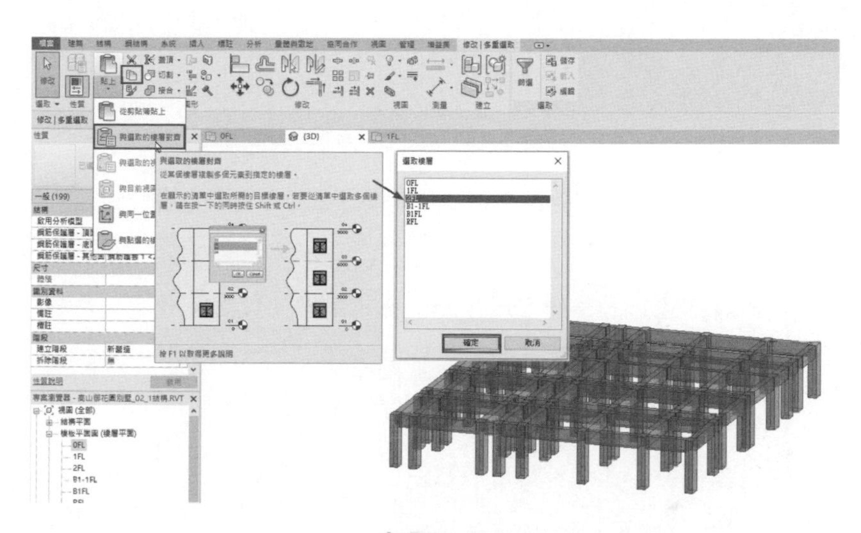

↑ 圖 2-30

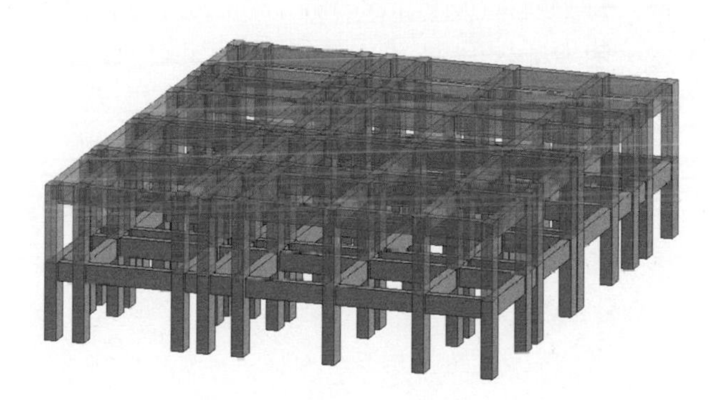

↑ 圖 2-31

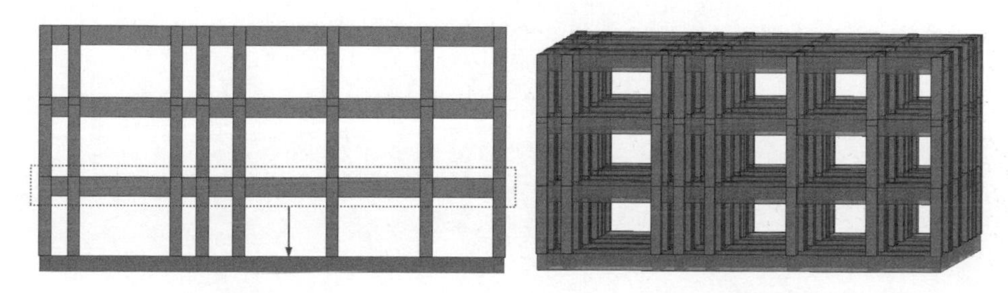

↑ 圖 2-32　　　　↑ 圖 2-33

- 到此階段，樓層和柱線網格與結構物件已練習完成，完成後的結果請參考「REVIT 練習文件\第 2 章\高山御花園別墅_02_1 結構.RVT」檔案。

模擬試題

藉由本章的練習，各位使用者可以熟悉 Autodesk Revit 的樓層及柱線網格操作，我們將利用下列題目來加深各位使用者對此指令功能操作的熟練度。

經由下面練習題，同學們可以自我評量本章學習效益。

1. 欲建立樓層時，需由下列哪一個視圖操作？
   (A)平面圖　(B)立面圖　(C)3D 視圖　(D)天花板平面圖

2. 樓層與柱線網格的建立步驟，較為恰當的作法是先建立哪一項？
   (A)柱線網格　(B)樓層

3. 請開啟「REVIT 練習文件\模擬試題\TEST 2-1.rvt」檔案。在南立圖 RFL 上方 1235 新增一個名為 R2FL 樓層，將此樓層線編輯類型變更其高程基準面，由專案基準點改變為測量點，最後其高程顯示為何？
   ____________________。

4. 請開啟「REVIT 練習文件\模擬試題\TEST 2-2.rvt」檔案。在 1FL 樓板平面圖中將柱線網格 A 到 F 之間每一柱線網格線標註多區段尺寸，且設定其間距均相同 EQ，如圖模擬試題 2-1 所示，最後其間距實際數值為何？________。

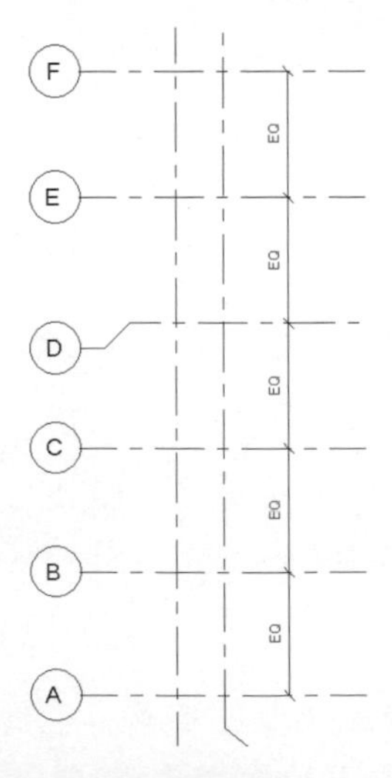

↑圖　模擬試題 2-1

5. 請開啟「REVIT 練習文件\模擬試題\ Summit Hotel_m.rvt」檔案。

啓用 01 - Column Grids 樓板平面圖，建立柱線網格（柱線）：

建立垂直柱線網格，並將第一個柱線網格線對齊左下角的柱心，柱線網格線標註為 1；接著建立更多具有以下間距的垂直柱線網格（請參照圖模擬試題 2-2 尺寸）：

- 5640 公釐
- 3950 公釐
- 5050 公釐

如圖所示標註尺寸線 1，從戶外樓梯最右邊到柱線網格線 3 標註一條水平尺寸線。則尺寸線 1 的值為多少公釐？

__________ #### mm

另外，建立水平柱線網格，也從同一支柱子中心開始，將其標記為 A，並使用以下間距：

- 10330 公釐
- 4440 公釐

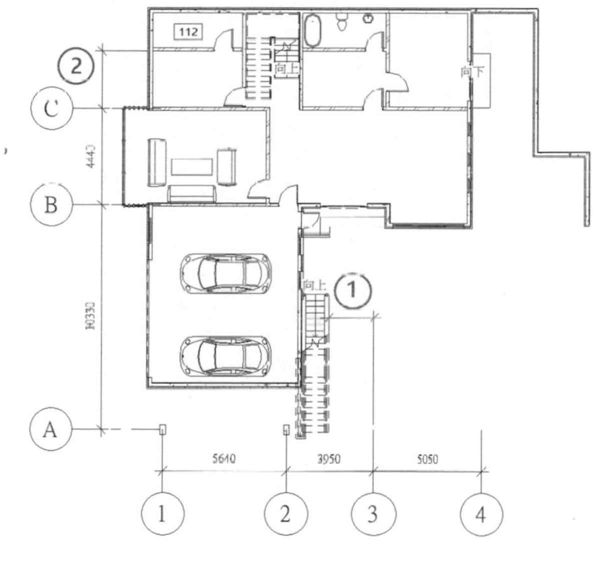

↑圖 模擬試題 2-2

如圖所示標註尺寸線 2，從編號 112 房間牆面到柱線網格線 C 標註一條垂直尺寸線。

則尺寸線 2 的值為多少公釐？______________ #### mm

6. 請開啟「House_m.rvt」檔案。

   啟用建築物樓板平面圖（Floor Plan）- Foundation。

   在柱線網格線 2 和 B 軸交叉點新增結構柱，其類型性質條件如下列所示：

   - 族群：Concrete-Rectangular-Column
   - 類型：Custom
   - 編輯類型：尺寸部分：
   - b：1200 mm
   - h：600 mm
   - 基準和頂部樓層：Foundation
   - 基準偏移：2050 mm
   - 頂部偏移：0

   完成後此結構柱的體積為多少立方公尺？________________#.### m^3

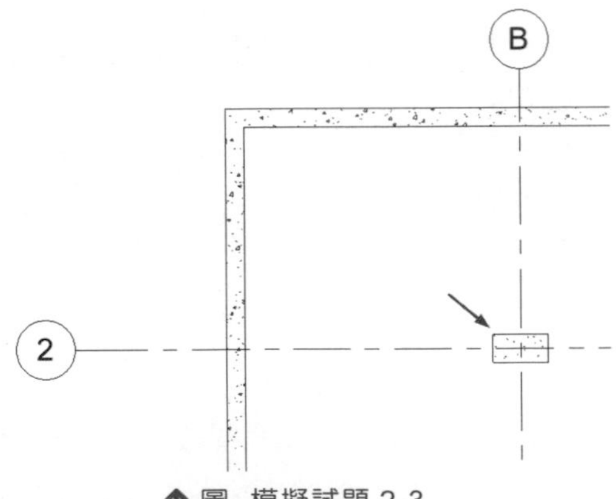

↑圖 模擬試題 2-3

7. 請開啟「Medical_m.rvt」檔案。

   (1) 啟用樓板平面圖（Floor Plan）- Pharmacy。

   (2) 如圖所示，在柱線網格線 E 上方 4685mm 處建立柱線網格線 D1。

   請問從柱線網格線 D1 到牆面底部邊緣的尺寸 1 為何？_______ ### mm

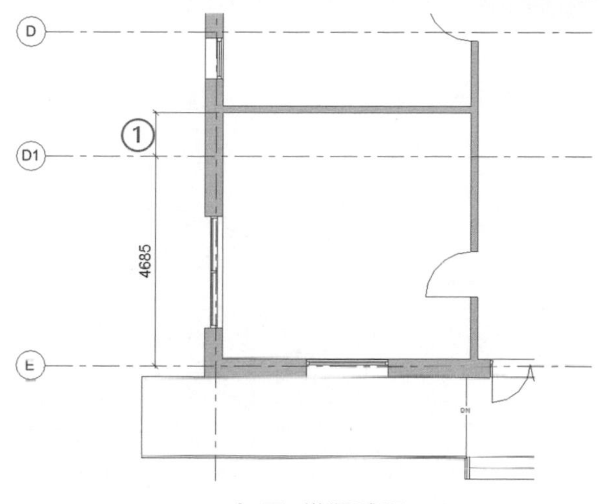

↑ 圖 模擬試題 2-4

8. 請開啟「Medical_m.rvt」檔案。

(1) 啟用立面圖（Building Elevation）- West。

(2) 將 Roof 樓層高程設定為 4025mm。

請問牆 1 的體積為多少立方公尺？_______________ ##.### m^3

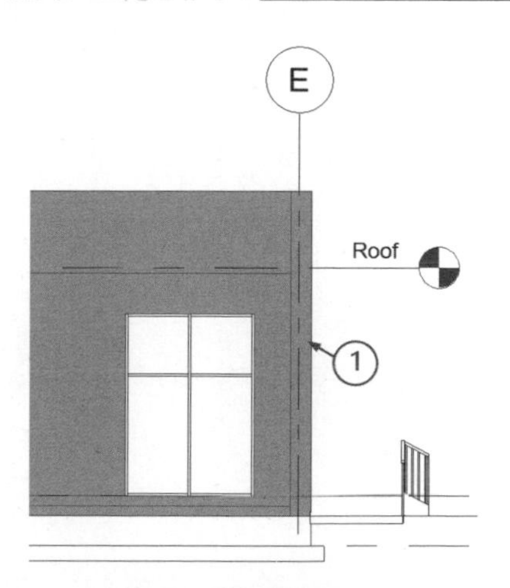

↑ 圖 模擬試題 2-5

CHAPTER 3

地下一樓平面

課程概要

我們於上一章節完成了樓層和網格等定位標註條件設計後，將由地下一樓平面圖開始，依樓層逐步建立完成別墅 3D 模型。本章首先要建立地下一樓平面圖的牆體、門窗元件、樓板等立體模型，如圖 3-1 所示。

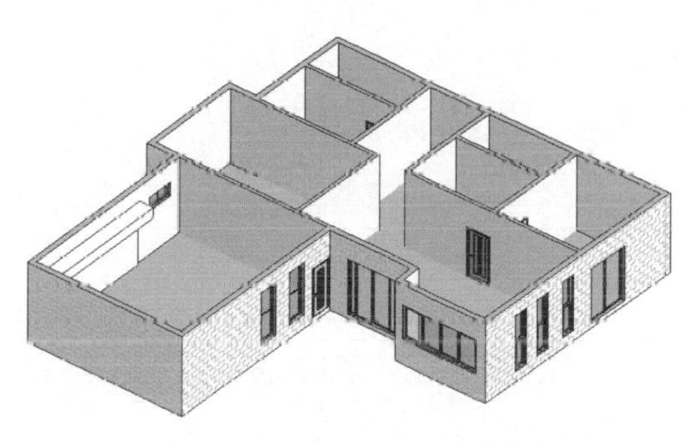

↑ 圖 3-1

首先要介紹牆類型及建立自訂的複合牆方法，再逐一繪製地下一樓室內外牆體，並插入門窗元件，藉由調整門窗各項參數了解類型性質面板操作方式，另外，如何調整門窗開啟方向等方法也會一併說明。最後將為地下一樓建立樓板。

課程目標

透過本章的操作學習，您將實際掌握：

- 新建牆類型、自行定義複合牆的方法
- 輕鬆掌握牆體繪製技巧
- 了解插入門窗元件與編輯門窗的方法
- 掌握建立常規樓板的方法

3.1 地下一樓牆體設計

Revil 的牆體不僅是建築空間的分隔主體，而且也是門窗、牆飾條（牆掃掠）與分隔縫、衛浴燈具等設備的承載主體，因此在建立門窗等模型之前，必須要先建立牆體。

同時，牆體結構設定及其材料選用，不僅影響著牆體在 3D 視角、透視和立面視圖中的外觀表現，更直接影響著後期施工圖設計中牆的大樣圖、節點詳圖等視圖中牆體剖截面的顯示樣式。

因此在繪製牆之前，應依需求建立新的牆體類型，供識別及分類統計用。

3.1.1 新建牆類型

- 打開「\Revit 練習文件\第 2 章\高山御花園別墅_02.rvt」檔案，在專案瀏覽器中雙擊「樓板平面圖」項目下的「B1FL」，打開地下一樓平面視圖。
- 點選「建築」頁籤 -「牆」指令，於性質交談框中可詳細設定所需建立牆體條件及類型，如所在樓層、建立高度限制等；同時，選項列中會列出建立條件的簡易設定，如下表所示。

- 當專案內的預設牆類型不敷使用時，Revit 提供自行複製成新類型方法，開放給使用者自由定義新類型規格以符合建築設計的豐富性，下表則為本專案預定使用牆類型。
- REVIT 專案中所提供的所有族群元件資料庫會依軟體版本不同，而有所不同，讀者需注意。
- 本專案所採用的牆類型名稱為業界使用的一種方式，主要目的在成本計算的明細表中方便閱讀及判斷，讀者可依個人習慣命名。

本專案牆類型列表		
樓層	名稱	總牆厚
B1FL	B1F-剪力牆	240mm
	B1F 外牆－飾面磚	240mm
	B1F-RC 牆加粉刷 15cm（2+2cm）	190mm
	B1F-內磚牆 1/2B	150mm
	B1F 外牆－擋土牆	240mm
	B1F 外牆－白色塗料	240mm
1FL	1F 外牆－機刨橫紋灰白色花崗石牆面	240mm
	1F 外牆－白色塗料	240mm
	1F-RC 牆加粉刷 15cm（2+2cm）	190mm
	1F-內磚牆 1/2B	150mm
2FL	2F 外牆－白色塗料	240mm
	2F-RC 牆加粉刷 15cm（2+2cm）	190mm
	2F-內磚牆 1/2B	150mm

- 接下來是建立新牆類型的方法介紹：在 Revit 預設的牆類型為「RC 牆 15cm」性質交談框右上角點選「編輯類型」指令，打開「類型性質」對話方塊。
- 於「類型性質」對話框中點選「複製」按鈕，打開牆體「元素性質」對話方塊。點選「複製」按鈕，在彈出的「名稱」對話方塊中輸入新牆類型的名稱，如圖 3-2。將新的牆類型名稱定義為「B1F 外牆－飾面磚」，再點選「確定」按鈕即完成命名。

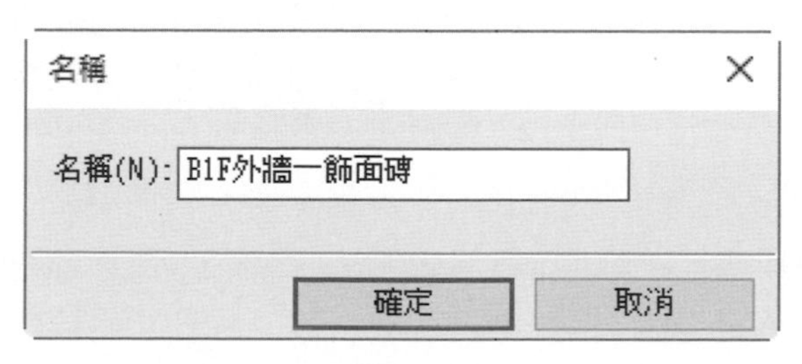

↑ 圖 3-2

- 如圖 3-3，點選對話方塊左下方的「預覽」按鈕，展開預覽視圖，並將「視圖」項目改為「剖面圖：修改類型屬性」，即可預覽牆在剖面視圖中的顯示樣式。

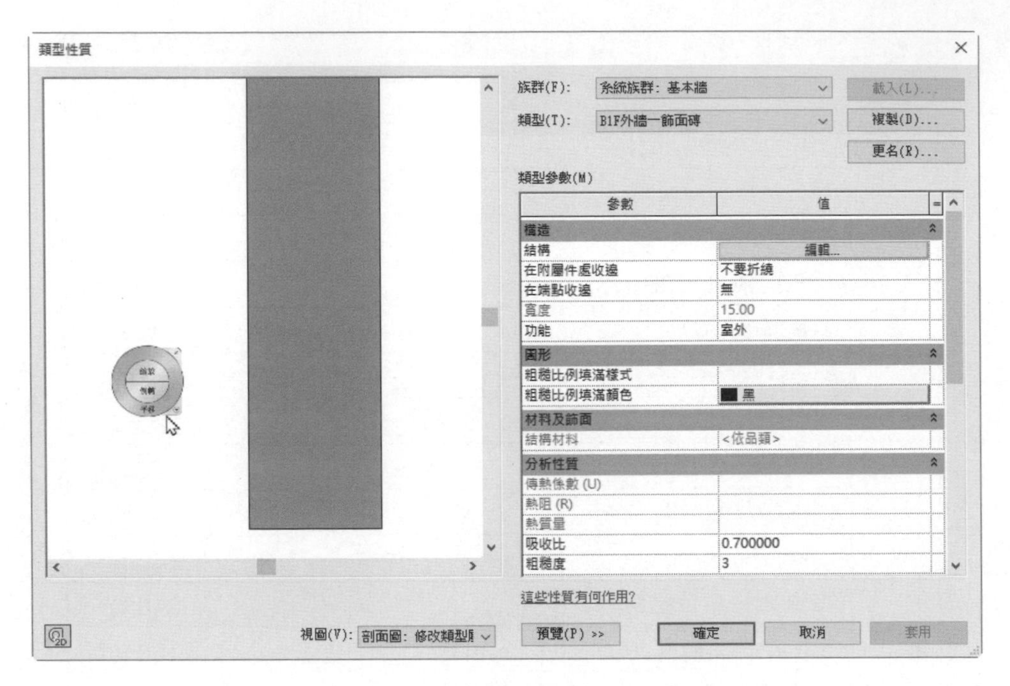

↑ 圖 3-3

注意 在左側牆體結構預覽視圖中，點擊「SteeringWheels」按鈕，可對預覽視圖進行平移、縮放等操作。亦可直接使用滑鼠中鍵滾輪平移或即時縮放畫面作直覺觀察。

- 牆的構造層（複合牆）定義為：在平面及剖面視圖中可以看到複合牆中的構造層，每一層都有其各自的材料、厚度和功能。在 Revit 中複合牆可以定義為由若干平行牆構成。這些牆層可以是單一的材料，也可以是多種材料組合，如石膏板隔斷牆、聚苯板保溫牆等。各個構造層具有不同的作用。具體操作可根據實際工程做法定義牆類型。
- 點選類型參數內營造「結構」數值欄中的「編輯」按鈕。進入如圖 3-4 所示「編輯組合」對話框。在彈出的「編輯組合」對話框中可設定牆的構造，插入並調整牆的構造層後，再分別調整構造的功能與材料。

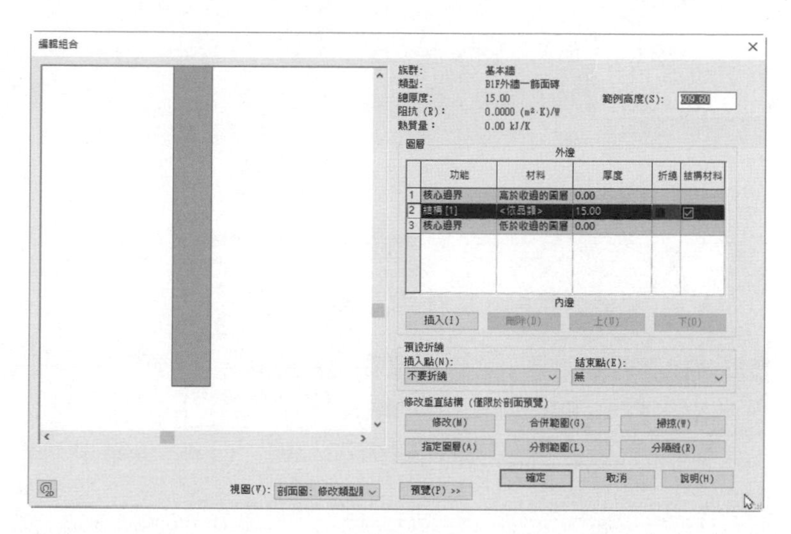

↑ 圖 3-4

- 在「編輯組合」對話方塊中點擊「插入」，插入兩個新結構層，再透過「上」、「下」按鈕調整結構層於上方的外邊（外牆）或下方的內邊（內牆）的順序，如圖 3-5，並請將交談框右上方的「範例高度」調整為 3500，使視圖易於觀察。

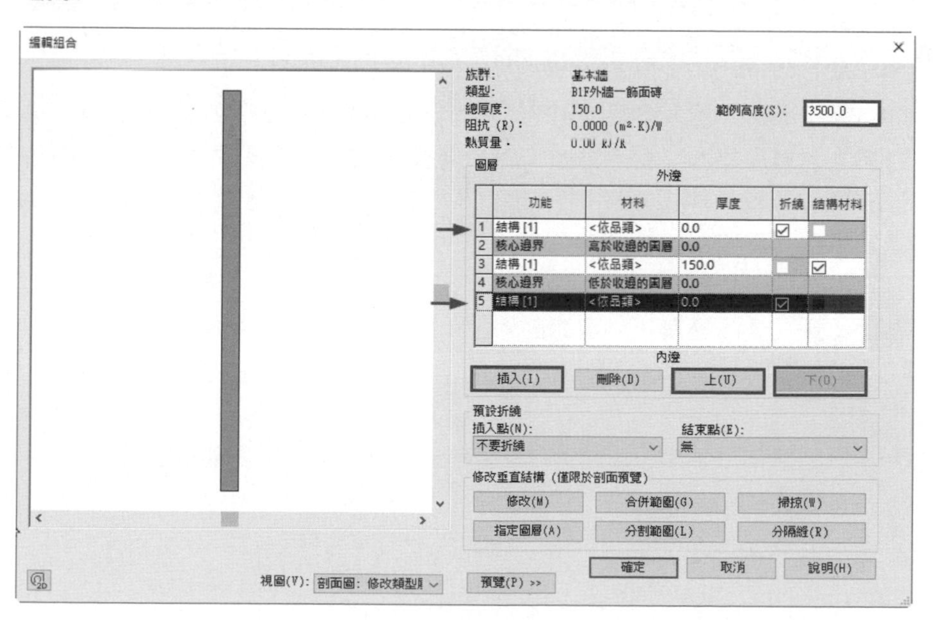

↑ 圖 3-5

- 將上方外邊結構[1]「功能」修改為「塗層 1[4]」，設定「厚度」值為 20，同理，將下方內邊結構[1]「功能」修改為「塗層 2[5]」，「厚度」修改為 20，最後，將第 3 層主結構[1]厚度修改成 200，如圖 3-6 所示。

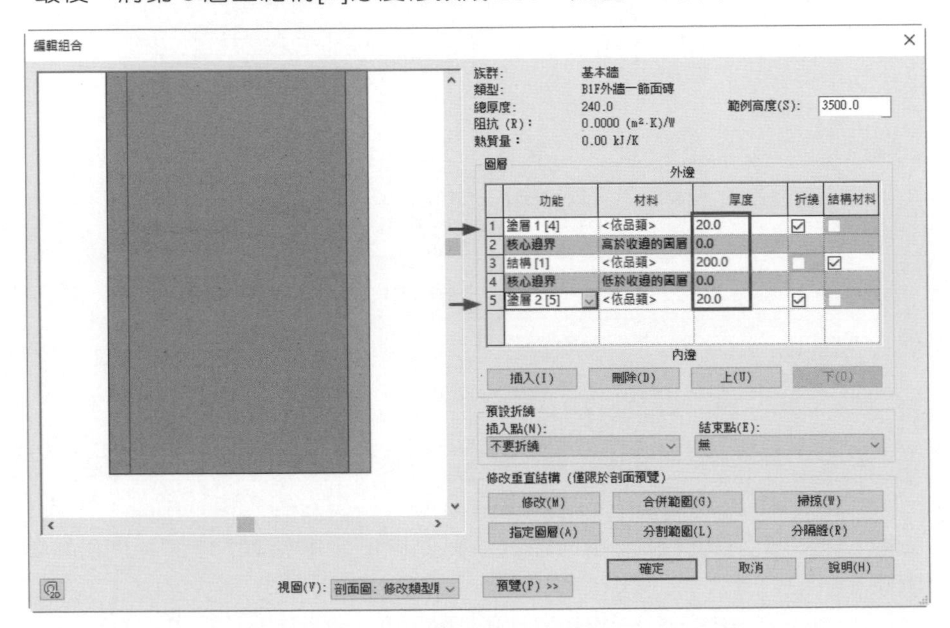

↑ 圖 3-6

- 接下來是設定外邊「塗層 1[4]」材料方法：點選「材料」列值「依品類 ...」，打開「材質瀏覽器」對話方塊，同時調整右上角視圖模式 為縮圖視圖，並展開材質資源庫 材料資源庫，選擇軟體預設材質庫中的「磚石」-「磚、一般、灰色」 磚、一般、灰色 按向上箭頭，將材料從材質庫中載入到文件內備用，接著在上方文件內的材質名稱上，按滑鼠右鍵「更名」命名為「外牆飾面磚」，如圖 3-7、圖 3-8 所示。

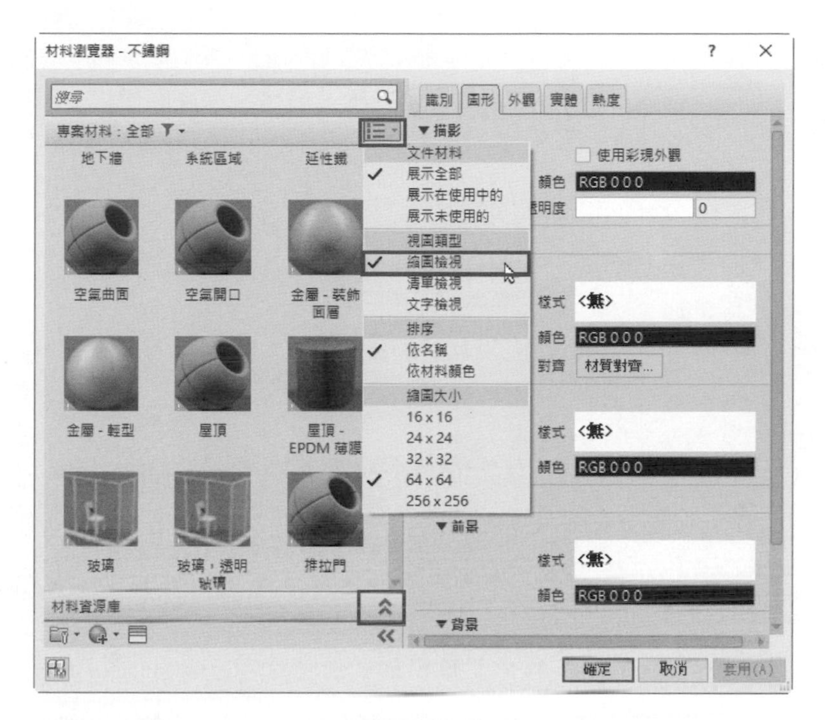
材料瀏覽器 - 不鏽鋼
搜尋
專案材料：全部
地下牆
系統區域
延性鐵
空氣曲面
空氣開口
金屬 - 裝飾面層
金屬 - 輕型
屋頂
屋頂 - EPDM 薄膜
玻璃
玻璃，透明玻璃
推拉門
材料資源庫
文件材料
展示全部
展示在使用中的
展示未使用的
視圖類型
縮圖檢視
清單檢視
文字檢視
排序
依名稱
依材料顏色
縮圖大小
16 x 16
24 x 24
32 x 32
64 x 64
256 x 256
識別
圖形
外觀
實體
熱度
描影
使用彩現外觀
顏色
RGB 0 0 0
透明度
0
樣式
<無>
對齊
材質對齊...
前景
背景
確定
取消
套用(A)

↑ 圖 3-7

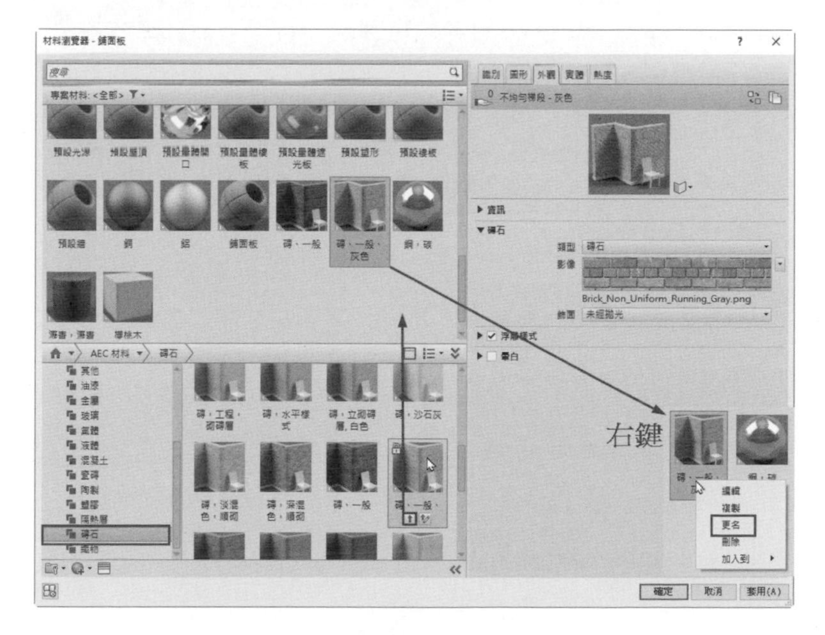
材料瀏覽器 - 鋪面板
右鍵
Brick_Non_Uniform_Running_Gray.png
AEC 材料
確定
取消
套用(A)

↑ 圖 3-8

- 並點選文件材料右側「磚石」旁的材料編輯器內容，將「圖形」的「表面樣式」設定為模型「砌塊 225×450」，且可依個人構想，將表面樣式外觀描影顏色稍作調整，如圖 3-9、圖 3-10 所示。

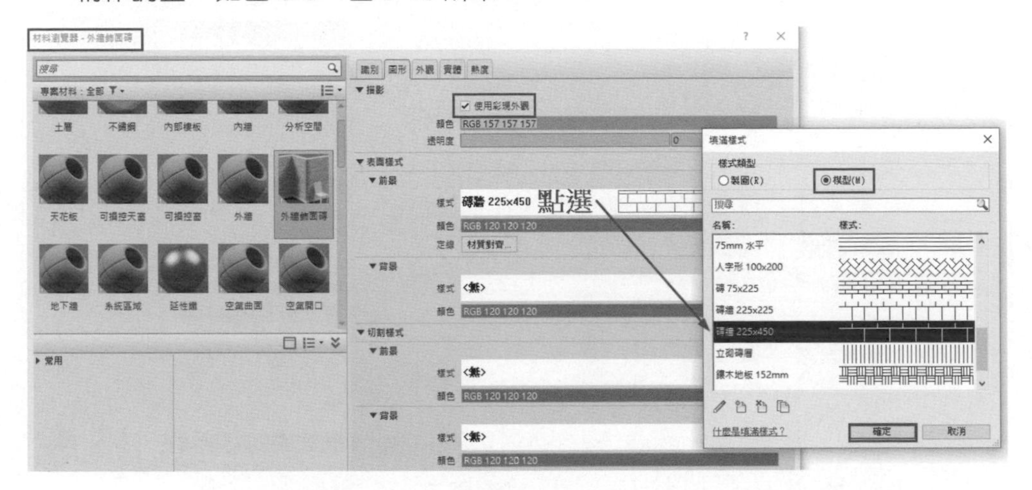

↑ 圖 3-9

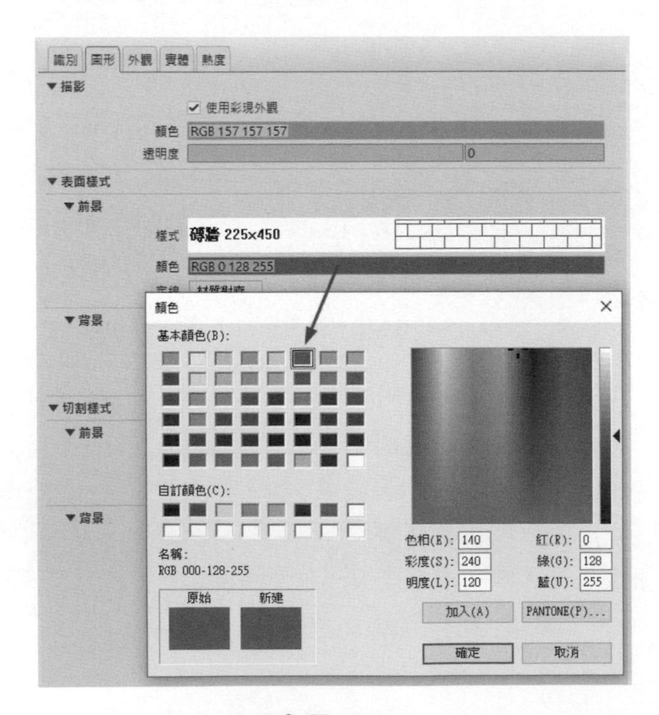

↑ 圖 3-10

- 說明：牆的結構層各功能及優先權如下表所示。

注意

複合牆中不同牆層具有下列功能及優先權：

功能/優先權	描述
結構（優先權 1）	支撐其餘牆、板、屋頂的層
襯底（優先權 2）	材料，例如膠合板或石膏板，作為其他層的基礎
空氣/空氣層（優先權 3）	隔絕並防止空氣滲透
薄膜層	通建築於防止水蒸氣滲透的薄膜，厚度應該為零
塗層 1（優先權 4）	塗層 1 通常為外部層
塗層 2（優先權 5）	塗層 2 通常為內部層

- 同上述方法，設定「塗層 2[5]」材料及主結構[1]材料，如圖 3-11～圖 3-14 示意設定；完成後點選「確定」返回「類型性質」對話框，完成了「B1F 外牆-飾面磚」牆類型設定，並儲存檔案。

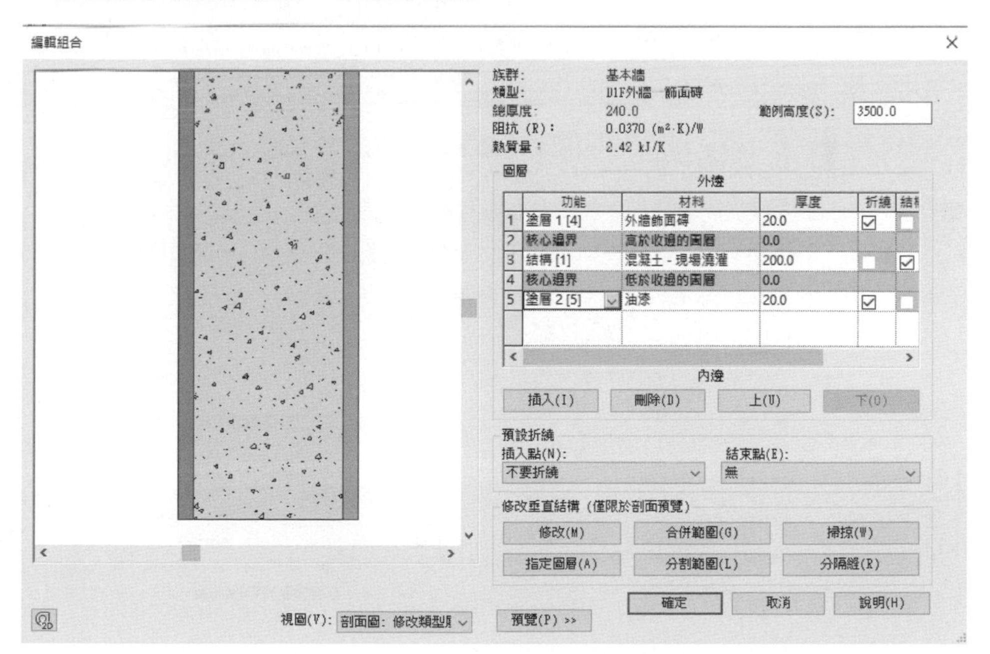

圖 3-11

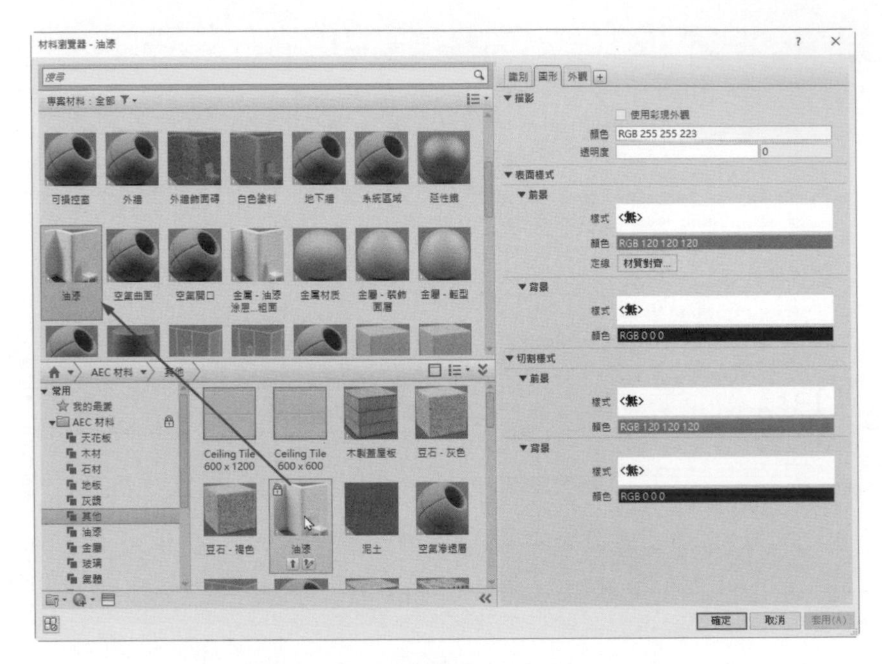
材料瀏覽器 - 油漆
搜尋
專案材料：全部
識別
圖形
外觀
描影
使用彩現外觀
顏色
RGB 255 255 223
透明度
0
表面樣式
前景
樣式
<無>
顏色
RGB 120 120 120
定線
材質對齊...
背景
樣式
<無>
顏色
RGB 0 0 0
切割樣式
前景
樣式
<無>
顏色
RGB 120 120 120
背景
樣式
<無>
顏色
RGB 0 0 0
可挖控面
外牆
外牆飾面磚
白色塗料
地下牆
系統區域
延性鐵
油漆
空氣曲面
空氣開口
金屬 - 油漆塗層...粗面
金屬材質
金屬 - 裝飾面層
金屬 - 軽型
AEC 材料
其他
常用
我的最愛
AEC 材料
天花板
木材
石材
地板
灰漿
其他
油漆
金屬
玻璃
氣體
Ceiling Tile 600 x 1200
Ceiling Tile 600 x 600
木製蓋屋板
豆石 - 灰色
豆石 - 褐色
油漆
泥土
空氣滲透層
確定
取消
套用(A)

↑ 圖 3-12

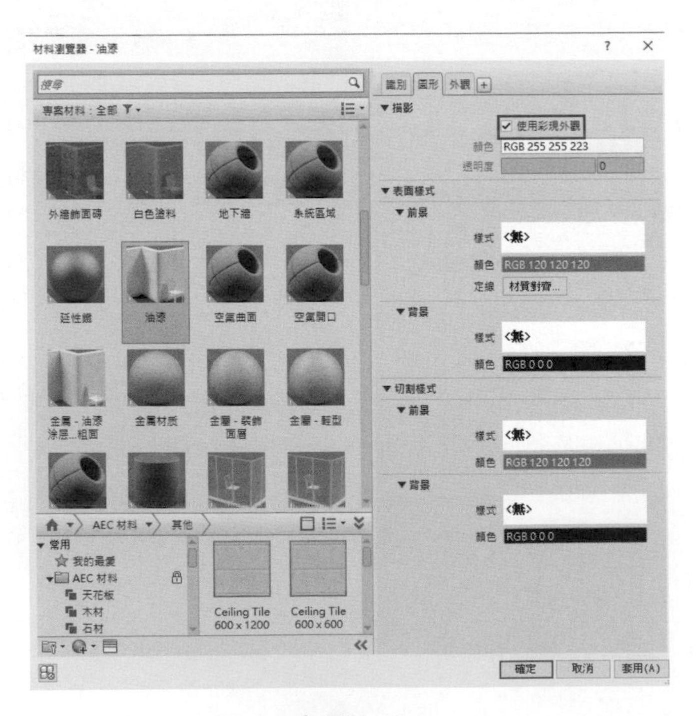
材料瀏覽器 - 油漆
搜尋
專案材料：全部
識別
圖形
外觀
描影
使用彩現外觀
顏色
RGB 255 255 223
透明度
0
表面樣式
前景
樣式
<無>
顏色
RGB 120 120 120
定線
材質對齊...
背景
樣式
<無>
顏色
RGB 0 0 0
切割樣式
前景
樣式
<無>
顏色
RGB 120 120 120
背景
樣式
<無>
顏色
RGB 0 0 0
外牆飾面磚
白色塗料
地下牆
系統區域
延性鐵
油漆
空氣曲面
空氣開口
金屬 - 油漆塗層...粗面
金屬材質
金屬 - 裝飾面層
金屬 - 軽型
AEC 材料
其他
常用
我的最愛
AEC 材料
天花板
木材
石材
Ceiling Tile 600 x 1200
Ceiling Tile 600 x 600
確定
取消
套用(A)

↑ 圖 3-13

↑ 圖 3-14

- 以同樣方法新建「B1F-剪力牆」類型，其構造層設定如圖 3-15 所示。

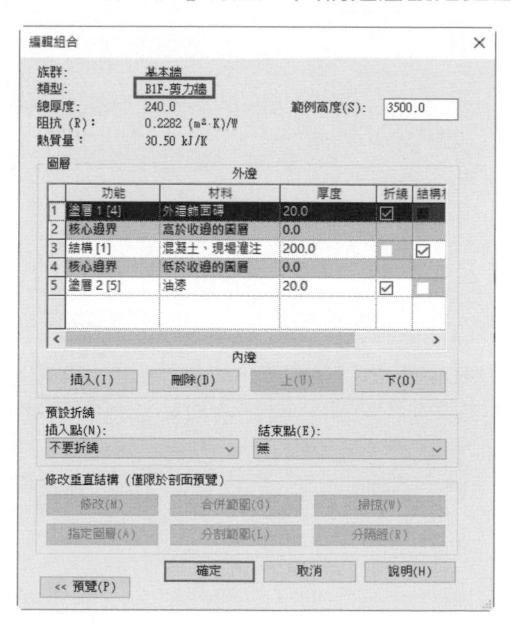

↑ 圖 3-15

- 請以同樣方法新建外牆類型「B1F 外牆-擋土牆」、「B1F 外牆-白色塗料」，其構造層設定如圖 3-16、圖 3-17 所示。

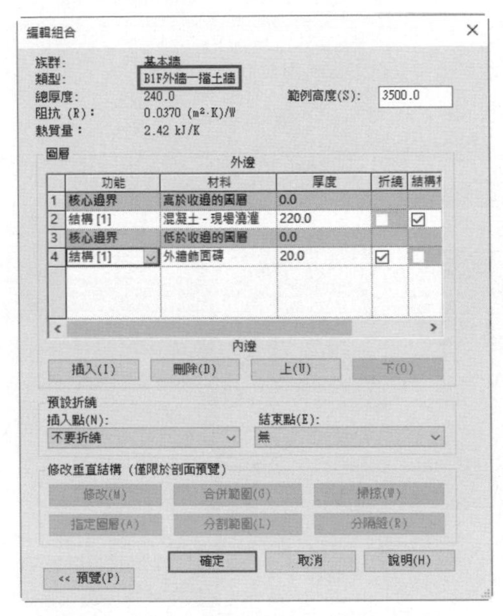

↑ 圖 3-16

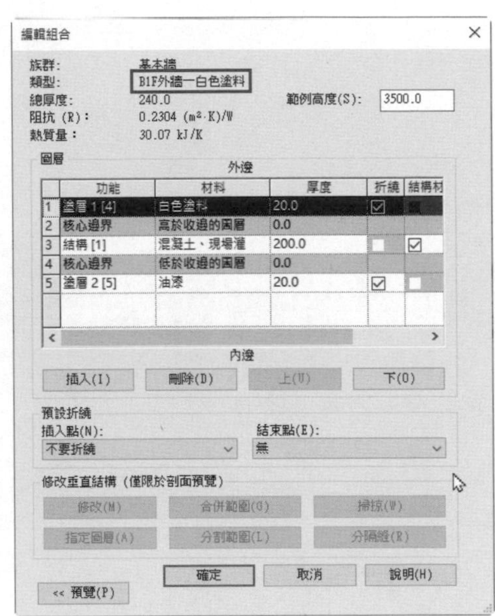

↑ 圖 3-17

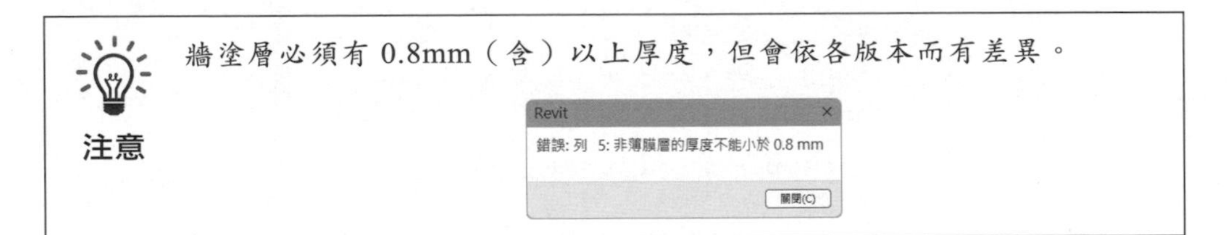

注意
牆塗層必須有 0.8mm（含）以上厚度，但會依各版本而有差異。
Revit
錯誤: 列 5: 非薄膜層的厚度不能小於 0.8 mm
關閉(C)

- 再以同樣方法新建「B1F-內磚牆 1/2B」類型，其構造層設定如圖 3-18~圖 3-20 所示。於「類型性質」對話框類型選取器中點選「建築牆－磚牆 1B」，點選「複製」按鈕，在彈出的「名稱」對話方塊中輸入新牆類型的名稱「B1F-內磚牆 1/2B」，並於營造結構中編輯主結構厚度為 120mm，再點選「材料」列值「依品類」設定為「磚石－磚」，且插入內外邊新結構層，將其功能修改為「塗層 2[5]」，「厚度」修改為 15.0。
- 讀者可依據個人行業需求，設定牆結構內容，例如台灣現行 1/2B 磚並不是 120mm 厚，而是 100 mm 厚。

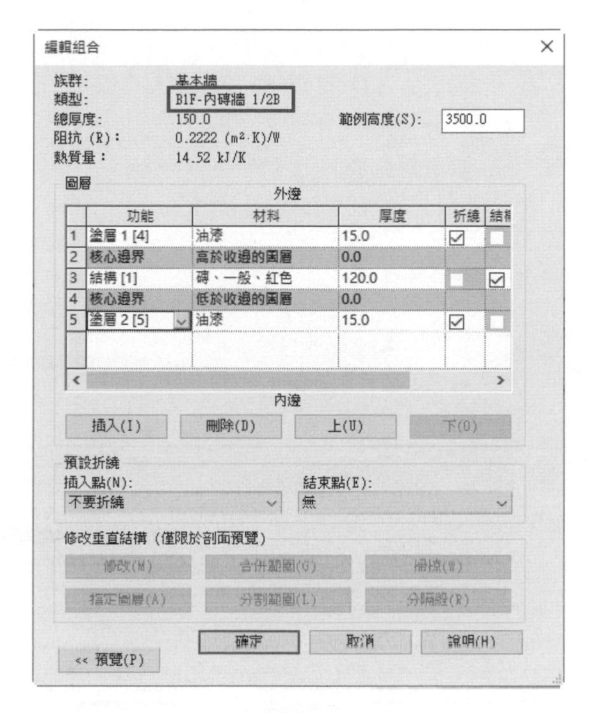
編輯組合
族群: 基本牆
類型: B1F-內磚牆 1/2B
總厚度: 150.0
範例高度(S): 3500.0
阻抗 (R): 0.2222 (m²·K)/W
熱質量: 14.52 kJ/K
圖層
外邊
功能 材料 厚度 折繞 結構
1 塗層 1 [4] 油漆 15.0
2 核心邊界 高於收邊的圖層 0.0
3 結構 [1] 磚、一般、紅色 120.0
4 核心邊界 低於收邊的圖層 0.0
5 塗層 2 [5] 油漆 15.0
內邊
插入(I) 刪除(D) 上(U) 下(O)
預設折繞
插入點(N): 不要折繞
結束點(E): 無
修改垂直結構 (僅限於剖面預覽)
修改(M) 合併範圍(G) 掃掠(W)
指定圖層(A) 分割範圍(L) 分隔縫(R)
確定 取消 說明(H)
<< 預覽(P)

↑ 圖 3-18

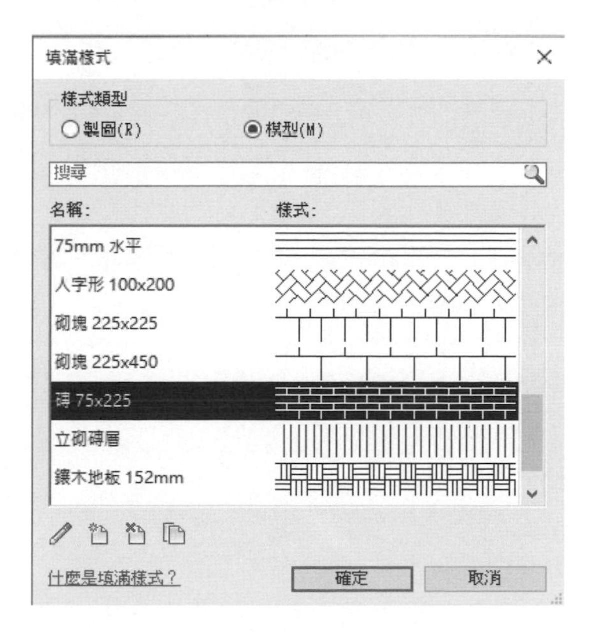
填滿樣式
樣式類型
製圖(R)
模型(M)
搜尋
名稱:
樣式:
75mm 水平
人字形 100x200
砌塊 225x225
砌塊 225x450
磚 75x225
立砌磚層
鑲木地板 152mm
什麼是填滿樣式？
確定
取消

↑ 圖 3-19

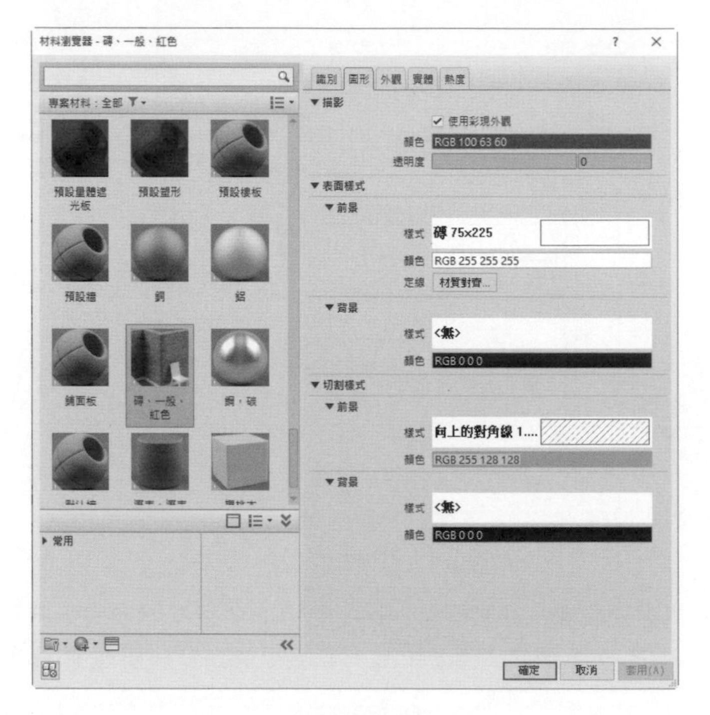

↑ 圖 3-20

- 接著，以同樣方法新建「B1F-RC 牆加粉刷 15cm（2+2cm）」類型，其構造層設定如圖 3-21 所示。於「類型性質」對話框類型選取器中點選「RC 牆加粉刷 15cm（2+2cm）」，點選「複製」按鈕，在彈出的「名稱」對話方塊中輸入新牆類型的名稱「B1F-RC 牆加粉刷 15cm（2+2cm）」，且設定內外邊塗層材料為「塗層」，完成 B1FL 新牆類型設定後，儲存檔案。

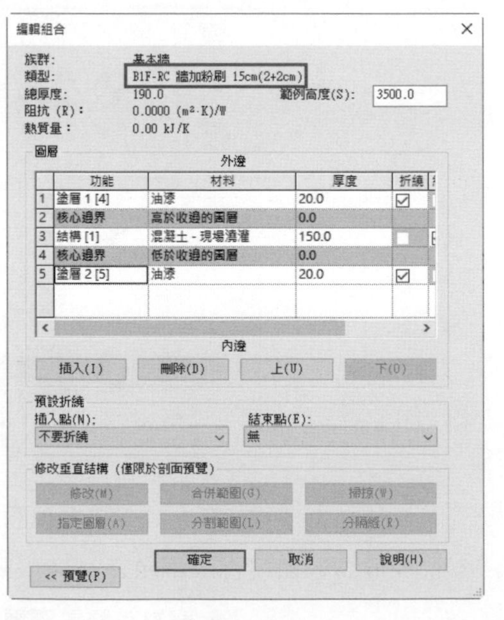

↑ 圖 3-21

注意

範例高度是僅在預覽窗格中牆的高度。可以為範例高度指定任何值，但是該高度應該足以允許建立所需的牆結構。該範例高度不會影響專案中該類型的任何牆的高度。

注意

牆結構層的連接優先權。較高優先權的牆會比較低優先權的牆先連接。例如當您連接兩道牆時，第一道牆中優先權 1 的牆結構層會連接到第二道牆中優先權 1 的牆結構層。優先權為 1 的牆結構層有最高的優先權，可以穿過所有較低優先權的牆結構層以連接另一道優先權 1 的牆結構層。但一個較低優先權的牆結構層無法穿過具有相同或較高優先權的牆結構層。圖 3-22 為一個具有不同優先權牆結構層的連接情況。

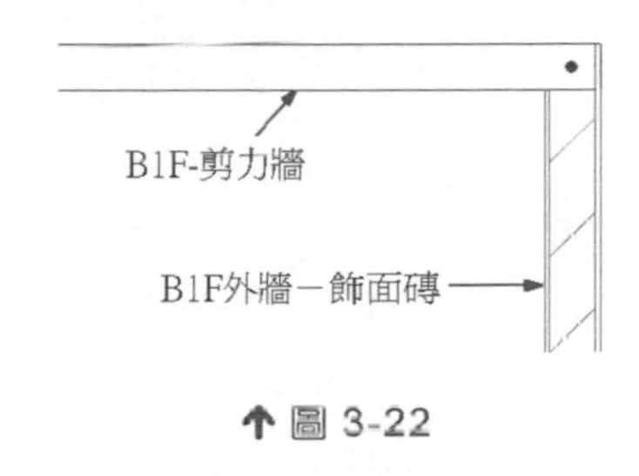

↑ 圖 3-22

注意

牆類型命名依各設計單位習慣自行定義，名稱中若不加入樓層，則明細表中必需列出基準約束（參考樓層）欄位。

3.1.2 繪製地下一樓外牆

建立新的牆類型後，即可直接選擇牆類型，繪製牆體。

- 接續 3.1.1 節的練習，在專案瀏覽器中展開「樓板平面圖」，在「B1FL」快點兩下，進入 B1FL 平面圖，點選功能區「建築」頁籤 -「牆」指令，此時性質交談框會顯示前次所挑選的牆類型。
- 在類型選取器中選擇「B1F-剪力牆 24cm」類型，於性質交談框中，設定例證約束參數「底部約束」為「B1–1FL」，「頂部約束」為「至樓層：1FL」，如圖 3-23 所示。

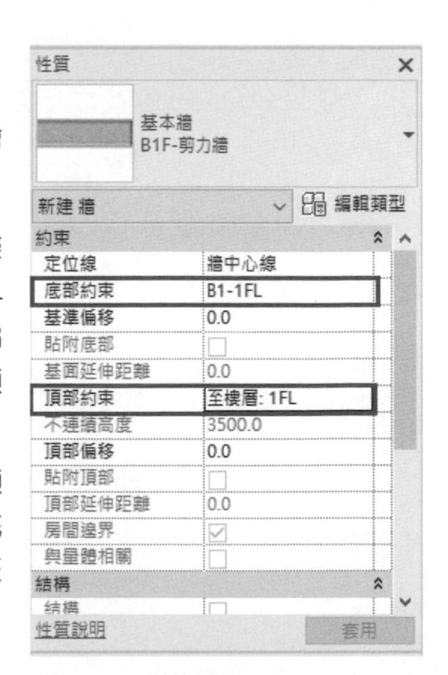

↑ 圖 3-23

- 在選項列選擇牆繪製方式，「定位線」選擇「牆中心線」，確認勾選「鏈」核取方塊 修改 | 放置 牆　高度: 1F　3500.0　定位線: 牆中心線　☑鏈　偏移: 0.0　☐半徑: 1000.0 。移動游標至 E 軸和 2 軸交點處，Revit 將自動選取該交點，點選滑鼠左鍵作為牆體起點，然後按順時針依次單擊選取 E 軸和 1 軸交點、F 軸和 1 軸交點、F 軸和 2 軸交點、H 軸和 2 軸交點、H 軸和 7 軸交點、D 軸和 7 軸交點，按 ESC 鍵兩次結束牆繪製命令，完成上半部分牆體的繪製，結果如圖 3-24 所示。

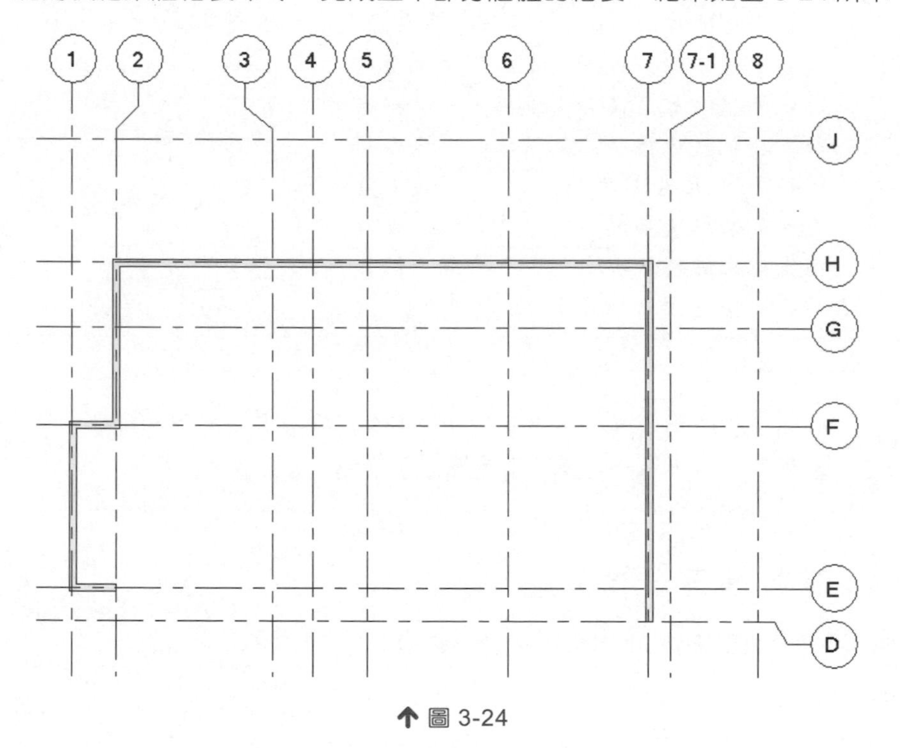

↑ 圖 3-24

注意

在 Revit 中繪製牆時，按 ESC 鍵一次可以退出當時牆體的繪製狀態，再次點擊 ESC 鍵則退出牆指令，回到「修改」狀態。ESC 鍵的操作適用於 Revit 的所有命令。

注意

另外，在 Revit 繪製牆時，順時針方向所繪製的牆將依外牆在外側的法則繪製，反之，逆時針方向繪圖，會出現內外牆相反狀況，此時，需在平面圖中調整牆內外方向，如圖 3-25 所示。

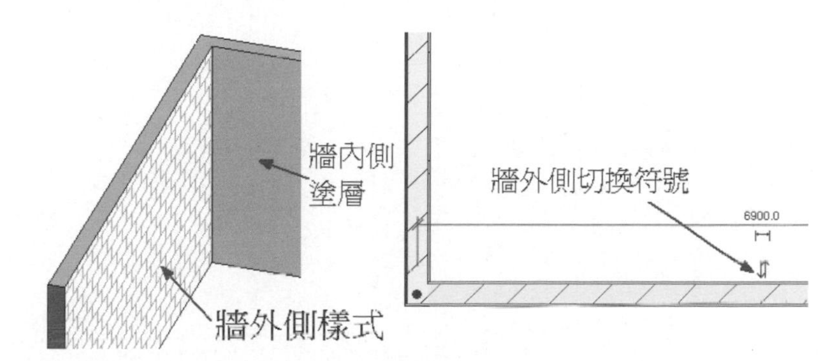

圖 3-25

- 接著，在類型選取器中選擇「B1FL 外牆－飾面磚」類型，於性質交談框中，設定例證約束參數「底部約束」為「B1–1 FL」，「頂部約束」為「至樓層：1FL」。
- 於選項列選擇「繪製」線指令，「定位線」選擇「牆中心線」，移動游標點選滑鼠左鍵選取 E 軸和 2 軸交點為繪製牆體起點，然後游標垂直向下移動，鍵盤輸入「8280」按「Enter」鍵確認；游標水平向右移動到 5 軸點選，繼續點選 E 軸和 5 軸交點、E 軸和 6 軸交點、D 軸和 6 軸交點、D 軸和 7 軸交點以繪製下半部分外牆，完成會出現內外牆相反情形，需作翻轉調整牆面，如圖 3-26 所示。

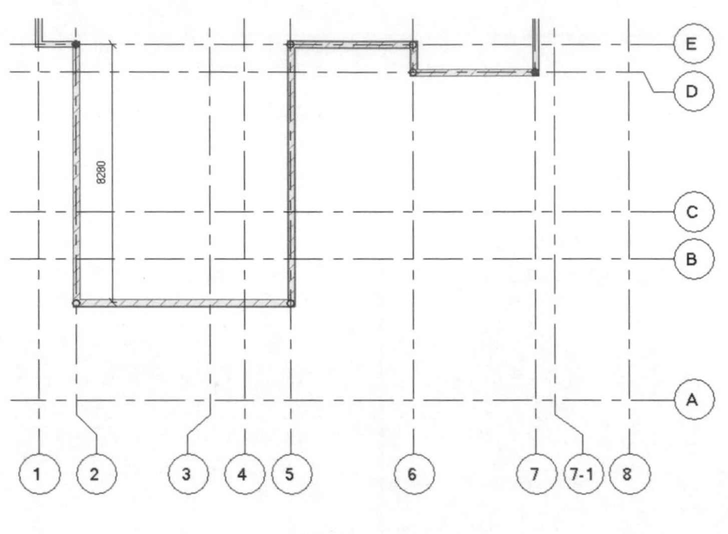

↑ 圖 3-26

- 完成地下一樓外牆後，請在繪圖區下方的視圖控制列上，將詳細等級 

由「粗糙」改為「細緻」，在平面圖中的牆結構則可詳細表顯示出來，如圖 3-27、圖 3-28 所示。

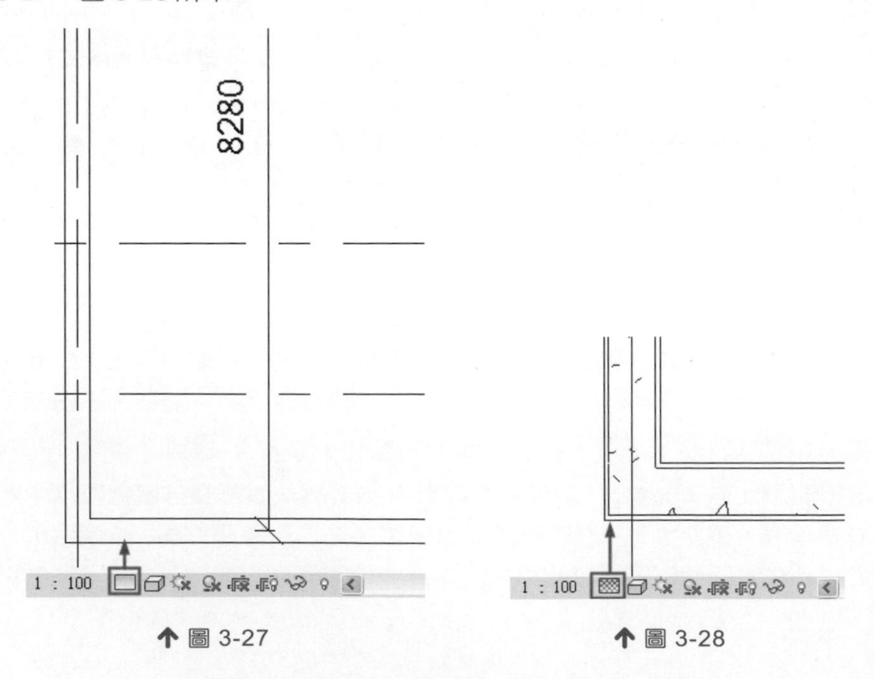

↑ 圖 3-27　　↑ 圖 3-28

- 完成後的地下一樓外牆如圖 3-29 所示，儲存檔案。

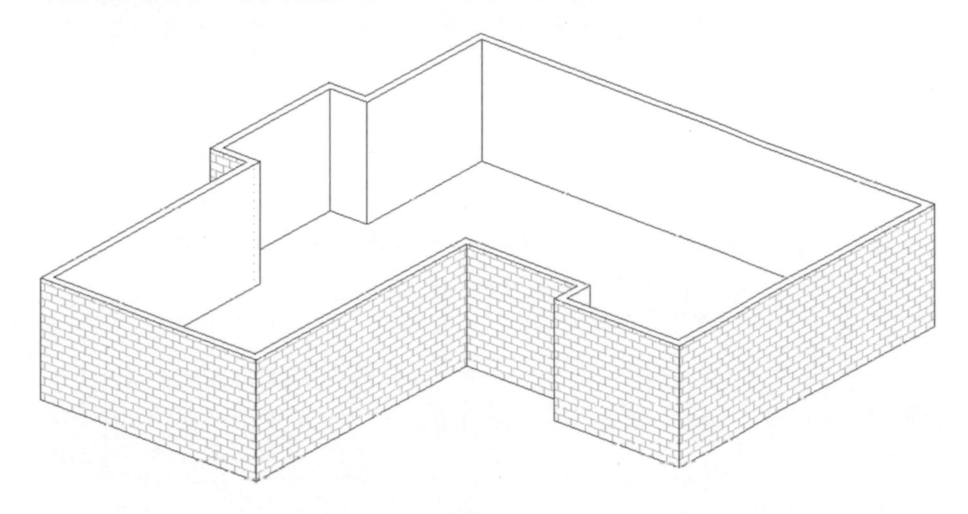

↑ 圖 3-29

3.1.3 繪製地下一樓內牆

內牆類型的建立方法與前述外牆相同，此處將不再詳細敘述。

- 接續 3.1.2 節練習，點選「建築」頁籤 -「牆」指令，於類型選取器中選擇「B1F-RC 牆加粉刷 15cm（2+2cm）」類型；於性質交談框中，設定例證約束參數「底部約束」為「B1–1 FL」，「頂部約束」為「1FL」。
- 於選項列選擇「繪製」線指令，「定位線」選擇「牆中心線」，依圖 3-30 所示，內牆位置選取軸線交點，繪製「B1F-RC 牆加粉刷 15cm（2+2cm）」地下室內牆。

注意

外牆和內牆只是設定的名稱，關鍵是透過設定牆的構造層厚度、功能、材料來定義牆的種類。內外牆、不同層、不同材料的牆體建議複製新的牆體類型，便於後期的建築專案整體編輯和管理條件需求。

注意

繪製牆時，可按住 Shift 鍵可以強制路徑或方向線成水平或垂直。

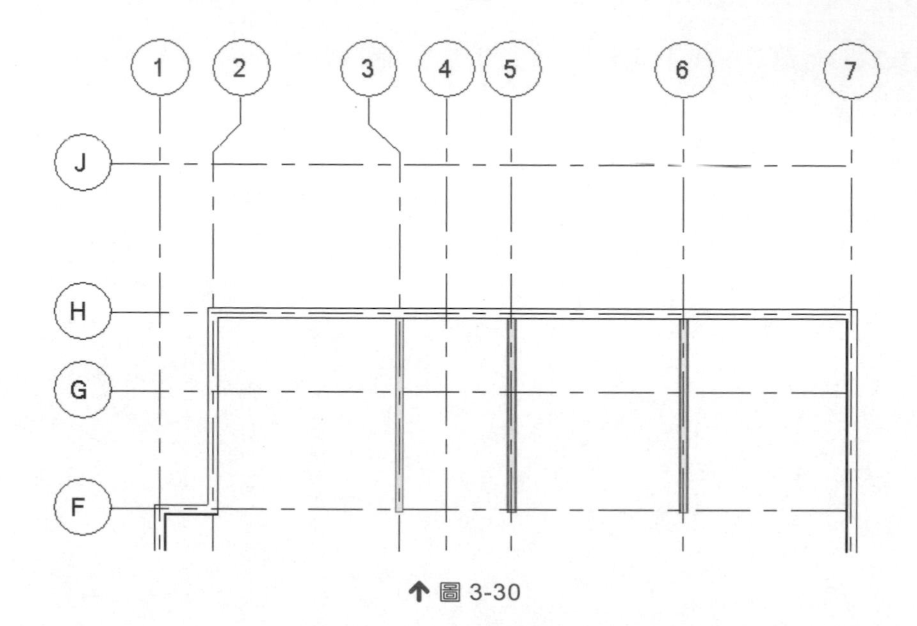

↑ 圖 3-30

- 點選「建築」頁籤 -「牆」指令，於類型選取器中選擇「B1F-內磚牆 1/2B」類型；於性質交談框中，設定例證約束參數「底部約束」為「B1–1 FL」，「頂部約束」為「1FL」。
- 於選項列選擇「繪製」線指令，「定位線」選擇「牆中心線」，依圖 3-31 所示，內牆位置選取軸線交點，繪製「B1F-內磚牆 1/2B」地下室內牆。

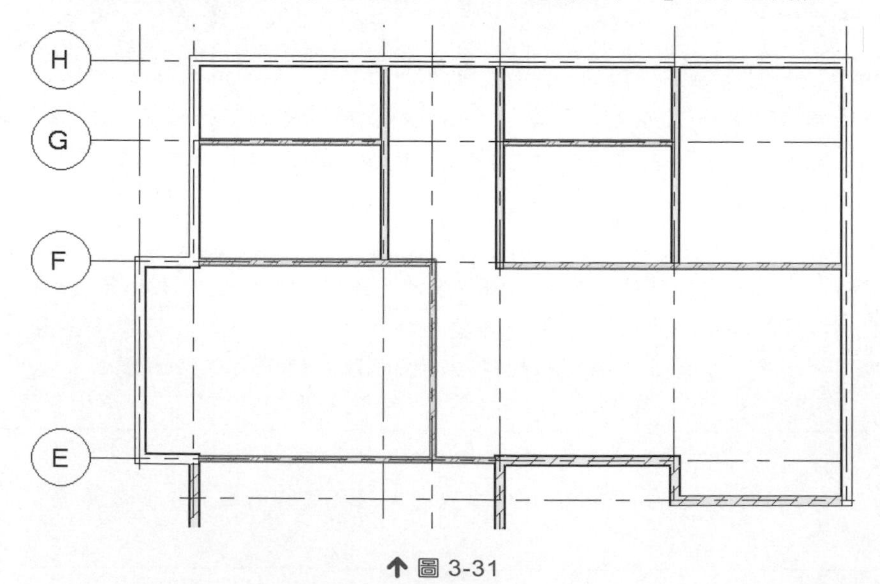

↑ 圖 3-31

- 請放大 D1、F5 軸線區域，檢查牆體的平整性，此時會發現內外牆不對齊，如圖 3-32 所示。

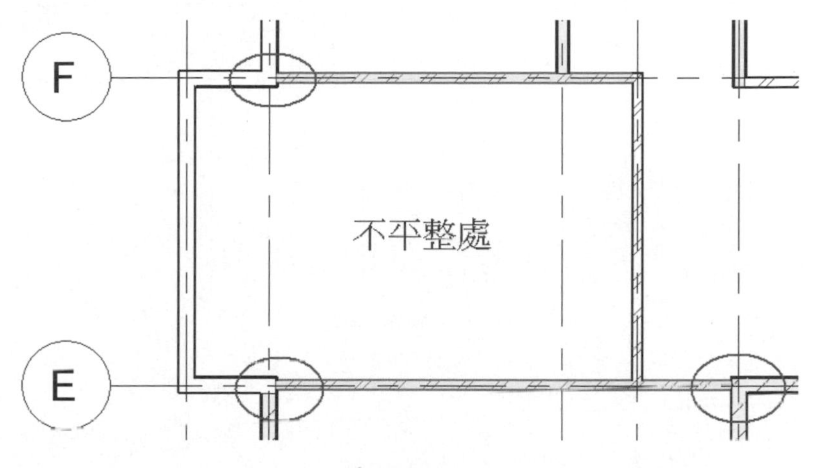

↑ 圖 3-32

- 接下來我們需對上述內牆情形作對齊調整，點選「修改」頁籤 -「對齊」指令，請先點選左側外牆上緣作為對齊基準線，再點選內牆上緣，此時 Revit 會自動將內外牆對齊，請依圖 3-33 所示，以左側外牆為基準完成建築模型的內部平整性。

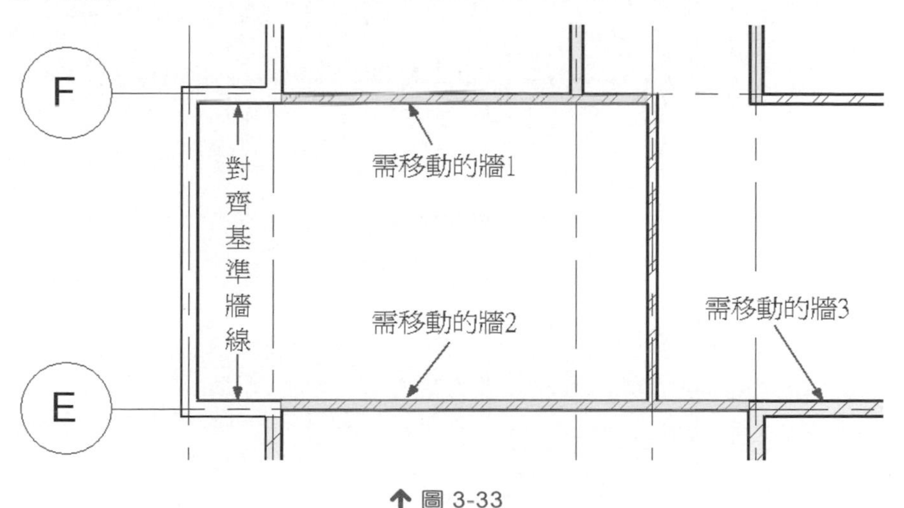

↑ 圖 3-33

- 接著，請放大 H2、G6 軸線區域，以 G 軸為基準，將隔間牆「B1F-內磚牆 1/2B」依水平方向牆上緣對齊至 G 軸，如圖 3-34 所示。

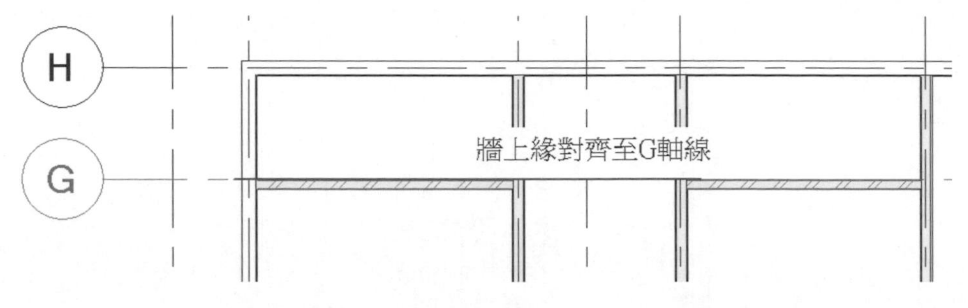

↑ 圖 3-34

- 完成後的地下一樓牆體如圖 3-35、圖 3-36 所示，請儲存檔案。

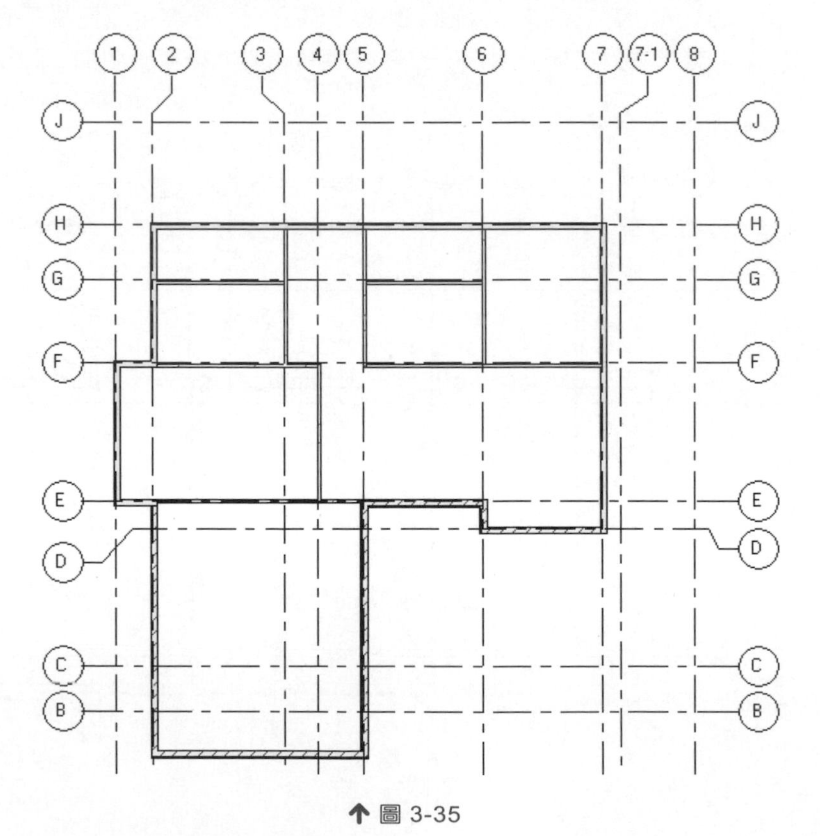

↑ 圖 3-35

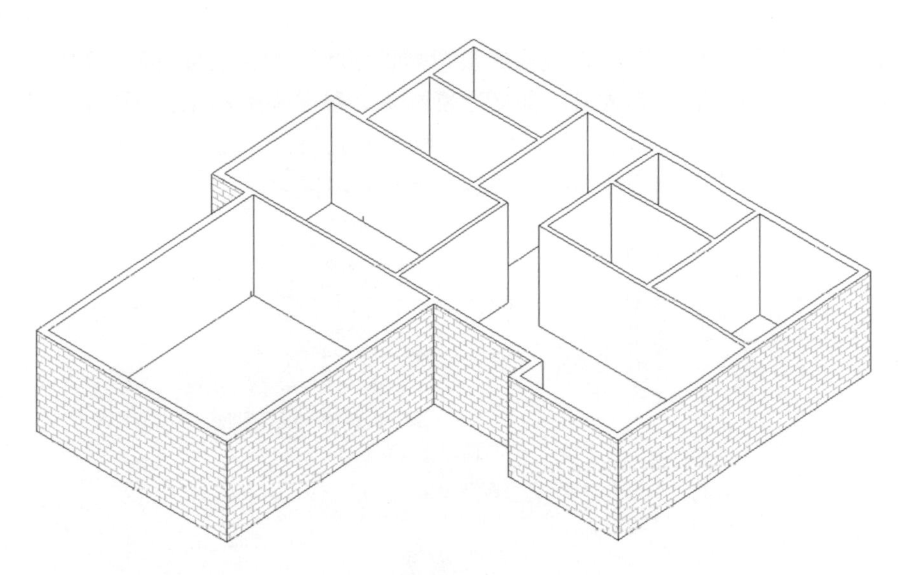

↑ 圖 3-36

3.1.4 其他牆類型

Revit 除提供上述建築牆類型外，也提供其他牆類型，例如（1）堆疊牆、（2）帷幕牆，如圖 3-37 所示；帷幕牆的靈活應用將在第六章中詳細說明，所以，接下來只簡單說明堆疊牆操作。

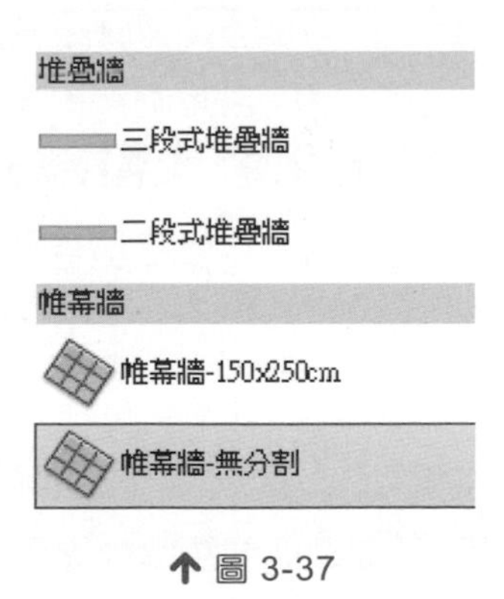

↑ 圖 3-37

- 點選「建築」頁籤 -「牆」指令，於類型選取器中選擇「堆疊牆 - 兩段式堆疊牆」類型；於性質交談框中，設定例證約束參數「底部約束」為「B1–1 FL」，「頂部約束」為「1FL」，並點選「編輯類型」按鈕，開啟「編輯組合」面板，依圖 3-38 所示進行設定，即可了解「兩段式堆疊牆」預設環境。

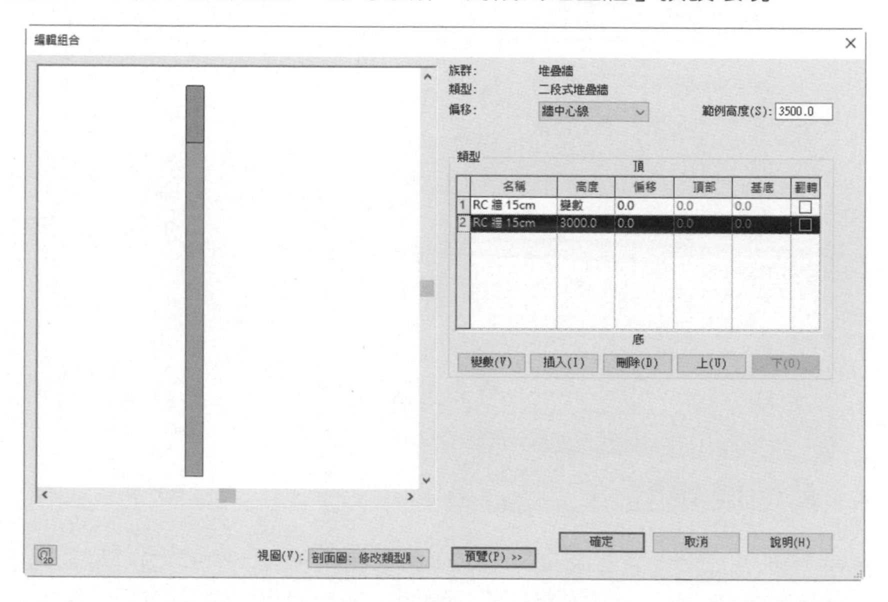

↑ 圖 3-38

- 接著，點選「建築」頁籤 -「牆」指令，於類型選取器中選擇「堆疊牆 - 三段式堆疊牆」類型；於性質交談框中，設定例證約束參數「底部約束」為「B1–1 FL」，「頂部約束」為「1FL」，注意，總高為 3500mm；再點選「編輯類型」按鈕，開啟「編輯組合」面板，圖 3-39 為三段式堆疊牆預設環境。
- 請依圖 3-40 所示進行設定，即可了解「三段式堆疊牆」應用方式；讀者可在平面圖上試著繪製，並在 3D 空間中觀察其結果。
- REVIT 會依軟體版本不同，有些版本的堆疊牆類型可能只有兩段式堆疊牆。
- 本專案中並未採用堆疊牆類型。

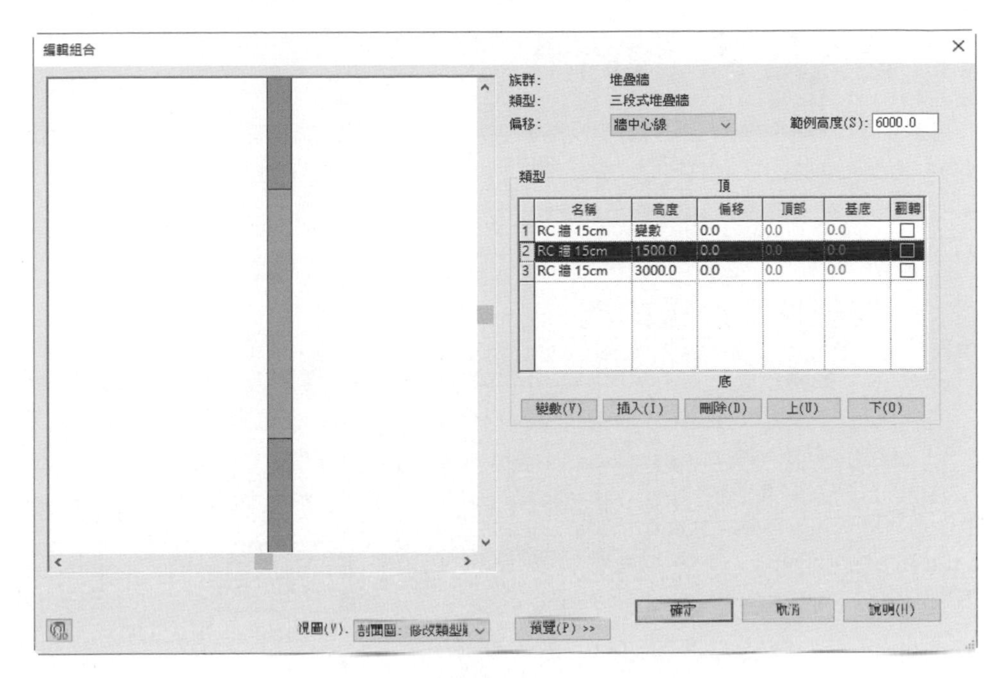
編輯組合
族群: 堆疊牆
類型: 三段式堆疊牆
偏移: 牆中心線
範例高度(S): 6000.0
類型
頂
名稱 高度 偏移 頂部 基底 翻轉
1 RC 牆 15cm 變數 0.0 0.0 0.0
2 RC 牆 15cm 1500.0 0.0 0.0 0.0
3 RC 牆 15cm 3000.0 0.0 0.0 0.0
底
變數(V) 插入(I) 刪除(D) 上(U) 下(O)
確定 取消 說明(H)
視圖(V): 剖面圖: 修改類型屬
預覽(P) >>

↑ 圖 3-39

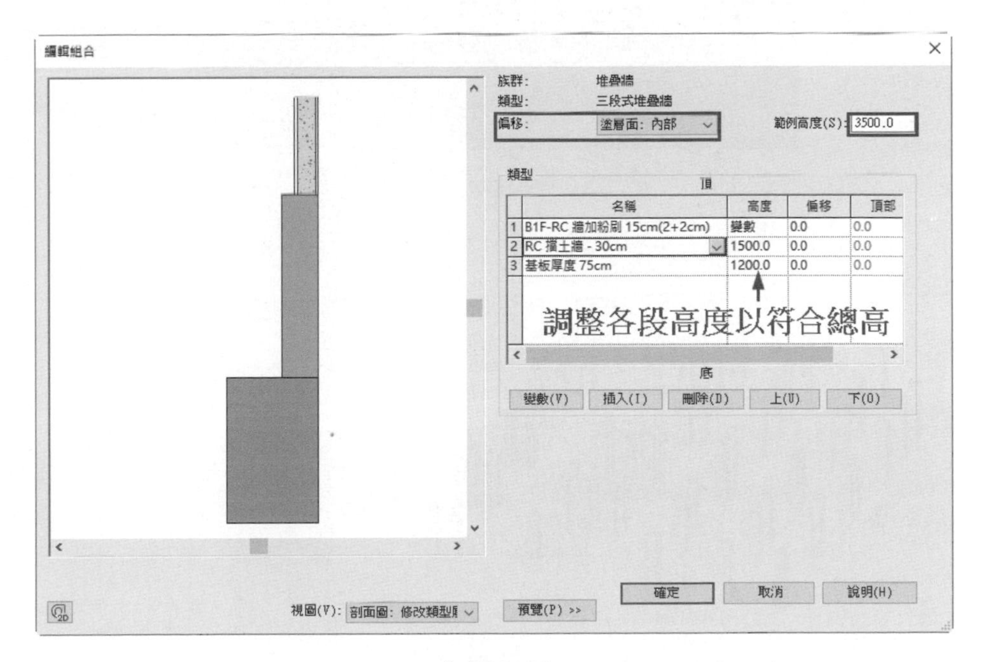
編輯組合
族群: 堆疊牆
類型: 三段式堆疊牆
偏移: 塗層面: 內部
範例高度(S): 3500.0
類型
頂
名稱 高度 偏移 頂部
1 B1F-RC 牆加粉刷 15cm(2+2cm) 變數 0.0 0.0
2 RC 擋土牆 - 30cm 1500.0 0.0 0.0
3 基板厚度 75cm 1200.0 0.0 0.0
調整各段高度以符合總高
底
變數(V) 插入(I) 刪除(D) 上(U) 下(O)
確定 取消 說明(H)
視圖(V): 剖面圖: 修改類型屬
預覽(P) >>

↑ 圖 3-40

3.2 插入地下一樓的門

Revit 可以在平面、立面或 3D 視圖中，將門插入到牆主體上。你可以將門放置在任意類型的牆上（但不包含帷幕牆），包括弧形牆、內建牆和依面建立的牆（例如斜牆）。Revit 會自動在牆上建立門所需開口並放置門模型。

3.2.1 放置地下一樓的門

- 接續 3.1 節練習，打開「B1FLL」平面視圖，點選「建築」頁籤 -「門」指令，在「模式」面板中點選載入族群 指令，由 REVIT 練習文件\第 3 章\自訂元件資料夾內載入「飾面木門.rfa」Revit 族群，然後於性質交談框中類型選取器選擇「飾面木門 - M0921」類型。
- 請按「編輯類型」指令，進入類型性質交談框中，修改「類型標註（標記）」為「D1」，再按「確定」結束編輯類型性質，如圖 3-41 所示。

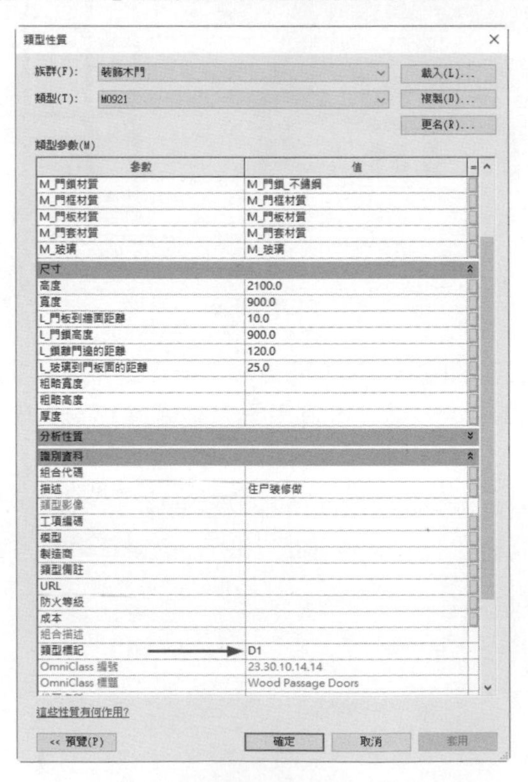

↑ 圖 3-41

- 在功能區「標籤」中點選檢查「放置時進行標籤」是否已經啟用，以便對門進行自動標記。如要置入標籤引線，請勾選「引線」並指定長度，但在這練習中，不需加入標籤引線。
- 將游標移到 3 軸「B1F-內磚牆 1/2B」的牆上，此時會出現門與周圍牆體距離的灰色相對尺寸，如圖 3-42 所示。這樣可以透過相對尺寸大致點選門的位置。另外，在平面視圖放置門之前，按空白鍵可以控制門的左右開啟方向且滑鼠碰觸牆體內或外側，開門方向會自動調整，於適當位置安置門後，請編輯右下方的門板距離下方牆面 100mm，即固定門板絞鏈位置，完成門的建立。

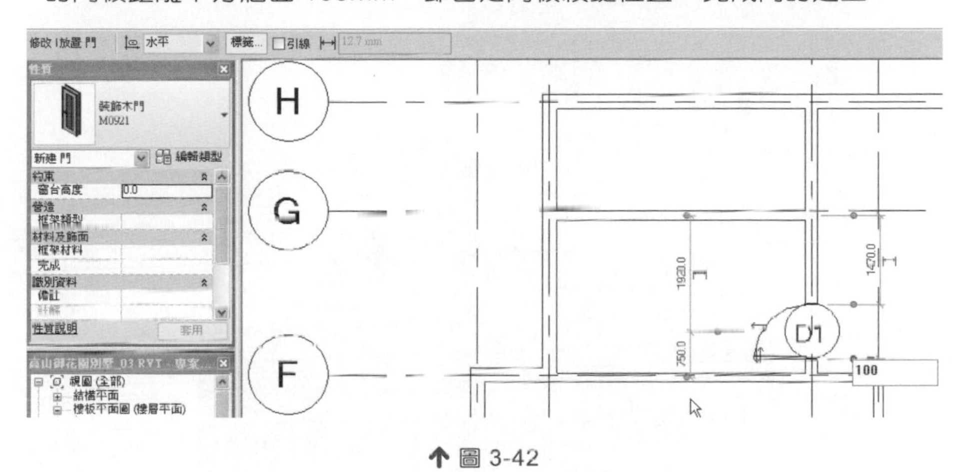

↑ 圖 3-42

- 放置後，點選標籤 D1，其位置可自由移動到適當地方。
- 同理，在類型選取器中分別選擇「電捲門：JLM5422」、「飾面木門 - M0921」、「飾面木門 - M0821」、「雙拉門 YM2124」、「雙拉門 YM1824」門類型，依圖 3-43 所示位置插入到地下一樓牆上。

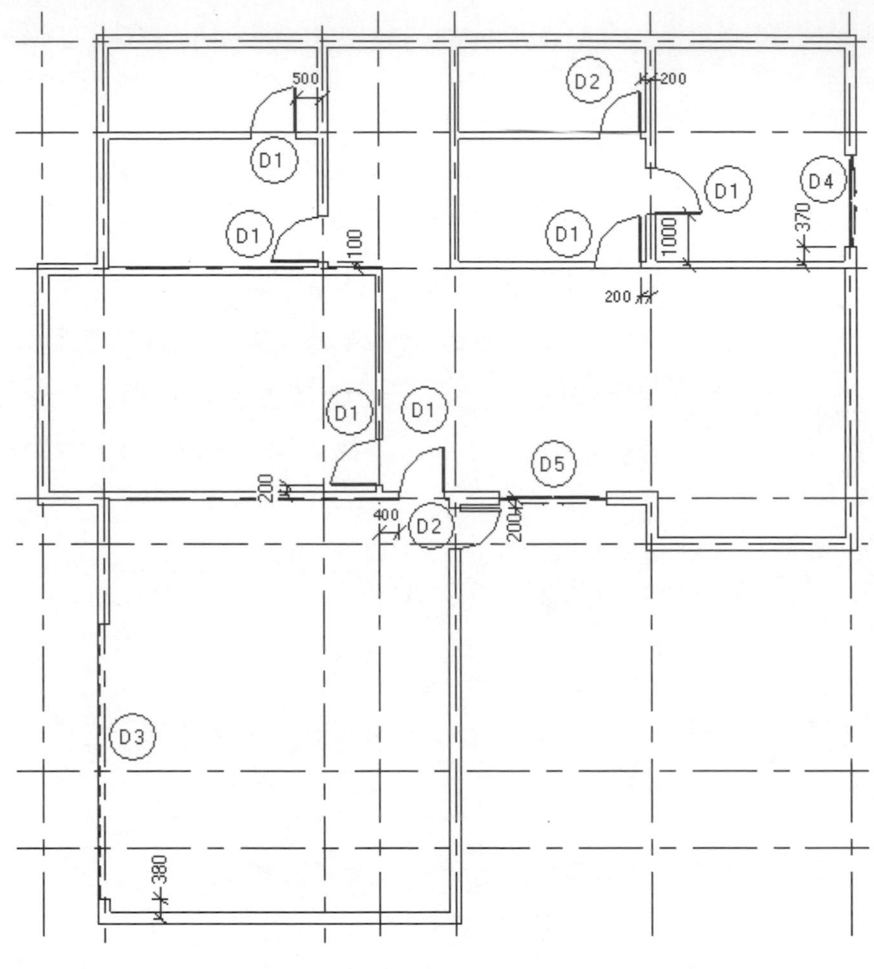

↑ 圖 3-43

- B1FL 門尺寸、規格如下表所示。

B1FL 門規格表				
標籤	名稱	寬	高	窗台高度
D1	裝飾木門（M0921）	900	2100	
D2	裝飾木門（M0821）	800	2100	
D3	電捲門	5400	2200	
D4	雙拉門 YM1824	1800	2400	
D5	雙拉門 YM2124	2100	2400	

- 完成後地下一樓的門如圖 3-44 所示，儲存檔案。

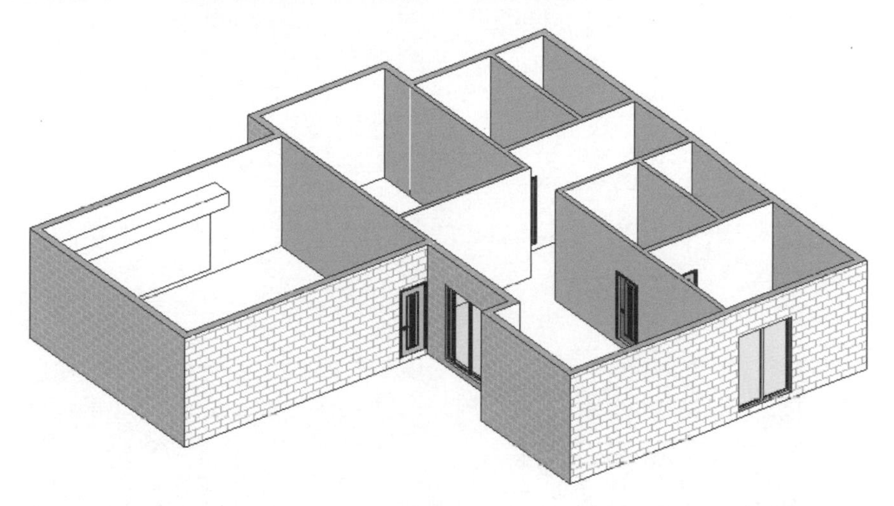

↑ 圖 3-44

注意

每個 Revit 專案均有預設系統族群供建築使用，當其規格不符需求時，可自行由 Metric Library 資料夾載入外部族群使用，如圖 3-45 所示。

但所載入的族群僅在同一專案取用而已，所以，每個專案所需族群不同。另外，可由 Autodesk 原廠或是網路資源搜尋下載，如圖 3-46 所示，但是未必能找到適合元件，最好能夠由自行建立專用元件資料庫。

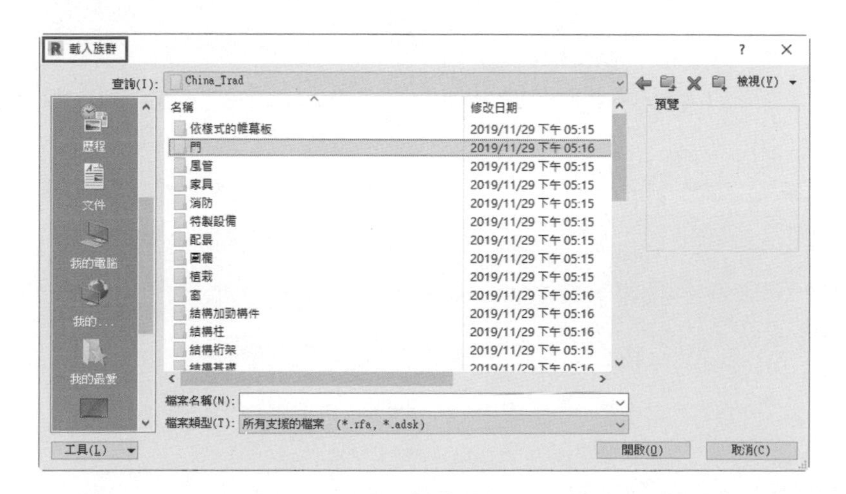

↑ 圖 3-45

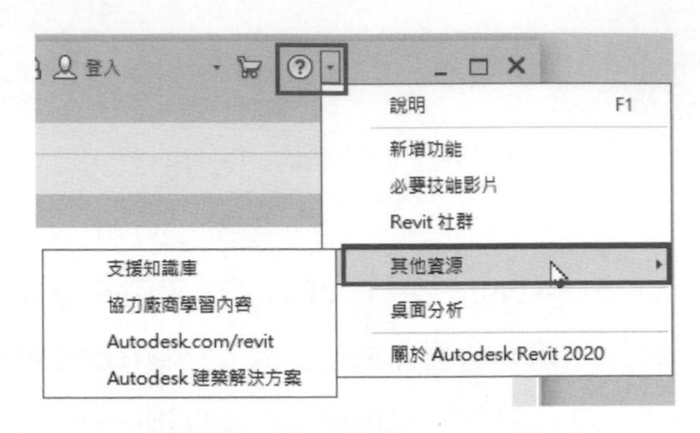

↑ 圖 3-46

- 另外，在已載入的門上按右鍵，點選「編輯族群」指令，則可直接開啟此門族群原始檔案，如圖 3-47 所示開啟「飾面木門.rfa」族群；並請在功能區左上方點選「族群品類與參數」 指令。
- 接著，請點選「族群品類與參數」交談框中的「OmniClass 編號」-內容「值」空格處，再點選編輯按鈕 ... 開啟「OmniClass 表格 23 產品分類」面板，依圖 3-48 所示挑選門編號及類型。
- 完成後，在「族群品類與參數」內容中可見「族群參數」已加註「OmniClass 編輯」及「OmniClass 標題」，如圖 3-49 所示。
- 如欲更新「高山御花園別墅」專案內資訊，只要再執行「載入到專案」 指令並選取「覆寫現有版本及其參數值」即可，如圖 3-50 所示。

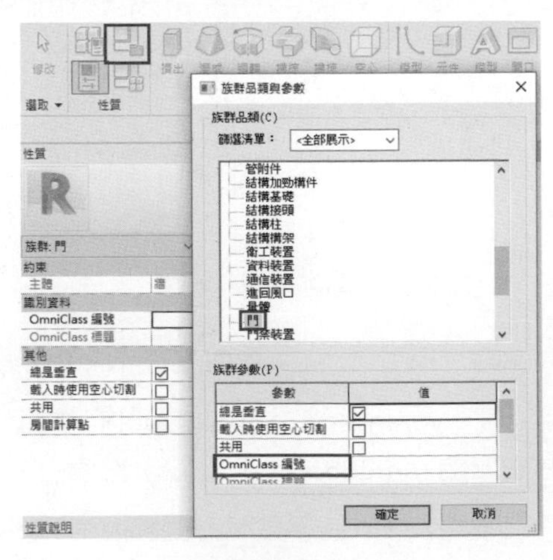

↑ 圖 3-47

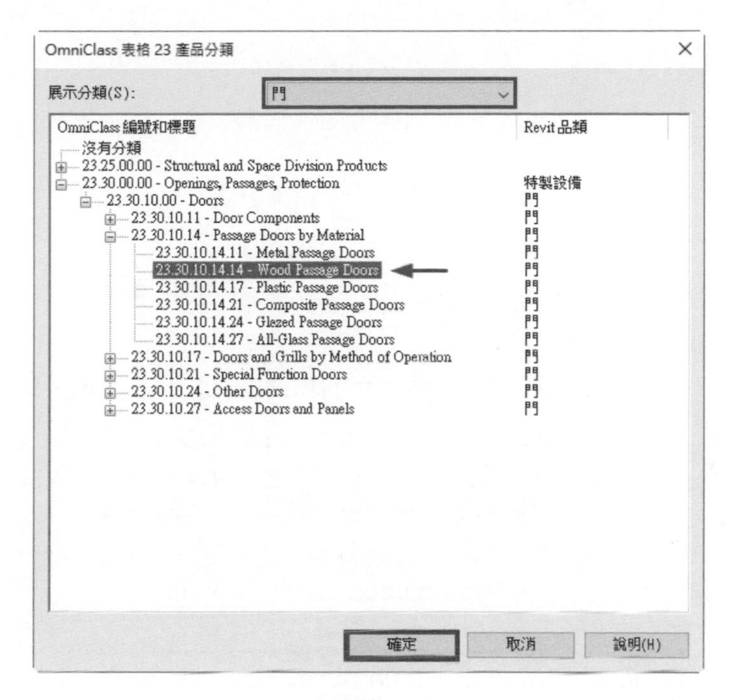

↑ 圖 3 48

↑ 圖 3-49

族群已存在

您正在嘗試載入的族群 裝飾木門 已存在於此專案中。您要如何處理?

→ 覆寫現有版本

→ 覆寫現有版本及其參數值

取消

按一下此處做進一步瞭解

↑ 圖 3-50

3.2.2 編輯門

(1) 右鍵功能

在 B1FL 平面視圖中選擇已放置的門，並點選滑鼠右鍵，從快顯功能表中選擇以下命令。

- 翻轉開門方向（左右翻轉）：此選項只限用於有包含翻轉例證面參數的特定門族群。
- 翻轉面（上下翻轉）：此選項只限用於有包含翻轉例證面參數的特定門族群。

注意　如果需要精確定位門窗的位置，點選門窗後會出現它和周圍模型的暫時尺寸，透過修改暫時尺寸的值，可以精確定位門的位置，如圖 3-51 所示，再則，點選門等元件後，即可由元件的翻轉符號直接執行翻轉需求。

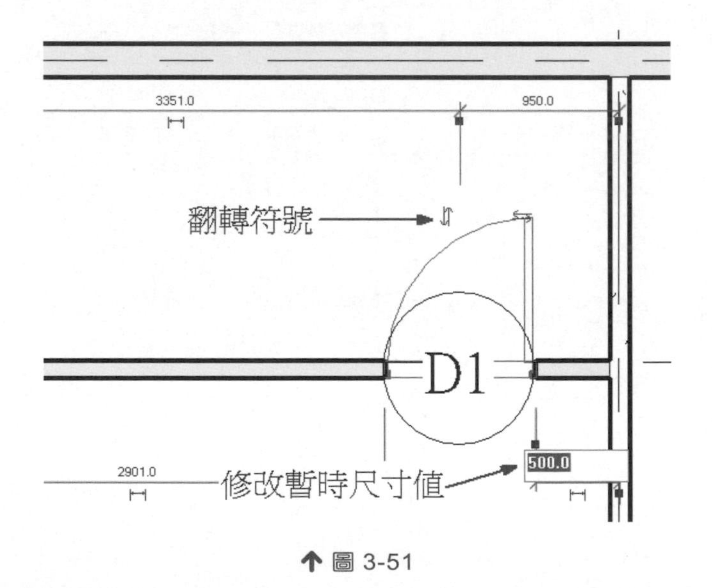

↑ 圖 3-51

(2) 元素性質修改

- 在目前平面視圖中選擇標籤為 64 的「飾面木門 - M0921」，並在類型選取器中，選擇一種不同的門類型以替換原有的門。

注意

如果列表中沒有出現需要的門類型，則可以點選「載入」從元件資源庫中載入所需門類型。

- 例證參數：在平面視圖中選擇「飾面木門 - M0921」，於性質交談框中，編輯例證參數，套用後只會改變目前已選擇的門，而可編輯的例證參數有「樓層」、「窗台高度」及「窗頂高度」，如圖 3-52。
- 類型參數：點選「編輯類型」按鈕會打開門的「類型性質」對話方塊，如圖 3-53 所示。編輯類型參數，此動作將改變圖面中所有同一類型的門。如果有其中例證條件不同，可由「複製」方式建立新門的類型名稱，以區分不同門類型。注意，建立完成新類型後，可點選圖面中欲置換門例證更改其類型，再行修改所需參數即可。

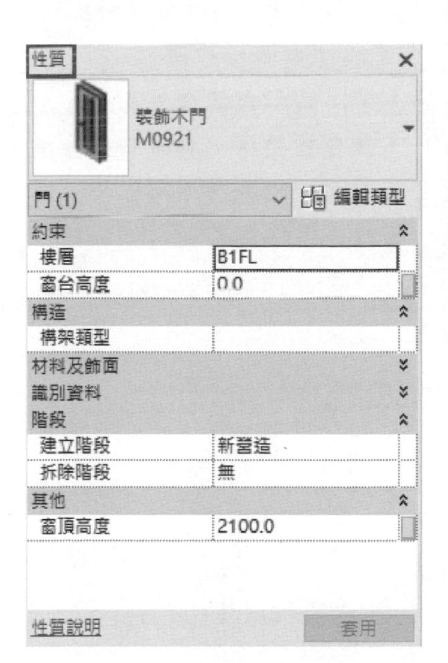

↑ 圖 3-52 性質例證參數對話方塊

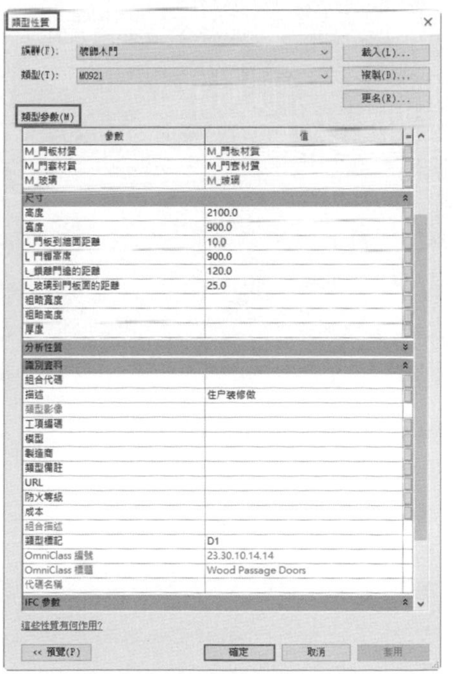

↑ 圖 3-53 類型參數對話方塊

- 構（營）造：從參數「牆封閉」的下拉清單中選擇「依主體」則門窗洞口處牆體的包絡按牆體的元素性質設定處理；如選擇「內部」、「外部」、「兩者皆是」、「兩者皆非」，則將忽略牆體元素性質的任何設定而依當時選擇處理。

- 材料和飾面：編輯參數「門材料」、「框架材料」等可以設定新的材料。
- 尺寸（標註）：編輯參數「寬度」、「高度」等可以改變門的尺寸規格。
- 點選「確定」關閉所有對話方塊後，將只更改目前選擇的門類型。

(3) 移動門

選擇門並按住滑鼠左鍵拖曳可以在目前牆的方向上移動門位置，或是在點選門元件後按「點選新主體」 指令，變更到其他牆上。

(4) 移動、複製、鏡像、陣列、對齊等編輯命令

可以選擇門，於「修改」頁籤選擇「移動」、「複製」、「鏡像」、「陣列」等命令快速建立其他門。

使用「對齊」命令可以選取門的洞口邊界或中點位置，將門對齊到某位置。

注意

利用移動、複製、鏡像、陣列命令建立門時，新的位置必須有牆體存在，否則系統將報警並自動刪除門。要複製門時，將選項列勾選「多個」為多重複製，勾選「約束」則只能在當時牆體方向上複製門，取消勾選「約束」則可以將門複製到其他不同方向的牆上，複製後門會自動調整方向和牆平齊，如圖 3-54。

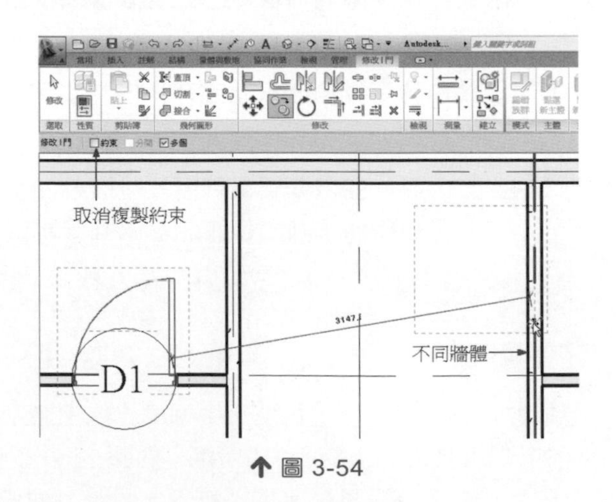

↑ 圖 3-54

3.3 插入地下一樓的窗

窗的建立和編輯方法與上一節的門完全一樣，本節不再詳述。

3.3.1 放置地下一樓的窗

- 接續上一節練習，打開「B1FL」平面視圖，點選「建築」頁籤 -「窗」指令，並依下表所示放置窗元件。

B1FL 窗規格表				
標籤	名稱	寬	高	窗台高度
W1	固定窗-矩形-（2）	1200	600	1900 mm
W2	固定窗-矩形-（10）	800	2300	400 mm
W3	四開窗-（1）	3400	1500	900 mm
W4	雙開窗-上下開-（1）	600	2450	250 mm

- 請先點選功能區「插入」頁籤-「載入族群」指令，如圖 3-55 所示，載入六邊形窗標籤備用。
- 在類型選取器中分別選擇或載入族群，並依下列規格修改或建立窗類型，依圖 3-56 所示位置，在牆上點選將窗放置在合適位置。
- 在放置第一個窗元件之後，點選窗標籤並在類型選取器中挑選「六邊形」更換，接下來所放置的窗均會直接顯示六邊形，這樣一來，門與窗標籤圖形即清楚分開表現。

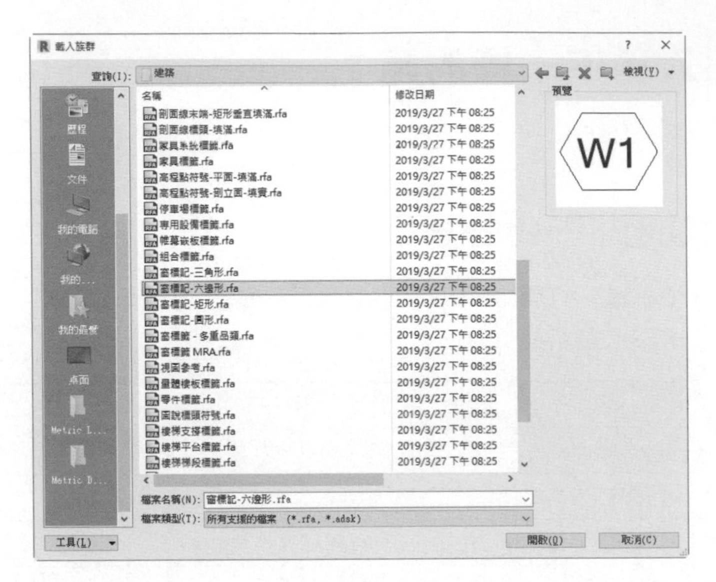

載入族群
查詢(I):
建築
檢視(V)
名稱
修改日期
預覽
W1
剖面線末端-矩形垂直填滿.rfa
剖面線標頭-填滿.rfa
家具系統標籤.rfa
家具標籤.rfa
高程點符號-平面-填滿.rfa
高程點符號-剖立面-填實.rfa
停車場標籤.rfa
專用設備標籤.rfa
帷幕嵌板標籤.rfa
組合標籤.rfa
窗標記-三角形.rfa
窗標記-六邊形.rfa
窗標記-矩形.rfa
窗標記-圓形.rfa
窗標籤 - 多重品類.rfa
窗標籤 MRA.rfa
視圖參考.rfa
量體樓板標籤.rfa
零件標籤.rfa
圖說標頭符號.rfa
樓梯支撐標籤.rfa
樓梯平台標籤.rfa
樓梯梯段標籤.rfa
2019/3/27 下午 08:25
歷程
文件
我的電腦
我的最愛
桌面
檔案名稱(N):
窗標記-六邊形.rfa
檔案類型(T):
所有支援的檔案 (*.rfa, *.adsk)
工具(L)
開啟(O)
取消(C)

↑ 圖 3-55

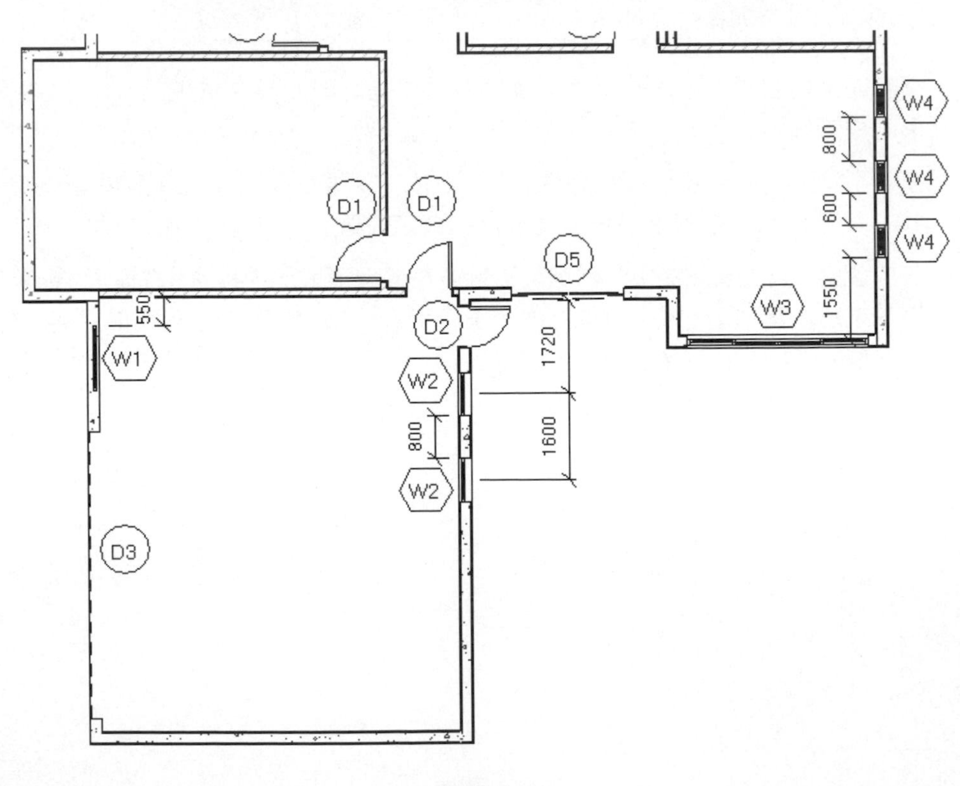

W4
800
W4
600
W4
D1
D1
D5
1550
W3
550
D2
W1
1720
W2
800
1600
W2
D3

↑ 圖 3-56

注意

如果列表中沒有出現需要的窗類型，你可能需由 Metric Library 資源庫中載入所需窗類型。

3.3.2 窗編輯－定義窗臺高

本案例中窗臺底高度不全然一致，因此在插入窗後需要調整窗臺高度。各個窗的底高度值分別是：

1. 「固定窗-矩形-（2）」圖示窗標籤 W1，窗臺高度為 1900mm。
2. 「固定窗-矩形-（10）」圖示窗標籤 W2，窗臺高度為 400mm。
3. 「四開窗-（1）」圖示窗標籤 W3，窗臺高度為 900mm。
4. 「雙開窗-上下開-（1）」圖示窗標籤 W4，窗臺高度為 250mm。

調整方法如下：

- 方法一：在任意視圖中選擇窗標籤 W1，由「性質」對話方塊，直接修改窗臺高度值為 1900mm，如圖 3-57。

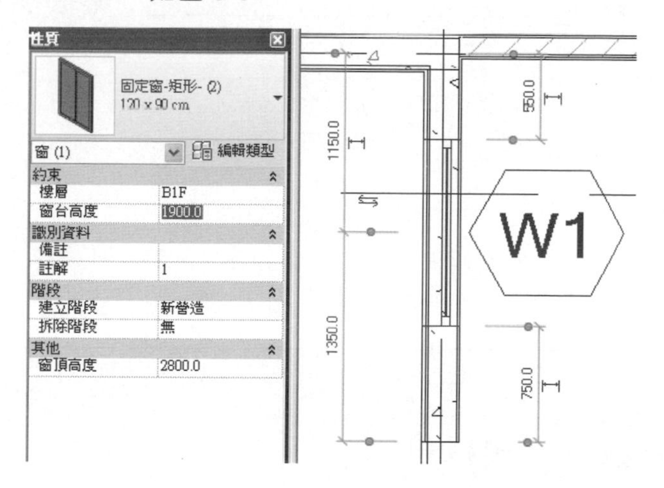

圖 3-57

- 方法二：切換至 3D 立體視圖，選擇窗標籤 W2 兩扇窗的立體模型，由「性質」對話方塊，直接修改窗臺高度值為 400mm。
- 方法三：進入專案瀏覽器，滑鼠點選「立面（建築立面）」，在「東立面」快點兩下左鍵，進入東立面視圖，在東立面視圖中，選擇「雙開窗-上下開-（1）」圖示窗標籤 W4，移動暫時尺寸控制點至「B1FL」樓層線，修改暫時尺寸標註值為 250 後，按「Enter」鍵確認修改，但一次僅能修改一扇窗，如圖 3-58 所示。

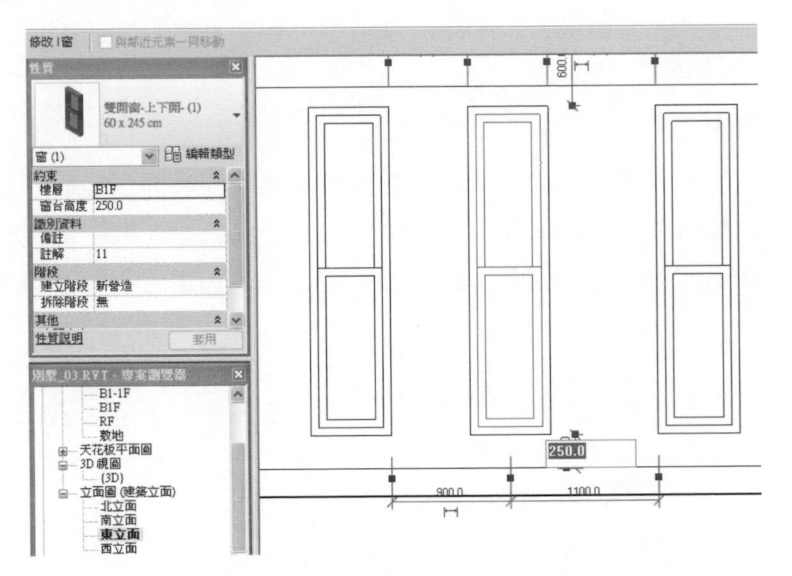

↑ 圖 3-58

注意

逐一點選平面或立面圖上的窗物件，由「性質」對話方塊直接編輯窗臺高度，可提高工作效益。

3.3.3 窗編輯－修改材料

- 請逐一選取四種窗物件，由「性質交談框」中「編輯類型」指令進入「類型性質」交談框，修改材料及飾面類型參數（1）玻璃材質：玻璃、（2）裝飾外框材料：金屬-鋁、（3）內部框架材料：金屬-鋁，如圖 3-59、圖 3-60 所示。

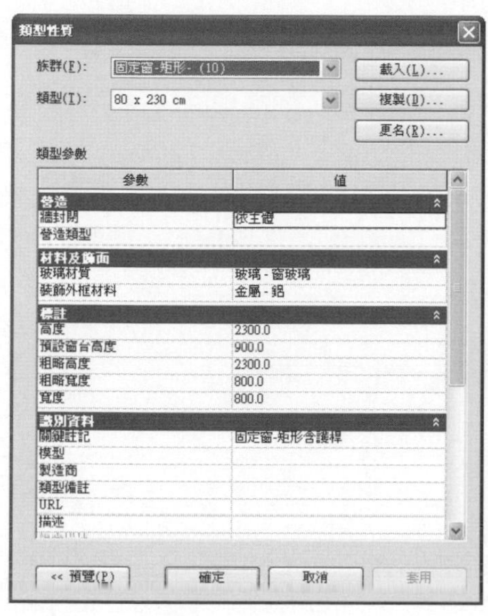

↑ 圖 3-59

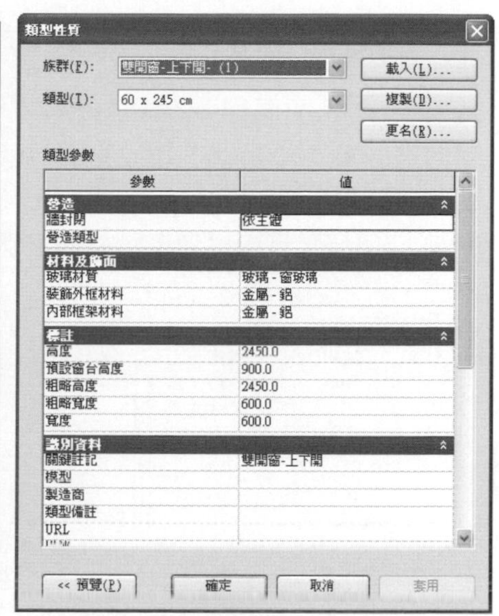

↑ 圖 3-60

- 編輯完成後的地下一樓門窗如圖 3-61 所示，儲存檔案。

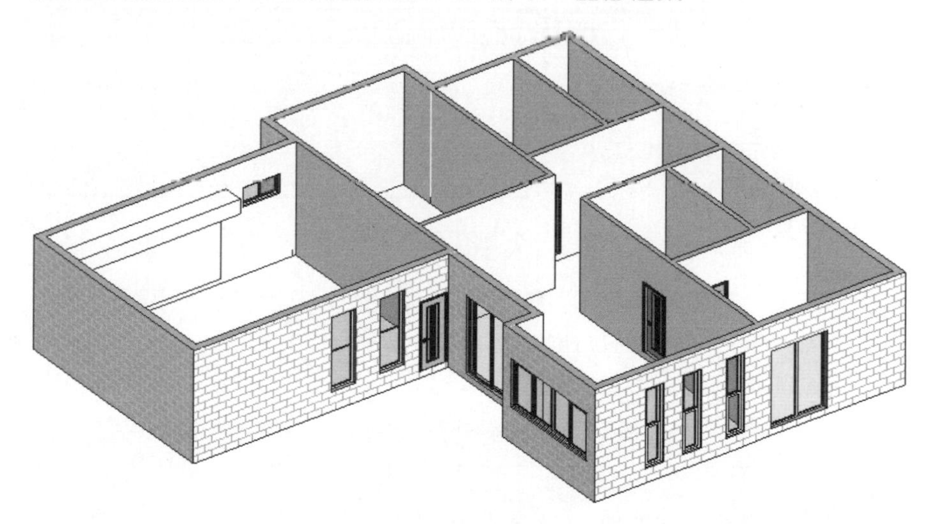

↑ 圖 3-61

3.3.4 調整視圖範圍－編輯平面圖可見高度

- 請觀察 B1FL 平面圖 D2 軸線交會處的窗 W1 標籤，即固定窗-矩形-（2），其窗台高度為 1900mm，超出平面視圖預設的切割平面高度 1200mm，請調整切割平面高度為 2000mm，使其顯示如圖 3-62 所示的結果；操作方法為在 B1FLL 平面視圖的性質交談框中點選「視圖範圍」－「編輯」－調整「切割平面」高度，如圖 3.-63 所示。

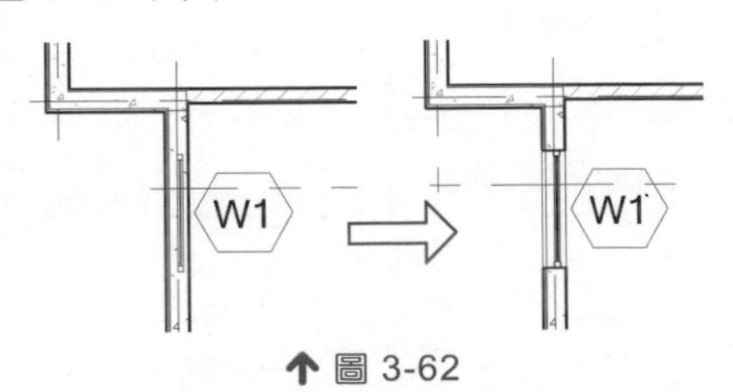

↑ 圖 3-62

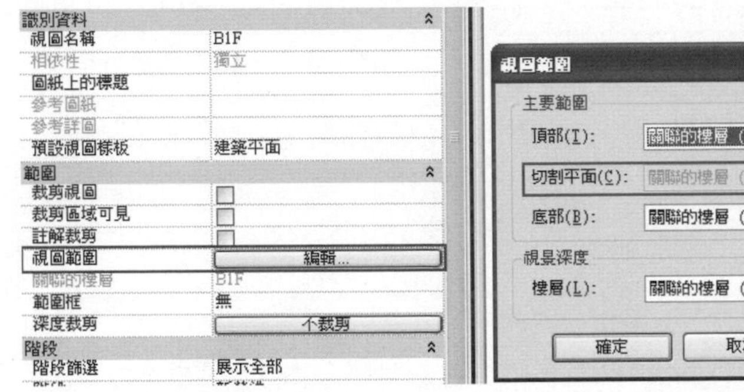

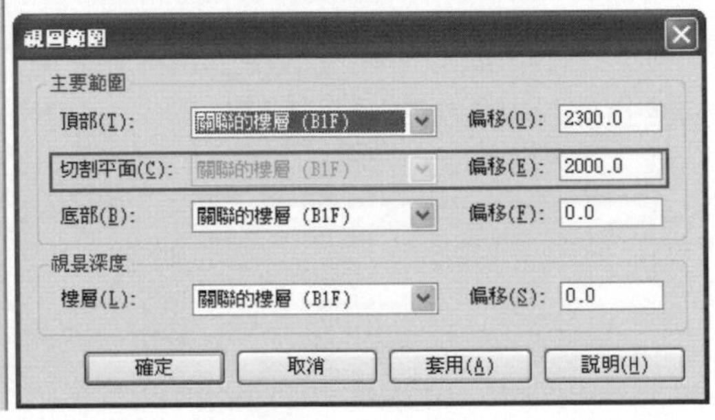

↑ 圖 3-63

注意

一般常規的平面視圖切割高度為 1200mm，門窗元件之高度尺寸需介於切割平面範圍，才可以顯示出來。

注意

切割平面需高於底部，而底部則需相同於視景深度或高於視景深度的偏移量。

- 而圖 3-64 所展示為從立面視圖的角度所看到的平面視圖之視圖範圍：頂部 ①、切割平面 ②、底部 ③、偏移 ④、主要範圍 ⑤ 和視景深度 ⑥。

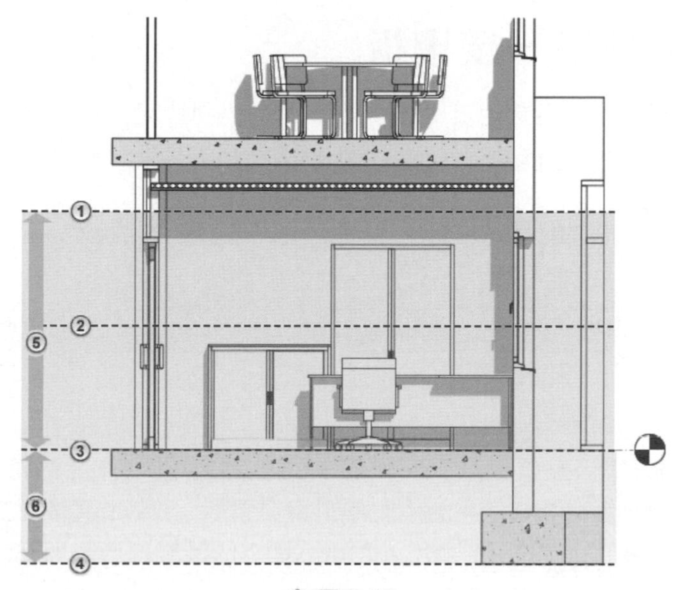

↑ 圖 3-64

- 另外，您可以透過性質「可見性／圖形取代」-「 物件型式」工具，變更切割線型式和投影線型式的顯示。您可以透過「 線型式」工具變更「超出」線型式的顯示，如圖 3-65 所示。

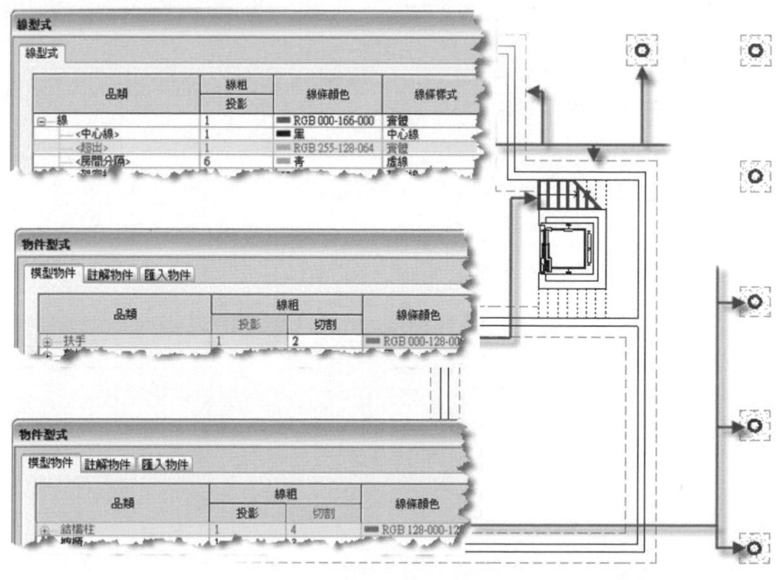

↑ 圖 3-65

3.4 建立地下一樓樓板

- 接續上一節練習，打開地下一樓平面 B1FL。點選「建築」頁籤 -「樓板」指令，進入樓板輪廓繪製模式，如圖 3-66 所示。

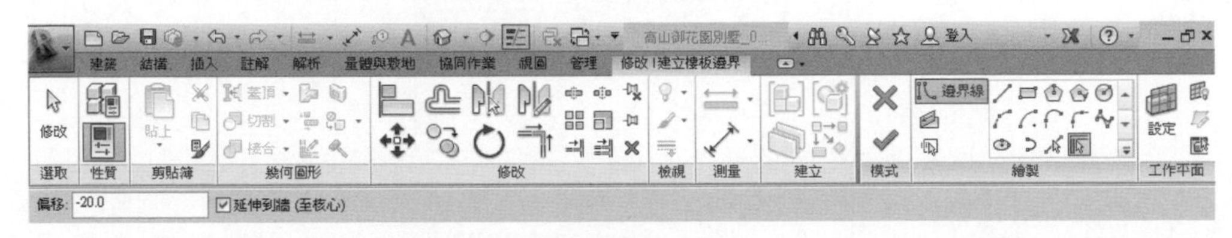

↑ 圖 3-66

- 於繪製面板點選「點選牆」指令，如圖 3-66 在選項列中設定「偏移」為：「-20」，移動游標到外牆外邊線上，依次點選外牆外邊線，Revit 將依點選位置自動建立樓板輪廓線，如圖 3-67 所示。點選牆建立的輪廓線自動和牆體保持關聯關係。

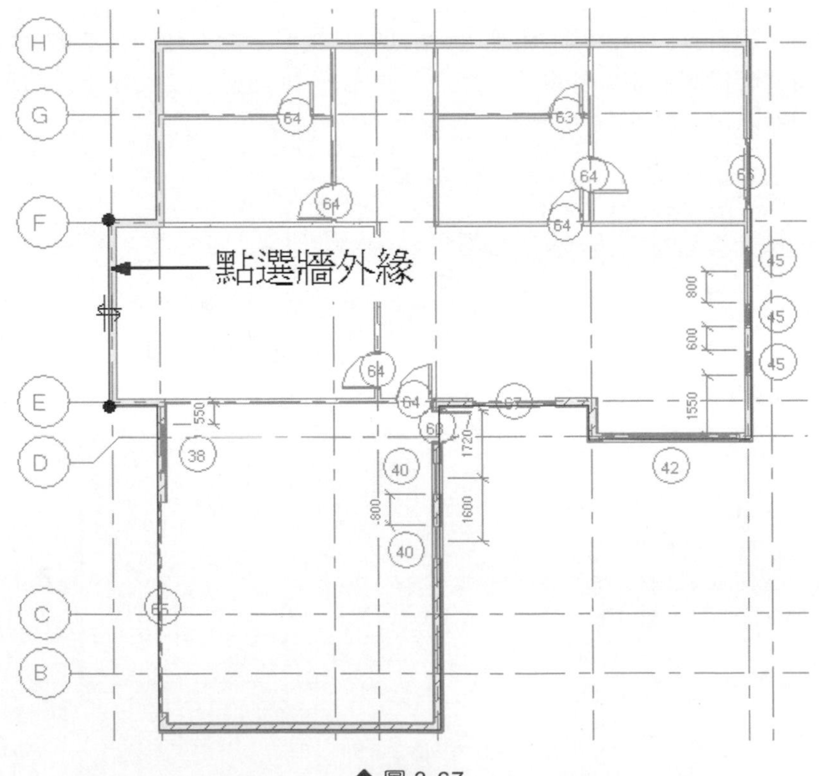

↑ 圖 3-67

- 於性質交談框中，點選「編輯類型」，如圖 3-68 進入樓板「類型性質」對話方塊，選擇「一般-15cm」類型，並執行「複製」以建立樓板類型為「常規 - 200mm」，再由營造「結構」編輯樓板厚度為 200mm。
- 接著點選功能區「完成編輯模式」✔ 指令建立地下一樓樓板，如圖 3-69 在彈出的對話方塊中選擇「是」，樓板與牆相交的地方將會自動裁剪。地下一樓樓板完成如圖 3-70 所示。
- 至此本案例地下一樓的模型都已經繪製完成，完成後的結果請參考「\REVIT 練習文件\第 3 章\高山御花園別墅_03.rvt」檔案。

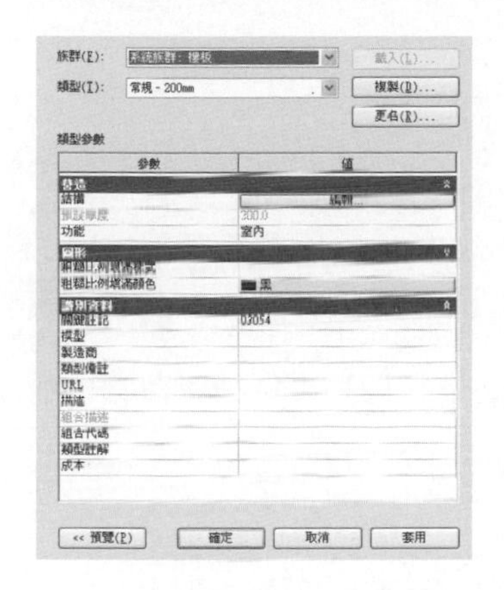

↑ 圖 3-68

↑ 圖 3-69

注意

建立樓板時，必須繪製封閉輪廓，並使用滑鼠靠近牆，同時按「Tab」鍵快速抓取牆輪廓，再點選左鍵完成選取牆。

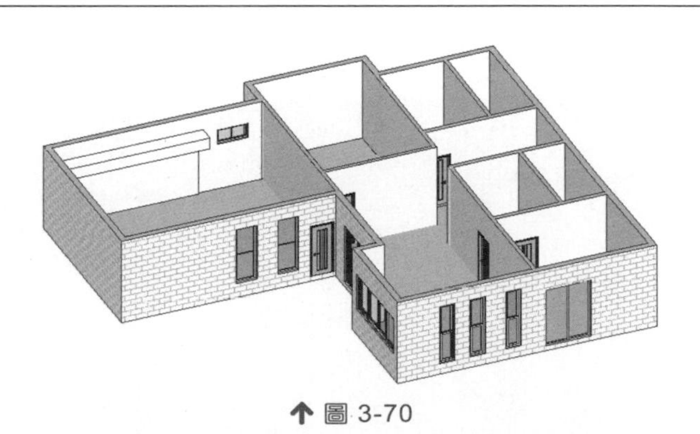

↑ 圖 3-70

模擬試題

本章學習了牆的繪製和編輯方法，以及如何插入門窗元件模型。

由下面練習題，同學們可評量學習效益。

1. 建立新規格牆類型時，首先由性質交談框之編輯類型執行下述哪一指令先行建立新類型？

   (A)載入　(B)複製　(C)更名

2. 安置門窗時，主體必須是牆。以上敘述正確與否？

   (A)正確　(B)錯誤

3. 哪一個 Revit 指令工具，允許你可以一次把多種元素完成標籤？

   (A)標籤所有未標籤　(B)依品類標籤　(C)材料標籤　(D)文字　(E)視圖參考

4. 複製牆體時，用滑鼠碰觸牆後，欲作物件間進行切換，需按鍵盤哪一個組合鍵？

   (A)Alt　(B)Ctrl　(C)Tab　(D)Shift

5. 請點選目前狀態中欲載入門族群的指令位置（請輸入指令名稱）。

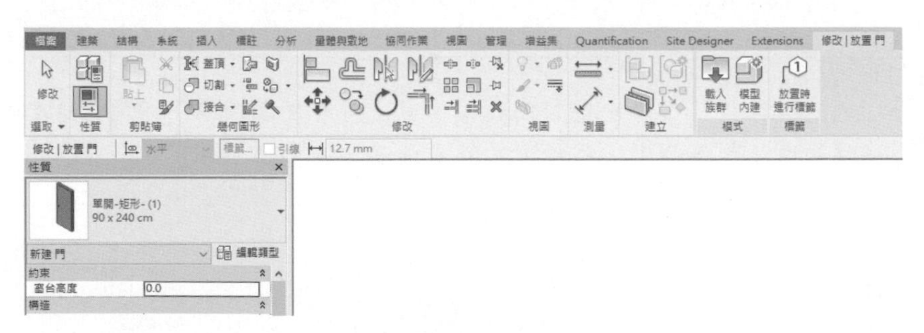

↑圖　模擬試題 3-1

6. 請開啟「Building_m.rvt」檔案。

(1) 啟用建築物樓板平面圖（Floor Plan）- Level 2。

(2) 使用「點選牆」方式及下列條件建立樓板：

- 族群類型：LW Concrete on Metal Deck
- 勾選延伸到牆（至核心）

(3) 如圖所示，沿建築物周圍繪製邊界。

(4) 當被問是否要接合幾何圖形並從牆上切割重疊的體積，請選擇「是」。

完成後，則此樓板的體積為多少立方公尺？__________ ##.### m^3

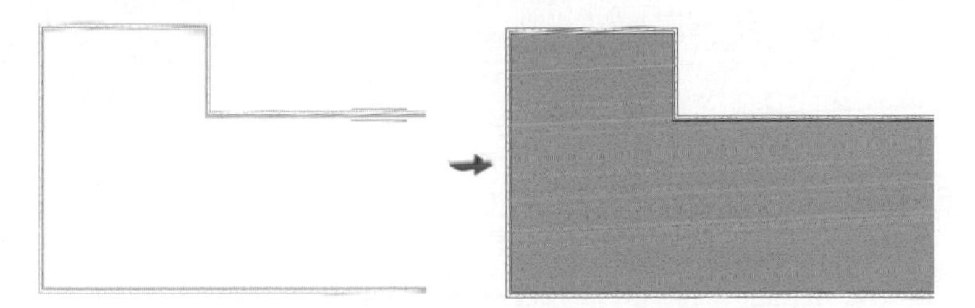

↑ 圖　模擬試題 3-2

7. 哪一個修改指令可以將 1 號牆與 2 號牆建立如圖模擬試題 3-3 所示的交叉結果？

(A)偏移　(B)修剪延伸到角　(C)對齊　(D)分割元素　(E)修剪/延伸單一元素

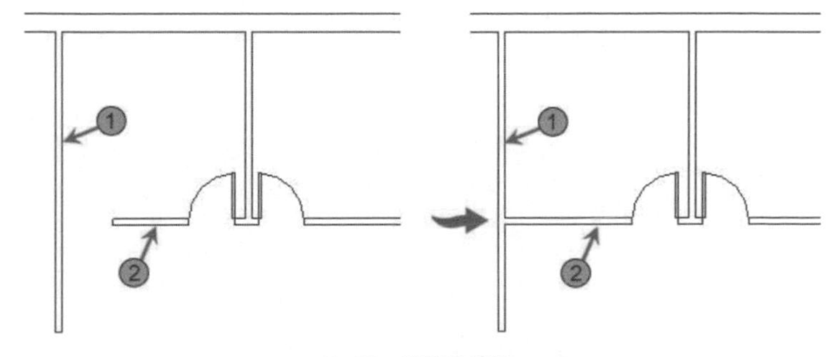

↑ 圖　模擬試題 3-3

模擬試題

8. 請開啟「Starter_m.rvt」檔案。

   - 啟用樓板平面圖（Floor Plan）- First - Electrical。

   請問此視圖切割平面的偏移量為多少公釐？___________#### mm

9. 請開啟「Medical_m.rvt」檔案。

   (1) 啟用建築物樓板平面圖（Floor Plan）- Plumbing。

   (2) 利用基本牆：Wall_Interior 建立新的牆類型，設定如下：

   - 名稱：Wall_Chase
   - 刪除此牆外側的 Gypsum 層。
   - 最後將新的牆類型套用至牆 1 和 2。

   請問兩道牆的中心線距離 3 為多少公釐？___________#### mm

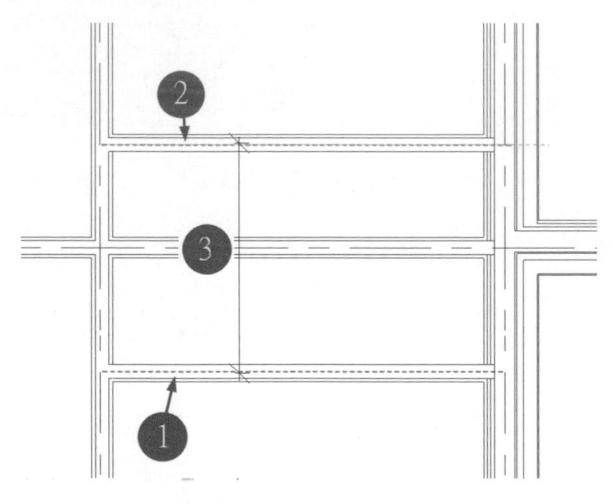

↑圖 模擬試題 3-4

10. 請開啟「House_m.rvt」檔案。

(1) 啟用建築物樓板平面圖（Floor Plan）- Storage。

(2) 如圖所示，新增一個沿著廚房外牆建立的儲藏室，使用下列條件建立：

- 族群類型：Exterior 150mm Generic
- 底部約束：Level 1
- 基準偏移：0.00
- 頂部約束：Level 2
- 頂部偏移：0.00
- 空間尺寸：3000 x 2750 mm

請問牆 1 的體積為多少立方公尺？＿＿＿＿＿＿＿ #.### m^3

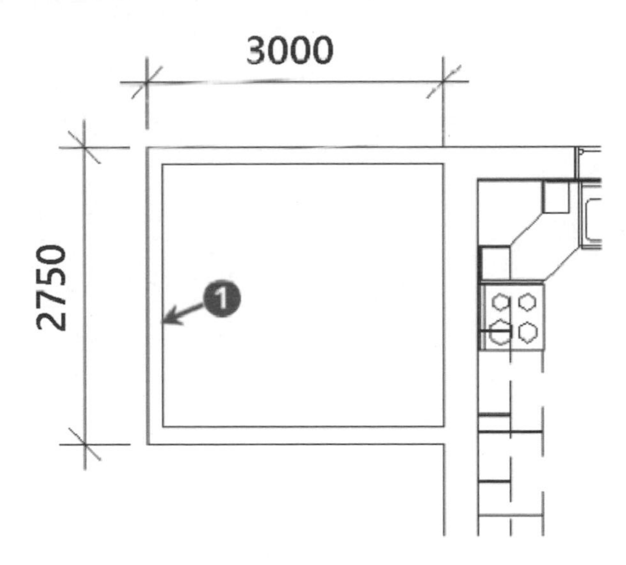

↑圖 模擬試題 3-6

11. 請開啟「Mobile_m.rvt」檔案。

    (1) 啟用立面圖（Building Elevation）- South。

    (2) 將樓板類型變更為 Loft。

    請問此樓板的體積為多少立方公尺？________________#.### m^3

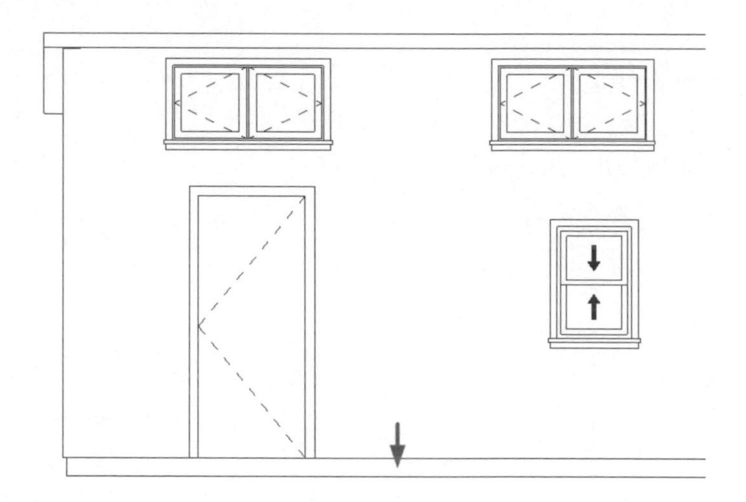

↑圖 模擬試題 3-7

CHAPTER 4

一樓平面

課程概要

在上一章完成了地下一樓規劃後，可以複製地下一樓的結構及元件到一樓，再經過局部編輯修改後，即可快速完成其他樓層設計，所以，無須從頭逐一繪製一樓的牆體和門窗等元件，大大地提高了建立 3D 模型及設計效率。

本章首先將複製整個地下一樓外牆，將其「對齊貼上」到一樓，然後用「修剪」和「對齊」等修改指令編輯複製的牆體，並補充繪製一樓內牆。然後插入一樓門窗，並精確定位其位置，編輯其「底高度」等參數。最後綜合使用「點選牆」和「線」指令繪製一樓樓板輪廓邊界線，建立有陽台的一樓樓板。

課程目標

透過本章的操作學習，您將實際掌握：

- 選擇與過濾元件的方法
- 整體複製方法 — 複製與對齊貼上
- 牆體的各種編輯方法 — 編輯類型、對齊、修剪、分割、編輯牆結合等
- 重新複習 — 門窗的插入與編輯窗臺高度的方法
- 建立樓板的方法 — 點選牆和繪製線
- 暫時隱藏／隔離使用方法

4.1 複製地下一樓外牆

- 請打開「\REVIT 練習文件\第 3 章\高山御花園別墅_03.rvt」檔，開始本章練習。
- 切換到 3D 視圖，將游標放在地下一樓的外牆上，當牆亮顯後按 Tab 鍵，所有連接的外牆將全部亮顯，此時點選滑鼠左鍵，地下一樓外牆會被全部選取，而且呈現紅色亮顯，如圖 4-1 所示。

注意 當牆體亮顯時，按 Tab 鍵可以暫時亮顯所有與游標處牆體首尾相連的牆體，作被選取前視圖。而在選擇物件前，按 Tab 鍵還可以在游標處各物件間進行切換。

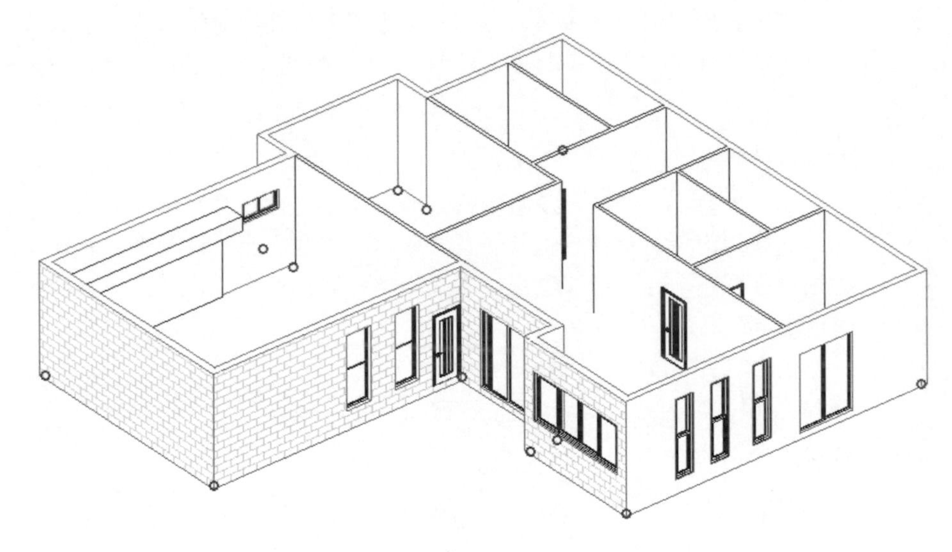

↑ 圖 4-1

- 點選頁籤「修改／牆」的編輯面板「剪貼簿」，以「複製到剪貼簿」指令，將所選物件複製到剪貼簿中備用。

注意 「複製到剪貼簿」工具與「複製」指令不同。「複製」指令僅可以在本視圖中產生所選物件的複本；而「複製到剪貼簿」工具則可以將複製的物件貼附到其他視圖或其他檔案中。

- 在頁籤「修改／牆」的編輯面板「剪貼簿」，點選「貼上」 指令下方三角形展開貼上選單-點選「與選取的圖（樓）層對齊」指令，點選「1F」再按「確定」，如圖 4-2、圖 4-3 所示。

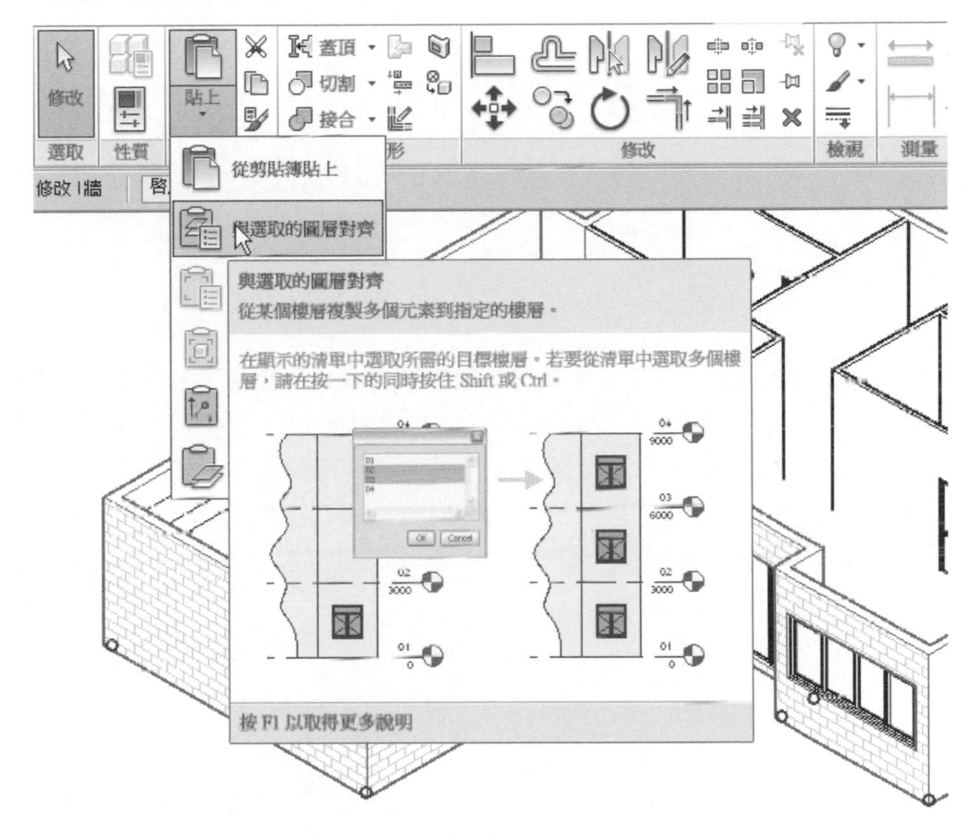

↑ 圖 4-2

- 地下一樓平面的外牆即被複製到一樓平面，同時由於門窗預設為是依附於牆體的物件，所以也會一併被複製，如圖 4-4 所示。

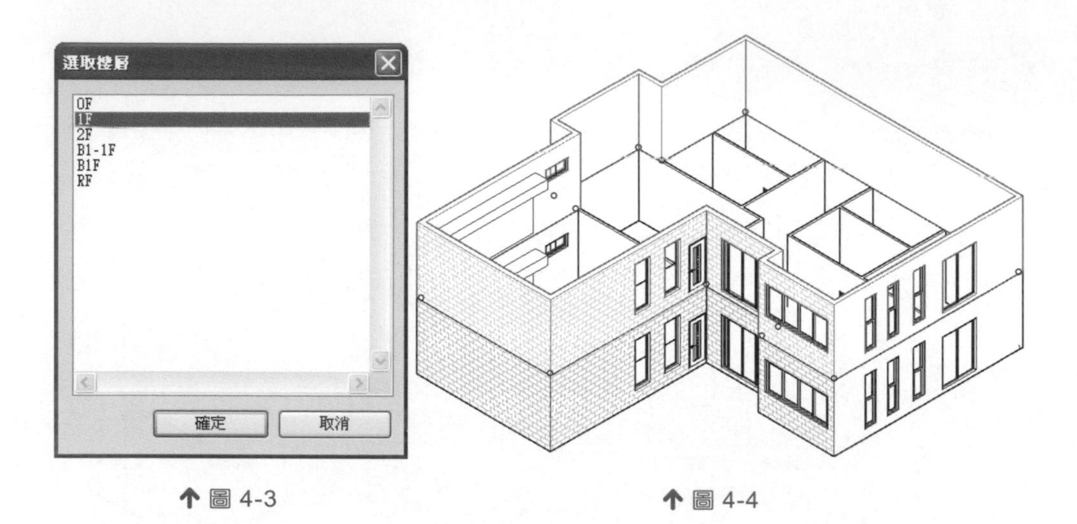

↑ 圖 4-3　　↑ 圖 4-4

- 在專案瀏覽器中在「樓板平面圖圖」項目下的「1F」點兩下，打開一樓平面視圖。
- 請由右向左框選所有物件，點選狀態列右下方「篩選」工具，打開「篩選」對話方塊，點選「全部不勾選」後，挑選門窗品類，再按「確定」，視圖已選擇所有 1F 門窗，然後按「Delete」（刪除）鍵，刪除所有 1F 門窗，如圖 4-5、圖 4-6 所示。
- 注意，雖然複製牆體時只選取外牆，但其依附的門窗會同時複製。

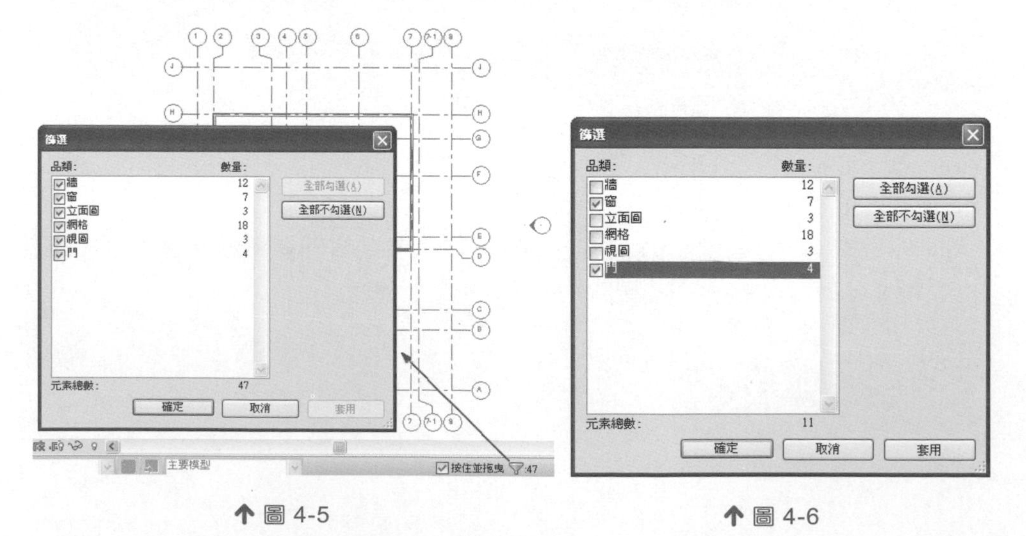

↑ 圖 4-5　　↑ 圖 4-6

注意

使用滑鼠進行選取物件有三種方法,「點選」直接用滑鼠左鍵選取物件，若按鍵盤 Ctrl 鍵可作加選或 Shift 鍵可作移除選取物件，另外，Tab 鍵可作交替選取;「窗選」把滑鼠游標置於欲選取物件左方(上下方皆可)，按壓左鍵拖曳至右側，此時可見實線窗選框，完成選取後，只有被實線窗選框完全包圍的物件才會選取；「框選」把滑鼠游標置於欲選取物件右方（上下方皆可），按壓左鍵拖曳至左側，此時可見虛線框選框，完成選取後，會發現與虛線框選框相交或包圍的物件完全被選取。

注意

篩選工具是依物件品類快速選擇一種類或多個種類物件最方便且快捷的方法。篩選時，如果選擇集內包括的類別很多，而僅需要選擇很少的對象類別時，可以先點選「全部不勾選」，再勾選需要在選擇集中保留的類別，以提昇選取物件效率。

- 請點選剪力牆並於「編輯類型」交談框中執行「複製」，完成「1F 外牆－機刨橫紋灰白色花崗石牆面」新類型，如圖 4-7、圖 4-8 所示，而「機刨橫紋灰白色花崗石」的材質細節設定如圖 4-9~圖 4-13 所示，請練習修改其圖形及外觀，其中彩現外觀的材質圖片置於練習文件「材質範例圖片」資料夾中供讀者練習用，但是 REVIT 已經提供上千種材質圖片於 C:\Program Files (x86)\Common Files\Autodesk Shared\Materials\Textures\3\Mats 資料夾中備用。
- 若是採用自己的材質圖片檔案時，務必將此圖片檔置於專案中跟隨到下一章節，持續到彩現作品輸出，否則會出現遺失材質檔案訊息，建立練習後變更回原廠材質圖片檔案較為容易。
- 在圖形表面樣式編輯功能中，讀者也可以使用 AutoCAD 剖面線檔案自訂成自己專用表面樣式，在「\REVIT 練習文件\第 4 章\自訂元件」資料來內有 AutoCAD 剖面線檔，供讀者練習用。
- 接著，移動游標到複製的外牆上，按 Tab 鍵，當所有外牆鏈亮顯時點選滑鼠選擇所有外牆，從類型選擇器下拉清單中選擇「1F 外牆－機刨橫紋灰白色花崗石牆面」類型，更新所有外牆類型。

注意

將牆體類型名稱依樓層分類的用意是為方便「牆明細表」能依樓層名稱分類核算成本。

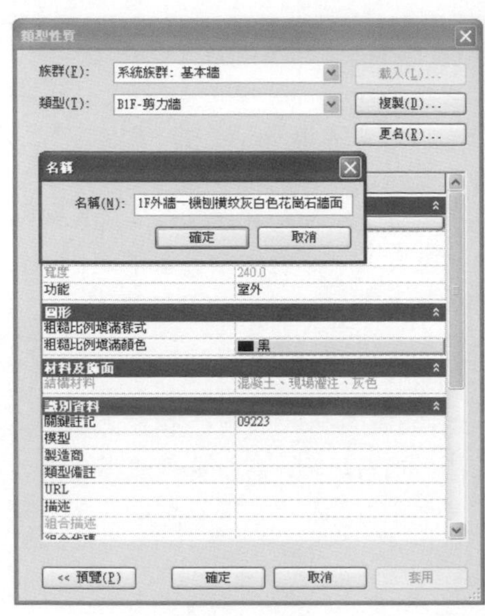
類型性質
族群(F): 系統族群：基本牆
載入(L)...
類型(T): B1F-剪力牆
複製(D)...
更名(R)...
名稱
名稱(N): 1F外牆一機刨橫紋灰白色花崗石牆面
確定
取消
寬度 240.0
功能 室外
圖形
粗糙比例填滿樣式
粗糙比例填滿顏色 黑
材料及飾面
結構材料 混凝土、現場灌注、灰色
識別資料
關鍵註記 09223
模型
製造商
類型備註
URL
描述
組合描述
<< 預覽(P)
確定
取消
套用

↑ 圖 4-7

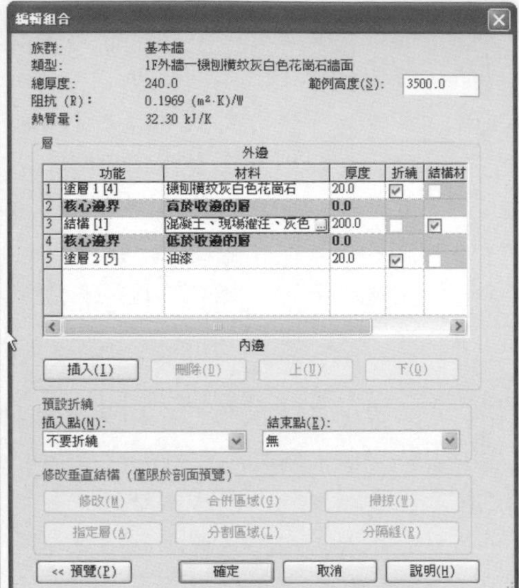
編輯組合
族群: 基本牆
類型: 1F外牆一機刨橫紋灰白色花崗石牆面
總厚度: 240.0
範例高度(S): 3500.0
阻抗 (R): 0.1969 (m²·K)/W
熱質量: 32.30 kJ/K
層
外邊
功能 材料 厚度 折繞 結構材
1 塗層 1 [4] 機刨橫紋灰白色花崗石 20.0
2 核心邊界 高於收邊的層 0.0
3 結構 [1] 混凝土、現場灌注、灰色 200.0
4 核心邊界 低於收邊的層 0.0
5 塗層 2 [5] 油漆 20.0
內邊
插入(I)
刪除(D)
上(U)
下(O)
預設折繞
插入點(N):
不要折繞
結束點(E):
無
修改垂直結構 (僅限於剖面預覽)
修改(M)
合併區域(G)
掃掠(W)
指定層(A)
分割區域(L)
分隔縫(R)
<< 預覽(P)
確定
取消
說明(H)

↑ 圖 4-8

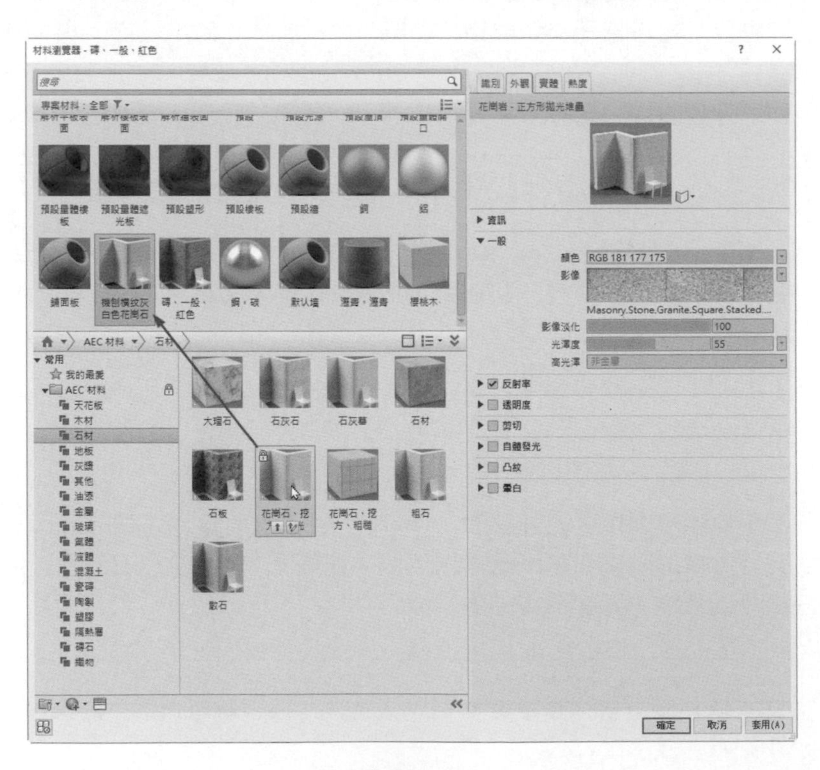
材料瀏覽器 - 磚，一般，紅色
識別
外觀
實體
熱度
專案材料：全部
花崗岩 - 正方形拋光堆疊
預設量體樓板
預設量體遮光板
預設屋頂
預設樓板
預設牆
鋼
鋁
鏡面板
機刨橫紋灰白色花崗石
磚，一般，紅色
銅，碳
默認牆
瀝青，瀝青
櫻桃木
資訊
一般
顏色 RGB 181 177 175
影像
Masonry.Stone.Granite.Square.Stacked....
影像淡化 100
光澤度 55
高光澤 非金屬
反射率
透明度
剪切
自體發光
凸紋
暈白
AEC 材料
石材
常用
我的最愛
AEC 材料
天花板
木材
石材
地板
灰漿
其他
油漆
金屬
玻璃
氣體
液體
混凝土
壁磚
陶製
塑膠
隔熱層
磚石
織物
大理石
石灰石
石灰華
石材
石板
花崗石，挖
花崗石，挖方，粗糙
粗石
散石
確定
取消
套用(A)

↑ 圖 4-9

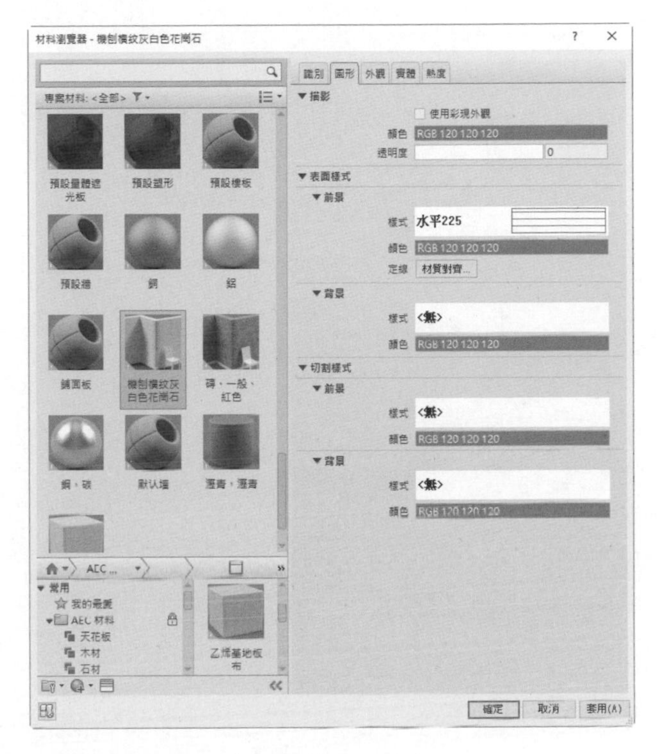
材料瀏覽器 - 機刨橫紋灰白色花崗石
識別
圖形
外觀
實體
熱度
專案材料: <全部>
描影
使用彩現外觀
顏色
RGB 120 120 120
透明度
0
表面樣式
前景
樣式
水平225
顏色
RGB 120 120 120
定線
材質對齊...
背景
樣式
<無>
切割樣式
預設量體遮光板
預設塑形
預設樓板
預設牆
鋼
鋁
鋪面板
機刨橫紋灰白色花崗石
磚，一般，紅色
銅，碳
默认墙
瀝青，瀝青
常用
我的最愛
AEC 材料
天花板
木材
石材
乙烯基地板布
確定
取消
套用(A)

↑ 圖 4-10

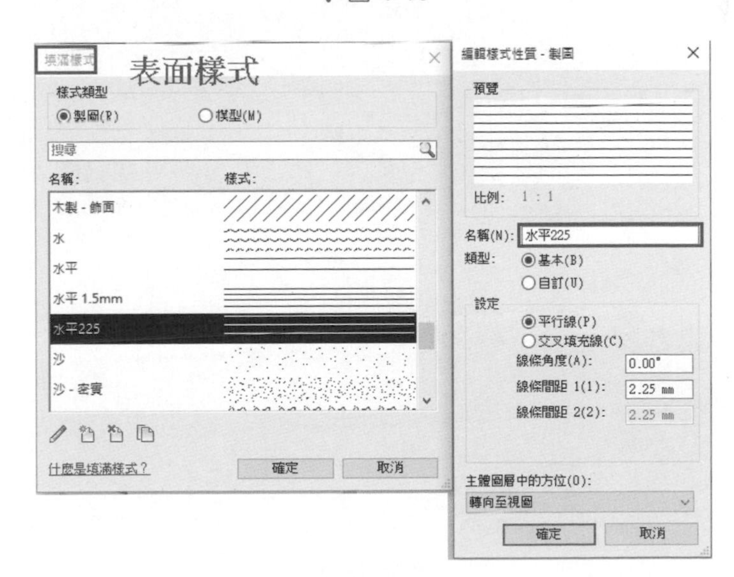
填滿樣式
表面樣式
樣式類型
製圖(R)
模型(M)
搜尋
名稱:
樣式:
木製 - 飾面
水
水平
水平 1.5mm
水平225
沙
沙 - 密實
什麼是填滿樣式？
確定
取消
編輯樣式性質 - 製圖
預覽
比例: 1 : 1
名稱(N):
水平225
類型:
基本(B)
自訂(U)
設定
平行線(P)
交叉填充線(C)
線條角度(A):
0.00°
線條間距 1(1):
2.25 mm
線條間距 2(2):
2.25 mm
主體圖層中的方位(O):
轉向至視圖
確定
取消

↑ 圖 4-11

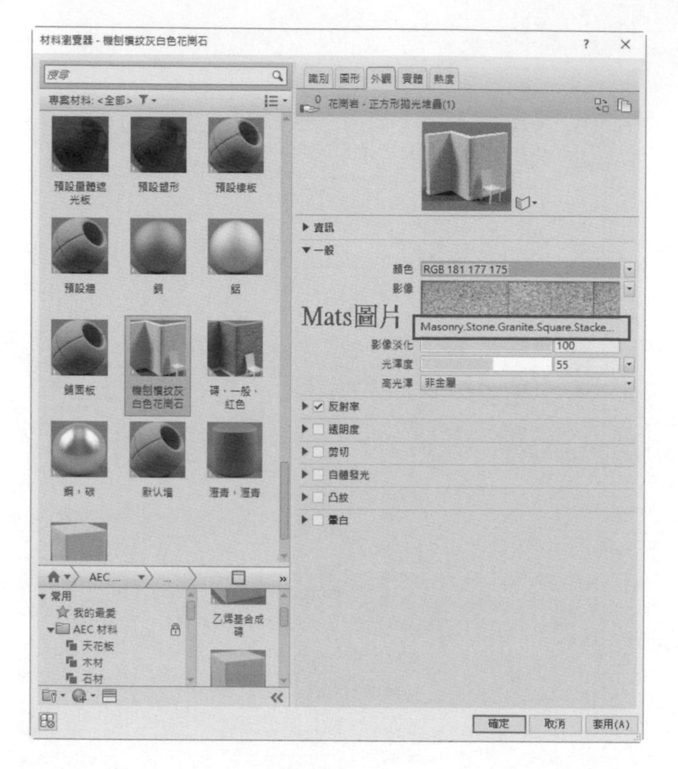
材料瀏覽器 - 機刨橫纹灰白色花崗石
搜尋
專案材料: <全部>
預設量體遮光板
預設屋形
預設樓板
預設牆
鋼
鋁
鋪面板
機刨橫纹灰白色花崗石
磚、一般、紅色
銅，破
默认墙
瀝青，瀝青
AEC ...
常用
我的最愛
AEC 材料
天花板
木材
石材
乙烯基合成磚
識別
圖形
外觀
實體
熱度
花崗岩 - 正方形拋光堆疊(1)
資訊
一般
顏色
RGB 181 177 175
影像
Mats圖片
Masonry.Stone.Granite.Square.Stacke...
影像淡化
100
光澤度
55
高光澤
非金屬
反射率
透明度
剪切
自體發光
凸紋
暈白
確定
取消
套用(A)

↑ 圖 4-12

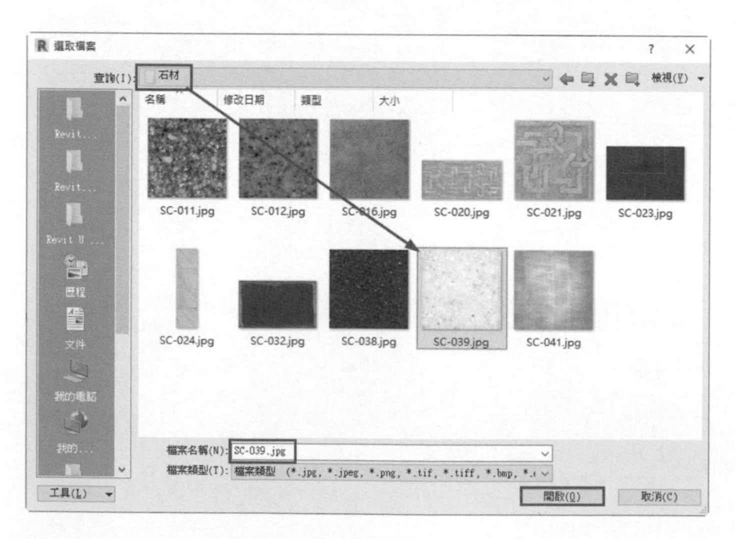
選取檔案
查詢(I):
石材
檢視(V)
名稱
修改日期
類型
大小
SC-011.jpg
SC-012.jpg
SC-016.jpg
SC-020.jpg
SC-021.jpg
SC-023.jpg
SC-024.jpg
SC-032.jpg
SC-038.jpg
SC-039.jpg
SC-041.jpg
歷程
文件
我的電腦
檔案名稱(N):
SC-039.jpg
檔案類型(T):
工具(L)
開啟(O)
取消(C)

↑ 圖 4-13

- 請點選 E5 到 E6 外牆，並於「編輯類型」交談框中先挑選「B1F 外牆－白色塗料」再執行「複製」，完成「1F 外牆－白色塗料」新類型，如圖 4-14～圖 4-16 所示。

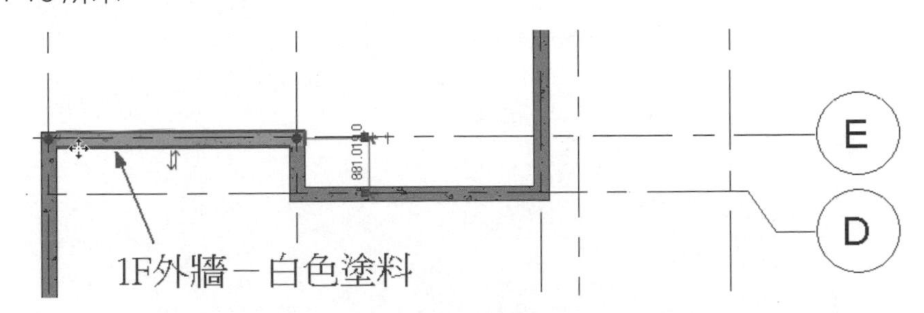

↑ 圖 4-14

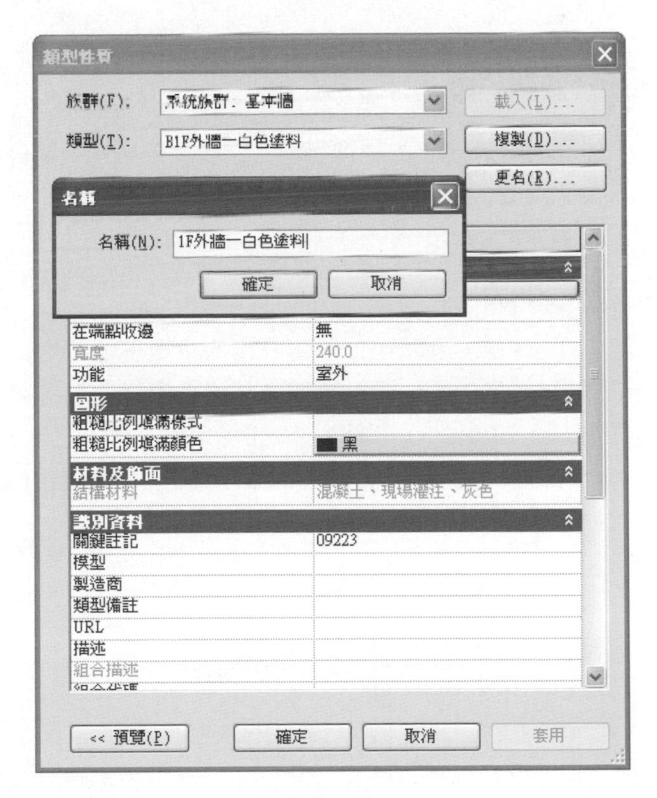

↑ 圖 4-15

- 請切換至專案瀏覽器 B1FL 平面圖，請點選 E5 到 E6 外牆後，於性質交談框之類型選取器中更換成「B1F 外牆－白色塗料」類型。

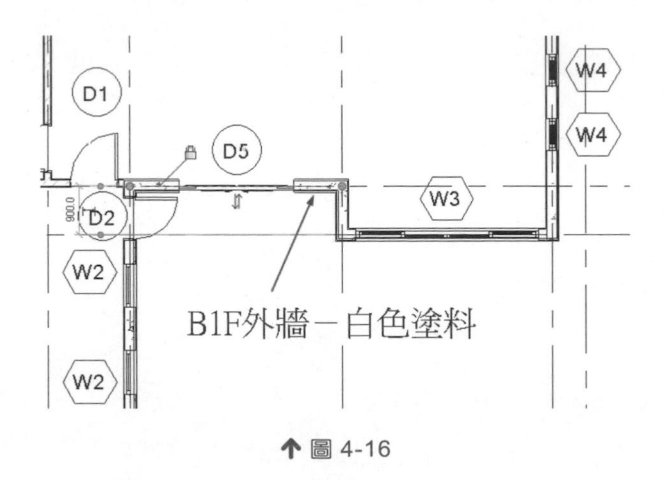

↑ 圖 4-16

4.2 編輯一樓外牆、內牆

接下來，我們必須對複製建立的一樓牆體，進行局部位置、類型的調整，或繪製新的牆體。

4.2.1 編輯一樓外牆

- 調整外牆位置：在 1FL 平面圖中，點選「修改」頁籤的「對齊」指令，先點選 B 軸線作為對齊目標位置，再點選下方牆的中心線作為移動對齊線，使其中心線與 B 軸對齊，如圖 4-17、圖 4.-18 所示。

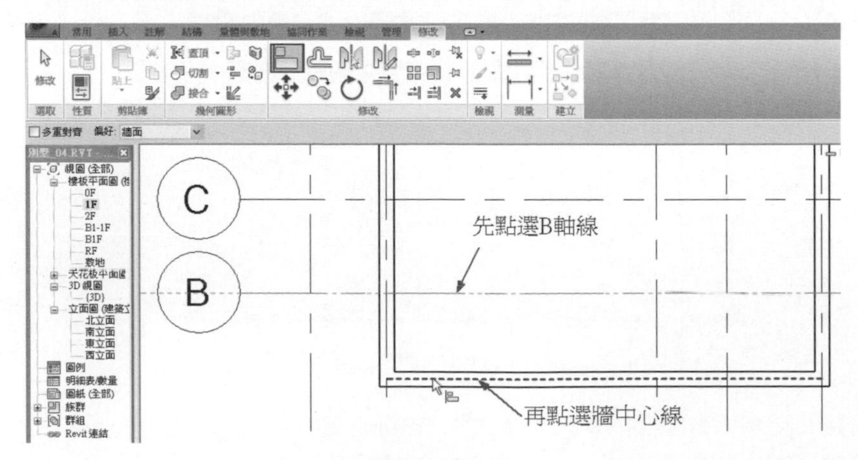

↑ 圖 4-17

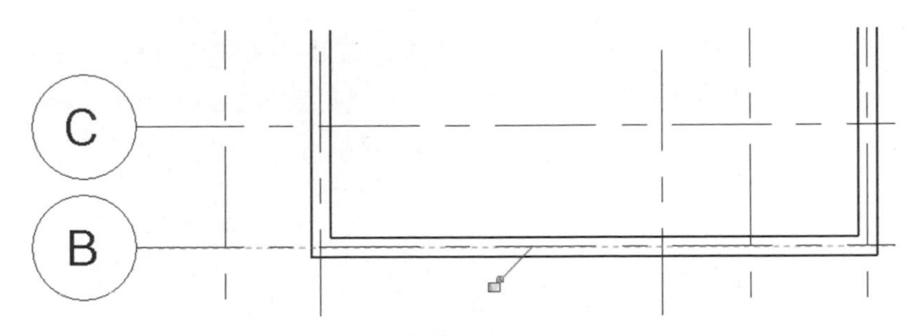

圖 4-18

- 點選「建築」頁籤的「牆」指令，在類型選取器中選擇「1F 外牆－機刨橫紋灰白色花崗石牆面」類型，並在性質對話方塊設定約束條件「底部約束」為「1FL」，「頂部約束」為「2FL」。
- 於功能區選擇「繪製」面板「線」指令，選項列「定位線」選擇「牆中心線」，勾選鏈以方便連續繪圖，移動游標點選滑鼠左鍵，選取 H 軸和 5 軸交點為繪製牆體起點，然後逆時針點選 G 軸與 5 軸交點、G 軸與 6 軸交點、H 軸與 6 軸交點，繪製 3 面牆體。
- 再用「修改」面板「對齊」指令，依前述方法，將 G 軸牆的外邊線與 G 軸對齊，其位置和結果如圖 4-19 所示。

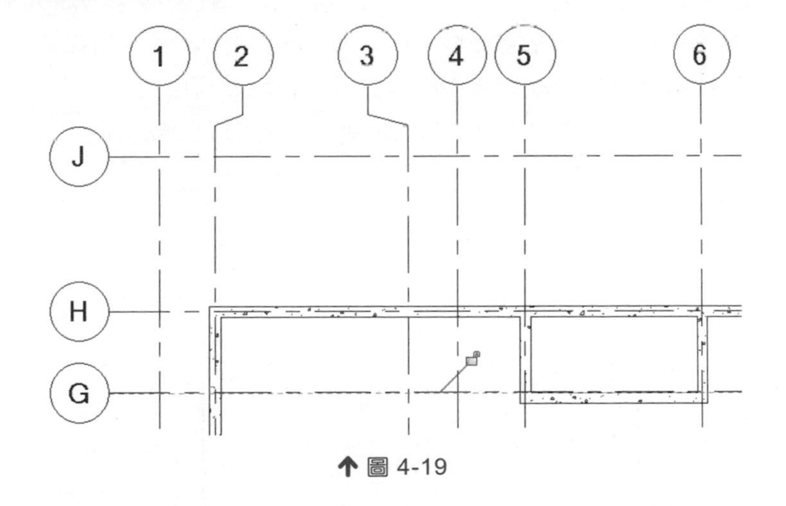

圖 4-19

注意

在使用「對齊」指令時，可以在選項列中設定對齊時預設選取牆的位置。當游標指向牆體時，Revit 將亮顯游標處的牆體，可以按 Tab 鍵在牆面、牆核心面及中心之間切換。

- 點選「修改」頁籤「分割元素」指令 ，如圖 4-20 所示移動游標到 H 軸上的外牆 5、6 軸之間任意位置，然後點選滑鼠左鍵將牆分割為兩段。

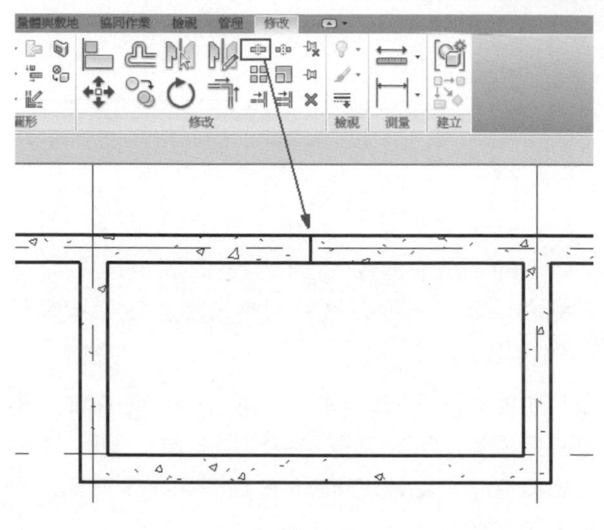

↑ 圖 4-20

- 點選「修改」頁籤「修剪」指令 ，移動游標到 H 軸與 5 軸左邊的牆上點選，再移動游標到 5 軸的牆上點選，這樣右側多餘的牆就會被修剪掉。同理，H 軸與 6 軸右邊的牆也用此方法修剪，結果會如圖 4-21 所示。請注意，執行修剪指令時，滑鼠應點選在欲保留的牆上，另一邊則會被剪掉。

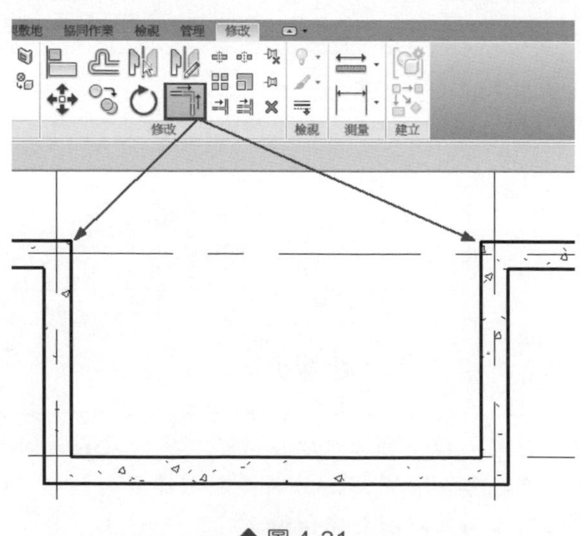

↑ 圖 4-21

- 最後完成一樓外牆部分即如圖 4-22 所示。

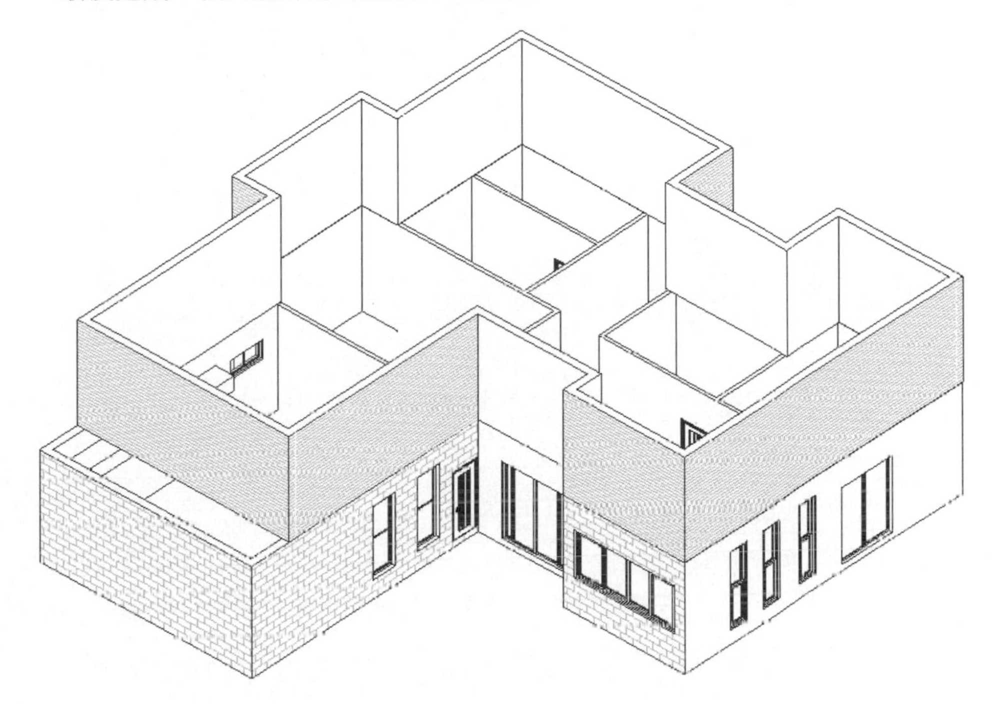

↑ 圖 4-22

4.2.2 繪製一樓內牆

接續上一節練習，繪製一樓平面內牆。並請依前述章節方法建立 1F 內牆類型。

- 點選「建築」頁籤「牆」指令，在類型選取器中選擇「B1F-RC 牆加粉刷 15cm（2+2cm）」類型，於編輯類型「類型性質」對話框內執行「複製」，命名為新牆類型「1F-RC 牆加粉刷 15cm（2+2cm）」。同時複製「B1F-內磚牆 1/2B」類型成為「1F-內磚牆 1/2B」，完成 1F 新內牆類型，請儲存專案。
- 在「性質」交談框中，選擇「1F-RC 牆加粉刷 15cm（2+2cm）」類型，設定實例參數「底部約束」為「1FL」，「頂部約束」為「2FL」，並於選項列選擇「繪製」指令，「定位線」選擇「牆中心線」。繪製 H3 至 F3 垂直內牆；接著在選項列上修改「定位線」為「塗層面：外部」，由上而下順時鐘方向，點選 G6 外牆右下角點繪製 G6 至 E6 內牆，如圖 4-23 所示。

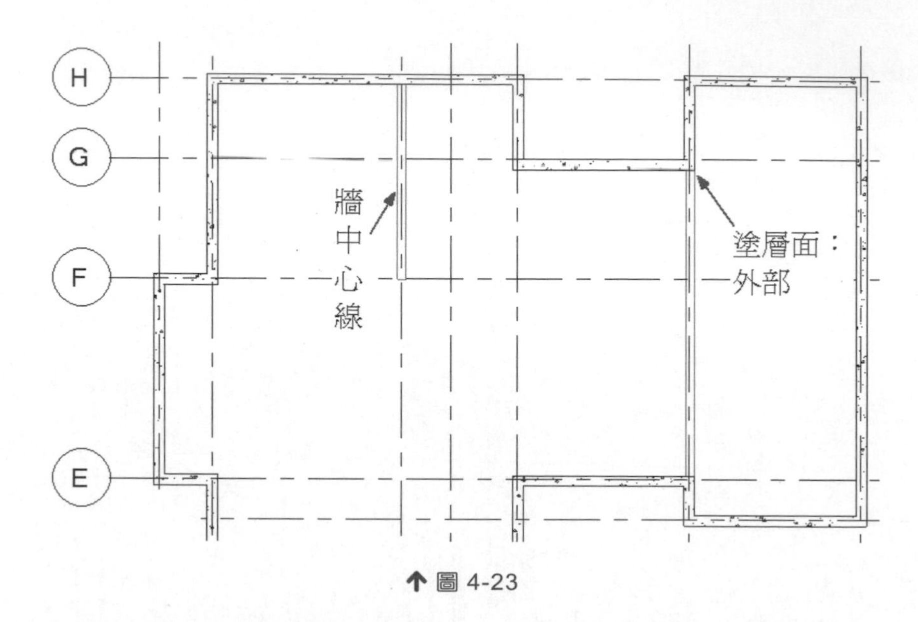

↑ 圖 4-23

- 請在繪圖區左下方圖形視圖控制列中，點選「詳細等級－細緻」指令，並放大 G6 牆接合處，仔細觀察「塗層面：外部」的繪製牆體方法所得到結果，如圖 4-24 所示。

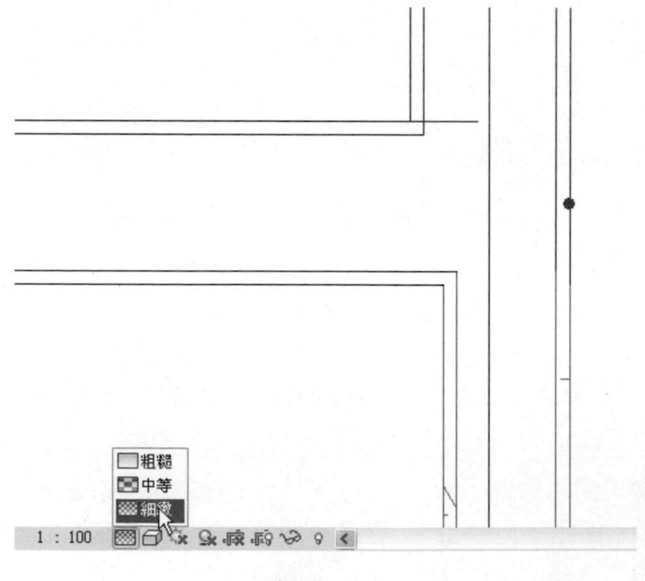

↑ 圖 4-24

- 接下來，在「性質」交談框中選擇「1F-內磚牆 1/2B」類型，設定實例參數「底部約束」為「1FL」，「頂部約束」為「2FL」，並於選項列選擇「繪製」指令，「定位線」選擇「牆中心線」。如圖 4-25 繪製「1F-內磚牆 1/2B」內牆。

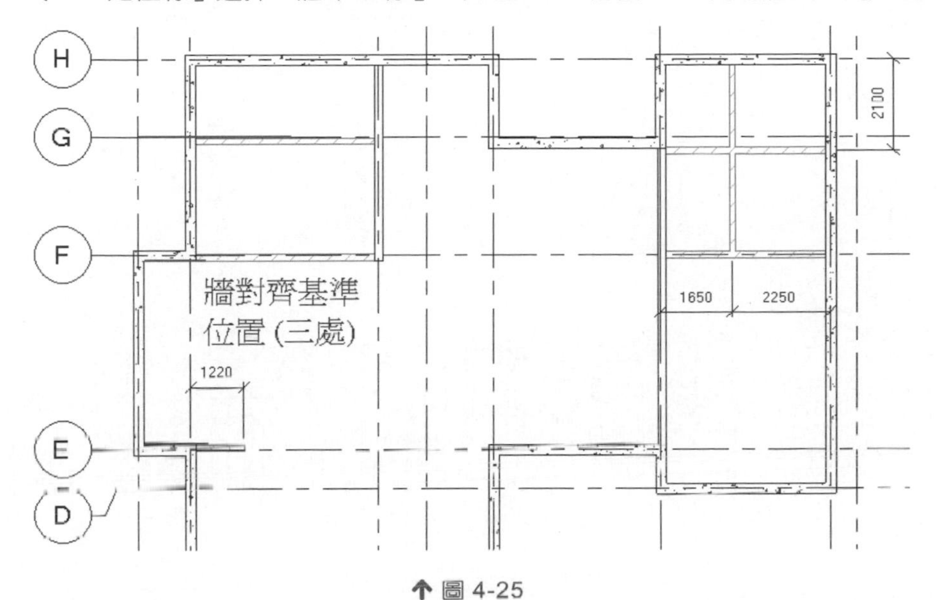

↑ 圖 4-25

- 點選「修改」頁籤「分割元素」指令 及「修剪」指令 ，完成如圖 4-26 所示的內牆編輯。

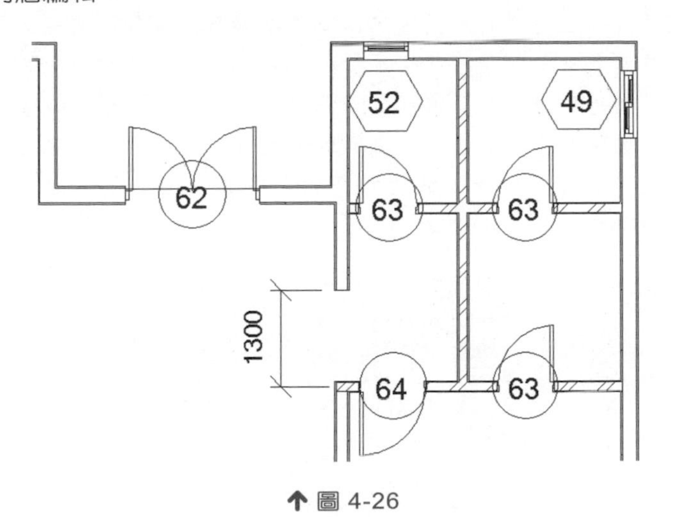

↑ 圖 4-26

- 完成後的地下一樓牆體如圖 4-27 所示，儲存檔案。

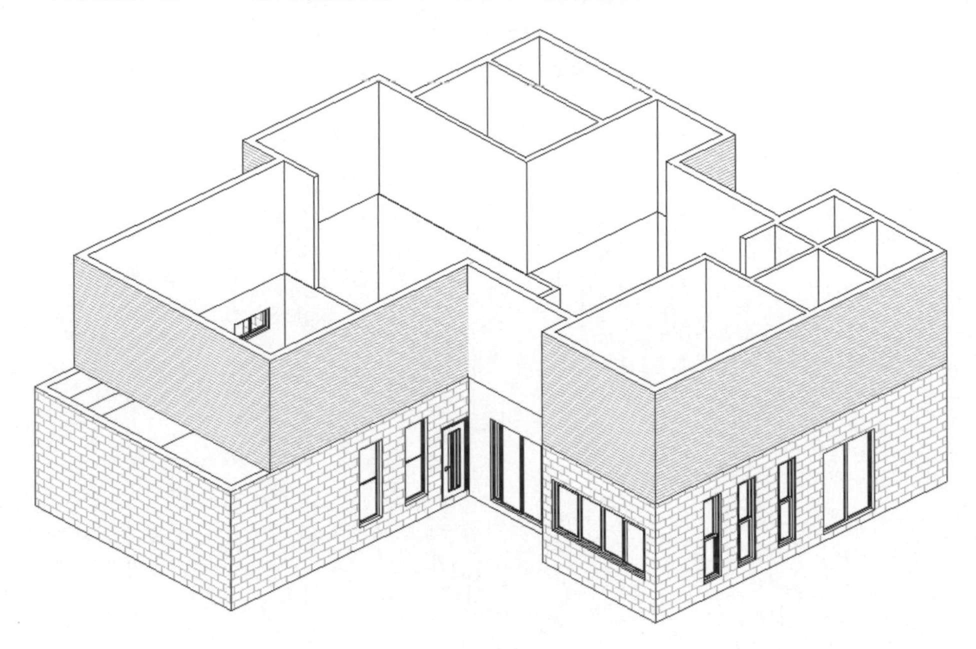

圖 4-27

注意 在 Revit 中切換視圖時，系統將為視圖新建一個新的視圖視窗，可以並排顯示所有已打開的視圖，只需點擊功能區「視圖」頁籤「視窗」面板中「並排」指令即可。多個並排視窗之間，還可以相互對照編輯修改。但每一個新的視窗都會消耗部分系統記憶體。你也可以使用「切換視窗」對已開啓視窗直接切換，「關閉隱藏視窗」將目前展示視窗以外的隱藏視窗執行關閉，但每一個檔案至少會保留一個檔案視窗，供繼續編輯用。指令位置如圖 4-28 所示。

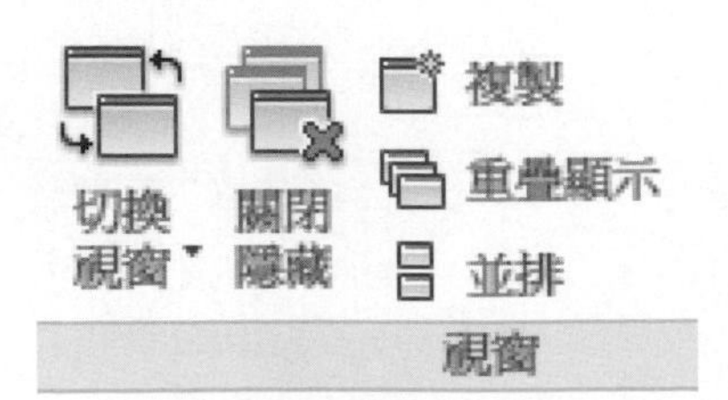

圖 4-28

4.2.3 編輯牆結合

當建立牆時，Revit 會自動處理相鄰牆體的連接關係。你也可以根據需要自行編輯牆結合。操作方法如下：

- 點選功能區「修改」頁籤-「幾何圖形」面板-「牆接合處」指令。
- 將游標點選方框框中兩牆連接部位，在選項列上，選擇以下連接類型，改變牆連接方式，規劃 上一個 下一個 ⊙平接 ○斜接 ○直角接入 顯示 使用視圖設定 。

  1. 平接：在牆之間建立對接，這是預設連接類型。在選項列點選「下一個」可以切換兩面牆的對接關係，如圖 4-29 所示。
  2. 斜接：在牆之間建立斜接，所有小於 20° 的牆連接都是斜接。如圖 4-30 所示。
  3. 直角切入：對非垂直相交的牆體，可以使用本選項，使牆端頭呈 90°。對於已連接為 90° 的牆，此選項則無效。如圖 4-31 所示，在選項列點選「下一個」，可以切換兩面牆的方接關係。

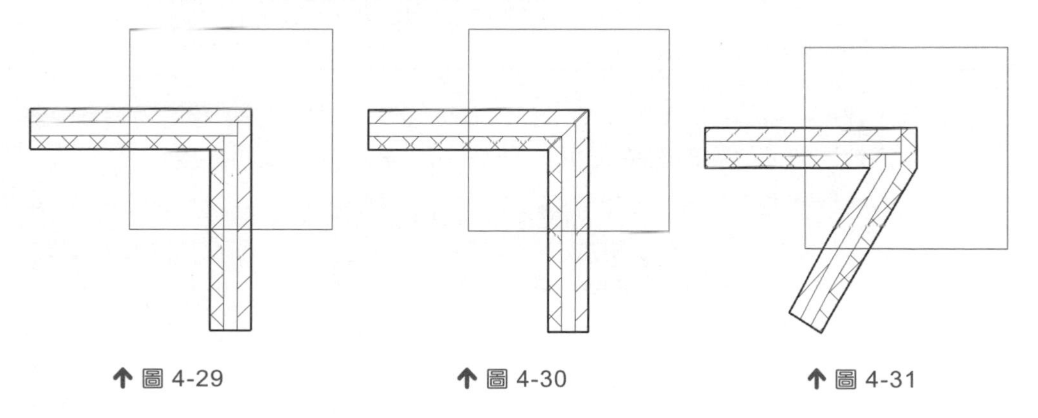

↑ 圖 4-29　↑ 圖 4-30　↑ 圖 4-31

4.3 插入和編輯門窗

編輯完成一樓平面的內外牆體後，即可建立一樓門窗。門窗的插入和編輯方法與第 3 章 3.2 及 3.3 節內容相同，本章不再詳述。

- 接續前面練習，在「專案瀏覽器」-「樓板平面圖」項目的「1FL」點兩下，打開一樓樓板平面圖。
- 點選「建築」頁籤 -「門」指令，依下表及圖 4-32 所示位置移動游標到牆體上點選放置門，並編輯臨時尺寸，精確定位。

1FL 門規格表				
標籤	名稱	寬	高	窗台高度
D1	裝飾木門（M0921）	900	2100	
D2	裝飾木門（M0821）	800	2100	
D4	雙拉門 YM1824	1800	2400	
D6	雙拉門 YM3324	3300	2400	
D7	雙開門-矩形-（1）	1800	2200	

- 點選「建築」頁籤 -「窗」指令，依下表依圖 4-33 所示位置移動游標到牆體上點選放置窗，並編輯臨時尺寸，精確定位，並請注意窗台高度。

1FL 窗規格表				
標籤	名稱	寬	高	窗台高度
W2	固定窗-矩形-（10）	800	2300	100 mm
W4	雙開窗-上下開-（1）	600	2450	300 mm
W5	雙開窗-上下開-（1）	800	2450	300 mm
W6	四開窗-（1）	3400	2300	100 mm
W7	雙開窗（1）	900	1500	900 mm
W8	雙開窗（1）	2400	600	1400 mm
W9	固定窗-矩形-（1）	600	900	1400 mm

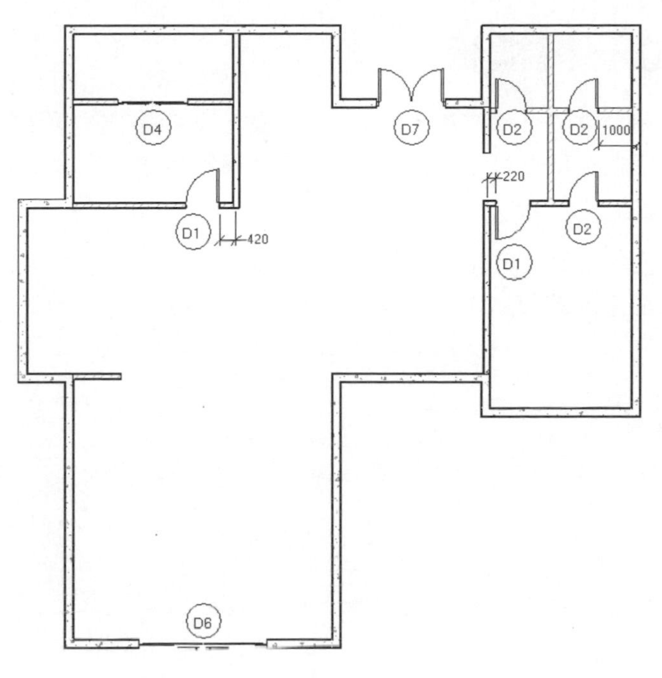
D4
D7
D2
D2
1000
220
D1
420
D2
D1
D6

↑ 圖 4-32

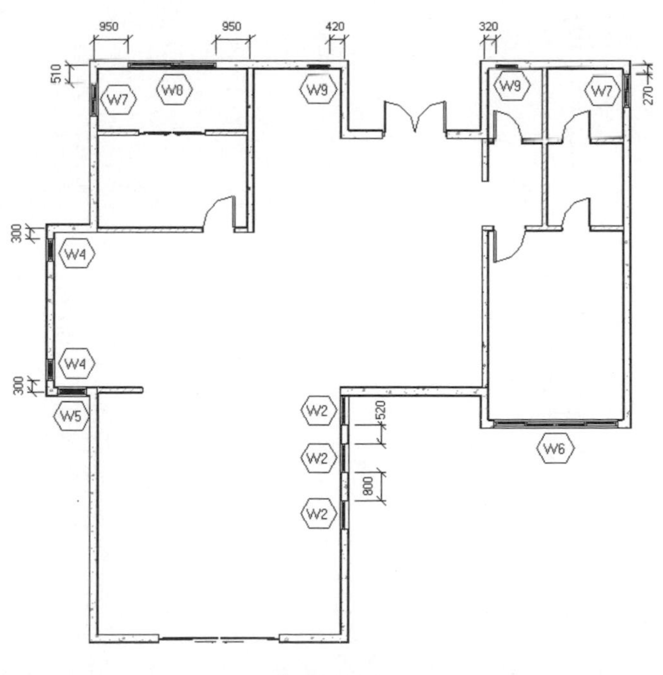
950
950
420
320
510
W7
W8
W9
W9
W7
270
300
W4
W4
300
W5
W2
520
W2
800
W2
W6

↑ 圖 4-33

4.4 建立一樓樓板

接下來在別墅建立一樓樓板。Revit 可以根據牆來建立樓板邊界輪廓線，且自動建立樓板，使樓板和牆體之間具有關連性，即牆體位置改變後，樓板也會自動更新。

- 延續 4.3 節的練習，打開一樓平面圖 1FL。點選「建築」頁籤 -「樓板」指令進入樓板輪廓繪圖模式，功能區繪製面板會呈現圖 4-34 所示。

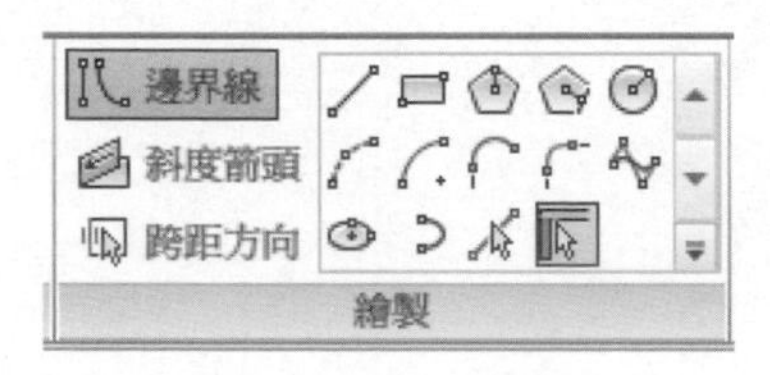

↑ 圖 4-34

- 使用「點選牆」指令，在選項列上設定「偏移」為「-20」，移動游標到外牆外邊線上，當外牆亮顯時按「Tab」鍵，Revit 會自動由外牆外邊線建立樓板輪廓線，如圖 4-35 所示。

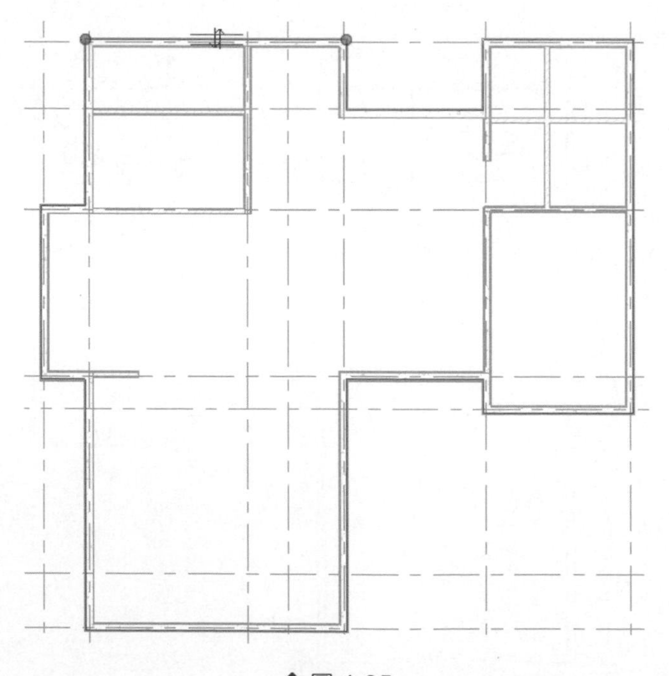

↑ 圖 4-35

- 請按選「點選線」指令 ，在選項列「偏移」 條件輸入 4600 偏移量，由 B 軸線向下偏移樓板輪廓，依圖 4-36 所示編輯樓板輪廓。

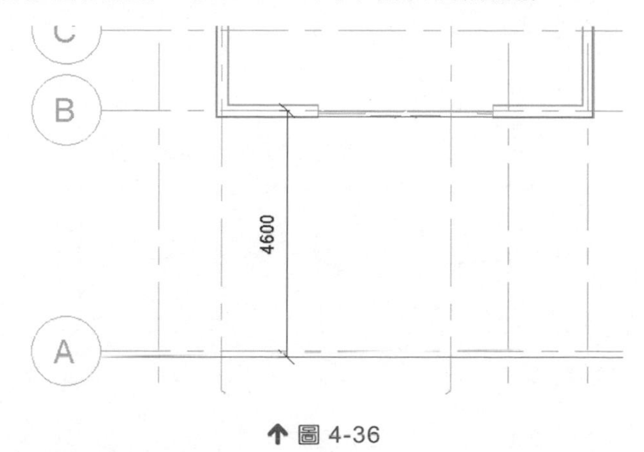

↑ 圖 4-36

- 請依圖 4-37 所示完成樓板草圖輪廓線，，其中你可能需要使用修剪指令編修圖形。

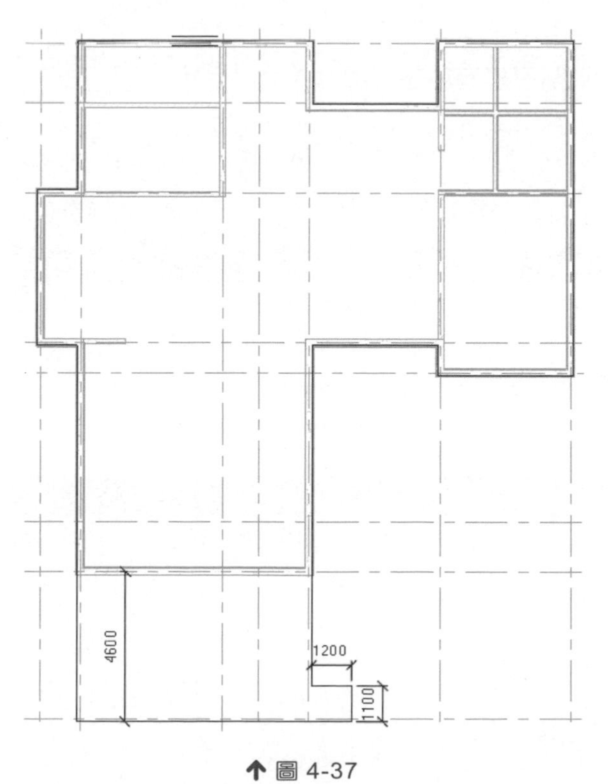

↑ 圖 4-37

- 再者，樓板輪廓必須是封閉草圖，若輪廓不封閉時，Revit 會提示錯誤訊息，如圖 4-38 所示，並在不完全封閉的圖形位置上出現符號，此時請點選「繼續」指令，完成編輯圖形。

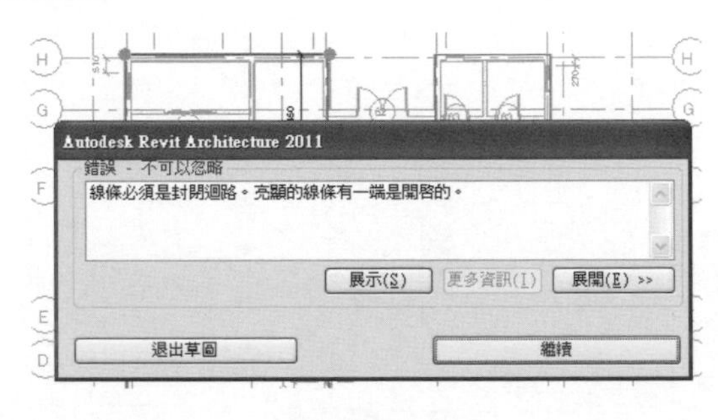

↑ 圖 4-38

- 在「性質」-「編輯類型」交談框中挑選「一般-12cm」類型作為 1F 樓板規格，最後請點選完成編輯模式 ✔ 以結束樓板輪廓繪製。此時 Revit 會自動提示牆是否貼附於樓板底部訊息，請點選「否」，以保持牆外觀完整性，如圖 4-39 所示。
- 如果出現圖 4-40 所示無法保持接合元素訊息時，可以點選「取消接合元素」來完成樓板。
- 接著，請點選「修改」頁籤-「接合幾何圖形」 接合指令，對樓板及牆體進行接合整理，圖 4-41 所示。

↑ 圖 4-39

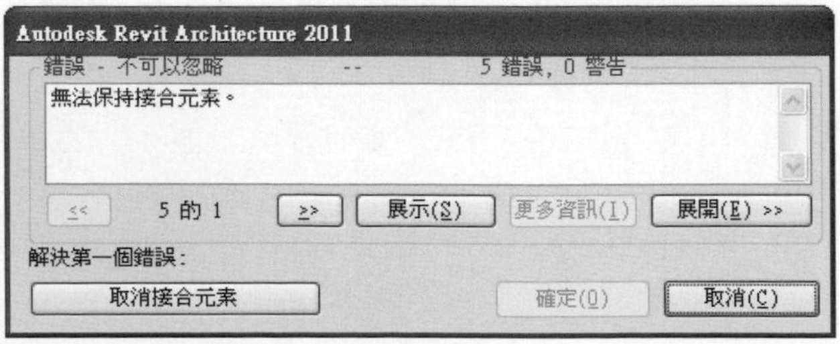

Autodesk Revit Architecture 2011
錯誤 - 不可以忽略 -- 5 錯誤, 0 警告
無法保持接合元素。
<< 5 的 1 >> 展示(S) 更多資訊(I) 展開(E) >>
解決第一個錯誤:
取消接合元素 確定(O) 取消(C)

↑ 圖 4-40

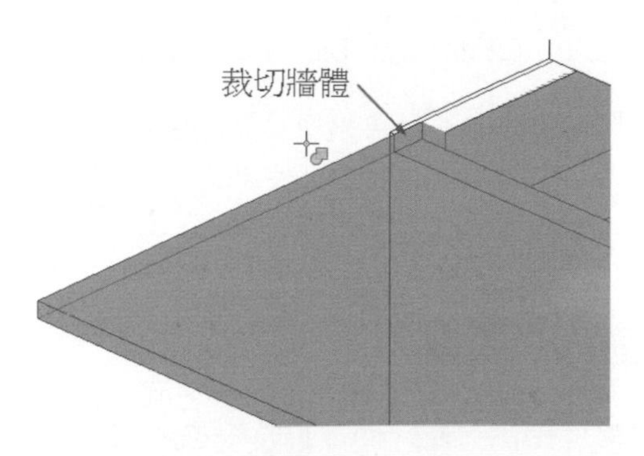

↑ 圖 4-41

- 完成專案 1FL 平面規劃，如圖 4-42 所示。請儲存檔案。

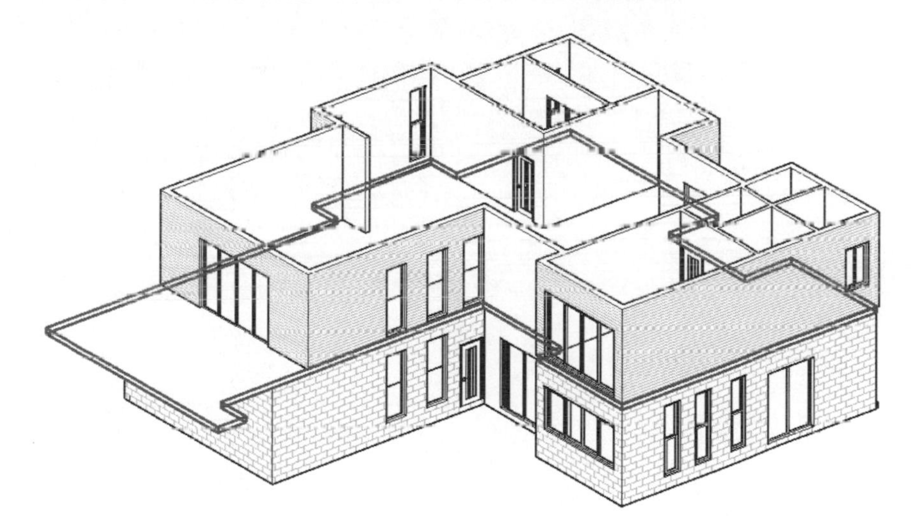

↑ 圖 4-42

注意

當使用「點選牆」指令時，可以在選項列勾選「延伸到牆中（至核心層）」，設定到牆體核心的「偏移」量參數值，然後再點選牆體，直接建立帶偏移的樓板輪廓線。

注意

連接幾何圖形並切割重疊體積後，在剖面圖上牆體和樓板的交接位置將會自動處理。

若於 1F 平面圖中看不到樓板顯示時，需檢查性質交談框內「可見性／圖形取代」-「模型品類」-「樓板」的設定是否為顯示狀態。

4.5 暫時隱藏／隔離

建築物設計所需構件相當複雜，而「暫時隱藏／隔離」操作是 Revit 軟體的因應特色；接下來我們以簡單方操作來演練其使用技巧。

- 請在 1FL 平面圖中選取「1F 外牆－機刨橫紋灰白色花崗石牆面」任一牆體，按右鍵點選「選取所有例證」-「在視圖中可見」，結果如圖 4-43、圖 4-44 所示 Revit 會選取畫面中有「1F 外牆－機刨橫紋灰白色花崗石牆面」類型。

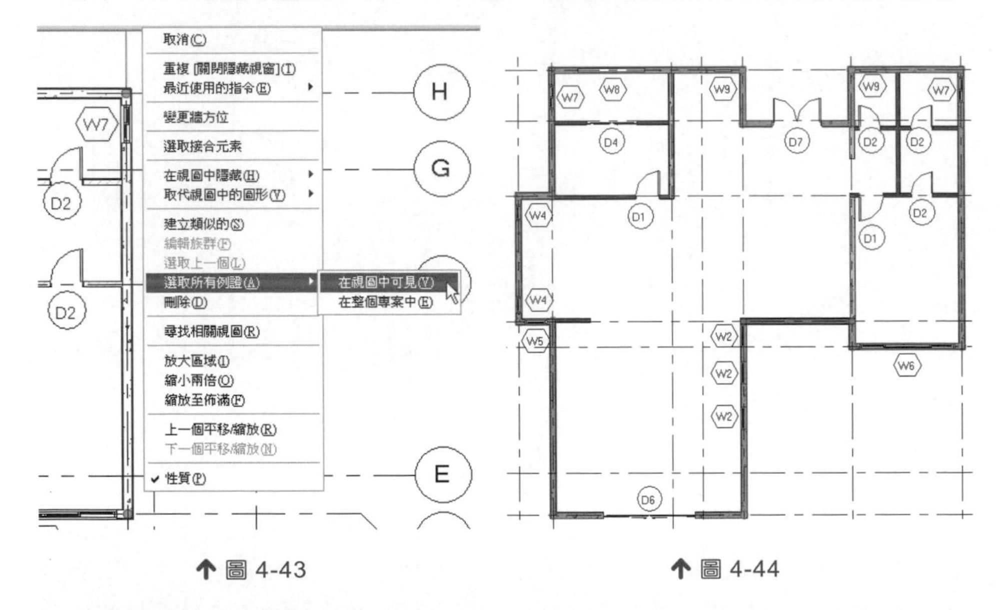

↑ 圖 4-43　　↑ 圖 4-44

- 接請點選視圖工具列中的「暫時隱藏／隔離」 -「隱藏元素」指令，結果如圖 4-45、圖 4-46 所示 Revit 會隱藏已經選取的所有物件，而且請觀察繪圖區四周會顯現青色範圍。
- 請重複點選「暫時隱藏／隔離」並選取「重置暫時隱藏／隔離」指令，畫面中就會出現之前隱藏的所有物件。

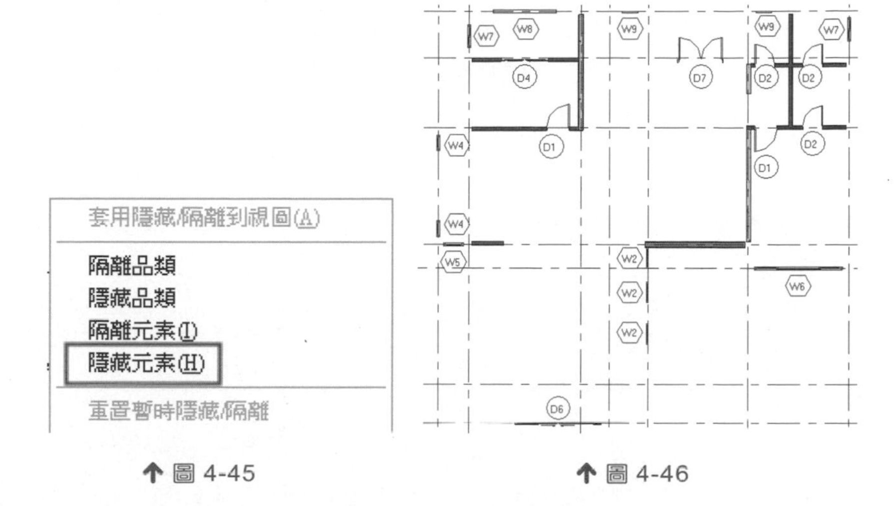

↑ 圖 4-45　　↑ 圖 4-46

- 請點選專案瀏覽器中預設 3D 視圖，選取 1FL 樓板並執行「暫時隱藏／隔離」並選取「隔離元素」指令，畫面中就只出現 1F 樓板。
- 相同方式，請練習點選「隱藏品類」、「隔離品類」指令，最後，並選取「重置暫時隱藏／隔離」指令完成建築隱藏／隔離操作。
- 再來，請在 3D 視圖中框選 1FL 樓板所有牆體及門窗，並執行「暫時隱藏／隔離」並選取「隔離元素」指令，畫面中就只出現 1FL 樓板及 B1FL 以下物件，如圖 4-47 所示。

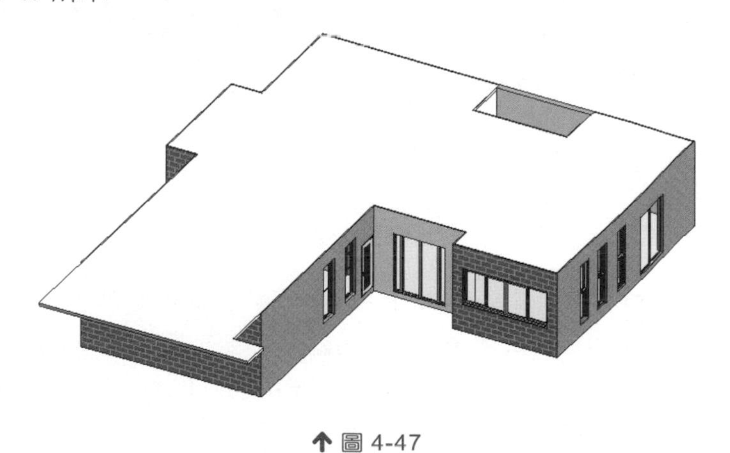

↑ 圖 4-47

- 接著，請並執行「暫時隱藏／隔離」-「套用隱藏／隔離到視圖」指令，畫面青色範圍不再顯現，這時「重置暫時隱藏／隔離」指令就不能執行。
- 接下來我們練習「顯示隱藏的物件」💡指令，點選完指令後將出現如圖 4-48 所示畫面。

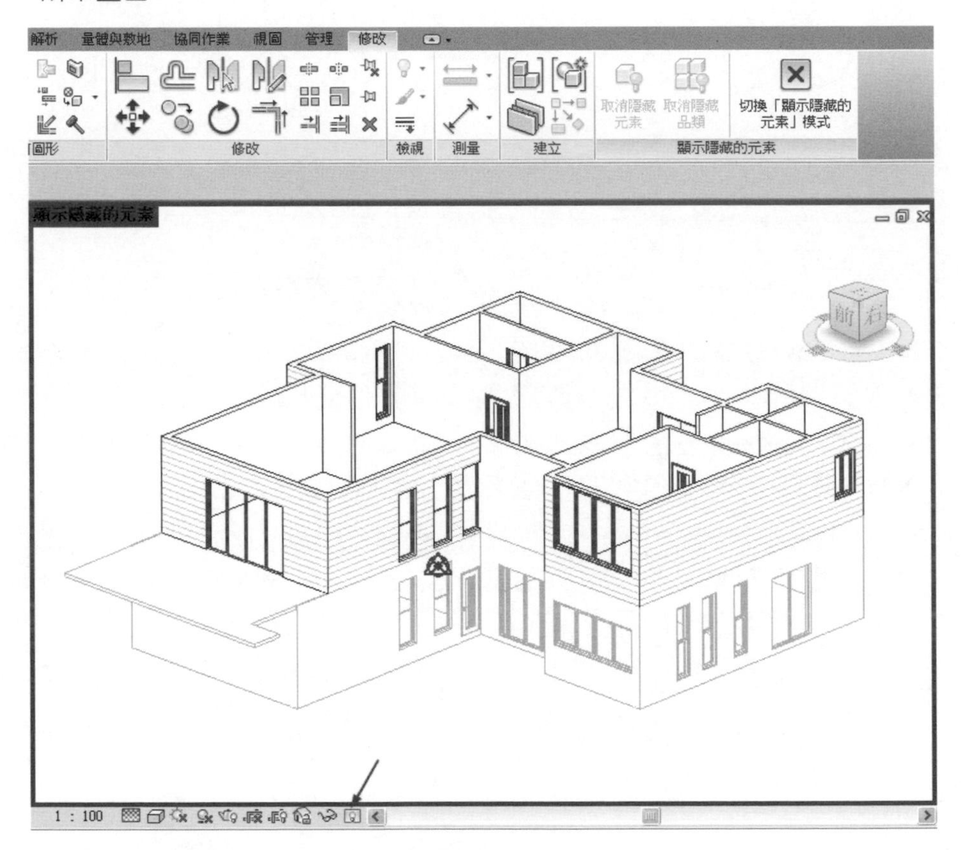

↑ 圖 4-48

- 請選取任一 1FL 外牆並按右鍵執行「在視圖中取消隱藏」-「元素」指令，則其物件會從畫面中取消紅色，代表不再隱藏，接著請點選「關閉隱藏的物件」💡指令或功能區右上方的「切換顯示／隱藏元素模式」指令，回到一般畫面中，並可見所取消隱藏物件已顯示在畫面上，如圖 4-49、圖 4-50 所示。

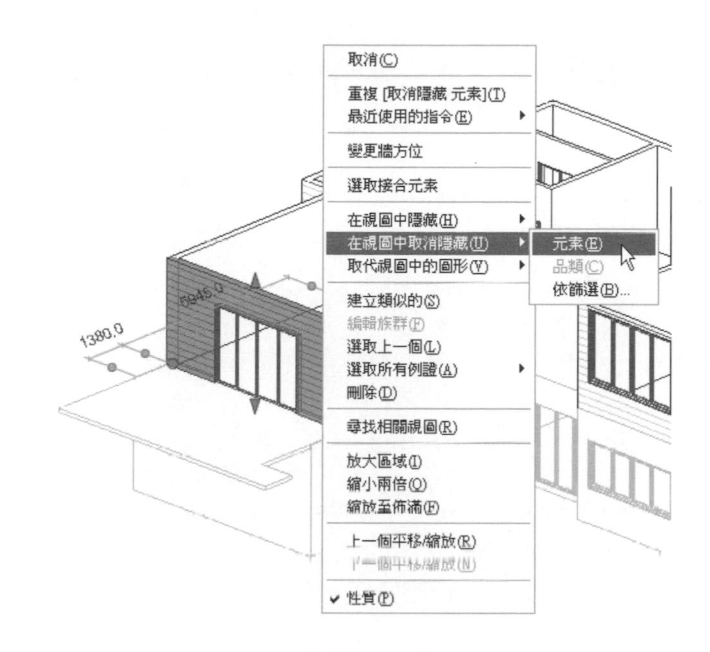

↑ 圖 4-49

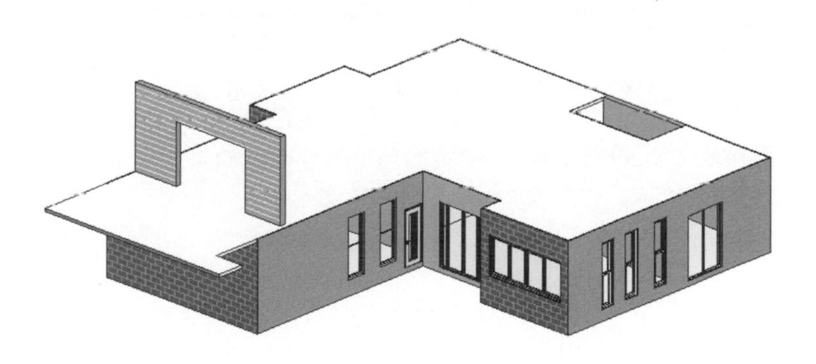

↑ 圖 4-50

注意

「暫時隱藏／隔離」狀態並不會儲存在專案中，除非執行「套用隱藏／隔離到視圖」指令才能儲存隱藏隔離狀態。

模擬試題

本章重複學習了牆的繪製和編輯，以及如何插入門窗元件模型方法，且更深入了解 Revit 軟體操作技巧。

由下面練習題，同學們可評量本章學習效益。

1. 複製牆體時，用滑鼠碰觸牆後，欲作物件間進行切換，需加鍵盤哪一個組合鍵？
   (A)Alt (B)Ctrl (C)Tab (D)Shift
2. 複製物件到其他樓層時，可點選功能區複製到剪貼簿，挑選貼上方式為何？（請選取所有可能的方法）
   (A)從剪貼簿貼上 (B)與選取的圖層對齊 (C)與同一位置對齊
   (D)與點選的圖層對齊
3. 建立樓板時，繪製輪廓是必須的，且輪廓草圖必須是開放。以上敘述正確與否？
   (A)正確 (B)錯誤
4. 請視圖附圖，此類型牆結合是採用下列哪一種選項？
   (A)平接 (B)斜接 (C)直角切入 (D)垂直

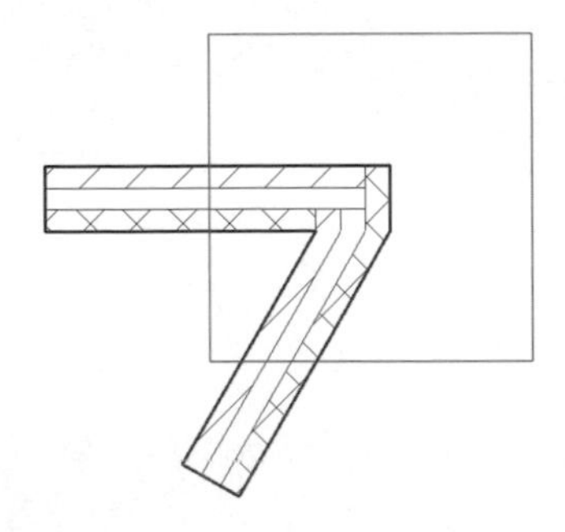

5. 請開啟「House_m.rvt」檔案。

   (1) 啟用樓板平面圖（Floor Plan）- Plants。
   (2) 顯示此視圖中的隱藏元素。

   請問視圖中的隱藏的灌木 1 有多少棵？________________#

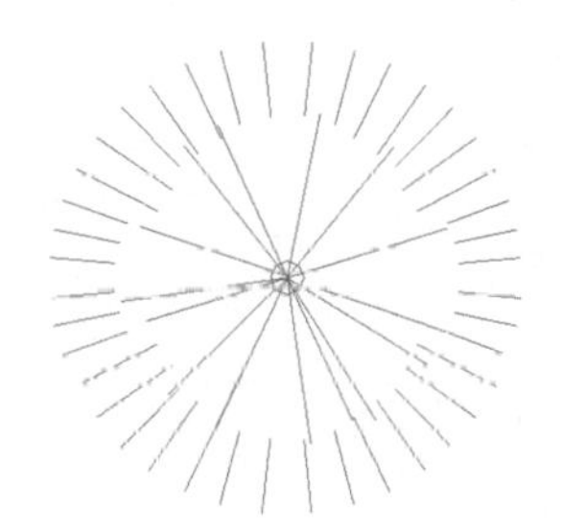

圖 模擬試題 4 2

提示操作：於檢視工具列點選「顯示隱藏的元素」指令。

6. 請開啟「Dentist Office_m.rvt」檔案。

   (1) 啟用樓板平面圖（Floor Plan）- Lobby。
   (2) 變更牆 1 的高度為距離 Finish Floor 1380mm。

   請問牆的面積為多少平方公尺？________________#.### m^2

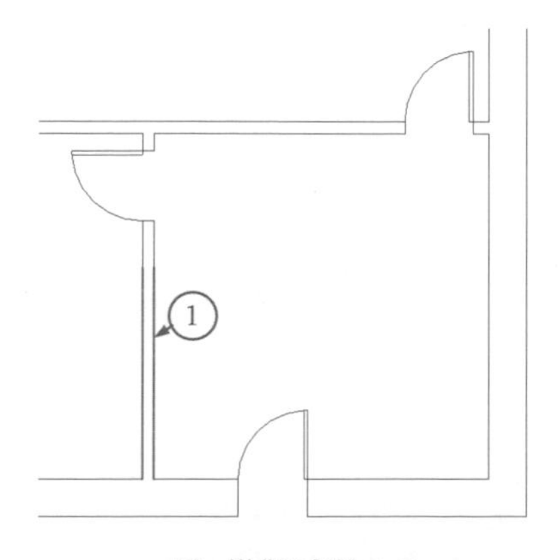

圖 模擬試題 4-3

模擬試題

7. 請開啟「Small Home_m.rvt」檔案。

   (1) 啟用樓板平面圖（Floor Plan）- Level 1。

   (2) 如圖所示，從牆面 1 到牆面 2 標註尺寸。

   請問尺寸 3 的值為何？________________####

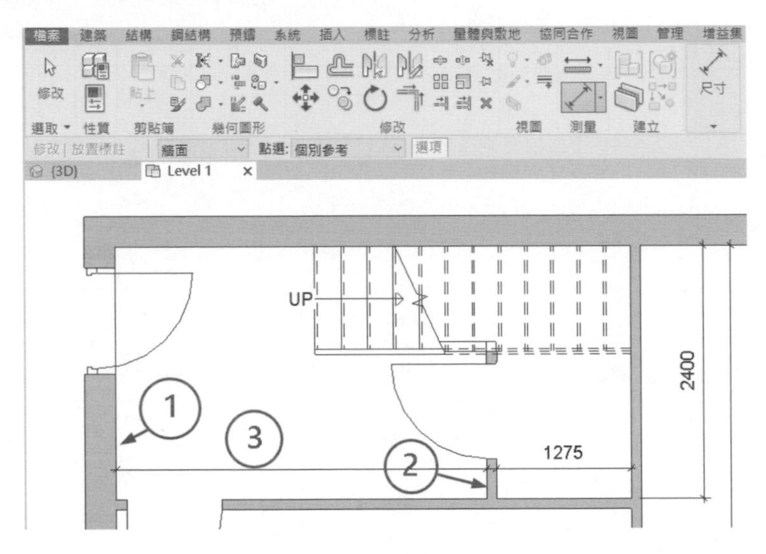

圖　模擬試題 4-4

8. 請開啟「Office_m.rvt」檔案。

   (1) 啟用樓板平面圖（Floor Plan）- Restrooms。

   (2) 將右側牆面之尺寸標註輔助線移到線 2 和 3 位置。

   請問尺寸 1 的值為何？________________####

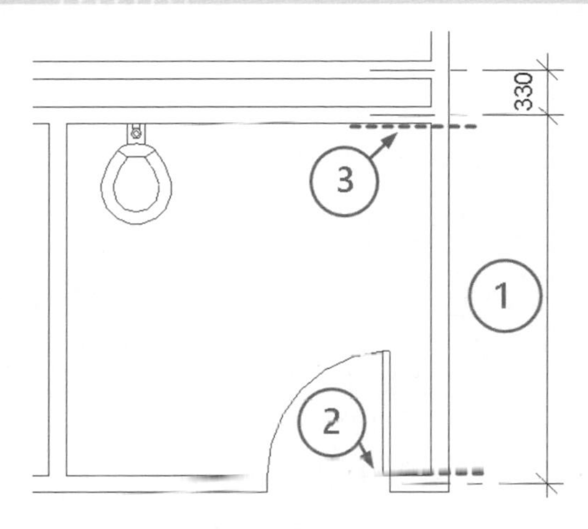

圖　模擬試題 4-5

提示操作如下圖，拖曳暫時尺寸的控制點。

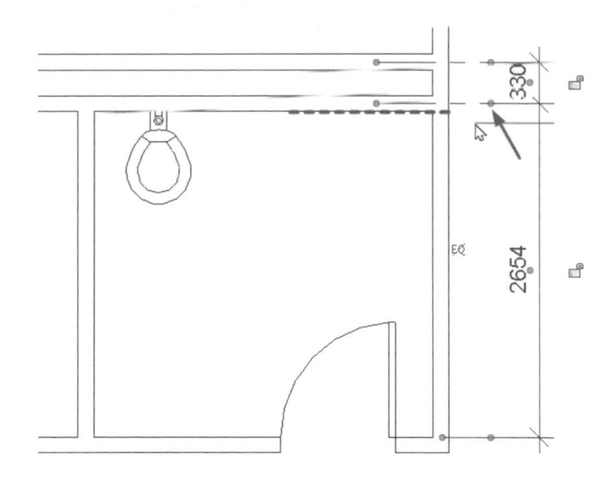

圖 模擬試題 4-6

9. 請開啟「Small Home_m.rvt」檔案。

   (1) 啟用樓板平面圖（Floor Plan）- Level 2。

   (2) 如圖所示，延伸牆 1 和牆 2 使其相交。

   請問牆 2 的體積為多少立方公尺？_______________ #.### m^3

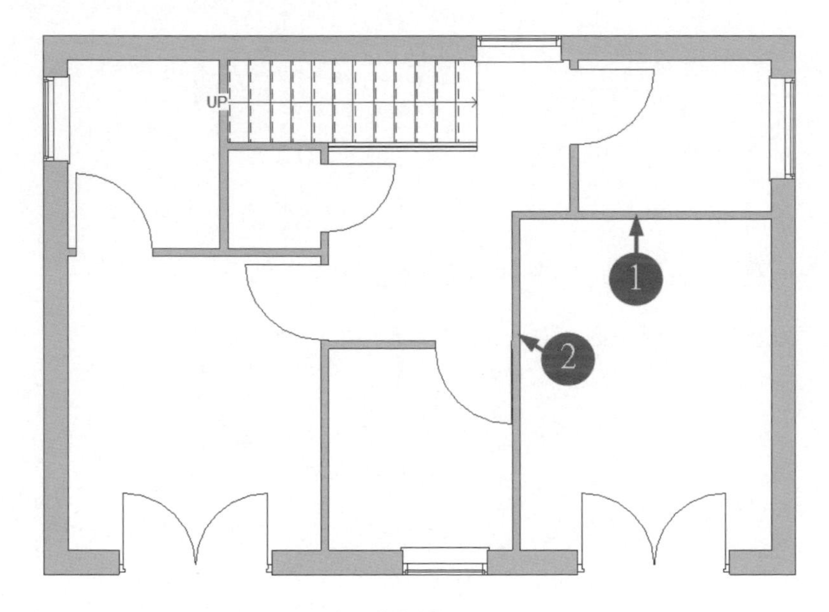

圖 模擬試題 4-7

10. 請開啟「Dentist Office_m.rvt」檔案。

    (1) 啟用樓板平面圖（Floor Plan）- Office。

    (2) 點選視圖中的書桌並編輯其類型。

    請問書桌的桌面材料名稱為何？

11. 請開啟「House_m.rvt」檔案。

(1) 啟用建築物樓板平面圖（Floor Plan）- Laundry。

(2) 將洗衣間牆面 1 的高度變更為 1250mm。

請問牆 1 的體積為多少立方公尺？________________#.### m^3

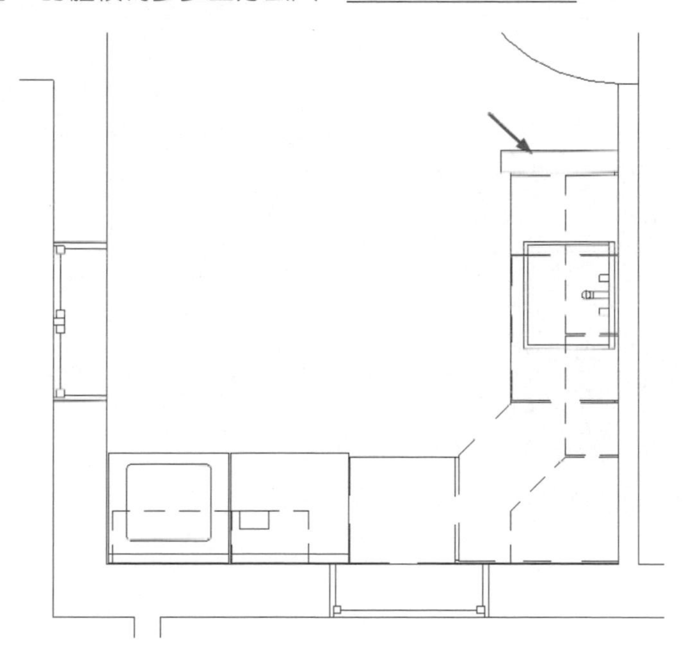

圖 模擬試題 4-8

12. 請開啟「House_m.rvt」檔案。

(1) 啟用立面圖（Building Elevation）- Window A。

(2) 將窗戶的窗台高度變更為 950mm。

請問標註尺寸 1 的值為多少？＿＿＿＿＿＿＿＿####

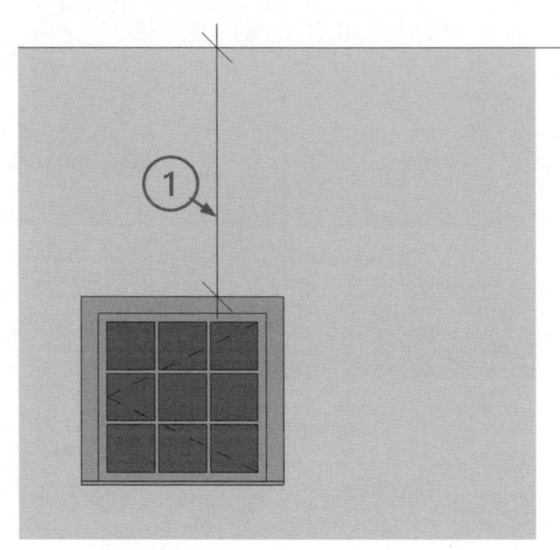

圖 模擬試題 4-9

CHAPTER

5 二樓平面

課程概要

本章將先複習第 4 章內容，如整體複製、對齊貼上、編輯牆體與門窗的方法：首先複製整個一樓平面所有牆體、門窗和樓板等，然後用「修剪」和「對齊」等編輯指令修改複製的牆體，並補充繪製二樓內牆；然後插入二樓門窗，並精確定位其位置，編輯其「窗台高度」等參數。最後透過編輯複製的一樓樓板輪廓線方法，建立新的二樓樓板，快速完成二樓平面設計；並由建立模型過程中了解 2D 視圖及 3D 視圖的顯示操作細節。

課程目標

透過本章的操作學習，您將實際掌握：

- 選擇與過濾物件的方法
- 整體複製方法 — 剪貼簿複製與貼上的各種方法
- 2D 平面視圖可見性及參考底圖設定
- 牆體的編輯
- 門窗的插入與編輯
- 掌握樓板編輯方法 — 透過編輯樓板輪廓線，建立二樓樓板
- 3D 視圖操作技巧 — 剖面框應用、自由環轉及 View Cube

5.1 整體複製一樓模型物件

- 打開「\REVIT 練習文件\第 4 章\高山御花園別墅_04.rvt」檔，開始本章練習。
- 展開「專案瀏覽器」下「樓板平面圖」-「1FL」，進入一樓平面視圖，按右鍵開啟「快顯功能表」並以左鍵點「選縮放至佈滿（F）」指令，將平面圖上所有物件完全顯示在繪圖區中。
- 請由右至左「框選」所有物件，並點選右下角狀態列「篩選」指令，確認只勾選「牆」、「門」、「窗」相關類別，再點選「確定」關閉對話方塊。
- 按一下「修改」頁籤-「剪貼簿」面板-「複製到剪貼簿」指令。並同時點選「貼上」指令 貼上 下方三角形的展開按鈕，觀察由平面圖複製貼上的功能選項如圖 5-1 所示，請按兩次「ESC」鍵中斷貼上指令，取消貼上操作。

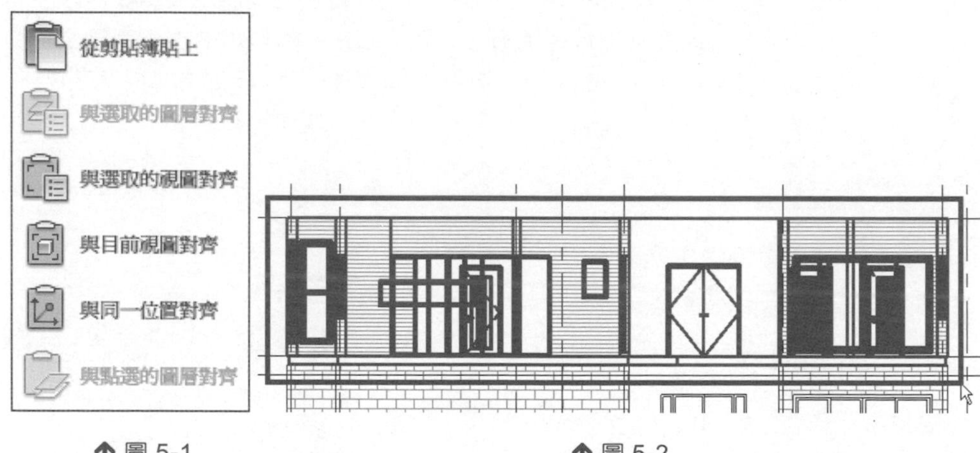

↑ 圖 5-1　　↑ 圖 5-2

- 再次練習由「專案瀏覽器」-「立面圖」進入「南立面」視圖，按右鍵開啟「快顯功能表」並以左鍵點「選縮放至佈滿（F）」指令，將平面圖上所有物件完全顯示在繪圖區中。
- 如圖 5-2 所示，請由左至右「窗選」1FL 樓層上所有物件，並點選右下角狀態列「篩選」指令，確認只勾選「牆」、「門」、「窗」、「樓板」類別，再點選「確定」關閉對話方塊。
- 按一下「修改」頁籤-「剪貼簿」面板-「複製到剪貼簿」指令。此時可以點選「貼上」指令 貼上 下方三角形的展開按鈕，觀察由立面圖複製貼上的功能選項如圖 5-3 所示，請點選「與點選的圖層對齊」指令，並在立面符號上選取「2FL」樓層線，把 1F 的主體結構複製到 2F 中，如圖 5-4 所示。

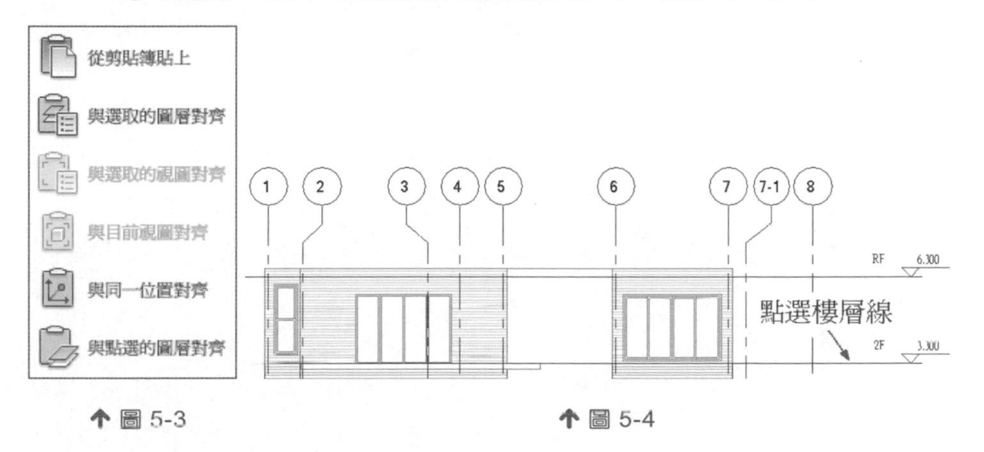

圖 5-3　圖 5-4

注意

分別在平面圖和立面圖中執行剪貼簿複製貼上的條件不同，操作方式也不會完全相同；且在平面圖中不能框選到「樓板」物件，在立面圖中則可輕鬆選取「樓板」物件。

- 下表為 Revit 剪貼簿「貼上」下拉式清單選項及其代表功能：

與選取的樓層對齊	如果複製所有的模型元素，可以將它們貼上到一個或多個樓層。在顯示的對話方塊中，依名稱選擇樓層。若要選取多個名稱，請在選取名稱時按 Ctrl。
與選取的視圖對齊	如果複製視圖特有的元素（如標註）或模型和視圖特有的元素，可以將它們貼上到相似類型的視圖中。
與目前視圖對齊	將元素貼上到目前視圖。例如，可以將元素從平面視圖貼到圖說視圖。該視圖必須不同於切割或複製元素所在的視圖。
與同一位置對齊	將元素貼上到與所切割或所複製元素相同的位置。這適合用於在工作集或設計選項之間貼上元素。此外，還可以用來在具有共用座標的兩個檔案之間進行貼上操作。
與點選的樓層對齊	將元素貼上到立面視圖。必須在立面視圖中才能使用此工具，因為此工具需要選取要貼上元素的樓層線。
注意事項：請勿使用專案瀏覽器點選樓層。	

- 在複製的二樓物件處於選取狀態時（如果已經取消選取，請在南立面視圖中再次框選二樓所有物件），點選「篩選」工具，打開「篩選」對話方塊，只勾選「牆」類別，點選「確定」選擇所有牆體，在「性質」交談框中調整牆「頂部偏移」量為 0，也就是頂部約束到屋頂「RFL」即可。
- 如上所述，請確實選取所有二樓「門」、「窗」物件，接著按「Del」（Delete 刪除）鍵，刪除所有門窗，並儲存檔案。完成專案如圖 5-5 所示。

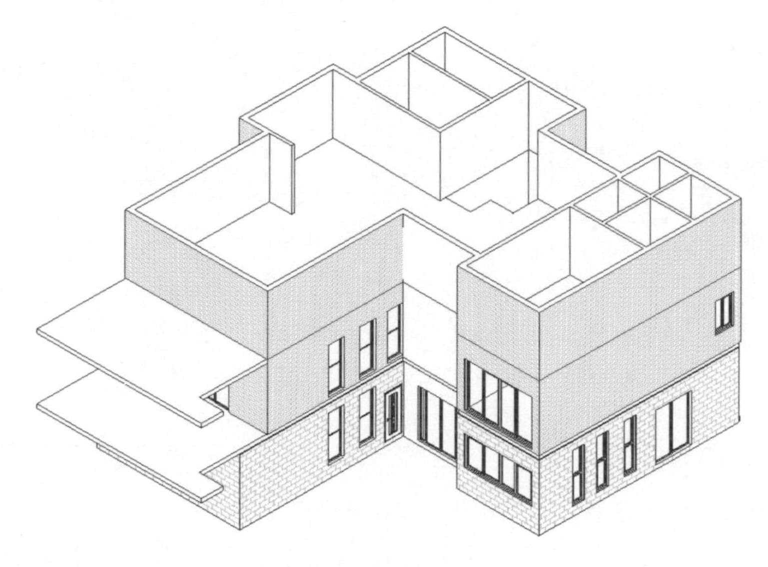

↑ 圖 5-5

5.2 編輯二樓外牆、內牆

我們要將前一節複製建立的二樓牆體，進行局部位置、類型調整，或繪製新的牆體。

5.2.1 編輯二樓外牆

- 接續 5.1 節的練習，切換到二樓平面視圖，於性質交談框中「可見性／圖形取代」右側點選「編輯」指令，於「模型品類」頁籤中，取消樓板可見性，點選「確定」關閉可見性交談框。

- 接著，同樣在性質交談框中將「參考底圖」由「1FL」修改為「無」並按「套用」指令，完成平面視圖顯示設定。由繪圖區內可見 2FL 平面視圖已顯得清爽，性質交談框設定方式如圖 5-6 所示。

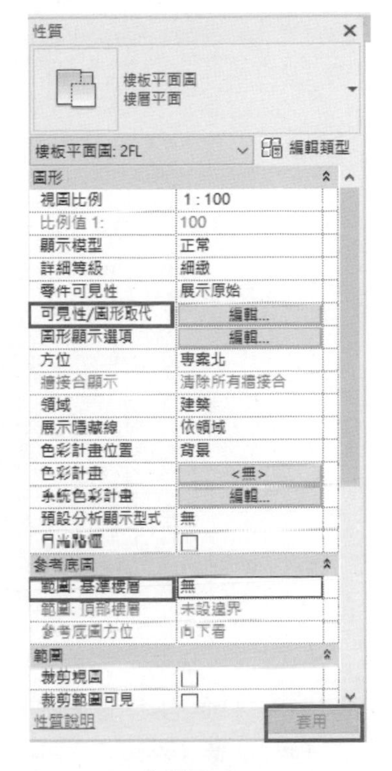

↑ 圖 5-6

- 刪除所有內牆：點選平面圖中任一「1F-內磚牆 1/2B」，按右鍵以開啟快顯功能表，點選「選取所有例證」-「在（目前）視圖中可見」，將 2FL 平面圖中的所有「1F-內磚牆 1/2B」全部選取，如圖 5-7 所示；此時，再按住 Ctrl 鍵繼續點選其他類型內牆，直到完全選取所有內牆後，再按「Del」（Delete 刪除）鍵，刪除所有內牆。

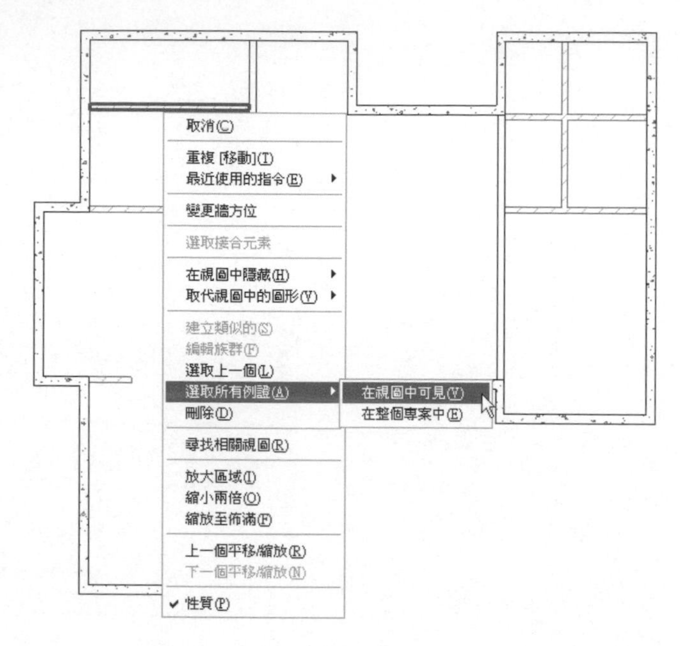

↑ 圖 5-7

- 調整外牆位置：點選「修改」頁籤的「對齊」指令，先點選 C 軸線作為對齊目標位置，在選項列中設定偏好為「牆中心線」，將 B 軸的牆以牆中心線位置對齊 B 軸線，如圖 5-8 所示。

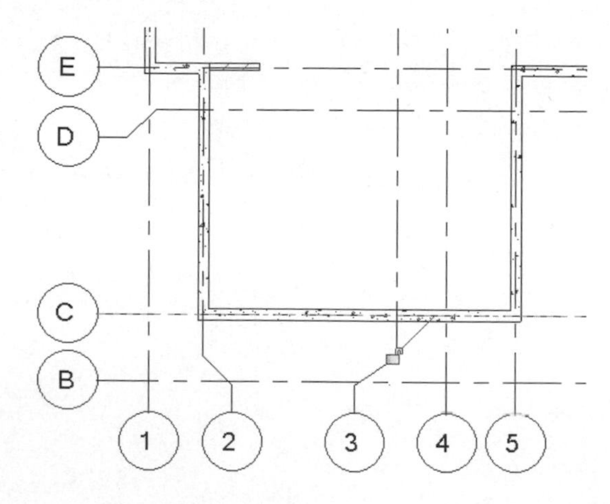

↑ 圖 5-8

- 移動外牆位置：點選 5 軸線的牆，點選「修改」頁籤的「移動」指令，先點選 E5 牆中心線端點作為移動基準點，配合導引網格線的追蹤功能，以「水平和最近點」移動至 4 軸線交點上，修改牆的位置如圖 5-9。

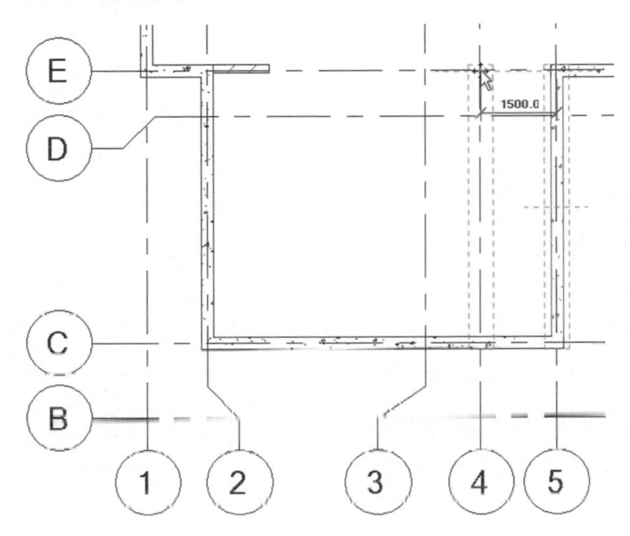

圖 5-9

- 請使用「DEL」及「修剪」指令，修改完成 2F 外牆位置如圖 5-10 所示。
- 選擇 2FL 全部外牆，在類型選擇器中將牆替換為新類型「2F 外牆－白色塗料」，更新所有二樓外牆類型，注意，你必須複製「1F 外牆－白色塗料」成新牆類型「2F 外牆－白色塗料」，如圖 5-11 所示，儲存檔案。

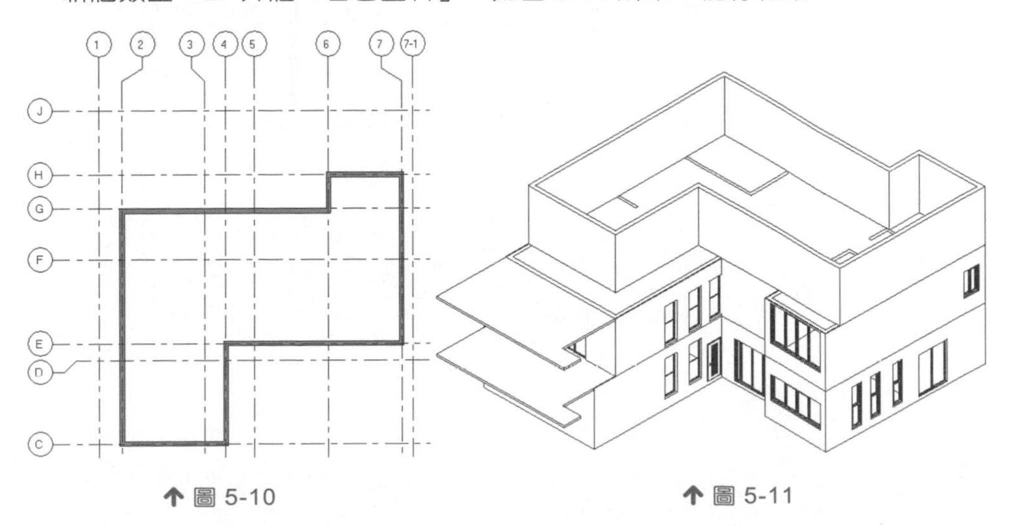

圖 5-10

圖 5-11

5.2.2 繪製二樓內牆

接續 5.2.1 節的練習，由下述條件繼續繪製二樓內牆，並請依前述章節方法建立 2 F 內牆類型。。

- 點選「牆」指令，在類型選取器中選擇「1F-RC 牆加粉刷 15cm（2+2cm）」類型，於編輯類型「類型性質」對話框內執行「複製」，命名為新牆類型「2F-RC 牆加粉刷 15cm（2+2cm）」。同時複製「1F-內磚牆 1/2B」類型成為「2F-內磚牆 1/2B」，完成 2FL 新內牆類型，請儲存專案。
- 在類型選擇器中選擇「2F-RC 牆加粉刷 15cm（2+2cm）」類型，於「性質」交談框中，設定實例參數「底部約束」為「2FL」、「頂部約束」為「RFL」；於選項列選擇「繪製」指令，「定位線」選擇「牆中心線」，如圖 5-12 所示位置繪製「2F-RC 牆加粉刷 15cm（2+2cm）」內牆。
- 在類型選擇器中選擇「2F-內磚牆 1/2B」，選用「繪製」指令，於「性質」交談框中，設定實例參數「底部約束」為「2FL」、「頂部約束」為「RFL」，繪製如圖 5-13 所示「2F-內磚牆 1/2B」內牆。

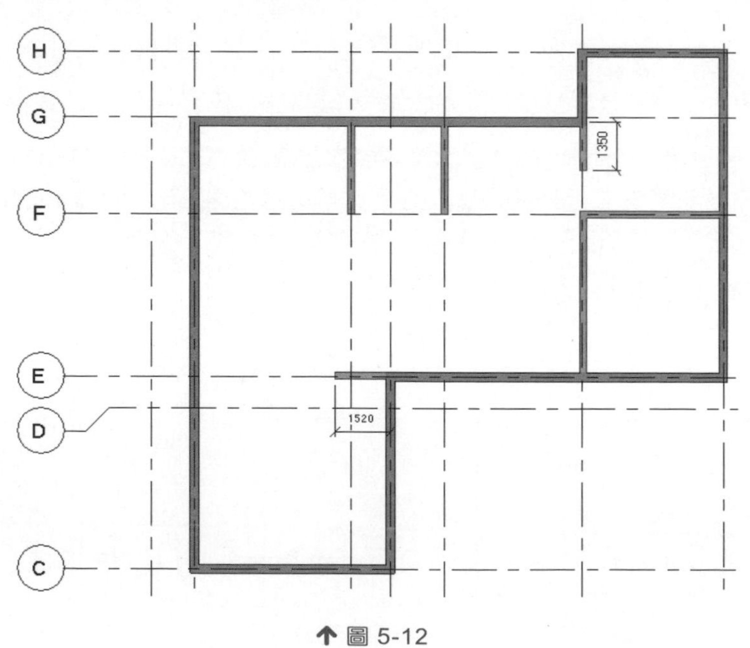

↑ 圖 5-12

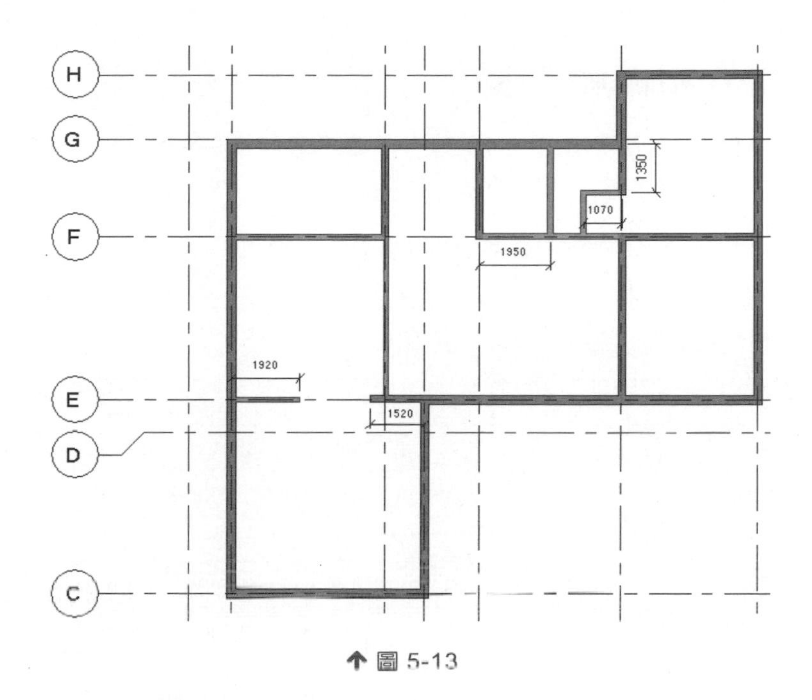

↑ 圖 5-13

- 完成後的二樓牆體如圖 5-14 所示。

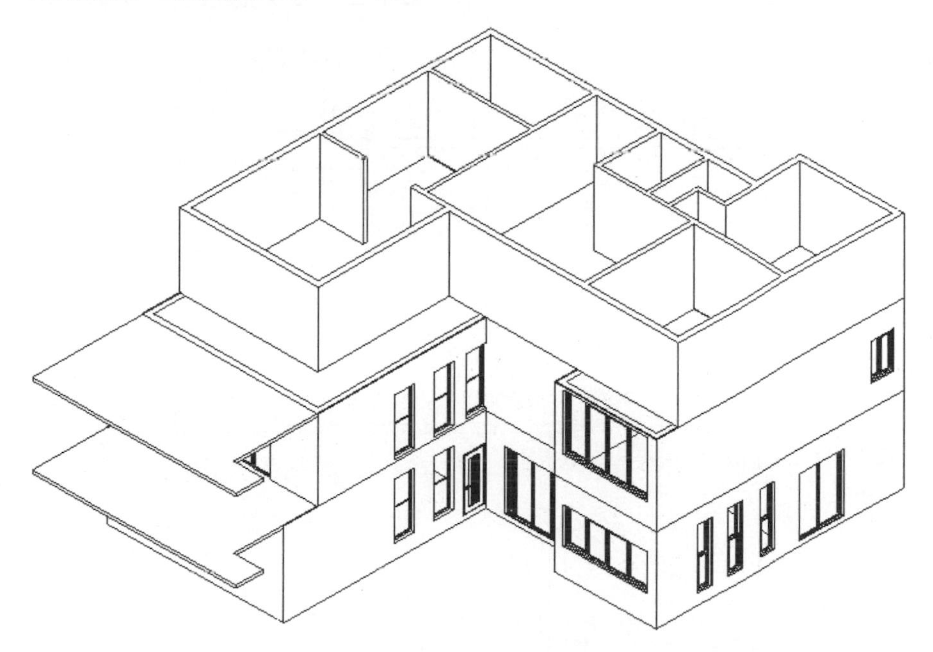

↑ 圖 5-14

5.3 插入和編輯門窗

完成二樓平面內外牆體後，即可建立二樓門窗。門窗的插入和編輯方法同第 3 章的 3.2 及 3.3 小節內容，本章不再詳述。

- 接續前面練習，在專案瀏覽器中進入「2FL」樓板平面視圖。
- 點選設計欄「建築」頁籤 -「門」指令，依下表建立門類型及圖 5-15 所示位置放置門，並編輯臨時尺寸，精確定位。

2FL 門規格表				
標籤	名稱	寬	高	窗台高度
D1	裝飾木門（M0921）	900	2100	
D2	裝飾木門（M0821）	800	2100	
D4	雙拉門 YM1824	1800	2400	
D6	雙拉門 YM3324	3300	2400	
D9	單開門-矩形-（1）	900	2400	
D8	雙開門-矩形-（1）	1200	2200	

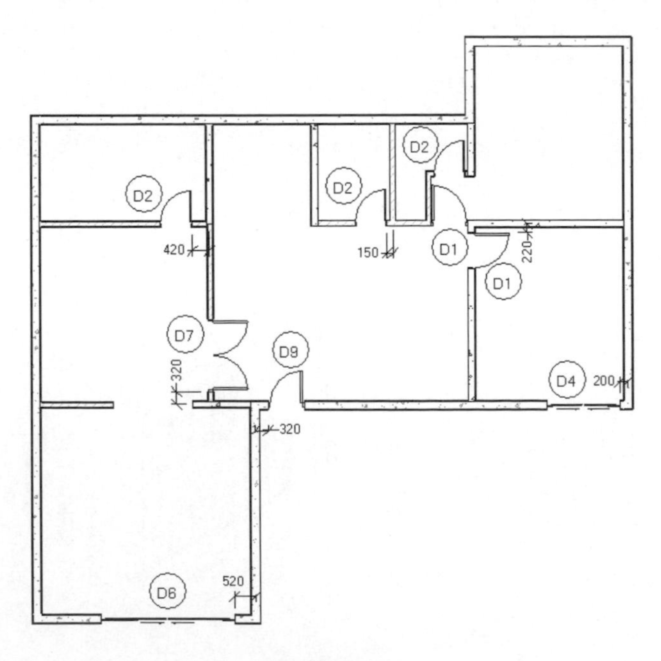

↑ 圖 5-15

- 點選設計欄「建築」頁籤 -「窗」指令，依下表建立窗類型及圖 5-16 所示位置放置窗，並編輯臨時尺寸與窗臺高度，完成窗定位。

2FL 窗規格表				
標籤	名稱	寬	高	窗台高度
W7	雙開窗（1）	900	1500	900 mm
W9	固定窗-矩形-（1）	600	900	1450 mm
W10	固定窗-矩形-（1）	600	1500	850 mm
W11	固定窗-矩形-（10）	1000	2300	100 mm
W12	推拉窗 C0923	900	2300	100 mm

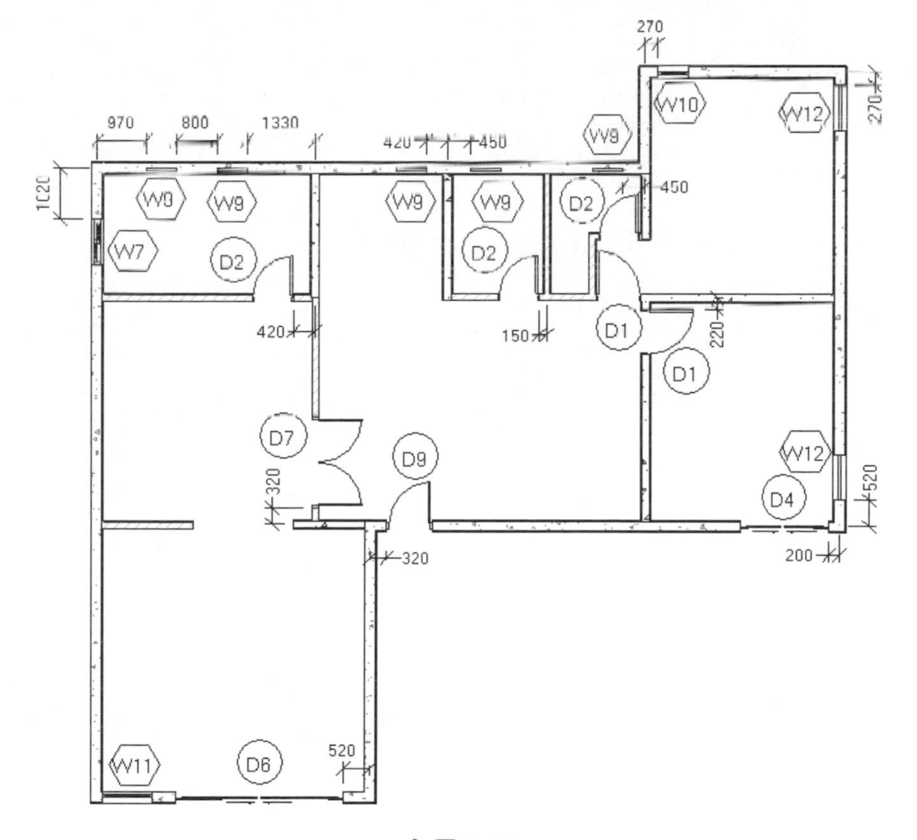

↑ 圖 5-16

5.4 編輯二樓樓板

接下來的練習是編輯由 1FL 複製而來的 2FL 樓板，即不需要重新建立，只需編輯複製的一樓樓板邊界輪廓即可。

- 請在 2FL 平面視圖中，檢查性質交談框中的「可見性／圖形取代」-「模型品類」-「樓板」是否設定為顯示；並於性質交談框中將「參考底圖」設為 1FL，則可以看到 1FL 平面圖的牆和樓板，如圖 5-17 所示。

↑ 圖 5-17

- 在視圖中選擇 2FL 的樓板，點選「修改」頁籤的「編輯邊界」指令，進入樓板邊界輪廓畫面進行編輯草圖，請使用「刪除」、「修剪」及「對齊」指令完成如圖 5-18 所示的樓板邊界輪廓。

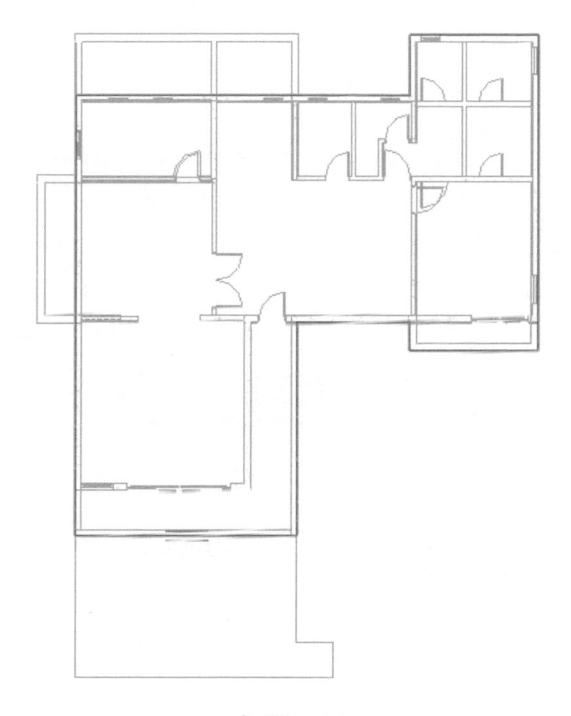

↑ 圖 5-18

- 當 Revit 提示出現「是否要將高達此樓板高度的牆貼附至其底部」時，請點選「否」，再者若出現「樓板/屋頂與亮顯的牆重疊。是否要接合幾何圖形並從牆上切割重疊的體積？」也請點選「否」，如圖 5-19、圖 5-20 所示，本練習會以手動接合幾何圖形方法完成。

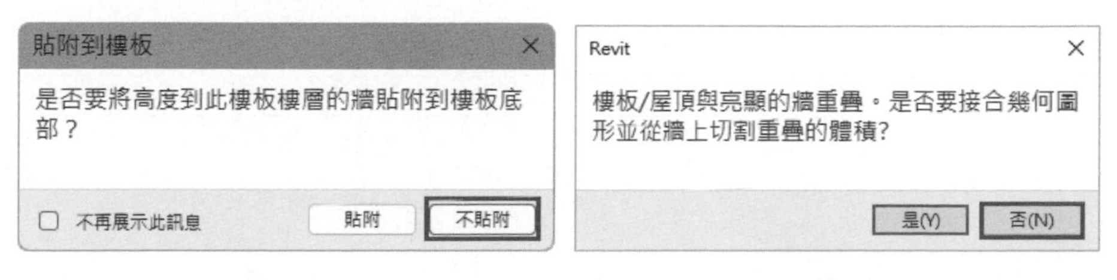

↑ 圖 5-19

↑ 圖 5-20

- 若警告訊息出現錯過目標時，請點選「關閉」，並於樓板被選取狀態下在修改頁籤右側點選「展示相關警告」指令 展示相關警告，或於「管理」頁籤-點選「警告」指令 警告 查詢，如圖 5-21 所示。

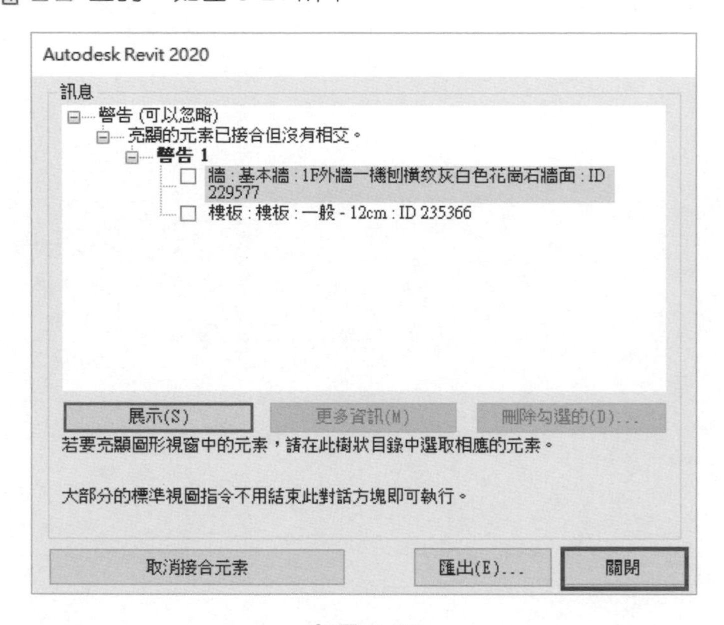

↑ 圖 5-21

注意

當 Revit 出現警告衝突時，若使用者解決了衝突，就不會有警告訊息。

注意

警告內容可以匯出成 HTML 格式，但可以用 Excel 格式開啓，執行更進階的資料處理。

注意

警告會主動對模型作 ID 號碼編制，並詳細列出衝突元素。

- 完成 2F 樓板如圖 5-22 所示。

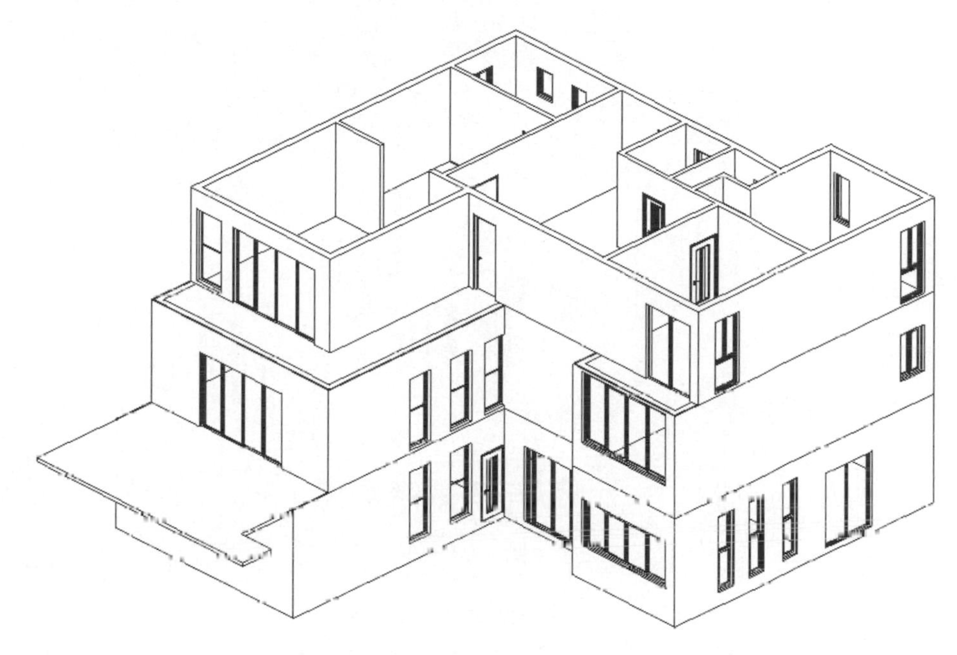

↑ 圖 5-22

- 接下來練習手動接合幾何圖形方法，請在 3D 視圖中，按壓並拖曳 ViewCube 視圖方塊翻轉畫面中 3D 建築物，並在適當的角度停止，框選 2FL 所有物件執行隱藏元素，如圖 5-23 所示。
- 請點選「修改」頁籤 -「接合幾何圖形」 接合指令，在選項列上勾選「多重接合」並以樓板為主，依序點選下方的 1FL 牆體，如圖 5-24 所示。
- 完成接合幾何圖形的效果，如圖 5-25 所示。請執行「重置暫時隱藏/隔離」指令，完整呈現建築物。

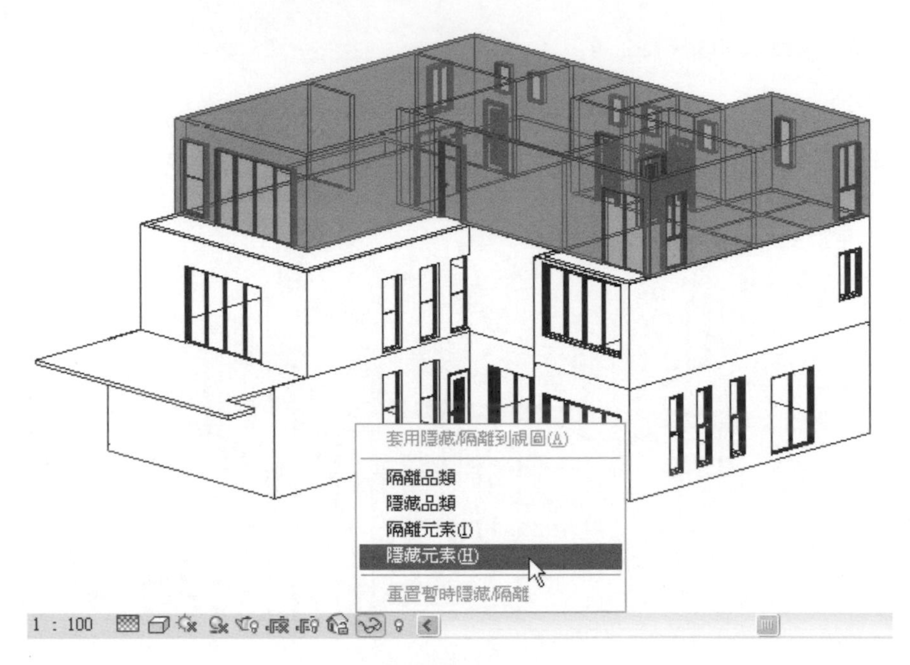
套用隱藏/隔離到視圖(A)
隔離品類
隱藏品類
隔離元素(I)
隱藏元素(H)
重置暫時隱藏/隔離
1 : 100

↑ 圖 5-23

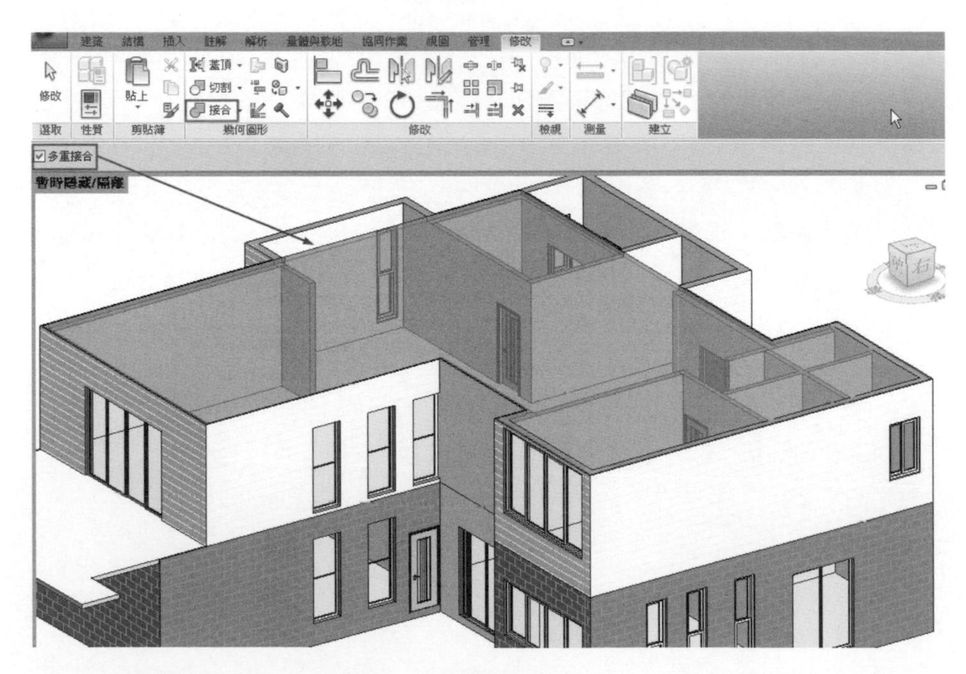
建築
結構
插入
註解
解析
量體與敷地
協同作業
視圖
管理
修改
蓋頂
切割
接合
貼上
選取
性質
剪貼簿
幾何圖形
修改
檢視
測量
建立
多重接合
暫時隱藏/隔離

↑ 圖 5-24

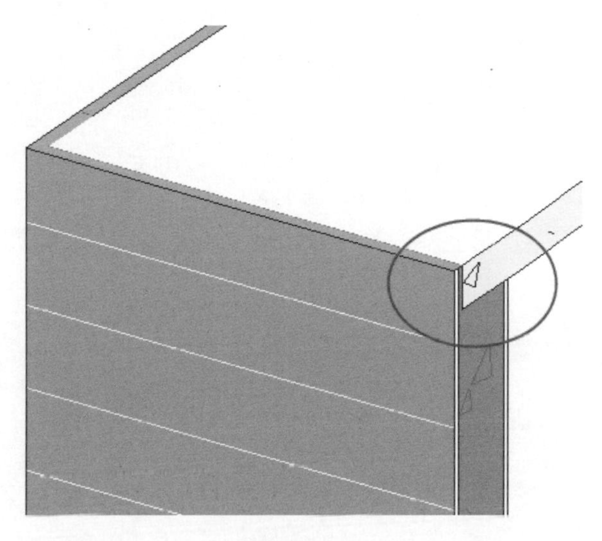

↑ 圖 5-25

- 至此本案例二樓的主體都已經繪製完成，完成後的結果請參考「\REVIT 練習文件\第 5 章\高山御花園別墅_06.rvt」檔案。

5.5 3D 視圖操作

接下來的練習是觀察本專案立體模型，藉由 3D 視圖操作認識 Revit 軟體功能。

5.5.1 剖面框應用

- 請「專瀏覽器」-「3D 視圖」-快點兩下左鍵進入{3D}預設 3D 視圖中，你也可以由螢幕左上方的「快速視圖工具列」點選右側的「預設 3D 視圖」指令 預設 3D 視圖 ，快速進入 3D 視圖。
- 在畫面中你可以看到建築模型的立體外觀現況，但無法判斷建築物內部結構及配置，此時，請由「性質」交談框 -「範圍」，勾選「剖面框」且馬上點選「套用」指令，則 3D 視圖中的建築物外側會顯示一立體矩形框，如圖 5-26 所示。

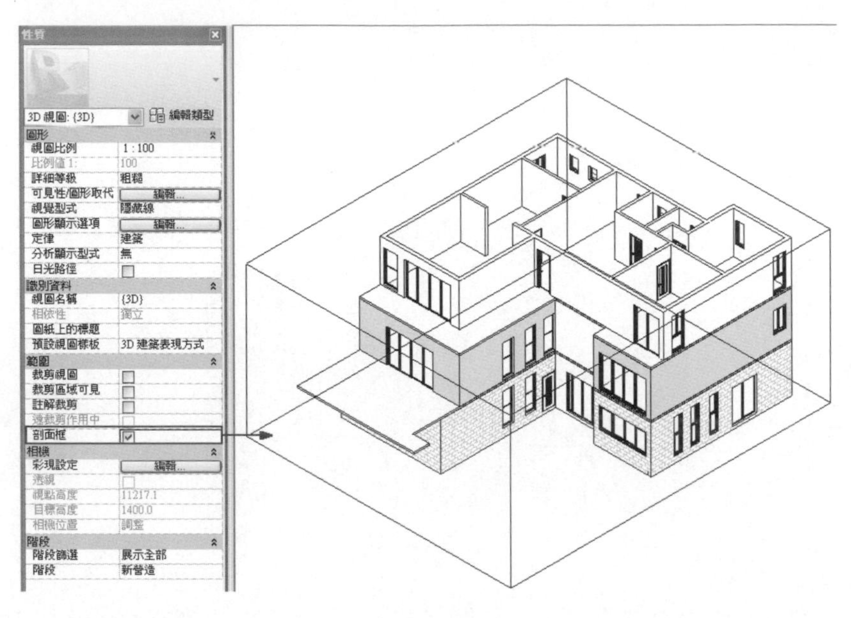

↑ 圖 5-26

- 請點選畫面中的矩形框，此時被選取的框框會出現上下左右前後六方位的調整箭頭及旋轉符號，如圖 5-27 所示；如拖曳剖面框箭頭，可以自由對建築物立體模型作切開，供內部檢閱討論或修改模型之用，如圖 5-28 所示。

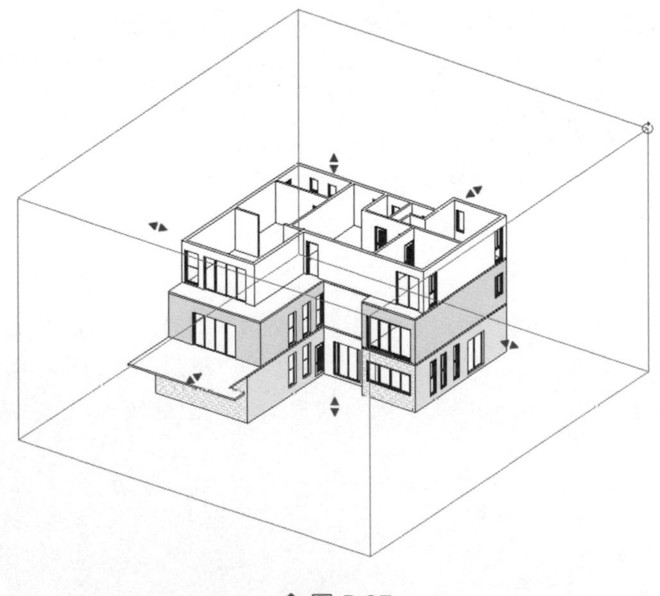

↑ 圖 5-27

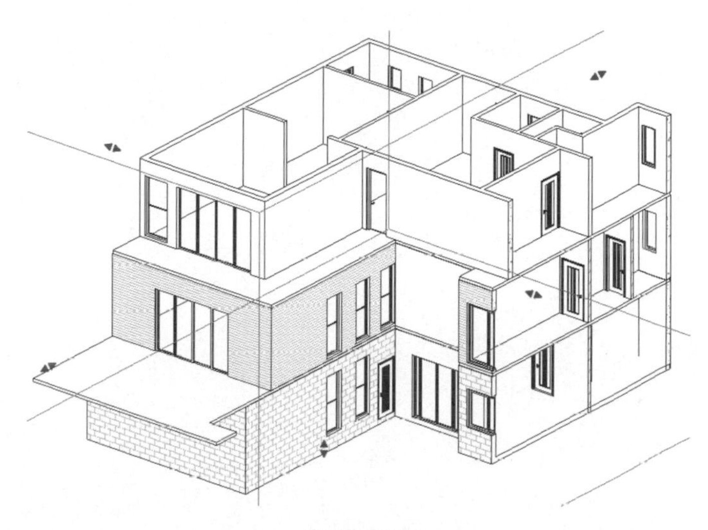

↑ 圖 5-28

- 接下來練習 3D 對齊功能，請利用鍵盤組合鍵「Shift」及滑鼠中鍵「滾輪」拖曳來執行 3D 自由環轉，作立體模型的視圖，請調整到模型右後方的「B1F-剪力牆」，如圖 5-29 所示點選上方「1F 外牆－機刨橫紋灰白色花崗石牆面」並隱藏此牆面，則 1F 樓板較易顯示；接著，請點選下方「B1F-剪力牆」於修改頁籤點選「對齊」指令，請先點選 1F 樓板底部平面作為對齊基準，再點選「B1F-剪力牆」上部平面以貼附樓板下面，如圖 5-30 所示，至此，請於性質交談框關閉剖面框及重置暫時隱藏/隔離物件，以顯示所有建築物外觀。
- 上述操作僅在練習 3D 對齊方法，與本建築專案尺寸需求並無關聯。

↑ 圖 5-29

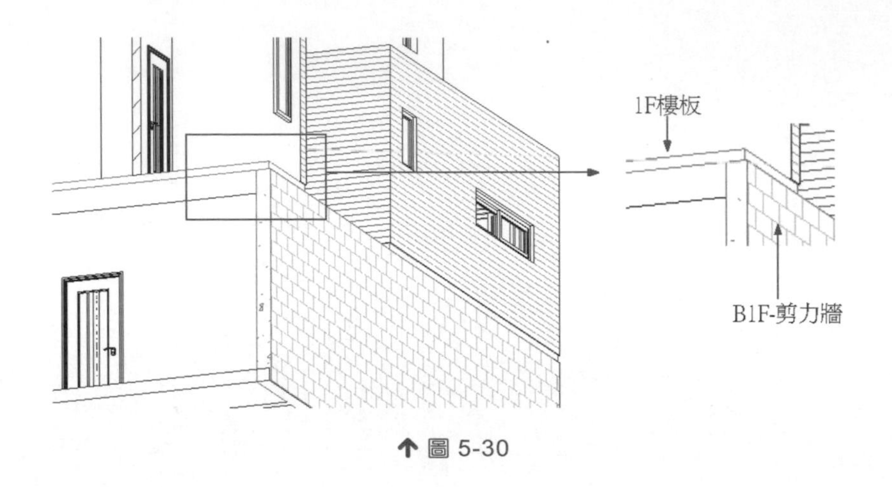

↑ 圖 5-30

5.5.2 自由環轉及 View Cube

- 除了利用鍵盤組合鍵「Shift」及滑鼠中鍵「滾輪」拖曳來執行的 3D 自由環轉外，Revit 也像所有 Autodesk 目前的軟體一樣，在 3D 視圖中預設有 View Cube 功能 ，請在 View Cube 上按滑鼠右鍵並選取「選項」指令，開啟如圖 5-31 所示選項面板。

↑ 圖 5-31

- View Cube 讓使用者簡單且直覺的對三度空間進行觀測，其親切的操作方法把軟體操作變成人人可輕易上手的掌上型方塊般，自由把玩，請點選 View Cube 方塊任一位置，3D 畫面即馬上翻轉。
- 另外，若模型需翻轉到原始定位的東南等角，可直接點選 View Cube 左上方的主視圖，如圖 5-32 所示。

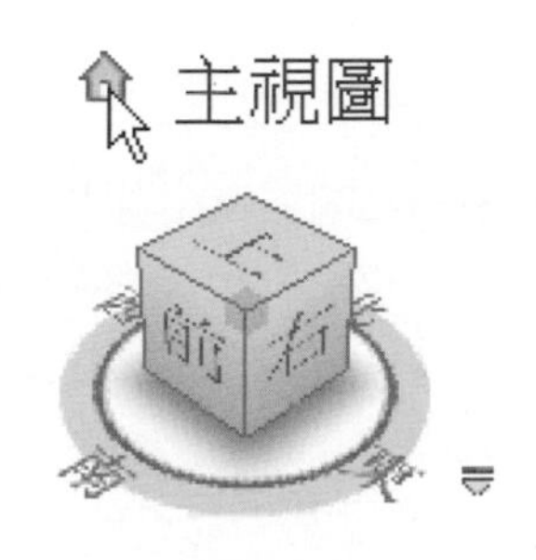

↑ 圖 5-32

- 而點選 View Cube 右下方的三角形符號，則可開啟關聯式功能表，作細部設定，如圖 5-33 所示。

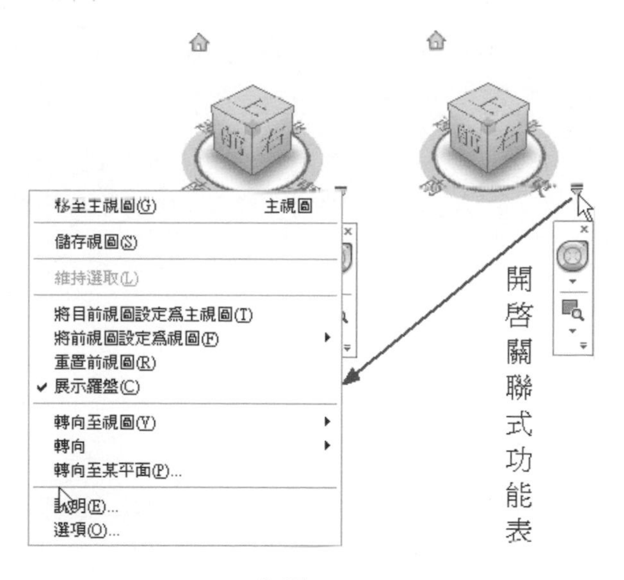

↑ 圖 5-33

模擬試題

本章重複學習了牆的繪製和編輯，以及如何插入門窗元件模型方法，且更深入了解 Revit 剪貼簿「複製」、「對齊貼上」指令的使用技巧。

由下面練習題，同學們可評量本章學習效益。

1. 請開啟「Revit 練習文件\模擬試題\高山御花園別墅_05.rvt」檔案，在 2F 平面圖中選取所有物件，並使用篩選指令查詢牆品類，請問其數量共為何？____________________

2. 將物件複製到剪貼簿後，可於「專案瀏覽器」中直接點選要貼上的樓層名稱，以上敘述正確與否？
   (A)正確　(B)錯誤

3. 平面視圖的參考底圖設定，應於何處執行？
   (A)功能區　(B)視覺型式　(C)性質　(D)專案瀏覽器

4. 請開啟「Revit 練習文件\模擬試題\高山御花園別墅_05.rvt」檔案，請問 2F 樓板周長為何？____________________

5. 請開啟「Revit 練習文件\模擬試題\高山御花園別墅_05.rvt」檔案，於「管理」頁籤「查詢」面板中點選「警告」指令，展開所有警告內容後，請問警告 2 的牆 ID 為何？____________________

6. 請開啟「Mobile_m.rvt」檔案。
   (1) 啟用樓板平面圖（Floor Plan）- First。
   (2) 如圖所示，將窗戶 1 置入牆 2 中，並使用 Window-Double-Hung 1200 x 600 mm 窗戶類型。

   請問牆 2 的體積為多少立方公尺？__________#.### m^3

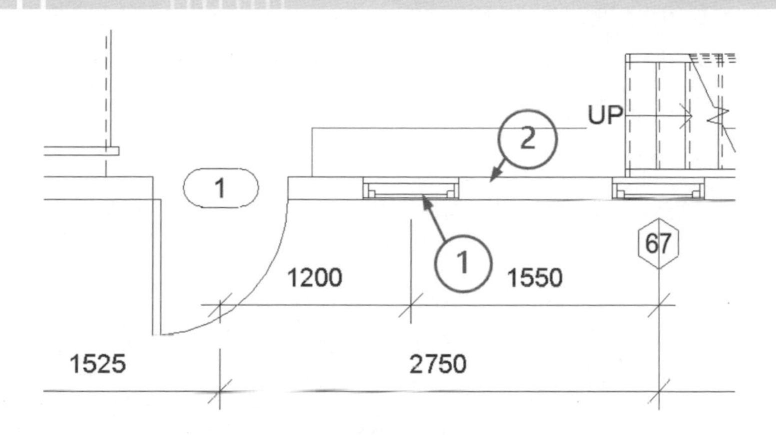

↑圖 模擬試題 5-1

7. 請開啟「Office_m.rvt」檔案。

   (1) 啟用樓板平面圖（Floor Plan）- Conference。

   (2) 如圖所示，延伸牆 1 使空間完整區隔開。

   請問牆 1 的體積為多少立方公尺？__________ #.###m^3

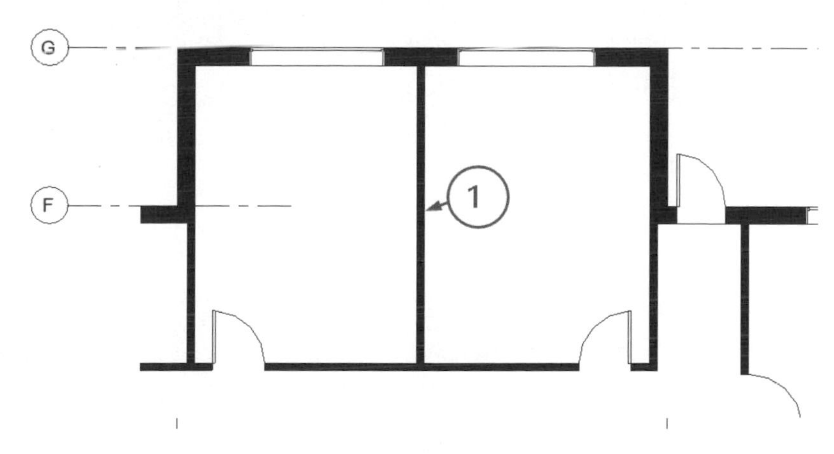

↑圖 模擬試題 5-2

模擬試題

8. 哪一個修改指令可以將 1 號牆與 2 號牆建立如圖所示的交叉結果？

   (A)偏移　(B)修剪延伸到角　(C)對齊　(D)分割元素

   (E)修剪/延伸單一元素

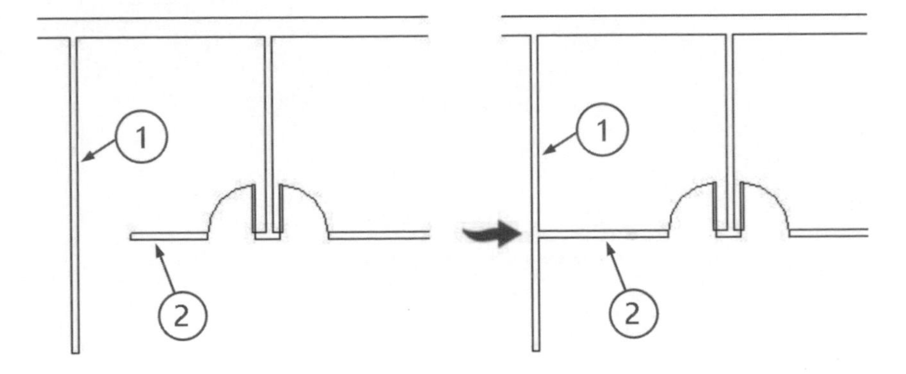

↑圖 模擬試題 5-3

CHAPTER 6

玻璃帷幕

課程概要

帷幕牆是現代建築設計中被廣泛應用的一種建築構件。在 Revit Architecture 中，帷幕系統由帷幕網格、豎框和帷幕嵌板所組成，如圖 6-1 所示。根據建立帷幕牆的複雜程度可分為一般帷幕系統、規則曲線帷幕系統和量體曲面帷幕系統等三種建立帷幕的方法。

一般帷幕系統的牆體是一種特殊類型，其繪製方法和一般牆體相同，具有一般牆體的各種屬性，可以和編輯一般牆體一樣採用「貼附」、「編輯立面輪廓」等指令編輯一般帷幕系統。

本章將在 E 軸與 5、6 軸的牆上嵌入一面直線帷幕牆，並以一般帷幕系統為例，詳細講解帷幕網格、豎框和帷幕嵌板的各種建立和編輯方法。

除一般帷幕系統之外，本章還將簡要介紹建立規則曲線帷幕系統及特殊造形的量體曲面帷幕系統。

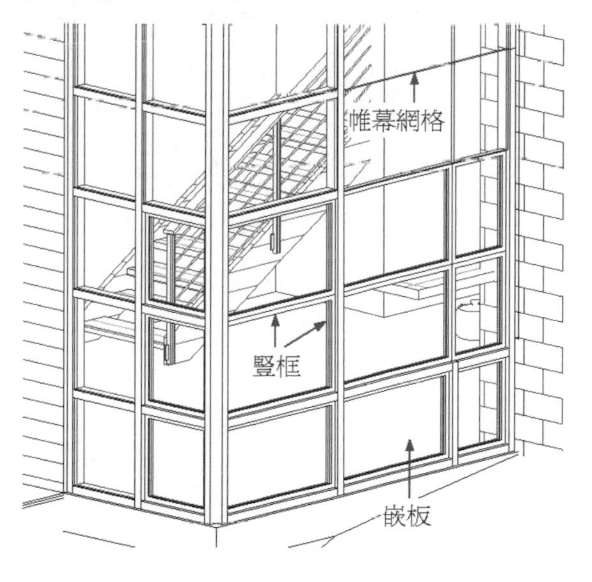

圖 6-1

課程目標

透過本章的操作學習，您將實際掌握：

- 一般帷幕系統的參數設定方法和繪製帷幕牆的方法
- 帷幕網格的建立和編輯方法
- 豎框的建立和編輯方法
- 帷幕嵌板的選擇和替換
- 建立規則曲線帷幕系統的方法
- 建立量體曲面帷幕系統的方法

6.1 一般玻璃帷幕系統

帷幕牆是一種牆體類型，附著於建築結構的任意外牆，而且不承擔建築的樓板或屋頂荷載。在一般應用中，帷幕牆常定義為包含內嵌玻璃、金屬嵌板或薄石材的普通鋁製外框薄牆。繪製帷幕牆時，單一嵌板會延伸至與牆相同長度。如果所建立的帷幕具有自動帷幕網格帷幕牆，則該牆將被細分為若干嵌板。

6.1.1 新建帷幕類型

打開「\REVIT 練習文件\第 5 章\高山御花園別墅_05.rvt」檔案，下面將開始學習繪製本案例的玻璃帷幕。

- 請由專案瀏覽器中打開 1Fl 平面視圖。
- 點選功能區「建築」頁籤 -「牆」指令，在「性質」交談框類型選取器中點選下拉清單選擇「帷幕牆-150×250cm」類型，再打開「編輯類型」對話方塊。
- 在「類型性質」對話方塊，點選「複製」按鈕，在彈出的「名稱」對話方塊中輸入新的名稱「帷幕採光窗 C2156」，如圖 6-2 所示。按「確定」按鈕建立了新的帷幕牆類型。

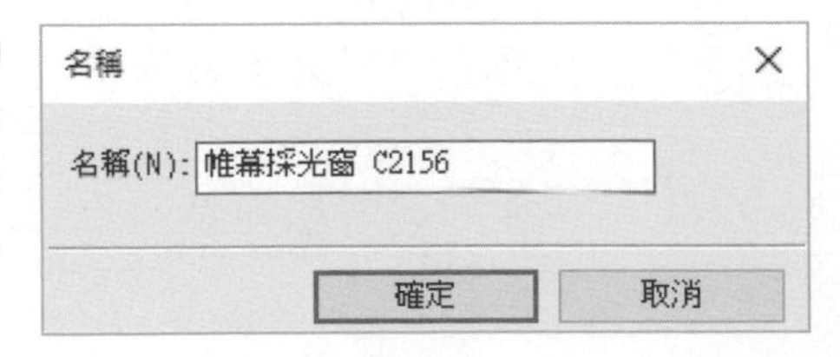

↑ 圖 6-2

- 本案例中的帷幕分割與豎框是透過參數設定自動完成的，如下圖 6-3 所示。在「帷幕採光窗 C2156」的「類型性質」對話方塊中設定相關參數。

- 要將帷幕嵌入到牆中並自動切割帷幕洞口，必須在「元素性質」對話方塊中點選「編輯/新建」按鈕進入到「類型性質」對話方塊中，在「營造」欄下勾選參數「自動嵌入」。自動嵌入會主動將重疊體積的其他牆體暫時性剔除。
- 帷幕分割線設定：將「垂直網格樣式」的「配置」參數選擇「無」，「水平網格樣式」-「配置」選擇「固定距離」、「間距」設定為「925」、勾選「調整豎框大小」參數。
- 帷幕豎框設定：將「垂直豎框」欄中「內部類型」選擇「無」、「邊界 1 類型」和「邊界 2 類型」選為「矩形豎框－50×150mm」；「水平豎框」欄中「內部類型」、「邊界 1 類型」、「邊界 2 類型」都選為「矩形豎框－50×150mm。

注意

建立新的帷幕類型時，可以設定好其嵌板類型、格線佈置規則和內部與邊界豎框類型。這樣就可以直接繪製出有需要類型的嵌板和豎框的帷幕，而無須重複手工建立和替換，可提高設計效率。

注意

也可以先繪製一道普通帷幕，再用設計欄「建立模型」-「帷幕網格」指令手動添加帷幕網格線，然後再用「豎框」指令添加豎框。

- 設定完上述參數後，點選「確定」關閉對話方塊。

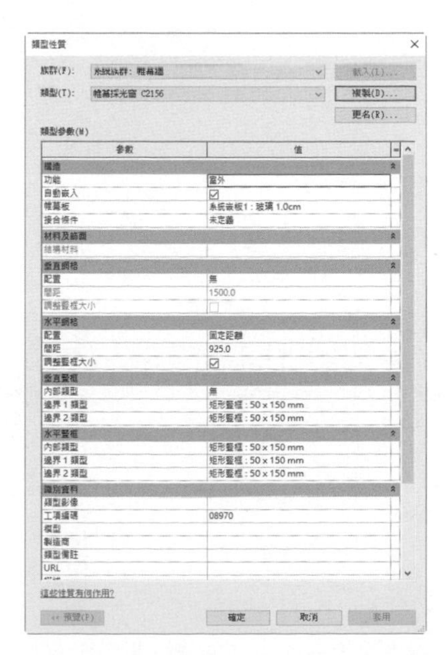

↑ 圖 6-3

6.1.2 建立帷幕牆

接下來，按照繪製牆一樣的方法在 E 軸與 5 軸 - 6 軸處的牆上繪製帷幕。

- 在「性質」對話方塊中，如圖 6-4 所示設定「底部約束」為「1FL」、「底部偏移」為「100」、「頂部約束」為「未連接」、「不連續高度」為「5600」，而「帷幕採光窗 C2156」位置則如圖 6-5 所示。

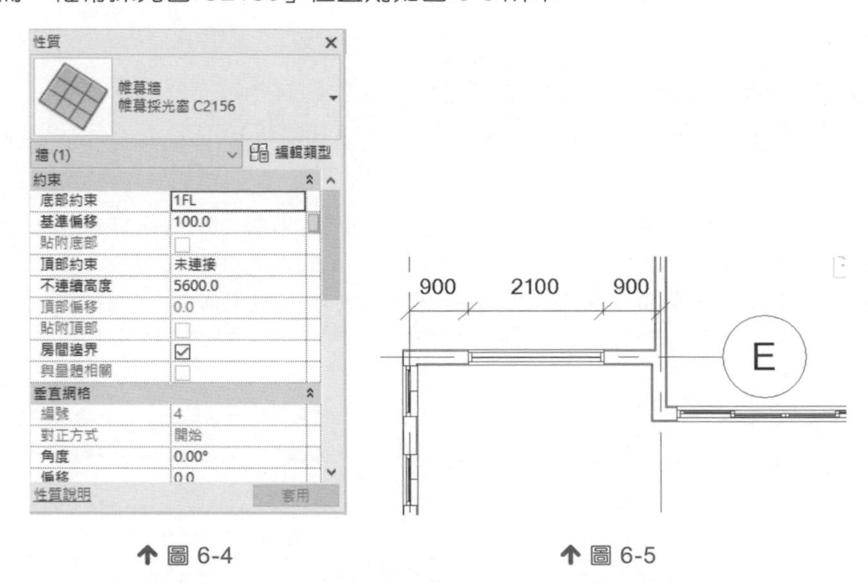

↑ 圖 6-4　　↑ 圖 6-5

- 完成後的帷幕如圖 6-6、圖 6-7 所示，完成後的結果請參考「\REVIT 練習文件\第 6 章\高山御花園別墅_06.rvt」檔案。

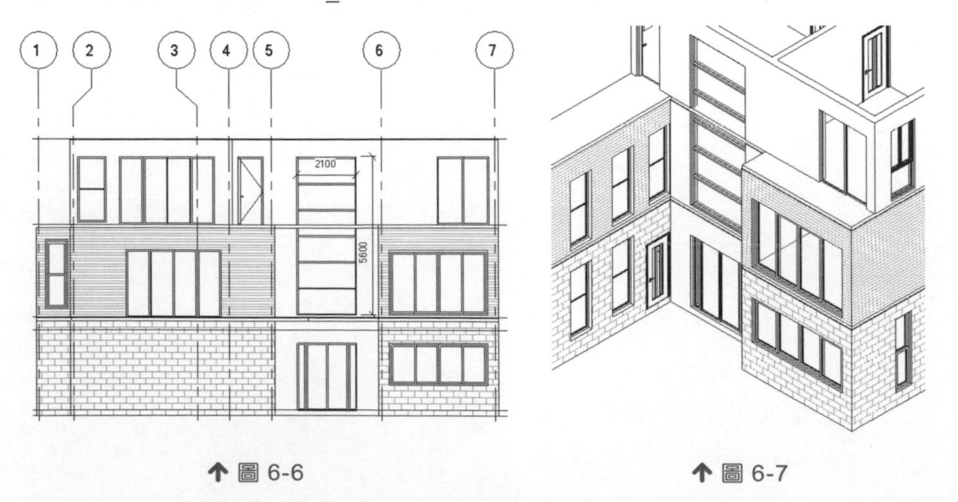

↑ 圖 6-6　　↑ 圖 6-7

6.2 編輯帷幕牆

依一般規則建立的帷幕，其中的帷幕網格與豎框可以根據需要手工編輯修改，進一步細分帷幕嵌板，下面詳細說明帷幕的建築編輯方法。本章後面幾節內容的練習與本案例教程無關，重點在講述帷幕牆的建築編輯方法。

- 點選功能表「檔案」-「新建」-「專案」指令，預設是選擇設定好的公制繁體中文樣板檔「自訂專案樣板.rte」為範本，請點選「確定」建立新專案。
- 在樓層 1 平面圖中，點選功能區「建築」頁籤 -「牆」指令，在「性質」交談框，類型選取器中點選下拉清單選擇「帷幕牆-無分割」類型，在平面視圖中水平點選兩點繪製一道由樓層 1 到樓層 3，長 1000cm 帷幕牆。
- 快點兩下專案瀏覽器的「3D 視圖」，打開 3D 視圖，觀察帷幕是否沒有格線和豎框。接著將為帷幕添加格線和豎框，並將帷幕嵌板替換為門。

6.2.1 帷幕網格

無論是按照規則自動佈置了網格的帷幕，還是沒有網格的整體帷幕嵌板，都可以根據需要手動添加網格細分帷幕牆。已有的帷幕網格也可以手動添加或刪除。你可以在 3D 視圖或立面、剖面視圖中編輯帷幕網格。

- 接續前面練習，在 3D 視圖中點選「建築」頁籤 -「帷幕網格」指令，在功能區的「放置」面板則如圖 6-8 所示。

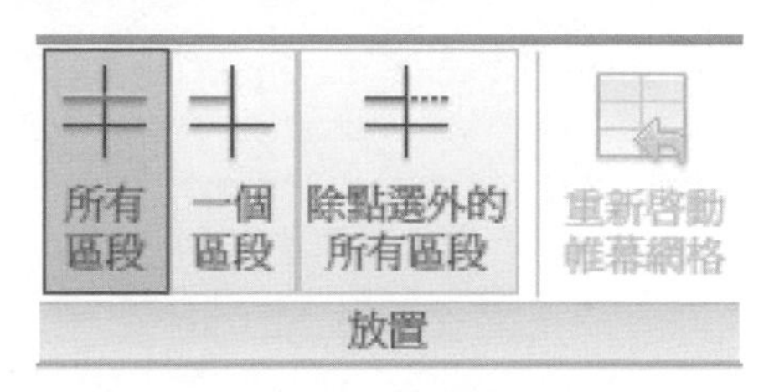

↑ 圖 6-8

- 你可以選擇選項列中的三種方法建立帷幕網格。

  1. 所有區段：於「放置」面板選擇「所有區段」選項，移動游標到帷幕邊界上時，會沿帷幕整個長度或高度方向出現一條預覽虛線，再點選滑鼠左鍵即可沿帷幕整個長度或高度方向添加一根完整格線，請注意狀態列會提示鎖點位置，如圖 6-9 所示。該選項適用於整體分割玻璃帷幕。

2. 一個區段：於「放置」面板選擇「一個區段」選項，移動游標到帷幕內某一塊嵌板邊界上時，會在該嵌板中出現一個區段預覽虛線，點選滑鼠左鍵僅在該嵌板添加一個區段格線，如圖 6-10 所示。該選項適用於局部細化帷幕。

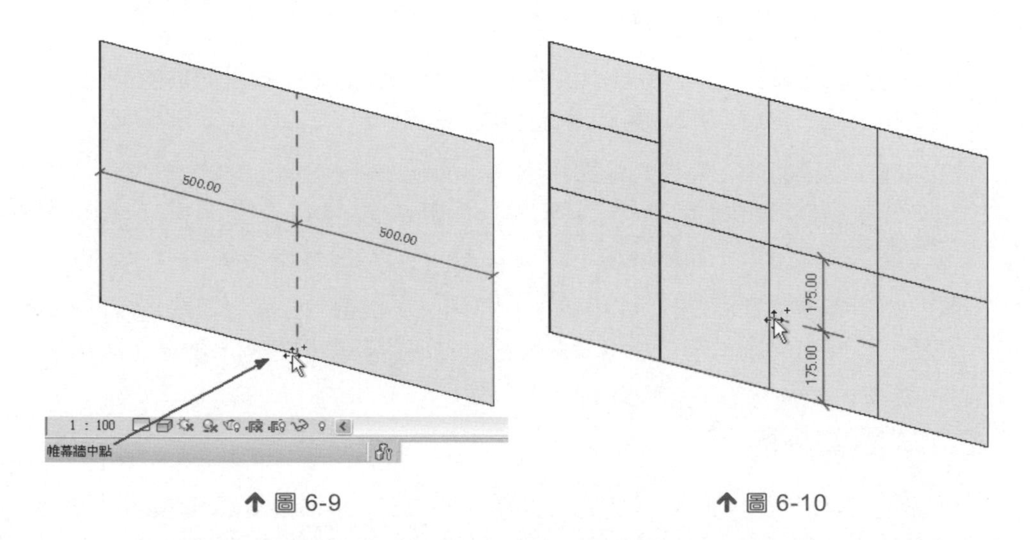

↑ 圖 6-9　　↑ 圖 6-10

3. 除點選外的所有區段：於「放置」面板選擇「除點選外的所有區段」選項，移動游標到帷幕邊界上時，首先會沿帷幕整個長度或高度方向出現一條預覽虛線，再點選即可先沿帷幕整個長度或高度方向添加一根紅色粗亮顯示的完整實線格線；然後移動游標到其中不需要的某一個區段或幾段格線上，分別點選滑鼠左鍵使該段變成虛線顯示；最後按「Esc」鍵結束指令後在剩餘的實線格線段處添加格線，如圖 6-11 所示。該選項適用於整體分割帷幕，且局部沒有格線的情況。

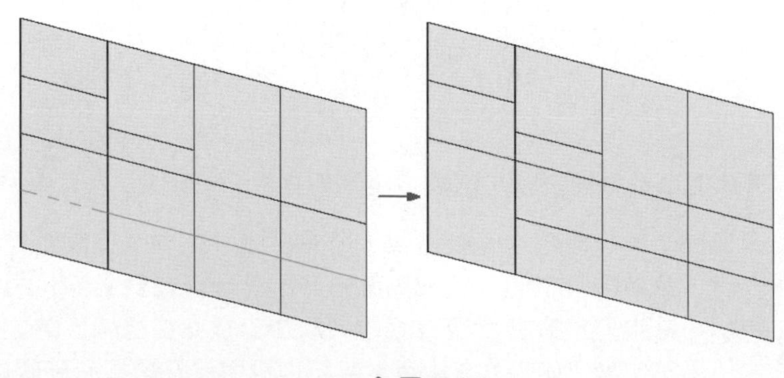

↑ 圖 6-11

- 格線編輯：已有的格線可以隨時根據需要加入或移除。使用滑鼠左鍵選擇已有的網格線，於功能區右上方點選「加入／移除區段」指令，移動游標到實線格線上點選即可刪除一個區段格線，若到虛線格線上點選即可添加一個區段格線，如圖 6-12、圖 6-13 所示。

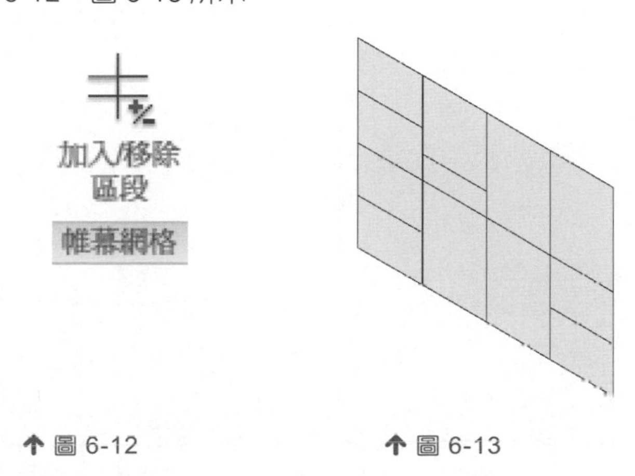

↑ 圖 6-12　　↑ 圖 6-13

- 帷幕網格位置的精確選取：用上述方法放置帷幕網格時，當游標移動到帷幕嵌板的中點或 1/3 分割點附近位置時，系統會自動選取到該位置，並在滑鼠位置顯示提示欄及在狀態列提示該點位置為中點或 1/3 分割點。當在立面、剖面視圖中放置帷幕網格時，系統還可以選取視圖中的可見樓層、網格和參考平面，以便精確建立帷幕網格。另外在選擇牆轉角邊緣時，帷幕網格將捕捉到相鄰帷幕的格線位置，以便使左右格線對齊。例如，如果將游標放在兩個帷幕之間的連接邊上，新帷幕網格即可選取現有的帷幕網格。
- 格線間距調整：網格線可直接編輯暫時尺寸以精確定位，並完成如圖 6-14 所示網格細分。

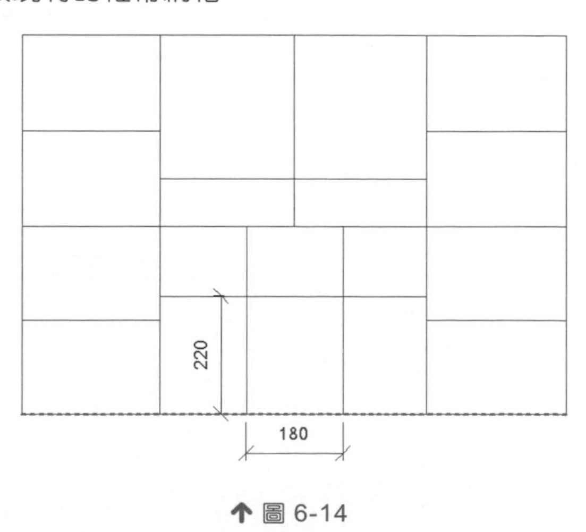

↑ 圖 6-14

- 另外，請在樓層 1 平面圖中，以「牆」指令，類型同樣選取「帷幕牆-無分割」，繪製一圓弧形帷幕牆，如圖 6-15 所示，此時呈現的帷幕牆因無細分網格，而以直線表現。

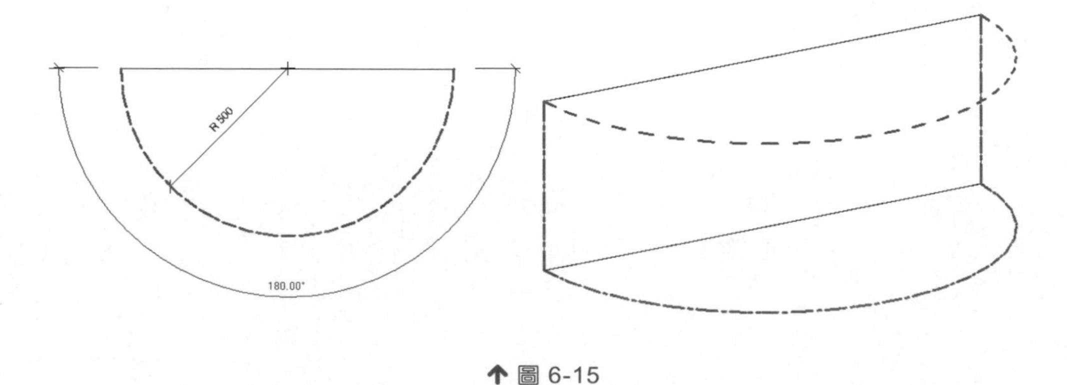

↑ 圖 6-15

- 接著，請以「帷幕網格」指令，對帷幕牆作網格細分動作，如圖 6-16 所示；需注意的是，以曲線所繪製的一般帷幕牆，在第一時間所呈現的是頭尾銜接的直線方式，務必加以網格細分才能表現出曲線的造型來。

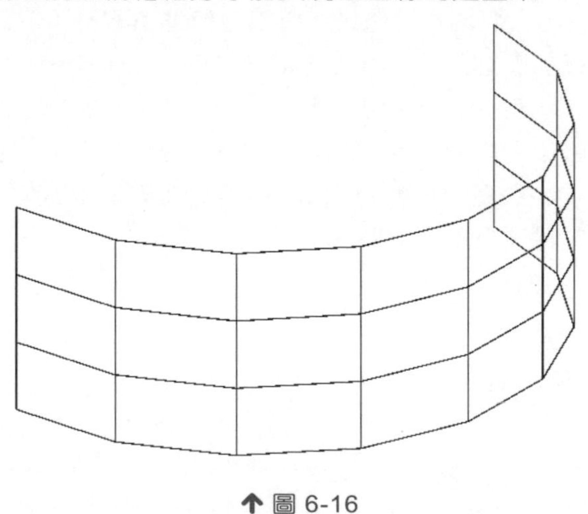

↑ 圖 6-16

6.2.2 帷幕嵌板

預設的帷幕嵌板是玻璃嵌板，可以將帷幕嵌板修改為任意牆類型或實體、空、門嵌板類型，從而實現特殊的效果，接下來的操作即為嵌板置換練習。

- 移動游標到左下角帷幕嵌板邊緣附近，按 Tab 鍵切換欲選擇的物件，當嵌板高亮顯示且狀態列提示為「帷幕嵌板：系統嵌板：玻璃」字樣時點選即可選擇該嵌板。

Tab 鍵可以切換選擇所有物件，帷幕嵌板則可替換為牆、帷幕門窗或空系統嵌板等各種嵌板樣式。

- 從功能區點選「類型性質」指令，於類型性質交談框中，由「族群」選擇「系統族群：建築牆」，再由「類型」選取「RC 牆 15cm」，即可將嵌板替換為 RC 牆體，接著設定「營造」-「結構」-「材料」選取「磚石－磚」，圖形「表面樣式」選取砌塊 225×450，如圖 6-17。若要選擇「空系統嵌板：空」類型，則將嵌板替換為空洞口即可；請依圖 6-18 所示更換嵌板類型。

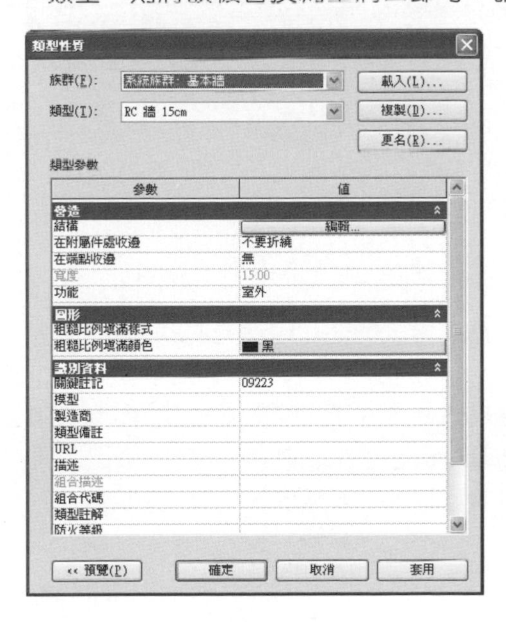

↑ 圖 6-17

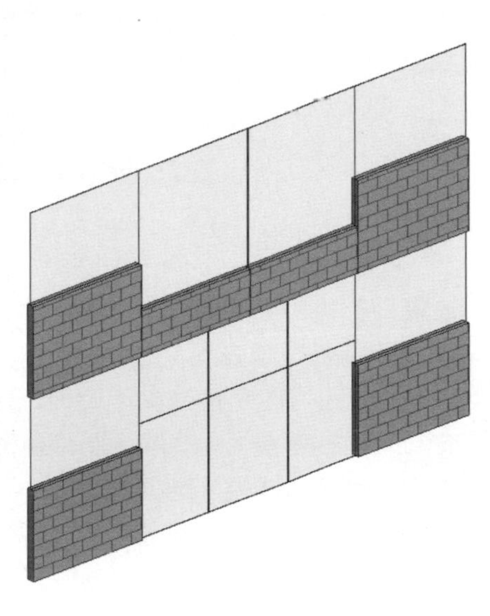

↑ 圖 6-18

- 帷幕門窗替換：按上述方法選擇下方正中嵌板，從功能區點選「類型性質」指令，於類型性質交談框中，點選右上角的「載入」按鈕，預設會打開「REVIT 練習文件\書本元件」資料夾，點選「M_Curtain Wall-Store Front-Dbl.rfa」檔案後，點選「開啟」按鈕載入帷幕門到專案檔中。
- 接著，由「族群」選擇「M_Curtain Wall-Store Front-Dbl」帷幕門板來完成置換嵌板練習，再點選「確定」關閉對話方塊即可將嵌板替換為門。結果如圖 6-19、圖 6-20 所示。
- 請注意，REVIT 帷幕牆屬於一個系統，欲選取帷幕嵌板、豎框等組成元素變更時，務必留意是否需解除約束釘住符號。

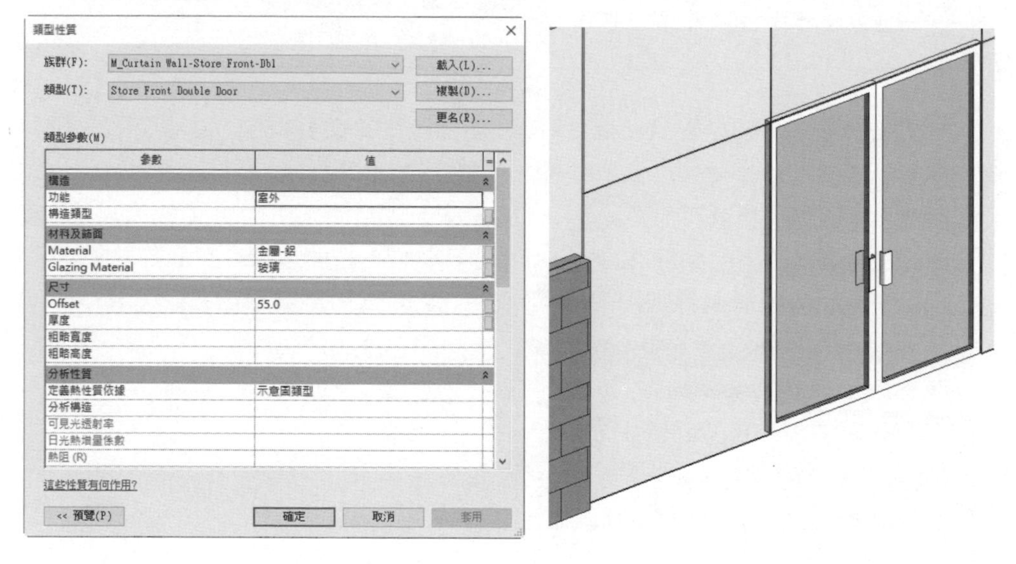

↑ 圖 6-19　　↑ 圖 6-20

- 帷幕門窗大小控制：帷幕門窗大小無法和常規門窗一樣透過高度、寬度參數控制，在調整整個帷幕格線的位置時，帷幕門窗和嵌板一樣將相對應地進行更新。不能使用拖曳控制點明確地控制牆嵌板的大小，也不能透過其類型性質來控制。對於牆嵌板，基面限制條件和基準偏移等牆限制條件屬性，以及不連續高度幾何圖形屬性，均為唯讀屬性，請窗選左下角牆嵌板，由性質交談框中可了解不可更改的唯讀屬性。

6.2.3 豎框

有了格線即可為帷幕添加豎框，和帷幕網格一樣，添加豎框同樣有三種選項。

- 點選「建築」頁籤 -「豎框」指令，在功能區的「放置」選項面板則如圖 6-21 所示。

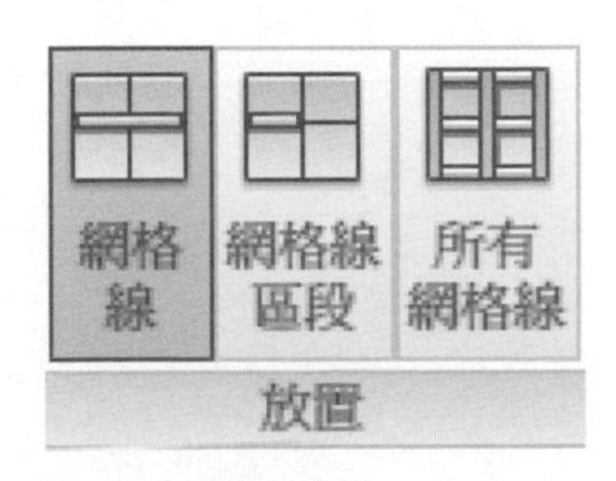

↑ 圖 6-21

- 從類型選擇器中選擇需要的豎框類型。預設有矩形、圓形豎框和 L 形、V 形、四邊形、梯形角豎框，請選取「矩形豎框 50×150mm」，也可以自訂豎框輪廓。
- 於功能區選取放置豎框的三種方式，逐一點選下述方法建立帷幕豎框。

  1. 網路線：點選「網路線」選項，移動游標到帷幕某一個區段格線上點選，將給與該段格線在同一長度或高度方向上所有格線添加整條豎框，即整條網路線均添加豎框，如圖 6-22 所示。

  2. 網路線區段：選取「網路線區段」選項，移動游標到帷幕某一個區段格線上點選，僅給該段格線建立一個區段豎框，如圖 6-23 所示。

  3. 所有網路線：選擇「所有網路線」選項，移動游標到帷幕上沒有豎框的任意一段格線上，此時沒有豎框的所有空區段格線會全部亮顯，點選滑鼠左鍵即可在所有空區段的格線上建立豎框，如圖 6-24 所示。該選項適用於第一次給帷幕新建豎框時，一次完成，方便快捷；前面兩個選項在後期編輯帷幕與局部補充豎框時比較適用。

- 請使用「所有網路線」選項將具帷幕門板的直線帷幕牆全部網格線添加豎框。

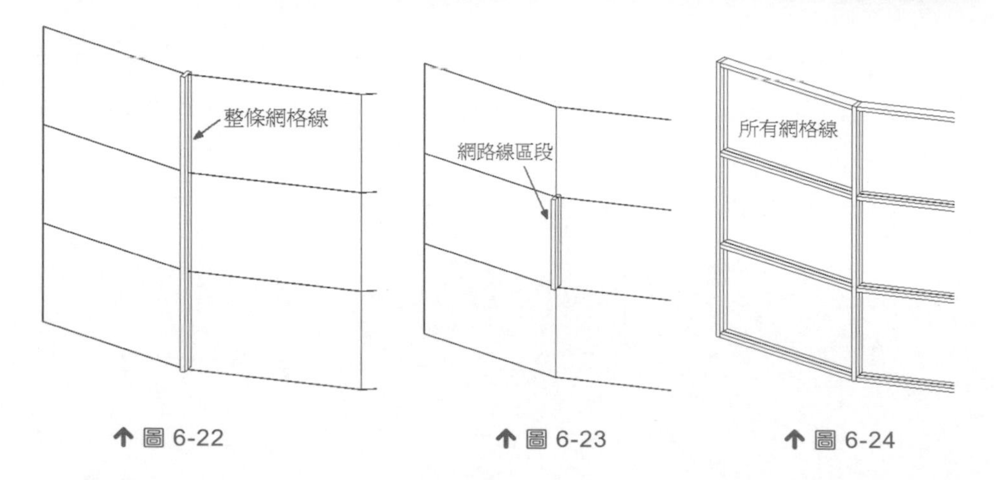

↑ 圖 6-22　↑ 圖 6-23　↑ 圖 6-24

- 豎框輪廓：豎框在 Revit 裡是以斷面輪廓的形式存在，透過建立新輪廓族群繪製新輪廓，並指定「豎框」做為「輪廓用法」，完成後載入專案內，供豎框屬性中設定「輪廓」參數為新的輪廓，則可以改變項目中豎框的形狀。
- 應用豎框輪廓：在建築模型中的帷幕上選擇已有的豎框，在「編輯類型」交談框中，「圓形」和「矩形」族群的「類型參數」-「營造」-「輪廓」為可替換族群。從下拉清單中選擇新的輪廓，點選「確定」即可，如圖 6-25 所示。
- 豎框的傾斜角度和位置：可以設定豎框「位置」參數為「互垂於面」（垂直於帷幕嵌板面）或「與地面平行」；對於傾斜式及曲面帷幕，後者會更適用，可以使豎框始終保持和地面平行的狀態。此外，在修改豎框位置後，還可以修改豎框的「角度」參數，建立傾斜式豎框，傾斜角度介於 –90° 和 90° 之間，如圖 6-26 所示。「角度」和「偏移」參數都是豎框的類型性質參數。
- 注意複製豎框成新類型，再選取新斷面輪廓方式務必熟悉，後面章節中將會應用到，例如鐵皮廠房模型。

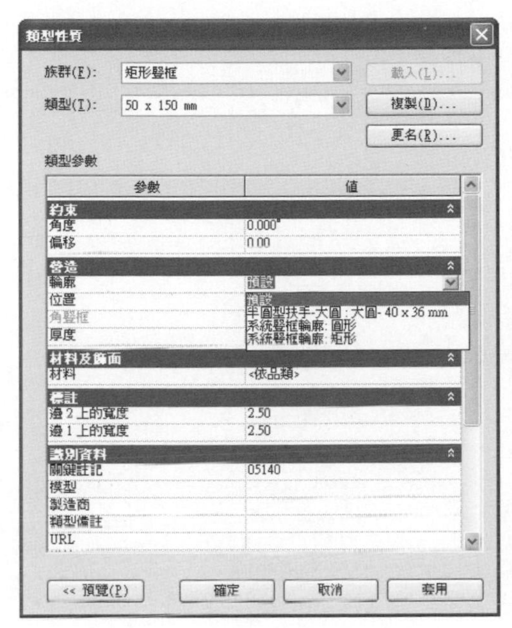

↑ 圖 6-25

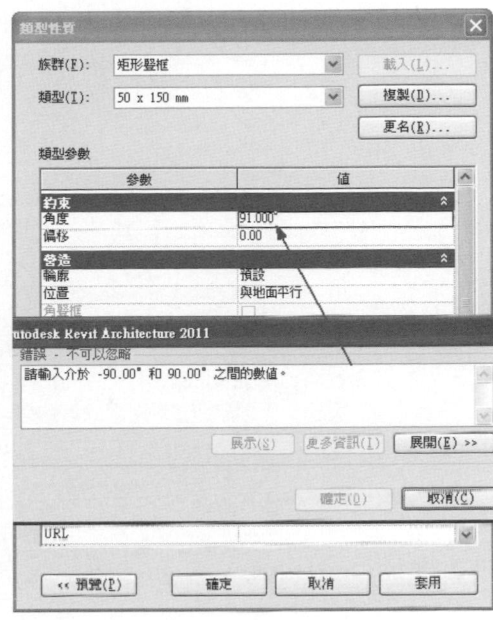

↑ 圖 6-26

- 控制豎框連接：相鄰豎框的上下左右連接關係，有整體控制和局部調整兩種方法。

  1. 整體控制：選擇整個帷幕，點選「性質」-「編輯類型」交談框，可以根據需要設定「營造」類參數的「接合條件」為「邊界和水平網格連續」、「邊界和垂直網格連續」、「水平網格連續」、「垂直網格連續」等方式，如圖 6-27 所示。

  2. 局部調整：選擇一個區段豎框，在功能區點選「豎框」選項 連接 在接合處斷開 豎框 可以將該段豎框與其相鄰的同方向兩段豎框連接在一起，打斷垂直方向的豎框；點選「打斷」正好相反，如圖 6-28 所示。

- 請選擇帷幕門板下方的區段豎框，執行 DEL 刪除多餘或重複豎框，完成帷幕牆如圖 6-29 所示。

- 完成後的結果請參考「\REVIT 練習文件\第 6 章\編輯帷幕牆（完成圖）.rvt」檔案。

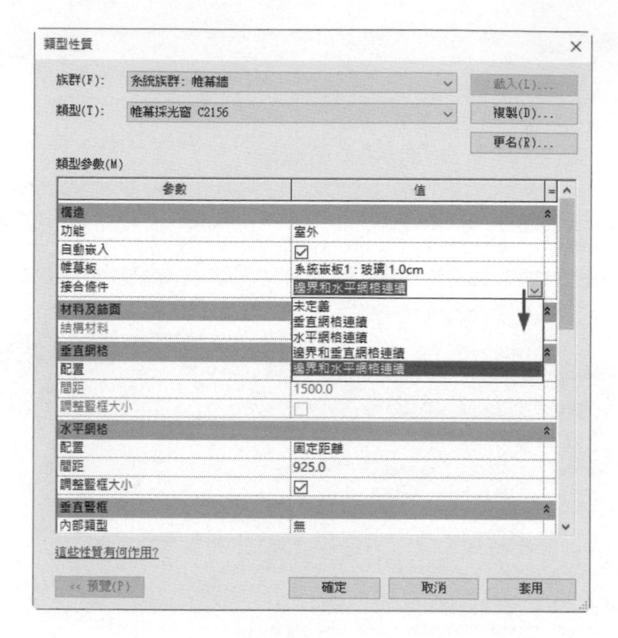

↑ 圖 6-27

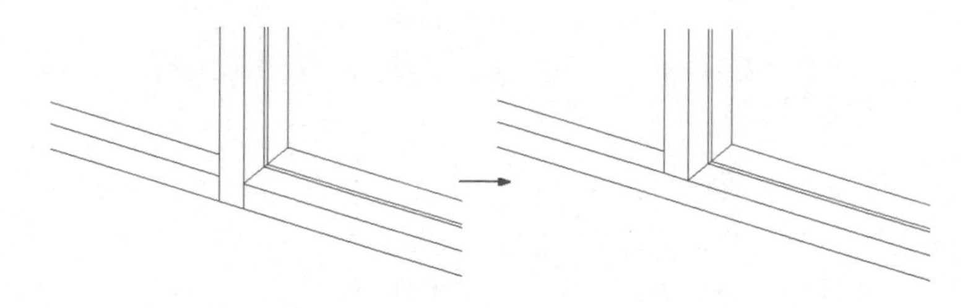

↑ 圖 6-28

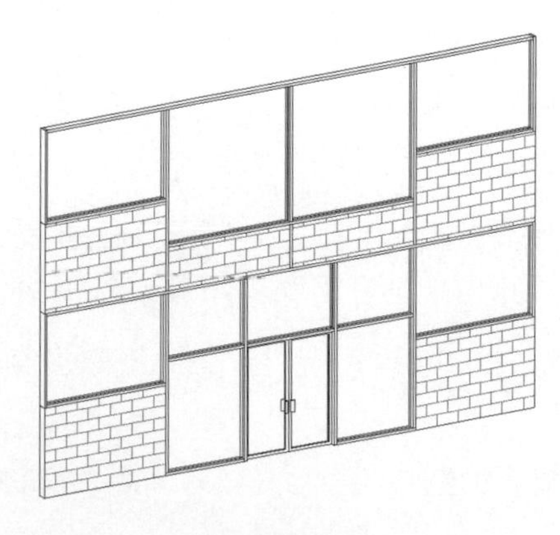

↑ 圖 6-29

6.3 規則帷幕系統

對使用常規帷幕無法建立的帷幕類型，而其相對的兩個邊界又有規律可循時，可以使用「規則帷幕系統」指令來快速建立。在建立帷幕系統之後，你可以使用與常規帷幕相同的方法添加帷幕網格和豎框。

建立規則帷幕系統的方法有兩種，可以選擇建築構件（例如兩個樓板、或牆體）的邊緣，也可以繪製模型線並選擇它們作為規則帷幕系統的對邊。

注意

不能將牆或屋頂建立為規則帷幕系統。

- 請打開「REVIT 練習文件\第 6 章\規則曲線帷幕系統-1.rvt」檔案，視圖樓層 1 平面視圖會看到一條模型線即雲形線，樓層 2 平面視圖會看到一條直線模型線。
- 請打開 3D 視圖，並作 3D 環轉觀察這兩條模型線的架構。這兩條線不必相互平行。如圖 6-30 所示。

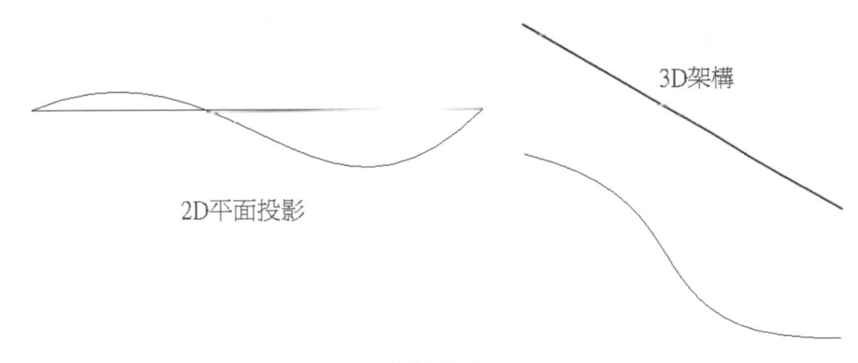

↑ 圖 6-30

- 在 3D 視圖中，點選「量體與敷地」頁籤-「內建量體」指令 ，會出現「量體 1」的命名交談框，可以不用再命名而直接按「確定」結束命名畫面，如圖 6-31 所示，此時 Revit 已經進入內建量體操作介面。
- 在 3D 視圖中，使用繪製「點選線」指令 ，請注意「選項列」的樓層需在樓層 1，點選樓層 1 的雲形線，再由「選項列」切換到樓層 2 後，再點選直線；

注意，建立量體曲面時，點選模型線作為複製曲線用，仍需注意曲線所在工作平面或樓層；另外，你也可以在點選雲形線後，使用畫線指令，配合 3D 鎖點功能完成樓層 2 的直線繪製，如圖 6-32 所示。

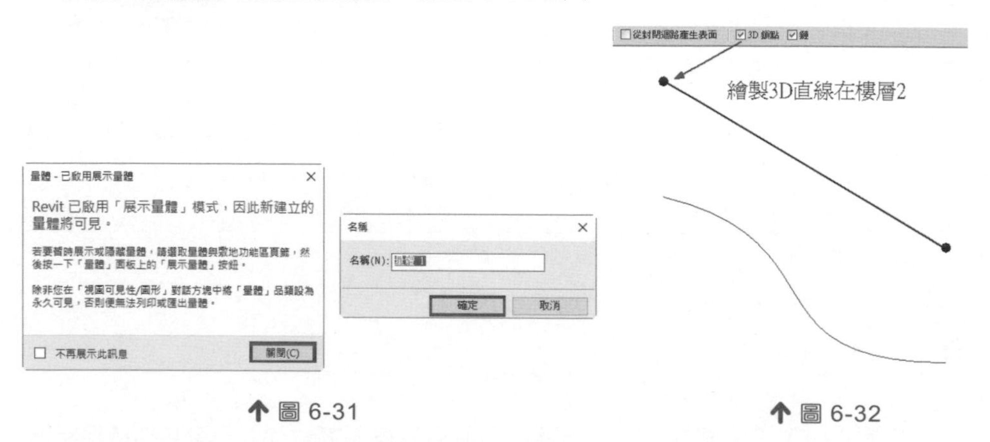

↑ 圖 6-31　　↑ 圖 6-32

- 接著最重要的是，必須先用點修改（即選取）指令後，利用鍵盤「Ctrl」鍵選取這兩條新繪製的曲線，再由「建立塑型」下拉選單中點選「塑型-實體型式」指令，最後點選完成量體指令，此時會出現警告訊息，如圖 6-33 所示，請直接關閉警告訊息，完成曲面量體。

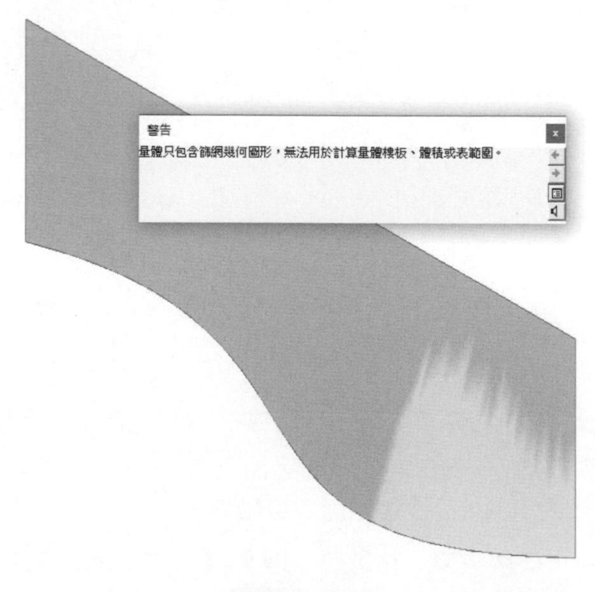

↑ 圖 6-33

- 接下來是將曲面量體 1 轉變成帷幕系統的練習，點選「建築」頁籤或「量體與敷地」頁籤中的「帷幕系統」指令，利用「選取多個」指令，選取曲面量體 1 後，點選「建立系統」指令，此帷幕系統為無網格分割類型，所以呈現平面樣式，如圖 6-34 所示。

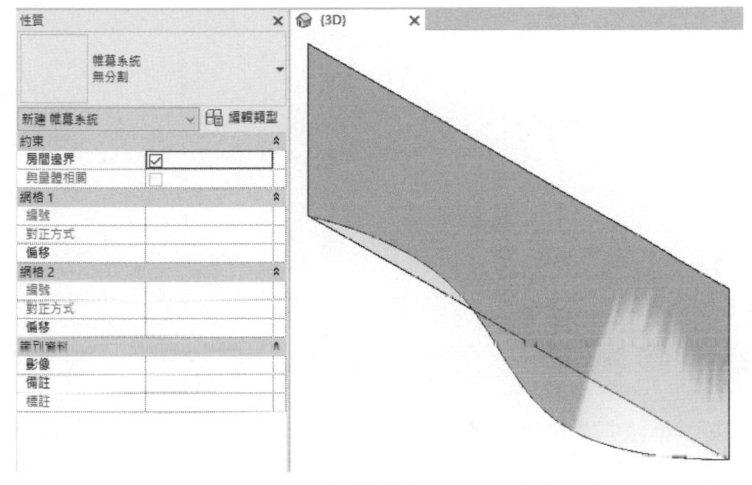

↑ 圖 6-34

- 請利用「帷幕網格」指令，移動游標到嵌板頂部邊線中點附近，再點選嵌板中點位置，佈置一條垂直方向上的格線，繼續選取中點平均佈置多條格線。依同樣方法建立水平方向格線。
- 點選「豎框」指令，利用「所有網格線」選項，移動游標到格線上，此時所有格線會全部亮顯，點選滑鼠左鍵即可在帷幕格線上建立所有豎框。
- 完成後的規則帷幕系統如圖 6-35 所示。請參考「REVIT 練習文件\第 6 章\規則曲線帷幕系統-1（完成圖）.rvt」檔案。

注意

規則帷幕系統在最初放置時是扁平的。但在應用了帷幕網格之後，帷幕系統將改變以適應規則曲面。

注意

規則帷幕系統不能用類型性質參數來設定格線分割規則，只能用「幕牆網格」指令做整體或局部分割並添加豎框。

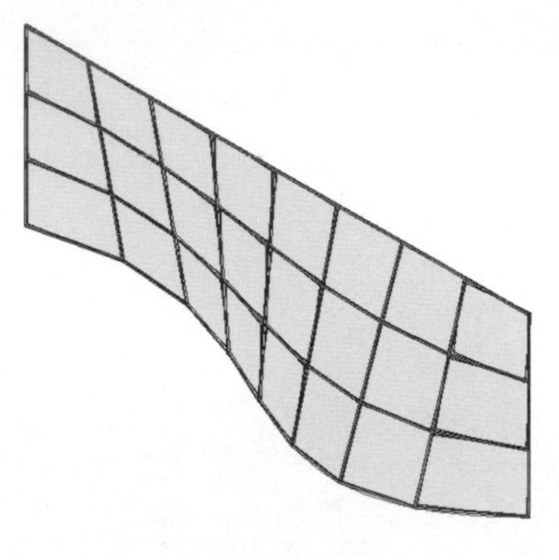

↑ 圖 6-35

6.4 面帷幕系統

對於一般帷幕系統和規則帷幕系統都無法建立的特殊造形曲面帷幕，可以用「面帷幕系統」指令點選量體類型或常規模型族群的面來建立帷幕系統。建立量體的方法可詳見第 17 章相關內容。

- 請打開「REVIT 練習文件\第 6 章\量體曲面帷幕系統.rvt」檔案，在「量體與敷地」頁籤-點選「展示量體」指令 展示量體 塑形和樓板 ，且按滑鼠右鍵呼叫快顯功能表，並點選「縮放至佈滿」指令，由 3D 視圖中視圖此量體完整模型，如圖 6-36 所示。

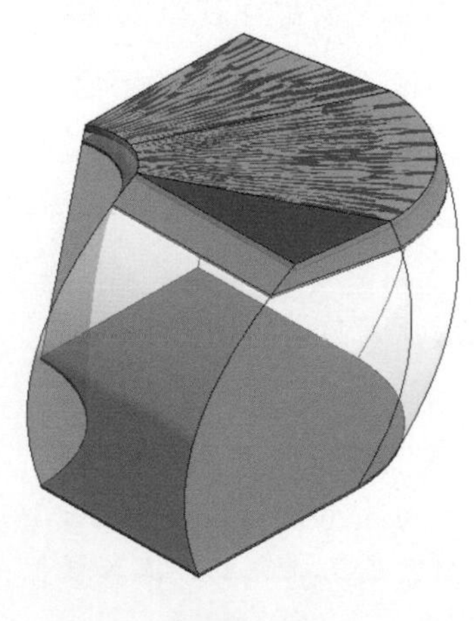

↑ 圖 6-36

- 點選「建築」頁籤 -「帷幕系統（依面）」指令或「量體與敷地」頁籤 -「帷幕系統（依面）」指令，選取量體表面來建立預設的帷幕系統 1500×3000mm 類型，依面完成的帷幕系統如圖 6-37 所示。

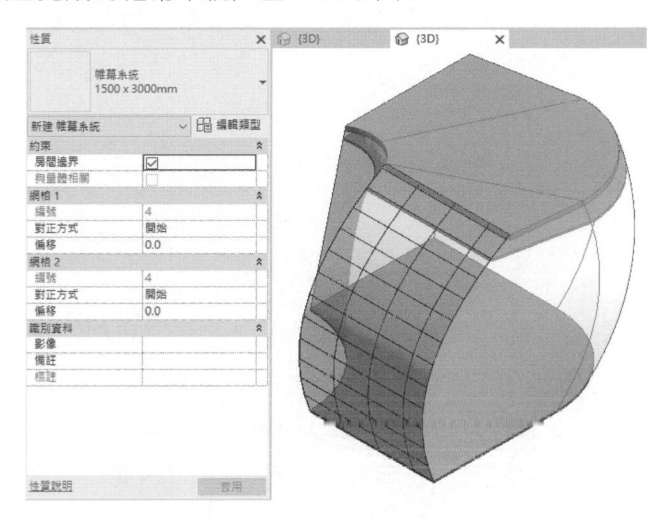

↑ 圖 6-37

- 請繼續點選量體四周表面，即可自動建立特殊造形曲面帷幕系統。
- 在類型選擇器中，選擇一種帶有帷幕網格佈局的帷幕系統類型。你可以點選「屬性」按鈕設定帷幕系統的屬性參數，預設網格分佈規則、豎框類型等。
- 完成後的量體曲面帷幕系統如圖 6-38 所示。請參考「REVIT 練習文件\第 6 章\量體曲面帷幕系統（完成圖）.rvt」檔案。

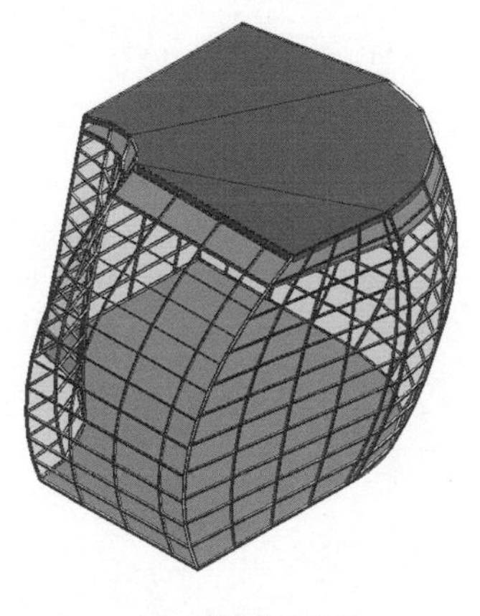

↑ 圖 6-38

6.5 帷幕系統應用練習

- 請參考「REVIT 練習文件\第 6 章\案例 1-6 米溫室」、「REVIT 練習文件\第 6 章\案例 2-鐵皮工廠」及「REVIT 練習文件\第 6 章\案例 3-18 坪餐廳」資料夾內已完成檔案，練習帷幕系統應用；其尺寸參考可開啟附檔 pdf 或 AutoCAD 圖檔。
- 其建築外觀如圖 6-39、圖 6-40、圖 6-41 所示，讀者可自由發揮，設計造型及自訂尺寸。

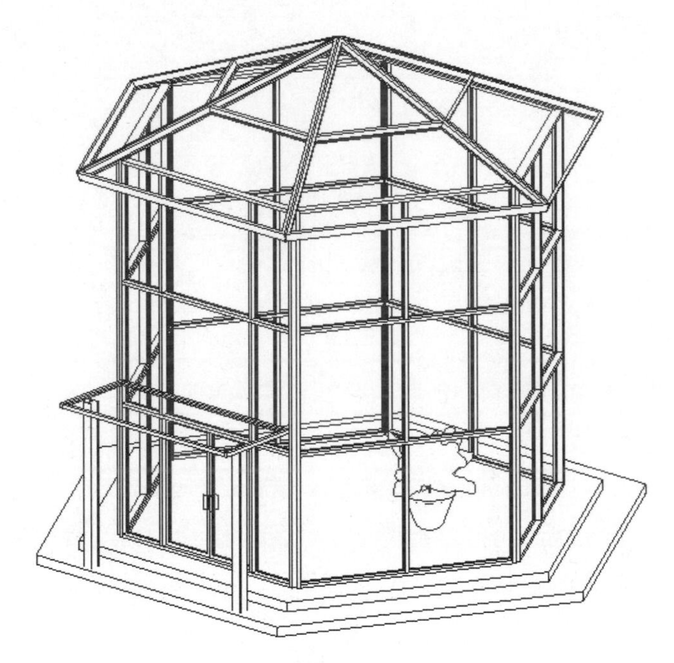

↑ 圖 6-39

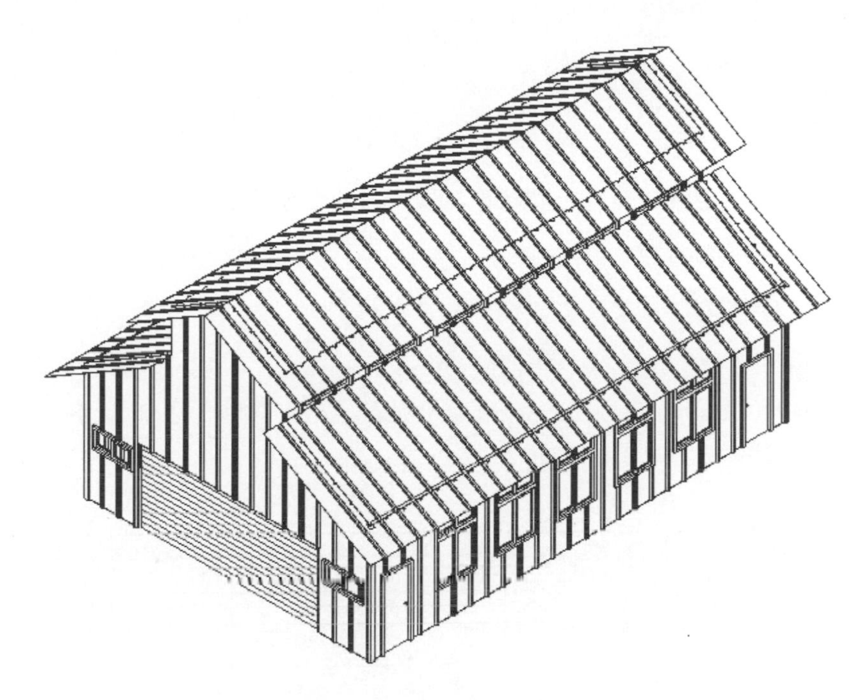

↑ 圖 6-40

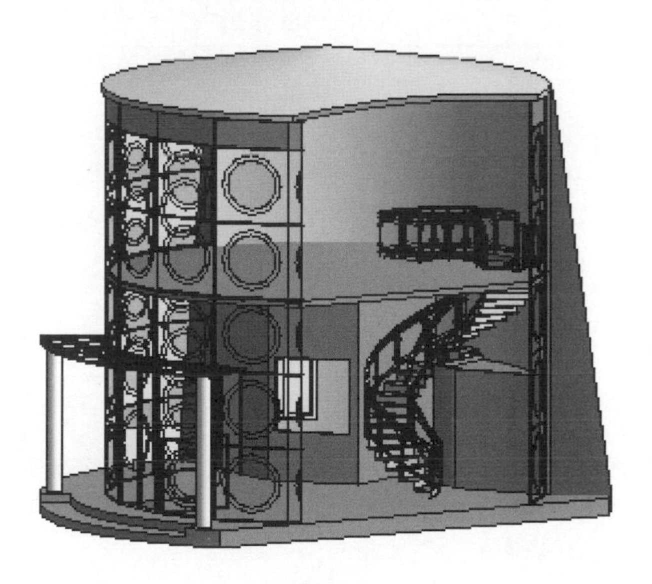

↑ 圖 6-41

模擬試題

本章學習了幾種帷幕系統的繪製及編輯方法，第 7 章我們將要學習如何繪製樓梯和扶手。

由下面練習題，同學們可評量本章學習效益。

1. 請開啟「REVIT 練習文件\模擬試題\m_Gallery.rvt」檔案，由專案瀏覽器進入南向（South）立面圖，請刪除如圖模擬試題 6-1 所示豎框及帷幕網格線，請問嵌板 A 的面積為何？＿＿＿＿＿＿＿＿＿＿

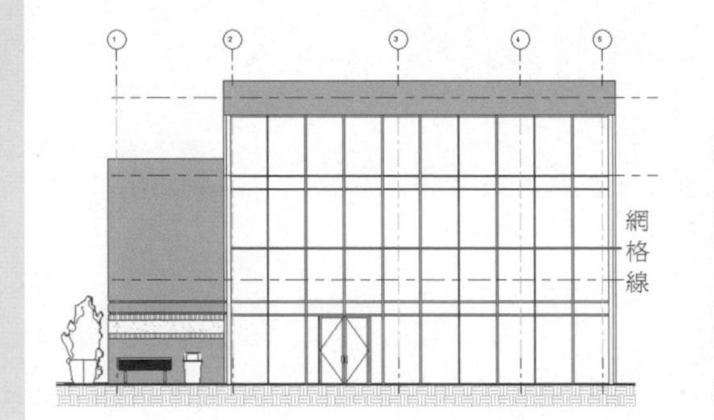

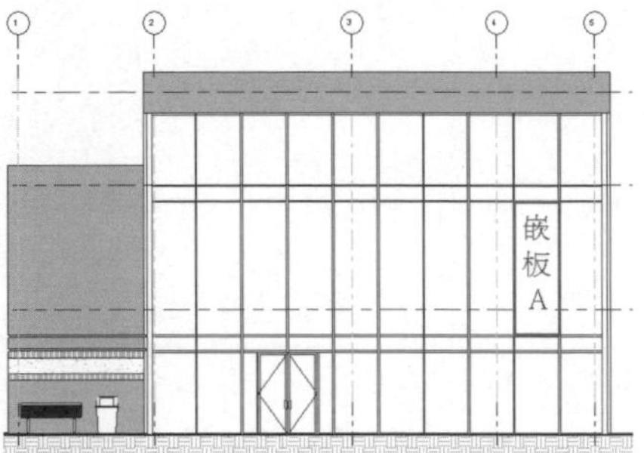

↑ 圖 模擬試題 6-1

2. 建立 Revit 專案時，你可以依需要建立自訂、或變更現有的材料，但新增及變更的材料只儲存於目前專案中，以上敘述正確與否？
   (A)正確 (B)錯誤

3. 修改下列哪一組設定，可以控制物件可見性，並且是以水平面的高度來顯示平面視圖？
   (A)視圖範圍 (B)剖面框 (C)範圍框 (D)裁剪區

4. 現代化的建築物採用大量的流行元素，例如，依面建立帷幕系統，下列哪項是現代建築物造型設計上的最大助力？
   (A)建築牆 (B)堆疊牆 (C)量體 (D)剪力牆

5. 以下敘述何者為錯誤？
   (A) 帷幕嵌板可以依設計需要置換類型族群
   (B) 建立帷幕網格有三種方法：所有區段、一個區段、除點選外的所有區段
   (C) 預設豎框有矩形、圓形豎框和 L 形、V 形、四邊形、梯形角豎框，所以不能自訂豎框
   (D) 建立帷幕系統時，草繪線條可以是直線、圓弧或雲形線，但圓弧及雲形線在完成帷幕系統後，若沒有網格細分線，會呈現直的帷幕系統

CHAPTER 7

樓梯與欄杆扶手

課程概要

在前面幾章依序完成了地下一樓、一樓、二樓牆體、門窗、樓板等主體結構模型的設計後，本章將為別墅建立各種室內外樓梯與扶手模型。Revit 的樓梯指令提供了「梯段」、「豎板」和「邊界」等編輯子指令，可以自由建立各種常規及特殊造形樓梯。本章將詳細介紹建立直梯的兩種方法，以及迴旋樓梯的建立方法，並透過設定樓梯「多層底部樓層」參數的方法建立多層樓梯。最後要建立樓梯間的垂直開口，並利用編輯樓梯扶手路徑建立一樓平台扶手。

課程目標

透過本章的操作學習，您將實際掌握：

- 建立直梯的兩種方法 — 梯段、豎板和邊界
- 樓梯動態編輯模式
- 多層樓梯設定方法
- 建立樓梯間「豎井開口」的方法
- 樓梯扶手的編輯方法
- 建立迴旋樓梯的方法
- 設計選項應用概述

7.1 直線型樓梯

在 Revit 中，常規的直梯、U 形樓梯、L 形樓梯、三跑樓梯、迴旋樓梯等，都可以使用「梯段」指令來快速建立。對一些造形樓梯可以使用「豎板」和「邊界」指令由手工繪製來建立。

7.1.1 用梯段指令建立樓梯

「梯段」指令是建立樓梯最建築的方法，本節以繪製案例中的 U 形樓梯為例，詳細介紹樓梯的建立方法。

- 打開「\REVIT 練習文件\第 6 章\高山御花園別墅_06.rvt」檔，由專案瀏覽器中進入「樓層平面圖」項目下的「B1FL」，打開地下一樓平面視圖。
- 點選「建築」頁籤「樓梯」指令，進入繪製草圖模式，功能區面板呈現如圖 7-1 上方所示，樓梯類型會因軟體版本不同而有所差異。

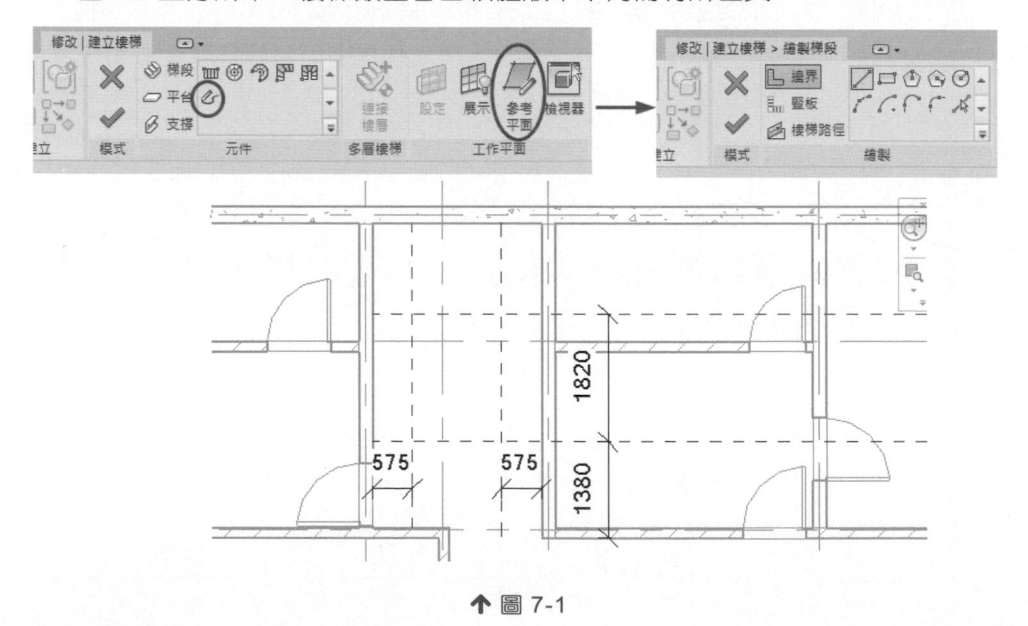

↑ 圖 7-1

- 繪製參考平面：選取功能區「工作平面」面板中的「參考平面」指令，如圖 7-1 所示在地下一樓樓梯間繪製四條參考平面，並用暫時尺寸精確定位參考平面與牆邊線的距離。其中左右兩條垂直參考平面到牆邊線的距離 575mm，是樓梯梯段寬度的一半；下方水平參考平面到下面牆邊線的距離為 1380mm，則為第一段開始的位置；而上方水平參考平面距離下面參考平面的距離為1820mm。

注意

參考平面在目前視圖中為一條沒有長度的虛線，你可以利用參考平面幫助精確繪圖，如圖 7-1 中，使用參考平面交點確定樓梯起點和休息平臺的位置。

- 樓梯實體參數設定：在「性質」交談框，設定樓梯的「基準樓層」為 B1FL，「頂部樓層」為 1FL，「所需豎板數」為 19、「實際踏板深度」為 260，如圖 7-2 所示。
- 樓梯類型參數設定：點選「編輯類型」指令，並在「類型性質」交談框中切換樓梯類型為 RC 梯，在「踏板」項目中，修改「踏板深度最小值」為 250，如圖 7-3 所示。

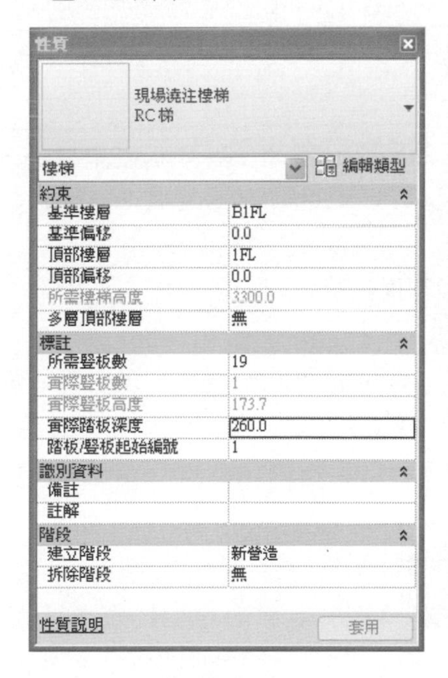

↑ 圖 7-2

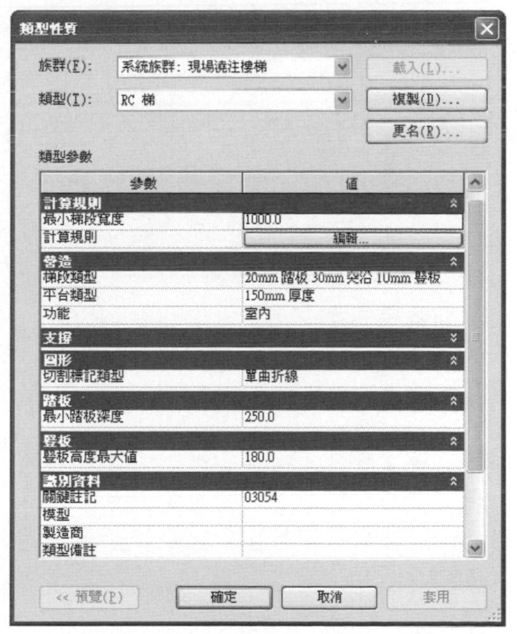

↑ 圖 7-3

- 點選功能區「梯段」指令，預設繪圖指令為「線」，移動游標至參照平面右下角的交點位置，兩條參考平面呈亮光顯示，同時系統提示「交點」時，即點選該交點作為樓梯第一段開始的位置。此時，Revit 會自動提示所需豎板數量，如圖 7-4 所示。

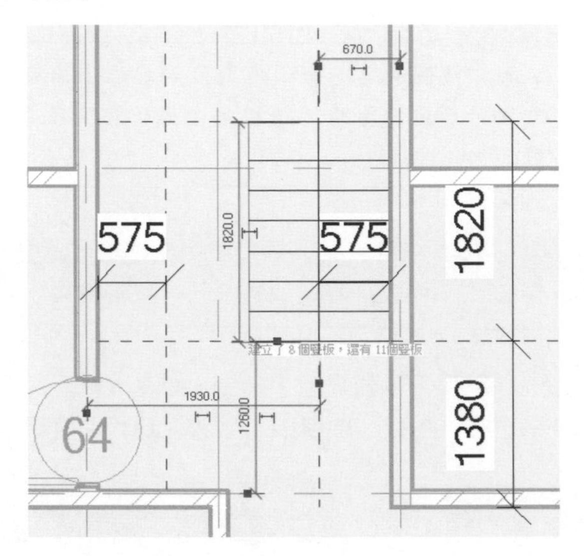

↑ 圖 7-4

- 向上垂直移動游標至右上角參考平面交點位置，同時在起跑點下方會出現灰色顯示的「建立了 8 個豎板，剩餘 11 個」提示字樣和藍色的暫時尺寸，表示從起點到游標所在尺寸位置建立了 8 個豎板，還剩餘 11 個。接著點選該交點作為第一段終點位置，自動繪製第一段豎板和邊界草圖，如圖 7-4。
- 移動游標到左上角參考平面交點位置，再點選作為第二段起點位置。向下垂直移動游標到矩形預覽圖形之外點選一點，即完成所有數量的豎板，系統會自動建立休息平台和第二段梯段草圖，如圖 7-5 所示。
- 欄杆扶手類型：點選功能區「欄杆扶手」指令，從對話方塊下拉清單中選擇需要的欄杆扶手類型。本案例是選擇「900mm 圓管」的扶手類型，如圖 7-7 所示，欄杆扶手類型會因軟體版本不同而有所差異。
- 功能區點選「完成草圖」指令，建立了如圖 7-6 所示地下一樓跑一層的 U 形不等段的樓梯。

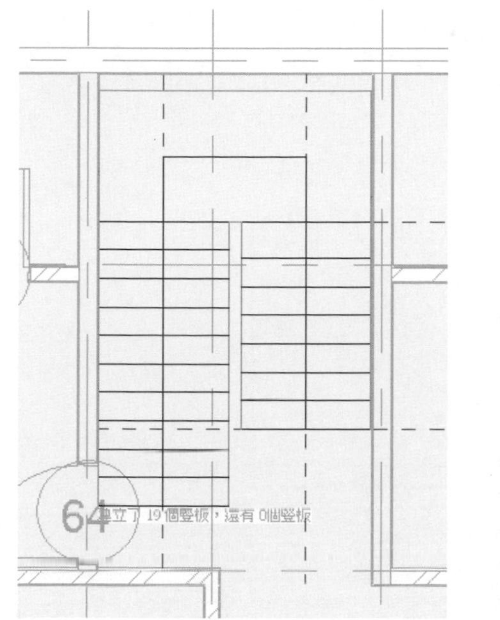

↑ 圖 7-5

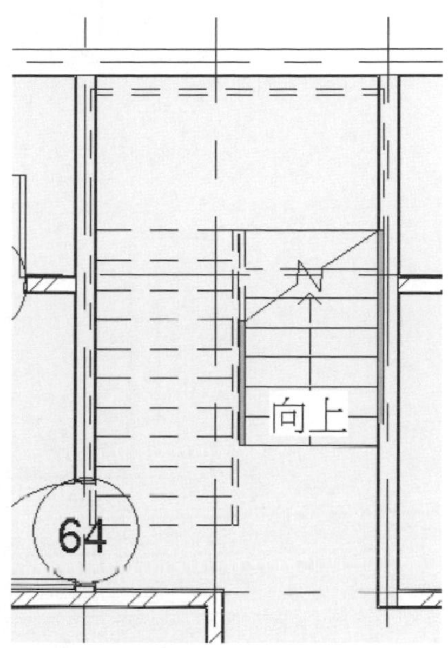

↑ 圖 7-6

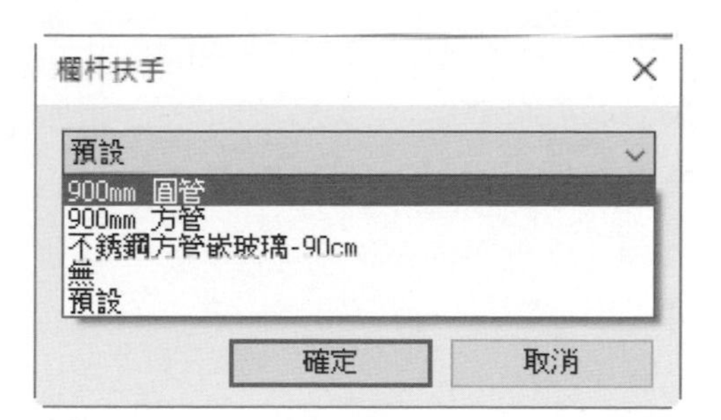

↑ 圖 7-7

注意

1. 樓梯類型會因為軟體安裝版本不同，而有極大的差異性。
2. 樓梯完成草圖後，預設扶手則為方管並且沒有欄杆；若扶手類型選用圓管時，會發現扶手欄杆會主動落到樓梯踏步上。你可能需在視圖中選擇此扶手點選滑鼠右鍵，選擇「翻轉方位」指令，讓扶手欄杆自動調整落到樓梯踏步上，結果如圖 7-8 所示。

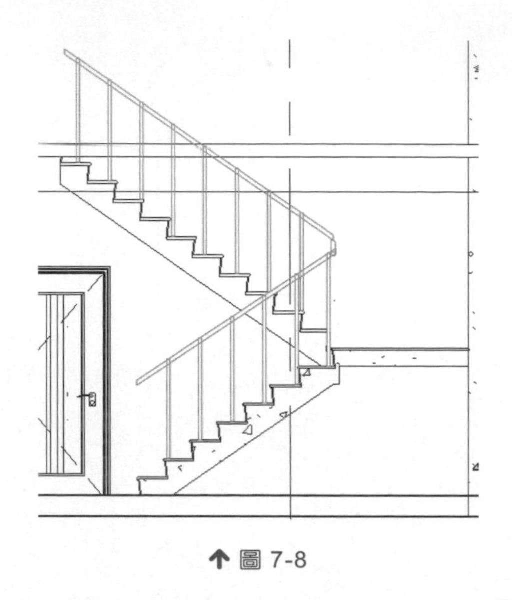

圖 7-8

- 在平面圖中選取樓梯並在功能區右側點選「編輯樓梯」 指令，進行樓梯邊界調整，選取要修改的樓梯段或平台，則樓梯會在可編輯方向出現拉伸符號供使用者拖曳，如圖 7-9 所示可拖曳樓梯寬度。
- 請選取樓梯平台，拖曳頂部樓梯平台至牆體內邊界，使其重合即可，如圖 7-10 所示，請完成編輯模式。

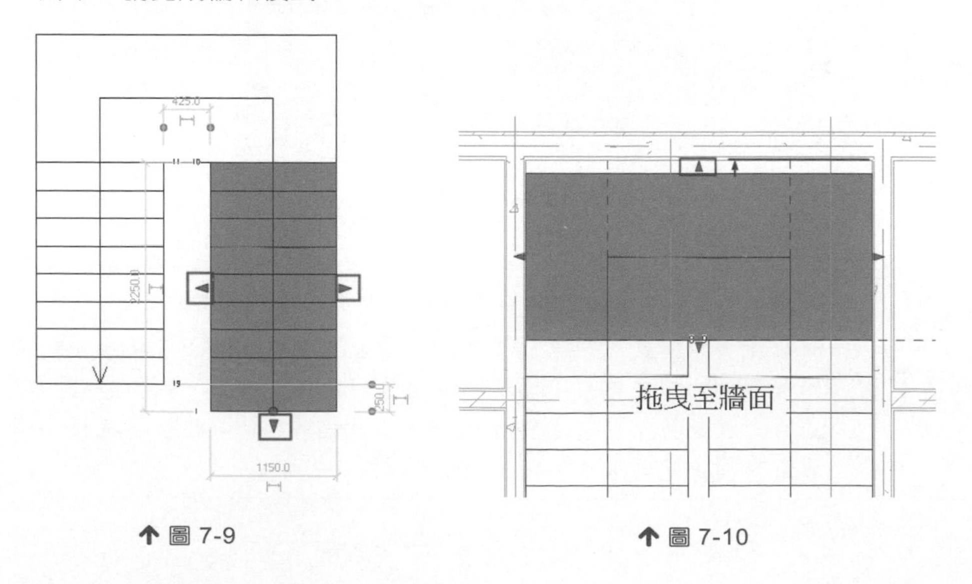

圖 7-9　　圖 7-10

- 注意，如果要在 3D 空間中操作編輯樓梯，在點選樓梯並進入「編輯樓梯」指令中，務必在正投影（即上下前後視角）中，點選好想修改的梯段或平台才會顯示三角形的拖曳控制符號，如圖 7-11、圖 7-12 所示。

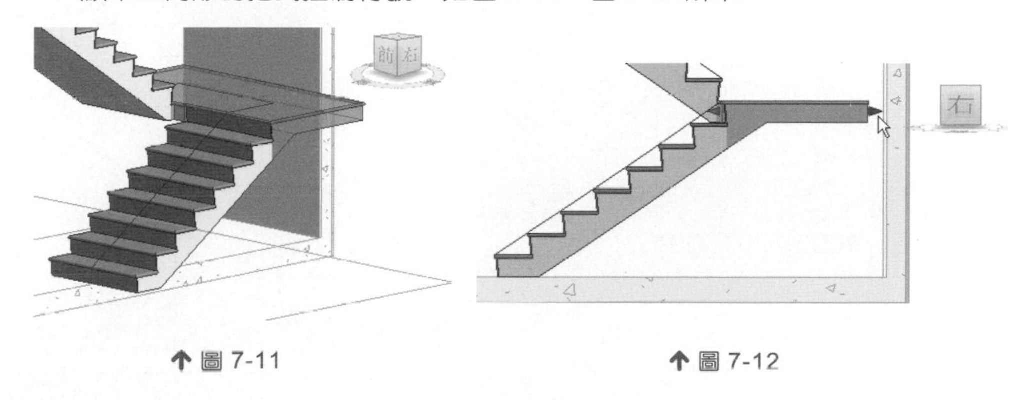

↑ 圖 7-11　　↑ 圖 7-12

7.1.2 用豎板和邊界建立造型樓梯

對一些形狀很特殊的造型樓梯，用「梯段」指令很難直接建立完成，你可以使用「豎板」和「邊界」指令，利用手工繪製草圖方式建立造形樓梯。本節仍以上一節的 U 形不等段樓梯為例。

- 點選上一節的 U 形梯並刪除，繼續下述練習。
- 點選「建築」頁籤「樓梯」指令，進入繪製樓梯邊界和豎板草圖模式。
- 依前述方法根據需要繪製四條參考平面。注意這次繪製的兩條垂直參考平面到牆面的距離為梯段寬度 1000mm，如圖 7-13 所示。
- 請依上一小節調整「樓梯性質」，設定樓梯「最小踏板深度」（踏步寬）、「最大豎板高度」（踏步高）、「整體式材料」等參數。
- 繪製邊界：點功能區「邊界」指令，使用「繪製」面板「線」指令，沿樓梯間牆體邊線繪製樓梯外邊界，沿垂直參考平面繪製樓梯內邊界，綠色線條即是樓梯內外邊界線，如圖 7-14 所示。
- 繪製豎板：點功能區「豎板」指令，使用「繪製」面板「線」指令，繪製水平樓梯豎板線（可使用「複製」指令快速建立）。中間黑色水平直線即是樓梯豎板線；為求豎板尺寸平均，可點選左上方「快速存取工具列」中的「對齊標註」指令，連續標註豎板間距並設定為 EQ 條件，則豎板尺寸會自動調整成相等大小，如圖 7-15 所示，為求豎板大小平均，在平台右側畫對角線加一塊豎板。

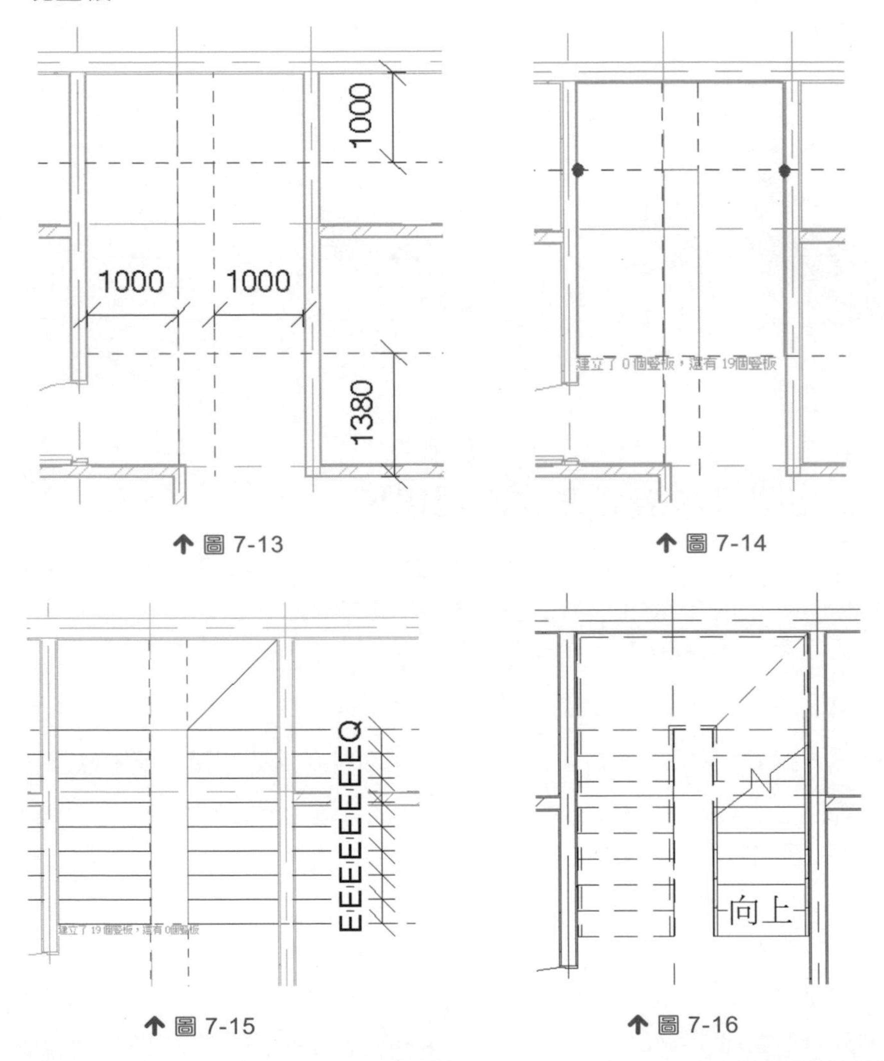

↑ 圖 7-13

↑ 圖 7-14

↑ 圖 7-15

↑ 圖 7-16

- 點選工具列「分割」指令，移動游標到圖 7-14 所示，左側綠色邊界線和上面水平參考平面交點處，點選滑鼠左鍵將邊界分割為上下兩段。右側邊界線同樣位置作分割。
- 扶手類型：點選功能區「扶手類型」指令，從對話方塊下拉清單中選擇需要的扶手類型，本案例是選擇「900mm 圓管」的扶手類型，再點選「確定」即可。

- 點選功能區「完成草圖」，並對扶手作「翻轉方位」動作，完成如圖 7-16 所示一樣的樓梯。

注意 使用繪製邊界和豎板線方式建立樓梯，如果樓梯中間有休息平台，則無論是常規樓梯還是造形樓梯，在平台和踏步交界處的樓梯邊界線必須分割為兩段，或分開繪製，如圖 7-14 所示，否則將無法建立樓梯。

7.1.3 編輯豎板和邊界線

在專案設計中，大多數造形樓梯可以結合上述兩種建立方法：先用「梯段」指令繪製常規樓梯，再刪除其邊界和豎板，並用「邊界」和「豎板」指令繪製新的邊界和豎板，以快速建立造形樓梯。這樣便無須手上逐一繪製邊界和豎板，亦可提高設計效率。

- 接續上一節練習，點選上一節繪製的樓梯，在功能區點選「編輯草圖」指令，重新回到繪製樓梯邊界和豎板草圖模式。
- 選擇右側第一段的起跑豎板線，按 Delete 鍵刪除。
- 點功能區「豎板」指令，再點選「繪製」指令，選擇「三點畫弧」指令，點選下面水平參考平面左右兩邊豎板線端點，再點選弧線中間一個端點以繪製一個區段半圓弧，再利用第二階豎板線兩端點繪製一個圓弧，其中點通過前一圓弧的圓心點。
- 同理，在 U 梯平台另一階段繪製圓弧豎板線，並如圖 7-17 所示完成複製所有圓弧豎板線後，刪除原有的草繪直豎板線。
- 於功能區點選「完成草圖」指令，即可建立圓弧豎板樓梯，如圖 7-18、圖 7-19 所示。

注意

1. 採用草繪樓梯失敗的原因，通常在平台與梯段豎板線沒預留間隙。
2. 在 Revit 新版本的樓梯指令架構上，採用整體樓梯指令建立梯段是最輕鬆的方式。
3. 若依常規計算的樓梯階數建立整體樓梯後，無法到達指定樓層，請於性質選項板中的頂部偏移增加 1 階高度即可；在不同版本的各樓梯類型中，發生這情形的機會可能不一樣。

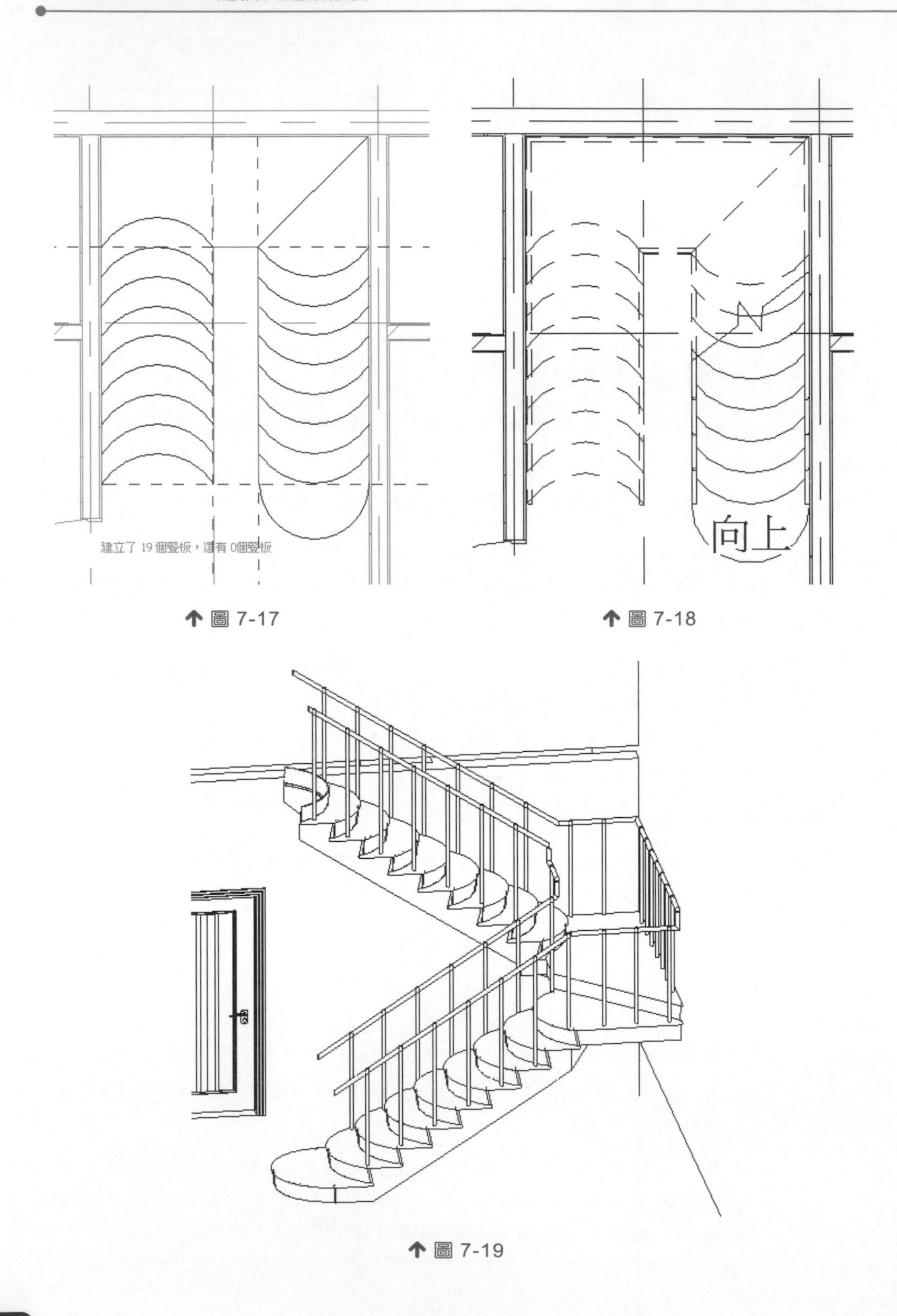

↑ 圖 7-17

↑ 圖 7-18

↑ 圖 7-19

7.2 多層樓梯與樓梯間洞口

當樓層層高一致時，只需要繪製底層樓梯，並設定一個參數，即可自動建立其他樓層所有樓梯，無須逐層複製樓梯。同時樓梯間洞口也只需要建立一個洞口，並設定其底部和頂部樓層，即可自動切割需要開洞口的樓板來建立洞口。

7.2.1 多層樓梯

- 打開「\REVIT 練習文件\第 7 章\高山御花園別墅_07-多層頂部樓層樓梯練習.rvt」檔案，接續 7.1.1 節的練習，由專案瀏覽器中進入「樓層平面圖」項目下的「B1FL」，打開地下一樓平面視圖。
- 選擇地下一樓的樓梯，在「性質」對話方塊，設定「約束」參數「多層頂部樓層」為「2FL」，如圖 7-20 所示。即可自動建立其餘樓層的樓梯和扶手，如圖 7-21 所示。
- 因為版本不同 2018 版本之後，多層頂部樓梯需由立面圖操作，如圖 7-22 所示。

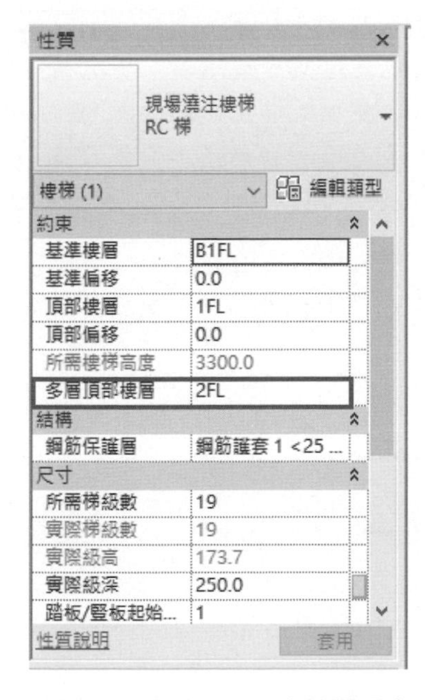

↑ 圖 7-20 版本 2017 由性質設定

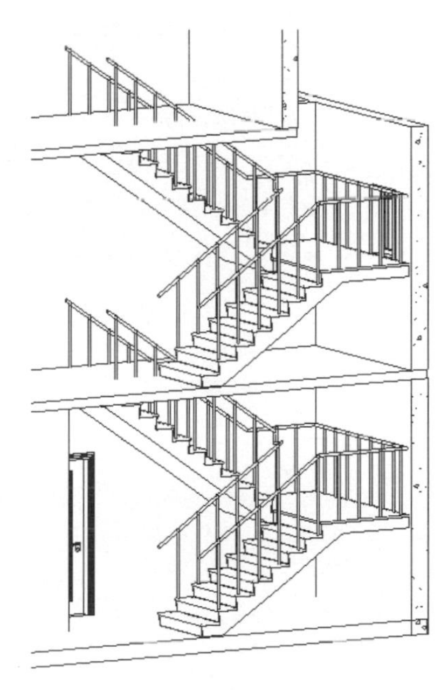

↑ 圖 7-21 樓梯已經自動連續向上到 2FL

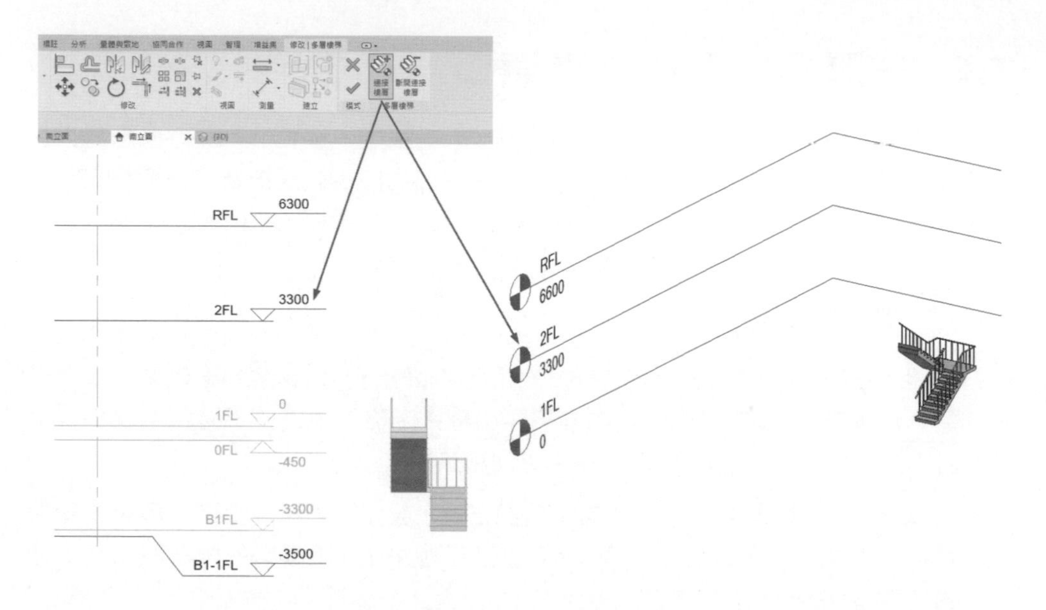

↑ 圖 7-22 版本 2018 之後由功能區操作多層頂部樓梯需由立面或 3D 視圖點選樓層線

注意

1. 如果要為多層建築建立樓梯，並且每個樓層的層高相同，則可以使用「多層頂部樓層」參數，將其設定為建築頂樓樓層，即可快速建立多層樓梯。這對於在辦公樓的樓梯井中設計樓梯非常有用。設定了「多層頂部樓層」參數的各層樓梯仍是一個整體，當修改樓梯和扶手參數後，所有樓層的樓梯均會自動更新；當樓層高度不一致時，則需複製再修改或建立新樓梯。
2. 在新版本中，建議由 3D 視圖中展現樓層後，再設定多層樓梯，即可由同一個視圖中操作。

7.2.2 樓梯間洞口

樓梯間的樓板開洞口主要有兩種方法：編輯樓板輪廓和專用「豎井開口」指令。「豎井開口」指令將在第 9 章中庭部分會作詳細講解。本節主要說明編輯樓板輪廓的方法。

- 接續 7.2.1 節的練習，選擇「1F」一樓平面樓板，在功能區中點選「編輯邊界」指令，進入樓板編輯草圖模式。
- 點功能區「線」指令，沿樓梯間牆體和樓梯邊界線繪製樓板輪廓。然後用工具列的「修剪」指令修剪樓板輪廓成封閉輪廓線，結果如圖 7-23 所示。完成後點選「完成草圖」指令即可建立樓梯間洞口。
- 依同樣方法，選擇「2FL」二樓平面樓板，在功能區中點選「編輯邊界」指令，進入樓板編輯草圖模式，如圖 7-24 所示修改樓板的輪廓線。完成後點選「完成草圖」指令即可建立樓梯間洞口。

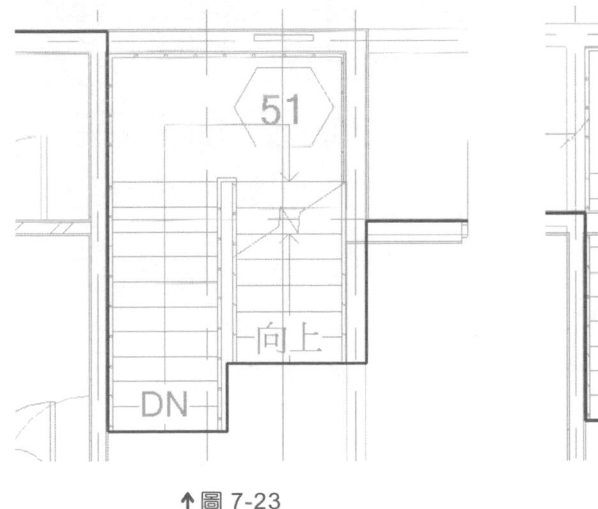

↑圖 7-23

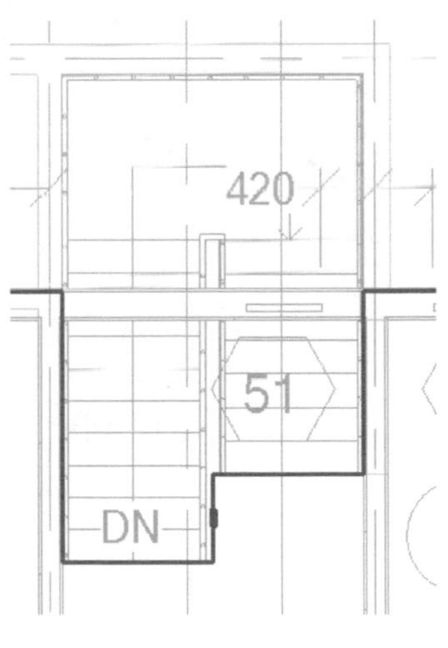

↑圖 7-24

7.3 室外樓梯與扶手

扶手可以作為獨立構件而添加到樓層中，或將其附著到主體上，例如樓板或樓梯。當在 Revit 中繪製扶手時，扶手和欄杆將會自動依相等間隔放置在主體上。

如圖 7-25 所示，Revit 扶手是由扶手和欄杆族群組裝而成的，欄杆又分為欄杆、支柱、欄杆嵌板。扶手和欄杆的造型是由專案中載入的輪廓族群決定的，設定方法可參見第 9 章的陽台扶手部分。

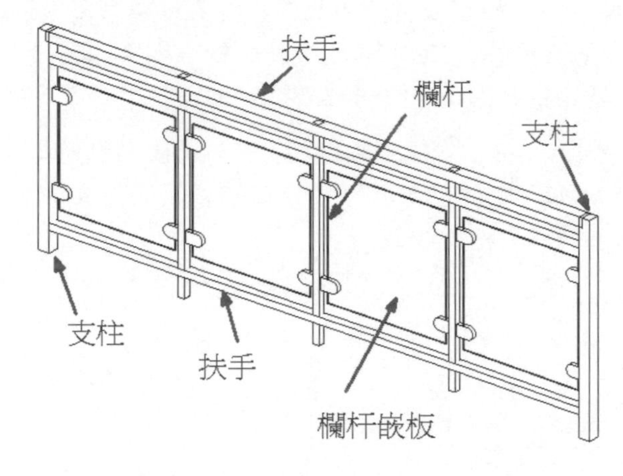

↑ 圖 7-25

7.3.1 建立室外樓梯

- 接續 7.2 節的練習，在專案瀏覽器中「樓板平面」項目下的「B1-1LF」快點兩下，打開地下一樓平面視圖，在視圖性質中設定「參考底圖」為「1FL」，則可見一樓樓板輪廓線。
- 點功能區「建築」頁籤 -「樓梯」指令，進入繪製草圖模式。
- 於「性質」交談框，設定樓梯的「基準樓層」為「B1-1FL」，「頂部樓層」為「1FL」、「所需豎板數」為 20、「實際踏板深度」為 280，如圖 7-26 所示。
- 點選「編輯類型」進入「類型性質」對話方塊，先選擇樓梯類型為「鋼梯」，設定樓梯的類型參數，如圖 7-27 所示，另外「營造」-「功能」設定為室外。

- 請注意選項列上細節設定，定位線：梯段: 中心 偏移：0.0 實際梯段寬度：1000.0 ☑自動平台
  可以由選項列輸入實際樓梯段寬度。

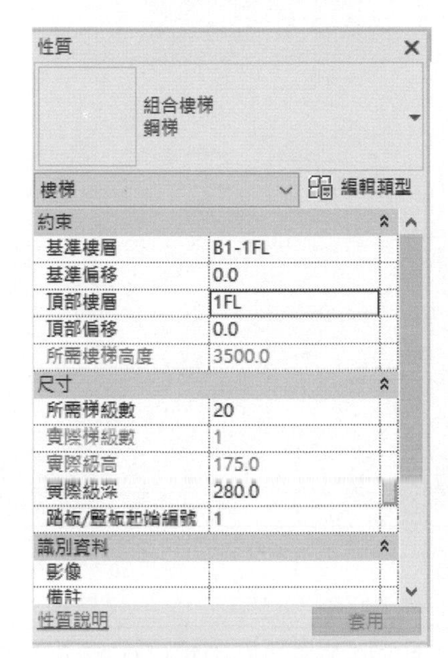

↑ 圖 7-26

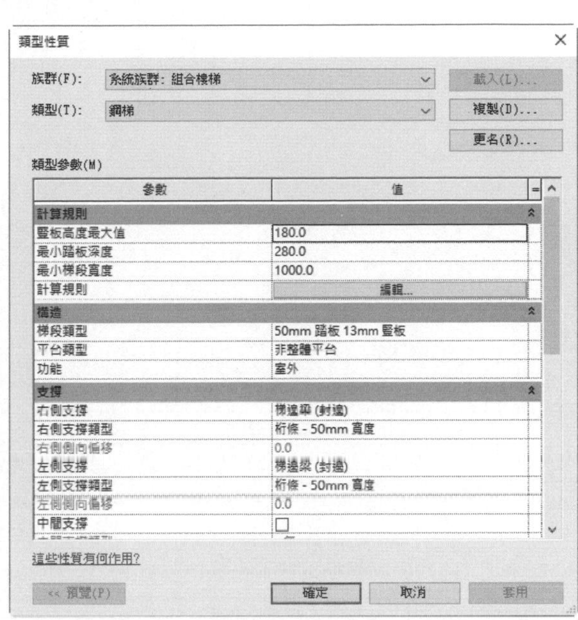

↑ 圖 7-27

- 於功能區點選「梯段」指令，使用「線」指令，在 1F 樓板點選中點作為第一段起點，垂直向上移動游標，直到顯示「建立了 10 個豎板，還有 11 個豎板」時，按滑鼠左鍵點選該點作為第一段終點，建立第一梯段草圖。按 Esc 鍵結束繪製指令。
- 於功能區點選「參考平面」指令，並在草圖上方繪製一水平參考平面作為輔助線，改變臨時尺寸距離為 900，如圖 7-28 所示。
- 繼續選擇「梯段」指令，移動游標至水平參考平面上與梯段中心線延伸相交位置，當參考平面亮顯並提示「交點」時，點選交點作為第二段起點位置，接著向上垂直移動游標到矩形預覽框之外點選滑鼠左鍵，以建立剩餘的踏步，結果如圖 7-29 所示。

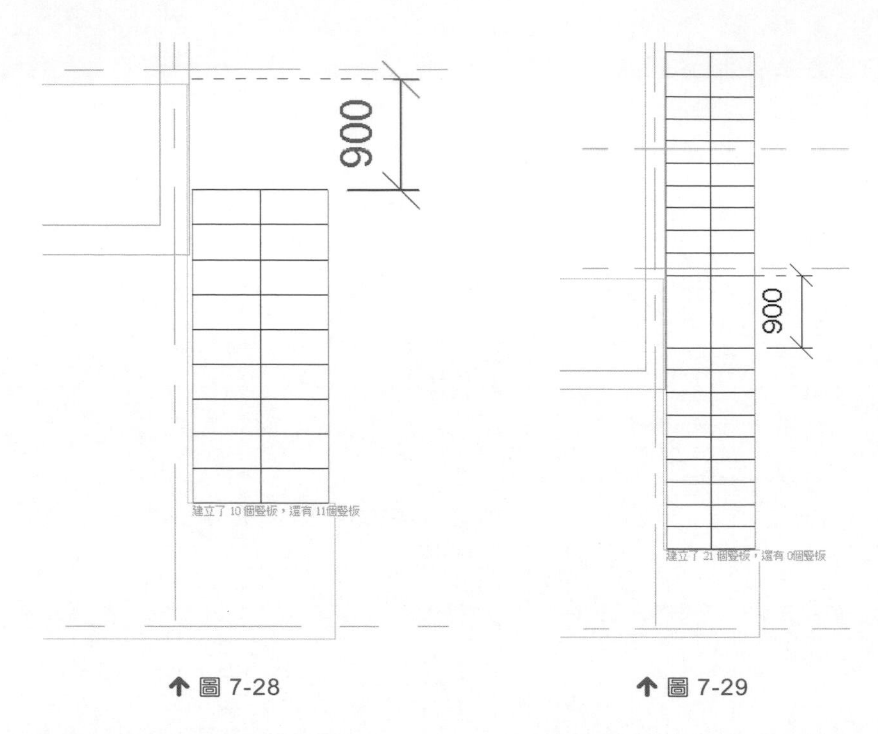

↑ 圖 7-28

↑ 圖 7-29

- 扶手類型：點功能區「扶手類型」指令，從對話方塊下拉清單中選擇扶手類型「900mm 圓管」。
- 於功能區點選「完成草圖」建立了室外樓梯，結果如圖 7-30、圖 7-31 所示。

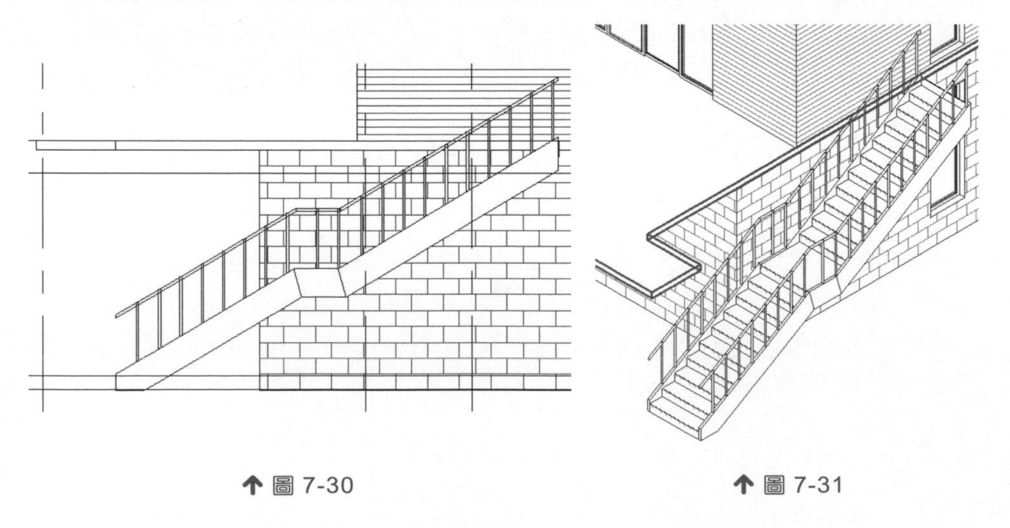

↑ 圖 7-30

↑ 圖 7-31

- 接著在「B1-1F」平面圖中，修改樓梯的向上方向並依序檢查是否需翻轉左右兩側扶手，如圖 7-32、圖 7-33 所示，請由東向立面及 3D 視圖視圖如圖 7-34、圖 7-35 顯示結果。

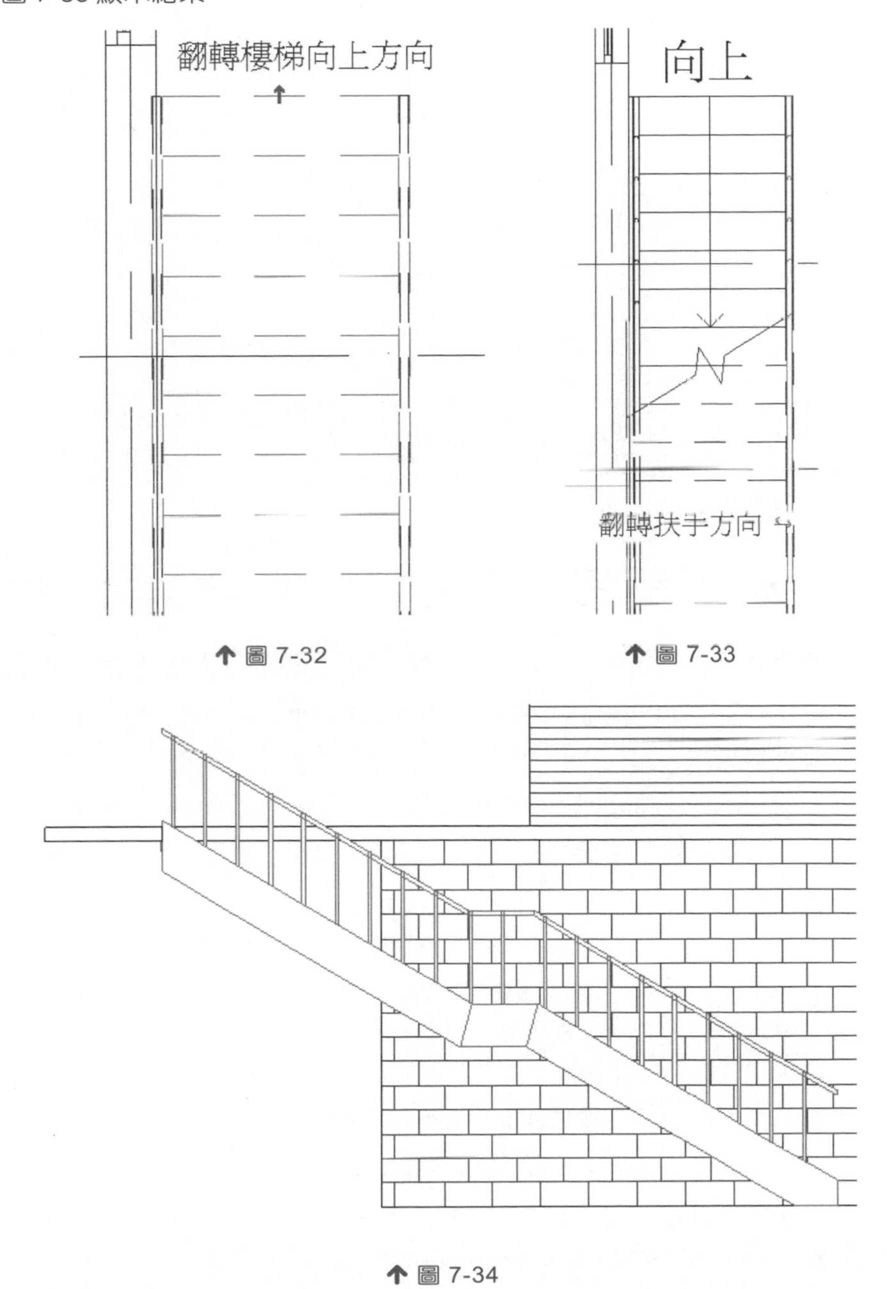

圖 7-32

圖 7-33

圖 7-34

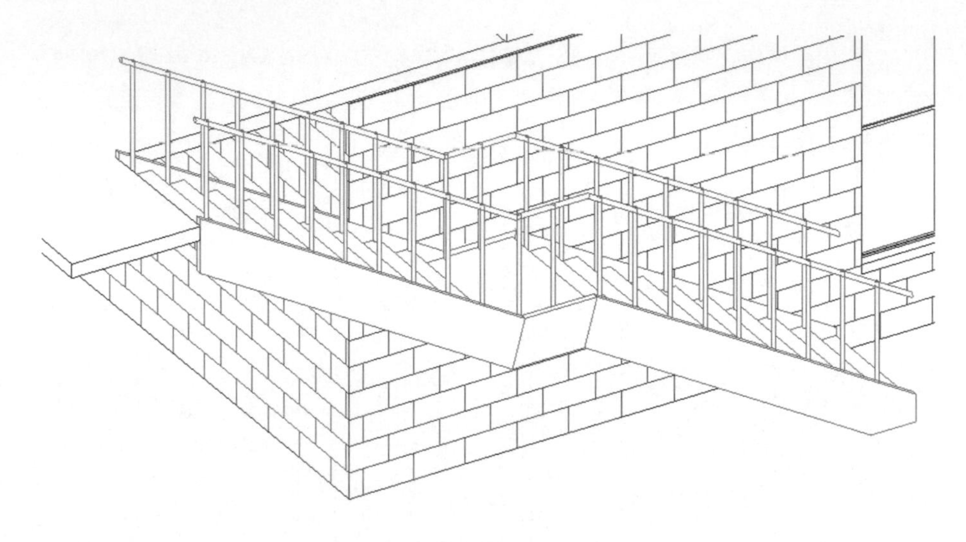

↑ 圖 7-35

7.3.2 編輯扶手

- 接續 7.3.1 節的練習，請打開「\REVIT 練習文件\第 7 章\高山御花園別墅_07-編輯室外扶手練習.rvt」檔案。
- 在專案瀏覽器中「樓板平面」項目下的「1FL」點兩下，打開一樓平面視圖。
- 在一樓平面視圖中選擇室外的扶手，在功能區中點選「編輯路徑」指令，進入繪製草圖模式。
- 點功能區「線」指令，使用「繪製」選項，點選扶手下面端點為起點，沿著軸網繪製 3 段扶手線，如圖 7-36 所示，繪製完成後，再點功能區「完成草圖」指令。
- 點選上述完成的扶手，在「性質」交談框中的「編輯類型」指令，進入扶手類型性質，點選「複製」並命名新類型「900mm 圓管 2」，於「類型參數」-「營造」-「扶手結構」中插入新扶手 2 和 3，並依圖 7-37 所示設定新扶手「高度」及「輪廓」等細節樣式或尺寸。
- 接下來點選鋼梯左側扶手，變更其類型為「900mm 方管」。
- 在「建築」頁籤中點選「扶手」指令，直接在 1 一樓平面圖繪製如圖 7-38 扶手路徑，扶手類型為「不銹鋼方管嵌玻璃-90cm」，完成草圖後請到 3D 視圖觀察此扶手和樓梯方管扶手的連接情形；直接在 3D 視圖中執行修改對齊指令，點選樓梯方管扶手左側面為基準，將 1F 不銹鋼方管嵌玻璃扶手上方左側面調整成貼合情況，如圖 7-39 所示。

- 完成後的一樓室外平台扶手結果如圖 7-40 所示。
- 完成後的結果請參考「REVIT 練習文件\第 7 章\高山御花園別墅_07-編輯室外扶手練習（完成）.rvt」檔案。

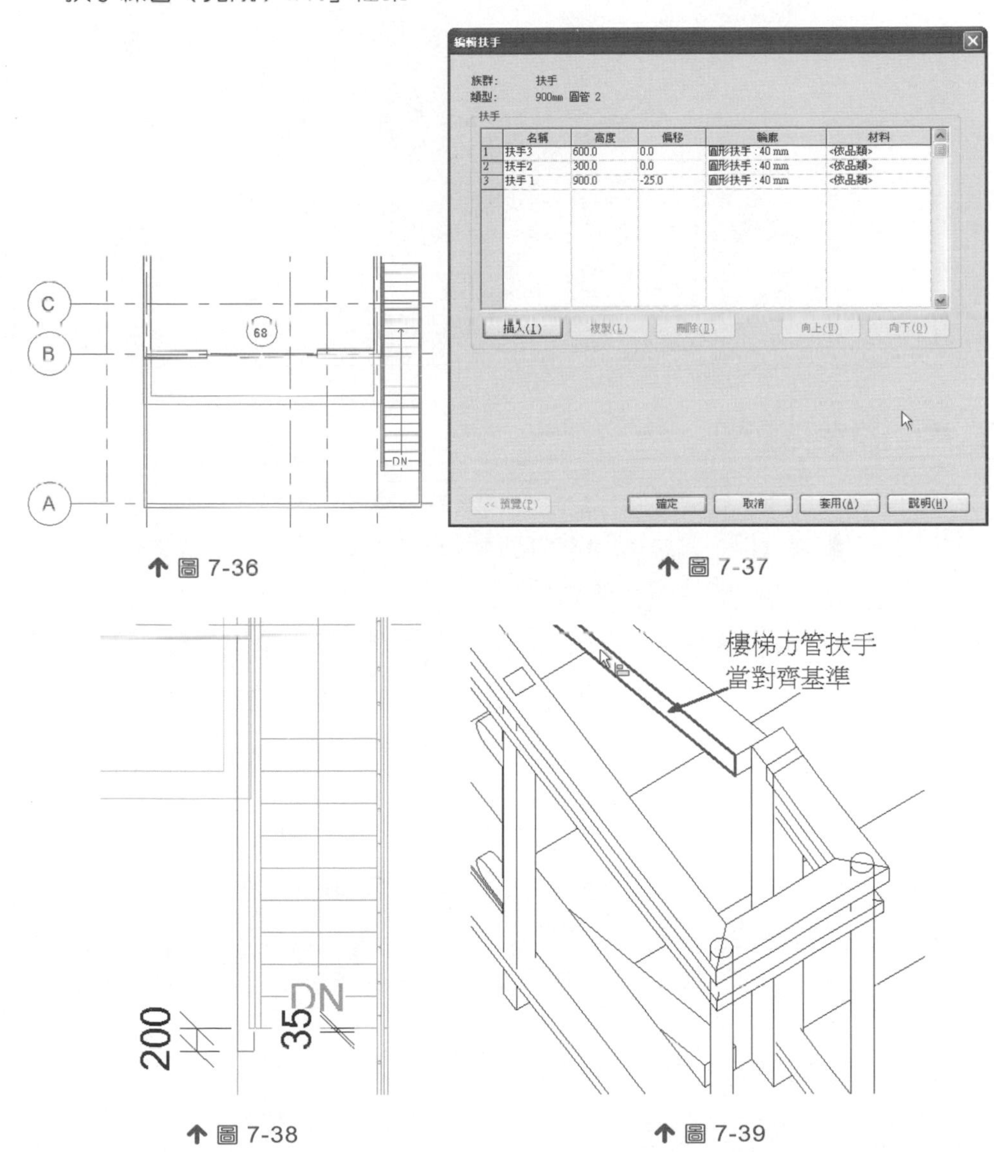

↑ 圖 7-36

↑ 圖 7-37

↑ 圖 7-38

↑ 圖 7-39

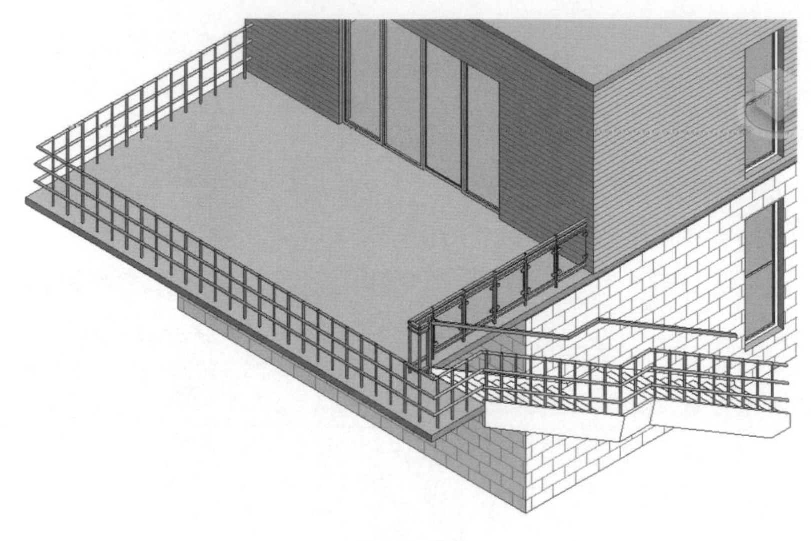

↑ 圖 7-40

7.4 迴旋樓梯

在 Revit Architecture 中除了直梯外，還可以繪製迴旋樓梯。迴旋樓梯的建立流程和 U 形樓梯一樣，只是繪製參考平面和繪製梯段時的點選方式略有不同，下面以帶「1FL」平台的迴旋樓梯為例簡要說明。

- 請打開「REVIT 練習文件\第 7 章\高山御花園別墅_07-迴旋樓梯練習.rvt」檔案。
- 點功能區「建立模型」-「樓梯」指令，進入繪製樓梯草圖模式。
- 在樓梯「性質」交談框，同前面方法設定樓梯「基準樓層」為 B1-1FL、「頂部樓層」為 1FL、「實際踏板深度」250、和「所需豎板數」修正為 21 階等參數，如圖 7-43 所示，並進入「類型性質」選取「鋼梯」類型。
- 扶手類型：點功能區「扶手類型」指令，從對話方塊下拉清單中選擇「900mm 圓管 2」扶手類型，再點選「確定」。
- 繪製參考平面：點功能區「參考平面」指令，如圖 7-41 所示依尺寸繪製三條參考平面。
- 點選功能區「梯段」指令，於繪製面板點選「圓心端點弧」指令，移動游標到迴旋樓梯圓心處點選參考平面「交點」作為圓心。移動游標點選下方樓板中點作為梯段起跑點，接著逆時針移動游標會出現弧形樓梯預覽圖形，請直接完成所需豎板數量，如圖 7-42 所示。

- 於功能區點選「完成草圖」指令即可建立迴旋樓梯，如圖 7-44 所示。
- 請依上一小節所述方式，翻轉樓梯向上方向，並翻轉兩側扶手方位使其欄杆落在階梯上。
- 依實際需要編輯扶手路徑，完成迴旋樓梯的練習，結果如圖 7-45 所示。
- 完成後的結果請參考「REVIT 練習文件\第 7 章\高山御花園別墅_07-迴旋樓梯練習（完成）.rvt」檔案。

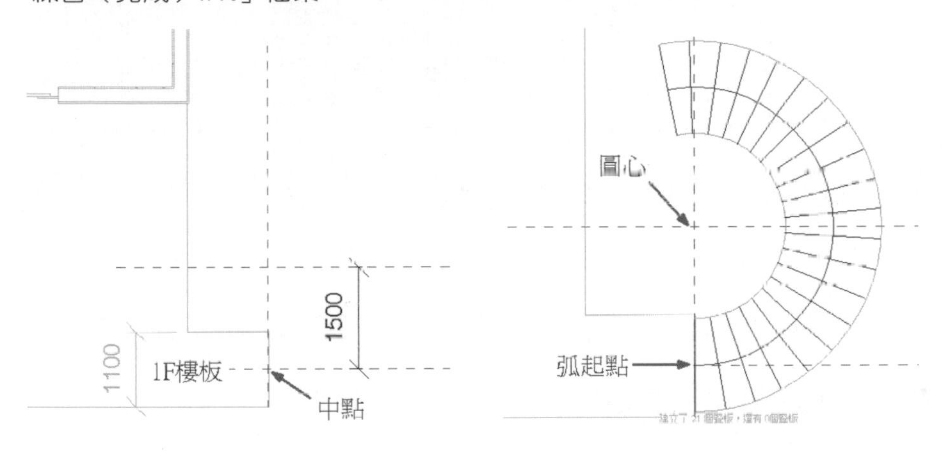

↑ 圖 7-41　　↑ 圖 7-42

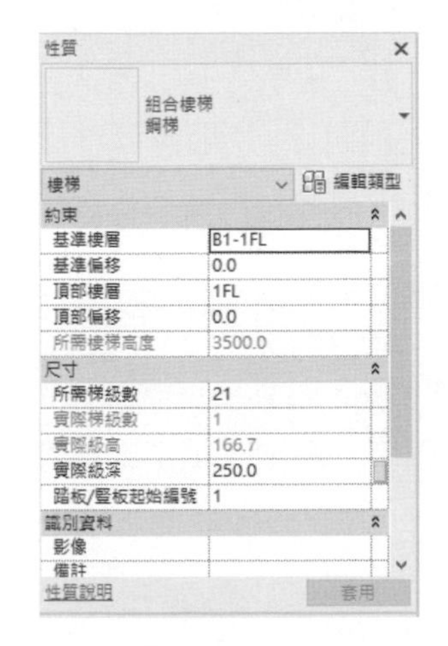

↑ 圖 7-43

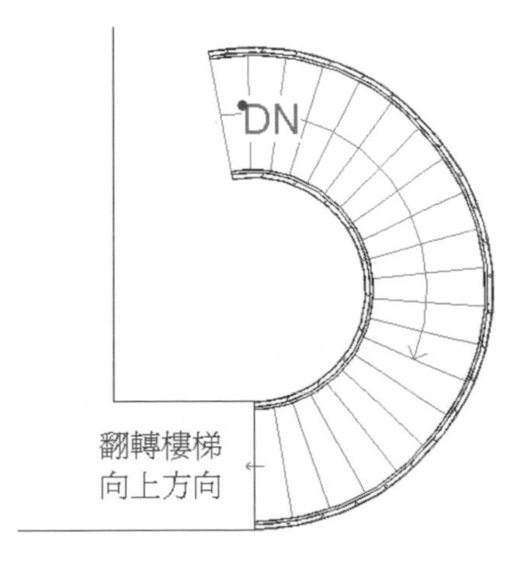

↑ 圖 7-44

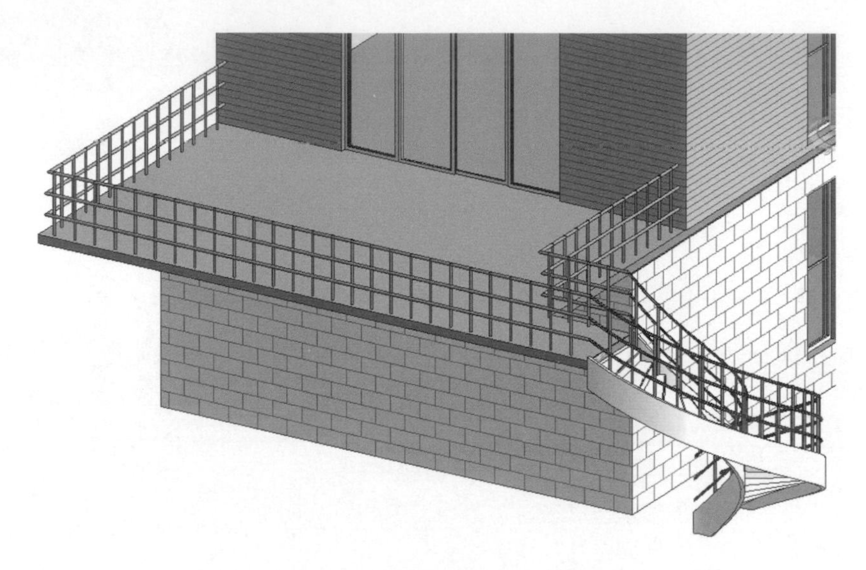

↑ 圖 7-45

至此本案例的樓梯部分都已經繪製完成，完成後的結果請參考「REVIT 練習文件\第 7 章\高山御花園別墅_07.rvt」檔案。

7.5 樓梯設計選項應用

在 Revit Architecture 中除了設計建模外，還具備有進階管理的特色，下述即以前面完成的各式樓梯造型，概略說明設計選項的應用方法。

- 請打開「REVIT 練習文件\第 7 章\高山御花園別墅_07-樓梯設計選項練習.rvt」檔案。
- 點功能區「管理」頁籤－「設計選項」指令，打開設計選項交談框；點選「選項集」－「新建」指令，此時 REVIT 馬上建立一個選項集 1 和選項 1，點選「選項」－「新建」指令，新增選項 2。
- 請建立兩個組選項集分別是「室內樓梯選項集」和「室外樓梯選項集」，如圖 7-46 所示，請使用「更名」指令完成命名，點選「關閉」結束設計選項對話方塊。

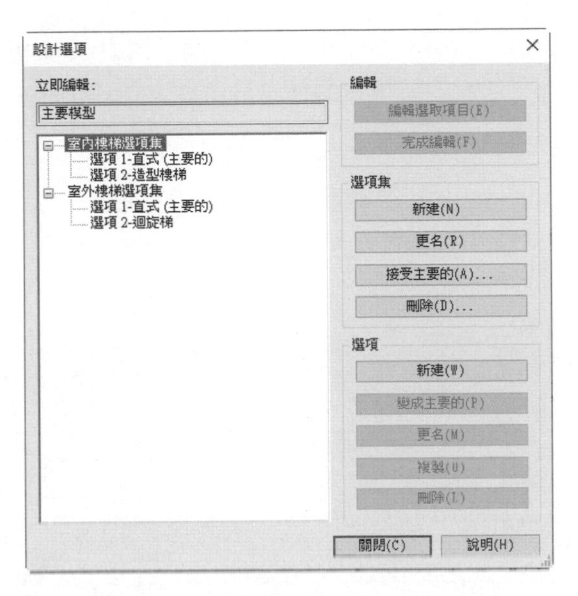

↑ 圖 7-46

- 接著在「1FL」一樓平面圖中點選室內造型 RC 梯群組，在功能區中切換頁籤到「管理」- 點選選項集的「加入到集」指令 ，在「加入到設計選項集」交談框中，視圖「加入選集到」選項集名稱為室內樓梯選項集，將「選項 1-直式（主要的）」前方勾選條件去除，如圖 7-47 所示，請按「確定」結束交談框。
- 請依上述動作，選取直式樓梯和扶手，將「選項 2-造型樓梯」前方勾選條件去除，如圖 7-48 所示，請按「確定」結束交談框。

↑ 圖 7-47

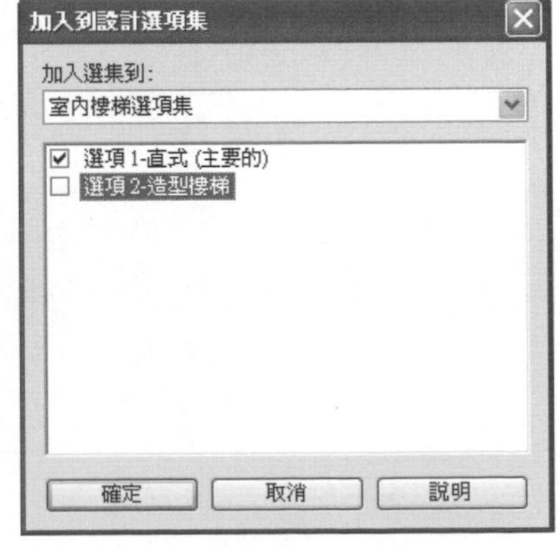

↑ 圖 7-48

- 可在一樓平面圖或 3D 視圖中由功能區「管理」頁籤切換室內樓梯選項，或在繪圖區下狀態列直接點選設計選項作設計方案展示，如圖 7-49、圖 7-50 所示。
- 室外鋼梯的設計選項操作方式與上述相同，請完成後務必切換視圖。
- 完成後的結果請參考「REVIT 練習文件\第 7 章\高山御花園別墅_07-樓梯設計選項練習（完成）.rvt」檔案。

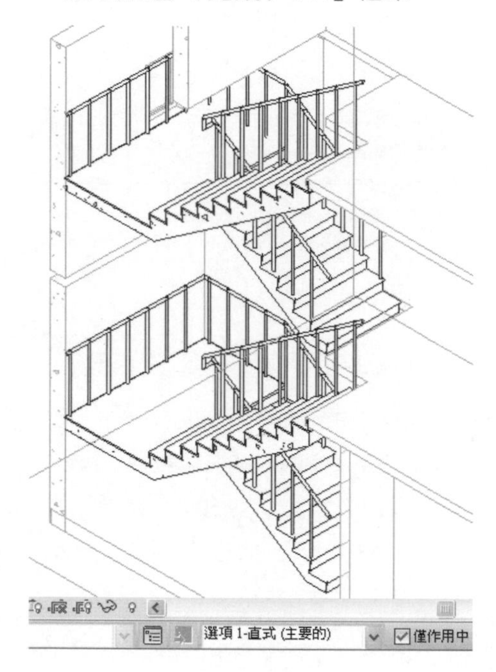

↑ 圖 7-49

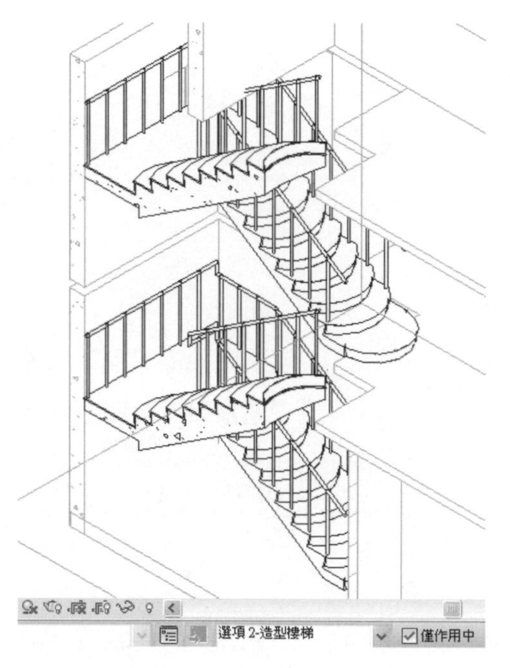

↑ 圖 7-50

模擬試題

本章學習了各種建築樓梯的繪製方式以及如何編輯樓梯與扶手，第 8 章我們將要學習如何繪製屋頂。

由下面練習題，同學們可評量本章學習效益。

1. 請開啟「House_m.rvt」檔案。

   (1) 啟用樓板平面圖（Floor Plan）- Deck。

   (2) 在距離露台邊緣內的 150mm 處，依下列指示建立欄杆扶手：

   - 族群類型： Handrail - Rectangular

   請問新欄杆扶手的長度為多少公釐？ ##### # mm

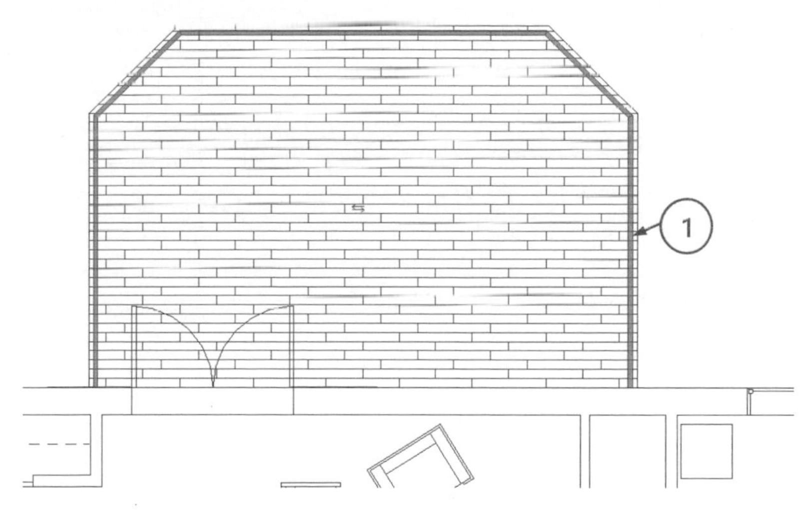

↑圖 模擬試題 7-1

2. 請開啟「REVIT 練習文件\模擬試題\高山御花園別墅_07-樓梯設計選項練習（完成）.rvt」檔案，由專案瀏覽器進入 2F 平面圖，由繪圖區下方狀態列的設計選項切換到「主要模型」，請在 2F 樓板下方（即戶外陽台），依附圖模擬試題 7-2 所示參考平面繪製扶手，扶手類型為 900mm 圓管，完成後，請問此扶手長度為何？＿＿＿＿＿＿＿＿＿＿＿＿＿＿＿＿

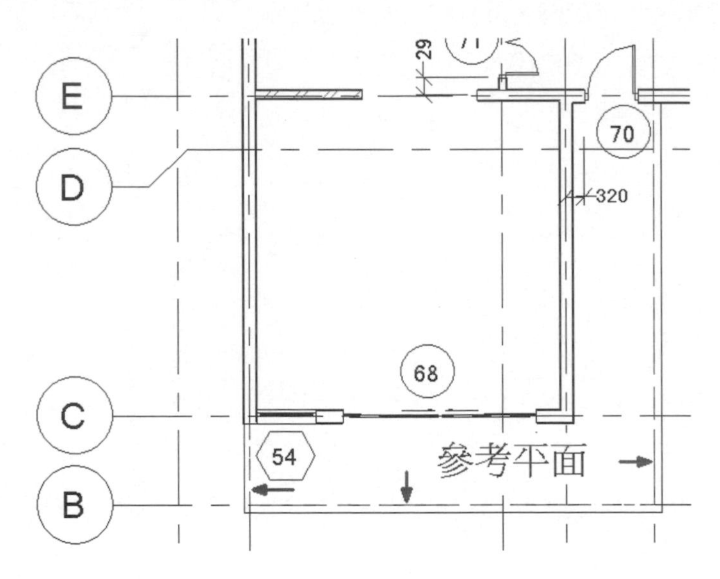

↑圖 模擬試題 7-2

由專案瀏覽器進入 B1F 平面圖，在室內樓梯間使用量測或標註尺寸方式，如圖模擬試題 7-3 所示，請問牆 A 中心線到豎板 1 內部塗層表面距離為何？ ____________________

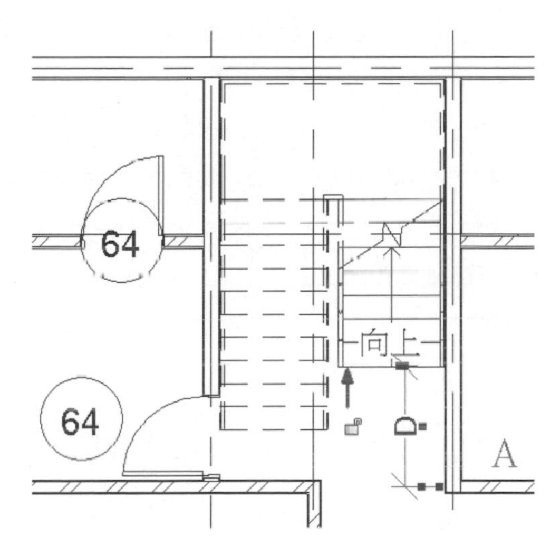

↑圖 模擬試題 7-3

3. 建立扶手時，草繪路徑是必須的，但一次只能繪製一條連續路徑，不論封閉或開放路徑都是可以的。以上敘述正確與否？
   (A)正確 (B)錯誤

4. 下列哪項可以等距放置元素？
   (A)單區段標註 (B)多區段標註 (C)參考平面 (D)範圍框

5. 使用下列哪項工具可以在繪圖 U 型樓梯或 L 型樓梯時，自動建立樓梯平台？
   (A)階梯踏面 (B)平台 (C)邊界 (D)梯段

模擬試題

6. 請選取用於欄杆扶手（圍欄）放置在樓梯的踏板和縱樑上，需於指令功能區點選的指令為何？（請參考「圖　模擬試題 7-4」寫出正確的指令名稱）

↑圖　模擬試題 7-4

7. 請開啟「REVIT 練習文件\模擬試題\Simple Building Roof_m」檔案。啟用 Stairs 平面圖。依操作需要可使用縮放至佈滿，調整視圖。依下列條件建立樓梯：

   - 族群類型：組合樓梯 190mm max riser 250mm going
   - 基準樓層：Level 1
   - 頂部樓層：Level 2

   沒有底部或頂部偏移量

   - 實際梯段寬度：1300

   由參考平面 1 開始繪製梯段到參考平面 2。

   從參考平面 3 接著繪製後續階梯到完成樓梯。

   請問，標註 A 及 B 尺寸為多少公釐？

   A=__________ ### mm

   B=__________ #### mm

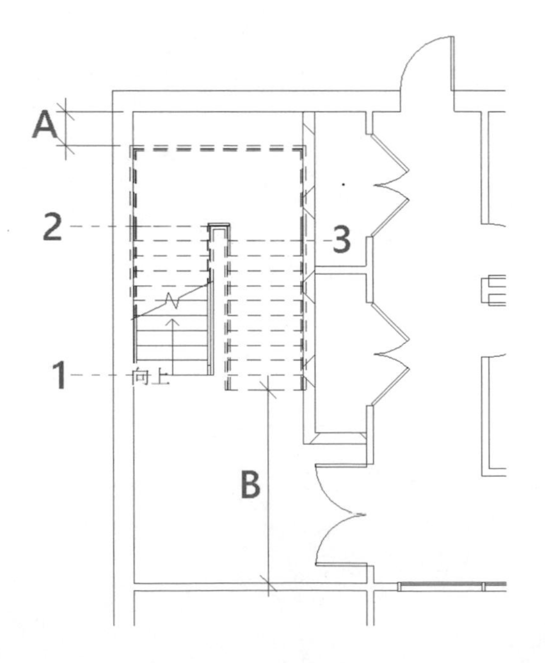

8. 請開啟「House_m.rvt」檔案。
   啟用樓板平面圖（Floor Plan）- Foundation。

   使用下列條件建立樓梯：

   - 族群： 組合樓梯
   - 類型： 200 max riser 250 tread
   - 基準樓層： Foundation
   - 頂部樓層：Level 1
   - 實際梯段寬度：900 mm

   如圖所示，從線段 1 開始，先建立 4 個豎板，接下來建立平台與其餘階梯直到完成樓梯。

   請問從牆 2 到豎板 3 的距離為多少公釐？ ____________### mm

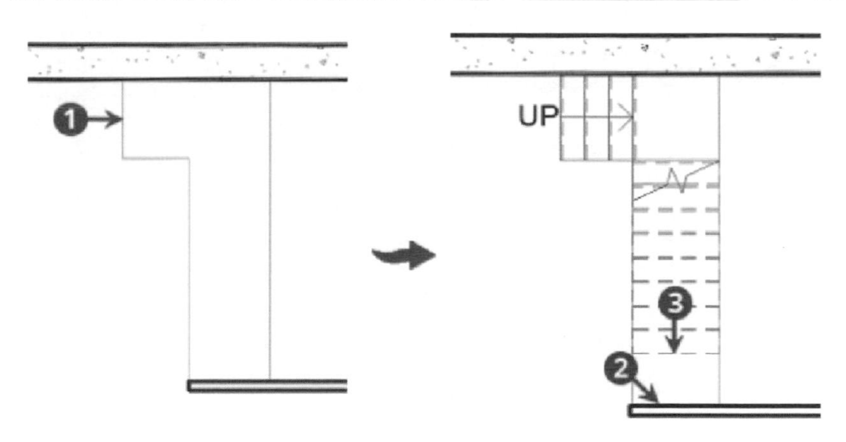

↑ 圖 模擬試題 7-6

CHAPTER

8 屋頂系統

課程概要

前面幾章已經完成了從地下到地上二樓的所有牆體、門窗和樓板等建築主體模型，本章將為建築物各樓層新增各種雙斜坡和多重斜坡屋頂，完成最後的建築主體 3D 模型設計。

Revit 的屋頂功能非常強大，可以輕鬆建立各種雙斜坡、多重斜坡、老虎窗屋頂、依擠出建立屋頂等，同時可以根據工程做法設定屋頂構造層。

本章將透過建立別墅各樓層的雙斜坡、多重斜坡屋頂，詳細介紹依擠出建立屋頂、依跡線建立屋頂的建立和編輯方法，並學習如何設定各平面視圖範圍。

此外，屋頂的附加功能如簷槽、樑橫帶和屋頂底板將逐一介紹；而屋頂的進階參數截斷樓層設定方法與應用將一併說明。

再者，若本案例中所有屋頂的屋頂表面皆為中式筒瓦，較具有建築特色。而 Revit 軟體本身並沒有直接建立筒瓦的功能指令，需要借助「族群」和屋頂的「玻璃斜窗」功能組合而成。本書將於本章將詳細講解筒瓦的建立方法和技巧。

課程目標

透過本章的操作學習，您將實際掌握：

- 依擠出建立屋頂的建立和編輯方法
- 依跡線建立屋頂的建立方法
- 「連接屋頂」與「附著牆」的方法
- 屋頂平面視圖範圍的設定方法
- 局部平面區域的視圖範圍設定方法
- 玻璃斜窗建立方法
- 屋頂其他功能使用說明
- 屋頂截斷樓層設定方法

8.1 依擠出建立屋頂：二樓雙斜坡屋頂

建立屋頂有「依擠出建立屋頂」和「依跡線建立屋頂」兩種建築方法：「依跡線建立屋頂」是用來建立各種斜坡屋頂和平式屋頂；對「依跡線建立屋頂」指令無法建立且具有造形斷面的屋頂，則可以用「依擠出建立屋頂」指令來建立。

8.1.1 依擠出建立屋頂

本節以一樓左側凸出部分牆體的雙斜坡屋頂為例，詳細講解「依擠出建立屋頂」指令的使用方法。

- 打開「REVIT 練習文件\第 7 章\高山御花園別墅_07.rvt」檔，在專案瀏覽器中「樓層平面」項目下的「2FL」點兩下，打開二樓平面視圖。
- 在「性質」對話方塊，設定參數「參考底圖」為「1FL」。

注意

參考底圖：在目前平面視圖下顯示的其他平面視圖為底圖。Revit 可以將任意平面視圖設定為目前視圖的底圖。設定為參考底圖的底圖顯示為灰色，清楚和視圖模型作區別。參考底圖對於了解不同樓層的模型關係非常有用。通常，在匯出或列印視圖前要關閉參考底圖。

- 點選功能區「建築」頁籤 -「參考平面」指令，如圖 8-1 所示，在 F 軸和 E 軸向外 800mm 處各繪製一條參考平面，在 1 軸向左 500mm 處繪製一條參考平面。
- 點選功能區「建築」頁籤 -「屋頂」 -「依擠出建立屋頂」指令 ，如圖 8-2 所示，系統會彈出「工作平面」對話方塊以設定工作平面。
- 在「工作平面」對話方塊中選擇「點選平面」，再點選「確定」關閉對話方塊。移動光標點選剛繪製的左側垂直參考平面，打開「前往視圖」對話方塊，如圖 8-3、圖 8-4 所示。
- 在上面的列表中點選「立面圖：西立面」，再按「確定」關閉對話方塊以進入「西立面」視圖；系統此時會出現「屋頂參考樓層與位移」對話方塊，請設定「2FL」二樓為屋頂所在樓層，偏移量為 0，點選「確定」結束對話方塊，如圖 8-5 所示。
- 在「西立面」視圖中間牆體兩側可以看到兩條豎向的參考平面，這是剛才在 2FL 視圖中繪製的兩條水平參考平面在西立面的投影，用來建立屋頂時精確定位。

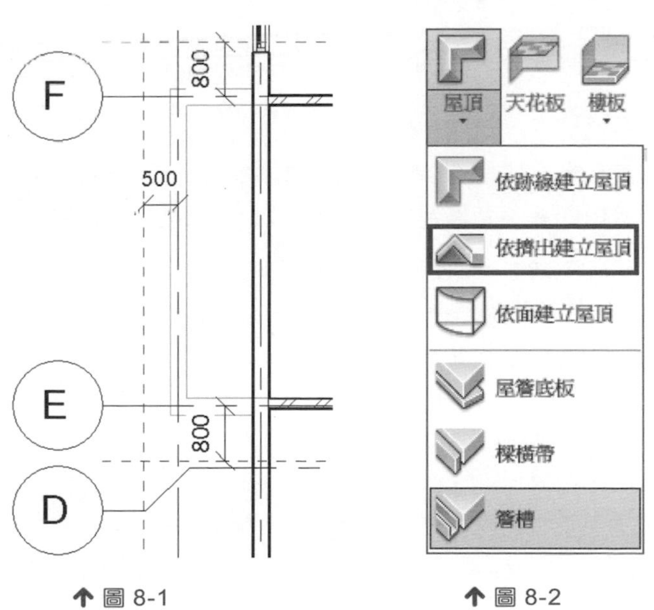

↑ 圖 8-1　　↑ 圖 8-2

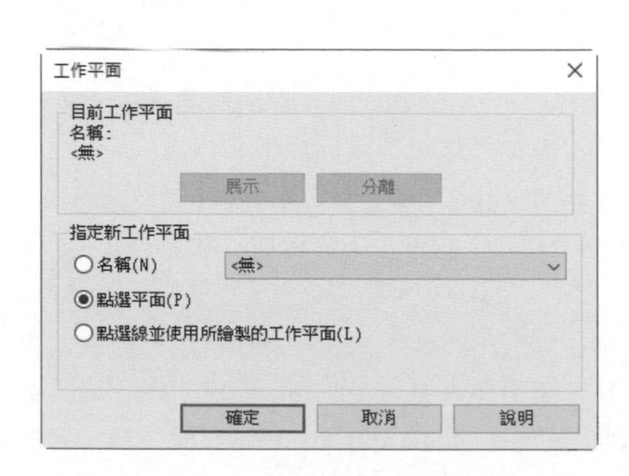

↑ 圖 8-3

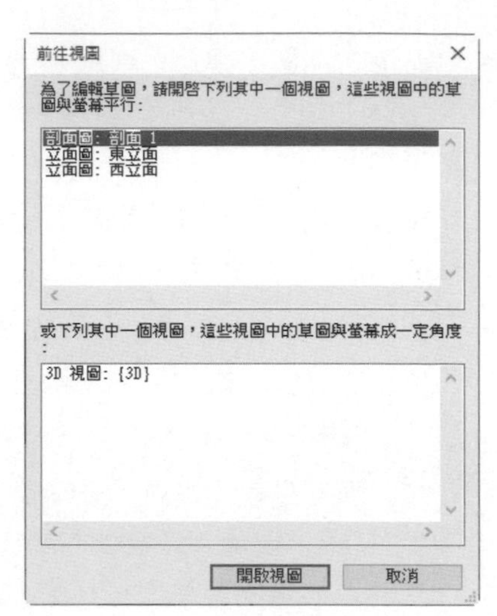

↑ 圖 8-4

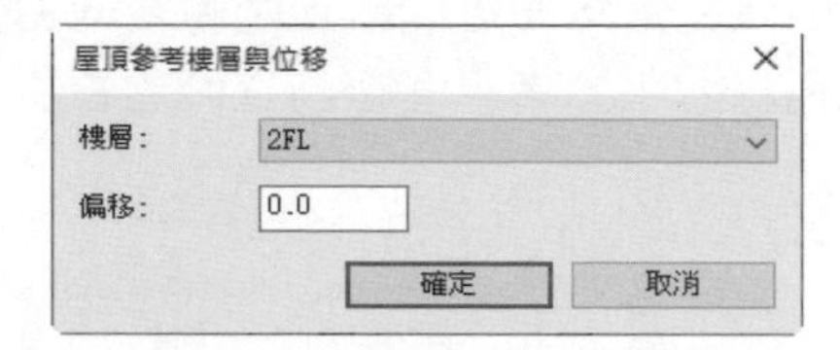

↑ 圖 8-5

- 點選功能區「線」指令，繪製依擠出建立屋頂截面形狀線，注意，依尺寸需要，你可能需繪製參考平面作為屋頂草圖精準定位線，如圖 8-6 所示尺寸。
- 在「性質」交談框中，點選「編輯類型」指令，進入「類型性質」對話方塊，從「類型」下拉清單中選擇「一般-12cm」，點選「確定」按鈕關閉對話方塊。

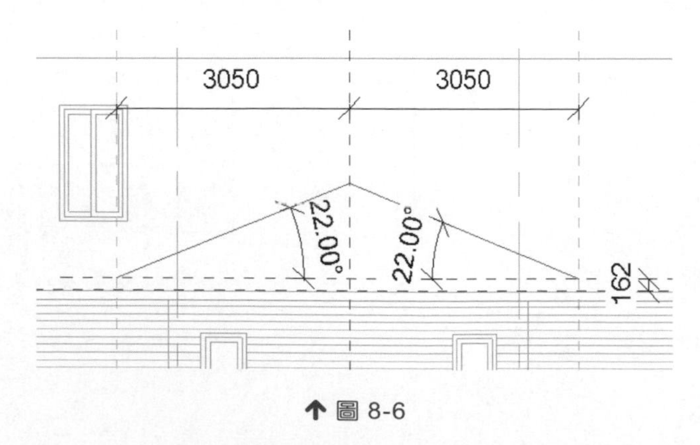

↑ 圖 8-6

- 點選「完成屋頂」指令建立依擠出建立屋頂，結果如圖 8-7 所示，儲存檔案。

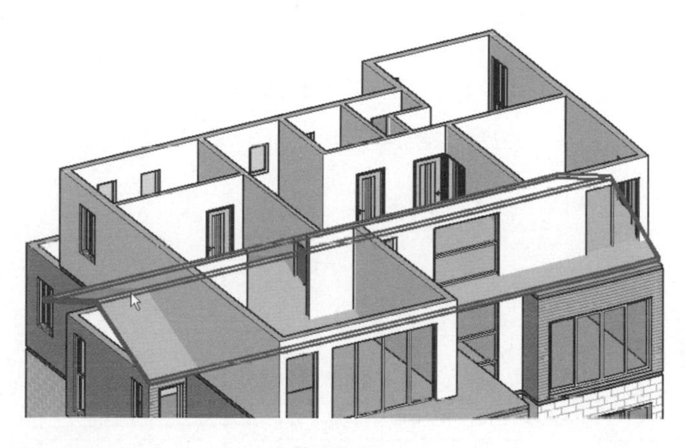

圖 8-7

8.1.2 修改屋頂

在 3D 視圖中觀察上一節建立的依擠出建立屋頂，可以看到屋頂長度過長，延伸到了二樓全部屋內範圍，同時屋頂下面沒有山牆。請逐一完成下面細節編輯。

- 連接屋頂：打開 3D 視圖，在工具列中點選「接合/取消接合屋頂」指令 。先點選延伸到二樓屋內的屋頂東側邊緣端線，如圖 8-8 所示；再點選西側二樓外牆牆面，如圖 8-9 所示，即可自動調整屋頂長度使其端面和二樓外牆牆面對齊。最後結果如圖 8-10 所示，注意，這個接合動作也可以用 3D 對齊方式完成，但點選物件順序是顛倒的。

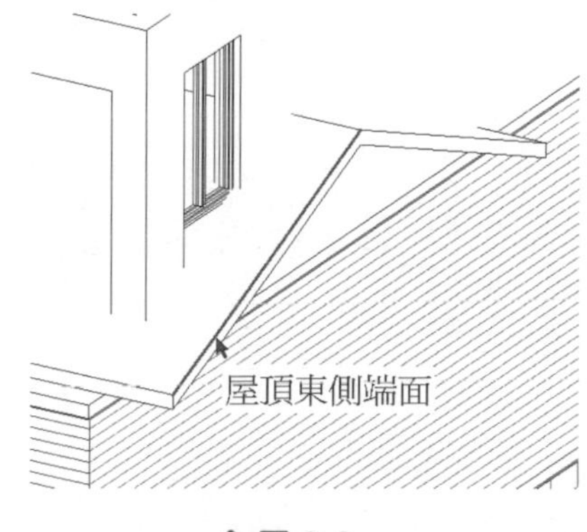

圖 8-8

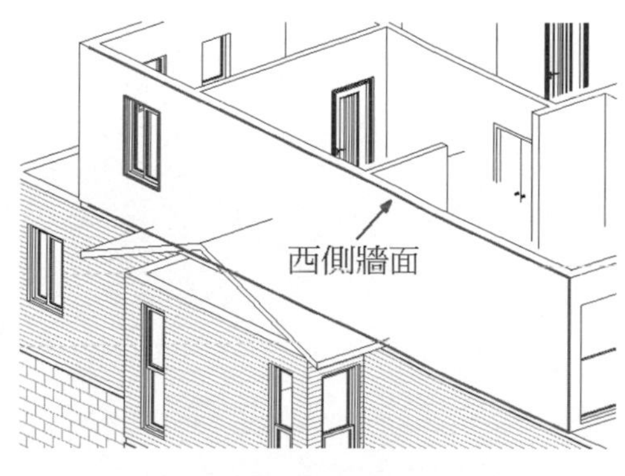

圖 8-9

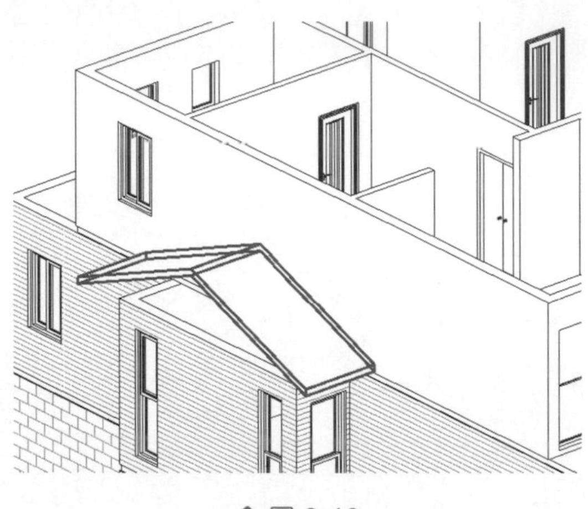

↑ 圖 8-10

注意

使用「接合/取消接合屋頂」指令可以將屋頂連接到其他屋頂或牆，或者在之前已連接的情況下取消它們的連接。如果已繪製屋頂和牆，並希望透過添加更小的屋頂以建立老虎窗或遮陽篷來修改設計，則此指令非常有用。

- 附著牆：按住 Ctrl 鍵連續點選屋頂下面的三面牆，在功能區「修改牆」面板中點選「貼附頂底」指令，再由「選項列」選擇「頂部」 貼附牆: ⊙頂 ○底 ，然後選擇屋頂為被附著的目標，則牆體會自動將其頂部附著到屋頂下面，如圖 8-11 所示。這樣在牆體和屋頂之間便建立了連接關係。

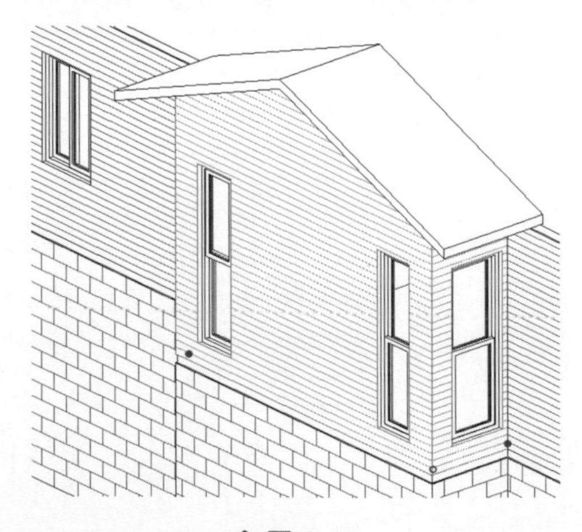

↑ 圖 8-11

- 建立屋脊：點選功能區「結構」頁籤 -「樑」指令，由「性質」-「編輯類型」-「類型性質」對話框中「載入」指令，由教材範例「REVIT 練習文件\第 8 章\外部文件」，載入自訂族群「屋脊線.rfa」，並從類型點選下拉清單選擇樑類型為「屋脊線」。
- 在選項列中勾選草繪鎖點條件「3D 鎖點」，在 3D 視圖中點選屋脊線兩個端點建立屋脊，修改 | 放置 樑 | 放置平面: 樓層 : 2FL | 結構用途: <自動> | ☑3D 鎖點 | ☐鏈 。
- 視圖完成的屋脊，若其位置為下沉，請點選屋脊，並在「性質」交談框中修改「約束」-「Z 向對正」參數為「底部」即可，如圖 8-12 所示。
- 連接屋頂和屋脊：點選工具列的「接合幾何圖形」指令，先選擇要連接的第一個幾何圖形屋頂，再選擇要與第一個幾何圖形連接的第二個幾何圖形屋脊，系統會自動將二者連接在一起，如圖 8-13、圖 8-14 所示。按 Esc 鍵結束連接指令。請儲存檔案，繼續進行下面的練習。

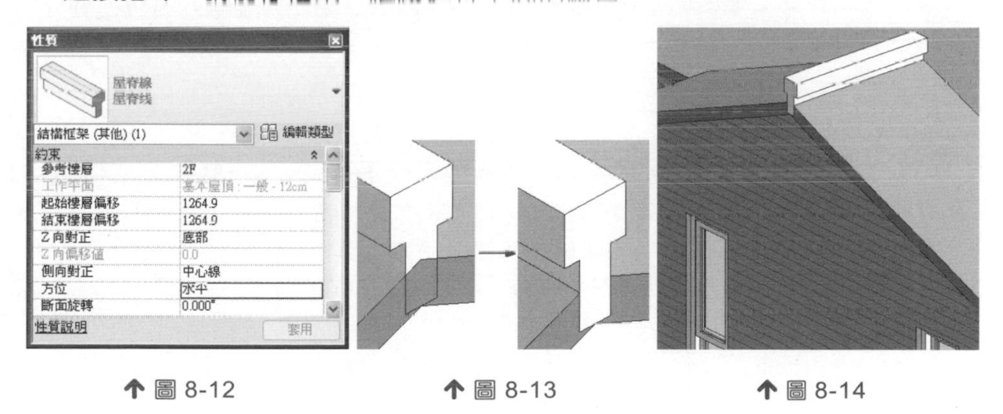

↑ 圖 8-12　　↑ 圖 8-13　　↑ 圖 8-14

8.2 依跡線建立屋頂

前面介紹了「依擠出建立屋頂」，接著便是最建築的「依跡線建立屋頂」指令。「依跡線建立屋頂」是透過指定屋頂邊界輪廓跡線的方式來建立屋頂。而屋頂坡度是由屋頂邊界輪廓跡線的「坡度」參數來決定的。

8.2.1 二樓多重斜坡屋頂

下面使用「依跡線建立屋頂」指令建立專案北側二樓的多重斜坡屋頂。

- 接續上一節練習，在專案瀏覽器中「樓層平面」項目下的「2FL」點兩下，打開二樓平面視圖。
- 點選功能區「建築」頁籤 -「屋頂」下拉項目 -「依跡線建立屋頂」指令，進入繪製屋頂輪廓跡線草圖模式。
- 於功能區選擇「點選牆」指令，在選項列中設定挑簷為 800，並視圖定義斜度已勾選，讓輪廓線沿相對應的牆面往外偏移 800mm，☑定義斜度 挑簷: 800.0 ☐延伸到牆核心，繪製如圖 8-15 所示屋頂輪廓跡線。
- 接著，在功能區選取「線」指令，在選項列中設定偏移量為 800，並勾選定義斜度 ☑定義斜度 ☑鏈 偏移: 800.0，依圖 8-16 所示點選軸線交點繪製沿相對應的網格向外偏移 800mm 的輪廓線，你可以使用鍵盤「空白鍵」作內外翻轉控制。
- 接下來，在功能區選擇「點選線」指令，在選項列中設定偏移為 0，並不勾選定義斜度 ☐定義斜度 偏移: 0.0 ☐鎖住，如圖 8-17 所示直接抓取外牆線作為屋頂輪廓跡線。

注意

如果將屋頂線設定為坡度定義線，⊿符號就會出現在其上方。你可以選擇坡度定義線，編輯藍色坡度參數值來設定屋頂斜坡角度。如果尚未定義任何坡度定義線，則屋頂是平的。常規的單坡、雙斜坡、四坡與多重斜坡屋頂，都可以使用此方法快速建立。

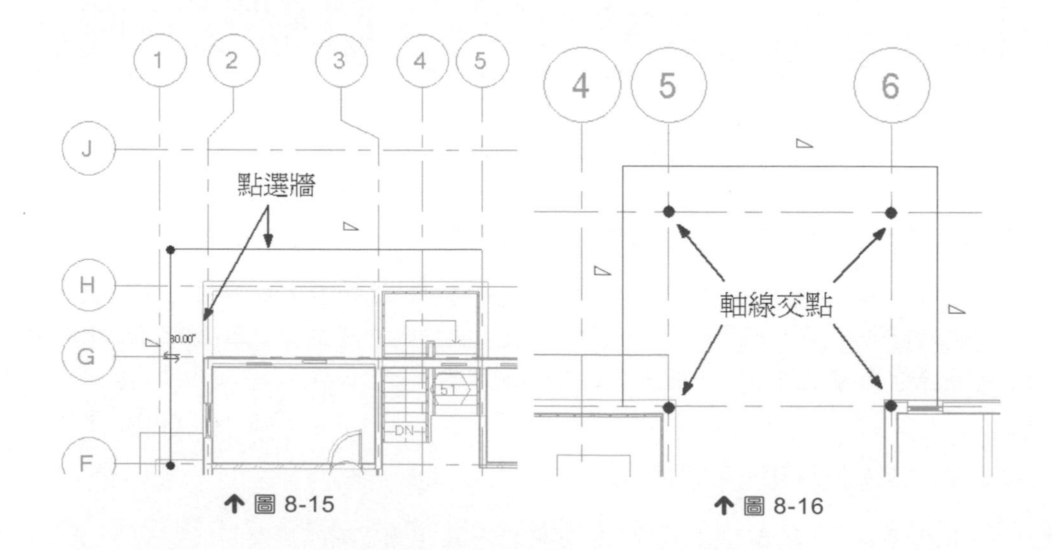

↑ 圖 8-15　　↑ 圖 8-16

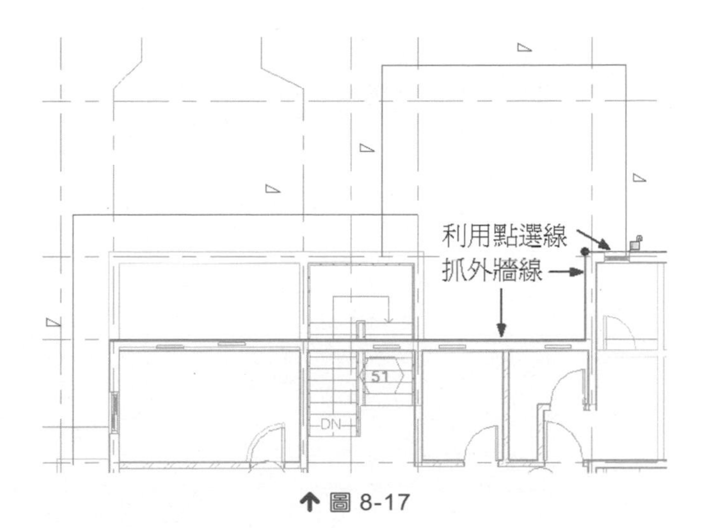

↑ 圖 8-17

- 請使用「修剪」指令 ，點選要保留的屋頂邊緣線，將草圖編修成封閉迴圈。
- 修改屋頂坡度：使用「修改」指令及「Ctrl」鍵連續點選具斜度的五條輪廓線，在「性質」對話方塊中設定「斜度」參數為 22 度，所有屋頂跡線的坡度值將自動調整為 22 度，如圖 8-18 所示。
- 點選「性質」-「編輯類型」指令，在屋頂的「類型性質」對話方塊中，從屋頂「類型」下拉清單中選擇「一般-12cm」，如圖 8-19 所示。

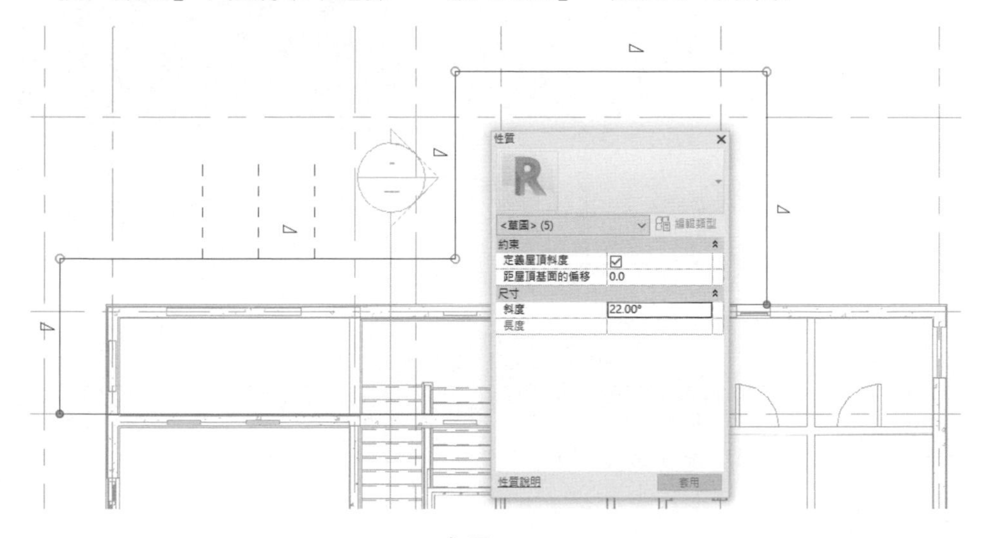

↑ 圖 8-18

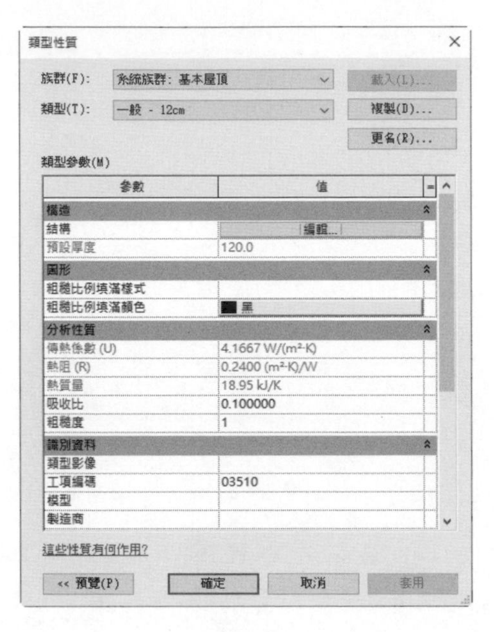

↑ 圖 8-19

- 請在功能區點選「完成」指令，視圖由「依跡線建立屋頂」方式所建立的多斜坡屋頂，如圖 8-20、圖 8-21 所示。

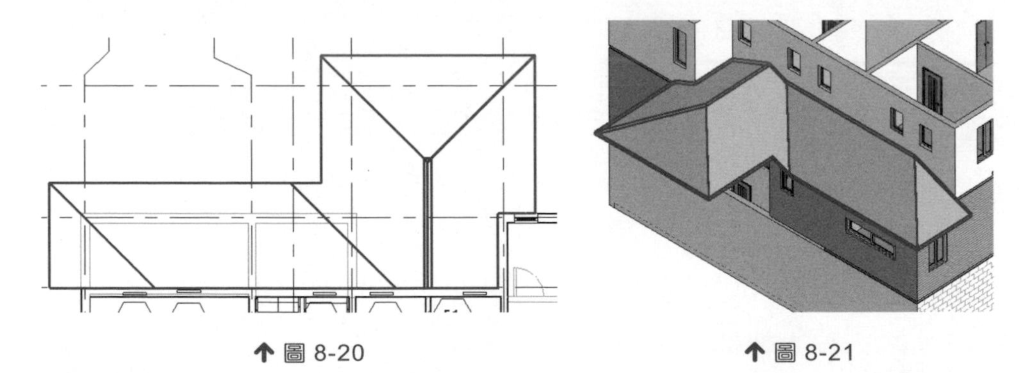

↑ 圖 8-20　　↑ 圖 8-21

> **注意**
>
> 你也可以選擇任一個屋頂跡線，點選修改其藍色坡度參數值設定其他坡度值，即每一屋頂邊緣斜度可以不同。
>
> 另外，使用「依跡線建立屋頂」指令建立屋頂時，草圖繪製線必須是封閉的迴圈。

- 接下來是練習屋頂跡線編輯，點選上述完成的入口屋頂，在功能區選取「編輯跡線」指令 ，進入屋頂跡線草繪畫面。
- 按住 Ctrl 鍵連續點選上面水平跡線和左側垂直跡線，於選項列取消勾選「定義坡度」選項，取消這些跡線的坡度，如圖 8-22 所示。
- 如圖 8-23 所示，將左側上方水平跡線角度修改為 25 度（可自行調整角度值），完成編輯屋頂。

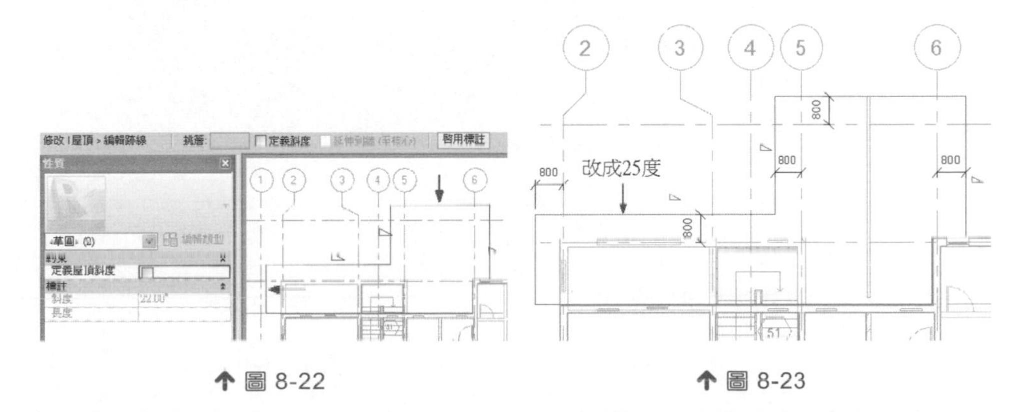

↑ 圖 8-22　　↑ 圖 8-23

- 點選「完成屋頂」指令建立了二樓多重斜坡屋頂，如圖 8-24、圖 8-25 所示。

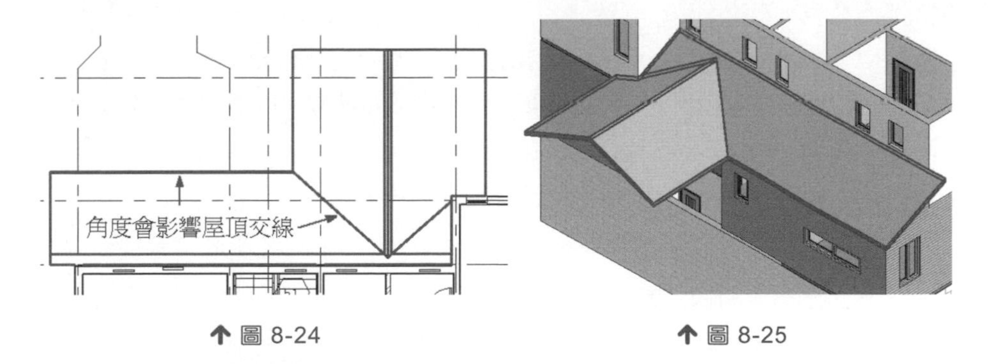

↑ 圖 8-24　　↑ 圖 8-25

- 同前面所述，選擇屋頂下的牆體，於選項列選擇「貼附」指令，點選剛建立的屋頂，並將牆體附著到屋頂下。
- 同前面所述，點選功能區「結構」-「樑」指令，從類型選擇器下拉清單中選擇樑類型為「屋脊－屋脊線」，勾選「3D 鎖點」，在 3D 視圖 3D 中點選屋脊線兩個端點建立屋脊，並完成屋頂和屋脊的修改幾何接合，如圖 8-26 所示。

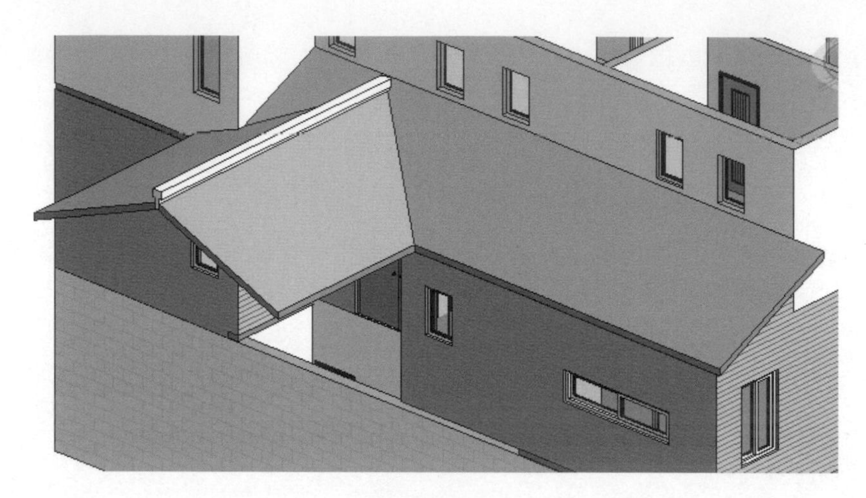

↑ 圖 8-26

8.2.2 屋頂斜度箭頭應用

下面使用「斜度箭頭」指令變更專案北側二樓的多重斜坡屋頂造型。

- 點選北側多斜坡入口屋頂，在功能區選取「編輯跡線」指令，進入屋頂跡線草繪畫面。
- 請使用「參考平面」指令，在 25 度跡線中間平均繪製綠色參考平面線條，並點選「修改」面板「元素分割」指令，於如圖 8-27 所示的交點上分割跡線成三部份。
- 請取消右側兩段斜度定義，僅保留左邊線段具斜度。
- 點選功能區「繪製」面板「斜度箭頭」指令，由左邊參考平面交點處向中間交點繪製斜度箭頭，定義斜度方向；同理，在右邊參考平面交點處向中間交點繪製斜度箭頭，定義右側斜度方向，如圖 8-28 所示。
- 選取兩斜度箭頭符號，在「性質」交談框中設定「約束」參數－「頭高度偏移量」為 1000mm，即利用斜度箭頭在中間建立 1 米高造型斜度，如圖 8-29 所示。
- 完成編輯屋頂如圖 8-30 所示。

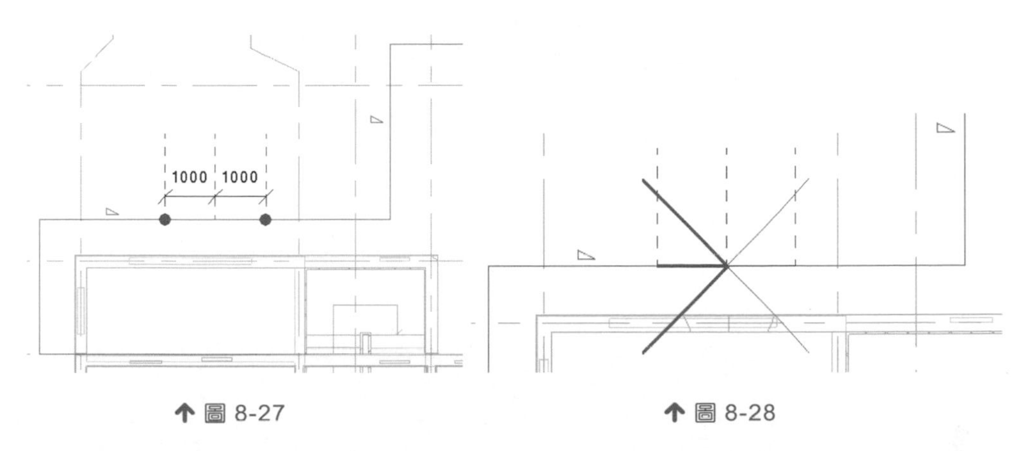

↑ 圖 8-27

↑ 圖 8-28

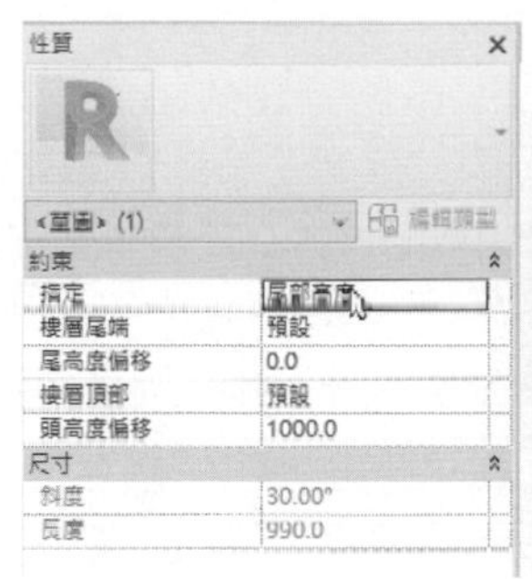

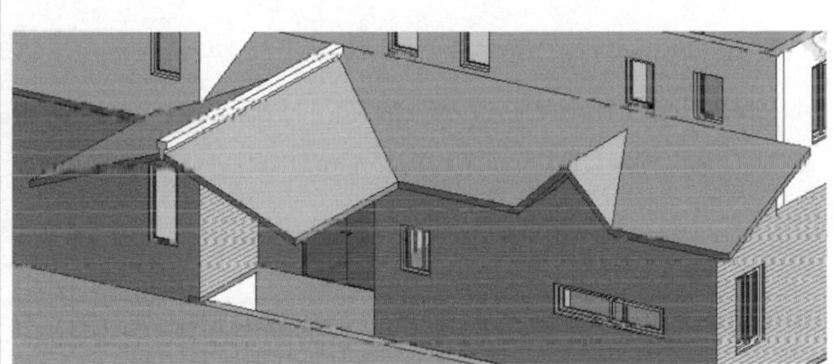

↑ 圖 8-29

↑ 圖 8-30

8.2.3 三樓多重斜坡屋頂

三樓多重斜坡屋頂的建立方法和二樓屋頂相同，本節只做簡要說明，不再詳述。

- 接續 8.2.1 節的練習，在專案瀏覽器中雙擊「樓層平面」項目下的「RFL」，打開三樓平面視圖。在「性質」交談框，設定「參考底圖」為「2FL」。
- 點選功能區「建築」頁籤 -「屋頂」-「依跡線建立屋頂」指令，進入繪製屋頂跡線草圖模式。
- 於功能區選擇「點選牆」指令，如圖 8-31 將選項列「挑簷」設定為 800mm，使用滑鼠游標碰觸右上角牆外，同時利用鍵盤「Tab」鍵一次抓取外牆線作為屋頂跡線。

↑ 圖 8-31

- 依圖 8-32 所示繪製參考平面，並在圖示中交點執行分割元素指令，讓屋頂增加變化。
- 請點選圖 8-32 中所示具斜度的六條線，由「性質」交談框，設定屋頂的「斜度」參數為 22 度，如圖 8-33 所示，其餘均取消斜度定義，完成草繪跡線。

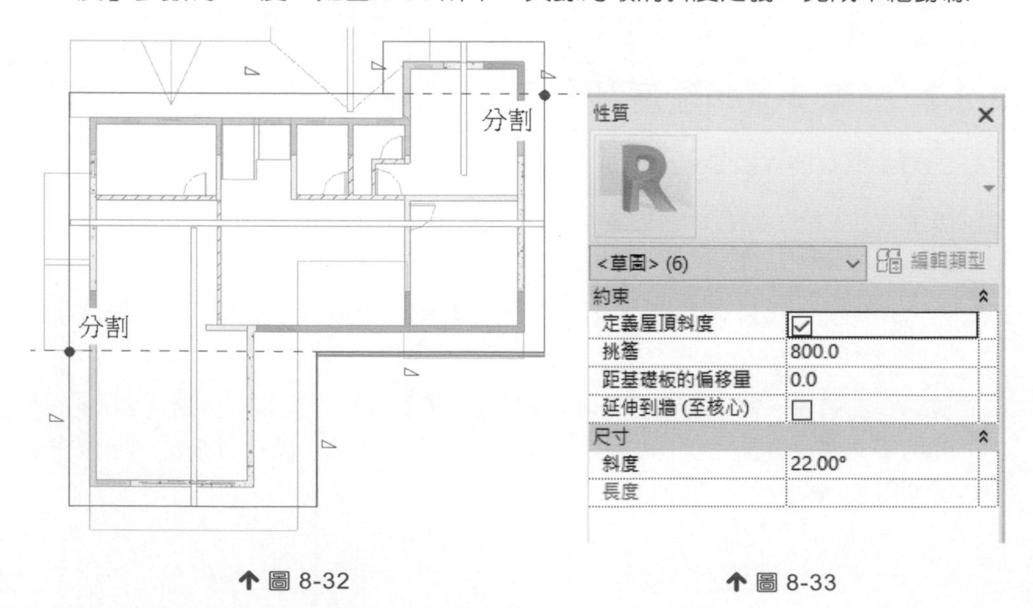

↑ 圖 8-32　　↑ 圖 8-33

- 你可以利用「Tab」配合左鍵選擇外牆體，用「貼附頂/底」指令將牆頂部附著到 RF 屋頂下面。用「樑」指令點選三條屋脊線建立屋脊並完成幾何接合動作，完成後的結果如圖 8-34 所示。

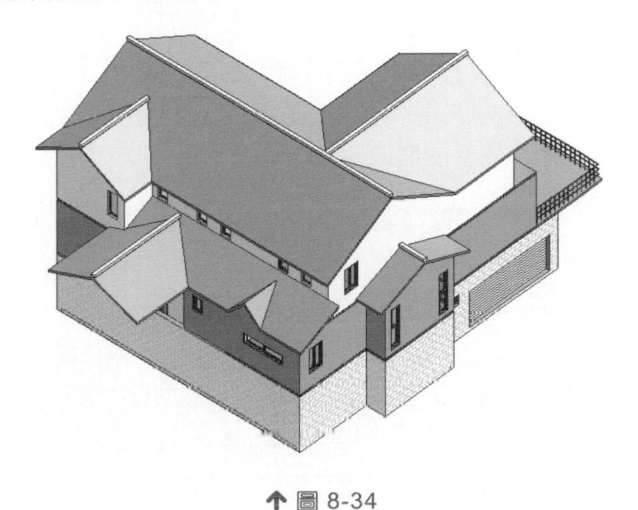

↑ 圖 8-34

8.2.4 老虎窗練習

- 請參考「REVIT 練習文件\第 8 章\老虎窗練習.rvt」檔案，完成如圖 8-35 所示造型屋頂。

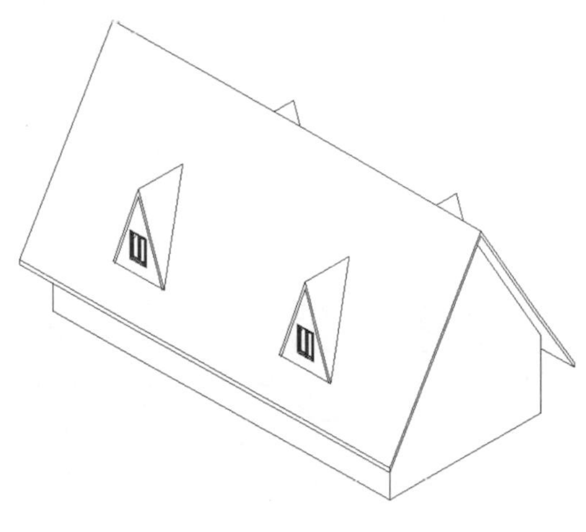

↑ 圖 8-35

8.3 平面區域與視圖範圍

8.3.1 視圖範圍

從 8.2 節完成後，由 RF 樓層的屋頂平面可以看出，現在的屋頂平面是屋頂的剖切平面，沒有顯示全部的屋頂，因為預設的平面視圖是從樓層以上 1200mm 位置剖切得到的。如要顯示完整的屋頂平面，需要設定平面視圖的「視圖範圍」。

每個平面視圖都具有「視圖範圍」的性質，該屬性也稱為「可見範圍」。視圖範圍是用於控制視圖中物件可見性和外觀的一組水平平面。這些水平平面包括：頂裁剪平面、剖切面、底裁剪平面和視圖深度，請參考本書第三章 3.3.4 節詳細內容。

顧名思義，頂裁剪平面和底裁剪平面表示視圖範圍的最頂端和最底端部分；而剖切面是確定視圖中某些類型可視剖切高度的平面。以上三個平面定義了視圖範圍的主要範圍。

視圖深度則是主要範圍之外的附加平面。你可以設定視圖深度的樓層，以顯示位於底裁剪平面下面的類型。在預設情況下，該樓層與底裁剪平面重合，可以將其設定為位於底裁剪平面之下的樓層。

圖 8-36 顯示了從立面視圖角度所看到的視圖範圍幾個平面間的關係。

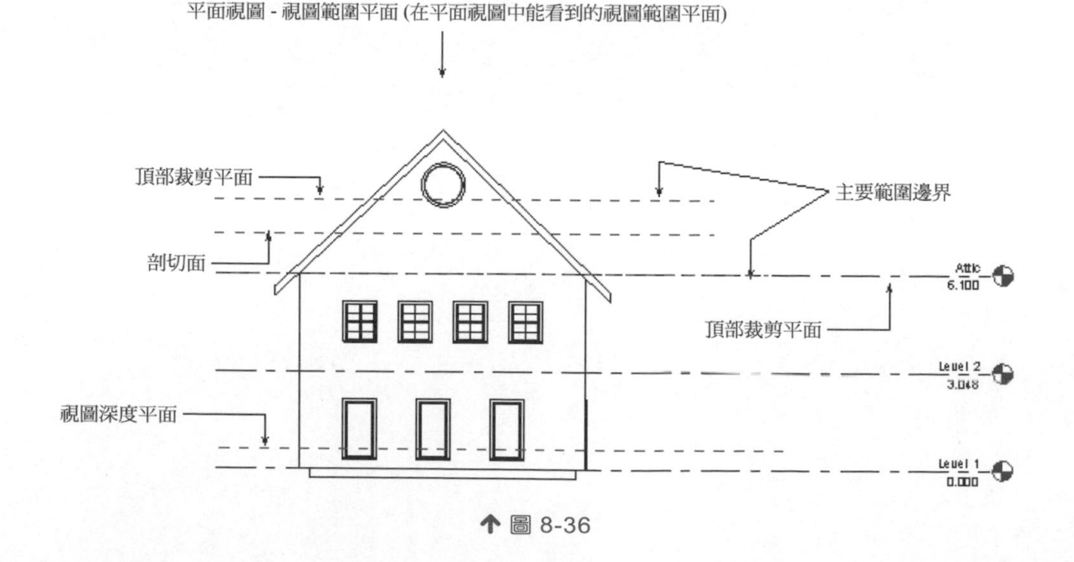

↑ 圖 8-36

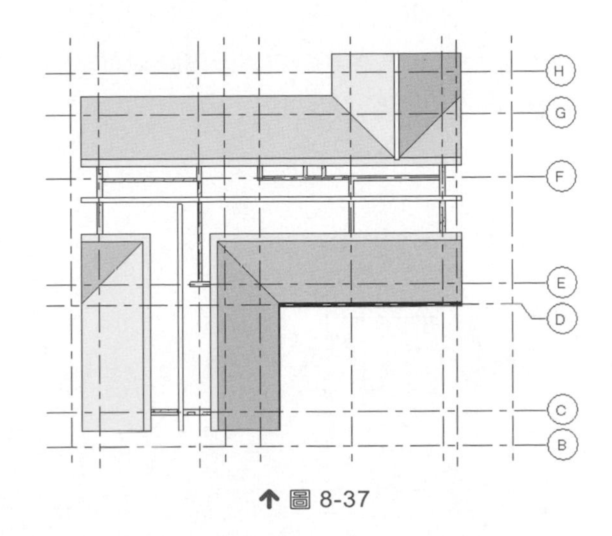

↑ 圖 8-37

圖 8-37 是根據圖 8-36 設定剖切面的頂樓平面視圖。

8.3.2 視圖局部平面區域

在某些特殊情況下，局部區域的視圖範圍和整體平面視圖不同，需要單獨設定，以滿足特殊出圖要求。使用「平面區域」指令，在需要設定不同視圖範圍的位置繪製封閉輪廓，並設定「視圖範圍」參數，即可將局部區域視圖範圍設定為和整體平面視圖不同。

注意

平面區域輪廓必須是封閉輪廓，不同的平面區域可以有重合邊，但不能相互重疊。

8.3.3 設定二樓屋頂平面區域

打開 2F 樓層平面視圖，可以看到如圖 8-38 所示的屋頂被截斷了。因為 Revit 的樓板平面圖預設是在樓層往上 1200mm 剖切生成的平面，所以屋頂是被截斷的。要顯示完整的屋頂，需要給屋頂部分建立平面區域：

- 在專案瀏覽器中雙擊「樓層平面」項目下的「2FL」，打開二樓平面視圖。
- 由功能區「視圖」頁籤 -「平面視圖」下拉選單，點選「平面區域」指令，進入繪製輪廓草圖模式。

- 點選功能區「矩形」指令，在左側雙斜坡屋頂周圍繪製矩形輪廓，使其右側邊線和屋頂右側邊線重合，如圖 8-39 所示。

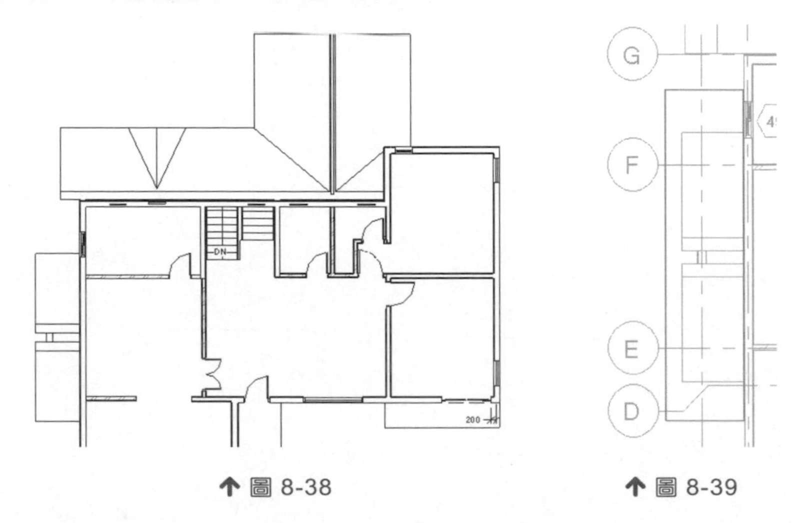

↑ 圖 8-38　　↑ 圖 8-39

- 點選「性質」對話方塊，修改「範圍」參數「視圖範圍」右邊的「編輯」按鈕，打開「視圖範圍」對話方塊。
- 如圖 8-40 所示，設定「切割平面」參數的「偏移」值為 2000，點選「確定」關閉「視圖範圍」對話方塊。
- 點選功能區「完成草圖」指令，為左側雙斜坡屋頂區域設定不同的視圖範圍，平面視圖中即顯示了完整的雙斜坡屋頂，結果如圖 8-41 所示。

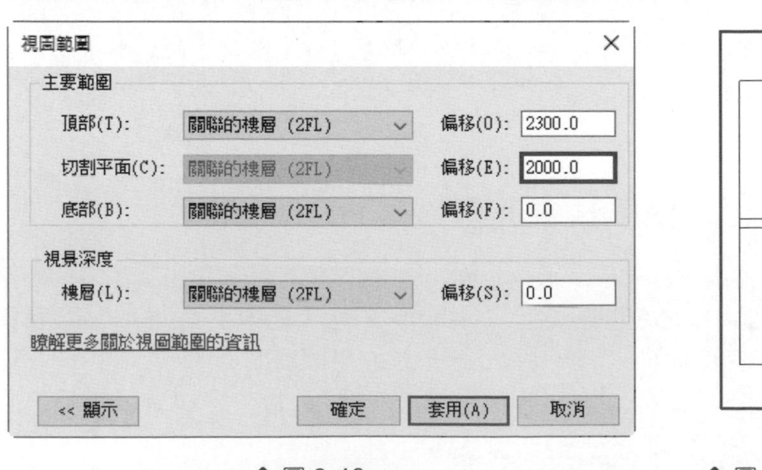

↑ 圖 8-40　　↑ 圖 8-41

- 依同樣方法，在二樓北側的多重斜坡屋頂建立平面區域，如圖 8-40 所示設定其「視圖範圍」參數。完成後的屋頂顯示如圖 8-42。

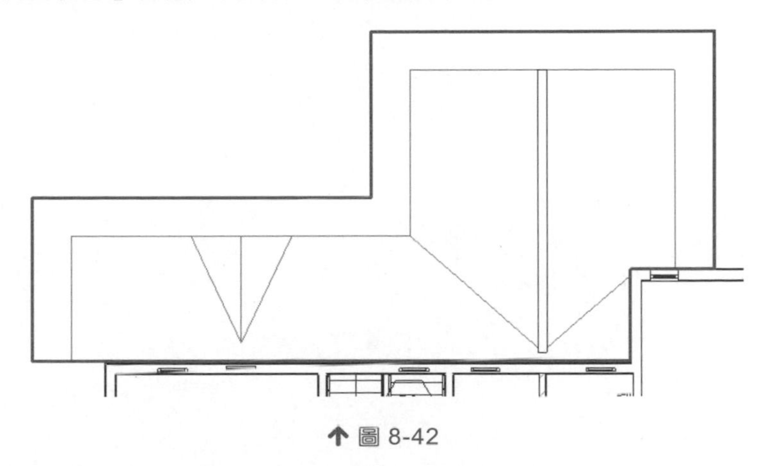

↑ 圖 8-42

8.3.4 設定 RF 屋頂樓層平面視圖範圍

打開 RF 屋頂平面視圖，可看到如圖 8-43 所示的屋頂被截斷。因為屋頂平面視圖沒有牆體等其他模型，因此可以調整整個平面視圖的「視圖範圍」來顯示整個屋頂。

- 在專案瀏覽器中雙擊「樓層平面」項目下的「RFL」，打開屋頂平面視圖。
- 在「性質」對話方塊，設定「參考底圖」參數為「無」，關閉灰色顯示的底圖。

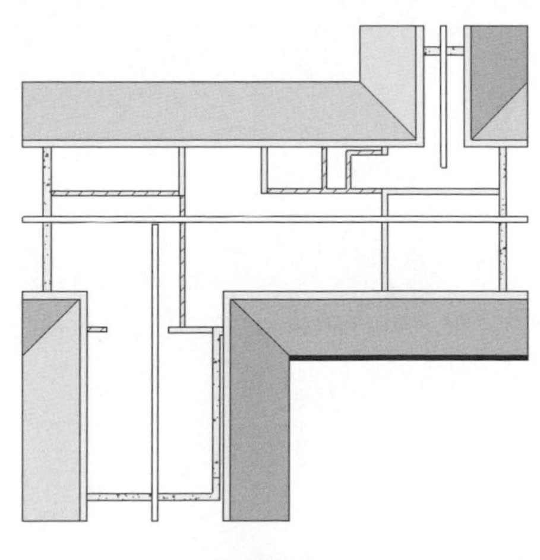

↑ 圖 8-43

- 點選參數「視圖範圍」右邊的「編輯」按鈕，打開「視圖範圍」對話方塊。

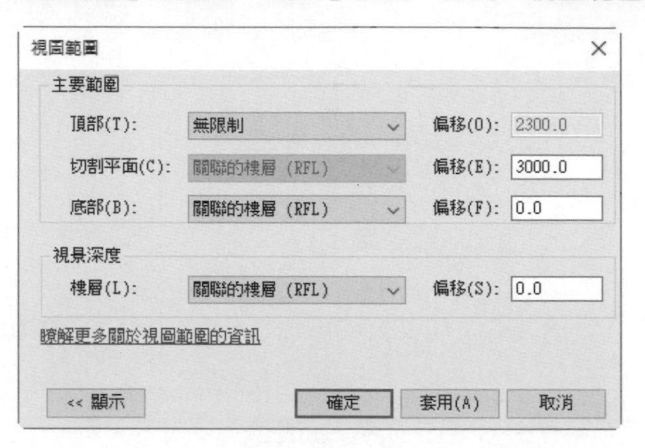

↑ 圖 8-44

- 如圖 8-44 所示，設定「頂部」為「無限制」，「切割平面」的「偏移」值為 3000，點選「確定」關閉對話方塊，完成屋頂層平面視圖範圍設定。
- 完成後的三樓屋頂平面如圖 8-45 所示。儲存檔案。

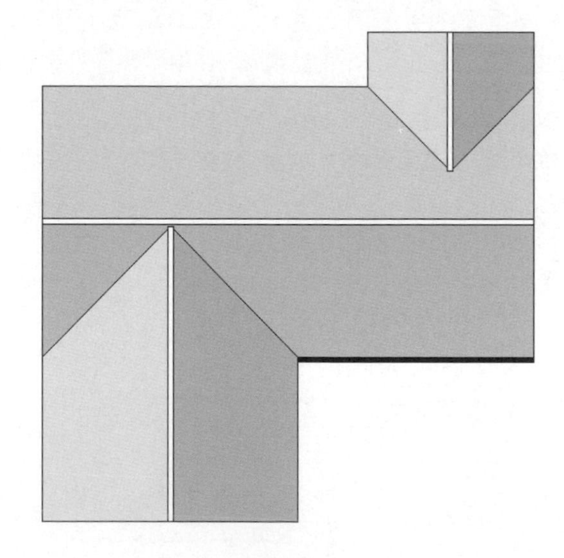

↑ 圖 8-45

8.4 玻璃斜窗

玻璃斜窗是帷幕板的應用延伸，以下練習是使用屋頂指令完成。

請打開「REVIT 練習文件\第 8 章\玻璃斜窗練習.rvt」檔案，依下述操作完成練習。

- 由專案瀏覽器進入「樓層 1 」平面圖，點選功能區屋頂「依跡線建立屋頂」指令，當出現如圖 8-46 屋頂「於最低樓層注意事項」時，按「是」關閉警告視窗，繼續操作。
- 請用「矩形」指令， 依圖 8-47 繪製內側面矩形，斜度使用 Rrvit 系統預設值 30 度，請在「性質」交談框中修改「約束」條件「距樓層基準偏移」為 30cm，如圖 8-48 所示。

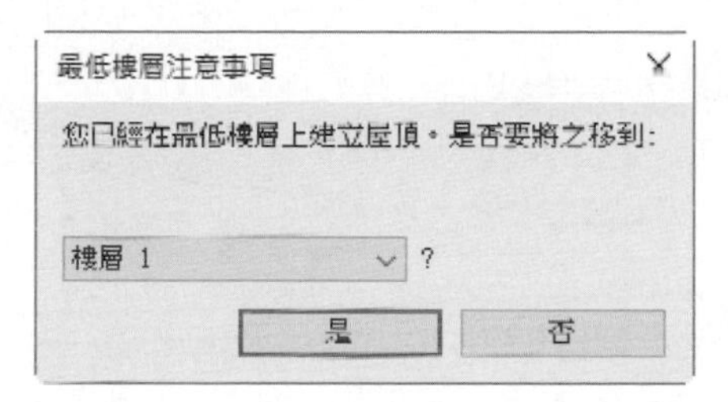

↑ 圖 8-46

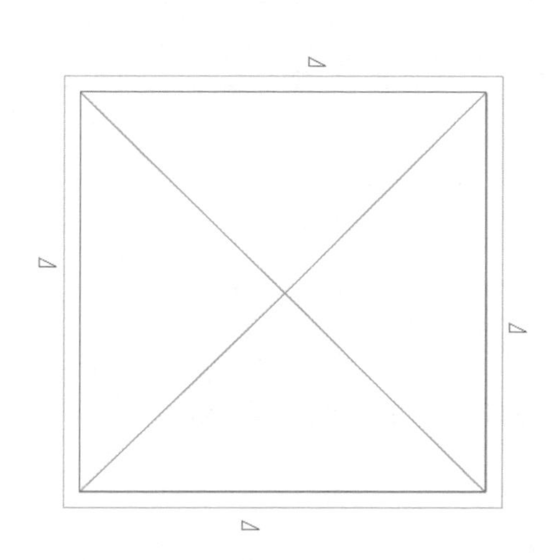

↑ 圖 8-47

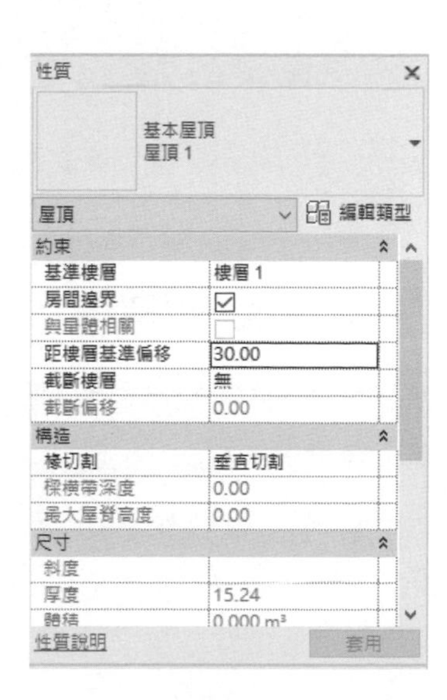

↑ 圖 8-48

- 點選「編輯類型」進入「類型性質」對話方塊，如圖 8-49 所示設定「族群」為「系統族群-玻璃斜窗」-「類型」「採光罩 150×250cm」，按「確定」完成類型屬性設定。
- 完成屋頂草繪及性質屬性設定後，於功能區完成此玻璃斜窗練習，完成模型如圖 8-50 所示。

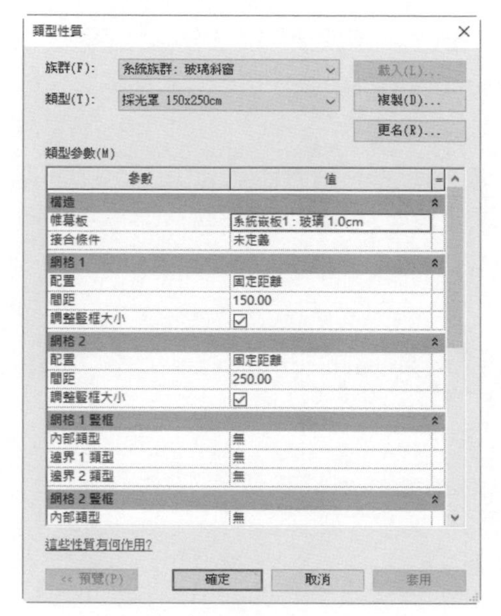

↑ 圖 8-49

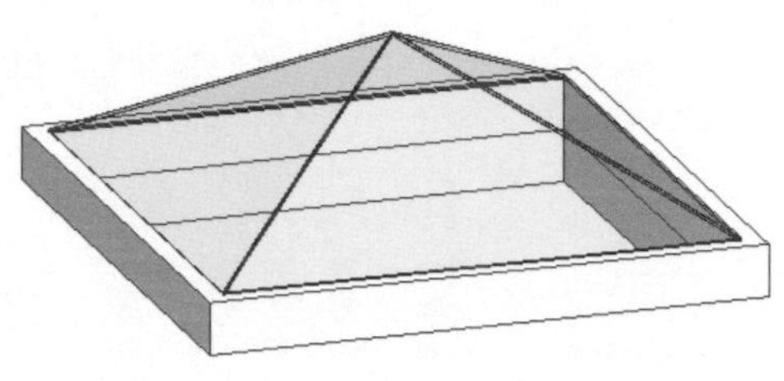

↑ 圖 8-50

完成檔案請參考「REVIT 練習文件\第 8 章\玻璃斜窗練習（完成）.rvt」。

8.5 屋頂其他功能

屋頂的其他附加功能有封簷（樑橫帶）、簷槽和屋簷底板，接下來將逐一介紹操作方式。

請打開「REVIT 練習文件\第 8 章\屋頂其他功能練習.rvt」檔案，依下述操作完成練習。

8.5.1 封簷－樑橫帶

您可以將封簷（樑橫帶）加入到屋頂、底板和其他封簷（樑橫帶）的邊緣。您還可以將封簷（樑橫帶）加入模型線。請由 3D 視圖中操作以下練習。

- 按一下「建築」頁籤 -「建立」面板 -「屋頂」下拉式清單 -「封簷（樑橫帶）」指令。
- 用游標碰選屋頂、底板、其他封簷（樑橫帶）的邊緣或模型線，然後按一下以放置封簷（樑橫帶）。查看狀態列上關於有效參考的資訊，注意，封簷（樑橫帶）指令必須由「修改」指令或「ESC」中斷，否則會持續點選邊緣中。
- 按一下封簷（樑橫帶）邊緣時，Revit 會將其視為一個連續的封簷（樑橫帶）。如果封簷（樑橫帶）的區段在角落相會，它們會相互斜接。
- 如圖 8-51 所示，於屋頂外緣，即為封簷（樑橫帶），請完成四周封簷（樑橫帶）。

↑ 圖 8-51

8.5.2 簷槽

可以將簷槽加入到屋頂、底板和封簷（樑橫帶）的邊緣。也可以將簷槽加入到模型線，操作方法和封簷（樑橫帶）雷同。

- 按一下「建築」頁籤 -「建立」面板 -「屋頂」下拉式清單 -「簷槽」指令。
- 用游標碰選屋頂、底板、封簷（樑橫帶）或模型線的水平邊緣，然後按一下以放置簷槽。查看狀態列上關於有效參考的資訊，注意，和封簷（樑橫帶）指令一樣，簷槽指令必須由「修改」指令或「ESC」中斷，否則會持續點選邊緣中。

- 按一下簷槽邊緣時，Revit 會將其視為一個連續的簷槽。如圖 8-52 所示，於封簷（樑橫帶）外緣，即為簷槽，請完成四周簷槽。

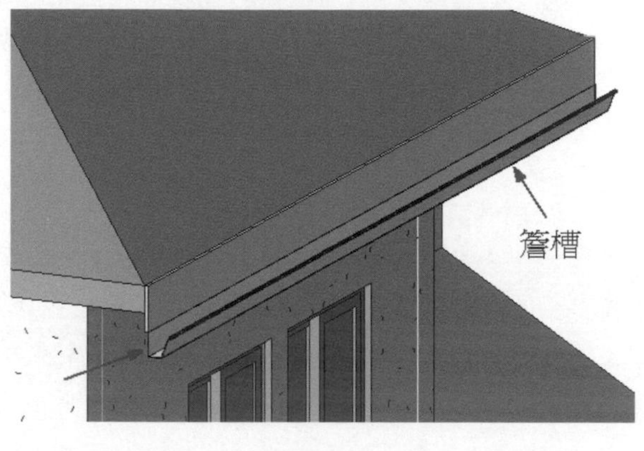

↑ 圖 8-52

8.5.3 屋簷底板

建立屋簷底板的設計意圖可能許多目的。此程序建立的底板和牆與屋頂都有關聯。若要建立非關聯的底板，請在草圖模式中使用「線」工具。

- 按一下「建築」頁籤 -「建立」面板 -「屋頂」下拉式清單 -「屋簷底板」指令 ，此時，Revit 會提示「最低樓層注意事項」，請確定在「2FL」建立屋簷底板，並按「是」結束提示對話方塊，如圖 8-53 所示。

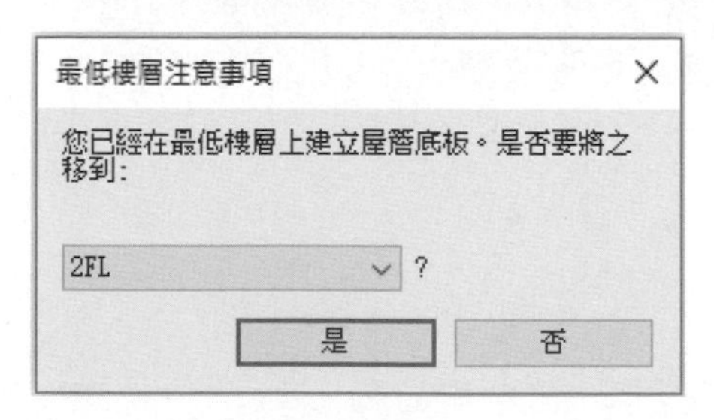

↑ 圖 8-53

- 請由專案瀏覽器進入 2FL 平面視圖，進行草繪屋簷底板輪廓動作。
- 利用「矩形」指令，在建築物右後方屋頂下繪製一矩形區域，並由「性質」-「編輯類型」指令視圖屋簷底板屬性細節，如圖 8-54、圖 8-55 所示。

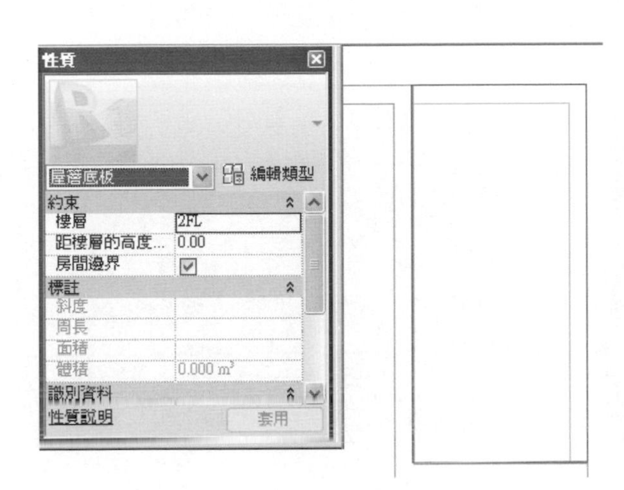

↑ 圖 8-54

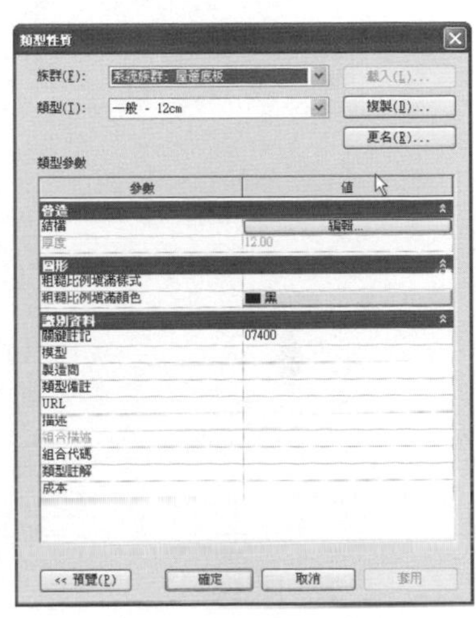

↑ 圖 8-55

- 完成屋簷底板輪廓草繪後，請在 3D 視圖中，按繪圖區 View Cube 右後方等角視圖，觀察屋頂和底板的接合狀況，請使用「幾何接合」指令接合屋頂和底板，如圖 8-56 所示。

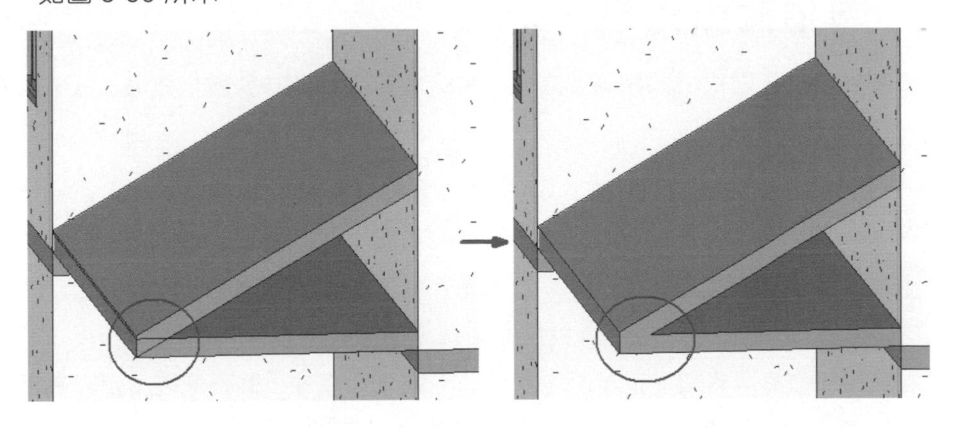

↑ 圖 8-56

- 下圖是屋簷底板應用範例圖，分別有立面視圖中選取的底板和在複折屋頂模型中選取的底板，如圖 8-57、圖 8-58 所示。

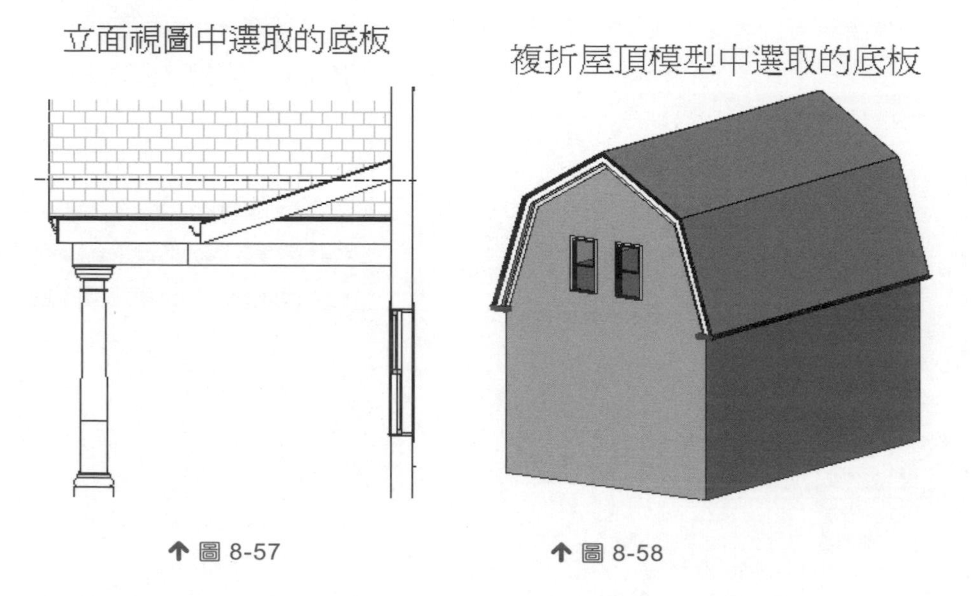

↑ 圖 8-57　　↑ 圖 8-58

完成檔案請參考「REVIT 練習文件\第 8 章\屋頂其他功能練習（完成）.rvt」。

8.6 屋頂截斷樓層

由屋頂性質「屋頂截斷樓層」參數作設定，同樣具備造型變化效果，以下說明操作方法。

請打開「REVIT 練習文件\第 8 章\屋頂截斷樓層練習.rvt」檔案，依下述操作完成練習。

- 由專案瀏覽器進入「South」南向立面圖，視圖此專案樓層高度規劃，如圖 8-59 所示，於 600cm 處，準備了一個截斷樓層。
- 點選屋頂並在「性質」交談框中，修改「約束」條件「截斷樓層」參數為樓層名稱截斷樓層，按「套用」按鈕後，屋頂如圖 8-60、圖 8-61 所示上方屋頂已截斷。

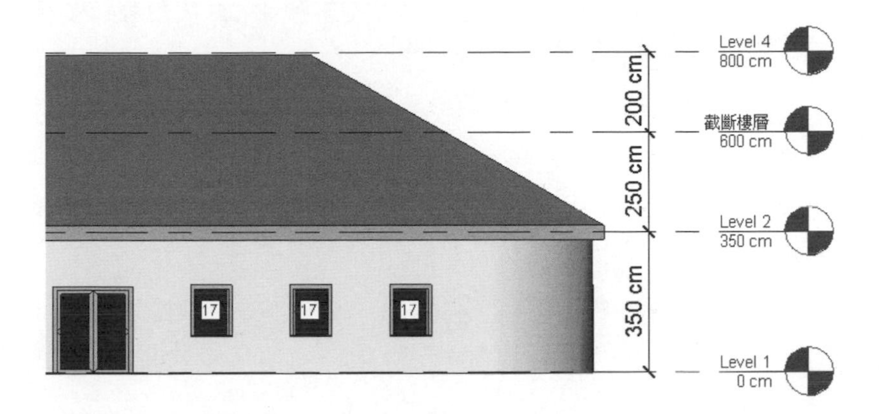

↑ 圖 8-59

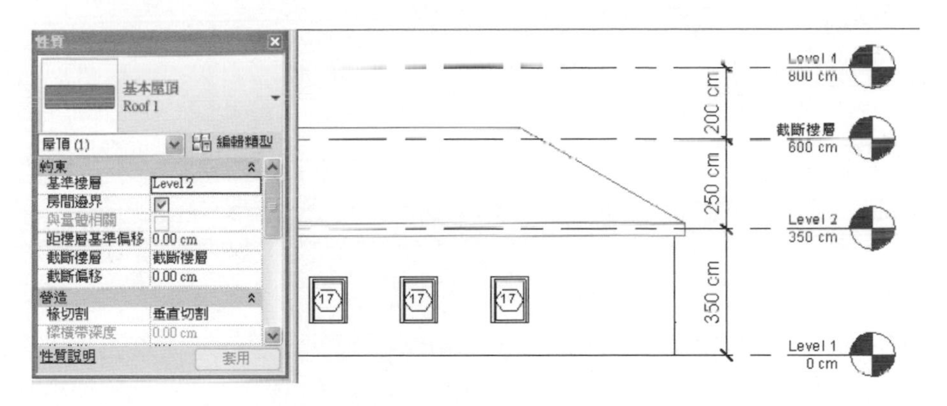

↑ 圖 8-60

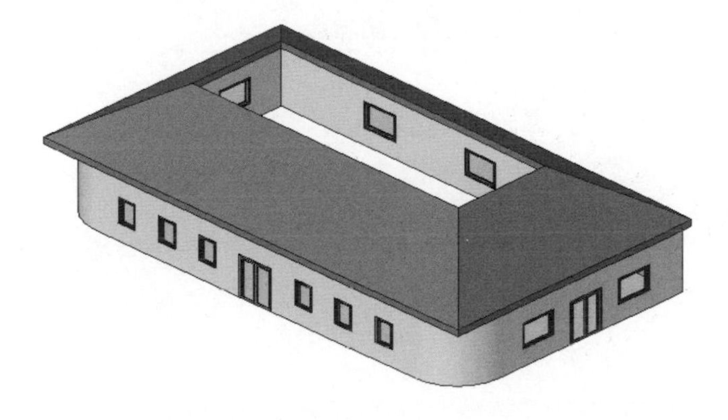

↑ 圖 8-61

- 請由「South」南向立面圖中，以左鍵快點兩下圖 8-62 所示截斷樓層立面標籤，進入截斷樓層平面視圖。
- 執行「依跡線建立屋頂」指令，用矩形繪製如圖 8-63 草圖，即結束跡線繪製，完成屋頂。

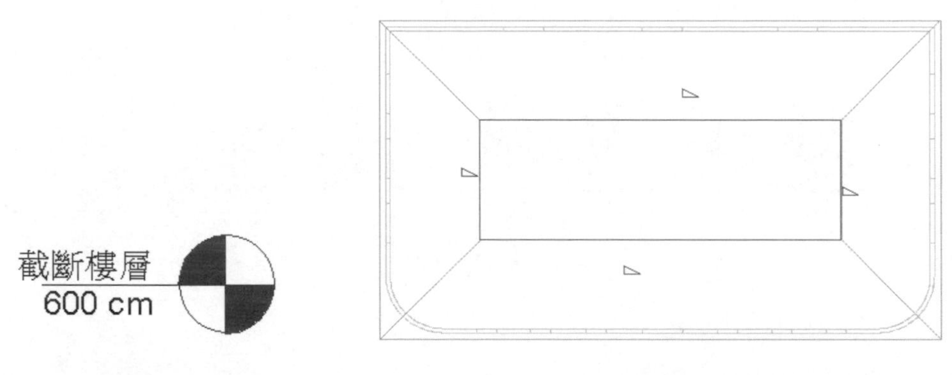

↑ 圖 8-62　　↑ 圖 8-63

- 請專案瀏覽器進入「South」南向立面圖中，點選新完成屋頂，在其「性質」交談框中視圖「約束」- 新屋頂「基準樓層」為截斷樓層，修改「標註」參數的「斜度」尺寸為 800/1000（即每一米傾斜 80 公分坡度），完成如圖 8-64 所示新造型屋頂。

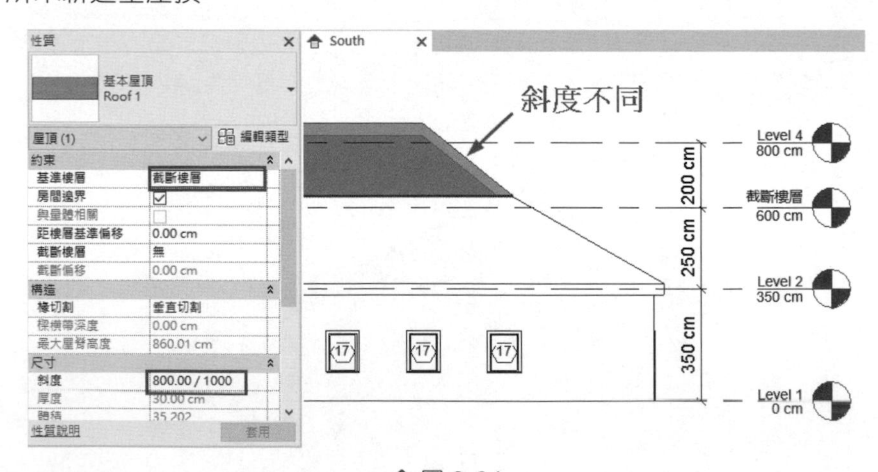

↑ 圖 8-64

完成檔案請參考「REVIT 練習文件\第 8 章\屋頂截斷樓層練習（完成）.rvt」。

模擬試題

本章學習了各種建築屋頂的繪製方式以及如何編輯斜度造型方式，第 9 章我們將要放置室內外元件，豐富建築設計內容。

由下面練習題，同學們可評量本章學習效益。

1. 請開啟「REVIT 練習文件\模擬試題\屋頂其他功能練習（完成）.rvt」檔案，其主要屋頂體積為何？____________________
   若編輯屋頂跡線斜度均為 20 度時，其體積將變更為何？____________________

2. 建立屋頂時，草繪輪廓是必須的，「依擠出建立屋頂」是從立面方向繪製屋頂斷面，可由類型定義屋頂厚度，所以是畫開放連續線條或造型曲線；而「依跡線建立屋頂」則必須繪製封閉輪廓，因跡線是從平面圖所觀看方向。以上敘述正確與否？ (A)正確 (B)錯誤

3. 屋簷底板可以在完全沒有屋頂的模型中自由建立底板，以上敘述正確與否？ (A)正確 (B)錯誤

4. 請開啟「House_m.rvt」檔案。

   (1) 啟用建築物樓板平面圖（Floor Plan）- Shed Roof。
   (2) 如圖所示使用上方小屋外牆，依下列條件完成依跡線建立屋頂：

   - 基準樓層：Level 2
   - 類型：基本屋頂（Wood Rafter - Asphalt Shingle）
   - 椽切割：垂直切割
   - 斜度：22 度
   - 挑簷：350
   - 延伸到牆核心：不勾選
   - 採用點選牆草繪指令，點選所有外牆建立輪廓草圖。

完成後，此屋頂的面積（區域範圍）為多少平方公尺？

__________________##.### m^2

另外，此屋頂的體積為多少立方公尺？__________________#.### m^3

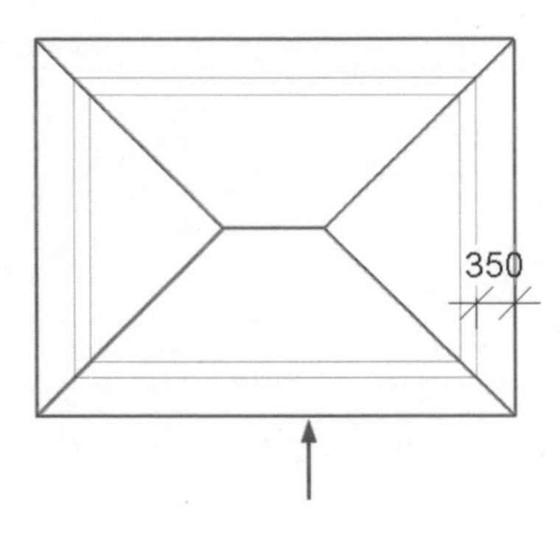

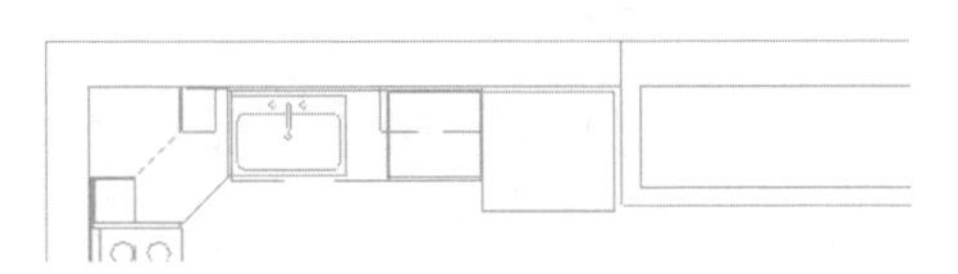

↑ 圖 模擬試題 8-1

5. 請開啟「Building_m.rvt」檔案。

   (1) 啟用建築物立面圖（Building Elevation）- East。

   (2) 將牆 1 貼附至屋頂 2。

   請問此牆 1 的體積為多少立方公尺？________________##.### m^3

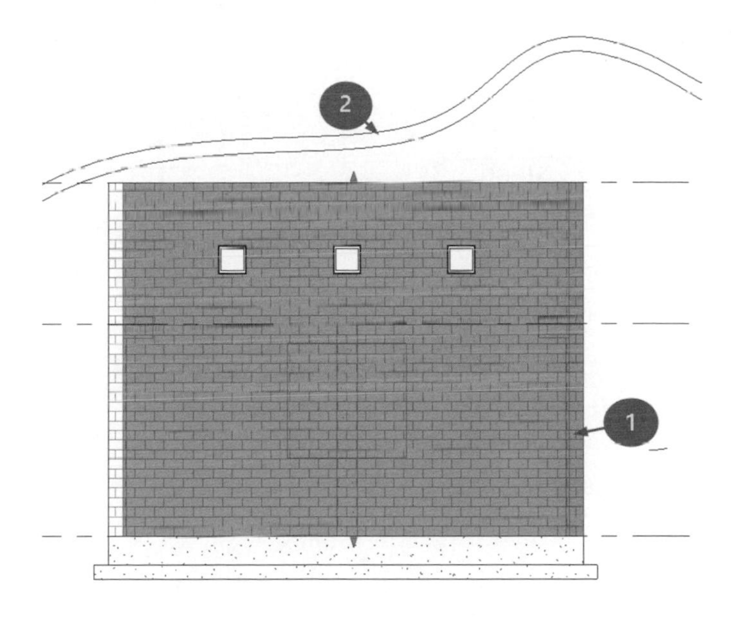

圖 模擬試題 8-2

6. 請開啟「Medical_m.rvt」檔案。

(1) 啟用樓板平面圖（Floor Plan）- Roof。

(2) 如圖所示，使用外牆的內緣邊界來建立依跡線建立屋頂，並使用下列條件：

- 基準樓層：Roof
- 類型：Roof_Generic
- 椽切割：垂直切割
- 挑簷：0
- 邊界 1 斜度：10.00°
- 其他邊界不傾斜

請問此屋頂的體積為多少立方公尺？________________###.### m^3

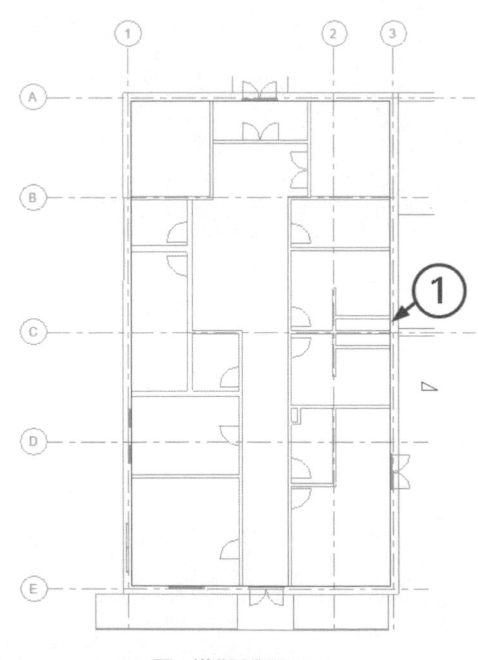

圖 模擬試題 8-3

CHAPTER

9 室內外元件

課程概要

到第 8 章為止，已經完成了別墅各層建築土體的設計，別墅 3D 模型已經初步完成，但在細節上仍略顯粗糙，距離真正的別墅外形還有不少的距離。

本章將在上一章設計的基礎上，繼續建立各種室內室外的細節設計，給別墅各樓層平面建立結構柱和建築柱，添加坡道主入口和地下一樓臺階、中庭開口，並建立各樓層遮雨棚、陽臺扶手，添加牆面槽鋼裝飾線條、木飾面和入口鋼百葉，以及放置室內元件如衛浴、傢俱等。這些構件雖小，但卻能起到畫龍點睛的作用，讓別墅外形及內部空間更美觀，因而更能詮釋和展現建築師的設計理念。

課程目標

透過本章的操作學習，您將實際掌握：

- 建立結構柱與建築柱
- 如何建立建築坡道
- 使用多種方法建立各種臺階、遮雨棚
- 「豎井開口」的建立方法
- 建立牆飾條、分隔縫
- 添加衛浴、傢俱等室內元件

9.1 結構柱與建築柱

Revit 中的柱分為結構柱和建築柱。結構柱用於建立建築中的垂直承重元素。儘管結構柱與建築柱共用許多屬性,但結構柱還具有許多由它自己的配置和行業標準定義的其他屬性。建築柱只是一個模型,用於裝飾作用,可以繼承連接到的其他圖元的材質,例如可以繼承相交牆體的材質。你可以使用建築柱包結構柱的方式,用建築柱來表現結構柱的粉刷層。佈置結構柱和建築柱的方法略有不同,請見下面的案例。

9.1.1 地下一樓平面結構柱

- 打開「REVIT 練習文件\第 8 章\高山御花園別墅_08.rvt」檔案,由專案瀏覽器中打開「B1-1FL」平面視圖。
- 點選功能區「結構」頁籤-「結構柱」指令,由「性質」交談框－「編輯類型」指令打開「類型性質」對話方塊,在「族群」下拉選單挑選「混凝土柱－矩形」,在「類型」下拉選單挑選「30×50 cm」後,執行「複製」指令,並對新結構柱類型命名為「250×450mm」且更改標註參數如圖 9-1 所示,按「確定」回到放置結構柱畫面。

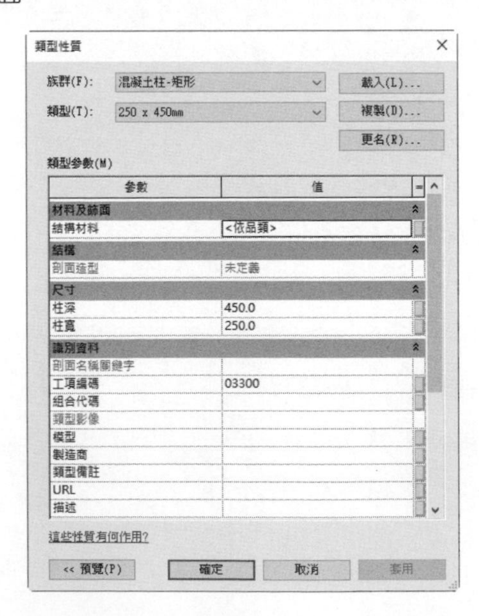

↑ 圖 9-1

- 請在「B1-1FL」平面視圖中如圖 9-2 所示放置結構柱，使結構柱的中心點相對於 2 及 5 軸「630mm」、A 軸「1100mm」的位置點選放置結構柱（可先放置結構柱，然後編輯臨時尺寸調整其位置，按空白鍵可調整柱方向）。
- 打開 3D 視圖，選擇剛繪製的結構柱，會發現柱的高度會主動建立到上一個樓層（即 B1FL），在功能區右上方「修改柱」面板中點選「貼附頂/底」指令 ，再選取一樓樓板，將柱的頂部附著到樓板下面，如圖 9-3 並儲存檔案。

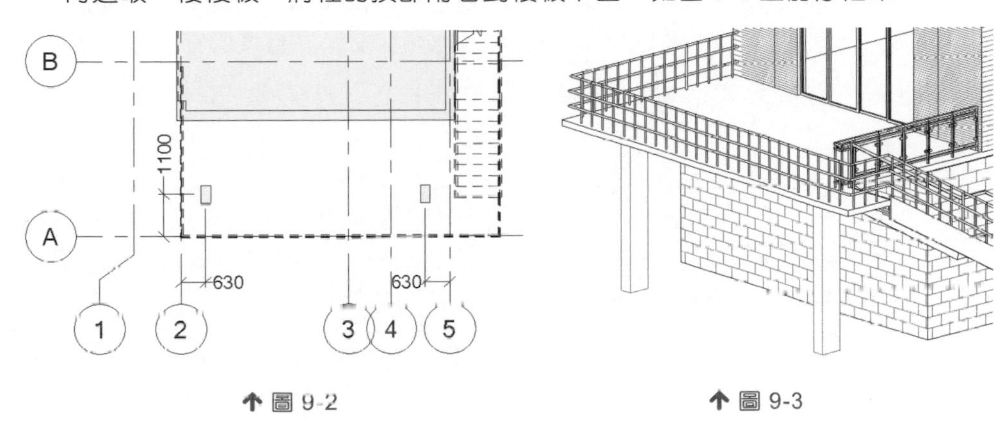

↑ 圖 9-2　　↑ 圖 9-3

9.1.2 一樓平面結構柱

接續 9.1.1 節的練習，在專案瀏覽器中「樓板平面圖」項目下的「1F」點兩下，打開一樓平面視圖，建立一樓平面結構柱。

- 點選功能區「結構」頁籤-「結構柱」指令，由「編輯類型」指令打開「類型性質」對話方塊，新增類型「混凝土-矩形 350×350mm」、「混凝土-矩形 250×250mm」及「混凝土-矩形 300×200mm」，在如圖 9-4 所示新類型。

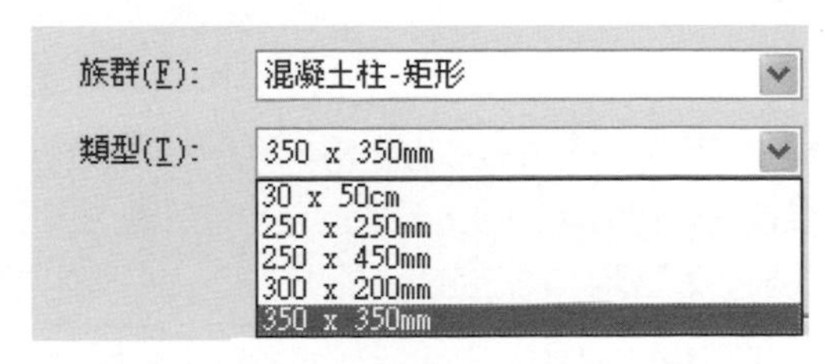

↑ 圖 9-4

- 接著在圖 9-5 所示位置尺寸，在主入口上方點選放置兩個「混凝土-矩形 350×350mm」結構柱。
- 點選上述兩個結構柱，在「性質」對話框中設定約束參數「基準樓層」為「0FL」，「頂部樓層」為「1FL」，「頂部偏移」為「2800」。
- 同樣在「1FL」平面視圖中，點選「結構柱」指令，在類型選擇器中選擇柱類型：「混凝土-矩形 250×250mm」，並在「性質」對話方塊中，設定約束條件為「基準樓層」為「1FL」，「頂部樓層」為「2FL」，「基準偏移」為「2800」。
- 在上述「混凝土-矩形 350×350mm」入口柱心上放置兩柱子。

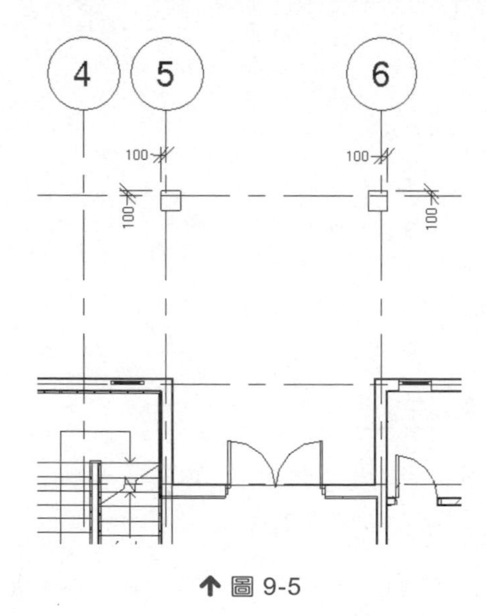

↑ 圖 9-5

- 這時「混凝土-矩形 250×250mm」底部正好在「混凝土-矩形 350×350mm」結構柱的頂部位置。
- 接著打開 3D 視圖，選擇兩個矩形柱，點選「貼附頂/底」指令，於選項列中「貼附對正」選項選擇「最大相交」，如圖 9-6 所示。再點選上面的屋頂，將 250×250mm 矩形柱附著於屋頂下面，此時若出現如圖 9-7 警告訊息，可直接關閉該警告訊息視窗，而貼附頂/底的「貼附對正」差異如圖 9-8 所示。

↑ 圖 9-6

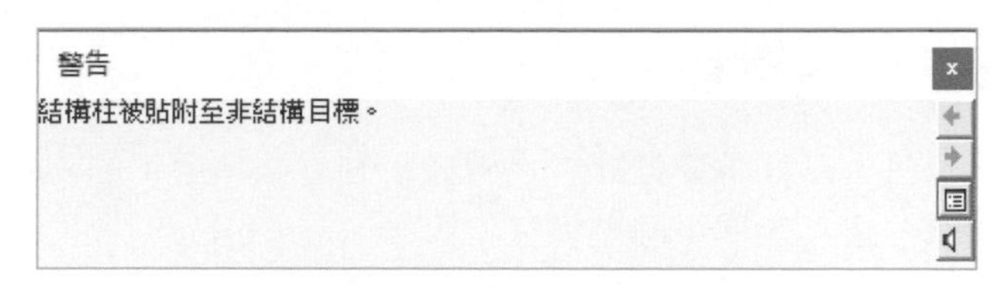

↑ 圖 9-7

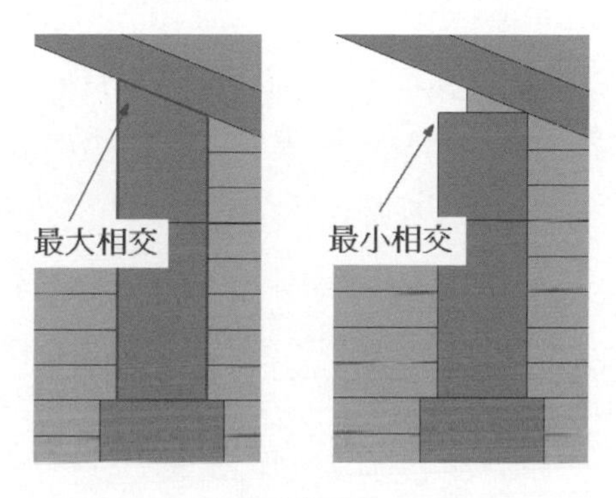

↑ 圖 9-8

- 完成後的主入口柱子如圖 9-9 所示。

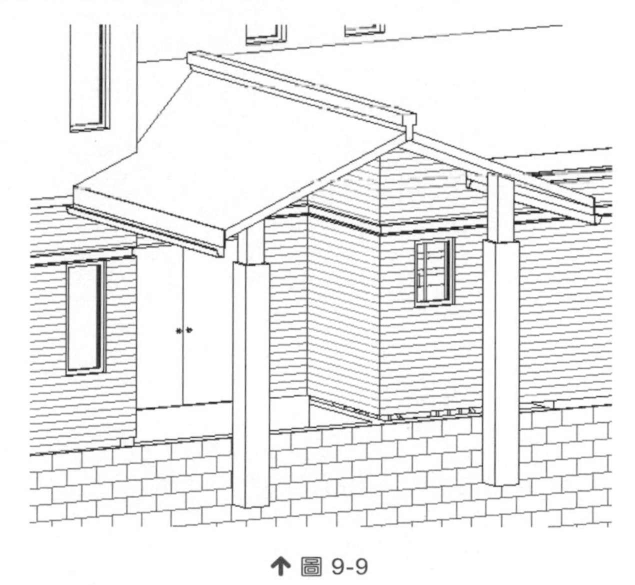

↑ 圖 9-9

9.1.3 二樓平面結構柱

接續上一節練習，在專案瀏覽器中「樓板平面圖」項目下的「2FL」點兩下，打開二樓平面視圖，建立二樓平面結構柱。

- 點選功能區「結構」頁籤-「柱」指令，在類型選擇器中選擇柱類型為「混凝土柱-矩形 300×200mm」。
- 點選 B4、C5 軸交點放置結構柱，你可以按「空白鍵」調整柱的方向，並使用對齊指令將結構柱對齊樓板邊緣。結果如圖 9-10 所示右下角的兩個結構柱。
- 請利用「複製」指令完成圖 9-10 所示的其他「2FL」結構柱。
- 點選側三根柱子後，以「貼附頂/底」指令將柱子貼附到屋頂下。
- 完成後的模型如圖 9-11 所示，完成後的結果請參考「REVIT 練習文件\第 9 章\高山御花園別墅_09_1.rvt」檔案。

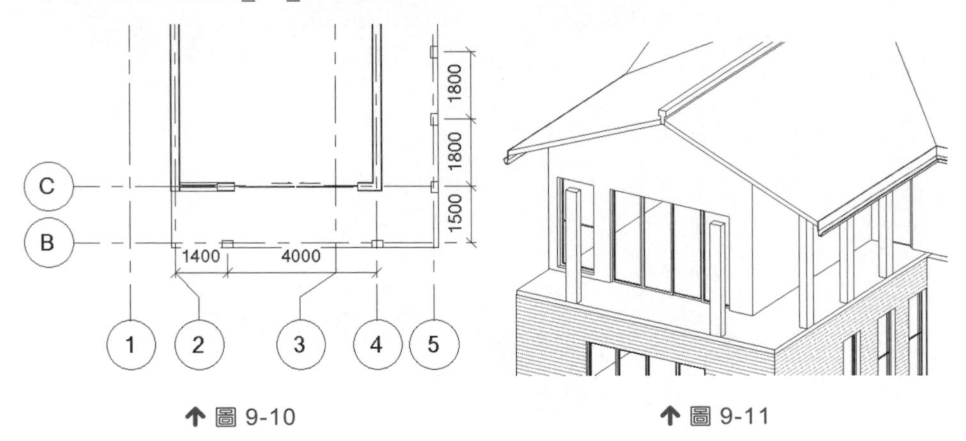

↑ 圖 9-10　　↑ 圖 9-11

9.2 室外坡道、臺階

9.2.1 坡道

Revit Architecture 的「坡道」建立方法和「樓梯」指令非常相似，詳細講解請參見第 7 章相關內容。接續 9.1 節練習，在專案瀏覽器中「樓板平面圖」項目下的「B1-1FL」點兩下，打開「B1-1FL」平面視圖。

- 點選功能區「建築」頁籤 -「坡道」指令，進入繪製模式，和「樓梯」指令一樣「梯段」指令處於活動狀態。
- 在坡道「性質」對話方塊，設定參數「基準樓層」和「頂部樓層」都為「B1–1FL」、「頂部偏移」為「200」、「寬度」為「2500」，如圖 9-12 所示。
- 點選「編輯類型」按鈕打開坡道「類型性質」對話方塊，在類型下拉選單挑選「行人坡道」並點選「複製」指令，命名為「坡道 1」。
- 設定參數「最大斜長」為「6000」、「坡道最大坡度（1/x）」為「4」、「造型」為「實體」，如圖 9-13 所示，按「確定」關閉類型性質交談框。

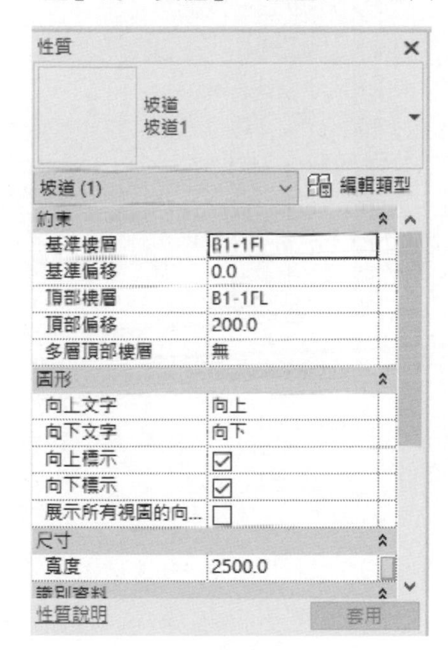

↑ 圖 9-12

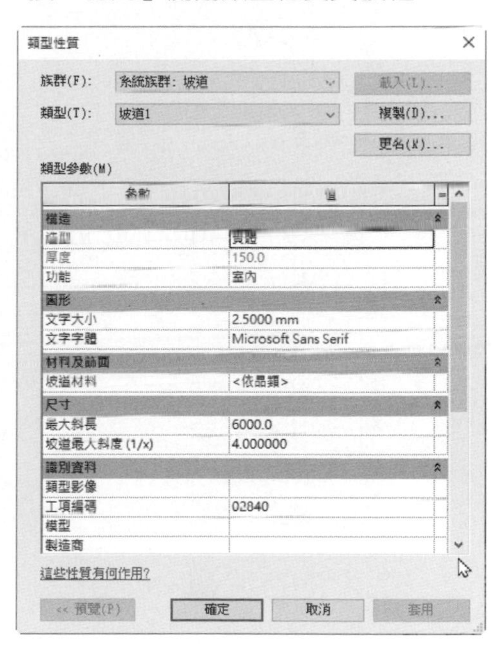

↑ 圖 9-13

- 點選功能區「欄杆扶手（圍欄）」指令，設定「扶手類型」參數為「無」，點選「確定」。
- 再點選功能區「梯段」指令，移動滑鼠游標到繪圖區空白區域中，從右向左拖曳游標繪製坡道梯段，坡道長度 800（＝4×200）由坡度 1/4 與頂部偏移 200 自然產生，如圖 9-14 所示，再框選所有草圖線，將其移動到圖示位置。
- 接著點選「完成繪製」指令，若草繪方向為由左至右，斜坡方向相反，處理方法和樓梯相同，建立的坡道如圖 9-15 所示。

注意

「頂部標高」和「頂部偏移」屬性的預設值可能會使坡道太長。建議將「頂部標高」設定為目前標高，並將「頂部偏移」設定為較低的值。「最大斜坡長度」指定要求平台前坡道中連續踢面高度的最大數量。「坡道最大坡度（1/x）」是設定坡道的最大坡度。

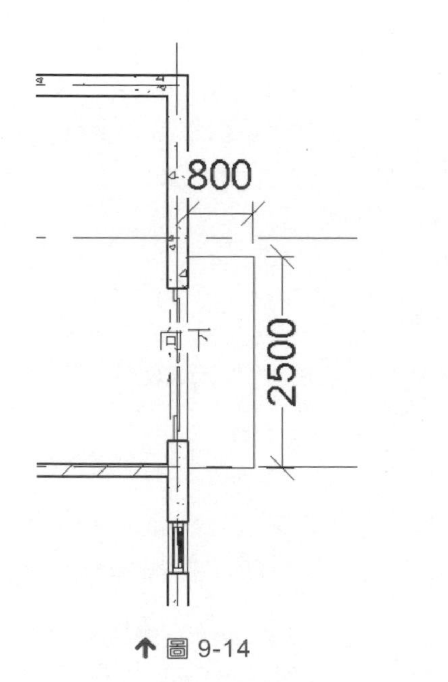

↑ 圖 9-14

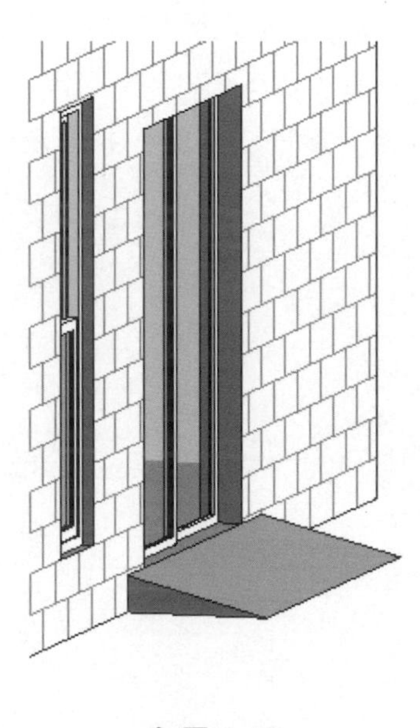

↑ 圖 9-15

9.2.2 帶邊坡的坡道

前述的「坡道」指令無法建立兩側帶邊坡的坡道，本節推薦使用「樓板」指令來建立。接續上一節練習，在專案瀏覽器中「樓板平面圖」項目下的「B1–1FL」快點兩下左鍵，打開「B1–1FL」平面視圖。

- 點選功能區「建築」頁籤 -「樓板」指令，再選擇「線」指令，在右下角車庫入口處繪製如圖 9-16 所示樓板的輪廓。

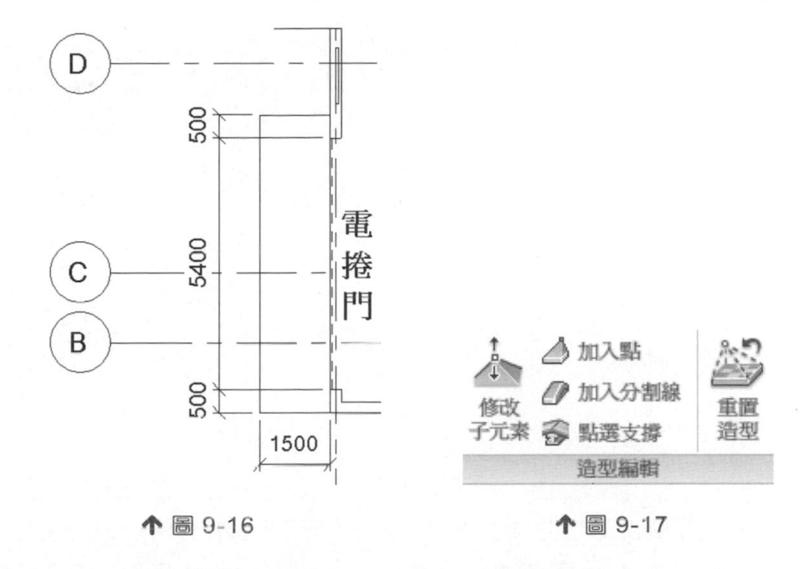

↑ 圖 9-16　　↑ 圖 9-17

- 點選「性質」對話方塊「編輯類型」指令，複製樓板「一般-12cm」類型成為新類型「邊坡坡道」，再點選「確定」關閉對話方塊。
- 接著點選「完成繪製」指令建立平樓板。
- 選擇剛繪製的平樓板，功能區右上角會顯示樓板造型編輯工具，如圖 9-17 所示，而其主要操作目的如下所列：

  (1) 「修改子元素」工具：拖曳點或分割線以修改其位置或相對標高。

  (2) 「加入點」工具：可以向元素幾何圖形添加單獨的點，每個點可設定不同的相對標高值。

  (3) 「加入分割線」工具：可以繪製分割線，將樓板的現有面分割成更小的子區域。

- 於功能區點選「加入分割線」指令，樓板邊界即變成綠色虛線顯示。如圖 9-18 所示在上下角位置各繪製一條藍色分割線到電捲門旁邊。
- 於功能區點選「修改子元素」工具，如圖 9-19 點選右側中間的樓板邊界線，會出現藍色臨時相對標高值（預設為 0），點選文字輸入「200」後按「Enter」鍵，將該邊界線相對其他線條抬高 200mm。
- 完成後按「Esc」鍵結束編輯指令，平樓板變為帶邊坡的坡道，結果如圖 9-19 所示。

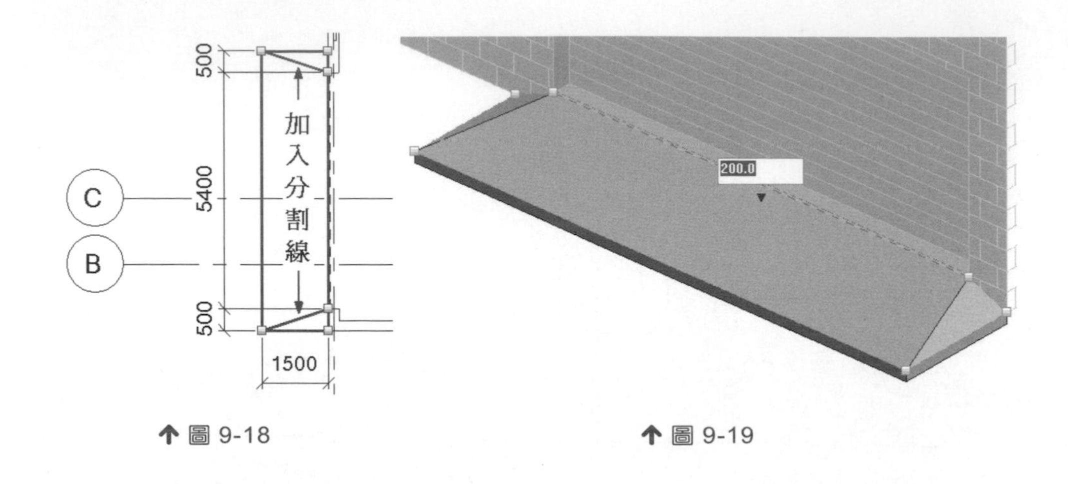

↑ 圖 9-18　　↑ 圖 9-19

注意

可以在板面上的任意位置添加起點和終點。如果游標在頂點或邊緣上，則編輯器將選取 3D 頂點和邊緣，並且沿邊緣顯示標準選取控制點以及臨時尺寸標註。如果未選取任何頂點或邊緣，則選擇時，線端點將會投影到表面上最近的點，而不在面上建立臨時尺寸標註。

9.2.3 主入口臺階

Revit Architecture 中沒有專用的「臺階」指令，你可以採用建立現地族群、外部元件族群、樓板邊緣、甚至樓梯等方式建立各種臺階模型。本節說明用「樓板邊緣」指令建立臺階的方法。接續上一節練習，在專案瀏覽器中雙擊「樓板平面圖」項目下的「1FL」，打開一樓平面視圖。

- 首先繪製北側主入口處的室外樓板。點選功能區「建築」頁籤 -「樓板」指令，使用草繪「線」指令繪製如圖 9-20 所示樓板的輪廓。
- 點選樓板「性質」對話方塊，利用「編輯類型」指令，打開樓板「類型性質」，在下拉類型選單挑選「常規－450mm」為入口處的室外樓板，點選「確定」關閉對話方塊。
- 點選「完成繪製」，完成後的室外樓板如圖 9-21。

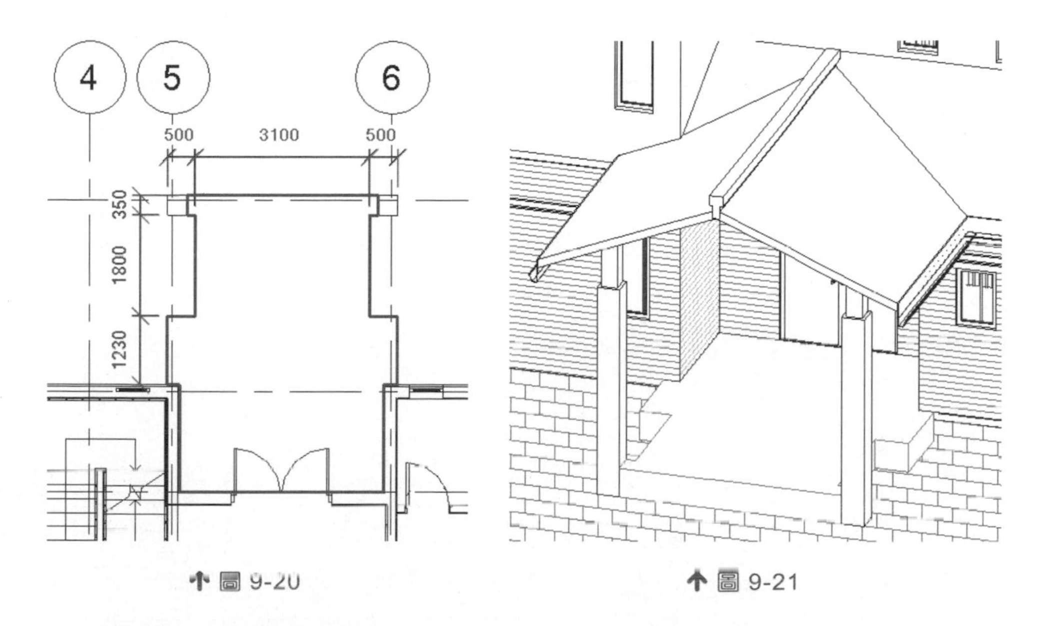

圖 9-20

圖 9-21

- 接著要添加樓板兩側臺階，但需建立新的臺階斷面輪廓族群，請儲存檔案。
- 點選「應用程式功能表」 - 新建「族群」指令，在 Metric Templates 資料夾中點選「公制輪廓.rft」樣板，並按「開啟」按鈕進入新輪廓畫面，如圖 9-22、圖 9-23 所示。

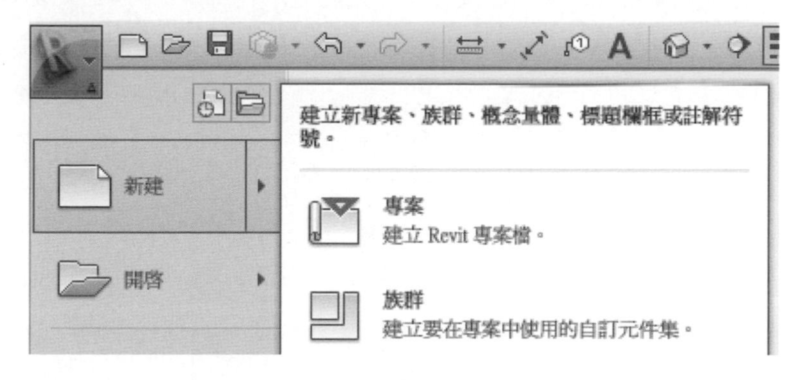

圖 9-22

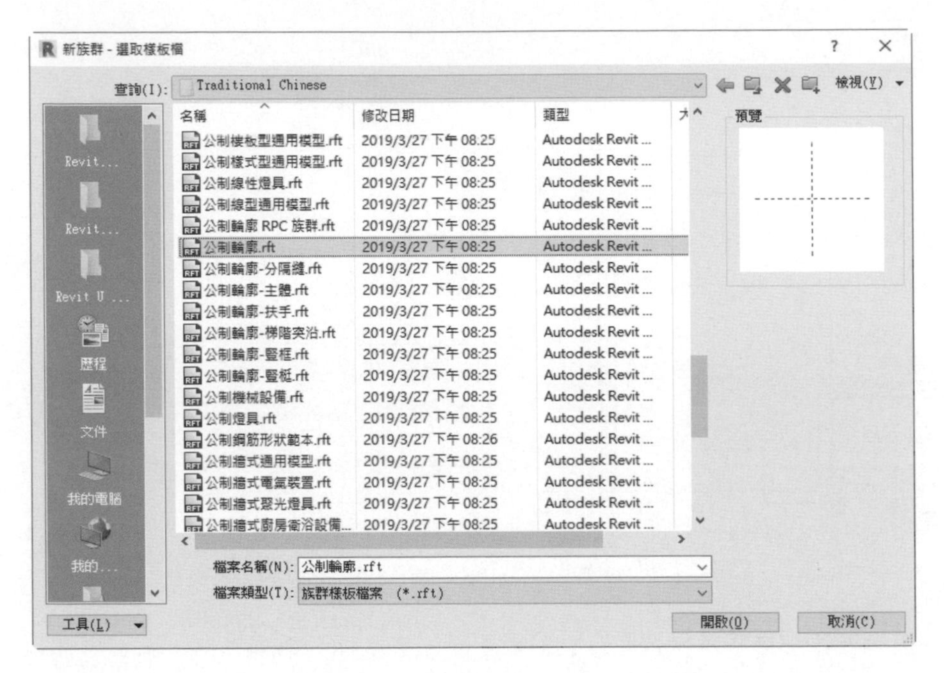

↑ 圖 9-23

- 在公制輪廓樣板中，已準備水平垂直兩條綠色「參考平面」線，請如圖 9-24 所示繪製樓板邊緣輪廓，儲存族群為「室外臺階輪廓.rfa」，並在功能區右上角點選「載入到專案」指令，此時，Revit 會進入到別墅專案中。

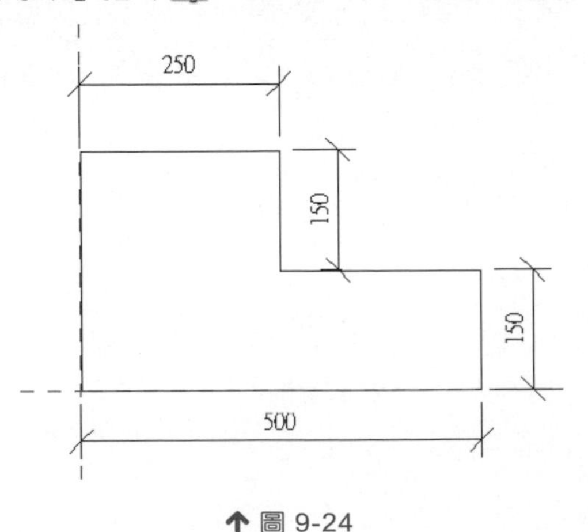

↑ 圖 9-24

- 打開 3D 視圖，點選功能區「建築」頁籤在下拉「樓板」指令清單，點選「樓板邊緣」指令，點選樓板「性質」對話方塊，利用「編輯類型」指令，打開樓板「類型性質」，在「類型參數」-「營造」-「輪廓」下拉選單挑選「室外臺階輪廓」，如圖 9-25 所示。

- 移動滑鼠游標到樓板左右兩側凹入位的水平下邊緣，如圖 9-26 所示，邊線高亮顯示時點選滑鼠放置樓板邊緣。點選邊時，Revit 會將其作為一個連續的樓板邊。如果樓板邊的線段在角部相遇，則它們會相互拼接。
- 用「樓板邊緣」指令生成的臺階如圖 9-27 所示。

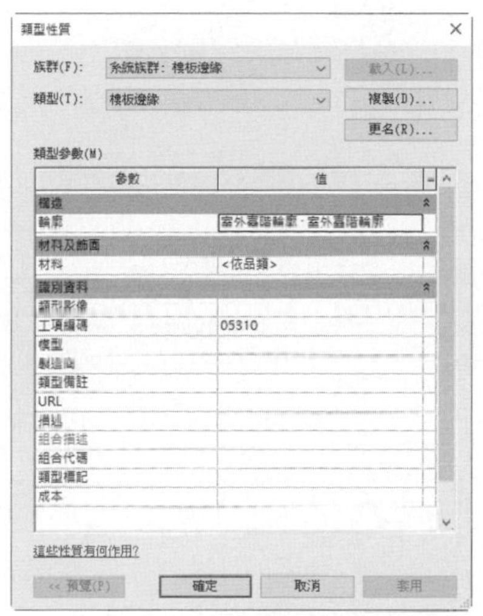

↑ 圖 9-25

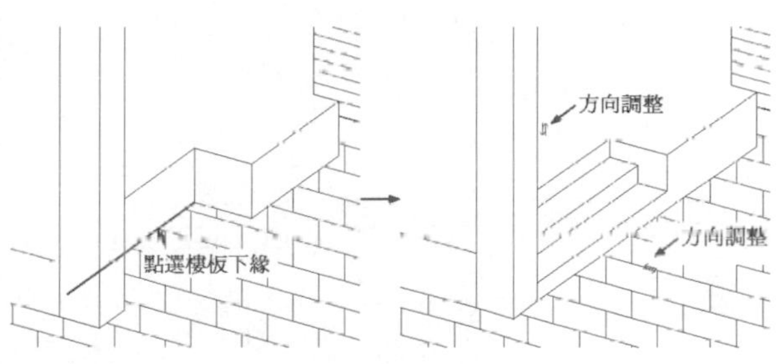

↑ 圖 9-26

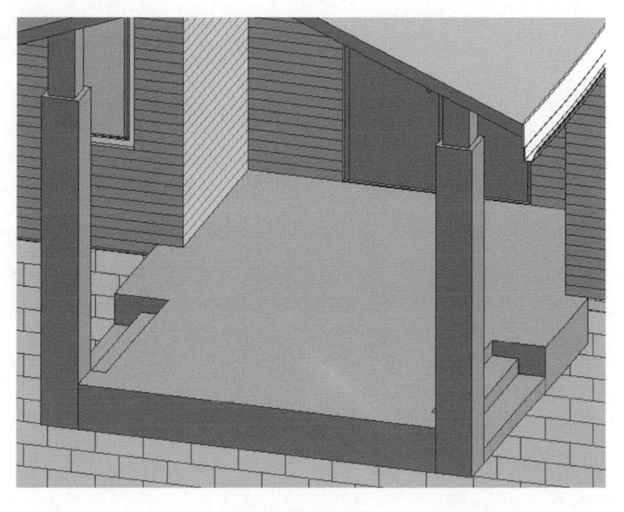

↑ 圖 9-27

9.2.4 地下一樓臺階

依同樣方法，用「樓板邊緣」指令給地下一樓南側入口處添加臺階，需說明的是，若沒有預設輪廓，可在「性質」交談框中對本專案例證作水平或垂直輪廓偏移調整亦可完成如圖 9-28、圖 9-29 所示；或使用樓板指令添加臺階並建立矮牆作為護欄，矮牆可使用磚牆繪製，並編輯牆立面輪廓完成如圖 9-30、圖 9-31 所示臺階，本專案係採用後者樓板方式完成臺階。

完成後的結果請參考「REVIT 練習文件\第 9 章\高山御花園別墅_09_1.rvt」檔案。

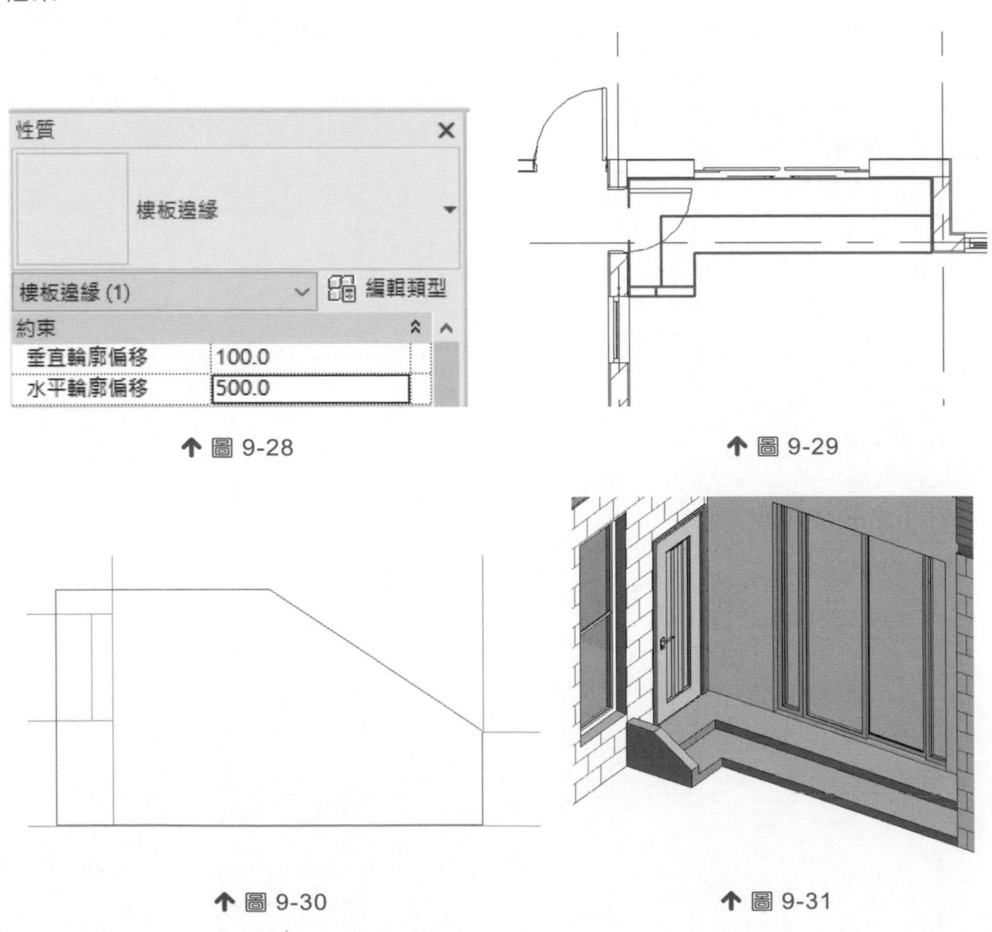

↑ 圖 9-28

↑ 圖 9-29

↑ 圖 9-30

↑ 圖 9-31

9.3 中庭豎井開口

對於本案例中上下貫通的中庭開口、樓梯間開口等，可以使用「豎井開口」指令快速建立，而不需要逐層編輯樓板。本節以中庭開口為例詳細講解。接續 9.2 節練習，在專案瀏覽器中雙擊「樓板平面圖」項目下的「2FL」，打開「2FL」平面視圖。

- 點選功能區「建築」頁籤 -「開口」面板-「豎井開口」指令，進入繪製開口輪廓草圖模式。
- 點選功能區「矩形」指令，在 D5、F6 軸線區域繪製如圖 9-32 所示開口的輪廓線。
- 接著，點選功能區「符號線」指令，如圖 9-33 繪製開口折斷線，作為平面視圖標示判別用。

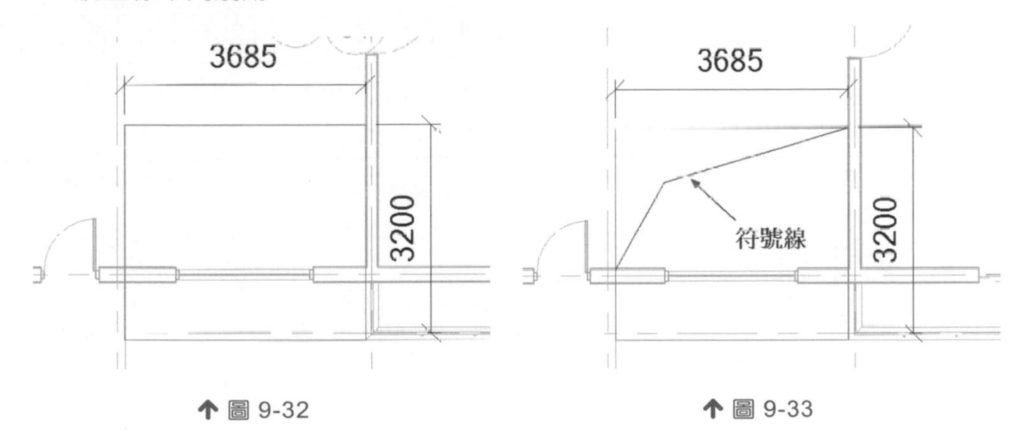

↑ 圖 9-32　　↑ 圖 9-33

- 點選開口「性質」對話方塊，如圖 9-34 設定開口參數「底部約束」為「1FL」，「頂部約束」為「RFL」，再點選「確定」關閉對話方塊。
- 然後點選功能區頁籤「完成繪製」，系統即自動裁剪一樓和二樓樓板，建立中庭開口。由預設 3D 視圖剖面框可觀察如圖 9-35 所示豎井開口結果，請參考「REVIT 練習文件\第 9 章\高山御花園別墅_09_1.rvt」檔案。

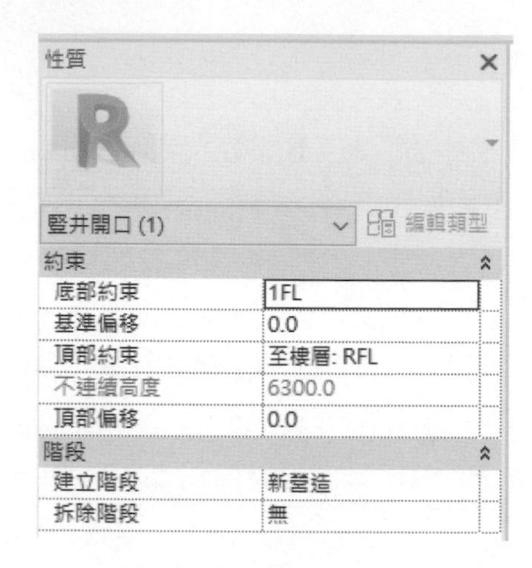

↑ 圖 9-34

↑ 圖 9-35

注意 採用樓板「編輯邊界」與建立「豎井開口」最大的不同是，豎井開口是模型的獨立特徵，可以使用物件「剪貼簿」的編輯功能，輕鬆的複製到其他樓層的相對位置上，而編輯樓板邊界則需對樓板逐一修改。

9.4 遮雨棚

和臺階一樣，Revit Architecture 中也沒有專用的「遮雨棚」指令，需要根據遮雨棚的不同形狀，採用建立現地族群、外部元件族群、樓板邊緣、甚至屋頂等方式建立各種遮雨棚模型。

9.4.1 二樓遮雨棚頂部玻璃

本案例二樓南側遮雨棚的建立分為頂部玻璃和工字鋼梁兩部分，頂部玻璃可以用「跡線屋頂」的「玻璃斜窗」快速建立。

- 接續 9.3 節練習，在專案瀏覽器中「樓板平面圖」項目下的「2FL」點兩下，打開「2FL」平面視圖。
- 繪製遮雨棚玻璃：點選功能區「建築」頁籤 -「屋頂」-「跡線屋頂」指令，選擇功能區「線」指令，於選項列取消勾選「定義坡度」選項，在軸線 B2、C5 區域繪製如圖 9-36 所示由牆邊到樓板邊緣的平屋頂輪廓線。

- 再點選屋頂「性質」對話方塊中「編輯類型」指令，選擇「族群」為「系統族群：玻璃斜窗」類型，並設定參數「距樓層基面偏移」為「2600」。點選「確定」關閉對話方塊。
- 點選功能區「完成屋頂」指令，建立了二樓南側遮雨棚玻璃，如圖 9-37 所示。

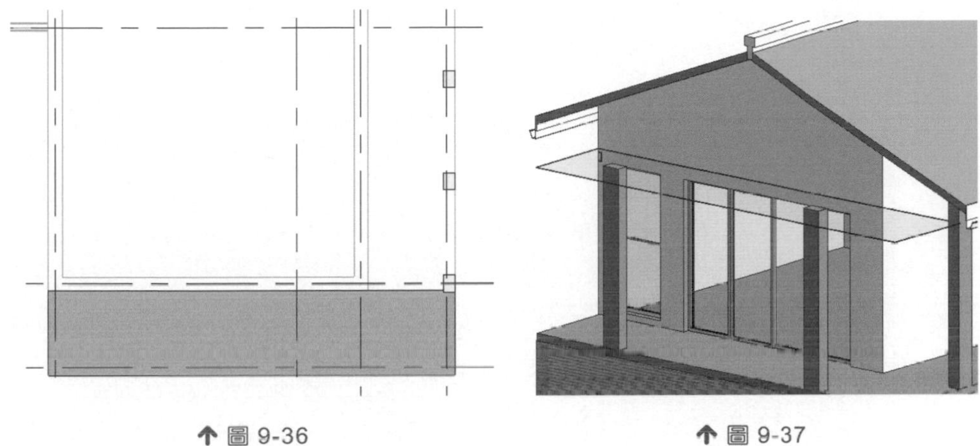

↑ 圖 9-36　　↑ 圖 9-37

9.4.2 二樓遮雨棚工字鋼梁

二樓南側遮雨棚玻璃下面的支撐工字鋼梁，可以使用現地族群方式建立。現地族群是在目前專案的關聯環境內建立的族群，該族群僅存在於此專案中，而不能載入其他專案。透過建立現地族群，即可在專案中建立唯一的元件。

- 由專案瀏覽器中進入「3D」視圖。
- 點選功能區「建築」頁籤 -「建立」面板中「元件」下拉指令中選取「內建模型」指令 。
- 在即時顯示的「族群品類與參數」對話方塊中選擇適當的族群類別（案例中為了讓柱能附著，因此新建族群類別為「屋頂」或「樓板」），本案例選取「樓板」品類，按「確定」並給予名稱後再按「確定」，進入族群編輯器模式，如圖 9-38、圖 9-39 所示。

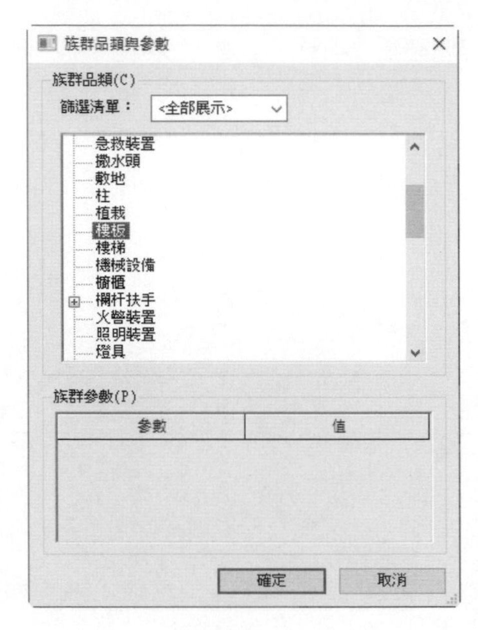

↑ 圖 9-38

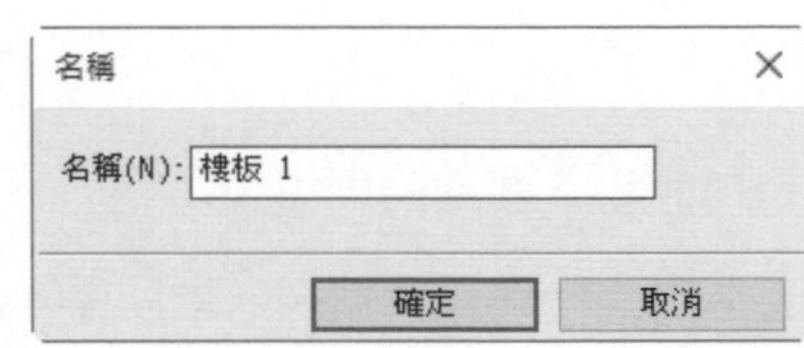

↑ 圖 9-39

- 請點選功能區「建築」頁籤 -「塑形」面板中「實體掃掠」指令，並採用「點選路徑」方式，利用預設的「點選 3D 邊緣」指令，在 3D 視圖中點選上述完成的遮雨棚下緣為掃掠路徑，如圖 9-40、圖 9-41 所示，再點選功能區頁籤「完成路徑」指令。

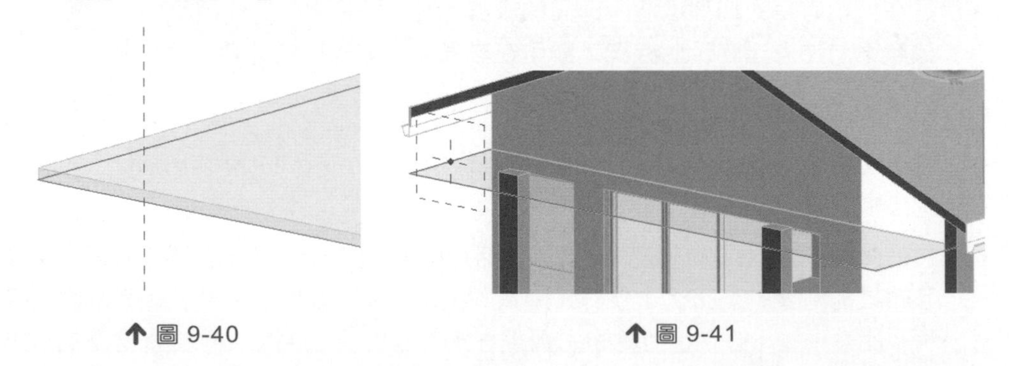

↑ 圖 9-40　　↑ 圖 9-41

- 使用「編輯輪廓」指令，同時由專案瀏覽器中切換視角到「立面圖」視圖，於南向立面圖中左側紅色掃掠原點，開始繪製如圖 9-42 繪製工字鋼斷面輪廓，並完成編輯輪廓。

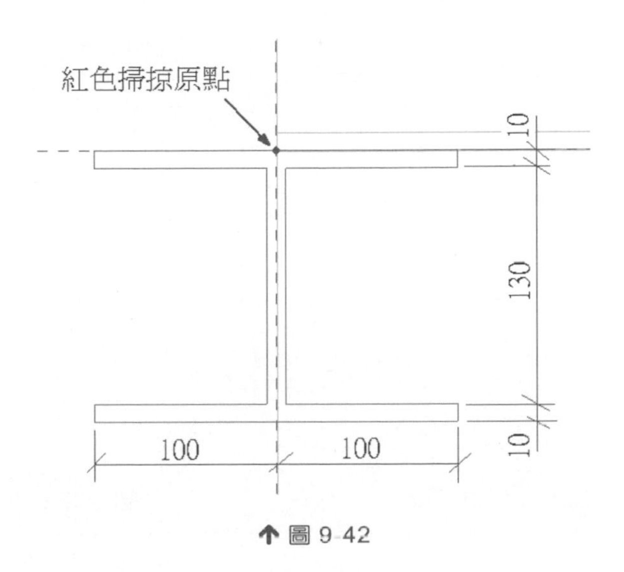

↑ 圖 9-42

- 在掃掠「性質」交談框中，點選「材料」參數，如圖 9-43、圖 9-44 所示，複製「金屬-鋼」成新材料「金屬-鋼 2」，且變更其材料外觀顏色為紅色。
- 完成後點選功能區的「完成模型」指令 ✔，由實體掃掠建立的工字鋼梁族群如圖 9-45 所示。

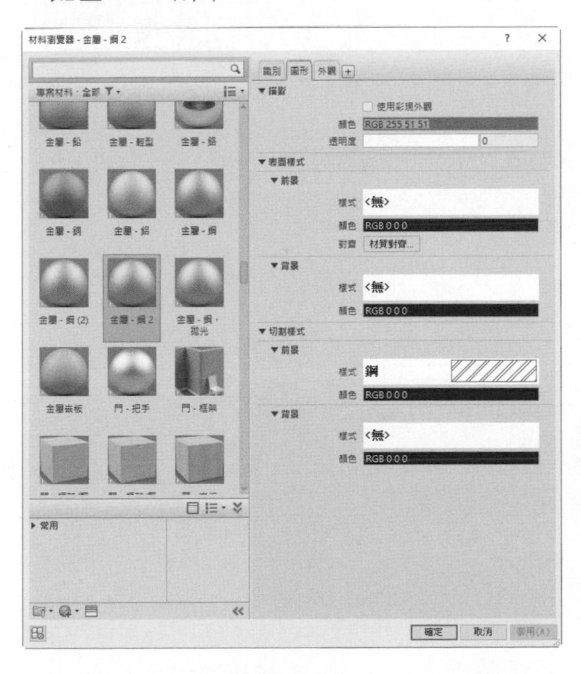

↑ 圖 9-43

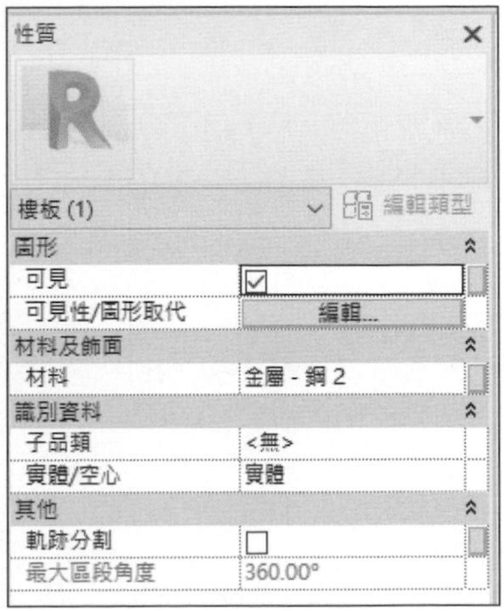

↑ 圖 9-44

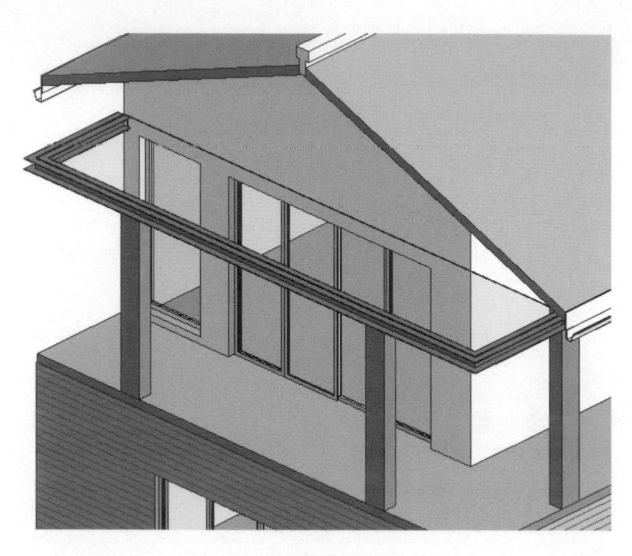

↑ 圖 9-45

- 同理，由元件「內建模型」指令，使用「實體擠出」指令，建立遮雨棚中間的工字鋼樑。
- 點選功能區「設定工作平面」指令，在彈出的「工作平面」對話方塊中選擇「點選平面」，並在 2FL 平面視圖中點選 B 軸，如圖 9-46 在彈出的「前往視圖」對話方塊中選擇「立面圖：南」，點選「開啟視圖」切換至南立面視圖。

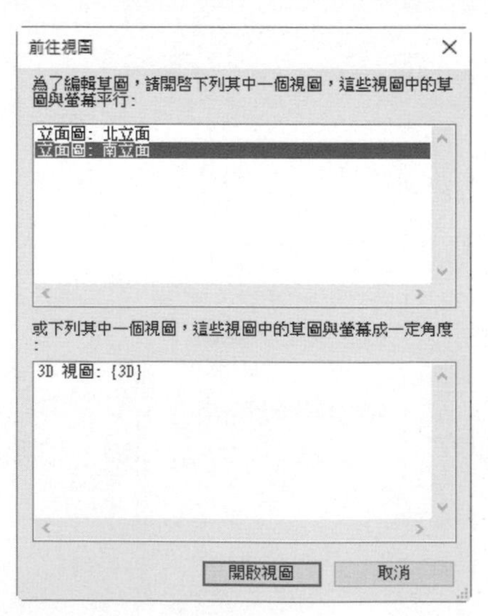

↑ 圖 9-46

注意

Revit 中的每個視圖都有相關的工作平面。在某些視圖（如樓板平面圖、3D 視圖、圖紙視圖）中，工作平面是預設的。而在其他視圖（如立面和剖面視圖）中，則必須自訂工作平面來決定草繪截面所在位置。

- 在南立面視圖使用功能區「線」指令，於二樓柱繪製如圖 9-47 工字鋼的輪廓。點選「完成繪製」指令建立了一根工字鋼樑。
- 點選工字鋼樑在「性質」對話方塊，設定「擠出起點」為「1380」，「擠出終點」為「–20」，「材料」為「金屬 - 鋼 2」，如圖 9-48 所示。
- 然後點選功能區「完成族群」指令，完成二樓南側遮雨棚玻璃下面的支撐工字鋼樑。

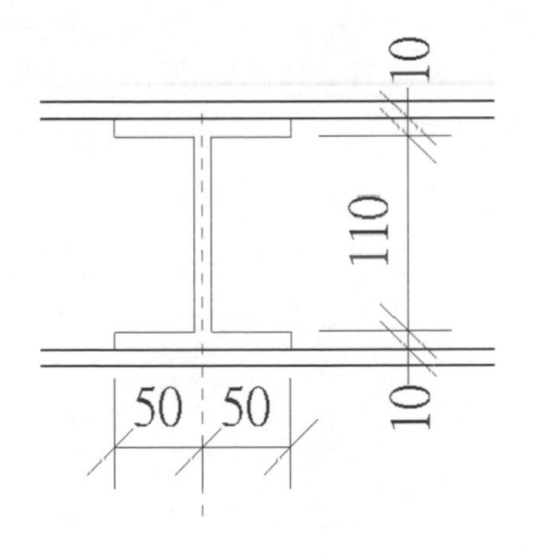

↑ 圖 9-47

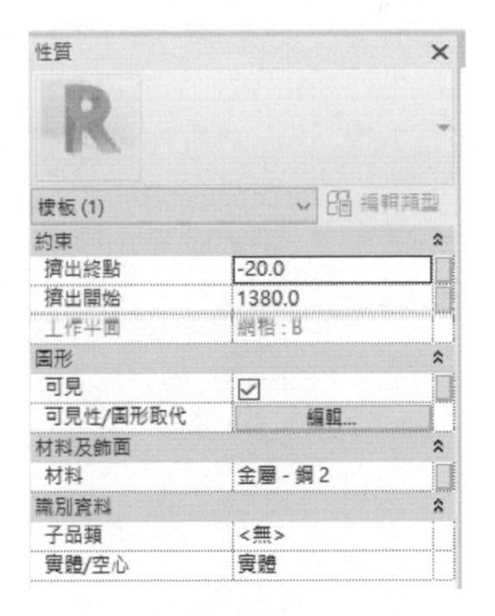

↑ 圖 9-48

- 選擇擠出的工字鋼樑，透過功能區「修改」面板「複製」指令往右共 4000 距離內平均複製三根（可以在暫時尺寸內輸入方程式"=4000/3"得平均值）。
- 選擇遮雨棚下方的柱，將柱用選項列中的「貼附/頂底」指令附著於工字鋼樑下面，結果如圖 9-49 所示。

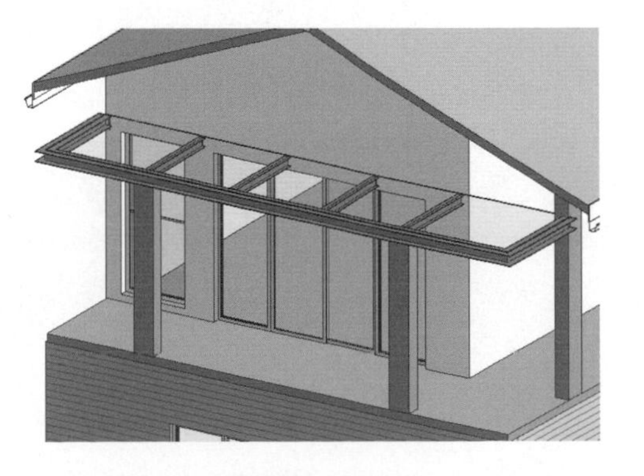

↑ 圖 9-49

注意

以實體掃掠或實體擠出的現地建立內部族群，所依附的雨棚若改變基準高度，工字鋼樑可能不會隨著改變位置，本案例中實體掃掠所採取的方法是點選雨棚 3D 邊緣，所以會跟著修改而調整位置，但實體擠出方式則無法自動調整。

9.4.3 地下一樓遮雨棚

地下一樓遮雨棚的頂部玻璃同樣是使用屋頂的「玻璃斜窗」建立，底部支撐比較簡單，用牆體實現。在專案瀏覽器中雙擊「樓板平面圖」項目下的「B1–1FL」，打開「B1–1FL」平面視圖。

- 繪製擋土牆：點選功能區頁籤「建築」頁籤 -「牆」指令，在類型選擇器中選擇牆類型「B1F-RC 擋土牆 - 24cm」。在「性質」對話方塊中，設定參數「底部約束」為「B1–1FL」，「頂部約束」為「1FL」，點選「確定」。在別墅右側繪製如圖 9-50 所示四面擋土牆。

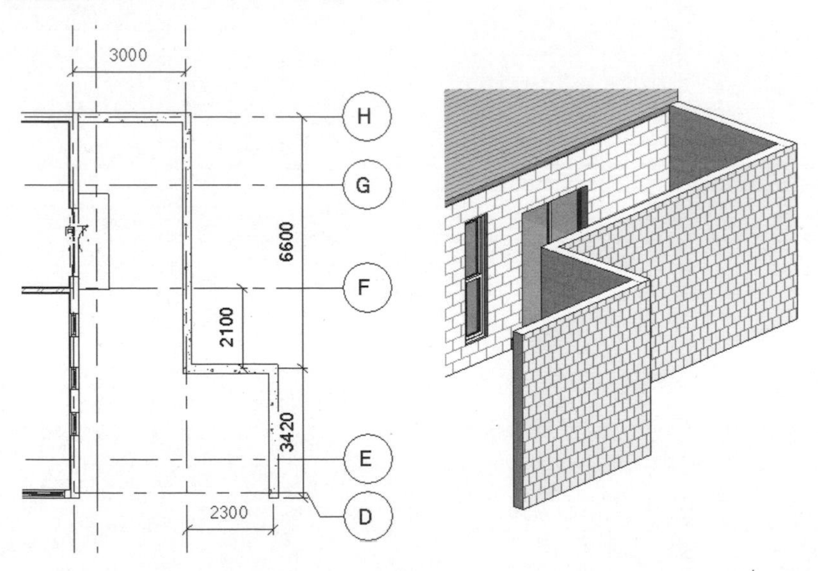

↑ 圖 9-50

- 繪製遮雨棚玻璃：點選功能區「建築」頁籤 -「屋頂」-「跡線屋頂」指令，進入繪製草圖模式。於功能區選取「線」指令，在選項列取消勾選「定義坡度」，如圖 9-51 繪製屋頂輪廓線。選取「編輯類型」指令，在「類型性質」對話方塊，將「族群」設定為「系統族群：玻璃斜窗」，點選「確定」。
- 在「性質」交談框中設定「基準樓層」為「1FL」、「距樓層基面偏移」為「550」。再點選「完成屋頂」指令建立遮雨棚頂部玻璃，結果如圖 9-52、圖 9-53 所示。

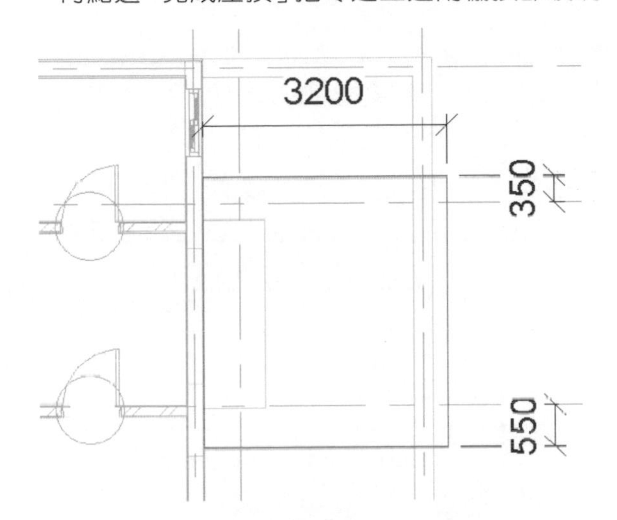

↑ 圖 9-51

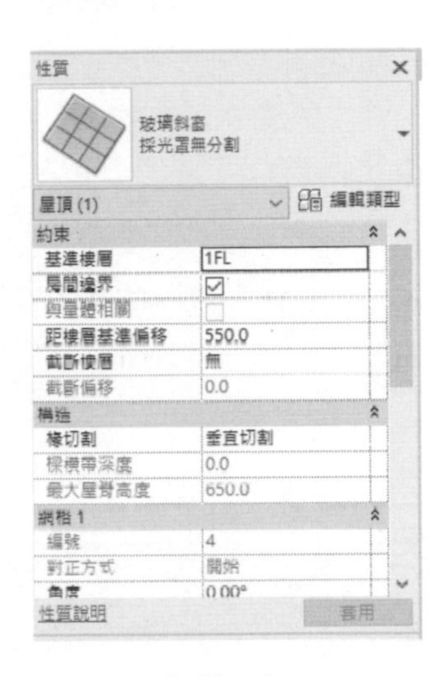

↑ 圖 9-52

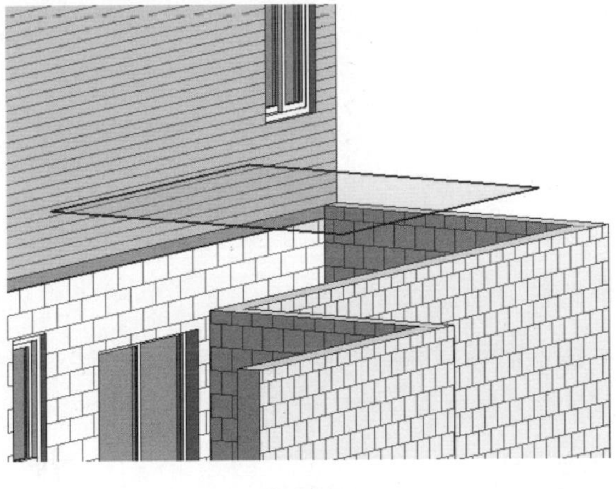
↑ 圖 9-53

- 在專案瀏覽器「樓板平面圖」項目下的「1FL」點兩下，打開「1FL」平面視圖。
- 接著用牆來建立玻璃底部支撐。點選功能區「建築」頁籤 -「牆」指令，在類型選擇器中選擇牆類型：「基本牆：磚牆 1B」。
- 點選「性質」對話方塊，修改「底部約束」為「1FL」，「頂部約束」為「未連接」，「不連續高度」為「545」，如圖 9-54 所示。
- 再點選「編輯類型」打開「類型性質」對話方塊，點選「複製」指令，在「名稱」對話方塊中輸入「支撐構件」，點選「確定」返回「類型性質」對話方塊，並修改新牆類型的營造結構尺寸為 150mm。
- 設定材質：在「編輯組合」對話方塊中點選第 2 行「結構[1]」的「材料」選項，然後點選後面出現的「瀏覽」按鈕打開「材料」對話方塊，選擇材質為「金屬－鋼 2」，如圖 9-55 所示，點選「確定」返回到「性質」對話方塊。

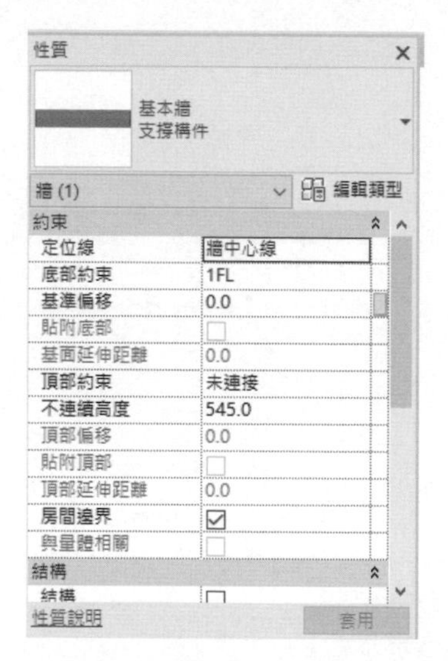

↑ 圖 9-54

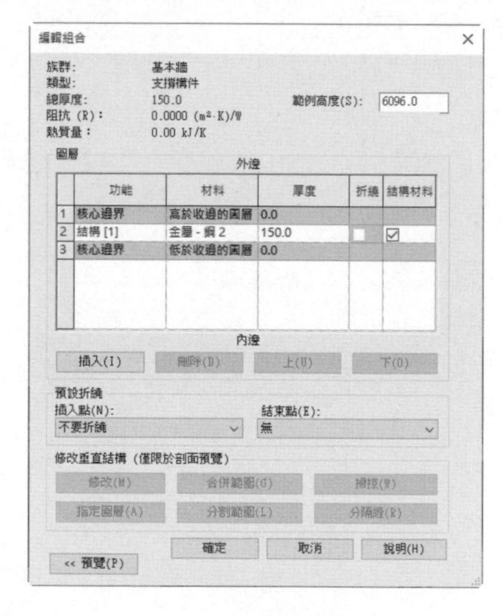

↑ 圖 9-55

- 於功能區選擇「線」指令，「定位線」選擇「牆中心線」，在如圖 9-56 所示 F 軸位置繪製一面牆，長度為 3000mm。
- 編輯牆輪廓：切換至南立面，選擇剛建立的名稱為「支撐構件」的牆，點選功能區中「編輯輪廓」指令，如圖 9-57、圖 9-58 所示修改牆體輪廓，點選「完成繪製」後建立倒 L 形牆體。

- 打開 1F 樓板平面視圖，選取剛編輯完成的「支撐構件」牆體，點選工具列的「陣列」指令 ，於選項列中如圖 9-59 設定。

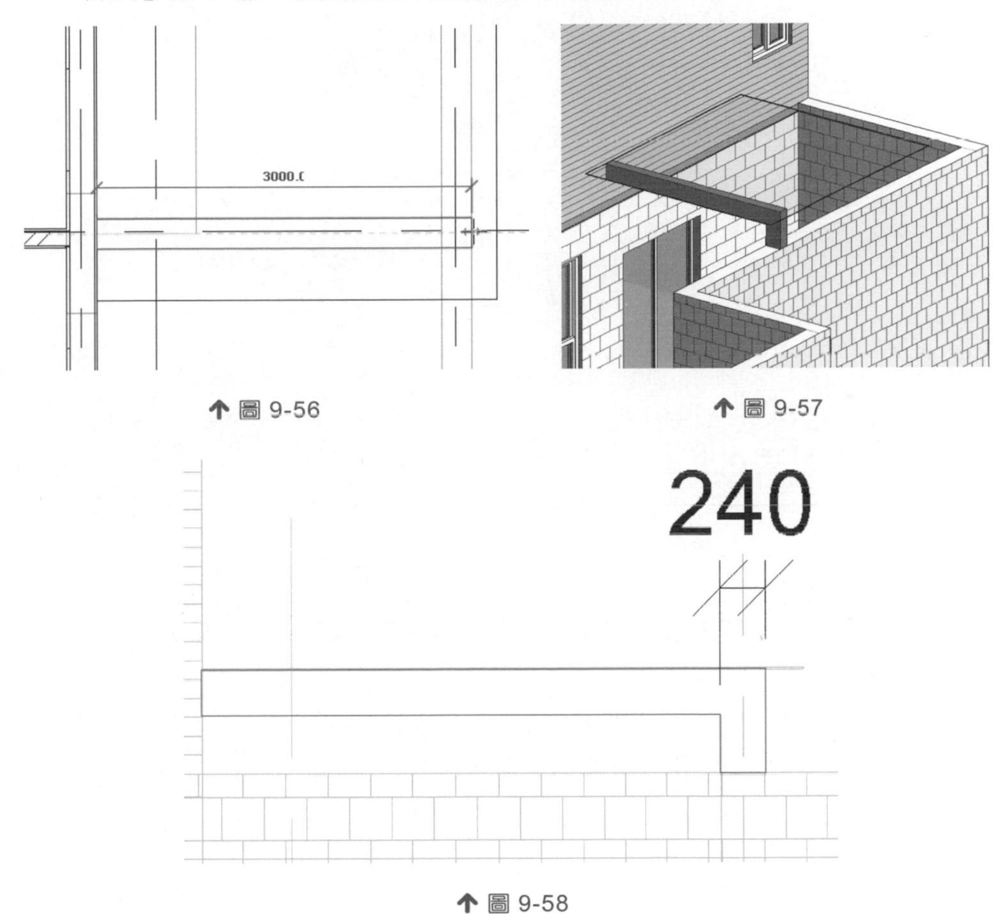

↑ 圖 9-56

↑ 圖 9-57

↑ 圖 9-58

修改 | 牆 | 啟用標註 | ☑ 群組並產生關聯 項目數目: 4 移至: ⊙ 第二 ○ 最後 | ☐ 約束

↑ 圖 9-59

- 移動游標點選下面牆體所在軸線上任一點作為陣列起點，再垂直移動游標向上並輸入位移尺寸 900，檢查陣列項目數量是否為 4 個後，按繪圖區中任一位置完成陣列指令，陣列結果如圖 9-60 所示。

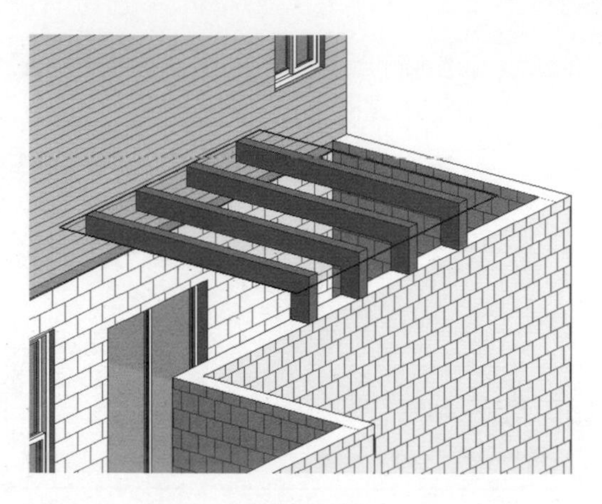

圖 9-60

注意

線性陣列如圖 9-59 所示，「移至：」兩個選項區別說明如下列：

- 指定第一個元素和第二個元素之間的間距（使用「移至：第二」選項）。所有後續元素將使用相同的間距。
- 指定第一個元素和最後一個元素之間的間距（使用「移至：最後」選項）。所有剩餘的元素將在它們之間以相等間隔分佈。

- 至此，已完成地下一樓遮雨棚的設計。完成後的結果請參考「REVIT 練習文件\第 9 章\高山御花園別墅_09_1.rvt」檔案。

9.5 陽臺扶手

本節將為別墅的陽臺建立扶手。Revit Architecture 的扶手是由扶手輪廓族群和欄杆族群按照排列規則組裝而成，設定比較複雜，本節會簡要說明其設定原理。

9.5.1 玻璃欄板扶手

首先建立二樓陽臺拐角處的玻璃欄板扶手。

- 新建木扶手輪廓族群：點選功能表「檔案」-「新建」-「族群」指令，選擇「公制輪廓-扶手.rft」為族群樣板，點選「打開」。族群樣板如圖 9-61。
- 於功能區頁籤點選「線」指令，如圖 9-62 繪製矩形木扶手輪廓。

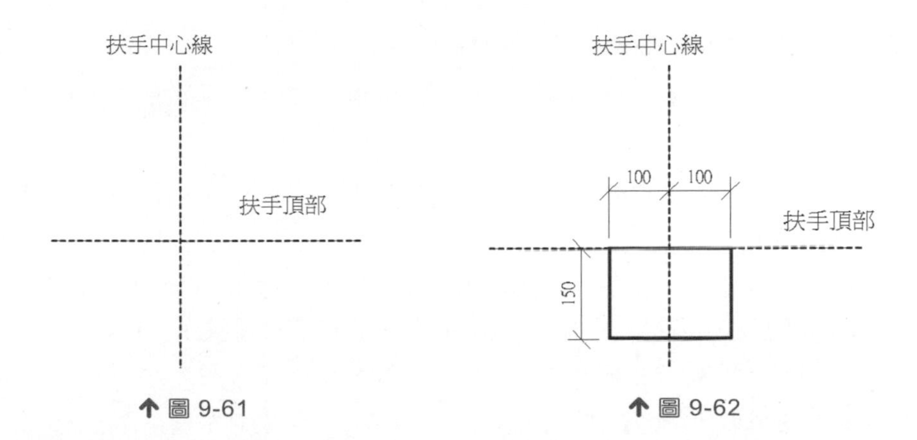

↑ 圖 9-61　　↑ 圖 9-62

- 點選功能表「檔案」-「儲存」指令，輸入「木扶手」為檔名，點選「儲存」後並在功能區中點選「載入到專案」指令，將木扶手輪廓載入到別墅專案中備用。
- 新建玻璃欄板族群：點選功能表「檔案」-「新建」-「族群」指令，選擇「公制輪廓-扶手.rft」為族群樣板。
- 如圖 9-63 繪製玻璃欄板的輪廓，儲存為「玻璃欄板」後載入到專案，同時關閉所有族群檔案。如此即建立了兩個輪廓族群。
- 接下來要用這兩個輪廓族群組裝新的扶手類型。

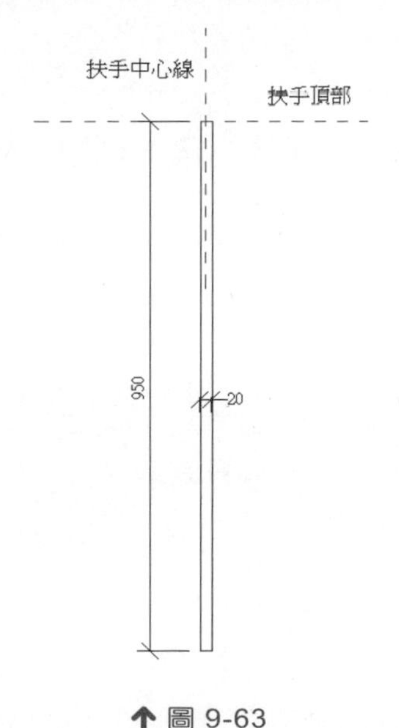

↑ 圖 9-63

- 回到別墅專案檔中，繼續扶手的進階練習。
- 在專案瀏覽器中「樓板平面圖」項目下的「2FL」點兩下，打開「2FL」平面視圖。
- 點選功能區「建築」頁籤 -「欄杆扶手（圍欄）」指令，進入繪製扶手路徑草圖模式。
- 接著點選「性質」對話方塊中點選「編輯類型」進入扶手「類型性質」對話方塊，點選「複製」並在「名稱」對話方塊輸入「玻璃欄板扶手」，點選「確定」建立新的扶手類型。
- 接下來主要針對「類型參數」中的「扶手結構」與「欄杆放置」作設定，如圖 9-64 所示。

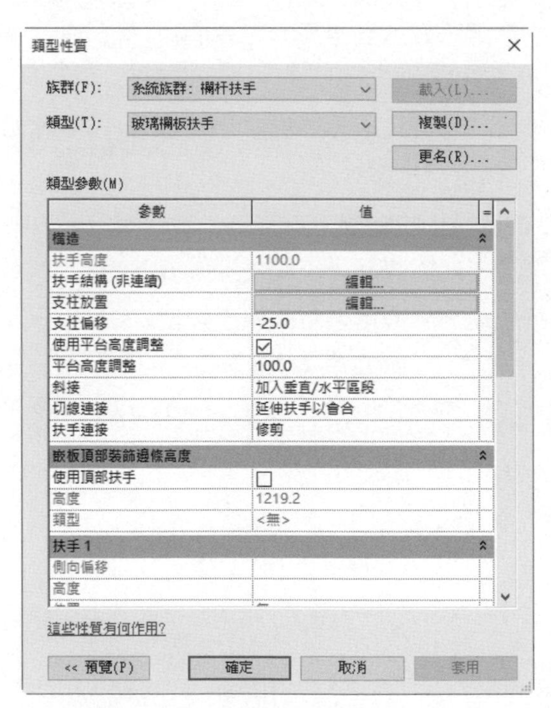

↑ 圖 9-64

- 在「類型性質」對話方塊中，點選參數「扶手結構」右側的「編輯」按鈕，打開「編輯扶手」對話方塊。
- 在「編輯扶手」對話方塊中點選「插入」增加一個扶手。
- 如圖 9-65 所示，在「扶手」列表中將項目 1 的「名稱」改為「木扶手」、「高度」設定為「1100」、「輪廓」選擇「木扶手：木扶手」、「材料」選擇「金屬－鋼 2」；將項目 2 的「名稱」改為「玻璃欄板」、「高度」為「950」、「偏移」為「-50」、「輪廓」選擇「玻璃欄板：玻璃欄板」、「材料」選擇「玻璃」。點選「確定」返回「類型性質」對話方塊。
- 在「類型性質」對話方塊中，點選「欄杆放置」右側「編輯」按鈕，打開「編輯欄杆放置」對話方塊，如圖 9-66 將所有欄杆族群選為「無」。
- 點選「確定」關閉所有對話方塊。至此建立新的扶手類型，接下來要開始繪製扶手路徑。

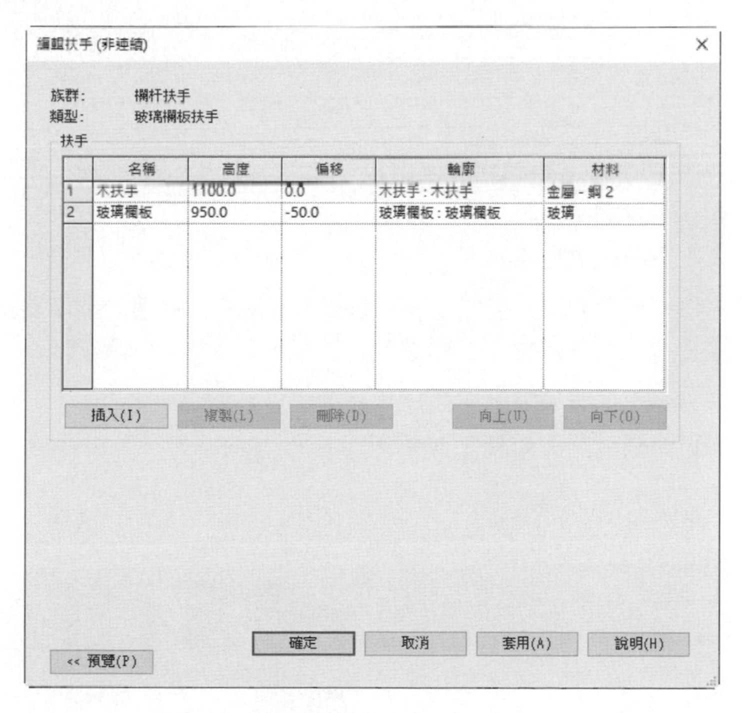

↑ 圖 9-65

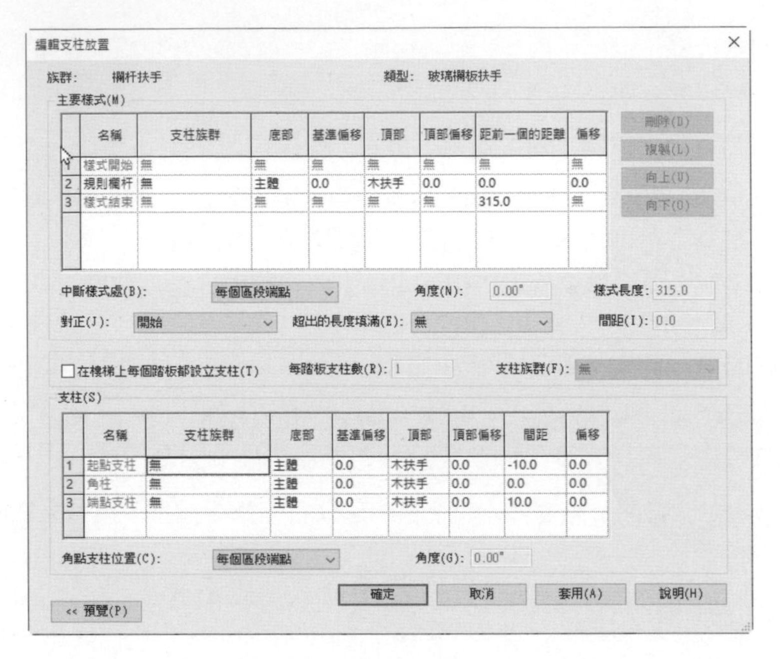

↑ 圖 9-66

- 在 2FL 平面視圖中，點選功能區頁籤「線」指令，在軸線 B2、C5 陽臺左下角牆體到柱子之間繪製直角線，如圖 9-67 所示。點選功能區頁籤「完成繪製」指令建立左下角玻璃欄板扶手。
- 依同樣方法，再次使用「欄杆扶手（圍欄）」指令，點選功能區頁籤「線」指令，在陽臺右下角兩個柱子之間繪製直角線，再點選功能區頁籤「完成繪製」指令建立右下角玻璃欄板扶手。
- 完成後的玻璃欄板扶手如圖 9-68 所示。

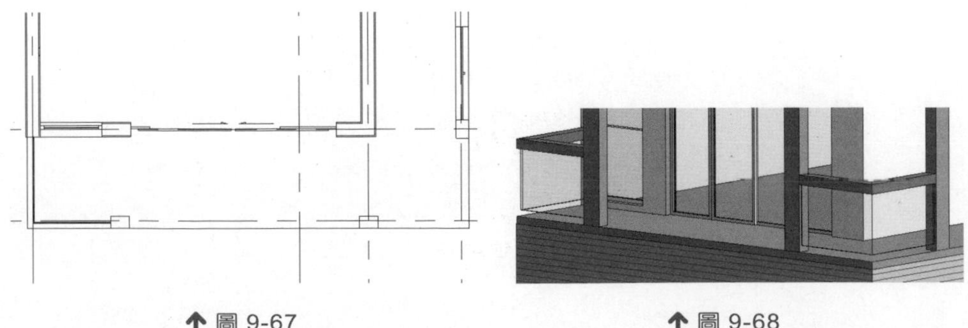

↑ 圖 9-67　　↑ 圖 9-68

注意

用「線」指令繪製扶手，線必須是連續的，不可以斷開，否則無法生成。所以上面繪製的扶手要分兩次繪製完成。

9.5.2 欄杆－立杆

為二樓陽臺建立剩餘的扶手。

- 接續上一節練習，同樣在 2FL 樓板平面視圖中，點選功能區「欄杆扶手（圍欄）」指令，進入繪製扶手路徑草圖模式。
- 接著點選「性質」對話方塊中點選「編輯類型」進入扶手「類型性質」對話方塊，點選「複製」並在「名稱」對話方塊輸入「欄杆 - 立杆」，點選「確定」建立新的扶手類型。
- 在「類型性質」對話方塊中，點選參數「扶手結構」右側的「編輯」按鈕，打開「編輯扶手」對話方塊。如圖 9-69 設定扶手的高度、輪廓和材質等參數。點選「確定」返回「類型性質」對話方塊。

編輯扶手 (非連續)

族群: 欄杆扶手
類型: 欄杆-立杆

扶手

	名稱	高度	偏移	輪廓	材料
1	木扶手	1100.0	0.0	木扶手 : 木扶手	金屬 - 鋼 2
2	扶手(3)	700.0	0.0	圓形扶手 : 30 mm	金屬 - 鋼
3	扶手(2)	450.0	0.0	圓形扶手 : 30 mm	金屬 - 鋼
4	扶手(1)	200.0	0.0	圓形扶手 : 30 mm	金屬 - 鋼

插入(I) 複製(L) 刪除(D) 向上(U) 向下(O)

確定 取消 套用(A) 說明(H)

<< 預覽(P)

↑ 圖 9-69

- 在「類型性質」對話方塊中，點選「欄杆放置」右側的「編輯」按鈕，打開「編輯欄杆放置」對話方塊，如圖 9-70 設定欄杆族群的樣式和相對前一欄杆的距離，請注意「對正」參數訂定為「展開樣式至適當比例」。再點選「確定」關閉對話方塊。
- 在 2FL 平面視圖中，點選功能區頁籤「線」指令，在陽臺南側兩個柱子中間繪製扶手路徑線，如圖 9-71 所示。點選功能區頁籤「完成繪製」指令建立南側帶立杆的扶手。
- 同理，用「欄杆扶手（圍欄）」指令，完成如圖 9-72。後即建立帶立杆的扶手。
- 接著，建立上面兩個柱子及牆體之間的扶手，完成的扶手如圖 9-73 所示。

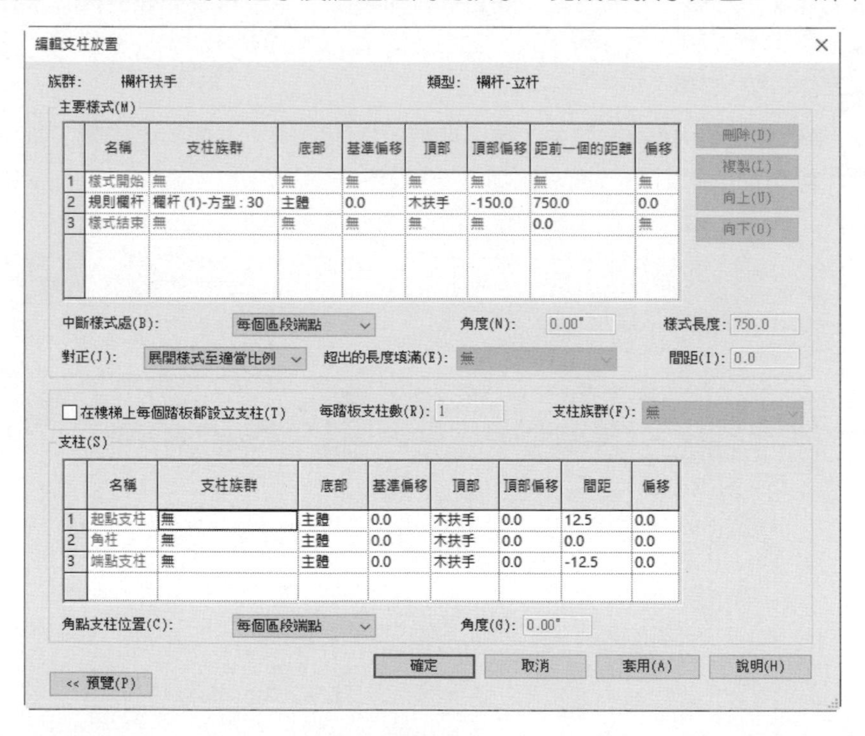

↑ 圖 9-70

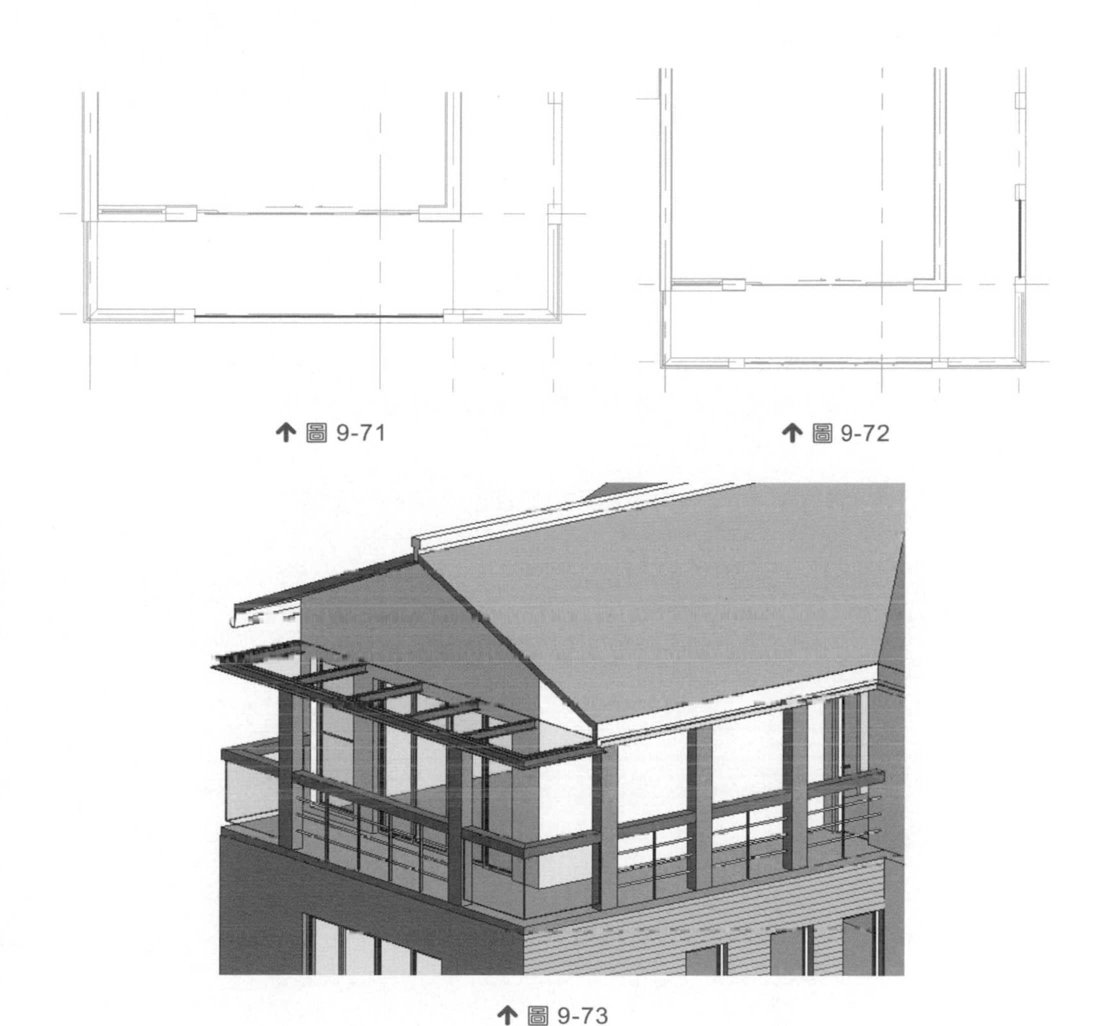

↑ 圖 9-71　　↑ 圖 9-72

↑ 圖 9-73

9.5.3 繪製欄杆－金屬立杆

依同樣方法，使用「欄杆扶手（圍欄）」指令，在一、二樓的室內樓梯間開口、中庭開口和室外陽臺建立具有支柱的金屬欄杆。

- 點選功能區「建築」頁籤 -「欄杆扶手（圍欄）」指令，點選「性質」對話方塊中點選「編輯類型」進入扶手「類型性質」對話方塊。

- 於下拉類型中挑選「欄杆 - 立杆」類型，點選「複製」並在「名稱」對話方塊輸入「金屬 - 立杆」，點選「確定」建立新的扶手類型。
- 在「類型性質」對話方塊中，點選「欄杆放置」右側的「編輯」按鈕，打開「編輯欄杆放置」對話方塊，在下方支柱屬性中，分別對「起點支柱」、「角柱」、「端點支柱」指定欄杆族群，請檢查「對正」參數訂定為「展開樣式至適當比例」。再點選「確定」直到關閉「類型性質」對話方塊，如圖 9-74 所示。
- 在 2FL 平面視圖中，點選功能區頁籤「線」指令，在右側陽臺繪製扶手路徑線，點選功能區頁籤「完成繪製」指令建立南側帶立杆的扶手，如圖 9-75、圖 9-76 所示。
- 同理，完成室內中庭開口的扶手護欄及其他必須的安全護欄。

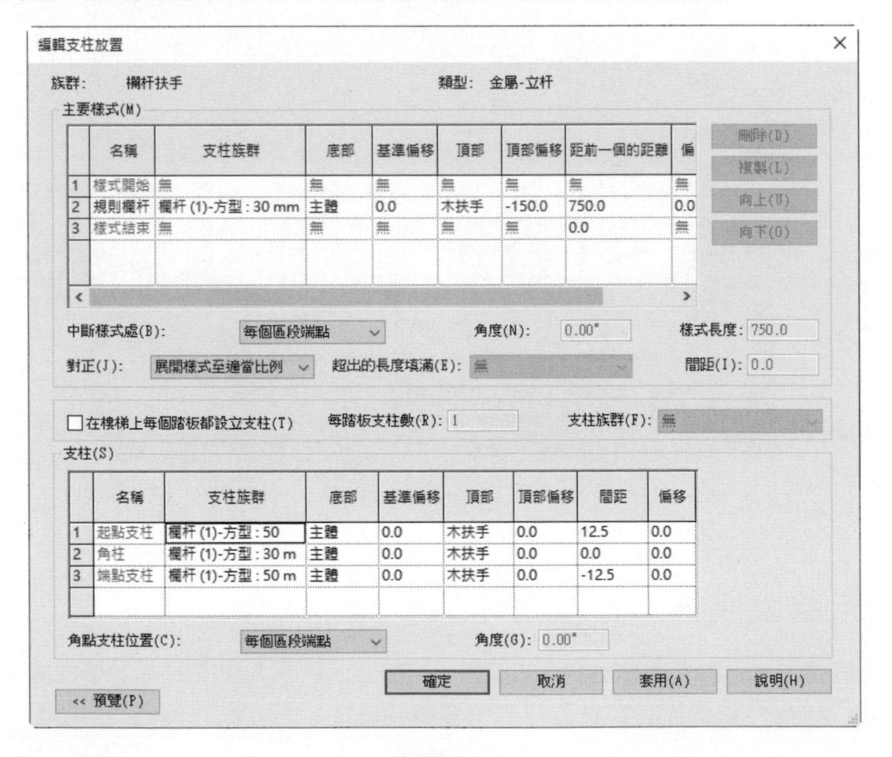

↑ 圖 9-74

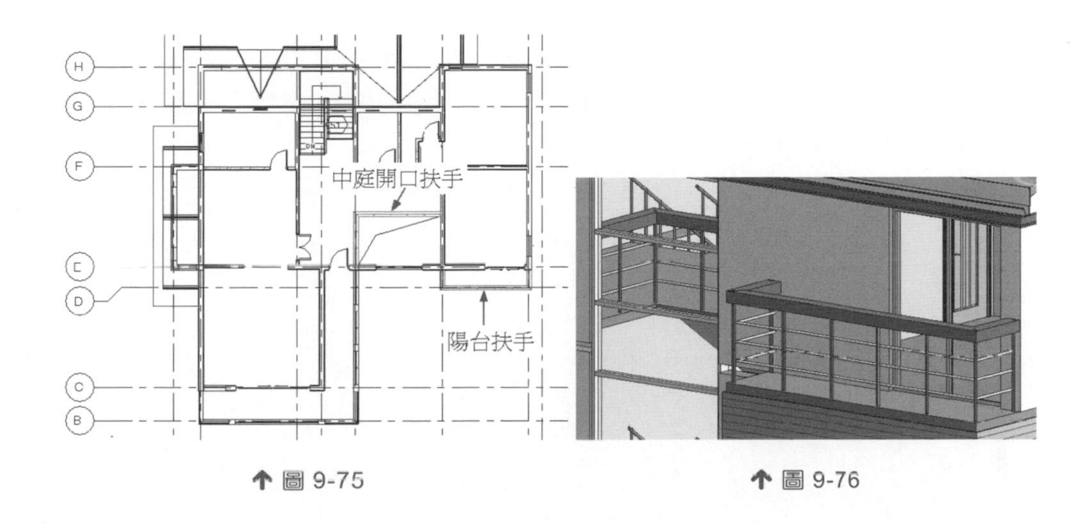

↑ 圖 9-75　　　　↑ 圖 9-76

9.6 添加槽鋼裝飾線條、木飾面

9.6.1 槽鋼裝飾線條－分隔縫、牆飾條

(1) 分隔縫

牆分隔縫是牆裝飾性物件中，主要功能為執行切斷部分。可以在 3D 或立面視圖中為牆添加水平或垂直的分隔縫。

- 請繼續前面章節練習檔案。
- 新建族群：點選「應用程式（或檔案）按鈕」-「新建」-「族群」指令，選擇「公制輪廓-分隔縫.rft」族群樣板。
- 在打開的族群樣板中，用「線」指令繪製出如圖 9-77 分隔縫的輪廓。
- 點選功能表「檔案」-「儲存」指令，儲存為「槽鋼裝飾線條分隔縫.rte」檔案。
- 接著點選功能區頁籤「載入到專案中」，把「槽鋼裝飾線條分隔縫」輪廓族群載入至別墅專案中。

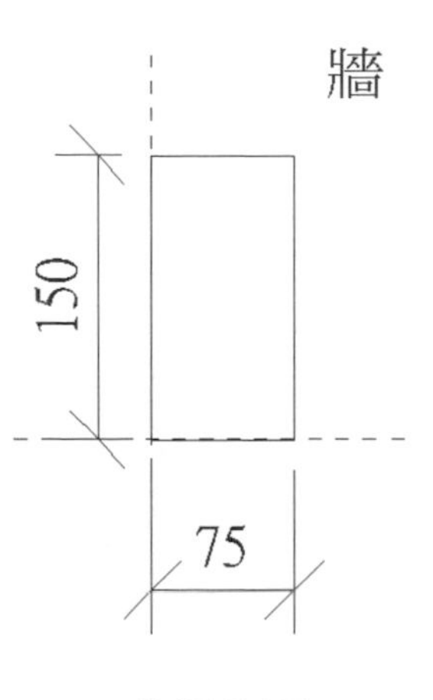

↑ 圖 9-77

- 接下來要把外牆面作裝飾線條，在功能區上方點選「3D 視圖」指令，進入 3D 視圖；再由功能區「建築」頁籤中點開「牆」指令的右側下拉式選單，點選「分隔縫」指令。
- 在「性質」對話方塊中，點選「編輯類型」按鈕，於「類型性質」對話方塊中點選「複製」新建牆分隔縫的類型：「槽鋼裝飾線條」，在「類型性質」對話方塊中將輪廓選擇為「槽鋼裝飾線條分隔縫」。點選「確定」關閉「類型性質」對話方塊，如圖 9-78 所示。

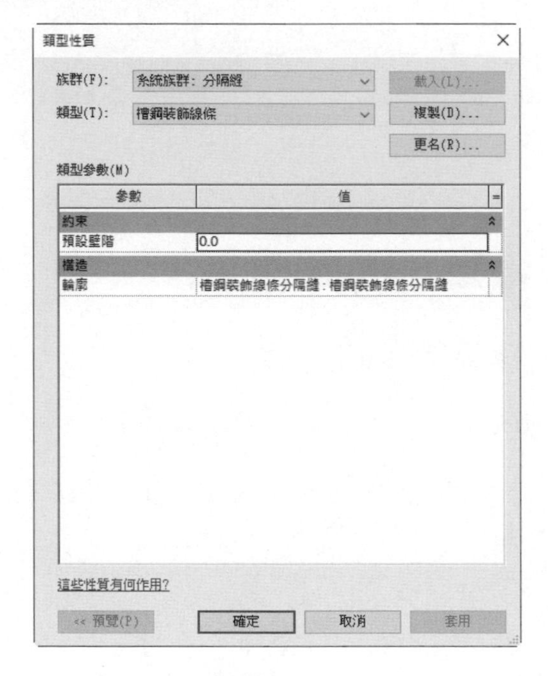

↑ 圖 9-78

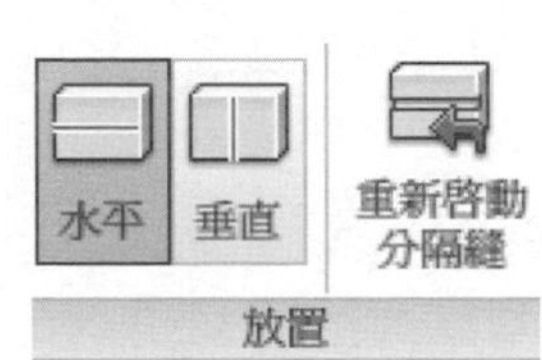

↑ 圖 9-79

- 在功能區選擇「放置」牆分隔縫的方向為「水平」，如圖 9-79 所示。移動游標到一樓南側入口門頂部位置牆上，當出現牆分隔縫預覽時點選放置分隔縫，如圖 9-80 所示。按 Esc 鍵結束指令。
- 打開「南立面」視圖，繪製兩條以門框向外偏移「700」的參照平面線條。
- 選擇剛建立的分隔縫，移動左右兩個端點控制點，調整分隔縫的端點到參照平面上，完成後的結果如圖 9-81 所示。

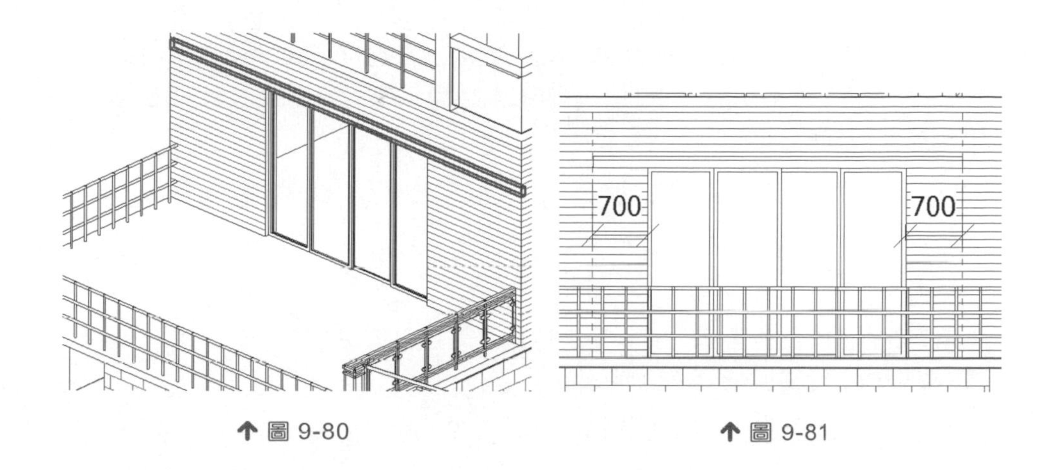

↑ 圖 9-80　　↑ 圖 9-81

(2) 牆飾條

牆飾條和分割縫一樣，是牆體的重要裝飾部分，例如沿著牆底部的踢腳板，或沿牆頂部的裝飾板等。你可以在 3D 或立面視圖中為牆添加牆飾條。

- 新建族群：點選「應用程式（或檔案）按鈕」-「新建」-「族群」指令，選擇「公制輪廓-主體.rft」族群樣板。
- 在打開的族群樣板中，用「線」指令繪製出如圖 9-82 槽鋼的輪廓。

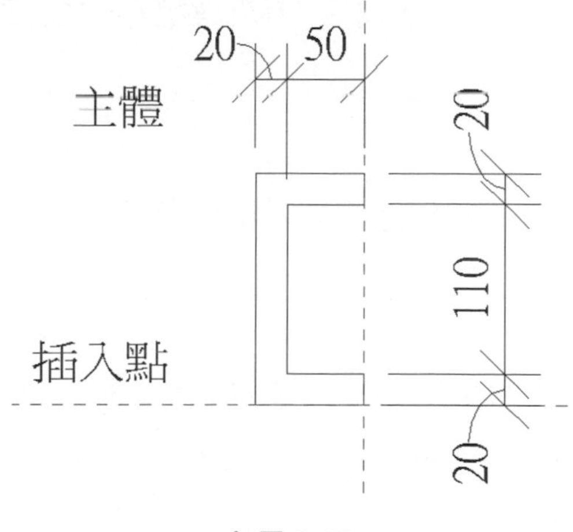

↑ 圖 9-82

- 點選功能表「檔案」-「儲存」指令，儲存為「槽鋼.rte」檔案。
- 點選功能區頁籤「載入到專案中」，把槽鋼族群載入別墅專案中。

- 接下來要把外牆面嵌入裝飾線條，在功能區上方點選「3D 視圖」指令，進入 3D 視圖；再由功能區「建築」頁籤中點開「牆」指令的右側下拉式選單，「牆掃掠」指令。
- 同樣在「類型性質」對話方塊中新建牆飾條的類型：槽鋼。設定參數「輪廓」為剛建立的「槽鋼」。
- 在選項列上，選擇牆飾條的方向為「水平」。
- 接著移動游標到前面建立的分割縫位置，點選放置牆飾條，如圖 9-83 所示。然後按 Esc 鍵結束指令。
- 同理，在南立面圖中拖曳牆飾條端點到參照平面位置，如圖 9-84 所示。

↑ 圖 9-83　　↑ 圖 9-84

9.6.2 分割面－油漆填色－添加木飾面

本案例別墅項目中，在上節建立的牆飾條下面，大門左右兩端的牆體外飾面顏色和其他部位牆體不同。因為此處僅僅是顏色或材料型式不同，其他牆體構造層並沒有變化，因此可以從現有牆面中分割一塊表面，然後賦予其不同的材質顏色等。

(1) 分割面

「分割面」指令可以分割元素的表面，但不會改變元素的結構。在分割面後，可使用「油漆」工具為此部分面套用不同材質。

- 接續 9.6.1 節練習，在打開南立面視圖，點選功能區「修改」面板的「分割面」指令 。
- 移動游標到一樓陽臺入口處牆上，點選「1F 外牆－機刨橫纹灰白色花崗石牆面」，使牆體外表面亮顯（可能需要按 Tab 鍵以選擇外表面），點選該面進入繪製草圖模式。
- 點選功能區頁籤「線」指令，如圖 9-85 所示在牆飾條左右兩端點下面繪製兩條垂直線到牆體下面邊界。
- 於功能區頁籤點選「完成繪製」指令，將大門左右兩側的牆面單獨拆分出來，結果如圖 9-86 所示。

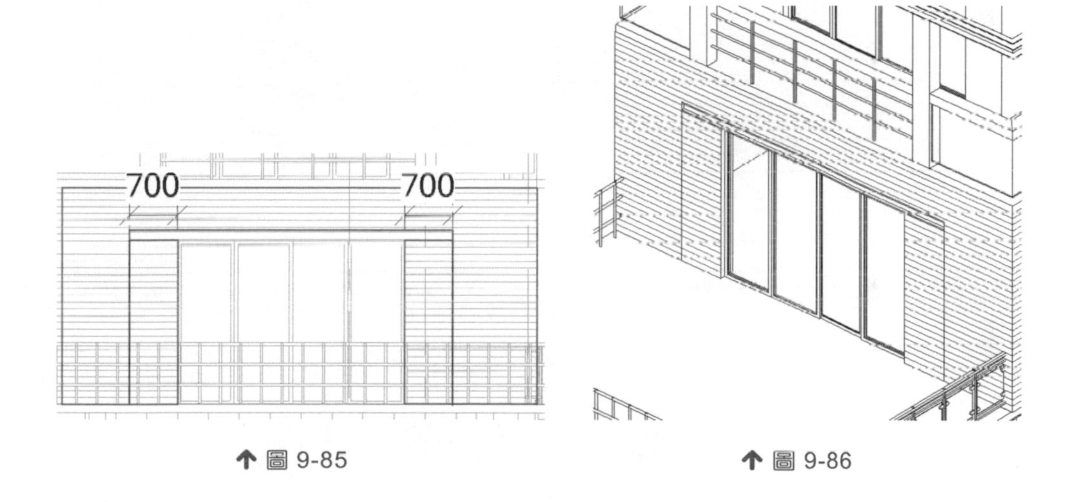

↑ 圖 9-85　　↑ 圖 9-86

(2) 油漆填色

接著用「油漆」指令將新的材質應用於剛剛拆分出來的牆面。

- 請事先在功能區「管理」頁籤 -「材料」指令 中，複製並建立新材料「機刨橫紋灰白色花崗石 2」，如圖 9-87 所示修改材料屬性。
- 在立面或 3D 視圖中，點選功能表「修改」面板-「油漆」指令 ，如圖 9-88 所示在功能區「元素」面板中選擇要應用的「機刨橫紋灰白色花崗石 2」材質。
- 分別移動游標到門兩側的牆體拆分面上，當其高亮顯示時點選滑鼠左鍵，即可給該面應用「機刨橫紋灰白色花崗石 2」材質。
- 完成後的結果如圖 9-89 所示。

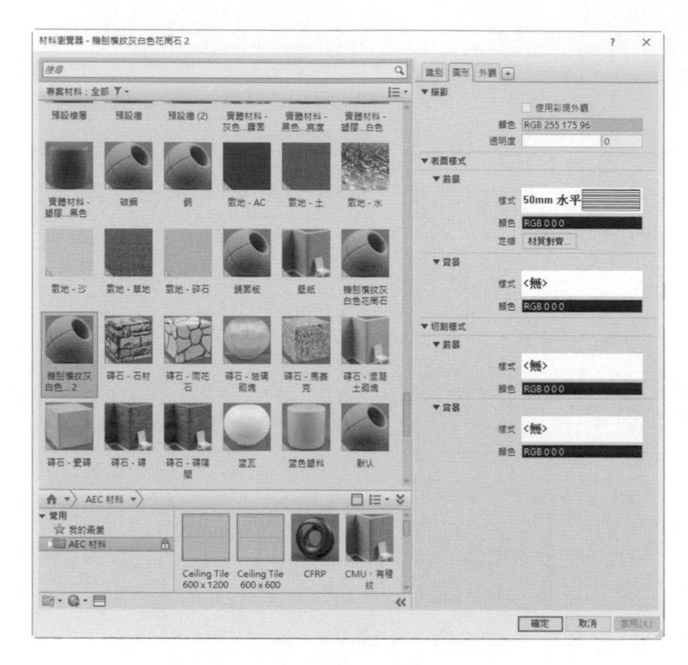
材料瀏覽器 - 機刨橫紋灰白色花崗石 2
搜尋
專案材料：全部
識別
圖形
外觀
著色
使用彩現外觀
顏色
RGB 255 175 96
透明度
0
表面樣式
前景
樣式
50mm 水平
RGB 0 0 0
定線
材質對齊...
背景
<無>
切割樣式
預設樓層
預設牆
預設牆 (2)
破鋼
鋼
敷地 - AC
敷地 - 土
敷地 - 水
敷地 - 沙
敷地 - 草地
敷地 - 碎石
鋪面板
壁紙
機刨橫紋灰白色花崗石
磚石 - 石材
磚石 - 玻璃砌塊
磚石 - 馬賽克
磚石 - 混凝土砌塊
磚石 - 瓷磚
磚石 - 磚
藍瓦
藍色塑料
默认
AEC 材料
常用
我的最愛
Ceiling Tile 600 x 1200
Ceiling Tile 600 x 600
CFRP
確定
取消
套用(A)

↑ 圖 9-87

材料瀏覽器 - 機刨橫紋灰白色花崗石 2
搜尋
專案材料：全部
敷地 - 沙
敷地 - 草地
敷地 - 碎石
鋪面板
壁紙
機刨橫紋灰白色花崗石
機刨橫紋灰白色... 2
磚石 - 石材
磚石 - 兩花石
磚石 - 玻璃砌塊
磚石 - 馬賽克
磚石 - 混凝土砌塊
磚石 - 瓷磚
磚石 - 磚
磚石 - 磚隔間
藍瓦
藍色塑料
默认
默认光源
默认屋顶
材料資源庫
完成

↑ 圖 9-88

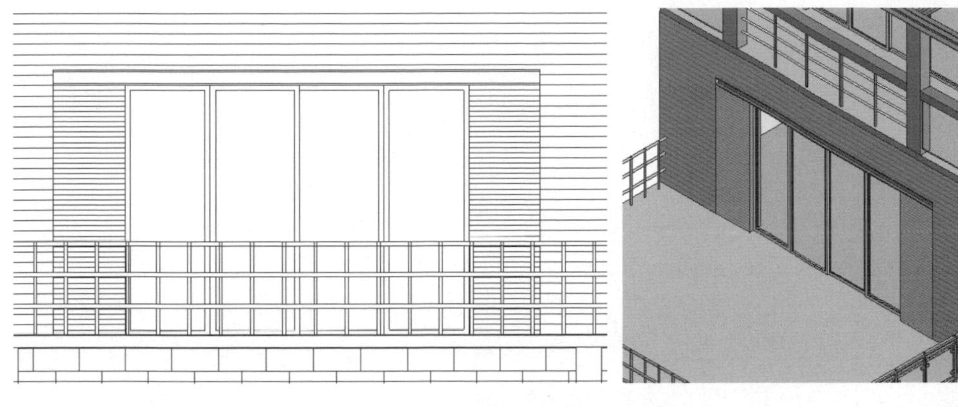

↑ 圖 9-89

注意

可以油漆填色的元素包括牆、屋頂、量體、族群和樓板。將游標放在元素附近時，如果元素亮顯，則可以為該元素填色。要刪除油漆填色，請啓動「油漆」指令，並從材料選擇器中選擇「<依類別>」類型，再點選已填色的表面，則該填色材料將被刪除，回復原本物件材料。

9.6.3 添加其他位置的槽鋼裝飾線條和木飾面

依同樣方法，使用「分割面」和「油漆」指令為其他位置牆體添加槽鋼裝飾線條和木飾面，如圖 9-90 所示。完成後的結果請參考「REVIT 練習文件\第 9 章\高山御花園別墅_09_1.rvt」檔案。

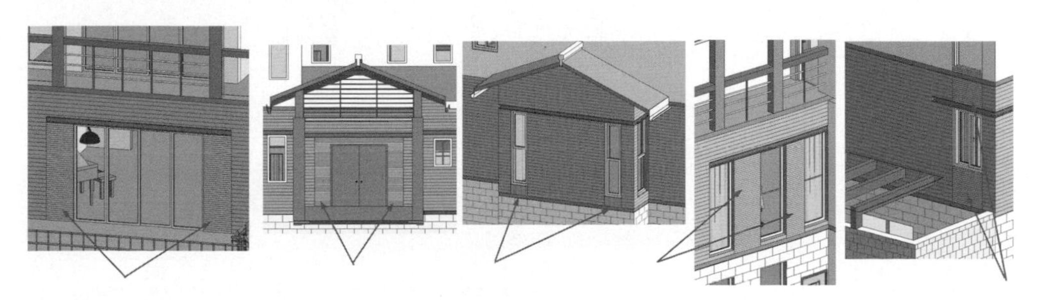

↑ 圖 9-90

9.7 鋼百葉

除了前述的分隔縫、牆飾條、木飾面等裝飾構件外，本別墅北側主入口處的兩個柱子頂部還有鋼百葉裝飾，這部份可以利用帷幕牆功能來建立。

- 接續上一節練習，由專案瀏覽器切換到「3D」立體 3D 視圖。
- 點選功能區頁籤「結構」頁籤-「樑」指令，從類型選擇器中選擇「H 型鋼樑－H100×100」類型，選項列勾選「3D 鎖點」☑3D 鎖點 條件，由繪製「線」指令，選取左右兩個柱子的內邊線端點繪製 H 型鋼樑，如圖 9-91 所示。
- 請在繪圖區左下方「視圖控制列」點選「詳細等級-細緻」指令，使畫面中 H 型鋼樑顯示為可見。

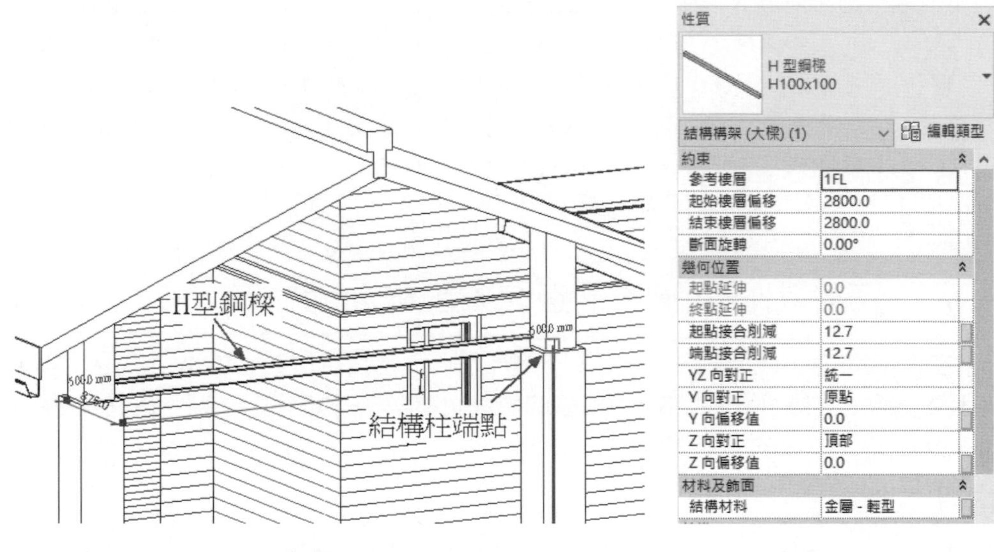

↑ 圖 9-91　　↑ 圖 9-92

- 選擇剛完成的 H 型鋼樑，在「性質」對話方塊，設定約束參數如圖 9-92 所示，「參考樓層」為「1FL」，「起始樓層偏移」及「結束樓層偏移」均為「2800」，「Z 向對正」為「頂部」。
- 接著，在 1FL 樓板平面圖中，點選功能區頁籤「建築」頁籤 -「牆」指令，在類型選擇器中選擇「帷幕牆-無分割」類型，利用「線」指令，在一樓平面圖中剛才繪製 H 型鋼的位置處繪製一道未連接，高度為 500 的帷幕牆，如圖 9-93 所示。

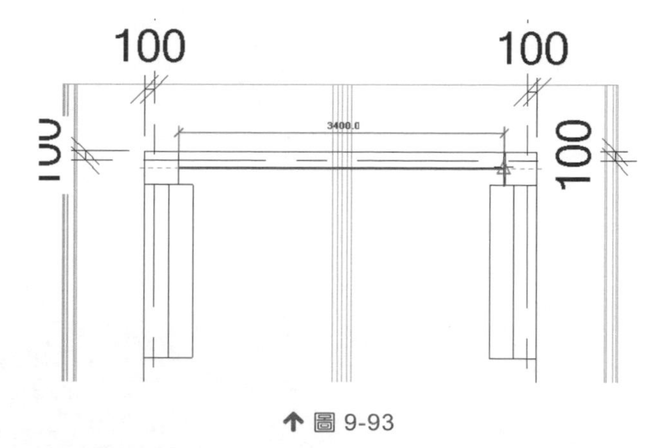

↑ 圖 9-93

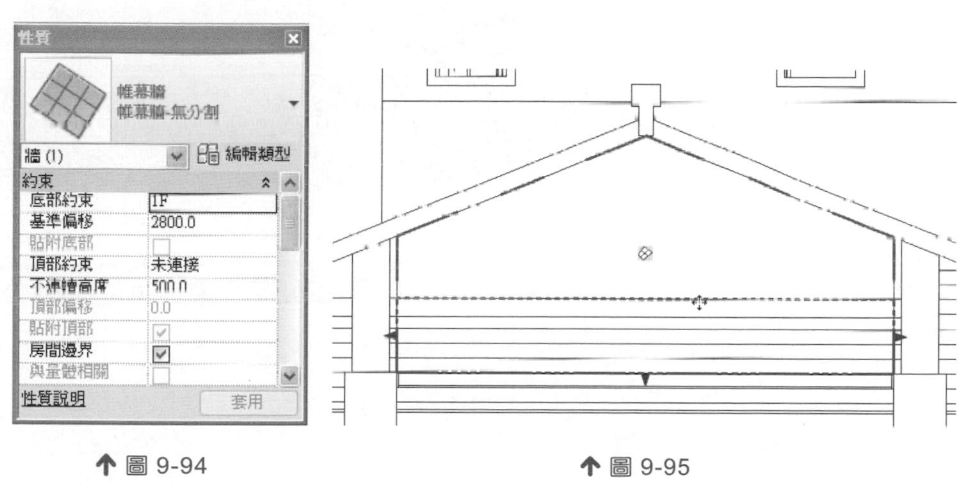

↑ 圖 9-94

↑ 圖 9-95

- 打開 3D 視圖，點選剛完成的帷幕牆，在「性質」對話方塊，設定如圖 9-94 約束條件。
- 接著點選功能區「貼附頂/底」指令，再點選上面的屋頂，將幕牆頂部附著到屋頂下面，其立面效果如圖 9-95 所示。
- 再來是建立新類型「鋼百葉」方法：在「性質」對話方塊點選「編輯類型」指令，於「類型性質」對話方塊中，點選「複製」指令，輸入名稱「鋼百葉」，再點選「確定」即建立了新的帷幕牆類型。
- 如圖 9-96 設定鋼百葉類型性質，請注意帷幕板設定為「空系統嵌板-空」（即沒有嵌板），點選「確定」返回「性質」對話方塊，完成入口鋼百葉造型如圖 9-97 所示。

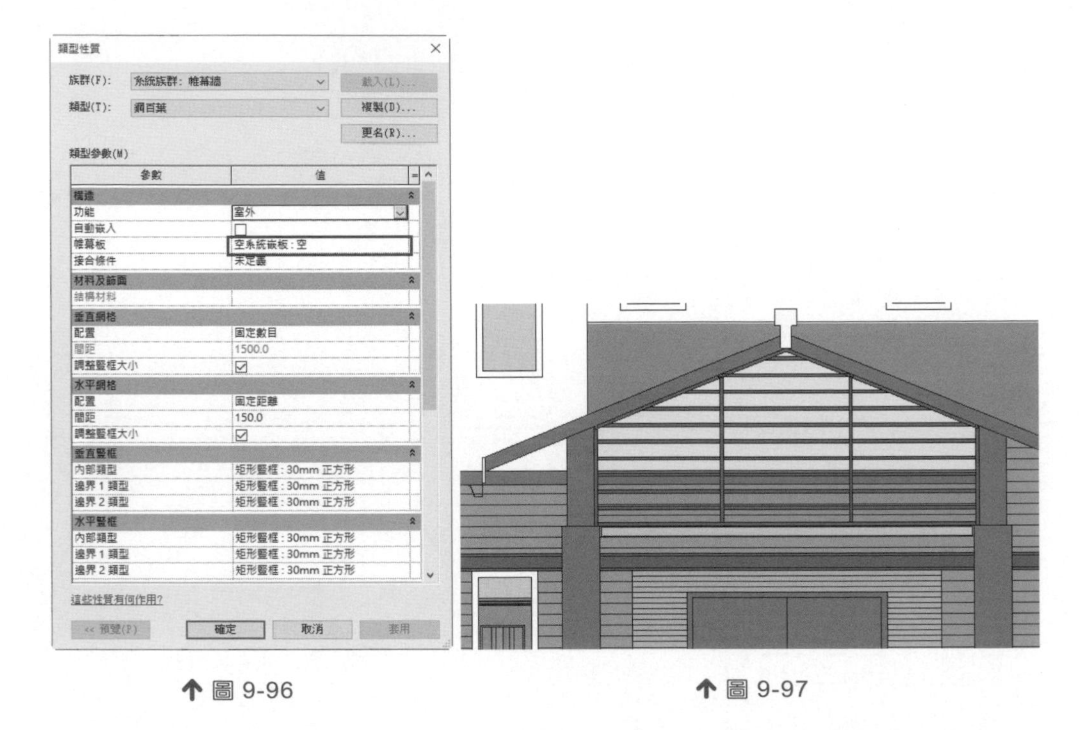

↑ 圖 9-96　　　　↑ 圖 9-97

- 完成後的鋼百葉請參考「REVIT 練習文件\第 9 章\高山御花園別墅_09_1.rvt」檔案。

9.8 添加室內元件

Revit 內附了大量的衛浴裝置、傢俱、照明設備等標準族群元件，可以載入到專案檔案中，依需要位置直接擺放。使用這些標準元件的指令只有一個：功能區「建築」頁籤 -「放置元件」指令。而需要注意的是，這些標準族群中，有些是需依主體放置的，例如小便器、壁燈必須安置在牆體的，吸頂燈更是需要在天花板上放置的；而有些標準族群則是不需要主體的，可以直接放置在任何需要的地方。

9.8.1 添加衛浴裝置

打開「REVIT 練習文件\第 9 章\高山御花園別墅_09_1.rvt」檔案。

- 點選功能區「插入」頁籤 -「載入族群」指令，由公制族群元件資料庫「Metric Library」-「特製設備」-「廚具及衛浴」次資料夾中，選擇多個需要的衛浴裝置族群檔案，點選「開啟」將其載入到專案檔案中備用。圖 9-98 為標準衛浴裝置族群範例。
- 接著，點選功能區「建築」頁籤 -「放置元件」指令，從類型選擇器中選擇已經載入的族群檔案，放置到平面圖中需要的位置，並可利用旋轉和移動指令精準定位。圖 9-99 為在 2FL 平面圖 F5、G6 軸線中放置的衛浴設備參考圖。
- 另外，也可以由功能區「插入」頁籤 -「匯入 CAD」指令，匯入由 AutoCAD 繪製完成 2D DWG 格式的平面衛浴裝置圖塊，放置到平面圖中，重複利用早期的設計資源。

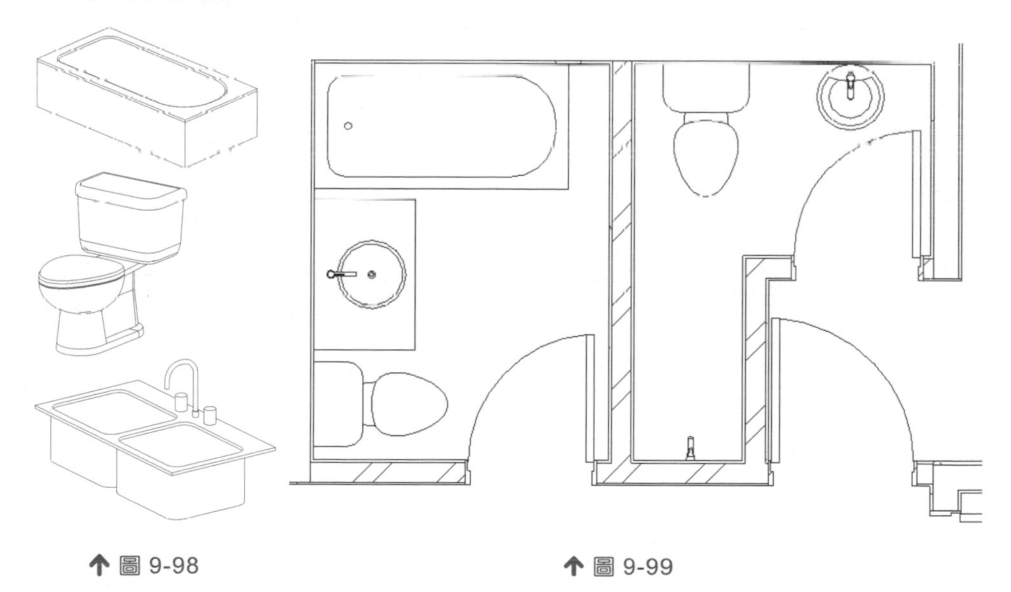

↑ 圖 9-98　　↑ 圖 9-99

- 接下來請練習上述的「匯入 CAD」指令作法，功能區「插入」頁籤 -「匯入 CAD」指令，由「REVIT 練習文件\第 9 章\外部文件」資料夾中「衛浴裝置 1.dwg」檔案，點選「開啟」將其放置到圖中，並使用「修改」頁籤 -「移動」指令，精確定位到平面圖「2F」的軸線 F2、G3 中，如圖 9-100、圖 9-101 所示。

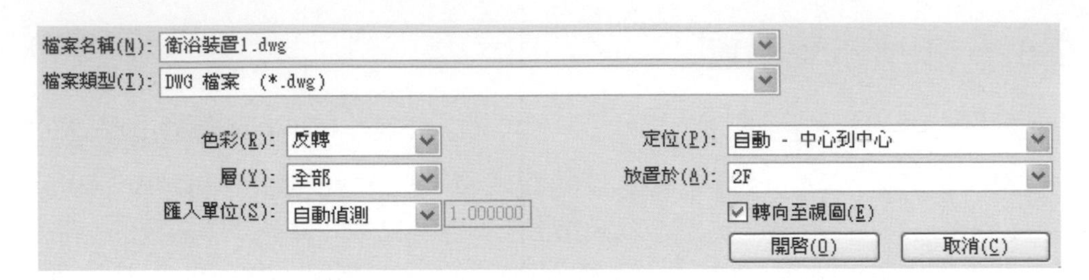

↑ 圖 9-100

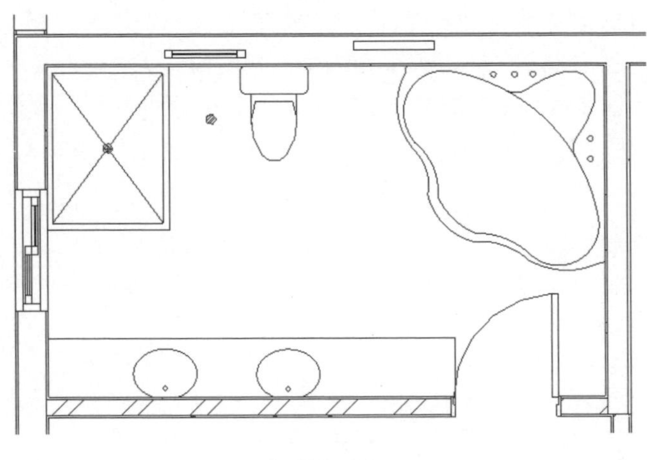

↑ 圖 9-101

- 再來的練習是對匯入的 CAD 物件線條作調整，請由「樓板平面圖-2FL」的「性質」交談框中，點選「圖形」參數中的「可見性／圖形取代」右側的「編輯」指令，打開「樓板平面圖 2FL：可見性／圖形取代」對話方塊，切換上方的頁籤到「匯入的品類」後，點選下方的「物件型式」設定指令，修改「衛浴裝置 1.dwg」的線條顏色為黑色，再按「確定」指令結束交談框，如圖 9-102、圖 9-103 所示。

樓板平面圖: 2FL 的可見性/圖形取代
模型品類
標註品類
分析模型品類
匯入的品類
篩選
在此視圖中展示匯入的品類(S)
如果取消勾選某個品類，它將不會顯示。
可見性
投影/表面
線
樣式
半色調
匯入族群中
取代...
0
1
3
BMCD2-11ZBOO04-BK1
BMCD2-11ZBOO04-BK2
BMCD2-12ZLMP35
BMCD2-12ZLMP35-SHADE
IGES_FRZ
衛浴裝置1.dwg (2)
0
家具
全部(L)
無(N)
反轉(I)
全部展開(X)
非取代品類是根據此專案之「匯入的物件型式」設定繪製的。
物件型式(O)...
確定
取消
套用(A)
說明

↑ 圖 9-102

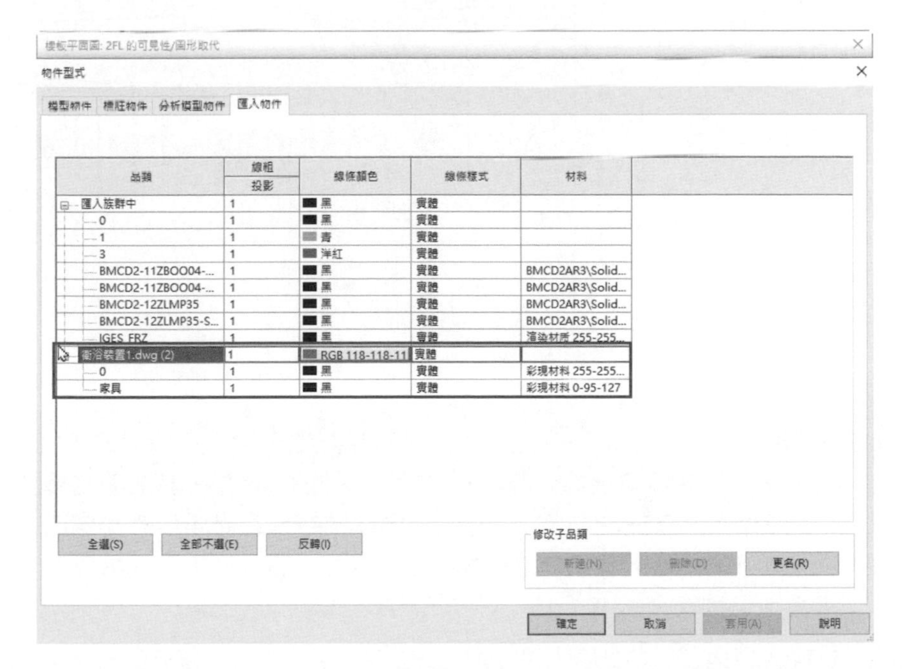
樓板平面圖: 2FL 的可見性/圖形取代
物件型式
模型物件
標註物件
分析模型物件
匯入物件
品類
線粗
投影
線條顏色
線條樣式
材料
匯入族群中
0
1
3
BMCD2-11ZBOO04-...
BMCD2-11ZBOO04-...
BMCD2-12ZLMP35
BMCD2-12ZLMP35-S...
IGES_FRZ
衛浴裝置1.dwg (2)
0
家具
黑
青
洋紅
RGB 118-118-11
實體
BMCD2AR3\Solid...
渲染材質 255-255...
彩現材料 255-255...
彩現材料 0-95-127
全選(S)
全部不選(E)
反轉(I)
修改子品類
新建(N)
刪除(D)
更名(R)
確定
取消
套用(A)
說明

↑ 圖 9-103

注意

載入的 DWG 是一個整體，可以用「移動」等編輯指令改變其位置。如要編輯其中的線條，需先點選 DWG 圖塊並在功能區「匯入例證」面板中的「分解」或「局部分解」指令將其分解，然後再編輯。

9.8.2 添加室內元件

- 點選功能區「插入」頁籤 -「載入族群」指令，定位到「第 9 章」-「外部文件」-「客廳族」資料夾中，選擇所有的族群檔案，再點選「開啟」載入到專案檔案中。
- 在專案瀏覽器中「樓板平面圖」項目下的「1FL」點兩下，打開一樓平面視圖。
- 點選功能區「建築」頁籤 -「放置元件」指令，從類型選擇器中選擇相對應的傢俱族群，移動游標到圖中需要的位置，點選左鍵放置元件，並依需要作旋轉和移動調整位置。如圖 9-104、圖 9-105 為一樓平面 B2、E5 軸線位置的客廳傢俱佈置完成圖。

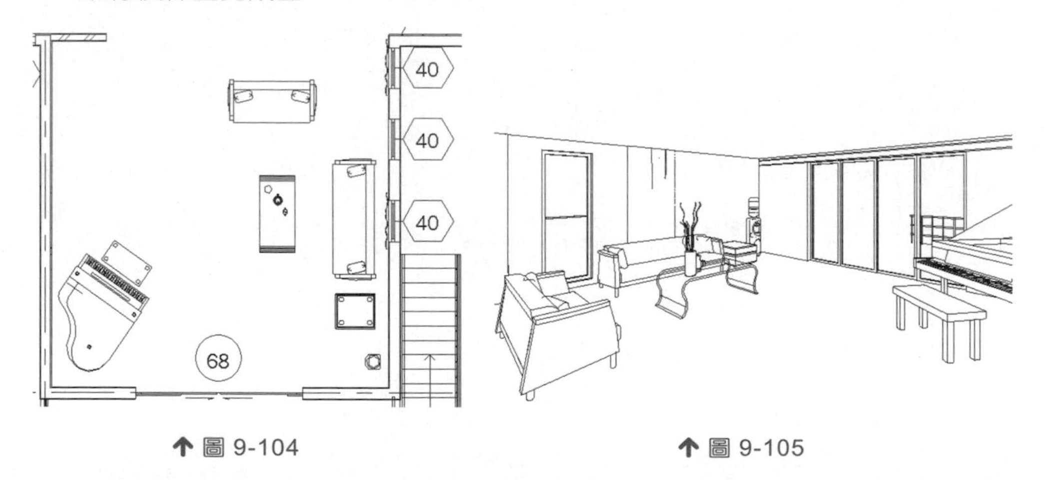

↑ 圖 9-104　　↑ 圖 9-105

- 接著佈置照明設備。如前面所述，很多照明族群檔案是必須依附於某些主體，比如落地燈為「基於樓板的照明設備」；吊燈、吸頂燈為「基於天花板的照明設備」，壁燈為「基於牆的照明設備」。本案例在客廳當中要添加落地燈和吸頂燈，所以必須在放置吸頂燈之前先建立天花板，然後把吸頂燈放置在天花板上，而落地燈則可直接在「1FL」平面圖中放置。
- 請由「專案瀏覽器」-「天花板平面圖」－「1FL」，進入一樓天花板平面圖中。

- 點選功能區「建築」頁籤 -「天花板」指令，再由功能區右上方「繪製天花板」指令，如圖 9-106 所示，利用矩形繪圖指令在客廳繪製天花板邊界線，而天花板的建立過程基本上和樓板的建立相同，這裡不再詳述，但需注意的是，Revit 的天花板預設高度是 2600mm。

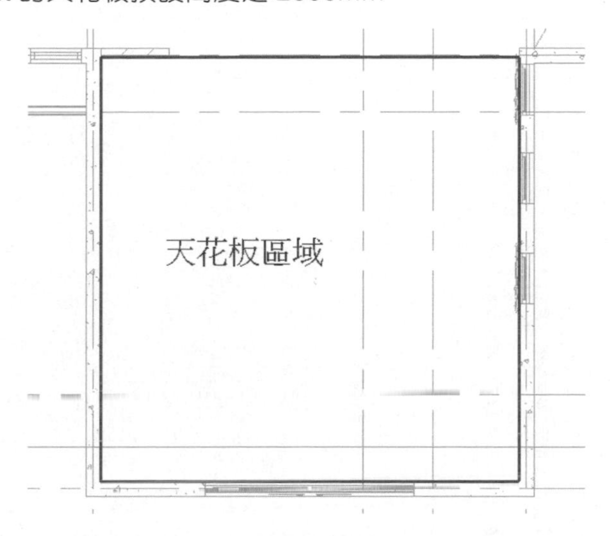

↑ 圖 9-106

- 點選功能區「建築」頁籤 -「放置元件」指令，選擇需要的照明設備族群，如吸頂燈。移動游標到圖中需要的位置，點選放置。如圖 9-107、圖 9-108 為客廳照明設備佈置結果。

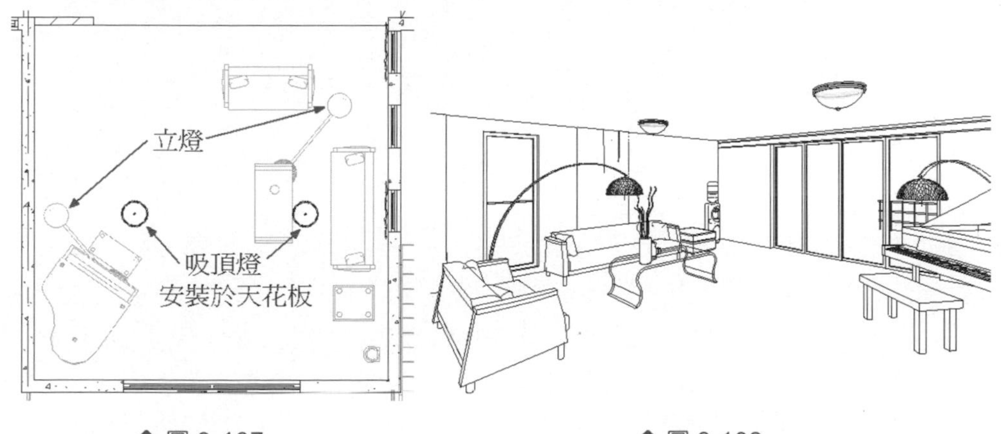

↑ 圖 9-107

↑ 圖 9-108

- 若想清除已載入而未使用的族群元件，可由功能區「管理」頁籤-點選「清除未使用的」指令，並點選「全部不勾選」指令後，視圖族群項目選單，仔細勾選欲清除族群元件後，按「確定」清除不再使用的族群元件，如圖 9-109 所示。

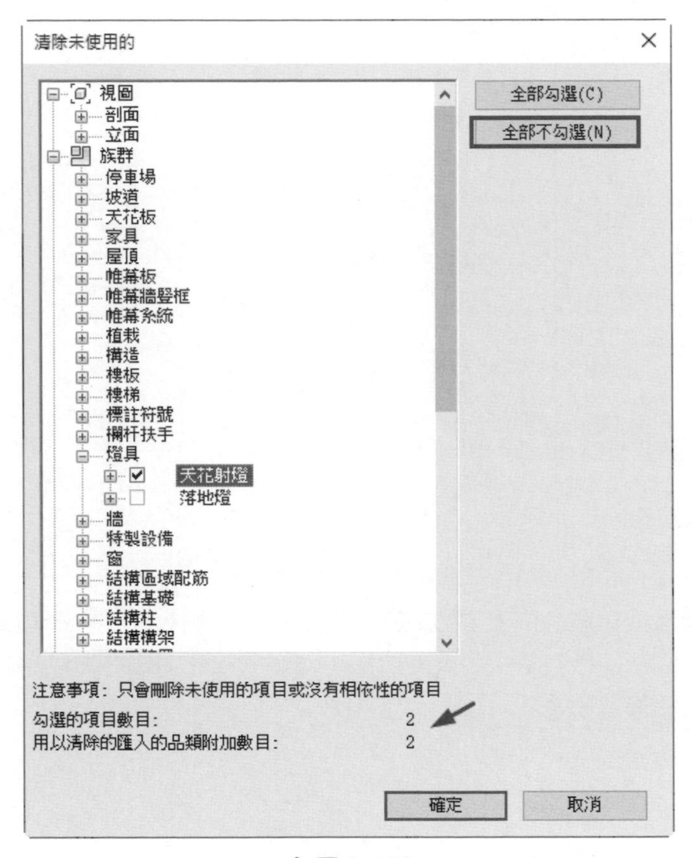

↑ 圖 9-109

至此本案例室內外元件都已經繪製完成，完成後的結果請參考「REVIT 練習文件\第 9 章\高山御花園別墅_09.rvt」檔案。

模擬試題

本章學習了如何添加室內外元件以及如何利用內建模型的方式現地建立元件。從第 10 章開始我們將學習如何繪製敷地以及添加敷地元件。

由下面練習題，同學們可評量本章學習效益。

1. 更新題目及圖片：

   (1) 請開啟「Medical_m.rvt」檔案。

   (2) 啟用天花板平面圖（Ceiling Plan）- Bulk Stores。

   (3) 使用「自動天花板」指令，並使用下列條件，如圖所示在房間中建立天花板。

   - 族群：基本天花板
   - 類型：Generic
   - 樓層：Floor Finish
   - 距樓層的高度偏移：2400 mm
   - 房間左邊界：勾選

   請問完成後原來的房間體積為多少立方公尺？

   ________________ ##.### m^3

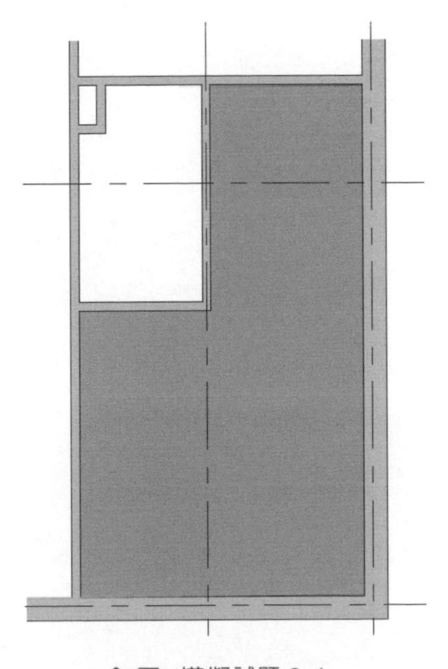

↑ 圖 模擬試題 9-1

2. 若要建立新的系統族群類型，必須執行下列哪一項？
(A)使用 Revit 族群樣板
(B)修改類似系統族群的「例證」參數
(C)複製類似系統族群類型，並修改的「類型」參數
(D)修改類似系統族群的「類型」參數

3. 請開啟「REVIT 練習文件\模擬試題\Summit Hotel_m.rvt」檔案。
啟用北（North）立面圖。

- 如圖模擬試題 9-2 所示，選擇建築模型中的坡道。
- 編輯坡道類型以調整坡道最大斜度（1/x），使其表示每運行 8 單位即上升 1 單位之斜度。

請問完成後，坡道底邊的角度是多少度？ ____________ #.##

↑圖 模擬試題 9-2

4. 以下哪一個項目，你會使用載入族群工具放置元件到建築模型中？
   (A)通用基本牆 (B)類型選取器中的雙開窗
   (C)平板電視 (D)帷幕板類型的玻璃門

5. 請開啟「Medical_m.rvt」檔案。

   (1) 啟用建築物樓板平面圖（Floor Plan）- North Entry。

   (2) 使用線段中點 2 作為建立坡道 1 的起點，並使用下列參數建立坡道：

   - 族群類型：Standard
   - 基準樓層：Site
   - 基準偏移：100
   - 頂部樓層：Floor Finish
   - 寬度：1750mm

   請問尺寸 3 的值為多少？_______________#### mm

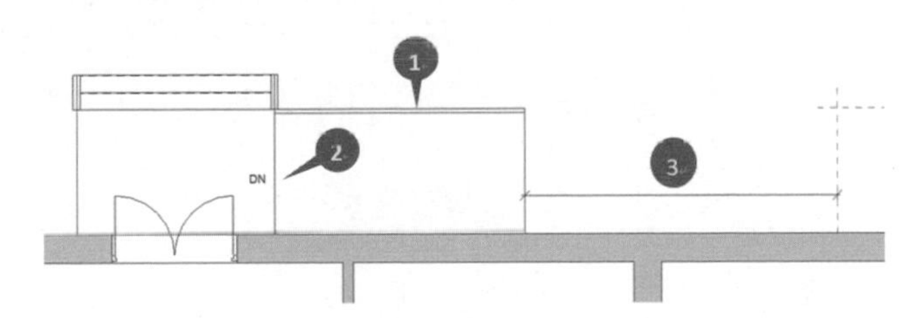

↑圖 模擬試題 9-3

6. 請開啟「REVIT 練習文件\模擬試題\Simple Building Roof_m」檔案。
   啟用 Railings 平面圖。
   依下列條件建立扶手：

   - 族群類型：900mm Pipe
   - 自外形向內偏移：130
   - 對齊：與左側參考平面及右側下緣

   請問，完成後如圖模擬試題 9-4 所示，扶手長度為何？

   ____________________#####.# mm

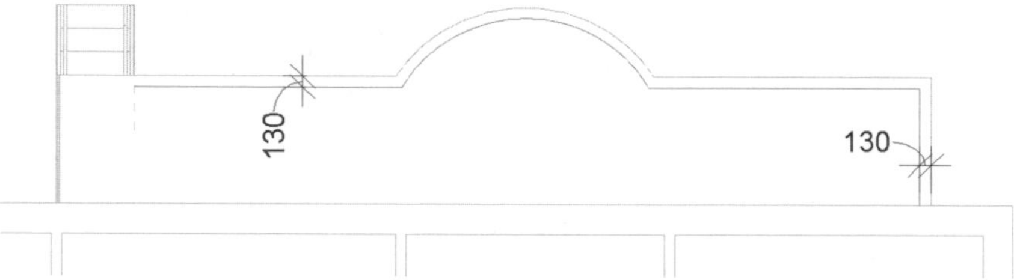

   ↑ 圖 模擬試題 9-4

7. 關於族群工具放置元件的說明，以下哪一項目為正確？
   (A) 系統族群（system）：於使用中，僅提供複製類型並修改結構條件功能，例如牆、屋頂、樓板...等
   (B) 可載入族群（loadable）：於指令進行中，若族群類型不符需求，可立即於元件庫 Library 載入族群，例如結構柱、植栽、家具元件...等
   (C) 內建族群（in-place）：於放置元件時，沒有符合需求的族群類型，且族群元件庫 Library 也找不到，此時可以自行在專案中採用 3D 建模指令完成專用元件，例如室內設計特殊造型家具、爬梯、特殊造型柱子...等
   (D) 以上皆是

8. 請開啟「Office_m.rvt」檔案。

   (1) 啟用樓板平面圖（Floor Plan）- Executive Office。

   (2) 以桌子的中心線鏡射椅子 1。

   請問椅子間的距離 2 為多少公釐？ ______________### mm

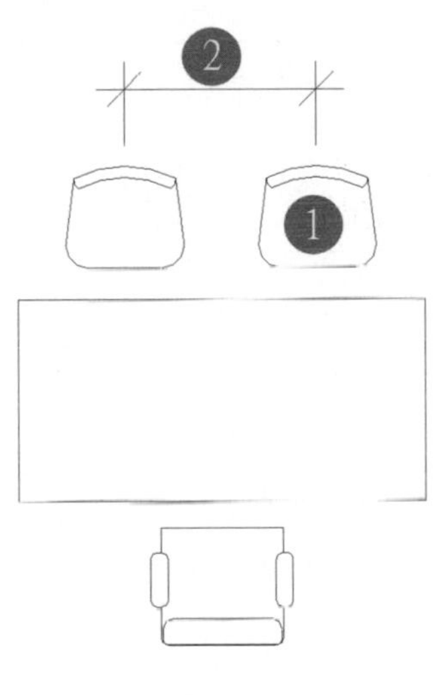

↑圖 模擬試題 9-5

9. 請開啟「Dentist Office_m.rvt」檔案。

   (1) 啟用樓板平面圖（Floor Plan）- Office。

   (2) 如圖所示，將桌子旋轉 90 度。

   請問尺寸 1 的值為何？________________### mm

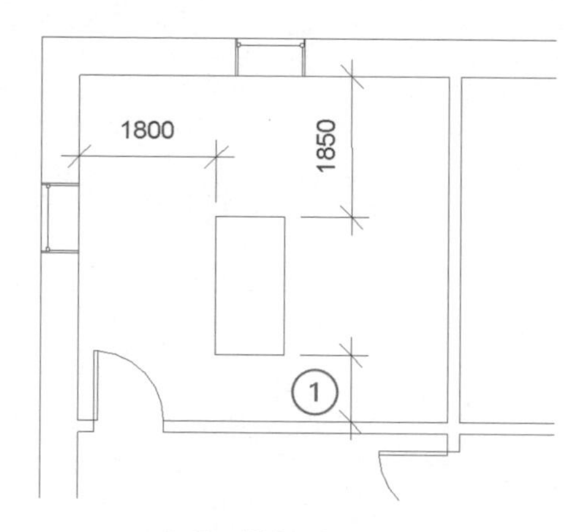

↑圖　模擬試題 9-6

10. 請開啟「Starter_m.rvt」檔案。

    (1) 啟用天花板平面圖（Ceiling Plan）- First。

    (2) 如圖所示，使用室內牆體與預先建立的模型線來繪製天花板草圖，並使用下列條件：

    - 族群：複合天花板
    - 類型：GWB on Furring
    - 樓層：First
    - 高度偏移：2350 mm

    請問此天花板的體積為多少立方公尺？________________#.### m^3

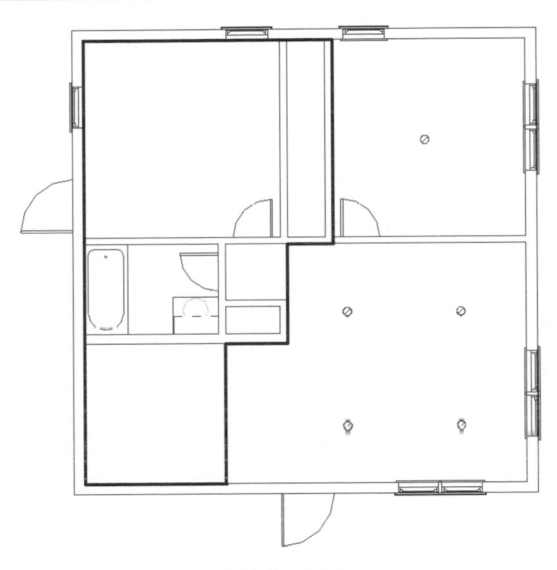

↑圖 模擬試題 9-7

11. 請開啟「Starter_m.rvt」檔案。

    (1) 啟用樓板平面圖（Floor Plan）- First。

    (2) 如圖所示，依指定尺寸放置 Toilet-3D 元件（馬桶）1。

    如圖所示，請問標註 2 的尺寸值為何？________________#### mm

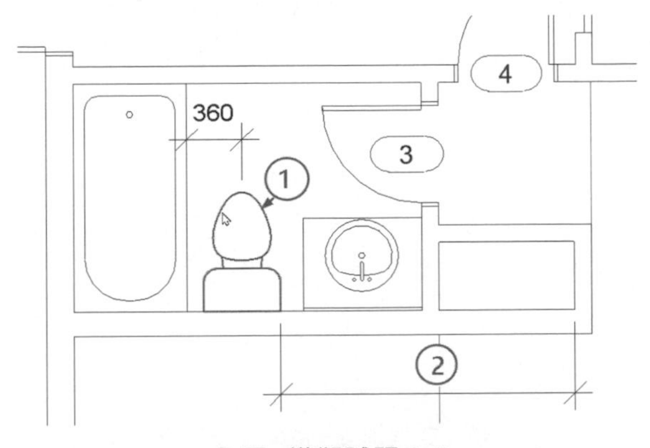

↑圖 模擬試題 9-8

12. 請開啟「House_m.rvt」檔案。

(1) 啟用樓板平面圖（Floor Plan）- Bedrooms。

(2) 如圖所示，使用牆開口工具新增開口，並採用下列條件繪製開口輪廓：

- 頂部偏移： -650 mm
- 開口寬度：1300 mm

請問牆 1 的體積為多少立方公尺？＿＿＿＿＿＿＿＿#.### m^3

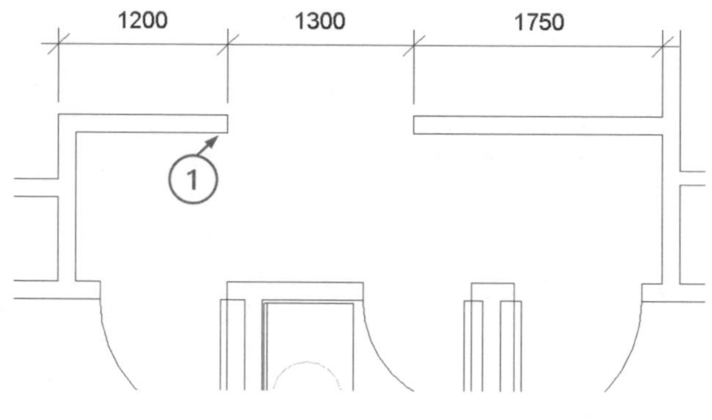

↑ 圖　模擬試題 9-9

考題操作說明：

牆開口若在平面圖中操作，可於「性質」選項板中設定條件；但是當牆開口底部不是約束到樓板時，還是必須在立面圖中繪製正確尺寸位置。

13. 請開啟「House_m.rvt」檔案。

(1) 啟用樓板平面圖(Floor Plan)- Dining Area。

(2) 如上圖所示,在用餐區的左下角新增最接近該空間大小的家具 - Base Cabinet-2 Bin。

請問將使用的 Base Cabinet-2 Bin 族群類型為何?

(A) Base Cabinet-2 Bin A

(B) Base Cabinet-2 Bin B

(C) Base Cabinet-2 Bin C

(D) Base Cabinet-2 Bin D

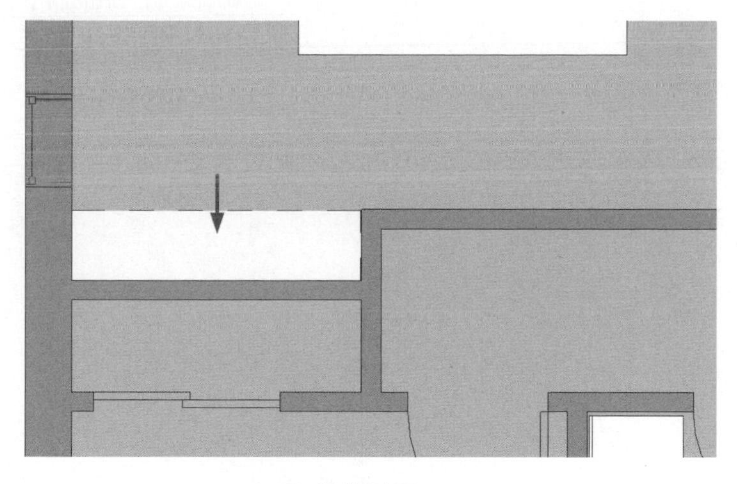

↑圖 模擬試題 9-10

CHAPTER 10

敷地平面

課程概要

於前面幾章已經完成了別墅 3D 模型的設計。接著將為別墅模型建立敷地（地形）平面，完整建立別墅所需元素及建築物 3D 模型。

本章將詳細解說建立敷地地形的三種方法：放置草繪點及立面高度、匯入測量點資料、插入（匯入）AutoCAD 或 Civil 3D 實體例證，為 3D 別墅建立 3D 地形表面，並建立敷地建板（建築地坪），然後用「附屬區域」指令規劃別墅的進出道路，並建立植栽等配置元件。透過以上內容來學習敷地平面設計的基本方法。

課程目標

透過本章的操作學習，您將實際掌握：

- 用「點」建立地形表面的方法
- 匯入「點資料」建立地形表面的方法
- 匯入「3D 實體例證」建立地形表面的方法
- 建立「敷地建板」的方法
- 敷地規劃 —「附屬區域」的設計方法
- 植栽等建築配置元件的建立方法

10.1 地形表面

地形表面是建築敷地地形或地塊地形的圖形表示。Revit 中建立地形表面可以使用功能區「量體與敷地」頁籤 -「地形表面」指令，透過不同高度的點或等高線，連接成我們需要的 3D 地形表面。在預設情況下，樓層平面視圖不顯示地形表面，可以在 3D 視圖或在專用的「敷地」視圖中建立。

- 打開「REVIT 練習文件\第 9 章\高山御花園別墅_09.rvt」檔，繼續完成本章練習。

10.1.1 放置點建立地形表面

此「放置點」工具是利用點的絕對立面高度來建立地形表面，適用於平面地形或簡單的曲面地形。

- 在專案瀏覽器中展開「樓層平面」項目，在視圖名稱「敷地」快點兩下，進入敷地平面視圖。
- 為了便於選取，我們在敷地平面視圖中根據繪製地形的需要，繪製 6 條參考平面。
- 點選功能區「建築」頁籤 -「參考平面」指令，進入草繪畫面，使用「點選線」指令，並在選項列設定「偏移」量為 10000，點選 1、8 號軸線及 A、J 軸線分別向外側偏移 10 公尺。
- 點選 H 軸線向上偏移 240，點選 D 軸線向下偏移 1100，完成參考平面得交點 A、B、C、D、E、F、G 和 H，如圖 10-1、圖 10-2 所示。

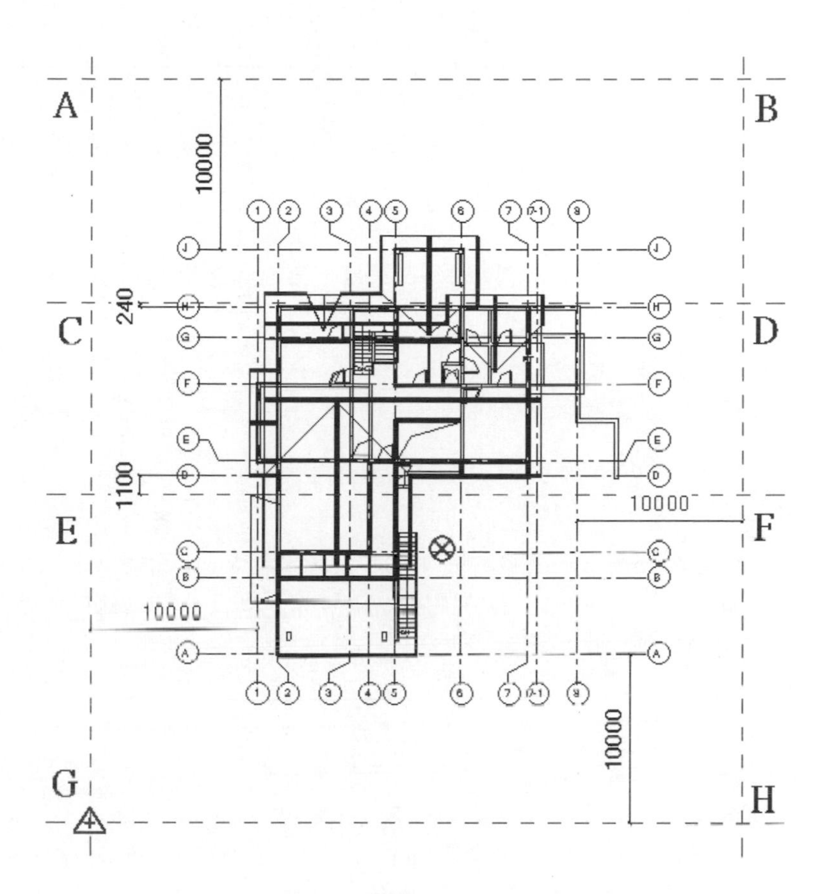

↑ 圖 10-1

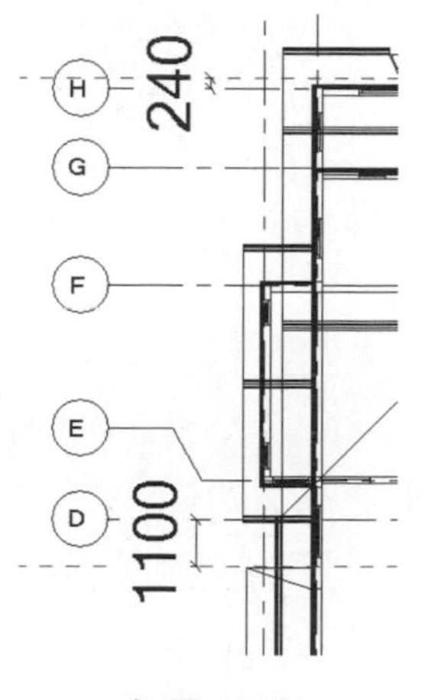

↑ 圖 10-2

注意

參考平面是沒有長度的，所以繪製時參考平面可以不相交，同樣可以選取到它們的交點。若操作上需求，可以「修改」指令點選參考平面，拖曳端點拉長得相交位置。

- 接著將選取 6 條參考平面的 8 個交點 A-H，透過建立地形高度點來設計地形表面。
- 點選功能區「量體與敷地」頁籤-「地形表面」指令，Revit 將會進入草圖模式。此時功能區在編輯表面狀態，且指令於預設指令「放置點」。
- 於選項列顯示「高度」選項 修改 | 編輯表面 立面 -450.0 絕對高度，將游高度數值修改為「–450」，並按「Enter」鍵完成高度值的設定。
- 移動游標至繪圖區域，依次點選圖 10-1 中 A、B、C、D 四參考平面交點，即放置了 4 個高度為「–450」的位置點，並形成了以該 4 點為端點、水平高度為「–450」的一個地形平面。

注意

「高度」的數值用於確定正在放置的點的高度。預設值為「0.0」。此專案地形位於地平面以下，所以在敷地平面圖中可能看不到草繪地形點位置，請在進入地形表面指令之前，在敷地平面視圖「性質」交談框中設定「視圖範圍」的「主要範圍」-「底部」為「B1-1FL」，「視景深度」-「樓層」為「B1-1FL」，如圖 10-3 所示，則草繪點位置時，將可清楚看到草繪地形點所在位置。

視圖範圍

主要範圍

頂部(T):	關聯的樓層 (1FL)	偏移(O):	100000.0
切割平面(C):	關聯的樓層 (1FL)	偏移(E):	100000.0
底部(B):	B1-1FL	偏移(F):	0.0

視景深度

樓層(L):	B1-1FL	偏移(S):	0.0

瞭解更多關於視圖範圍的資訊

<< 顯示　確定　套用(A)　取消

↑ 圖 10-3

- 再次將游標移至選項列，雙擊「高度」值「−450」，設定新值為「−3500」 修改 | 編輯表面 立面 -3500.0 絕對高度 ，按「Enter」鍵。游標回到繪圖區域，依次點選 E、F、G、H 點，放置 4 個高度為「−3500」的點，完成放置點地形草繪如圖 10-4 所示，請點選「竣工表面」✔完成地形草繪。

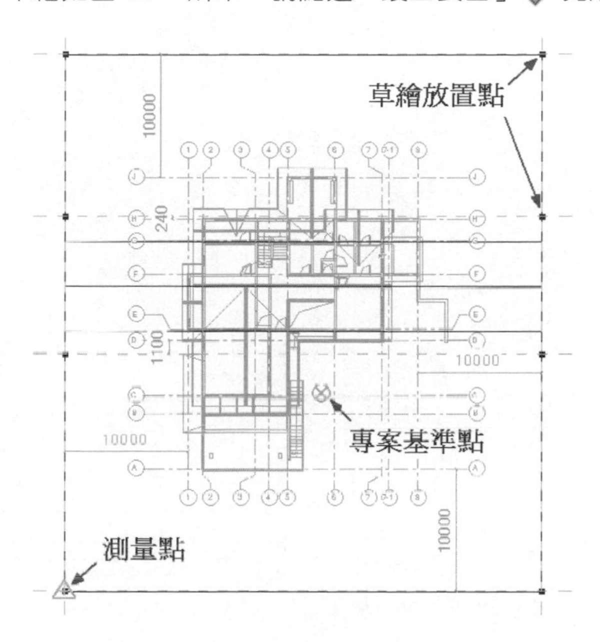

↑ 圖 10-4

- 點選剛完成的地形表面在「性質」對話方塊中，點選「材料」-「依品類」旁的「瀏覽」圖示，打開「材料」對話方塊，選取「敷地 - 草地」作為地形材料，點選「確定」關閉所有對話方塊，此時給地形表面加入了草地材質，如圖 10-5 所示。

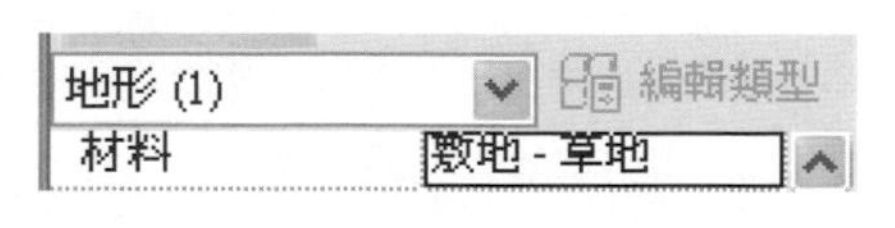

↑ 圖 10-5

- 完成的地形表面，結果如圖 10-6 所示。請參考「REVIT 練習文件\第 10 章\高山御花園別墅_10_1.rvt」檔案。

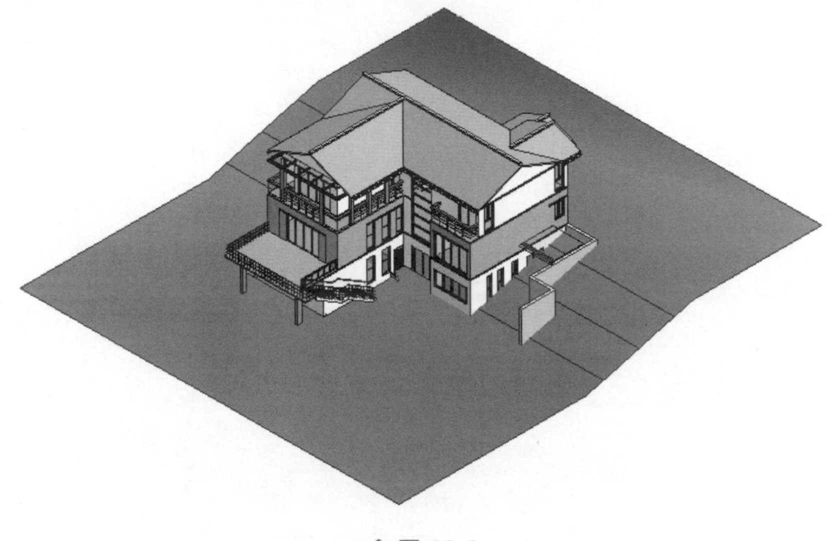

↑ 圖 10-6

10.1.2 從匯入建立地形表面

此「從匯入建立」則是透過匯入點資檔案或 3D 等高線資料來生成地形表面，此方法適用於建立已有真實地形資料的複雜自然地形，Revit 提供兩種匯入指令操作模式，下列將逐一說明。

請開啟「REVIT 練習文件\第 10 章\高山御花園別墅_10_2 匯入點資料.rvt」檔案繼續下面練習。

- 在專案瀏覽器中展開「樓層平面」項目，在視圖名稱「敷地」快點兩下，進入敷地平面視圖。
- 點選功能區「量體與敷地」頁籤 -「地形表面」指令，Revit 將會進入草圖模式。此時功能區在編輯表面狀態，於「工具」面板中「從匯入建立」從匯入建立指令右側下拉選單點選「指定點檔案」指令。

- 此時，Revit 會執行開啟點檔案動作，依圖 10-7 所示，更換檔案類型為「逗號分的文字」在第 10 章中點選「敷地匯入點資料.txt」點檔案，按「開啟」到下一步驟。

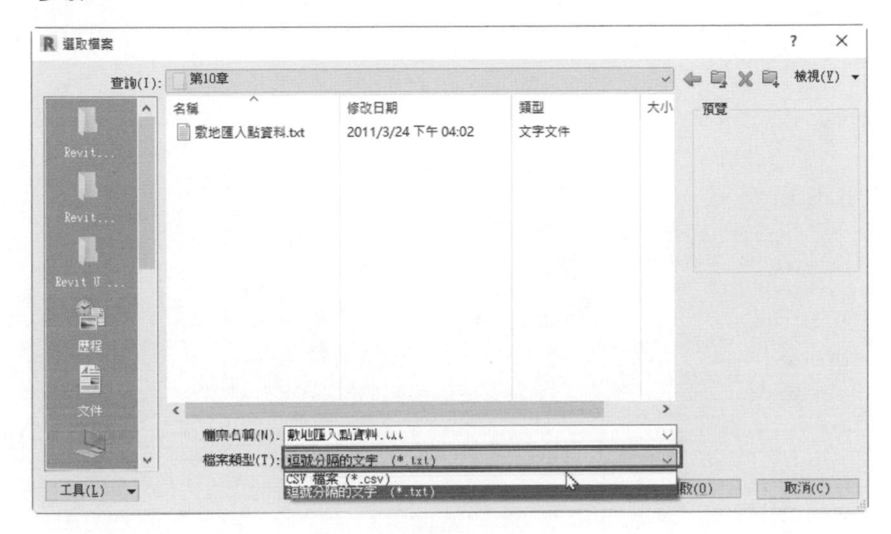

↑ 圖 10-7

- 在彈出的單位格式中，下拉單位格式，點選「公釐」為點資料轉換單位，如圖 10-8 所示，按「確定」完成匯入點資料地形表面。
- 完成的地形表面請參考「REVIT 練習文件\第 10 章\高山御花園別墅_10_2.rvt」檔案。

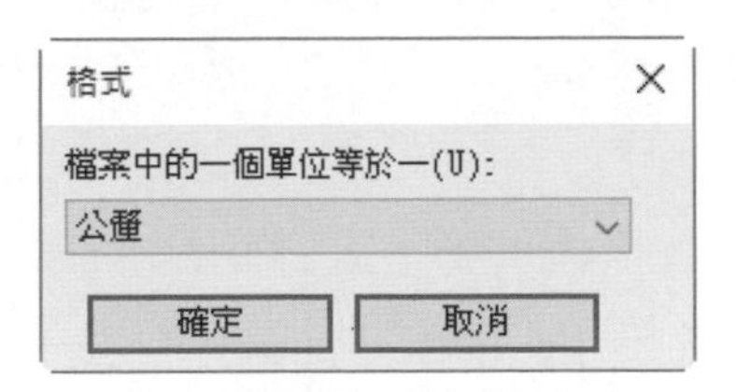

↑ 圖 10-8

- 接下來的練習是匯入 3D 等高線資料建立地形表面；請開啟「REVIT 練習文件\第 10 章\高山御花園別墅_10_3 匯入 3D 例證.rvt」檔案繼續下面練習。
- 在專案瀏覽器中進入{3D}視圖，由 3D 中觀察匯入例證的位置。
- 點選功能區「插入」頁籤 -「匯入 CAD」指令，點選「敷地匯入地形檔.dwg」檔案，並按「開啟」完成匯入 CAD 格式檔案模型，如圖 10-9 所示。

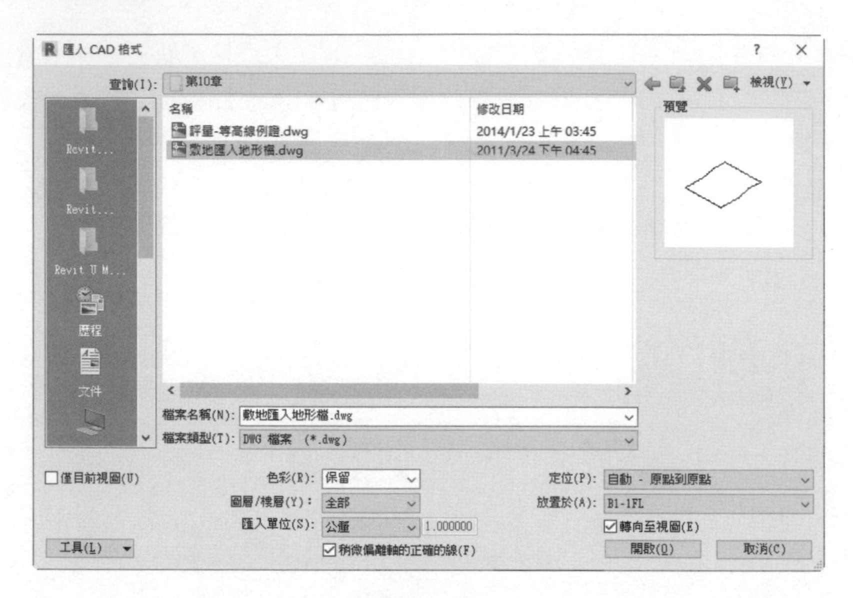

↑ 圖 10-9

- 點選螢幕右上角「ViewCube」視角方塊「右」視角，觀察所匯入 CAD 例證模型位置，會發現 Revit 會以最低樓層的「B1-1FL」作為模型定位高度。
- 請點選 CAD 例證模型，在「性質」交談框中設定「基準樓層」為「1FL」，調整匯入例證高度，如圖 10-10 所示。

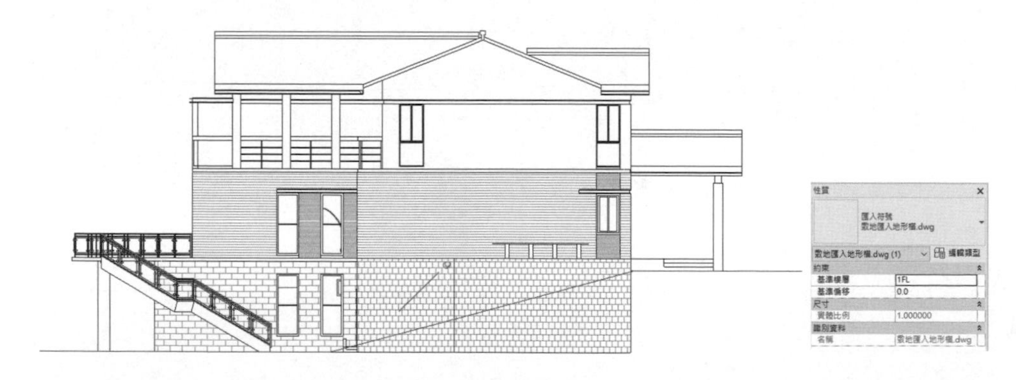

↑ 圖 10-10

- 點選功能區「量體與敷地」頁籤 -「地形表面」指令，Revit 將會進入草圖模式。此時功能區在編輯表面狀態，於「工具」面板中「從匯入建立」指令右側下拉選單點選「選取匯入實體(例證)」指令，請點選上述的 CAD

例證模型，在出現的「從選取的層加入點」對話方塊中點選「確定」，完成由 AutoCAD 或 AutoCAD Civil 3D 模型例證的圖層中資料建立地形表面，此時可能會有警告地形邊界訊息，關閉警告視窗即可並完成例證地形表面的建立，如圖 10-11、圖 10-12 所示。

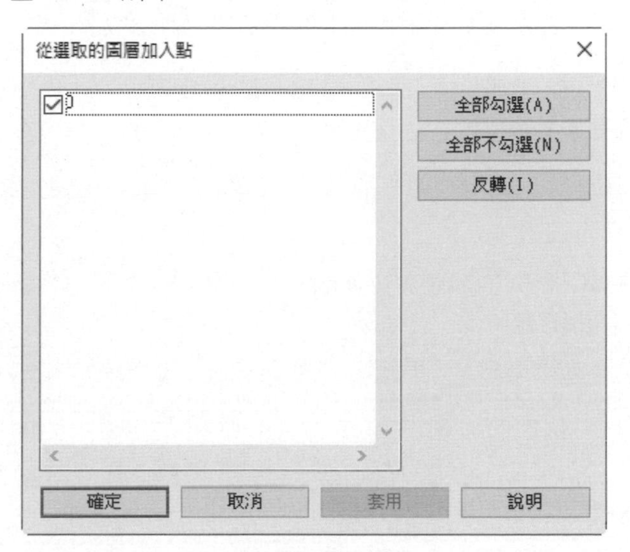

↑ 圖 10-11

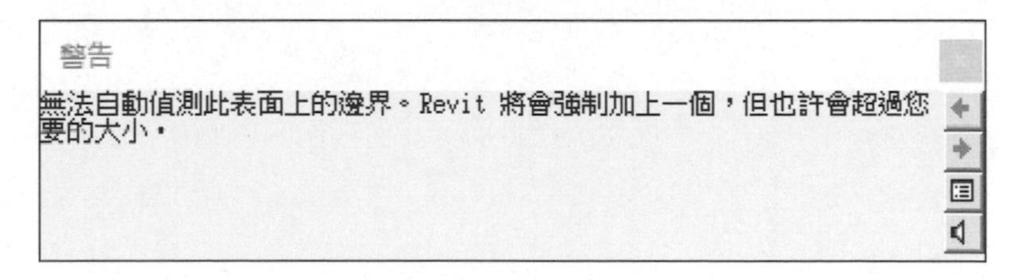

↑ 圖 10-12

注意

「簡化表面」指令可以提升系統效能，特別是對於包含大量點的表面。

- 完成的地形表面請參考「REVIT 練習文件\第 10 章\高山御花園別墅_10_3.rvt」檔案。

10.2 建築地坪

我們已經建立了一個帶有簡單坡度的地形表面，而建築的首層地面需是水平的，本節將學習建築地坪的建立。「敷地建板」工具適用於快速建立水平地面、停車場和水平道路等，亦即 Revit 早期版本的「建築地坪」功能。

敷地建板可以在「敷地」平面中繪製，為了參照地下一樓外牆，也可以在「B1–1F」平面視圖中繪製。

- 接續上一節練習，或打開「REVIT 練習文件\第 10 章\高山御花園別墅_10_1 .rvt」檔案。
- 在專案瀏覽器中展開「樓層平面」項目，在視圖名稱「B1-1FL」點兩下，進入 B1-1FL 平面視圖。
- 點選功能區「量體與敷地」頁籤 -「敷地建板」指令，進入建築地坪的草圖繪製模式。
- 點選功能區「點選線」指令，移動游標到繪圖區域，開始以順時針方向點選建築物外牆繪製建築地坪輪廓，如圖 10-13 所示，必須確保輪廓線閉合。

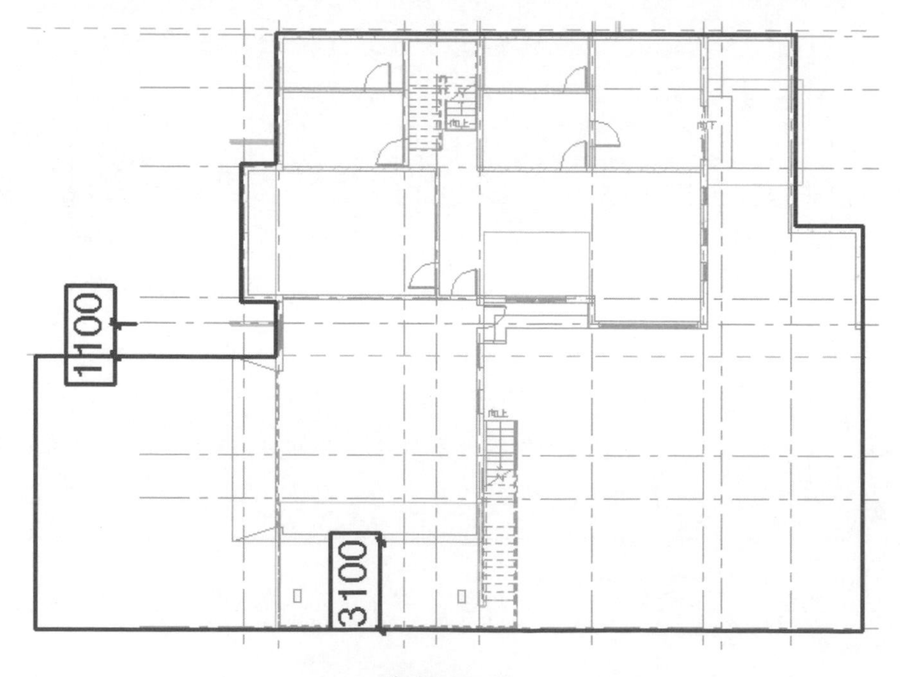

↑ 圖 10-13

- 請檢查「性質」交談框，確定約束樓層是在「B1-1FL」，如圖 10-14 所示。

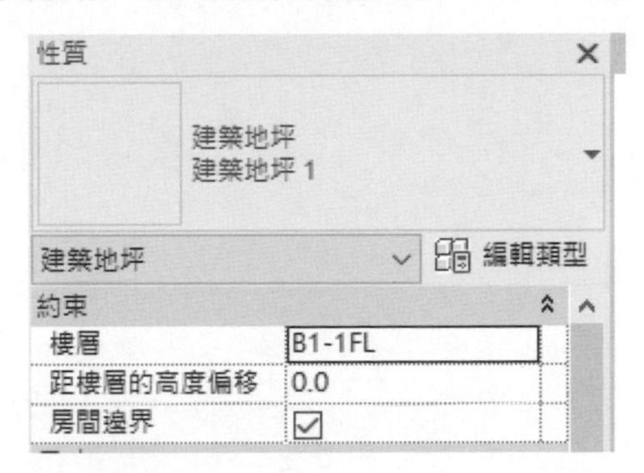

↑ 圖 10-14

提示

也可根據自己的需要使用功能區「點選牆」指令，點選可作為建築地坪輪廓的牆體，即可沿牆體生成輪廓線。結合「點選線」指令，繪製具有偏移量的其他線條，然後使用「修剪」指令將所有線條修剪為閉合輪廓線。

注意

在預設情況下，圖 10-14 中的樓層值與目前打開的視圖樓層一致，可從下拉列表中選擇項目中的任意樓層設定為地坪高度。

- 點選「性質」對話方塊中的「編輯類型」指令，進入「類型性質」對話方塊，點選「營造」-「結構」旁的「編輯」按鈕，打開「編輯組合」對話方塊，如圖 10-15。點選結構材料「依品類」旁的「瀏覽」圖示，打開「材料」對話方塊，選擇材料為「敷地 - 碎石」（譯註：大陸用語是「場地 - 碎石」）後點選「確定」關閉對話方塊。

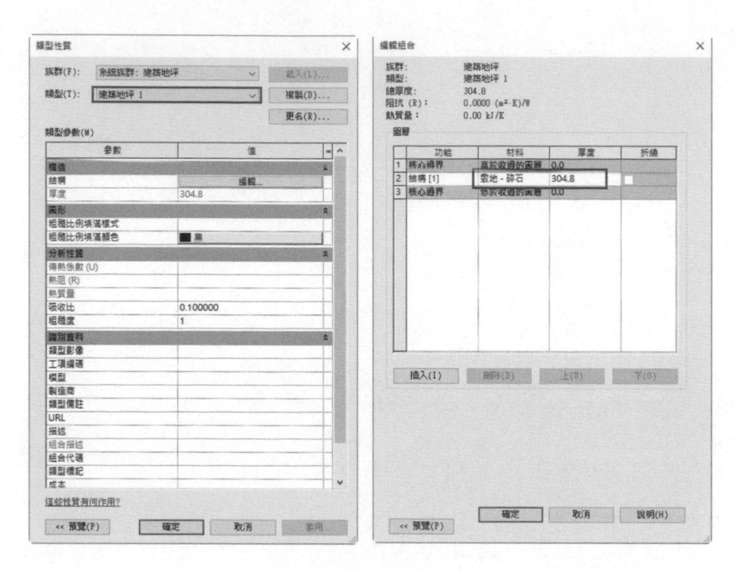

↑ 圖 10-15

- 接著點選「複製」並命名新類型「PC 10cm」，進入「類型性質」對話方塊，點選「營造」-「結構」旁的「編輯」按鈕，打開「編輯組合」對話方塊，如圖 10-16。點選結構材料「依品類」旁的「瀏覽」圖示，打開「材料」對話方塊，選擇材料為「混凝土 - 現場澆注混凝土」，厚度為 100，後點選「確定」關閉所有對話方塊。

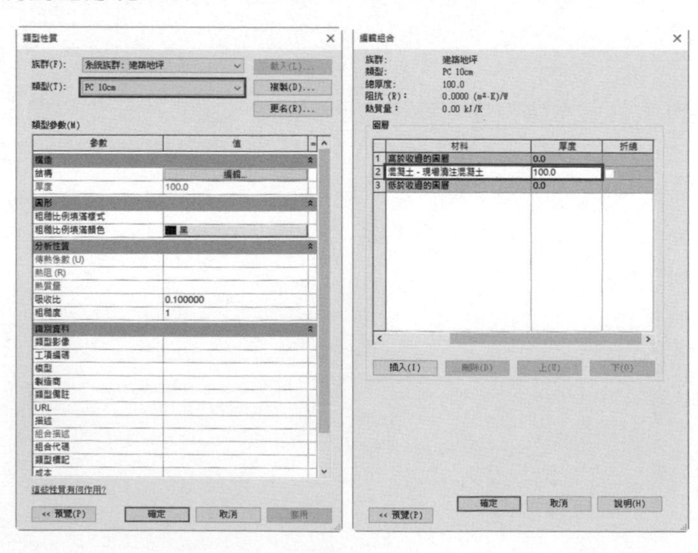

↑ 圖 10-16

- 點選功能區完成編輯建築地坪邊界指令即建立了建築地坪，如圖 10-17 所示，完成後的結果請參考「REVIT 練習文件\第 10 章\高山御花園別墅_10_4.rvt」檔案。

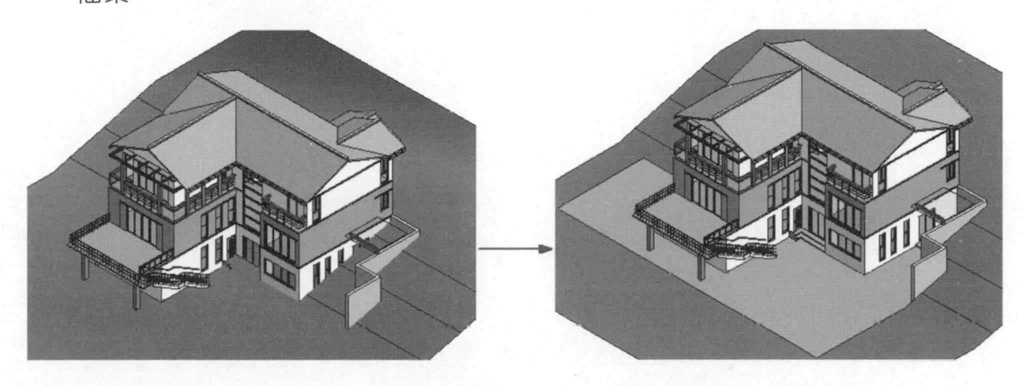

↑ 圖 10-17

注意

如果需要繪製多個不同高度的建築地坪時，應注意多個建築地坪可以共用邊緣，但不能重疊。

10.3 附屬區域（道路）

透過上一節的學習，繪製了建築地坪，本節將使用「附屬區域」工具在地形表面上繪製道路。地形表面附屬區域為可在現有地形表面的內部繪製草圖的區域。例如，可以使用附屬區域在整地表面、道路或孤立物件上繪製停車場。建立附屬區域不會形成個別的表面。它只會定義表面的區域，可在其中套用不同的性質，例如材料。

「附屬區域」指令和「敷地建板」不同，「敷地建板」指令會建立出單獨的水平表面，並切割地形；而「附屬區域」不會生成單獨的地平面，而是在地形表面上圈選了某區塊可以定義不同屬性（例如材質）的表面區域。

- 接續 10.2 節練習，打開「REVIT 練習文件\第 10 章\高山御花園別墅_10_4.rvt」檔案。
- 在專案瀏覽器中展開「樓層平面」項目，雙擊視圖名稱「敷地」，進入敷地平面視圖。

- 點選功能區「量體與敷地」頁籤-「附屬區域」指令，進入草圖繪製模式。
- 於功能區點選「繪製」的面板指令，以順時針方向繪製如圖 10-18 附屬區域輪廓。

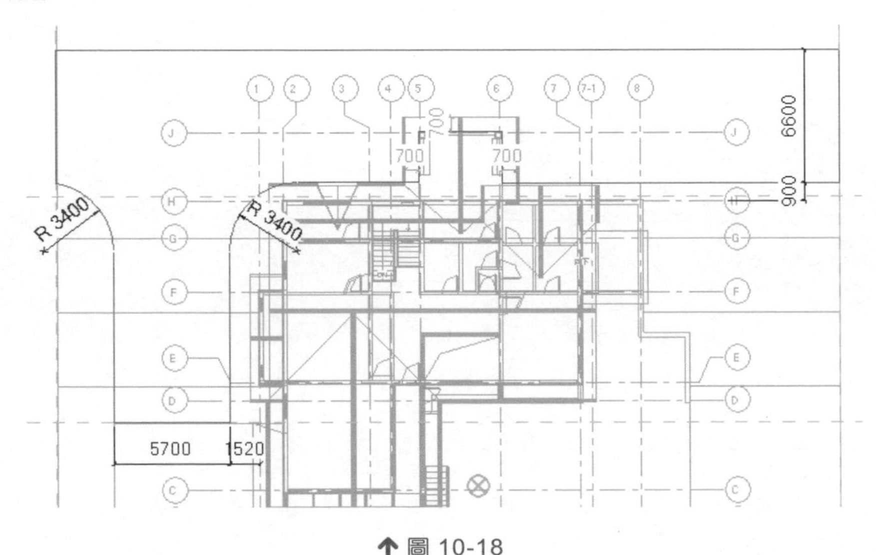

↑ 圖 10-18

- 另外，繪製圓角弧線時，在選項列先輸入半徑值為 3400 鏈 半徑: 3400.0。

注意

敷地附屬區域是附著於地形表面上的面，因此其高度走勢完全依附於地形表面，無須單獨出敷地區域的樓層。

- 點選「性質」交談框 - 材料「依品類」旁的「瀏覽」圖示，打開「材料」對話方塊，在左側材質中選擇「敷地 - AC」，按右鍵「複製」，並名為「敷地 - 柏油路」（譯註：大陸用語是「場地 - 柏油路」）並點選「確定」，回到「材料」對話方塊後，於右側「圖形」頁籤點選「描影」顏色，將柏油路材料顏色設定為灰色 RGB192-192-192，再按一次「確定」結束材料定義。
- 最後點選功能區「完成繪製」指令，至此完成了敷地區域道路的繪製，完成後的結果請參考「REVIT 練習文件\第 10 章\高山御花園別墅_10_5.rvt」檔案。

注意

多個「附屬區域」不能相交。

10.4 敷地元件

有了地形表面和道路，再搭配生動的花草、樹木、車等敷地元件，可以使整個場景更加豐富。敷地元件的繪製同樣在預設的「敷地」視圖中完成。

- 接續上一節練習，打開「REVIT 練習文件\第 10 章\高山御花園別墅_10_5.rvt」檔案。
- 由專案瀏覽器進入敷地平面視圖。
- 點選功能區「量體與敷地」頁籤 -「停車場元件」指令 或「敷地元件」指令，在類型選擇器中選擇需要的模型條件。
- 亦可在放置元件時由功能區右上方「載入族群」指令，到 Revit 「Metric Library」資源庫中載入所需族群使用，如圖 10-19 所示。

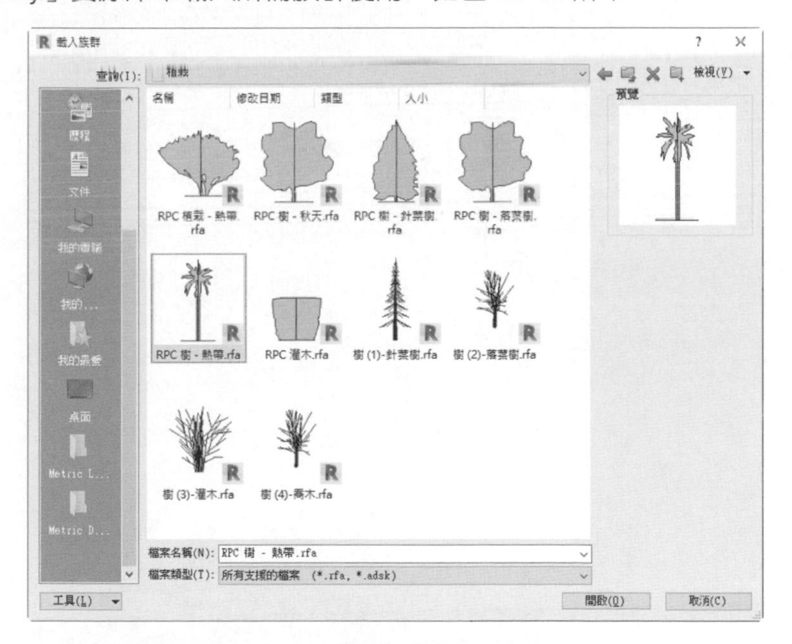

↑ 圖 10-19

- 然後在「敷地」平面圖中根據自己的需要，在道路及別墅周圍添加停車場、植栽等敷地元件，植栽高度可於「性質」或「編輯類型」交談框中重新定義尺寸，完成造景如圖 10-20、圖 10-21 所示。

注意

敷地元件可以自動點選敷地高度，無須調整元件基本高度。

注意

2013 版之後植栽選用需注意，務必選用 RPC 族群，擬真及彩現（渲染）時才能呈現植物外觀形狀。

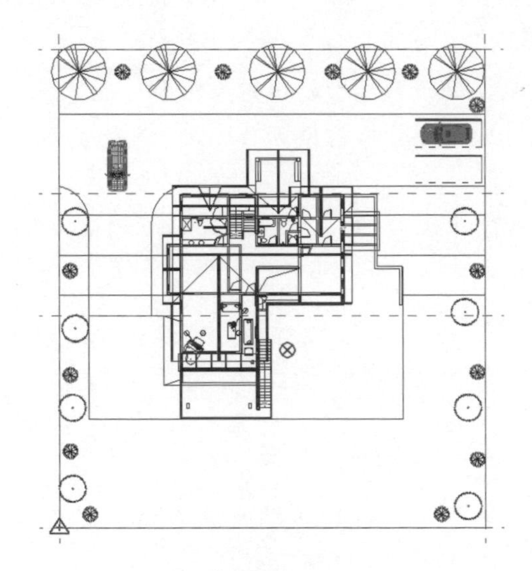

↑ 圖 10-20

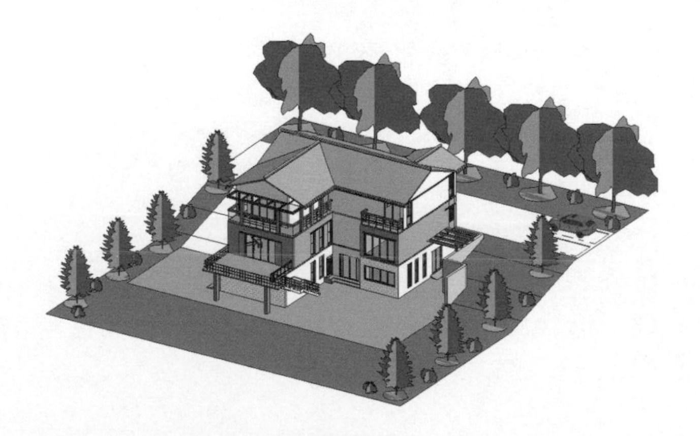

↑ 圖 10-21

至此我們就完成了敷地元件的添加，完成後的結構請參考「REVIT 練習文件\第 10 章\高山御花園別墅_10.rvt」檔案。

10.5 Revit 2024 版本的地形實體操作說明

在 Revit 2024 版本已經採用建築地坪模式呈現地形實體，大量取消地形表面功能，是 Revit 歷年來最大的改變。

由下面的操作來認識 Revit 2024 版地形實體使用方法。

- 打開「REVIT 練習文件\第 10 章\高山御花園別墅_10(2024).rvt」檔，繼續完成新指令練習。
- 進入敷地平面圖，點選「量體與敷地」頁籤-「地形實體」-「從草圖建立」指令，完成圖 10-22 所要求的基本範圍矩形草圖。

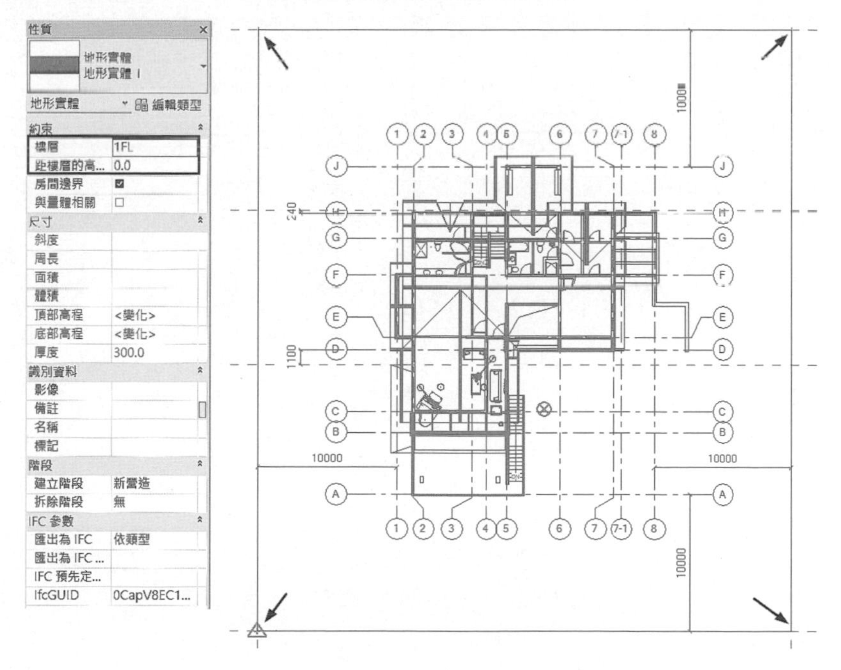

↑ 圖 10-22

- 勾選完成 ✔ 後，出現貼附至地形實體提示，請點選「不貼附」，右下角則會出現地形實體和樓板重疊資訊，如圖 10-23～圖 10-24 所示。

↑ 圖 10-23　　↑ 圖 10-24

- 點選此地形實體由性質變更約束到樓層 B1-1FL，接著按「修改子元素」指令，即可加入分割線並定義其高程，如圖 10-25，完成地形實體如圖 10-26 所示。

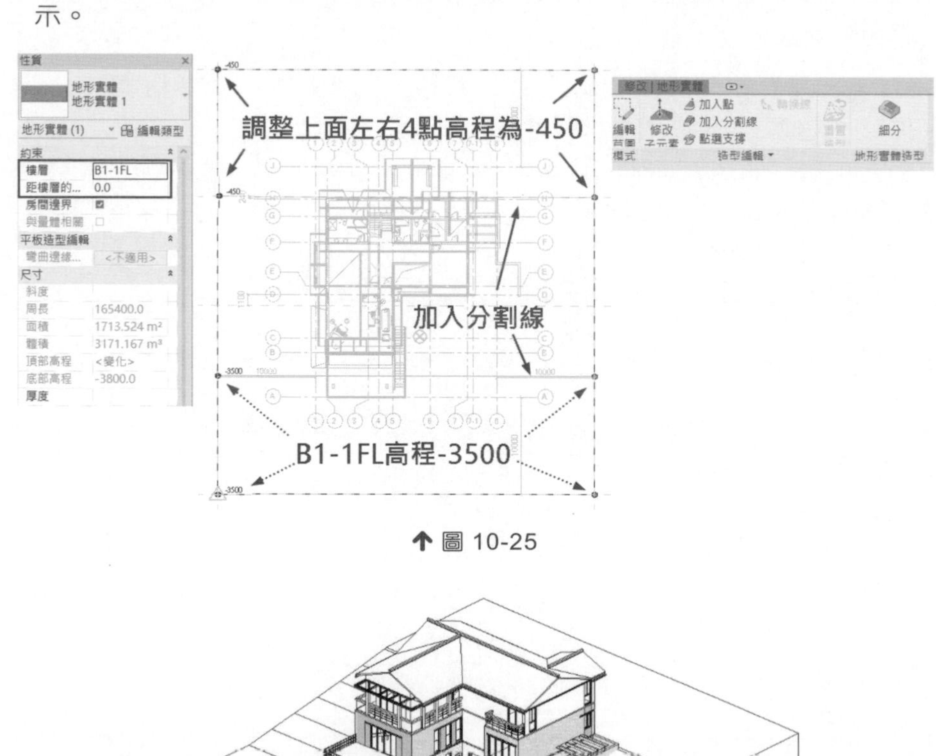

↑ 圖 10-25

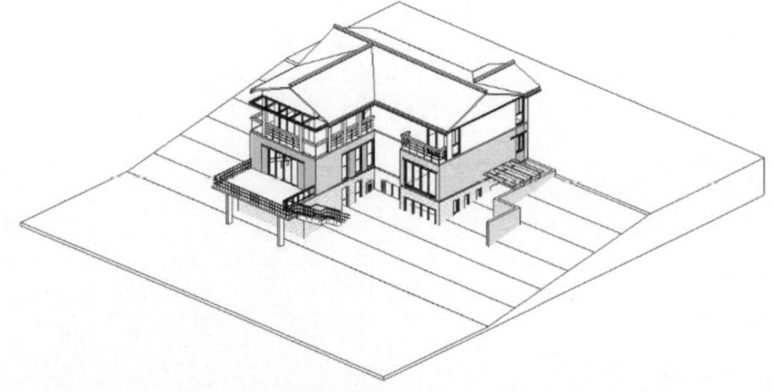

↑ 圖 10-26

- 另外，Revit 2024 版本的地形實體也具備匯入建模功能，從匯入 CSV 建立 與從匯入 CAD 3D 建立 方法與 10.1.2 章節一樣，但是從匯入 CAD 3D 建立會產生變形，如圖 10-27 所示。

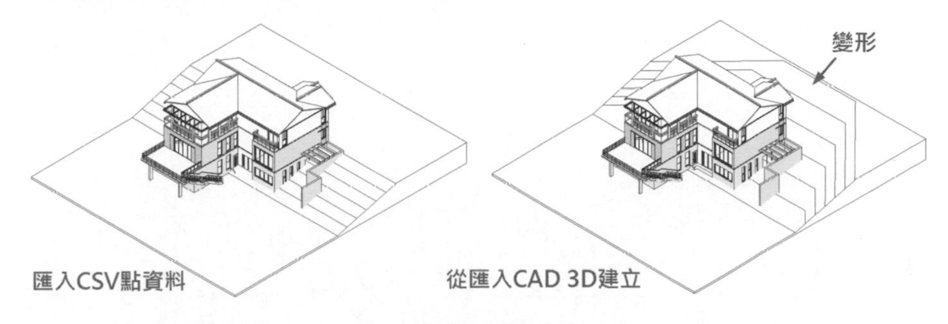

↑ 圖 10-27

注意

1. 使用匯入建立地形實體仍然必須由敷地、1FL 等平面圖操作，否則系統會出現如圖 10-28 警告。

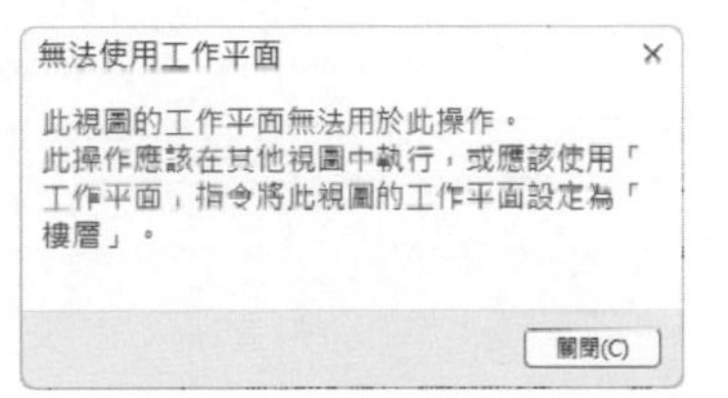

↑ 圖 10-28

2. 建立地形實體完成仍然可以進行如圖 10-29 敷地元件或停車場等指令，但敷地建板（建築地坪）、附屬區域及分割/合併地形等功能已經取消。

↑ 圖 10-29

3. 建議讀者們將 Revit 2024 地形實體當開挖的建築地坪指令使用，如圖 10-30 所示；若需敷地等景觀設計，則採用插入連結 Revit 檔案模式分檔案建模。現今有許多外掛軟體可以搭配 Revit BIM 模型完成建築專案設計，善用軟體專長更可以提升設計效益。

↑圖 10-30

模擬試題

本章學習了建立地形表面、敷地建板和附屬區域工具的應用，下一章我們要學習房間填充、尺寸標註、視圖屬性和視圖範圍等平面視圖處理工具。

由下面練習題，同學們可評量本章學習效益。

1. 請開啟「REVIT 練習文件\模擬試題\高山御花園別墅_10.rvt」檔案，由專案瀏覽器進入敷地視圖，其專案基準點的北/南位置為何？
   ________________ 而左下角的測量點立面高度為何？________________

2. 建立地形表面時，不能採用 CAD 匯入 3D 模型資料。以上敘述正確與否？
   (A)正確　(B)錯誤

3. 下列哪一項可建立地形表面？
   (A)點選路徑　(B)繪製等高線　(C)放置點　(D)繪製邊界

4. 下列哪一項可供草繪敷地建板之用？
   (A)樓板　(B)地界線　(C)地形表面　(D)參考平面

5. 請開啟「REVIT 練習文件\模擬試題\高山御花園別墅_10.rvt」檔案，由專案瀏覽器進入敷地視圖，點選地形表面並編輯表面，移除下圖中兩點，變更後地形表面的表面積為何？________________
   請在 3D 圖中，以「Tab」鍵輔助點選建築地坪，其面積又為何？
   ____

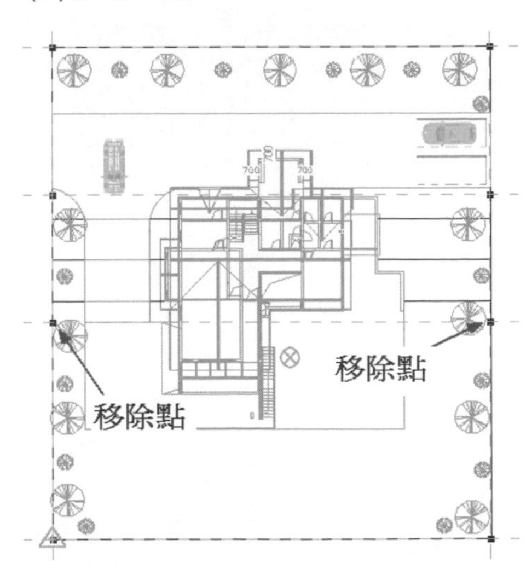

6. 請開啟「REVIT 練習文件\模擬試題\Summit Hotel_m.rvt 檔案。
   啟用敷地（Site）樓板平面圖。

   使用已經繪製好的參考平面交點，並依下列顯示的交點順序，設定高程條件建立地形表面：

   - 交點 1：-450
   - 交點 2：-450
   - 交點 3：3500
   - 交點 4：3500

   請完成地形表面並選取下列最符合其顯示圖形的圖片。

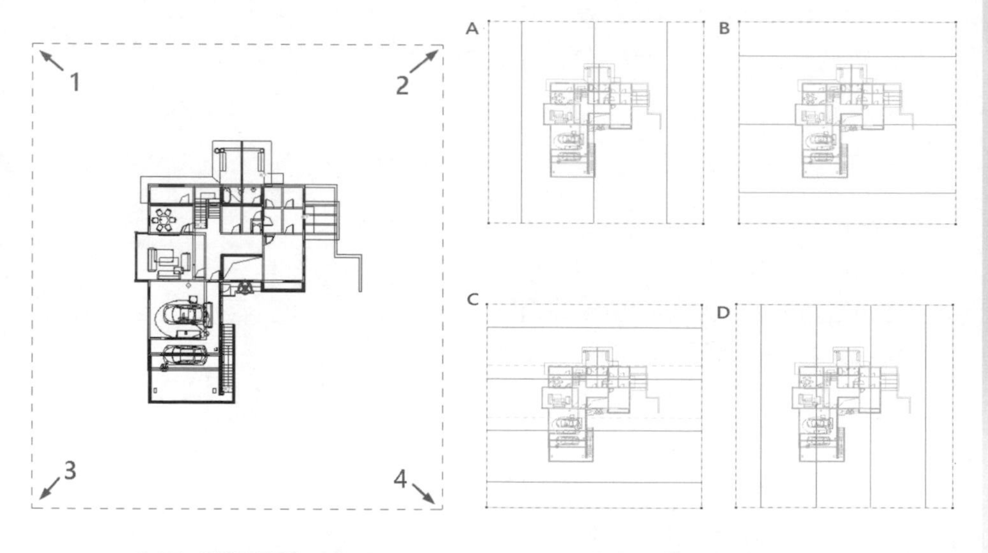

↑圖 模擬試題 10-2

↑圖 模擬試題 10-3

CHAPTER

11 平面視圖處理

課程概要

透過前面 10 章內容的學習，我們已經完成了別墅的所有建築元件和敷地元件 3D 模型設計。在完成這些 3D 元件設計的同時，其平面、立面視圖及部分元件統計表都已同步基本完成了，剖面視圖也只需要繪製一條剖面線即可自動建立，還可以從各個視圖中直接建立視圖索引，從而快速建立節點大樣詳圖。但這些自動完成的視圖，其細節還達不到出圖的要求，例如：沒有尺寸標註和必要的文字標註、網格標頭位置等需要調整等。因此還需要在細節上進行補充和細化，以達到最終出圖的要求。

從本章開始，將連續 3 章詳細講解平面、立面和剖面、大樣與節點詳圖的視圖處理和設計方法。

本章首先將學習在平面視圖中放置房間並分析建築面積，設定平面視圖的視圖性質及視圖樣板等一系列控制平面視圖效果的方法，學習在平面視圖中標註尺寸、樓層、標註及文字註記的方法。

課程目標

透過本章的操作學習，您將實際掌握：

- 瞭解能夠參與房間邊界的圖元及面積設定
- 建立房間及進行面積分析
- 面積方案與房間色彩計劃的顏色填充設定
- 視圖性質與視圖樣板的設定與應用
- 尺寸標註與文字標記的建立方法

11.1 房間與房間標籤

在完成了 3D 建模工作之後，從本章開始，將轉入到 2D 圖形及視圖效果處理的階段。使用「房間」指令在平面視圖中放置房間時，你可以直接放置新的房間，也可以在房間明細表中先建立房間，再放置房間，也就是從列表中選擇並放置。對於在明細表中先建立房間的方法，在建立早期設計時，於定義項目的牆或其他邊界圖元之前，這將會非常有用。你可以先根據功能要求定義出需要佈置的房間，在設計完成之後放置房間時，再將這些房間放到對應的模型空間之中。本案例中將使用兩種方式來添加房間。

11.1.1 房間邊界與面積設定

在建立房間之前，先瞭解房間邊界及面積設定的相關內容。打開「\REVIT 練習文件\第 10 章\高山御花園別墅_10.rvt」檔，開始繼續專案設計。

(1) 房間邊界

下列圖元可被視為房間面積和體積計算的邊界圖元：

- 牆（帷幕牆、標準牆、現地建立的牆、透過量體面建立的牆）：選取項目檔中的以上圖元的一個實例，打開其「元素性質」對話方塊，複選參數「房間邊界」後面的複選項目可以使圖元成為房間邊界；如圖 11-1 所示。
- 屋頂（標準屋頂、現地建立的屋頂、透過量體面建立的屋頂）：選取專案檔中的以上圖元的一個實例，打開其「元素性質」對話方塊，複選參數「房間邊界」後面的複選項目可以使圖元成為房間邊界；如圖 11-2 所示。
- 樓板（標準樓板、現地建立的樓板、透過量體建立的面樓板），同樣在圖元的「元素性質」對話方塊中可以選擇對應選項。

- 建築地坪：在圖元的「元素性質」對話方塊中可以選擇對應選項。
- 天花板：在圖元的「元素性質」對話方塊中可以選擇對應選項。
- 柱（標準柱、現地建立的柱）：在圖元的「元素性質」對話方塊中可以選擇對應選項。

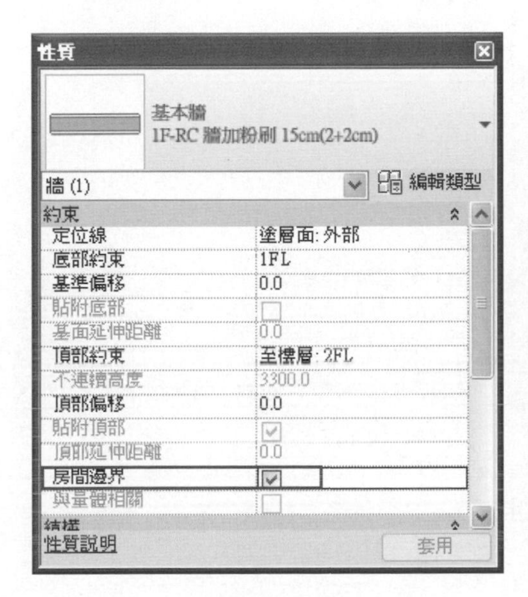

↑ 圖 11-1

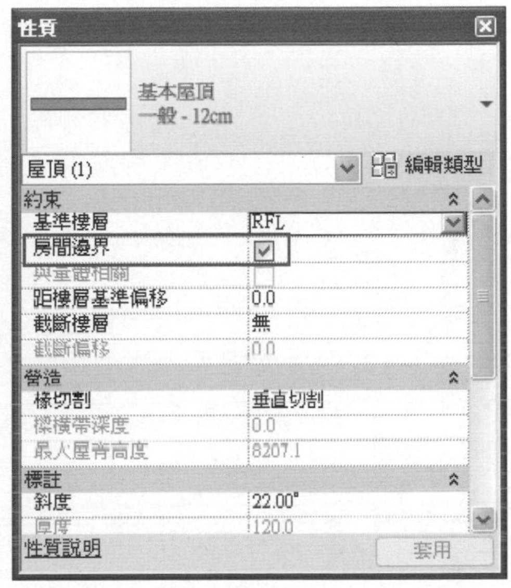

↑ 圖 11-2

- 結構柱（結構材質類型為混凝土及預製混凝土的標準結構柱及現地建立的結構柱），對於可以作為房間邊界的結構柱，只有在其「元素性質」對話方塊中才有對應的選項，如圖 11-3 所示。

注意

「結構材料類型」參數的設定可以在建立或編輯「結構柱」族群時進行，在建立或編輯族群的環境下點選功能區「族群品類與參數」打開「族群品類與參數」對話方塊，在族群參數「結構材料類型」右側值的下拉選項中可以選擇對應的參數，如圖 11-4 所示。

- 帷幕系統（規則帷幕牆系統及曲面帷幕牆系統）：在圖元的「元素性質」對話方塊中可以選擇對應選項。

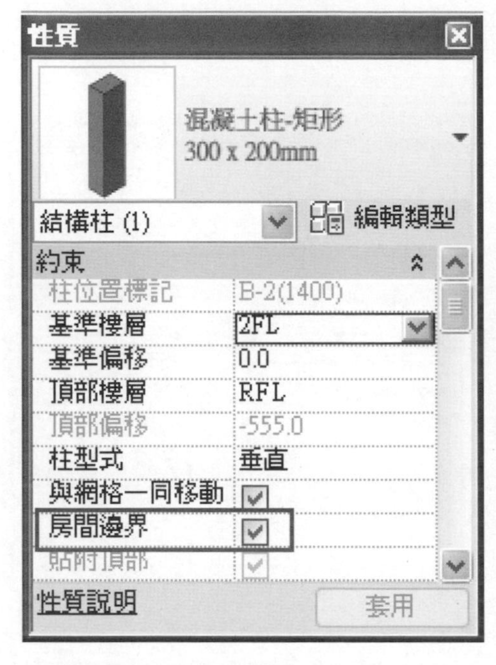

↑ 圖 11-3

↑ 圖 11-4

注意

以上的「房間邊界」參數在建立以上類型的圖元時，都是預設的，在建立房間之前，你可以逐一打開專案檔中的一些圖元的「元素性質」對話方塊進行檢查。

- 房間分隔線（房間分隔線為模型線）：沒有經過以上圖元來進行分隔的關聯房間，從功能上需要定義為多個房間時，可以透過房間分隔線來進行劃分。

(2) 房間和面積設定

在建立房間前，可以設定房間的邊界位置和計算規則。

- 點選功能區「建築」頁籤 -「房間和面積」面板下拉選單後選「面積和體積計算」指令 ，顯示面積和體積計算對話方塊，如圖 11-5 所示。

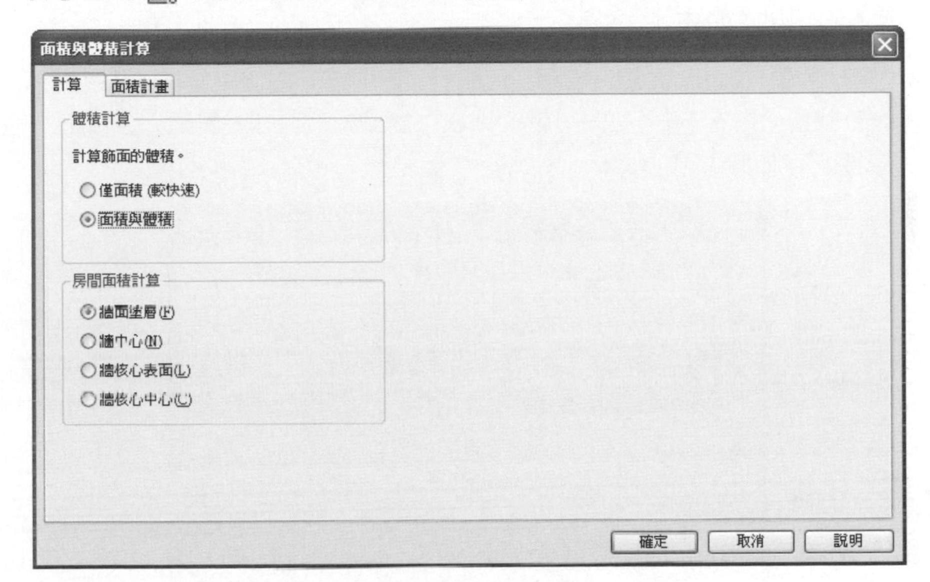

↑ 圖 11-5

- 點選其中的「計算」頁籤，選擇「面積和體積」及「牆面塗層」選項。

注意

在本案例中存在斜度屋頂作為房間邊界的情況，需要將預設的「僅面積（較快）」選項改為「面積和體積」選項。

11.1.2 建立房間

在本案例中建立房間時，我們先在房間門窗表中預設好一些房間，在建立時直接選用，其他的房間則直接建立，然後編輯各房間名稱。

(1) 建立房間明細表

- 點選功能區「視圖」頁籤 - 按選「明細表」選項 右側下拉式選單，點選「明細表/數量」指令 ，打開「新明細表」對話方塊，在「品類」選擇框中選擇「房間」，如圖 11-6 所示。

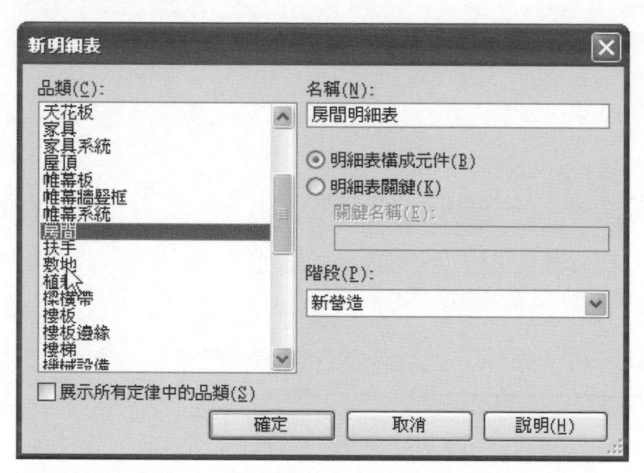

↑ 圖 11-6

- 點選「確定」按鈕後進入「明細表性質」對話方塊，在左邊的「可用欄位」框中選擇「名稱」，然後點選「加入」按鈕將其添加到右側的「明細表欄位（按順序）」框中。
- 根據統計的需要，使用同樣的方法，依次將「可用欄位」中的「名稱」、「編號」、「樓層」、「面積」、「體積」加入到右側「明細表欄位」中，並可用上移或下移指令調整欄位順序；如圖 11-7 所示。

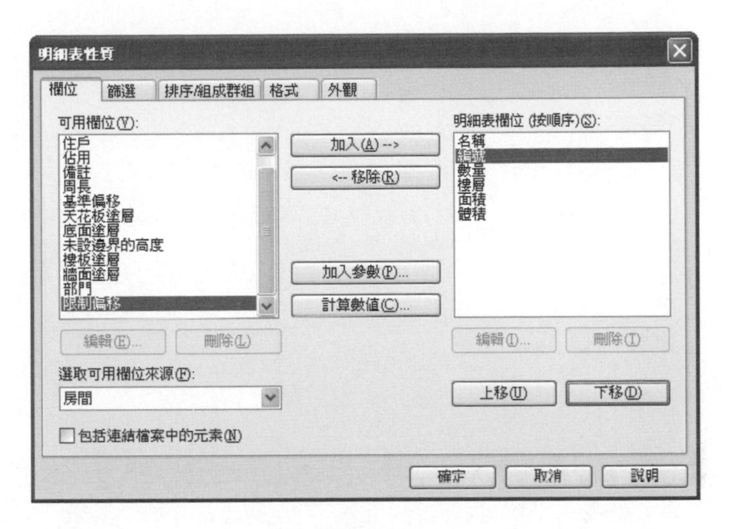

↑ 圖 11-7

注意

在實際的專案設計中，對房間明細表中的欄位選用，可以根據用户在不同專案中的具體要求，從「可用欄位」中有選擇性地加入到明細表欄位中。「可用欄位」項目在添加到「明細表欄位」之後，會從「可用欄位」列表中消失，同理，若從明細表欄位中移除，則項目會返回到「可用欄位」中。

- 按「確定」後進入「房間明細表」視圖，點選功能區中的「新建」指令，來新建 3 個房間列表（這 3 個房間將被置放於 B1FL 樓層平面），按照設計要求修改「名稱」及「編號」欄的值；如圖 11-8 所示。

房間明細表					
名稱	編號	數量	樓層	面積	體積
視聽室	1	1	未放置	未放置	未放置
車庫	2	1	未放置	未放置	未放置
家庭娛樂室	3	1	未放置	未放置	未放置

↑ 圖 11-8

注意

在明細表中，「名稱」（房間的名稱）、「編號」（房間編號）的值可以按照設計要求先設定好；「樓層」、「面積」、「體積」的值則會在放置房間後自動產生。

(2) 放置 B1FL 樓層的房間

- 進入 B1F 樓層平面視圖。
- 點選功能區「建築」頁籤 -「房間和面積」面板 -「房間」指令 下方的下拉式選單，點選「房間分隔線」指令 ，在室內樓梯間入口處添加房間分隔線，如圖 11-9 所示。

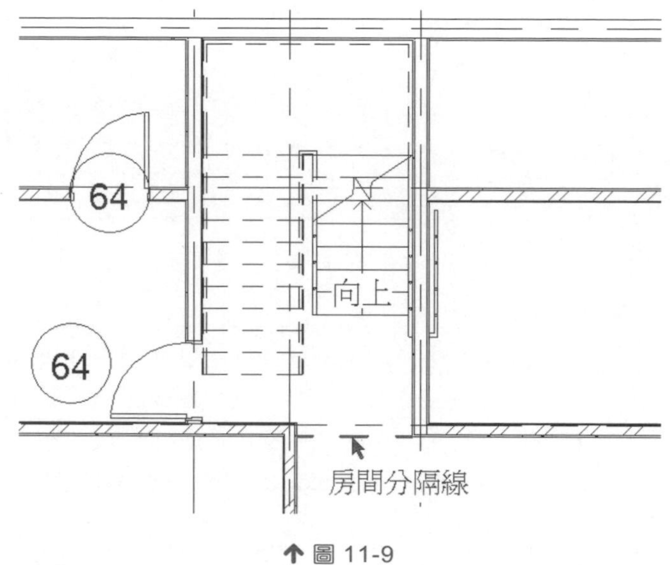

圖 11-9

注意

「房間分隔線」指令可以添加並調整房間邊界線。而房間分隔線就是房間邊界。在房間內指定另一個房間時，分隔線十分有用，如起居室中的就餐區，此時房間之間不需要牆。房間分隔線在平面視圖、3D 視圖和相機視圖中是可見的。

- 點選功能區「建築」頁籤 -「房間和面積」面板 -「房間」指令 ，在功能區右上方檢查「放置時進行標籤」選項是否維持勾選，而選項列中的「上限」選擇目前對應的「B1FL」樓層，「偏移」值設定為「3300」等於該樓房間的層高，從「房間」旁的下拉選項中選擇「2 車庫」，將滑鼠移動到平面視圖中汽車庫對應的房間中，點選滑鼠來放置該房間及房間標籤，如圖 11-10、圖 11-11 所示。

↑ 圖 11-10

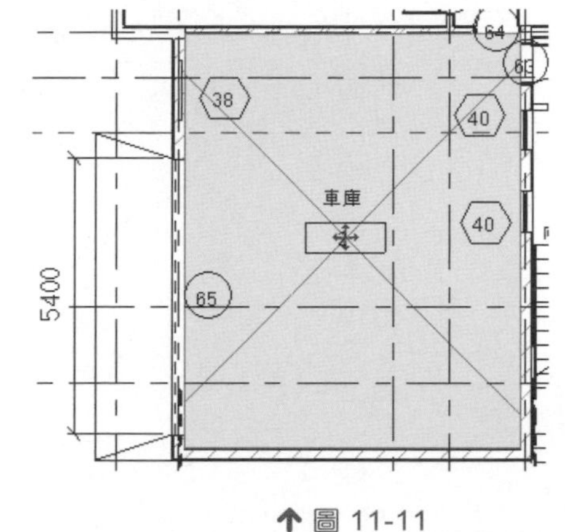

↑ 圖 11-11

- 依同樣的方法放置已預設好的房間「家庭娛樂室」，最後放置「視聽室」，至此在房間明細表中預設的房間已放置完畢，接下來放置的房間將為新建房間，如圖 11-12、圖 11-13 所示。

注意

在選項列「房間」旁的下拉選項中，可以呈現在房間明細表中已預置房間的列表，當某個房間被放置到平面視圖中之後，該房間的名稱便會從下拉選項中排除。

注意

若不能放置房間時，請以「修改」指令點選牆體，視圖「性質」交談框中「約束」參數的「房間邊界」是否已經勾選，若房間四周邊界有未勾選牆體時，記得需勾選為房間邊界才能放置房間。

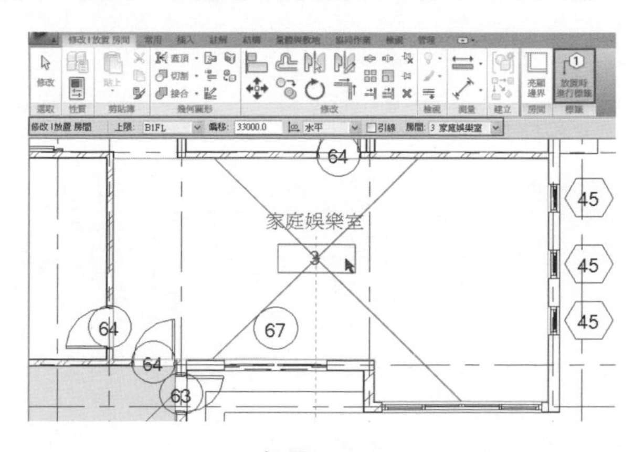

↑ 圖 11-12

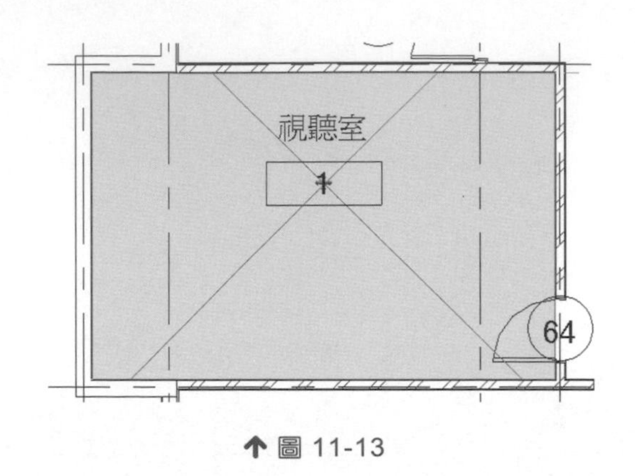

↑ 圖 11-13

注意

房間明細表中預設的房間被放置到平面視圖中之後，明細表會自動顯示出完整的明細表數據。如圖 11-14 所示。

房間明細表					
名稱	編號	數量	樓層	面積	體積
視聽室	1	1	B1FL	27.29 m^2	86.77 m^3
車庫	2	1	B1FL	54.15 m^2	172.18 m^3
家庭娛樂室	3	1	B1FL	42.10 m^2	133.89 m^3

↑ 圖 11-14

- 使用上述步驟及選項列設定（「房間」一欄的設定此時只能維持為「新建」），同樣在 B1FL 樓層平面視圖中放置好剩餘房間（房間的預設名稱均為「房間」），如圖 11-15 所示。

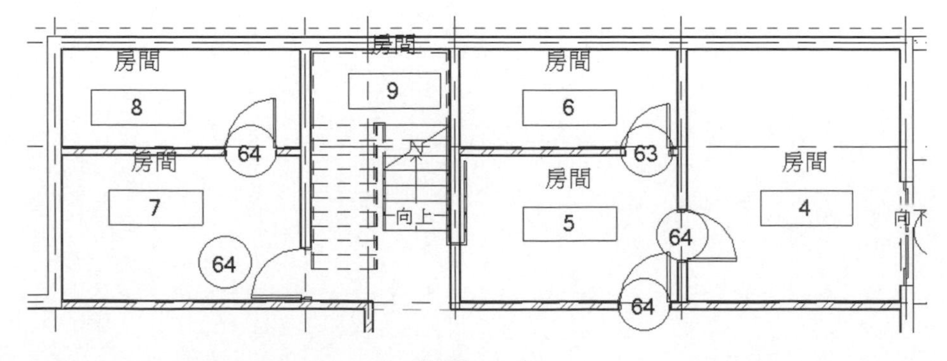

↑ 圖 11-15

- 在平面視圖中使用滑鼠雙擊一個房間的名稱，進入房間名稱編輯狀態，輸入新的房間名稱，在文字範圍以外點選滑鼠以完成編輯，接著點選房間標籤並拖曳到較適當位置放置標籤。

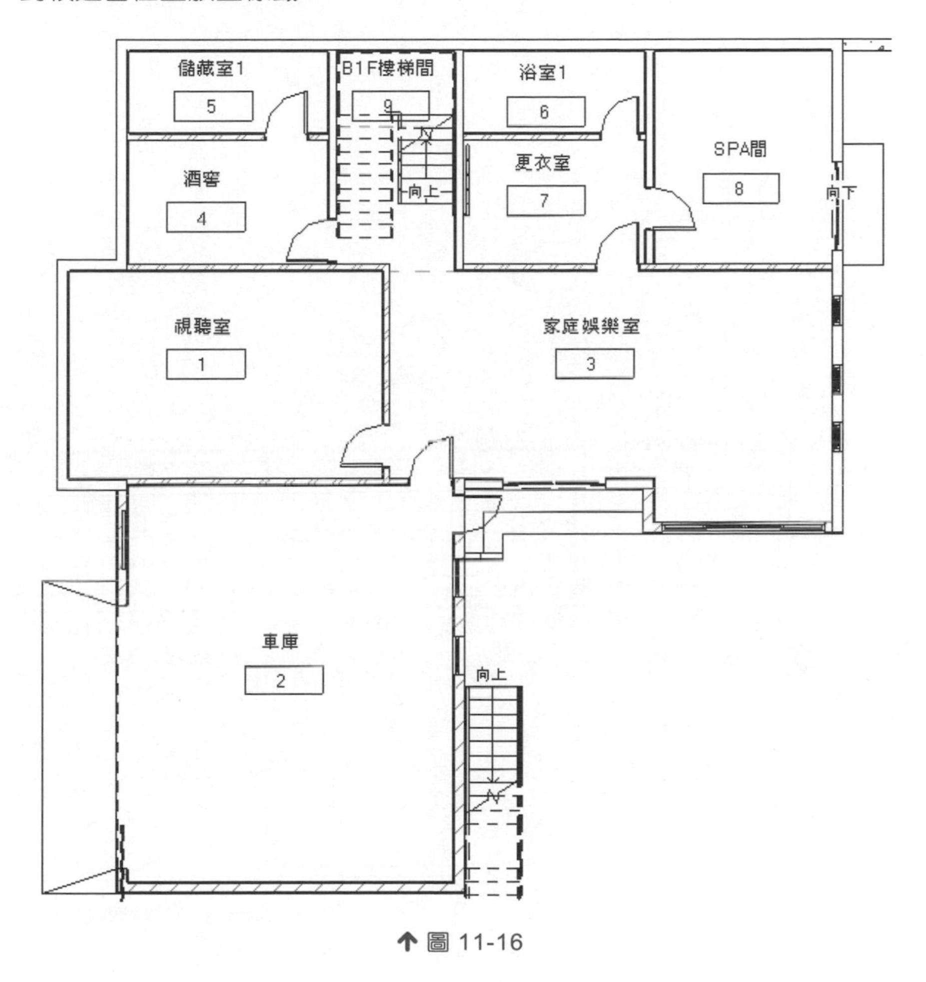

圖 11-16

- 按照圖 11-16 所示的名稱修改本樓層的房間名稱，以完成房間的放置。

(3) 放置 1FL 樓層的房間

- 進入 1FL 樓層平面視圖。
- 按照圖 11-17 中的位置，為本樓層平面添加 3 條房間分隔線。

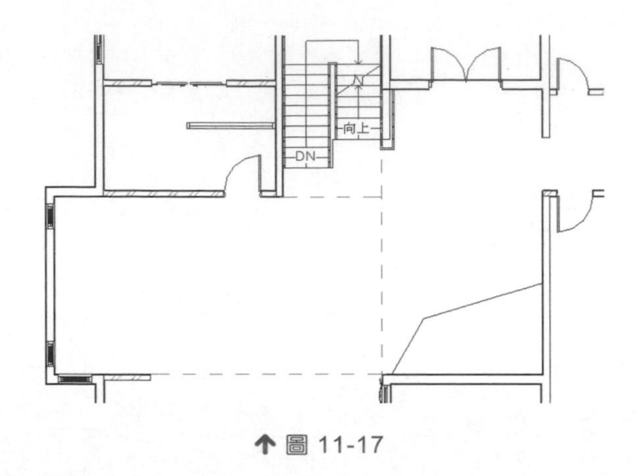

↑ 圖 11-17

- 按照 B1FL 樓層中的房間放置方法，在 1FL 樓層平面中放置 10 個新建房間，並重新命名，如圖 11-18 所示，完成本樓層房間放置。

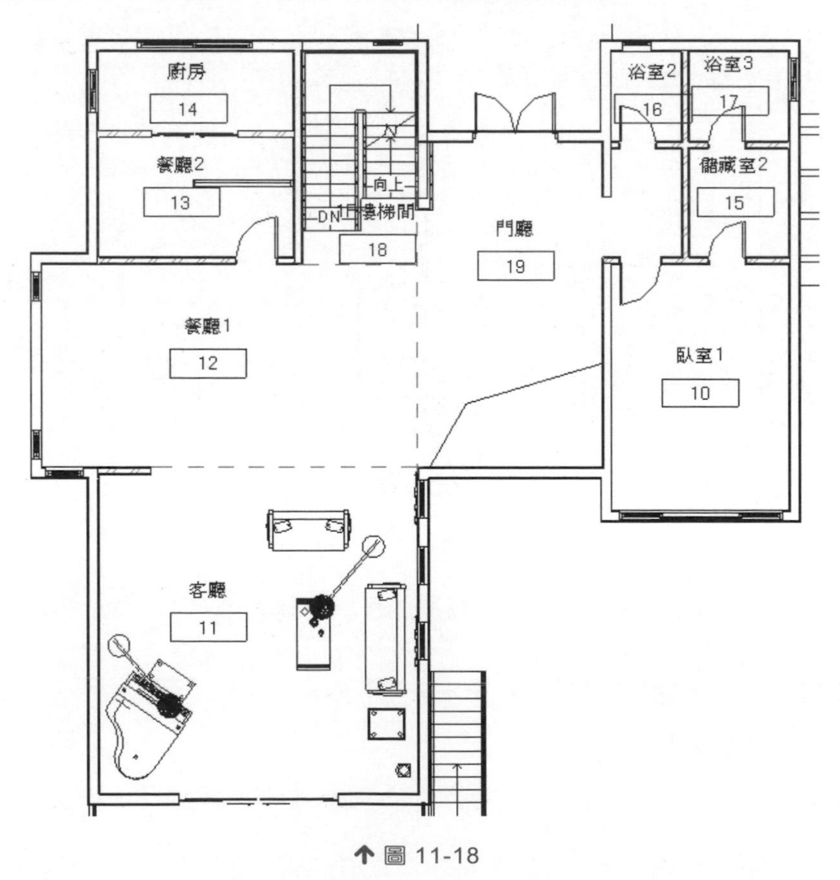

↑ 圖 11-18

(4) 放置 2FL 樓層的房間

- 進入 2FL 樓層平面視圖。
- 按照圖 11-19 中的位置，為本層平面繪製 4 條房間分隔線。

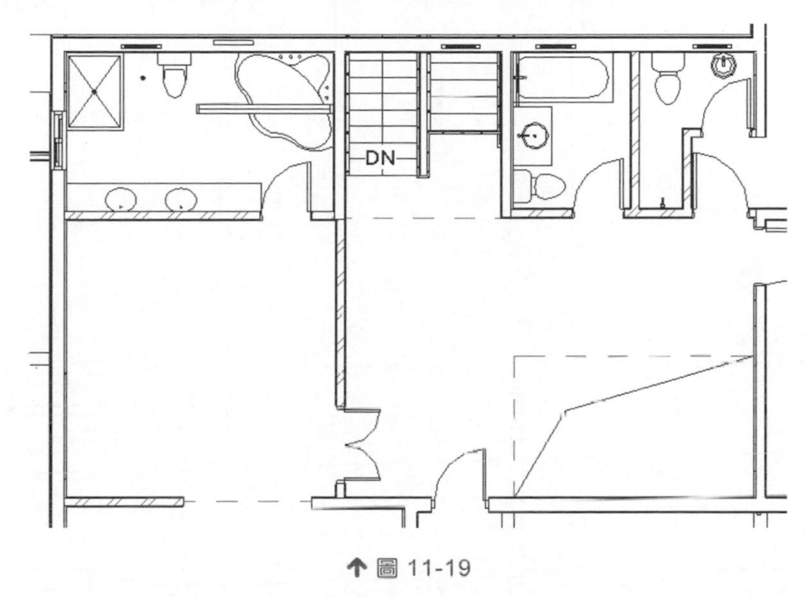

↑ 圖 11-19

- 參照上述 B1FL 樓層中的設定在本層平面中放置 9 個新建房間（選項列中設定上限的「偏移」值為「5000」，大於等於最高屋脊到本層樓面的高度，這樣才能使房間的範圍充滿包括坡屋頂在內所有房間邊界圍合的範圍），如圖 11-20 所示。
- 依照上述操作步驟，為本層平面的 9 個房間重新命名，以完成本樓層房間的放置。

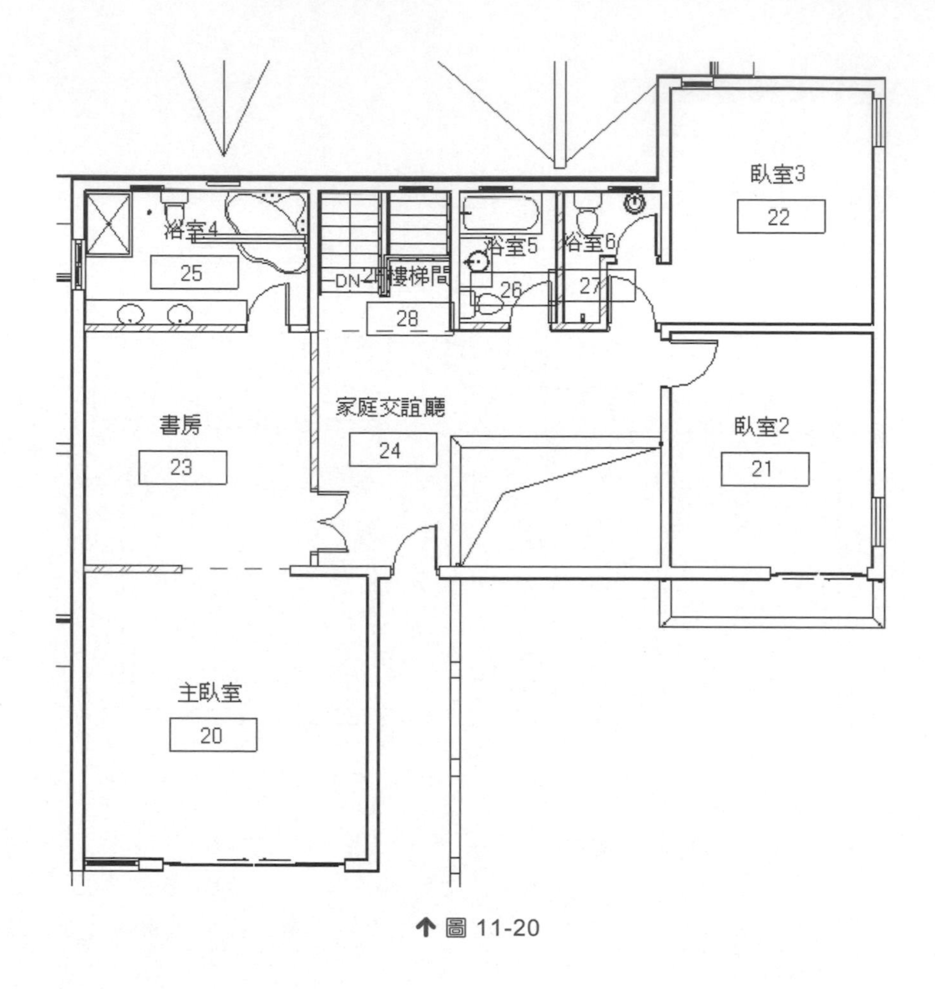

圖 11-20

(5) 觀察房間明細表

在完成了所有房間的放置工作之後，請先儲存目前檔案。其結果請參考「REVIT 練習文件\第 11 章\高山御花園別墅_11_1.rvt」檔案。

- 請由「專案瀏覽器」進入「房間明細表」視圖中，於上述所建立的房間明細表會列出所有房間的相關資料，如圖 11-21 所示。
- 如欲修改明細表，可由「性質」交談框的其他參數的「欄位」右側「編輯」指令進入明細表編輯模式，進行欄位或其他細節修改，如圖 11-22 所示為增加樓層「基準偏移」和「限制偏移」欄位的結果。

注意

REVIT 針對「面積」的軟體介面，中文翻譯會出現版本有三種：面積、區域、範圍。

<房間明細表>

A	B	C	D	E	F
名稱	編號	數量	樓層	面積	體積
視聽室	1	1	B1FL	27.29 m^2	86.77 m^3
車庫	2	1	B1FL	54.15 m^2	172.18 m^3
家庭娛樂室	3	1	B1FL	42.10 m^2	133.89 m^3
酒窖	4	1	B1FL	10.29 m^2	32.74 m^3
儲藏室1	5	1	B1FL	6.86 m^2	21.82 m^3
浴室1	6	1	B1FL	6.23 m^2	18.21 m^3
更衣室	7	1	B1FL	9.35 m^2	29.75 m^3
SPA間	8	1	B1FL	16.03 m^2	50.97 m^3
B1F樓梯間	9	1	B1FL	10.69 m^2	81.18 m^3
臥室1	10	1	1FL	19.01 m^2	60.47 m^3
客廳	11	1	1FL	45.79 m^2	119.54 m^3
餐廳1	12	1	1FL	33.48 m^2	110.75 m^3
餐廳2	13	1	1FL	10.29 m^2	32.74 m^3
廚房	14	1	1FL	6.86 m^2	28.40 m^3
儲藏室2	15	1	1FL	4.72 m^2	15.00 m^3
浴室2	16	1	1FL	2.82 m^2	8.97 m^3
浴室3	17	1	1FL	3.91 m^2	12.45 m^3
1F樓梯間	18	1	1FL	10.73 m^2	53.64 m^3
門廳	19	1	1FL	30.48 m^2	128.64 m^3
主臥室	20	1	2FL	27.18 m^2	112.89 m^3
臥室2	21	1	2FL	15.72 m^2	65.62 m^3
臥室3	22	1	2FL	17.13 m^2	66.68 m^3
書房	23	1	2FL	17.72 m^2	77.89 m^3
家庭交誼廳	24	1	2FL	19.13 m^2	83.77 m^3
浴室4	25	1	2FL	9.93 m^2	38.82 m^3
浴室5	26	1	2FL	4.25 m^2	16.57 m^3
浴室6	27	1	2FL	2.86 m^2	10.82 m^3
2F樓梯間	28	1	2FL	6.11 m^2	24.02 m^3

↑ 圖 11-21

<房間明細表>

A	B	C	D	E	F	G	H
名稱	編號	數量	樓層	基準偏移	限制偏移	面積	體積
視聽室	1	1	B1FL	0	33000	27.29 m^2	86.77 m^3
車庫	2	1	B1FL	0	33000	54.15 m^2	172.18 m^3
家庭娛樂室	3	1	B1FL	0	33000	42.10 m^2	133.89 m^3
酒窖	4	1	B1FL	0	33000	10.29 m^2	32.74 m^3
儲藏室1	5	1	B1FL	0	33000	6.86 m^2	21.82 m^3
浴室1	6	1	B1FL	0	33000	6.23 m^2	18.21 m^3
更衣室	7	1	B1FL	0	33000	9.35 m^2	29.75 m^3
SPA間	8	1	B1FL	0	33000	16.03 m^2	50.97 m^3
B1F樓梯間	9	1	B1FL	0	33000	10.69 m^2	81.18 m^3
臥室1	10	1	1FL	0	33000	19.01 m^2	60.47 m^3
客廳	11	1	1FL	0	33000	45.79 m^2	119.54 m^3
餐廳1	12	1	1FL	0	33000	33.48 m^2	110.75 m^3
餐廳2	13	1	1FL	0	33000	10.29 m^2	32.74 m^3
廚房	14	1	1FL	0	33000	6.86 m^2	28.40 m^3
儲藏室2	15	1	1FL	0	33000	4.72 m^2	15.00 m^3
浴室2	16	1	1FL	0	33000	2.82 m^2	8.97 m^3
浴室3	17	1	1FL	0	33000	3.91 m^2	12.45 m^3
1F樓梯間	18	1	1FL	0	33000	10.73 m^2	53.64 m^3
門廳	19	1	1FL	0	33000	30.48 m^2	128.64 m^3
主臥室	20	1	2FL	0	5000	27.18 m^2	112.89 m^3
臥室2	21	1	2FL	0	5000	15.72 m^2	65.62 m^3
臥室3	22	1	2FL	0	5000	17.13 m^2	66.68 m^3
書房	23	1	2FL	0	5000	17.72 m^2	77.89 m^3
家庭交誼廳	24	1	2FL	0	5000	19.13 m^2	83.77 m^3
浴室4	25	1	2FL	0	5000	9.93 m^2	38.82 m^3
浴室5	26	1	2FL	0	5000	4.25 m^2	16.57 m^3
浴室6	27	1	2FL	0	5000	2.86 m^2	10.82 m^3
2F樓梯間	28	1	2FL	0	5000	6.11 m^2	24.02 m^3

↑ 圖 11-22

11.2 面積分析

11.2.1 面積方案

面積方案是可定義的空間關係，例如可以用面積方案表示樓層平面中核心空間與周邊空間之間的關係。

你可以建立多個面積測量方案。例如對於利用斜屋頂作為房間的閣樓，需要分析在不同的剖切面高度情況下的房間面積，則可以建立多個面積方案，並應用不同的面積方案來分別建立建地平面圖。在面積方案不同的建地平面圖中，就可以設定不同的面積邊界以進行面積計算。

預設情況下，Revit 會建立兩個面積方案：

- 總建築面積：建築的總建築面積。
- 出租面積：基於辦公樓樓層面積標準測量法的測量面積。
- 面積方案的設定步驟如下：
- 打開「\REVIT 練習文件\第 11 章\高山御花園別墅_11_1.rvt」檔案。
- 點選功能區「建築」頁籤 -「房間和面積」面板下拉選單後選「面積和體積計算」指令，顯示面積和體積計算對話方塊。
- 點選「面積計畫」頁籤，點選「新建」按鈕建立新的面積方案，再點選「刪除」按鈕刪除除了「總建築面積」以外的其他面積方案，如圖 11-23 所示。

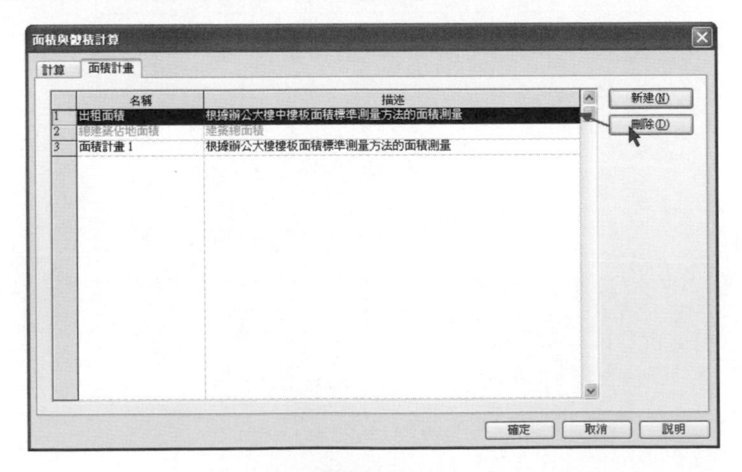

↑ 圖 11-23

- 在除了「總建築面積」以外的其他面積方案的「名稱」及「說明」欄的文字格中，點選滑鼠可以編輯其中的文字。

11.2.2 建立總建築建地平面圖及明細表

建地平面圖是根據模型的面積方案和樓層平面來顯示空間關係的視圖，你可以對每一個面積方案和樓層平面的組合方式應用對應的建地平面圖。每一個建地平面圖都帶有各自的面積邊界、標籤和顏色填充。

建立建地平面圖列於專案瀏覽器的建地平面圖列表中，也可以對其重新命名。在專案瀏覽器中建地平面圖的分組可以按照應用的「面積方案」進行，並顯示其「面積方案」的名稱。如圖 11-24 所示。

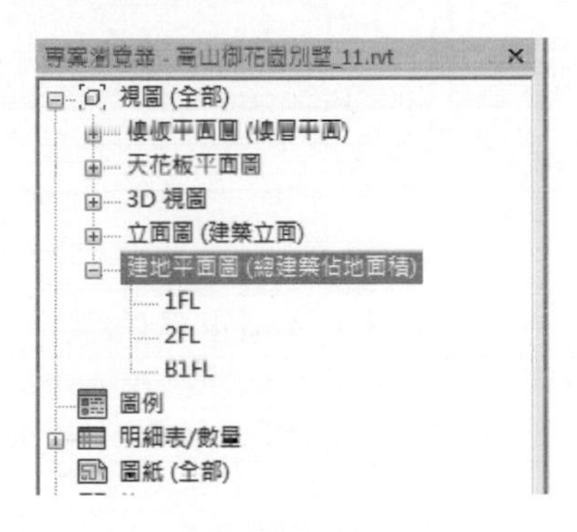

↑ 圖 11-24

(1) 建立總建築建地平面圖及放置面積

- 點選功能區「房間與面積(區域)」頁籤 -「面積(區域)」指令右側下拉式選單中的「建地平面圖」指令，打開「新建 建地平面圖」對話方塊。
- 在「新建 建地平面圖」對話方塊中「類型」的下拉選項中選擇「總建築面積」，按住鍵盤的「Ctrl」鍵並在「建地平面圖 視圖」列表中同時選取「B1FL」、「1FL」、「2FL」樓層的名稱，其他選項均維持預設設定；如圖 11-25 所示。
- 點選「確定」按鈕之後，會連續三次彈出「Revit」對話方塊，如圖 11-26 所示。選擇「是」按鈕，確認在生成建地平面圖時自動建立面積邊界線。

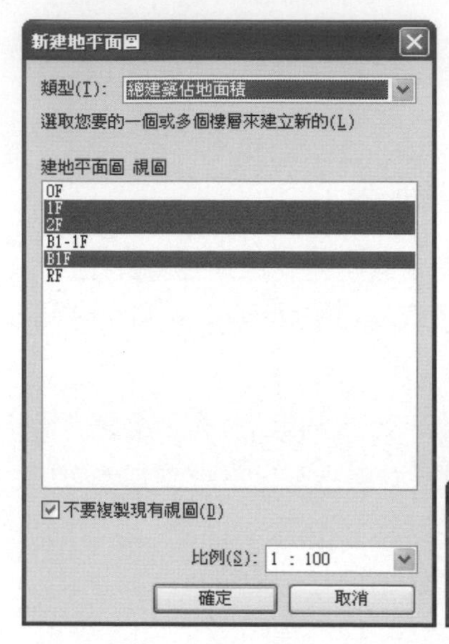

↑ 圖 11-25

↑ 圖 11-26

注意

由於一次選擇了生成多個建地平面圖，「Revit」對話方塊會多次彈出，均選擇「是」即可。

注意

當再次建立同一面積方案的建地平面圖時，若勾選「新建 建地平面圖」對話方塊中的「不要複製現有視圖」選項，已建立建地平面圖的樓層名稱將會從列表中排除；要建立已有建地平面圖視圖的副本，可取消勾選「不要複製現有視圖」選項。

注意

當在彈出「Revit」對話方塊時選擇「否」，便不會生成面積邊界線，用户可以使用繪製的方式自行確定面積邊界線的圍合範圍。

- 進入「建地平面圖（總建築平面）：B1FL」。
- 點選功能區「建築」頁籤 -「房間與面積」面板 -「面積」指令，在維持選項列的預設選項情況下，在面積邊界線範圍內點選滑鼠放置面積及面積標籤，如圖 11-27 所示。

注意

Revit 無法在環形未閉合的外牆上自動建立面積邊界線。如果項目中的環形外牆中包含了規則幕牆系統，則必須補繪製面積邊界來形成封閉的面積邊界線，因為規則幕牆系統不會自動生成面積邊界線。

- 進入「建地平面圖（總建築平面）：1FL」，並使用同樣的方法放置面積及其面積標籤。
- 接著進入「建地平面圖（總建築平面）：2FL」，在該平面北面牆的面積邊界線並未建立（即未封閉），請使用「面積邊界線」指令 繪製邊界線或編輯未封閉邊界線，如圖 11-28 所示，使面積邊界線完全重合；然後使用同樣的方法放置面積及其面積標籤，至此完成 2FL 面積的放置，如圖 11-29 所示。

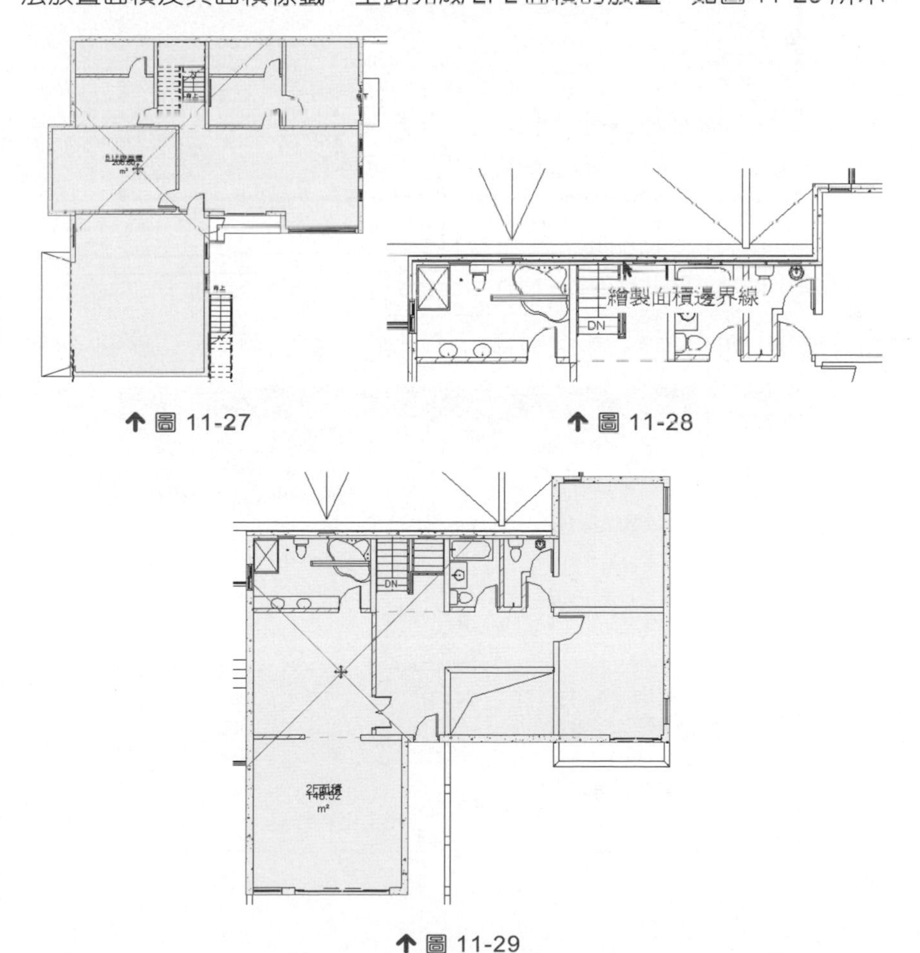

↑ 圖 11-27

↑ 圖 11-28

↑ 圖 11-29

(2) 建立總建築面積明細表

- 點選功能區「視圖」頁籤 -「明細表/數量」指令，打開「新明細表」對話方塊，在「品類」列表中選擇「區域（總建築佔地面積）」，如圖 11-30 所示。

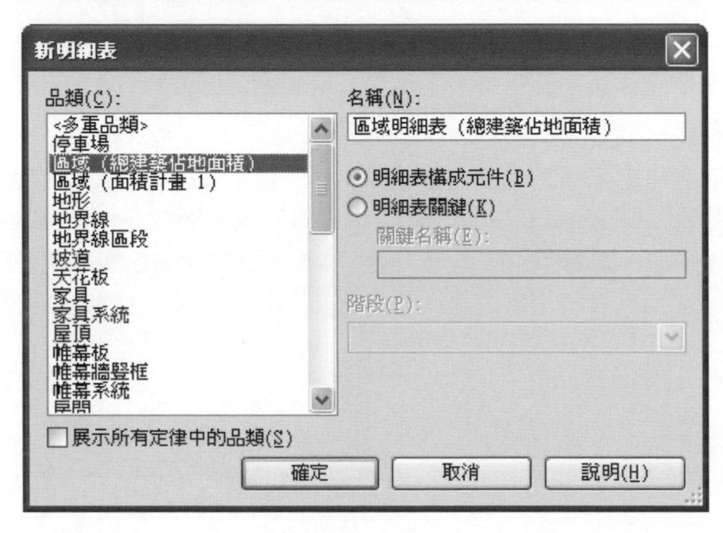

↑ 圖 11-30

- 點選「確定」按鈕後進入「明細表性質」對話方塊，依次將「可用欄位」列表中的「樓層」和「面積」添加到右側的「明細表欄位」當中，如圖 11-31 所示。

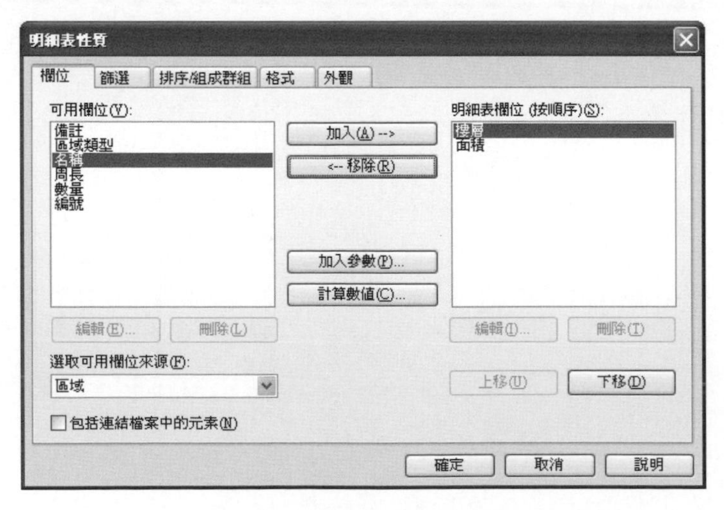

↑ 圖 11-31

- 點選「明細表性質」對話方塊中的「格式」頁籤，選取左側「欄位」列表中的「面積」，在右側勾選「計算總數」選項，如圖 11-32 所示。

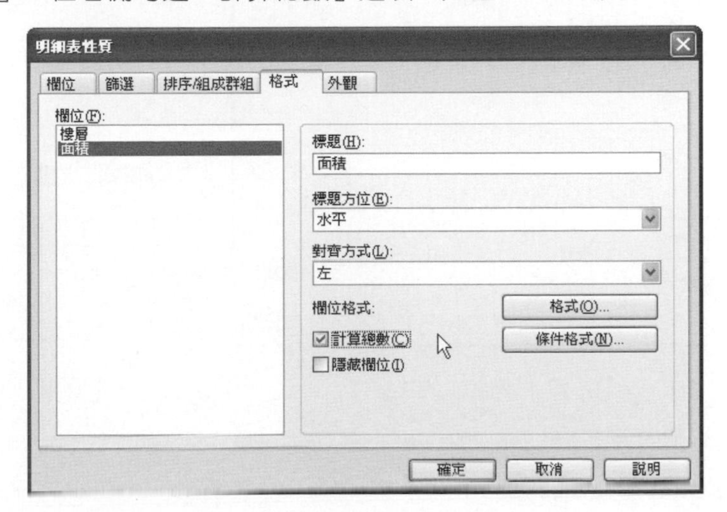

↑ 圖 11-32

- 點選「格式」按鈕打開「格式」對話方塊，取消勾選「使用專案設定」選項，在「四捨五入」的下拉選項中選擇「2 位小數」，從而可以保證面積資料統計的精度，如圖 11-33 所示。
- 然後點選「確定」按鈕回到「明細表性質」對話方塊，點選「排序/組成群組」頁籤，勾選「總計」選項；如圖 11-34 所示。
- 點選「確定」按鈕後，進入完成的區域明細表視圖，結果如圖 11-35 所示。

↑ 圖 11-33

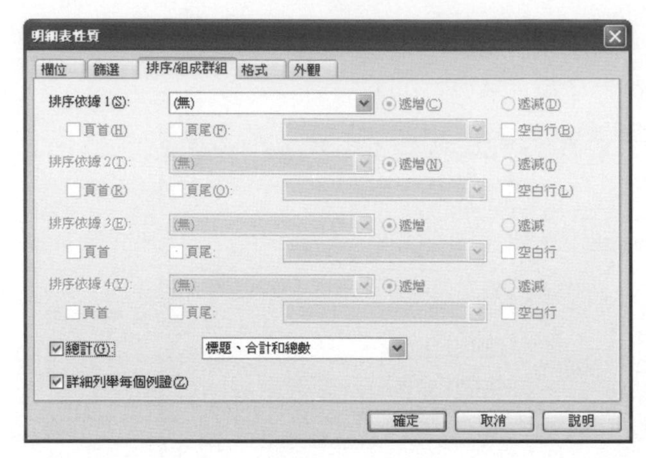

↑ 圖 11-34

區域明細表 (總建築佔地面積)	
樓層	面積
1F	189.77 m²
B1F	206.60 m²
2F	146.52 m²
總計: 3	542.89 m²

↑ 圖 11-35

11.2.3 房間色彩計劃

使用房間色彩計劃，可以增強對房間的分佈功能。在本案例中僅對「1FL」樓層的房間進行顏色填充。

(1) 準備視圖

本案例中欲保留現有的「1FL」樓層平面視圖的外觀，複製原有視圖來建立相同的平面視圖專用於房間色彩計劃，步驟如下：

- 進入樓層平面「1FL」，使用功能區「視圖」頁籤 -「複製視圖」右側下拉式選單，點選「與細節一起複製」指令，複製目前樓層平面視圖，另外，也可以在「專案瀏覽器」點選要複製視圖名稱，再按滑鼠右鍵，此時，快顯功能表中會出現「複製視圖」選項，內容分為「複製」、「與細節一起複製」、「複製為從屬視圖」，由下表中可詳細說明這三種複製視圖的差異性。

複製視圖各項說明			
類型名稱		主要目的	視圖詳細內容
	複製	建立包含目前視圖中模型幾何圖形的視圖	新視圖會排除所有視圖特有的元素，例如標註、標註和詳圖。
	與細節一起複製	建立包含目前視圖中模型幾何圖形及視圖特有元素的視圖	視圖特有的元素包括標註、標註、詳圖元件、細部線、重複詳圖、詳圖群組和填滿區域。
	複製為從屬視圖	建立相依於原始視圖的視圖	原始視圖及其複本會保持同步，對其中一個視圖所做的變更（例如比例或視圖性質），會自動在其他視圖中反映。使用多個從屬複本可以用幾個區段來展示大範圍的樓板平面。

- 在專案瀏覽器中選取複製的副本視圖名稱，使用右鍵開啟快顯功能表，點選「命名」指令，將該視圖重新命名為「1F 色彩計劃」。
- 進入樓層平面「1FL 色彩計劃」，由「性質」交談框中點選「可見性/圖形取代」右側「編輯」指令，打開「樓層平面：1FL 色彩計劃的可見性/圖形取代」對話方塊，在「模型品類」頁籤下面，取消勾選「植栽」品類的「可見性」選項，如圖 11-36 所示。
- 接著，切換到「標註品類」頁籤，取消「參考平面」、「網格」、「剖面」和「立面圖」的「可見性」選項。
- 接著，切換到「匯入的品類」頁籤，取消「匯入族群中」選項下所列出的汽車模型「EXPLORER」、「保時捷」的所有細目「可見性」選項，如圖 11-37 所示。
- 按「確定」後得到圖 11-38 中的平面視圖。

↑ 圖 11-36

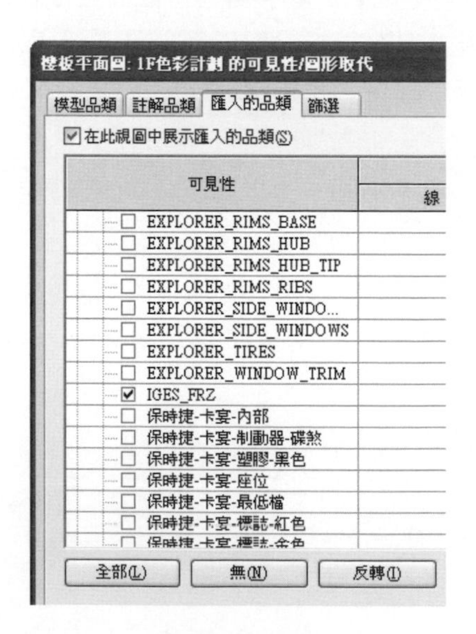

↑ 圖 11-37

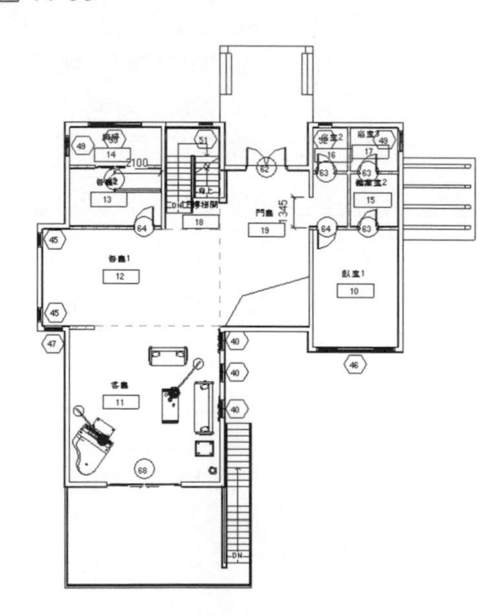

↑ 圖 11-38

(2) 編輯色彩計畫

在填充顏色前先要建立顏色方案，步驟如下：

- 點選功能區「建築」頁籤 -「房間與面積」面板下拉選單選取「色彩計劃」指令，打開「編輯色彩計畫」對話方塊。
- 維持方案的「品類」為「房間」，選取已有的「計畫 1」按右鍵顯示指令選單後，點選「更名」按鈕將其命名為「房間色彩計畫」，將計畫定義中的「標題」也修改為「房間色彩計畫」，然後在「顏色」下拉選項中選擇「名稱」，並在彈出如圖 11-39 的對話方塊中點選「確定」按鈕，得到如圖 11-40 的「編輯色彩計畫」對話方塊。

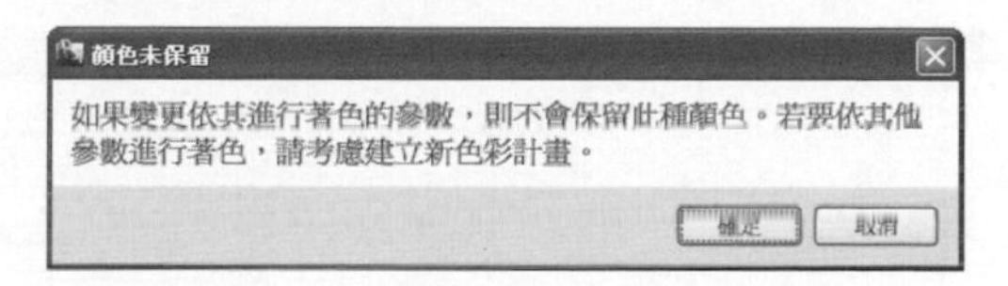

圖 11-39

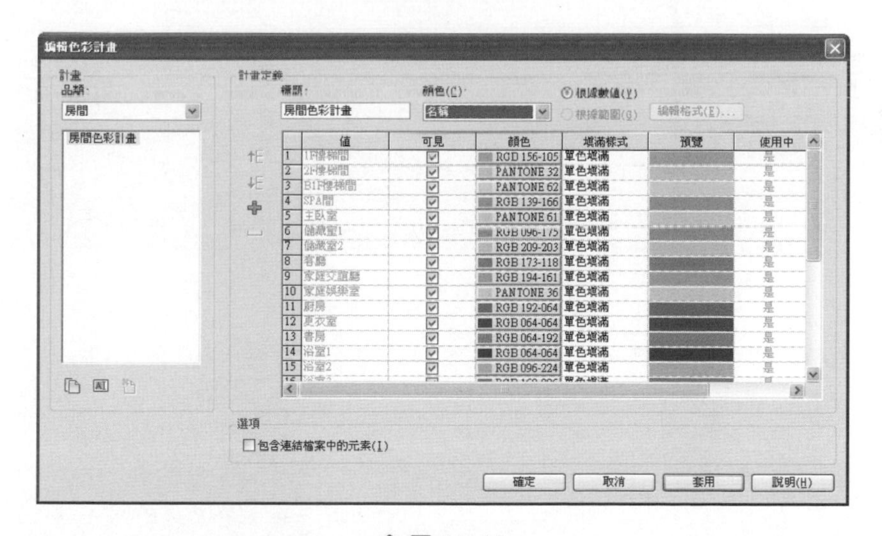

圖 11-40

注意

在「編輯色彩計畫」對話方塊中可以選擇各房間顏色填充的「可見性」選項，設定各房間填充的顏色及填充樣式，在本案例中我們維持預設設定。

注意

可以預先建立多種顏色方案，在接下來的應用中方便隨時切換選擇。

(3) 應用顏色方案

- 由「1FL 色彩計畫」樓層平面圖的「性質」對話方塊，進行房間色彩計畫切換。
- 點選「性質」對話方塊的「色彩計畫」旁的按鈕（預設顯示為「無」）進入「編輯色彩計畫」對話方塊，在計畫「品類」列表中選擇「房間色彩計畫」如圖 11-41 所示。

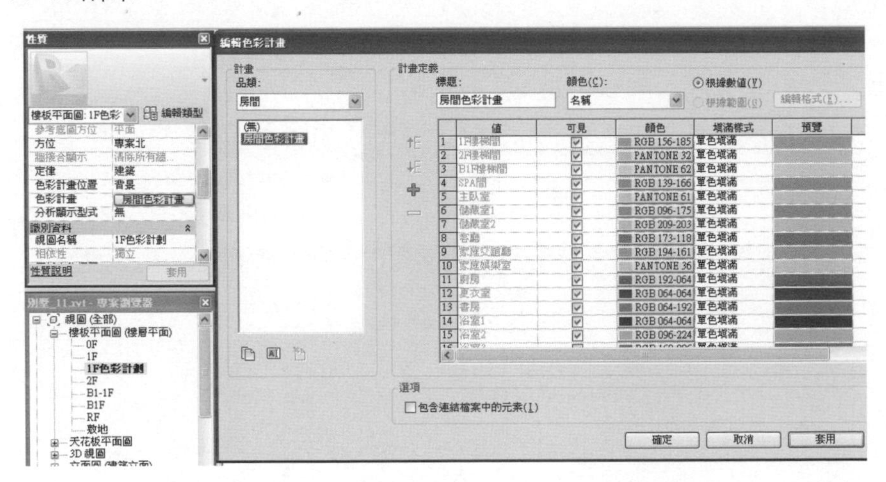

↑ 圖 11-41

- 平面視圖將得到圖 11-42 的著色效果。

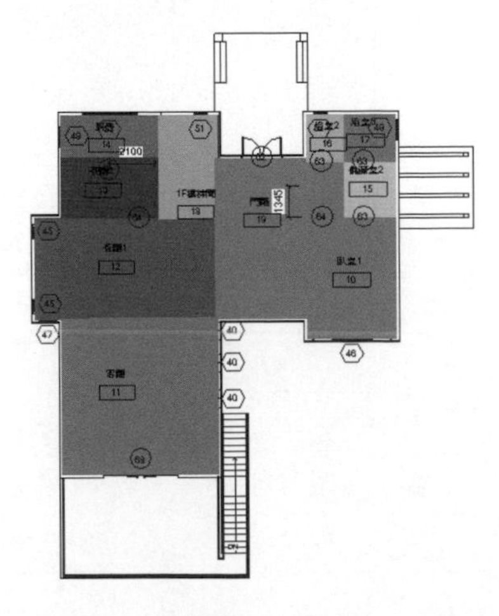

↑ 圖 11-42

- 點選功能區「建築」頁籤 -「房間和面積」面板中的「圖例」指令 ，並將滑鼠移動到平面視圖中，如圖 11-43 所示，放置「色彩計畫圖例」。
- 接著選取平面視圖中的「色彩計畫圖例」，向上拖動下面的藍色實心原點控制點，使「色彩計畫圖例」由一列變成兩列以符合佈圖要求，如圖 11-44 所示。

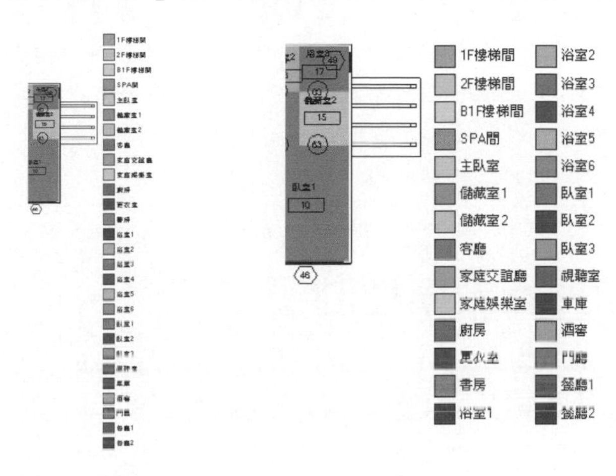

↑ 圖 11-43　　↑ 圖 11-44

- 在圖例被選取的狀態下，於圖例「性質」中點選「編輯類型」進入「類型性質」交談框中，修改圖形的寬度及高度均為 5，和字體的大小為 3.5，如圖 11-45 所示；移動「色彩計畫圖例」到合適位置，完成對色彩方案的應用。如圖 11-46 所示。

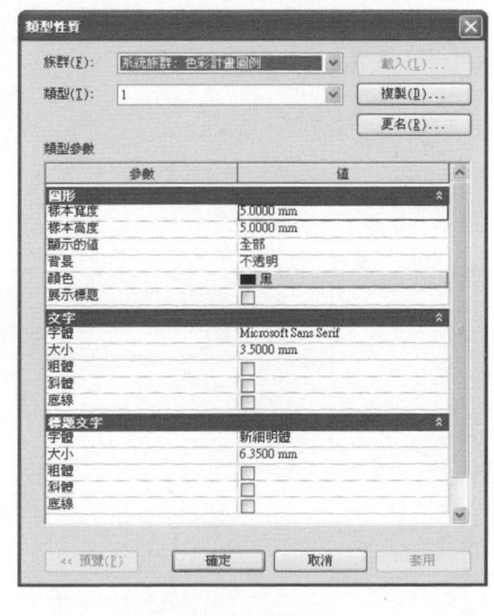

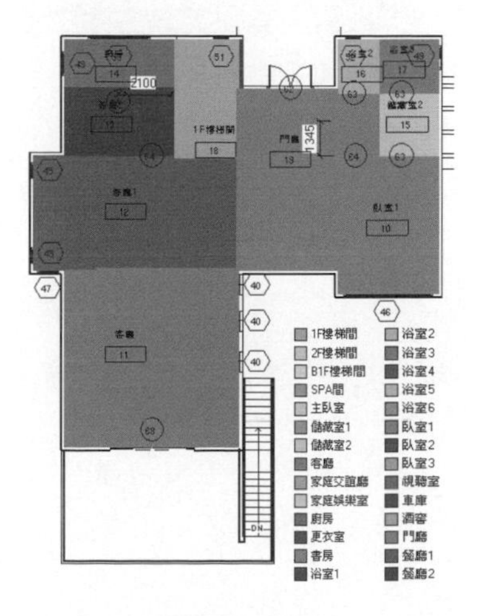

↑ 圖 11-45　　↑ 圖 11-46

- 至此完成面積分析的相關練習，請參考「\REVIT 練習文件\第 11 章\高山御花園別墅_11_2.rvt」檔案。準備進入下一階段的學習。

注意 在「1FL 色彩計畫」視圖中所放置的「顏色計畫圖例」，包括了本項目所有房間的內容，如果只想保留本樓層中出現的房間所對應的「顏色計畫圖例」，只需在「編輯顏色計畫」對話方塊中取消勾選其他房間的「可見」選項即可。因此在建立了多層平面的填滿著色視圖時，要求每層都只顯示本樓層的「顏色計畫圖例」，還必須為每層平面複製一個新的計畫品類，並分別控制其中的「可見」選項。

11.3 視圖外觀效果控制

在列印出圖之前，還需要設定視圖的視圖比例、詳細程度、設定元件可見性、調整網格標頭，並標註尺寸、處理門窗標籤和文字標註等，本節將詳細講解視圖處理方法。

11.3.1 視圖性質

我們首先來調整樓層平面「B1FL」的視圖性質：

- 進入「B1FL」樓層平面視圖，在平面視圖的「性質」對話方塊中調整圖形類參數；如圖 11-47 所示。

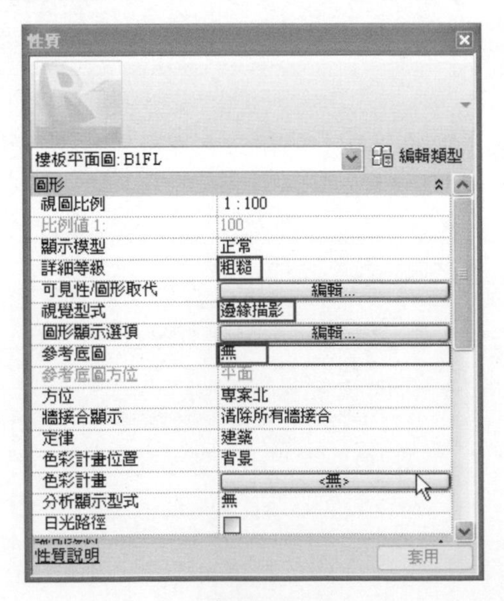

↑ 圖 11-47

- 視圖比例：修改視圖顯示在圖紙上時的視圖比例，可從下拉功能表中選擇比例值，也可以自訂比例，本視圖的視圖比例保持為「1：100」。
- 詳細等級：選項中包括粗糙、中等或細緻模式，此設定將替換此視圖的自動詳細程度設定，在視圖中應用某個詳細程度後，某些類型的幾何圖形可見性即會打開：牆、樓板和屋頂的複合結構則會在中等和精細詳細程度時顯示，本視圖是保持在視圖預設的「粗糙」程度。
- 可見性/圖形取代：點選「編輯」打開「可見性/圖形取代」對話方塊，可以設定模型、標註、匯入品類等在目前視圖的可見性，在本視圖中關閉模型類中的「地形」、「敷地」及「植栽」的可見性，關閉「標註品類」中的「參考平面」及「立面圖」的可見性，圖 11-48 為修改「可見性/圖形取代」設定後的平面視圖外觀。

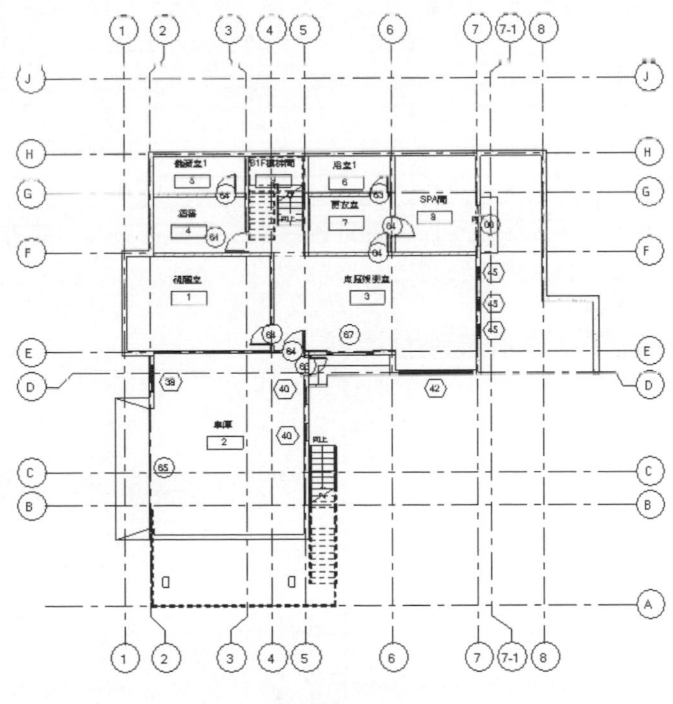

↑ 圖 11-48

- 模型圖形型式：設定視圖顯示模式「隱藏線」、「線架構」、「描影」、「邊緣描影」、「一致的顏色」、「擬真」，為了加強平面視圖表現，本視圖選擇「邊緣描影」模式。

- 參考底圖：從下拉清單中選擇現有的任意一個樓層，可以將該樓層平面設定為目前平面視圖的底圖，底圖則以灰色顯示，請將本視圖的「參考底圖」參數選擇為「無」。
- 接下來調整範圍類參數；如圖 11-49 所示。
- 裁剪視圖：勾選「裁剪視圖」核取方塊可啟動模型周圍的裁剪邊界，但本視圖不勾選此選項。
- 裁剪區域可見：勾選或取消勾選「裁剪區域可見」可以顯示或隱藏裁剪區域，但本視圖不勾選此選項。
- 標註裁剪：如果在專案視圖中裁剪區域可見，則勾選或取消勾選「標註裁剪」可以控制文字標註、尺寸標註等圖元是否被裁剪，但本視圖不勾選此選項。
- 深度裁剪：如果存在跨多個樓層的圖元（例如斜牆），您可能需要切割剪裁平面位置的平面視圖，點選「深度裁剪」右側的按鈕打開「深度裁剪」對話方塊進行選擇如圖 11-50 所示，本視圖選擇「裁剪，含線」選項。

視圖比例、詳細等級、模型圖形型式、進階模型圖形、裁剪視圖、裁剪區域可見等參數，也可以從製圖區域左下角的視圖控制欄中快速設定。

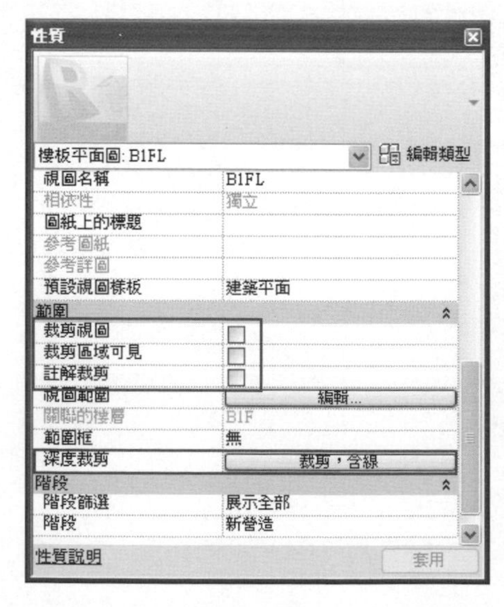

↑ 圖 11-49

↑ 圖 11-50

11.3.2 視圖樣板

視圖樣板提供了初始視圖條件，例如視圖比例、詳細程度以及品類和子品類的可見性設定。你可以將樣板應用於現有的視圖或新視圖，透過「應用視圖樣板」指令，還可以應用現有視圖的視圖性質。

下面我們將在上述 11.3.1 小節中對樓層平面「B1FL」中進行的設定，透過視圖樣板的方式應用到其他的樓層平面視圖中，步驟如下：

- 進入「B1FL」樓層平面視圖。
- 請在功能區「視圖」頁籤左側，點選「視圖樣板」下拉選項中的「從目前視圖建立樣板」指令，打開「新視圖樣板」對話方塊，輸入樣板名稱「平面圖」，如圖 11-51 所示。

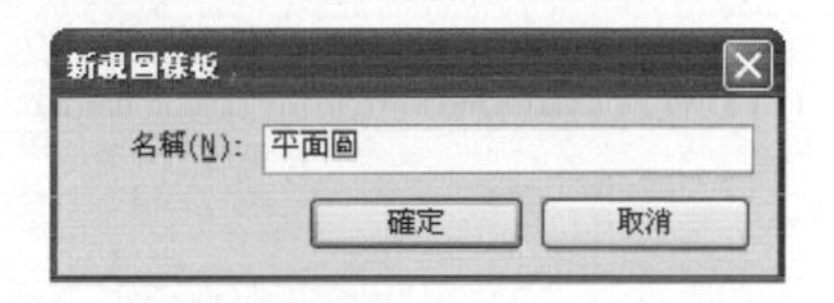

↑ 圖 11-51

- 點選「確定」按鈕後進入「視圖樣板」對話方塊如圖 11-52 所示，這時新建立的視圖樣板會出現在「名稱」的列表之中，點選「確定」按鈕進行確認。

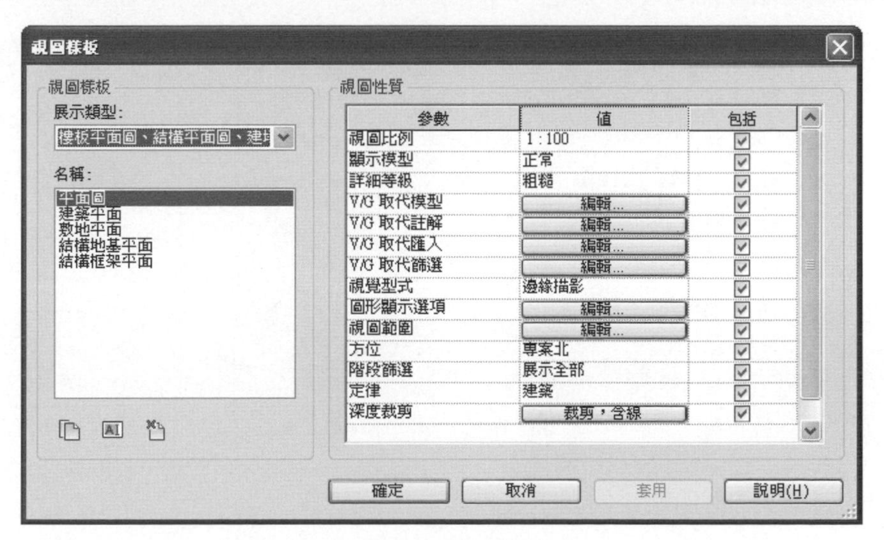

↑ 圖 11-52

- 進入「1FL」樓層平面視圖。
- 請在功能區「視圖」頁籤左側，點選「視圖樣板」 下拉選項中的「套用樣板到目前視圖」指令 ，打開「套用視圖樣板」對話方塊，選取新建立的樣板名稱「平面圖」，如圖 11-53 所示，按「確定」後該平面視圖的外觀會由圖 11-54 的樣式轉變為圖 11-55 的樣式。
- 接著進入「2FL」樓層平面視圖，依上述方式套用視圖樣板「平面圖」格式。

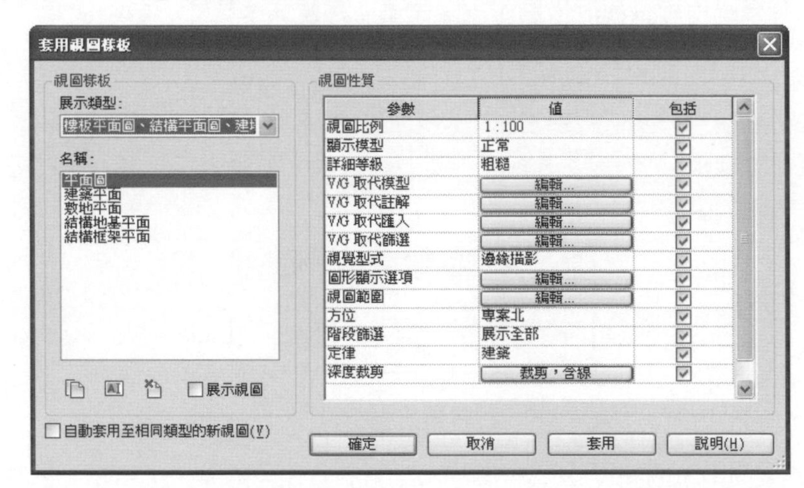

↑ 圖 11-53

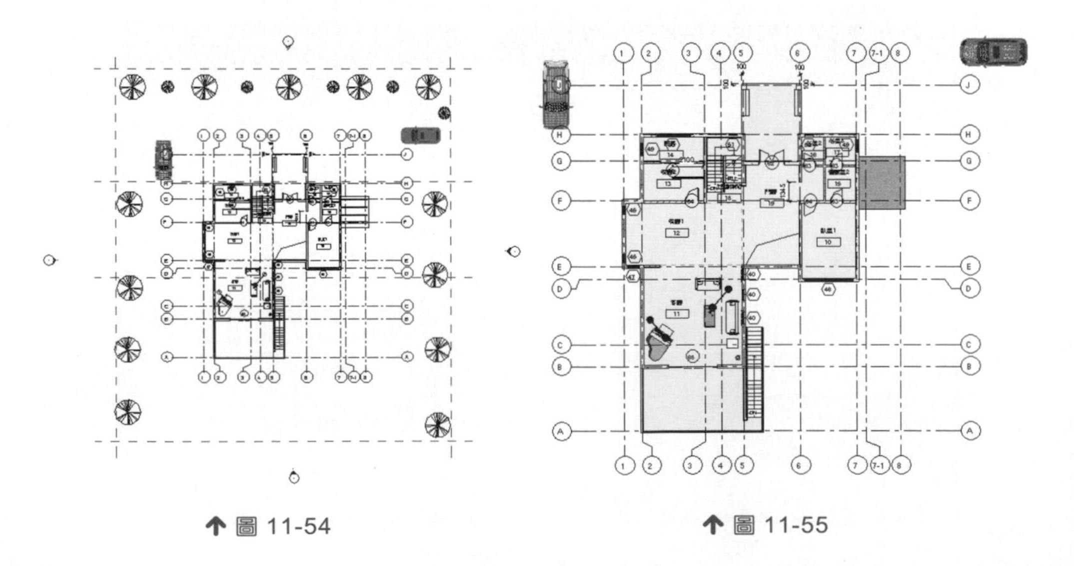

↑ 圖 11-54　　↑ 圖 11-55

11.3.3 篩選的應用

對於在視圖中共用公共性質的圖元，提供了替換其圖形顯示和控制其可見性的快捷方法。在本案例中，我們將應用篩選來快速控制輕質隔牆在視圖中的圖形樣式，其步驟如下：

(1) 篩選設定

- 在「2FL」平面視圖中，選取「2F-內磚牆 1/2B」於其「性質」對話方塊中，點選「編輯類型」，在「類型性質」交談框的「識別資料」內容的「描述」右側的「值」中輸入文字「輕質隔間」，點選「確定」按鈕完成設定；如圖 11-56 所示；同理，請修改「1F-內磚牆 1/2B」、「B1F-內磚牆 1/2B」的「描述」，注意，目前所點選的牆必須最後更正回「2F-內磚牆 1/2B」。
- 點選功能區「視圖」頁籤 -「圖形」面板-「篩選」指令，打開「篩選」對話方塊。
- 點選左下方「新建」按鈕，打開「篩選名稱」對話方塊，輸入名稱為「輕質隔間」如圖 11-57 所示，按「確定」後回到「篩選」對話方塊。
- 在「品類」列表中勾選「牆」，篩選條件選擇「標註」、「等於」、「輕質隔牆」如圖 11-58 所示，點選「確定」按鈕完成對新建篩選的設定。

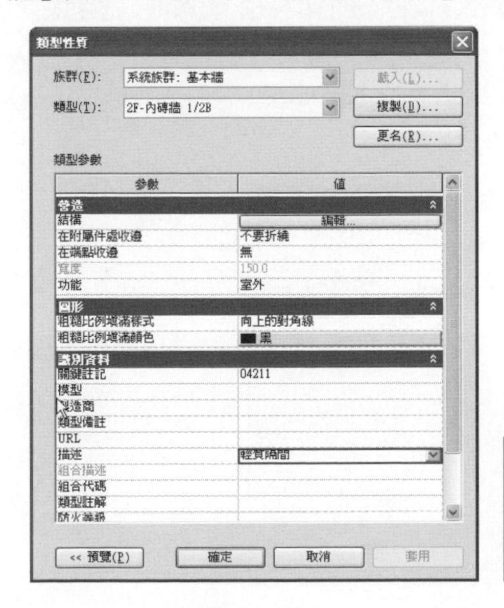

↑ 圖 11-56

↑ 圖 11-57

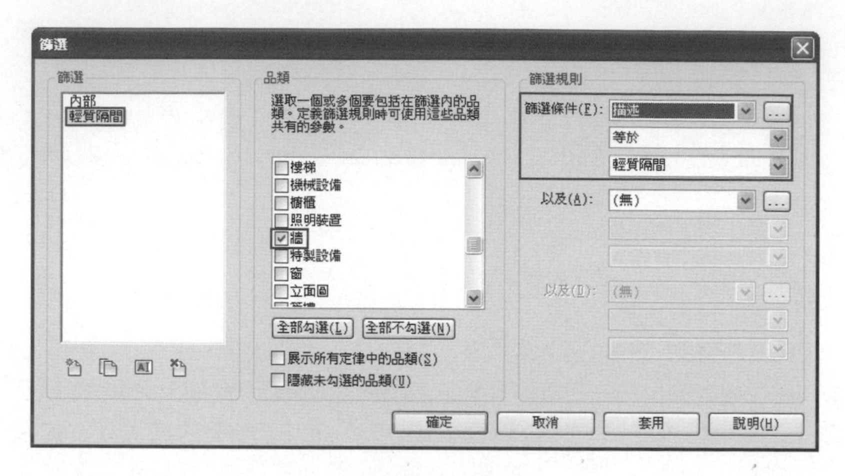

↑ 圖 11-58

(2) 篩選應用

- 由專案瀏覽器進入「1FL」樓層平面視圖，在「性質」對話方塊中點選參數「可見性/圖形取代」右側的「編輯」按鈕進入「可見性/圖形取代」對話方塊，並進入「篩選」頁籤。
- 接著點選「加入」按鈕進入「加入篩選」對話方塊，從中選擇剛才建立的：「輕質隔間」如圖 11-59 所示，按「確定」後回到「可見性/圖形取代」對話方塊。
- 點選對話方塊中「切割 - 線」列下面的「取代」按鈕打開「線圖形」對話方塊，在「樣式」下拉選項中選擇「圓點」類型的線型樣式；如圖 11-60 所示按「確定」完成篩選在「1FL」平面視圖中的應用。

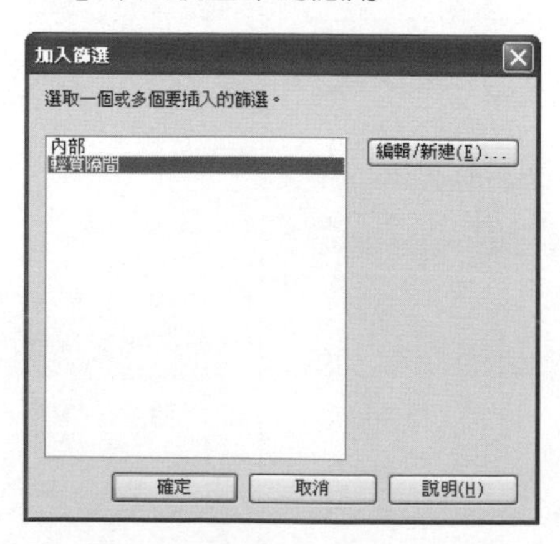

↑ 圖 11-59

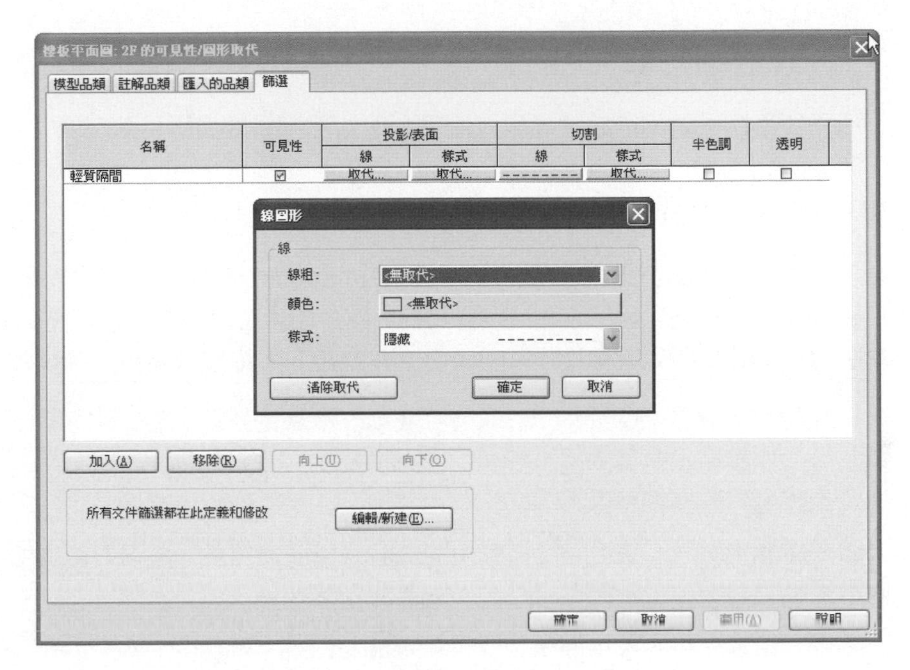

↑ 圖 11-60

- 最後分別進入「B1FL」樓層及「2FL」樓層的平面視圖，使用同樣的步驟將篩選「輕質隔間」應用到視圖當中（圖 11-61 為應用篩選前的牆體線條樣式，圖 11-62 則為應用篩選後的牆體線條樣式）。

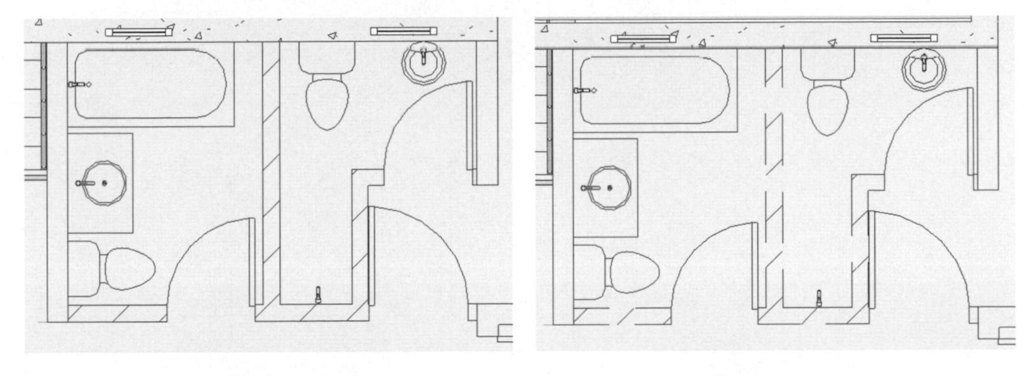

↑ 圖 11-61　　↑ 圖 11-62

11.3.4 其他圖形細節處理

對平面圖形的一些細節處理，可以使用以下技巧，以提高設計效率。

(1) 網格標頭調整及端點位置

由於預設軸線端點都是「3D」模式，所有平面視圖的標頭位置都是同步連動的，只有將每條軸線端點由「3D」改為「2D」模式，才可以做到僅僅調整目前視圖的網格標頭位置；如果逐一操作，步驟會比較麻煩。這時可以嘗試下面的技巧。

- 在平面視圖中查看「性質」交談框，勾選「裁剪視圖」和「裁剪區域可見」參數，圖形中會顯示裁剪邊界，也可以由視圖控制列中點選展示裁剪區域等指令操控裁剪區域顯示與否。
- 接著選擇裁剪邊界，使用滑鼠拖曳中間的藍色雙三角符號，將邊界範圍縮小，使所有網格標頭位於裁剪區域之外；如圖 11-63 所示。
- 這時逐一選取網格，可以觀察到所有軸線端點已經全部由「3D」改為「2D」模式了；如圖 11-64 所示。
- 選擇其中的一條軸線，使用滑鼠拖曳標頭下的藍色實心圓點，即可統一調整端點與之對齊的網格標頭位置，待調整完所有網格標頭的位置之後，在視圖性質中取消選擇「裁剪區域可見」參數，隱藏裁剪邊界即可。

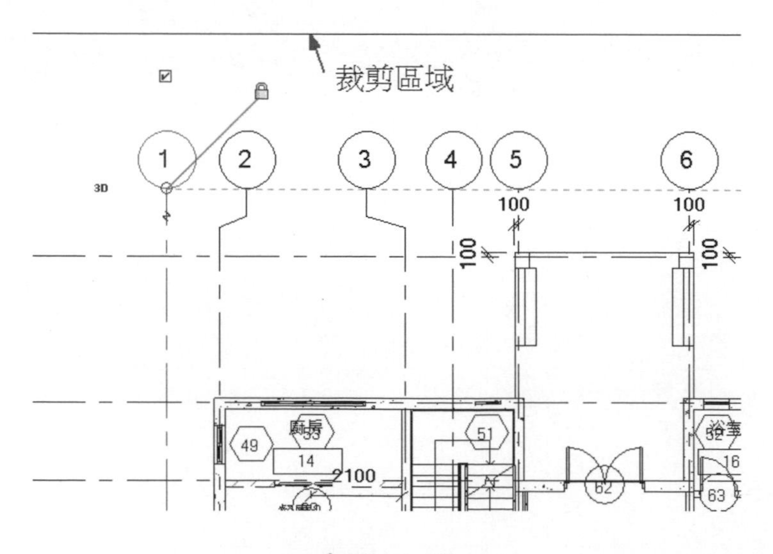

↑ 圖 11-63

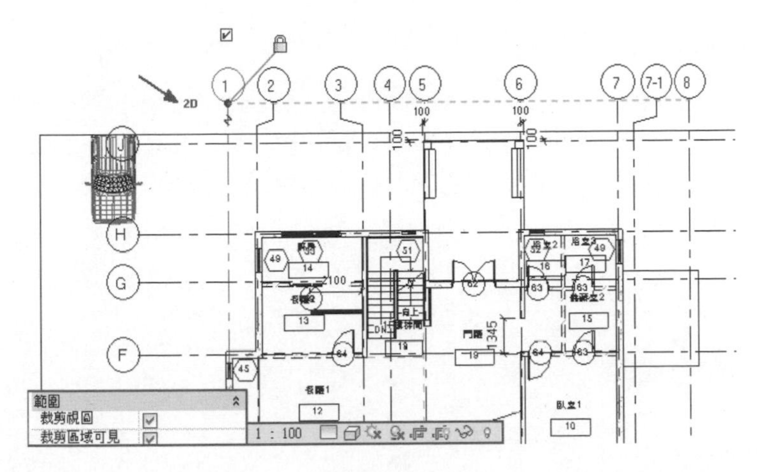

↑ 圖 11-64

- 選取軸線後，取消端點處「□」內的勾選後，會取消該端點的網格標頭。
- 如果需要單獨調整某條網格的端點，可以選取該網格，點選其需要調整一側端點處的「鎖」標籤使其保持解鎖狀態，然後單獨拖曳解鎖後的端點到需要的位置；如圖 11-65 所示。
- 按照以上的 3 種方法，調整「1F」樓層平面視圖中的網格端點，如圖 11-66 所示。

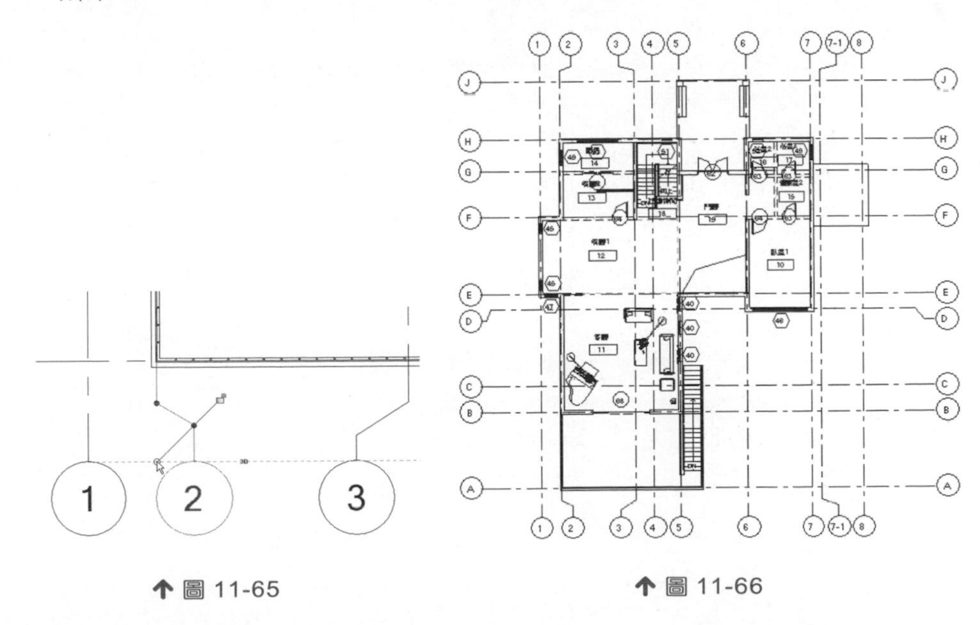

↑ 圖 11-65

↑ 圖 11-66

(2) 繪製詳圖線

- 對於一些視圖表達的細節可以使用功能區「標註」頁籤「詳圖」面板中的「細部線」、元件「詳圖元件」、「重複詳圖元件」和區域「填滿區域」等指令建立 2D 圖元來完成，在本案例的平面視圖中是使用繪製「細部線」功能。
- 請在「1F」樓層平面視圖中，點選功能區「標註」頁籤「詳圖」面板中的「細部線」指令 ，並在「性質」交談框中圖形參數 - 線型選取器中選擇「細線」，按照圖 11-67 中的位置來繪製室內天井的樓板開孔示意線條。

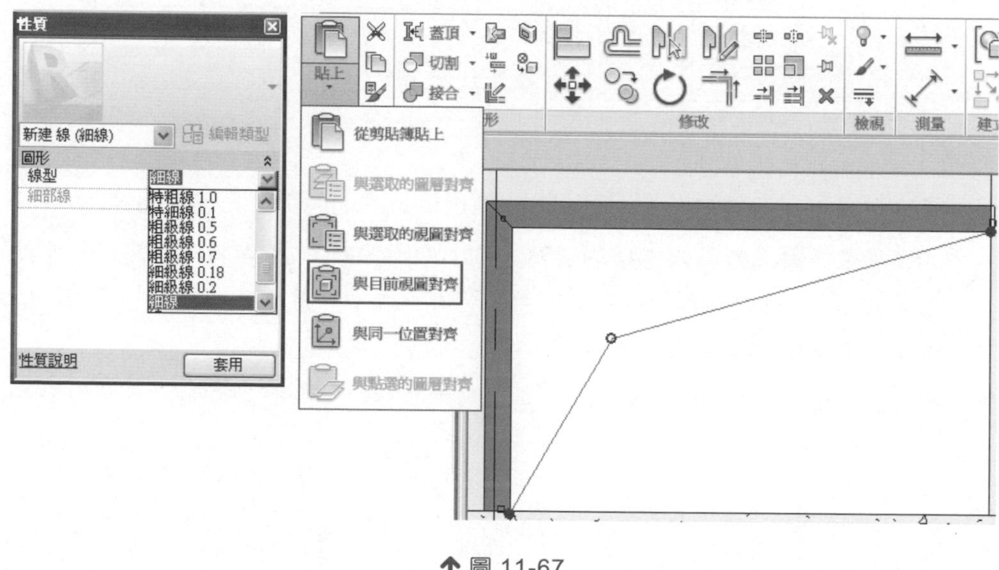

↑ 圖 11-67

- 選擇繪製完成的細部線，點選功能區「修改」頁籤「剪貼簿」面板中的「複製到剪貼簿」指令。
- 最後進入「2FL」樓層平面視圖，點選功能區「修改」頁籤「剪貼簿」面板的「貼上」下拉表列中，選取「與目前視圖對齊」指令將「1FL」樓層平面中的細部線複製到「2FL」樓層平面視圖中同一位置上。

(3) 替換圖元

在「1FL」樓層平面視圖中，網格 7～8 之間的玻璃雨棚無法看見玻璃每層下的骨架，這時我們可以單獨替換圖元樣式來解決，步驟如下：

- 進入「1FL」樓層平面視圖，選取玻璃雨棚，使用「右鍵功能表 - 取代視圖中的圖形 - 依元素」如圖 11-68 所示，打開「視圖特有的元素圖形」對話方塊。
- 勾選對話方塊中的「透明」選項如圖 11-69 所示，按「確定」後得到圖 11-70 中的效果。
- 至此完成視圖外觀效果控制的相關練習，請參考「\REVIT 練習文件\第 11 章\高山御花園別墅_11_3.rvt」檔案。準備進入下一階段的學習。

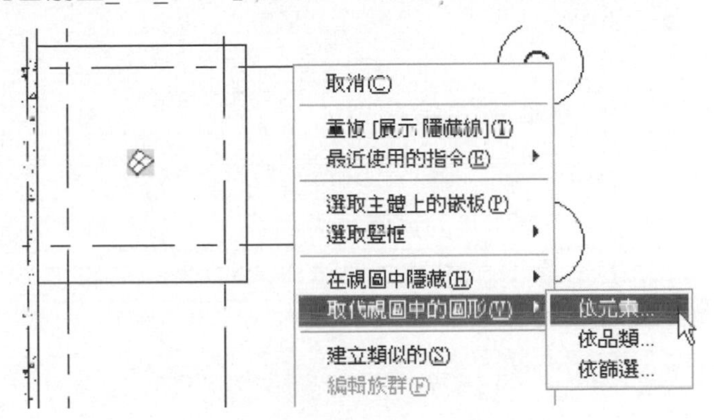

↑ 圖 11-68

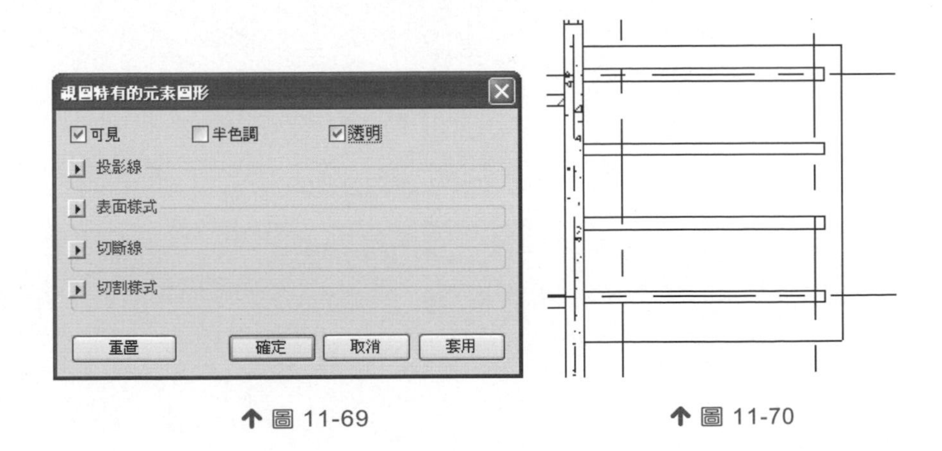

↑ 圖 11-69　　↑ 圖 11-70

11.4 尺寸標註與文字標註

當建築設計中的圖形部分完成後，為了在圖紙上明確標示各元件的位置、尺寸、樣式，我們將在視圖上添加各種尺寸標註和標籤及標註。

在下面的練習中，我們僅以 1FL 平面為例添加各種尺寸標註和標籤，您可使用類似的方法為其他視圖添加尺寸標註和標籤。

11.4.1 添加尺寸標註

建築的平面圖第一道、第二道、第三道尺寸線、立剖面高層和門窗洞口高度尺寸、牆厚等尺寸標註都可以使用「對齊標註」建立。

(1) 標註平面圖第一道和第二道尺寸

- 打開「\REVIT 練習文件\第 11 章\高山御花園別墅_11_03.rvt」檔案。
- 點選功能區「標註」頁籤，「對齊標註」指令，在類型選擇器中選擇類型「線性標註型式：對角線 」，並在選項列選擇選取「牆中心線」、「個別參考」，如圖 11-71 所示，按照圖 11-72 來標註尺寸。

↑圖 11-71

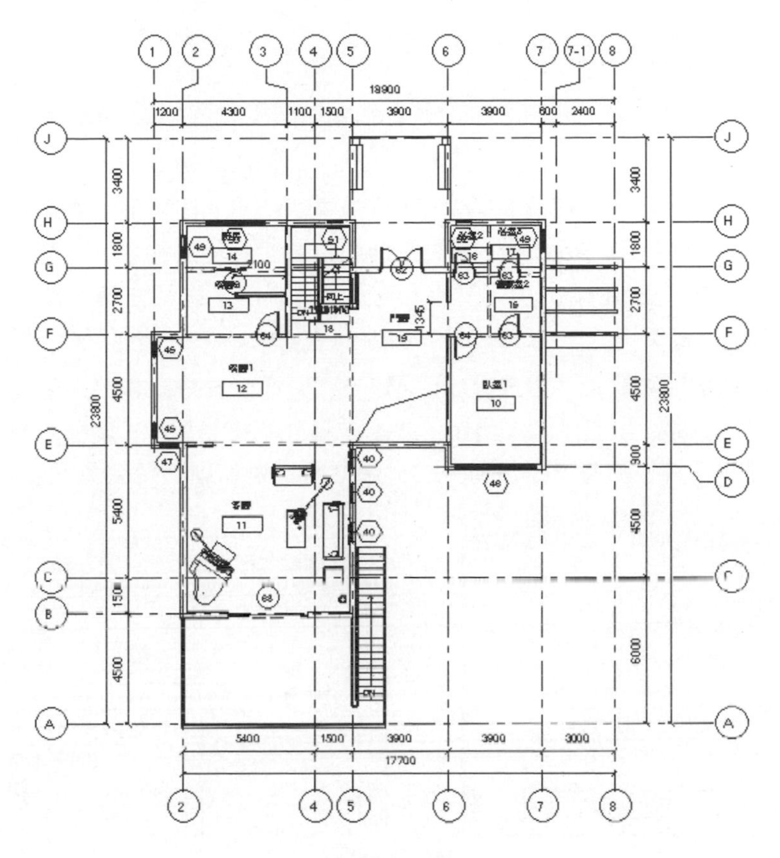

↑ 圖 11-72

注意

在選項列設定「首選」的下拉選項包括：「牆中心線」、「牆面線」、「核心中心」或「核心表面」。點選「牆」時系統會自動點選「首選」位置，也可以利用 Tab 鍵在牆面、牆中心線和軸線間切換點選。

注意

「點選」：在選項列設定點選尺寸界線參考位置的方式為「個別參考」，即逐一點選。移動游標連續點選點選尺寸界線參考點，游標位置會顯示的尺寸標註預覽並隨游標移動，在合適位置點選滑鼠左鍵以放置尺寸標註。

注意

建築的平面圖第一道、第二道尺寸線、立剖面高層和門窗洞口高度尺寸、牆厚等常見尺寸標註，都可以使用「個別參考」方式來標註。

(2) 標註平面圖第三道尺寸

在標註平面圖的第三道門窗洞口尺寸線可以使用點選「整面牆」選項來快速建立，步驟如下：

- 點選功能區「標註」頁籤，「對齊標註」指令，在類型選擇器中選擇類型「線性標註型式：對角線 」，並在選項列選取「牆中心線」、「整面牆」，並點選後面的「選項」按鈕，打開「自動標註選項」對話方塊，按照圖 11-73 進行設定，確定後開始標註尺寸。修改 | 放置標註 牆中心線 點選: 整面牆 選項
- 移動游標到要標註第三道尺寸線的牆上點選，如此連續點選同一側需要標註尺寸的所有牆體，如圖 11-74 所示，然後向牆外側移動游標，游標位置會顯示的尺寸標註預覽並隨著游標移動，在合適位置點選滑鼠左鍵放置尺寸標註。

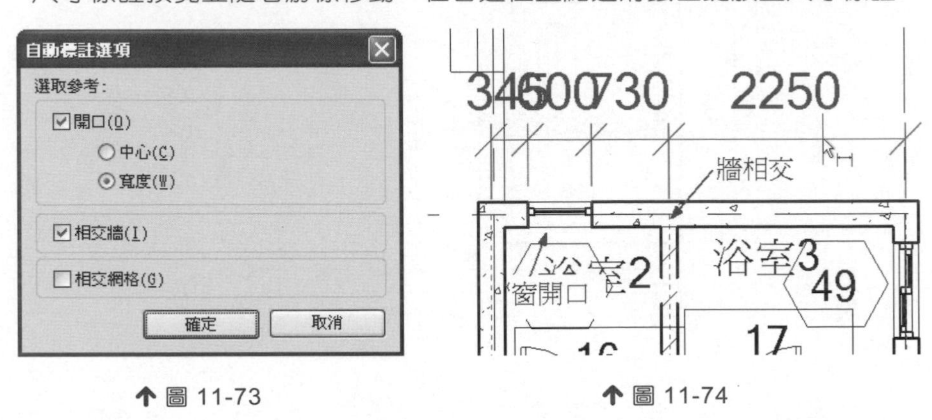

↑ 圖 11-73　　↑ 圖 11-74

- 完成放置標註尺寸後，可直接拖曳文字到適當位置，調整圖面可閱讀性，如圖 11-75 所示。

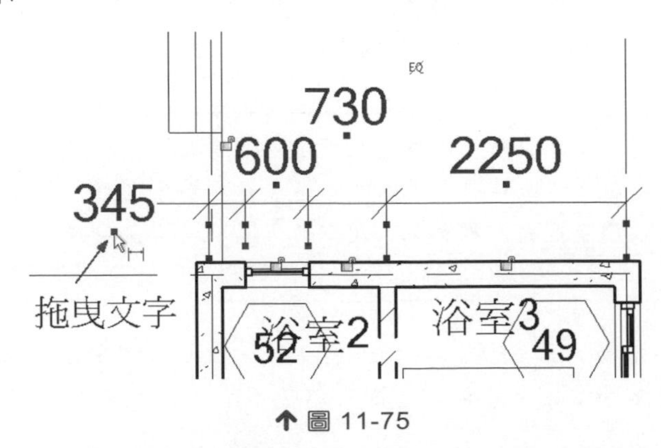

↑ 圖 11-75

- 使用上述方法標註四邊的第三道尺寸。
- 如圖 11-76 所示，添加各種更詳細的尺寸標註。

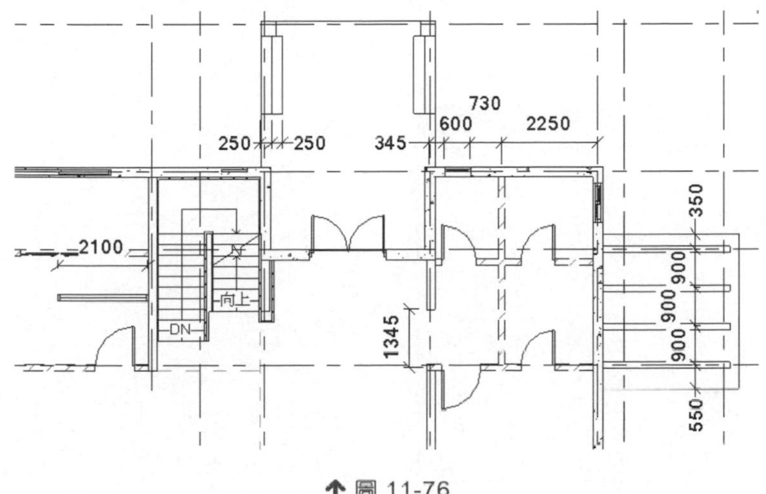

↑ 圖 11-76

(3) 尺寸標註文字設定

在標註樓梯梯段尺寸時，如果需要達到圖 11-77 中的效果，可以進行如下設定。

- 在梯段尺寸標註的文字（預設為「2500」）點兩下，打開「標註文字」對話方塊。
- 在「首碼」中輸入文字「250×10=」如圖 11-77 所示，按「確定」後即可。

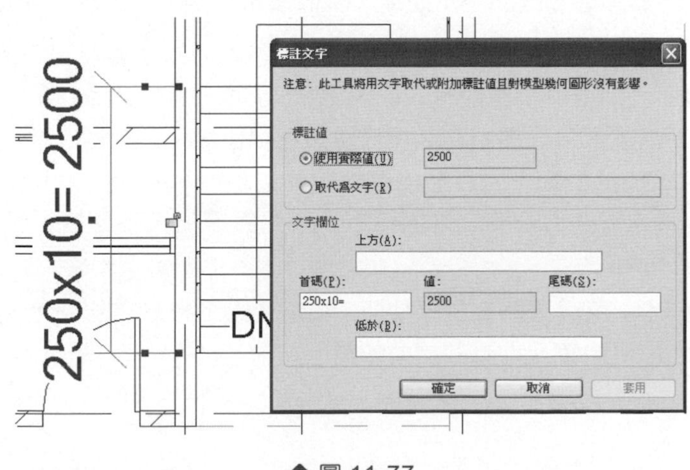

↑ 圖 11-77

注意

在「標註文字」對話方塊中還有其他修改尺寸標註文字的方式，如圖 11-78 中的設定，可以達到圖 11-79 中對梯段進行尺寸標註的另一種形式。

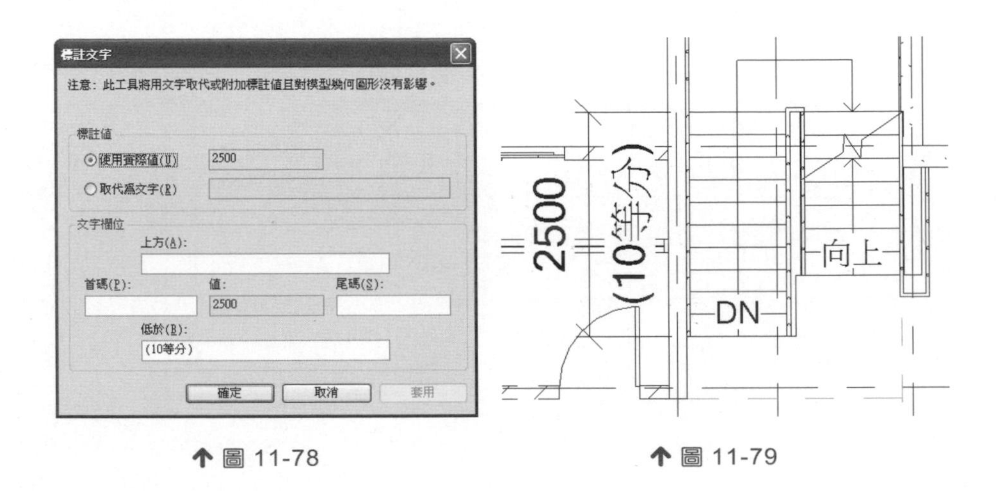

↑ 圖 11-78　　↑ 圖 11-79

(4) 尺寸標註編輯

選擇尺寸標註實例，在尺寸界線、文字、尺寸線上，及附近會出現一些藍色控制點與符號，可以手動作調整：

- 圖元間隙：滑鼠拖曳尺寸界線端點的藍色正方形控制點，可以調整尺寸界線端點到標註的圖元之間的間隙；如圖 11-80 所示。
- 尺寸界線位置：用滑鼠點選在尺寸界線中點的藍色正方形控制點上，尺寸界線參考位置即可在牆中心線和內外牆面，或門窗洞口的中心線和左右邊界位置自動切換；在藍色正方形控制點上按住滑鼠右鍵以顯示「快顯功能表」，點選「移動輔助線指令」，並拖曳到其他的軸線、牆中心線、牆面等參考位置後放開滑鼠，即可移動尺寸界線到點選的位置，亦可直接拖曳輔助線至參考位置後放開；如圖 11-81 所示。
- 鎖定限制條件：用滑鼠點選將尺寸值下的藍色鎖形標籤「無約束」 改為「約束」 ，即可鎖定元件間的相對位置。

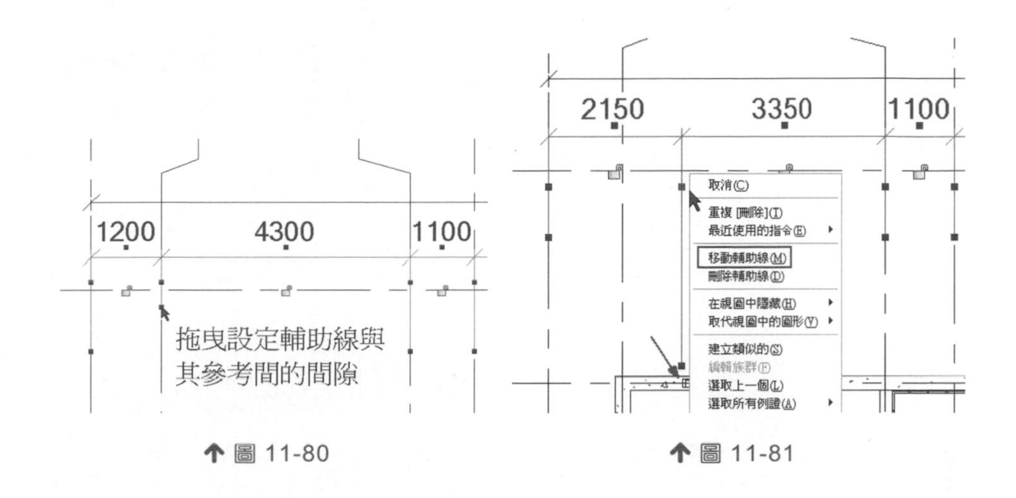

↑ 圖 11-80　　↑ 圖 11-81

11.4.2 高程點標註

對室內外樓層、坡道、地形表面、樓梯平臺高程點、立剖面圖門窗洞口高程及屋脊高程等可以使用「定點高程」指令自動標註。

- 點選功能區「標註」頁籤「尺寸」面板「定點高程」指令，在類型選擇器中選擇類型「平面適用」。
- 取消勾選選項列中的「引線」選項，並維持其他預設選項，如圖 11-82 所示。

↑ 圖 11-82

- 選擇圖元的邊緣、表面或選擇地形表面上的點，點選滑鼠確定標註高程點的位置，再次點選滑鼠確定高程點符號的方向，如圖 11-83 所示。
- 對於樓層值為 0.000 的高程點標註值，需要在前面加上「±」首碼，選取高程點標註實例，打開其「元素性質」對話方塊，按照圖 11-84 輸入字元「±」即可，注意，正負「±」符號可利用其他文書編輯器輸入後，再複製到 Revit 性質交談框中貼上即可。

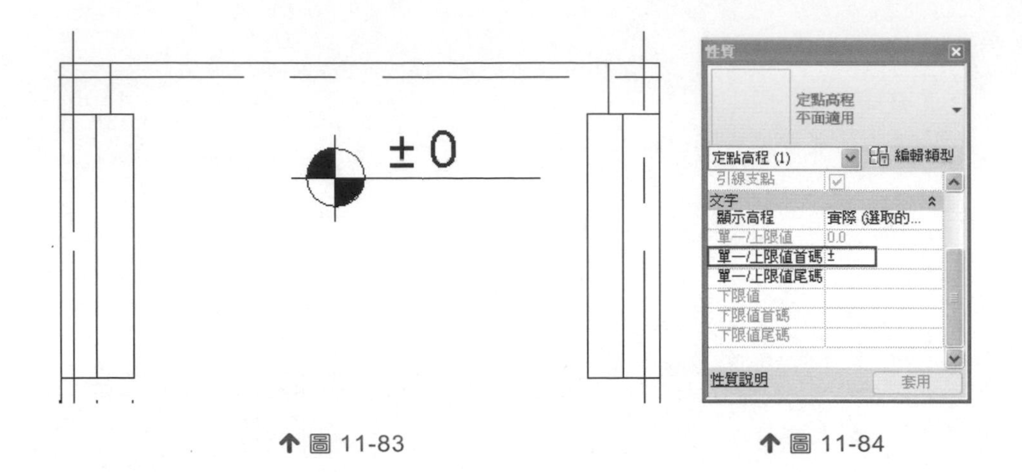

↑ 圖 11-83　　↑ 圖 11-84

11.4.3 添加文字及符號標籤

(1) 添加文字

根據設計要求，在圖面中添加文字。

- 點選功能區「標註」頁籤「文字」面板「文字」指令 **A**，如圖 11-85 所示在格式面板中點選一個區段引線 ←A，並在「性質」交談框，類型選擇器中選擇類型「2.5mm 新細明體」。

↑ 圖 11-85

- 在視圖中點選滑鼠進入文字輸入狀態，這時可以在功能區中設定關於文字排列、預設添加引線及字型修改的選項（其中對預設添加引線的設定必須在進入文字輸入狀態之前設定）；圖 11-86 為添加了引線的文字。

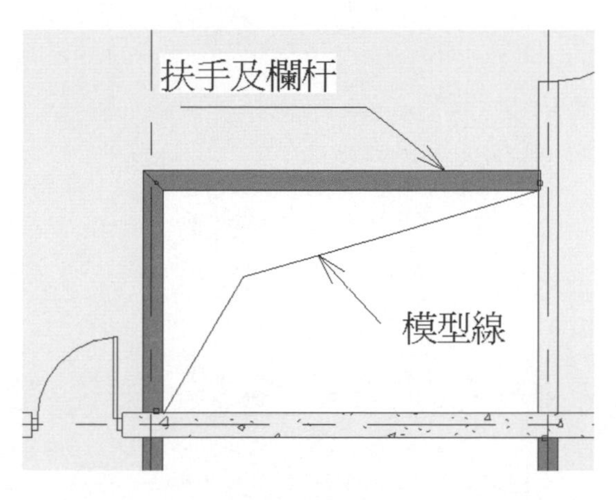

↑ 圖 11-86

注意

在功能區面板上可以設定文字對齊方式：靠左對齊、置中對齊或靠右對齊；可以選擇一個引線選項作為預設引線：沒有引線、一個區段引線，兩個區段引線、曲線引線（弧引線有一個轉折控制點，拖曳它可改變弧形）。你可以點選選項列上的性質按鈕為文字設定如下特性：粗體、斜體或底線。以上設定，都可以在完成文字輸入後再選取該文字，從選項列中來進行設定。

(2) 添加標籤

使用「標籤」指令將標籤附著到所選圖元中。標籤是在圖紙中識別圖元的專有標註，與標籤相關聯的性質會顯示在明細表中。圖 11-87 便顯示了門標籤、窗標籤和房間標籤。

注意

門標籤、窗標籤、房間標籤我們在建立對應圖元的時候都已依預設選擇了同時放置對應的標籤，但對於其中的遺漏部分或需要則進行補充。

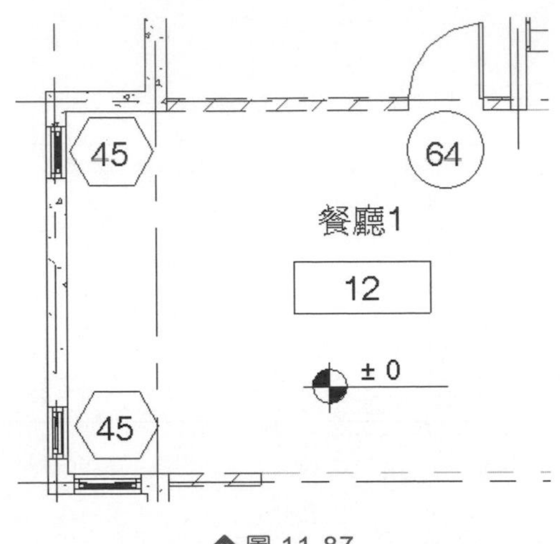

↑ 圖 11-87

- 點選功能區「標註」頁籤「標籤」面板「依品類建立標籤」指令①，選項列如圖 11-88 所示取消引線，因為不同的元件品類有不同的標籤族群，所以在選擇元件之前，類型選擇器為灰色不可用狀態。

↑ 圖 11-88

- 點選選項列中「標籤」按鈕，打開「標籤」對話方塊如圖 11-89 所示，可以為每個元件族群品類選擇一個需要的標籤族群，對未載入標籤的元件族群可以點選「載入族群」按鈕，定位到「Metric Library」-「註解」資料庫中載入需要的標籤族群。
- 引線：勾選「引線」將建立帶引線的標籤，可以設定引線端點為「貼附端點」（端點附著在元件上不可移動）或「自由端點」（端點位置可自由移動）形式，還可以輸入引線長度值。
- 移動游標點選拾取元件，自動建立標籤，（根據標籤族群的參數設定不同，有的標籤則需要手動輸入標籤內容）。

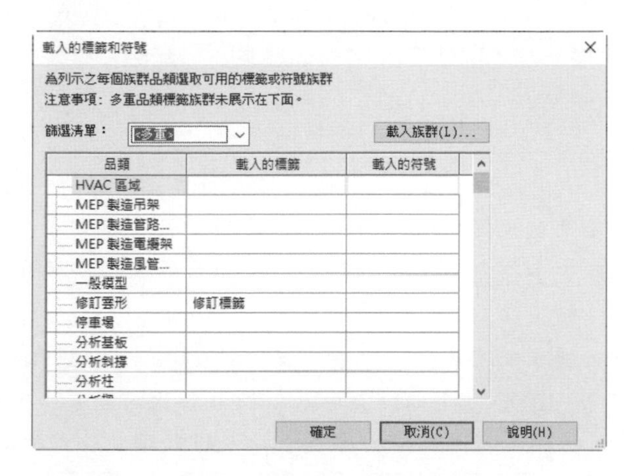

↑ 圖 11-89

注意

如果點選的元件沒有載入標籤族群，系統將提示並詢問是否載入。同時如果選擇了「自由端點」形式，點選元件時將會先放置引線起點、折點和終點後才建立標籤。

(3) 自動標籤

- 點選功能區「標註」頁籤「標籤」面板「全部加上標籤」指令①（即標籤所有未標籤的），打開「標籤所有未標籤的」對話方塊，如圖 11-90 所示（注意預設的勾選選項為「目前視圖中的所有物件」）。

↑ 圖 11-90

- 從表中選擇標籤品類（按住 Ctrl 鍵可以複選），點選「確定」後自動為沒有標籤的構件建立標籤。

注意

1. 如果先選擇元件，然後再啓動「標籤所有未標籤的」指令，則僅會勾選「僅目前視圖中選取的物件」選項，按「確定」後將只標籤選擇的元件。本指令不適用於房間、牆等元件，必須使用「標籤」指令單獨標籤才行。
2. 標籤的操作除了執行「建築」頁籤-「標籤所有未標籤」指令外，在「標註」頁籤-「全部加上標籤」指令有相同效果；若要標記單一物件則可採用「依品類建立標籤」指令僅顯示此物件的類型標記。

- 至此完成本章的練習內容，完成後的結果請參考「\REVIT 練習文件\第 11 章\高山御花園別墅_11.rvt」檔案。

模擬試題

本章介紹了房間邊界和房間標籤的設定，以及透過定義面積方案、分析空間關係的方法，同時學習了視圖性質和視圖樣板的應用、尺寸標註的添加和設定等平面工具，下一章將要學習立面和剖面視圖的處理方法和建築工具。

由下面練習題，同學們可評量本章學習效益。

1. 若要定義房間的範圍時，您必須使用邊界元素或下列哪一項物件作房間分隔？
   (A)族群　(B)參數　(C)線　(D)標籤
2. 若要產生室內粉刷清單，要列出下列哪一項物件的性質明細表？
   (A)樓層　(B)牆　(C)材料　(D)房間
3. 若要複製包含標註及模型元素的獨立視圖，請在「專案瀏覽器」中所列的視圖上按一下滑鼠右鍵，然後選取下列哪一項？
   (A)複製為從屬視圖　(B)與細節一起複製　(C)複製視圖　(D)複製
4. 下列哪一項不是您在執行對齊標註時，可以設定選擇標尺寸位置的選項名稱？
   (A)核心表面　(B)飾面　(C)牆面線　(D)牆中心線
5. 以下哪一項陳述是錯誤的？
   (A) 若要從多區段標註中加入或移除輔助線（即延伸線），請按一下「編輯輔助線」，然後選取您要加入或移除的參考。
   (B) 若要變更多區段標註中的輔助線，請選取標註，然後按一下參考的「移動輔助線」控制。
   (C) 若要變更多區段標註中的輔助線，請按一下「編輯輔助線」選取現有的參考，然後拖曳到新的位置。
   (D) 若要變更多區段標註中的輔助線，請按一下「編輯輔助線」選取現有的參考，然後選取新的參考。

模擬試題

6. 若欲將尺寸 1 顯示成為尺寸 2 狀態，需調整哪兩個類型參數？（複選）
(A)寬度係數 (B)文字大小 (C)文字背景 (D)單位格式 (E)替用單位

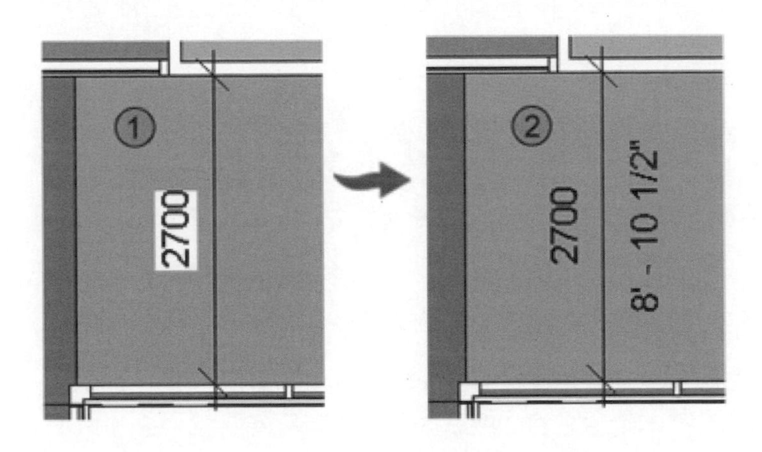

↑圖 模擬試題 11-1

7. 在功能區中選擇三個指令工具，如圖模擬試題 11-2 所示，可用於修改文字註釋 2 的格式樣式，使其與文字註釋 1 的格式細節相符合。（複選如圖模擬試題 11-3 中方位名稱，例如左上）

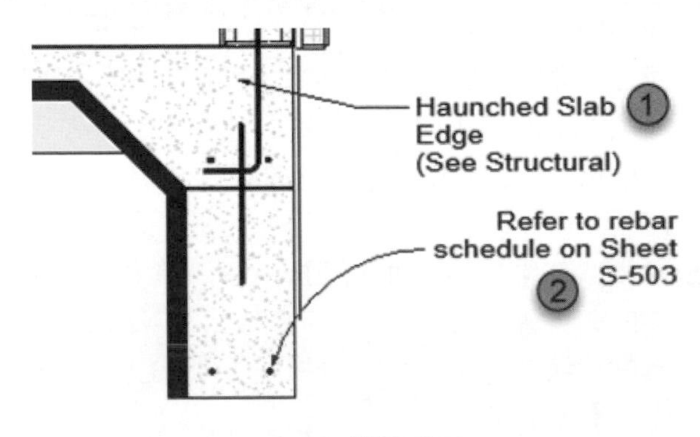

↑圖 模擬試題 11-2

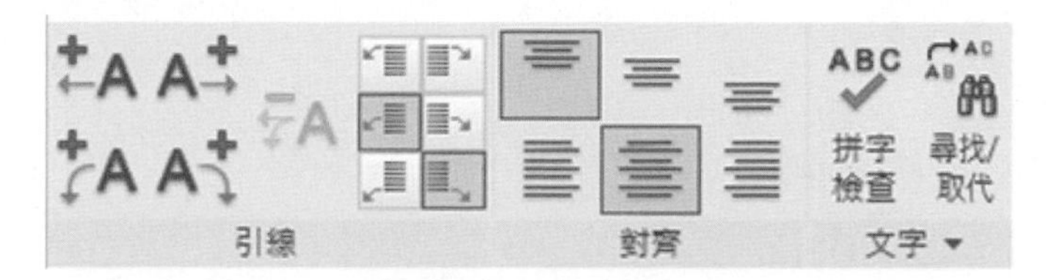

↑ 圖 模擬試題 11-3

8. 請開啟「House_m.rvt」檔案。

   (1) 啟用立面圖（Building Elevation）- North。

   (2) 將 Font 2 文字類型套用至文字。

   請問以下哪段文字正確顯示該字型？

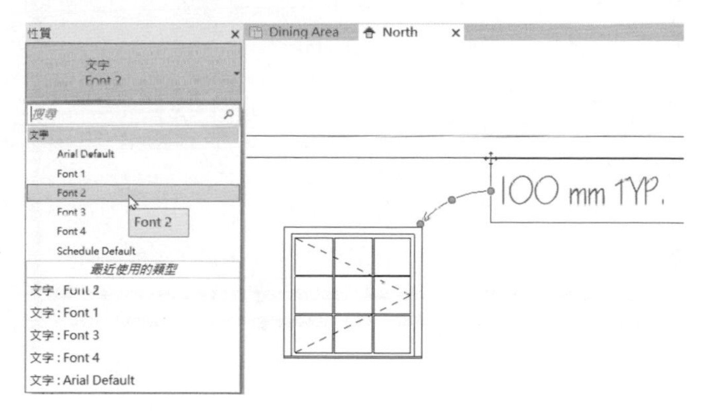

↑ 圖 模擬試題 11-4

9. 請開啟「Office_m.rvt」檔案。

   (1) 開啟樓板平面圖（Floor Plan）- Break Room。

   (2) 在櫃子 1 上新增標籤。

   請問標籤中顯示的值為何？

   (A) UP2 (B) UP1 (C) CW1 (D) BR1

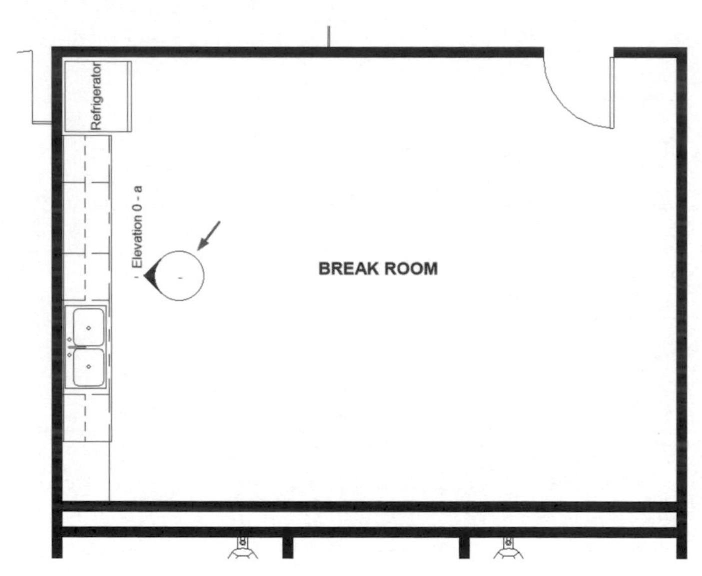

↑ 圖 模擬試題 11-5

10. 請開啟「House_m.rvt」檔案。

    (1) 啟用樓板平面圖（Floor Plan）- Entry。

    (2) 將牆 1 對齊牆 2 的左側邊緣。

    請問房間名稱 CLOSET 2 3 最後的空間面積為多少平方公尺？

    ______________________#.### m^2

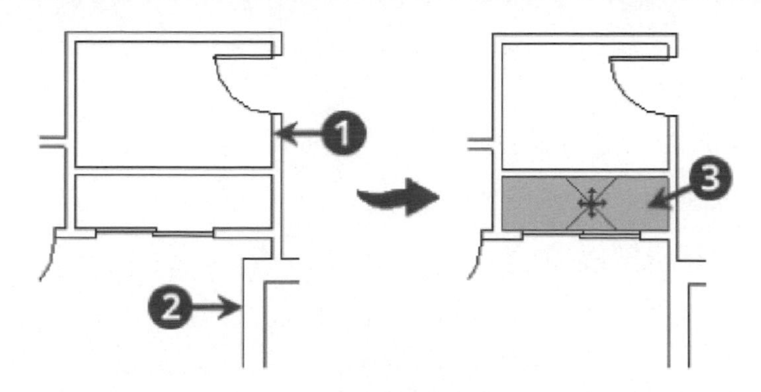

↑ 圖 模擬試題 11-6

11. 請開啟「Starter_m.rvt」檔案。

    (1) 啟用樓板平面圖（Floor Plan）- First。

    (2) 將右上方的臥室以 Room 1 為名稱建立房間。

    請問此房間標籤的面積顯示為多少平方公尺？________________## m

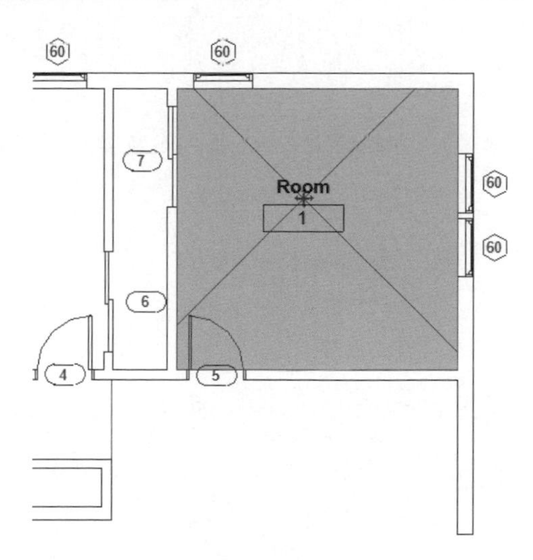

↑ 圖 模擬試題 11-7

12. 請開啟「Dentist Office_m.rvt」檔案。

    (1) 啟用樓板平面圖（Floor Plan）- Lobby。
    (2) 將房間標籤放置在樓板平面圖右下角的大廳中現有房間上。

    請問標籤中顯示的房間編號為何？______________##

13. 請開啟「Starter_m.rvt」檔案。

    (1) 啟用樓板平面圖（Floor Plan）- First。
    (2) 如圖所示，建立名稱為廚房的房間。
    (3) 使用預先繪製的模型線做為房間邊界。

    請問房間標籤上顯示為多少平方公尺？______________# m^2

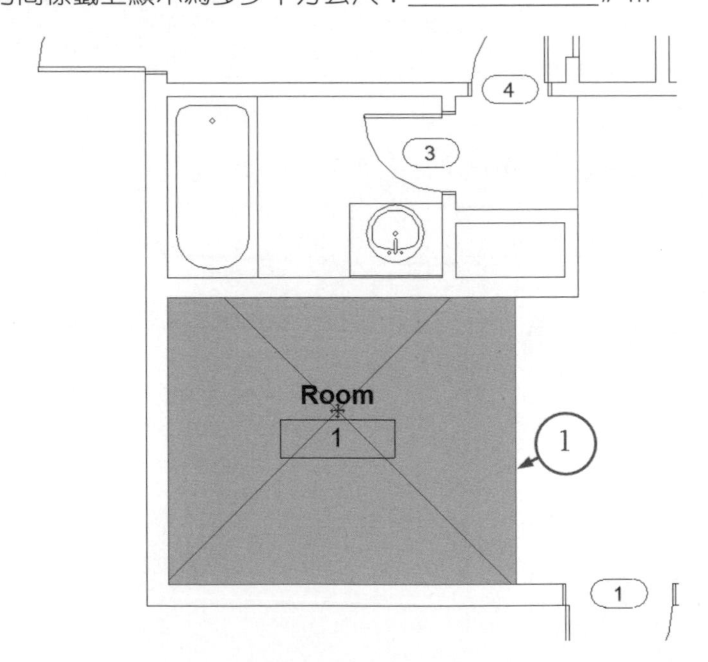

↑圖 模擬試題 11-8

CHAPTER 12

立、剖面視圖處理

課程概要

在前一章介紹了平面視圖的處理方法，和平面視圖一樣，Revit 可以根據四個立面符號自動生成四個正立面視圖，並可以透過繪製剖面線來自動建立剖面視圖。但自動生成的立、剖面圖無法完全滿足出圖要求時，必須手動調整網格和標高的標頭位置、隱藏不需要顯示的元件、建立標註與文字註解等，並將其快速應用到其他立、剖面視圖中，以提高設計效率。

本章將詳細講解立面視圖的處理方法，包括視圖性質與視圖樣板、裁剪視圖、立面視圖網格與標高調整、標註與標註等。同時說明剖面圖的建立與編輯方法，而剖面視圖的處理方法則與立面視圖相同。

課程目標

透過本章的操作學習，您將實際掌握：

- 視圖性質參數設定方法
- 視圖樣板的建立與應用方法
- 裁剪視圖的用途與方法
- 立面視圖網格與標高調整方法
- 複習上一章：尺寸標註與標註的建立方法
- 剖面圖的建立與編輯方法

12.1 視圖性質與視圖樣板

和任何一個建築元件一樣，每個視圖也有其「視圖性質」，可以設定目前視圖的比例、詳細等級、顯示模式、可見性和基線等參數特性，從而控制視圖的顯示特性。同時可以根據視圖將這些特性儲存為視圖樣板，並快速應用到其他同類型視圖中。下面以元件可見性控制為例，詳細講解其設定方法。

12.1.1 視圖可見性

視圖性質就是目前視圖的比例、詳細等級、顯示模式、可見性和基線等特性，可以解決很多視圖的顯示特性。

- 開啟「REVIT 練習文件\第 11 章\高山御花園別墅_11.rvt」檔案。
- 在專案瀏覽器中展開「立面（建築立面）」項目，在視圖名稱「西立面」點兩下打開西立面視圖。如圖 12-1 所示，觀察立面視圖。

注意

可以看出西立面圖與出圖要求對比有一些出入：圖中的植物、汽車等元件及參照平面無須顯示，場地顯示的過長，立面中軸線只需顯示第一條和最後一條，且網格線較長，無材料標記等標註內容。

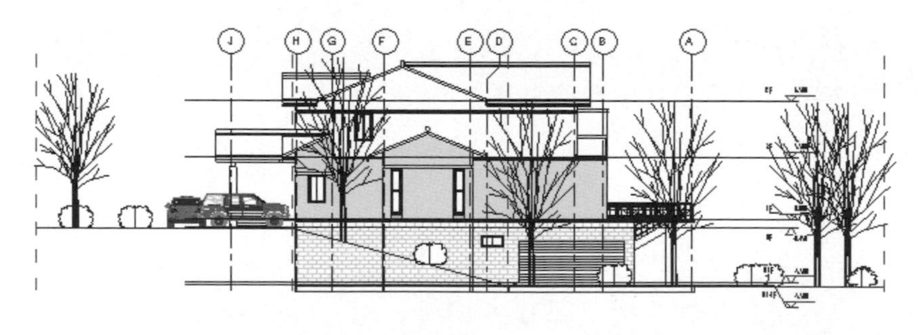

↑圖 12-1

- 在「性質」對話方塊中點選參數「可見性/圖形取代」後的「編輯」按鈕，打開「立面：西 的可見性/圖形取代」對話方塊，如圖 12-2 所示。此對話方塊包含「模型品類」、「標註品類」、「分析模型品類」、「匯入的品類」、「篩選」等五個頁籤，分別用來控制各類別元件的顯示。

↑ 圖 12-2

- 在「模型品類」頁籤中，向下拉右側的捲軸，找到「植物」類別，取消勾選「植物」。同理取消勾選「點景」。

注意

此操作確定後，將會隱藏視圖中所有植物和車等的顯示。

- 切換到「標註品類」頁籤，取消勾選「參照平面」，切換到「匯入的品類」頁籤，取消勾選「車」相關物件，點選「確定」兩次關閉所有對話方塊。觀察西立面圖中的樹木、車以及參照平面均已被隱藏，如圖 12-3 所示。

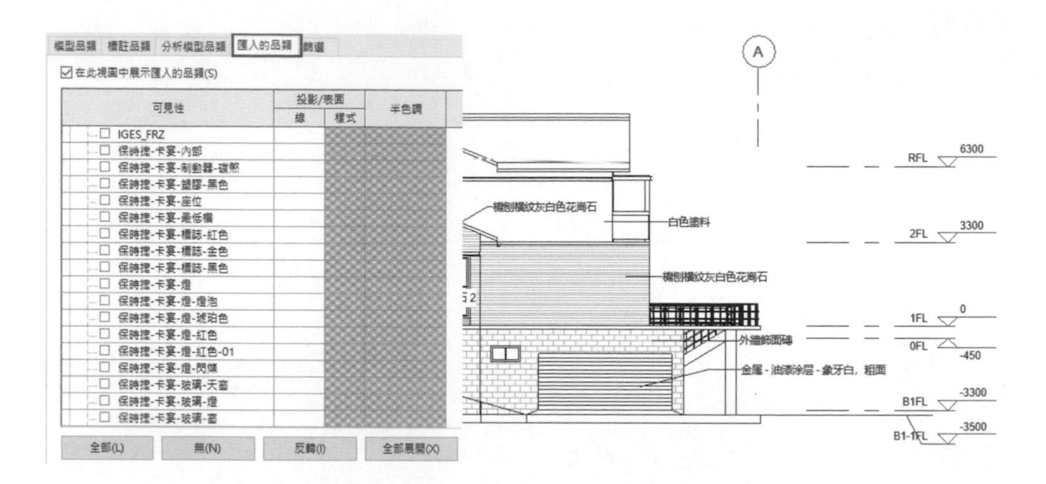

↑ 圖 12-3

12.1.2 視圖樣板

12.1.1 節關閉了西立面視圖中植物、車和參照平面的可見性，此時打開東、南、北立面視圖後，會發現樹木和車元件依然存在。如果各個視圖都按上面的方法逐一設置，設計效率會很低。因此 Revit 提供了專用的「視圖樣板」工具，可以將其設置快速地應用到其他立面視圖中。

- 接續 12.1.1 節練習，在西立面視圖中點選功能表「視圖」-「從目前視圖建立樣板」指令，彈出「新視圖樣板」對話方塊，輸入「立面」為樣板「名稱」，如圖 12-4 所示。

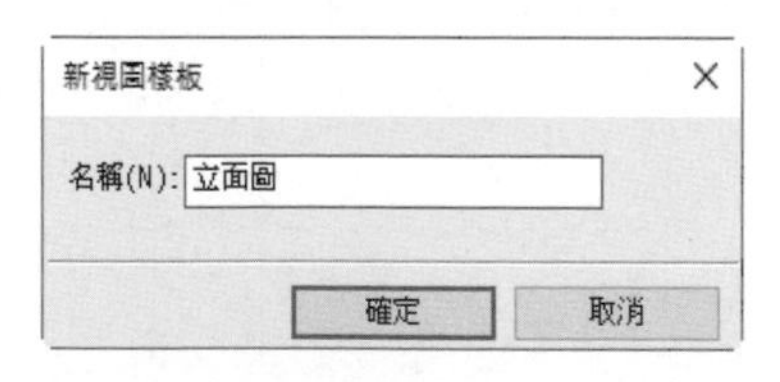

↑ 圖 12-4

- 點選「確定」後，打開「(管理)視圖樣板」對話方塊，如圖 12-5 所示。此時可以補充設定右側的其他視圖性質參數，再點選「確定」即可建立顯示樣式與西立面統一的「立面」視圖樣板。

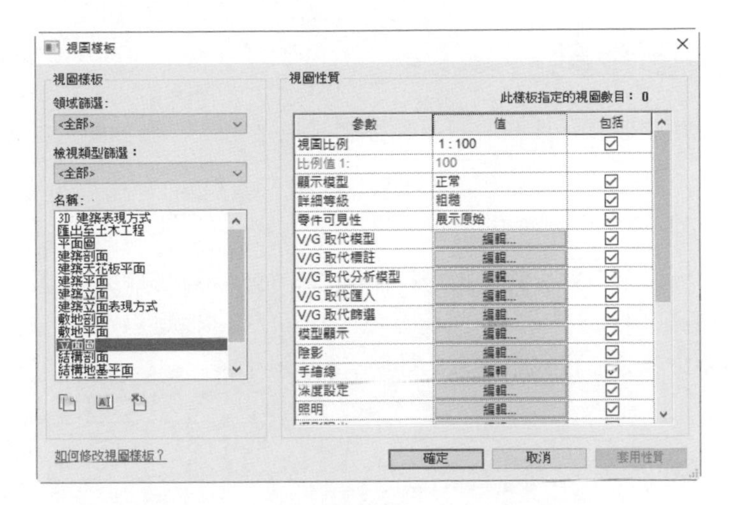

↑ 圖 12-5

注意

在圖 12-5 右邊的「視圖性質」中，點選「V/G 取代模型」參數右側的「編輯」按鈕打開「立面」的「可見性/圖形取代」對話方塊，此時同樣可以繼續調整樣板的可見性。

- 在專案瀏覽器中展開「立面（建築立面）」，並在視圖名稱「東」點兩下，打開東立面視圖。
- 接著點選功能表「視圖」-「套用視圖樣板」指令，在彈出的「套用視圖樣板」對話框中左邊的視圖樣板列表中點選剛剛建立的「立面」樣板，再點選「確定」應用「立面圖」視圖樣板。觀察東立面視圖中的樹木、車以及參照平面是否已同樣被隱藏。
- 快速套用視圖樣板：在專案瀏覽器中展開「立面（建築立面）」，按住 Ctrl 鍵分別同時點選「東立面」、「北立面」、「南立面」等立面視圖，再點選菜單「視圖」-「應用視圖樣板」指令，在彈出的「套用視圖樣板」對話方塊中於左邊的視圖樣板列表選擇「立面圖」樣板，點選「確定」後，即可設定幾個立面視圖具有同樣的可見性等視圖性質。

注意

在視圖中選擇元件，點選右鍵，在彈出的快顯功能表中點選「在視圖中隱藏」-「元素」指令的隱藏操作，使其無法被儲存在視圖樣板中應用到其他視圖。

12.2 視圖裁剪

對立面視圖中地形元件顯示的多寡等則需要透過「視圖裁剪」指令來調整。

- 接續上一節練習，在專案瀏覽器中展開「立面（建築立面）」，並在視圖名稱「西立面」點兩下打開西立面視圖。
- 點選繪圖區域左下角視圖「視圖控制列」中的「不裁剪視圖」圖示，改為裁剪視圖；再點選「顯示裁剪區域」圖示，使燈泡為點亮的狀態，則在立面視圖中即顯示裁剪範圍框，如圖 12-6 所示。

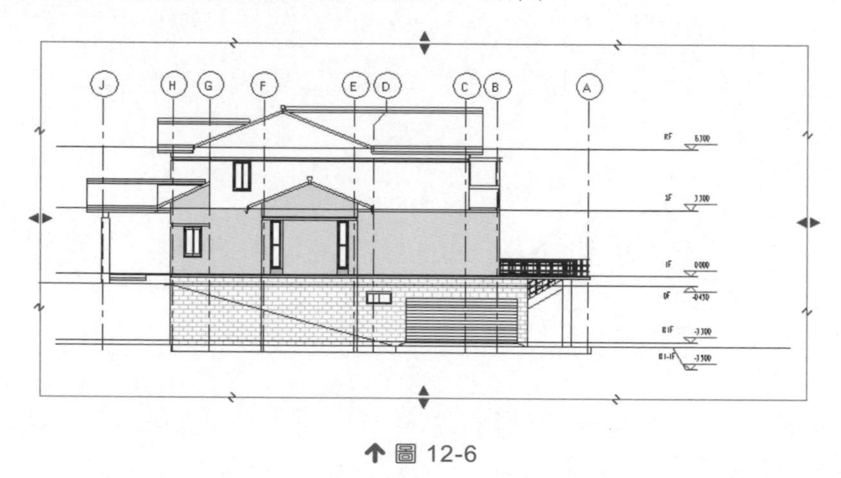

↑ 圖 12-6

注意

和 兩個均是控制視圖範圍裁剪框的工具：用來控制視圖裁剪框是否起作用，為不起作用，點選可切換兩種狀態；而 是控制視圖範圍裁剪框是否顯示，則為不顯示裁剪區域，點選亦可互相切換。兩個工具互不影響，在 狀態下，不管裁剪框是否顯示都會起作用，也都將隱藏範圍框以外的元件部分。

- 向內拖曳圖 12-6 中裁剪框左右兩側的雙向箭頭控制點到合適位置，即可隱藏過長的地形，如圖 12-7 所示。

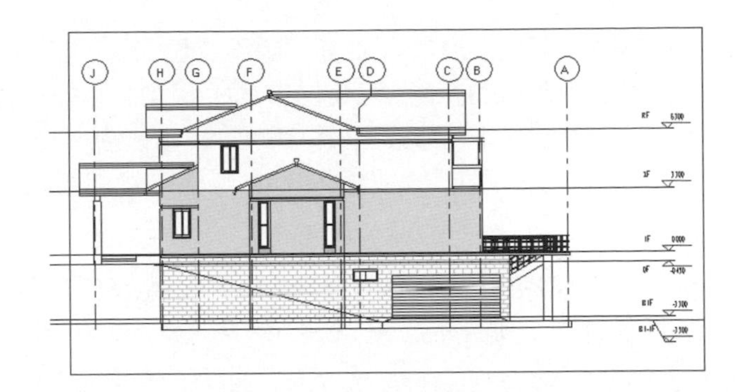

↑ 圖 12-7

- 再點選繪圖區域左下角視圖控制列圖示 ，切換為「隱藏裁剪區域」的狀態 。

注意

在佈圖、列印時均不需要顯示裁剪區域，因此在完成對裁剪區域的操作後，請隱藏裁剪區域的顯示。

注意

上面的裁剪區域將不裁剪標註類元素，如網格、標高等。如需要隱藏超出區域外的標註元素，請在「性質」對話方塊，在「範圍」類參數下勾選「標註裁剪」參數，即可出現如圖 12-8 所示的週邊標註裁剪範圍框，此範圍框可裁剪範圍外的標註元素。

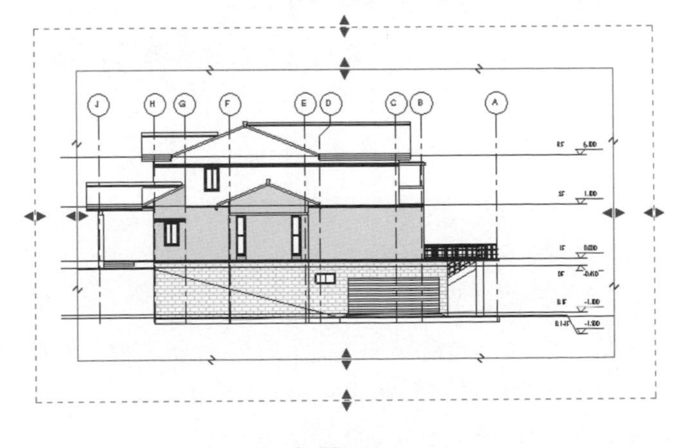

↑ 圖 12-8

- 依同樣方法，在專案瀏覽器中展開「立面（建築立面）」，分別打開「東」、「北」、「南」立面視圖，點選繪圖區域左下角視圖控制列的「裁剪視圖」圖示，改為裁剪狀態。然後點選「顯示裁剪區域」圖示，使燈泡為點亮的狀態，即顯示裁剪區域。並分別調整各視圖的裁剪區域，隱藏不需顯示的部分。
- 注意，北立面的裁剪區域下邊要拖曳至標高 0FL，因為地下一層在北立面不需要看到，如圖 12-9 所示。調整完後點選 變為，即可隱藏裁剪區域。

↑ 圖 12-9

12.3 立面網格與標高調整

在立面視圖中一般只需要顯示第一條和最後一條軸線，且軸線及標高的長度也無須太長，下面就來調整這些細節顯示。

12.3.1 隱藏多餘網格

- 接續 12.2 節練習，展開專案瀏覽器「立面（建築立面）」項目，在視圖名稱「西立面」點兩下，打開西立面視圖。
- 移動游標到立面右側 H 軸線標頭右下方，按住滑鼠左鍵向左側 B 軸線標頭左上方移動游標會出現矩形選擇預覽框，確認矩形框只和 H 到 B 軸線相交後，鬆開滑鼠左鍵，交叉框選了中間的多餘軸線。

- 選擇 H 到 B 軸線後點選右鍵，在彈出的快顯功能表中點選「在視圖中隱藏」-「元素」指令，即可隱藏中間的網格並保留兩端的兩根軸線，結果如圖 12-10。

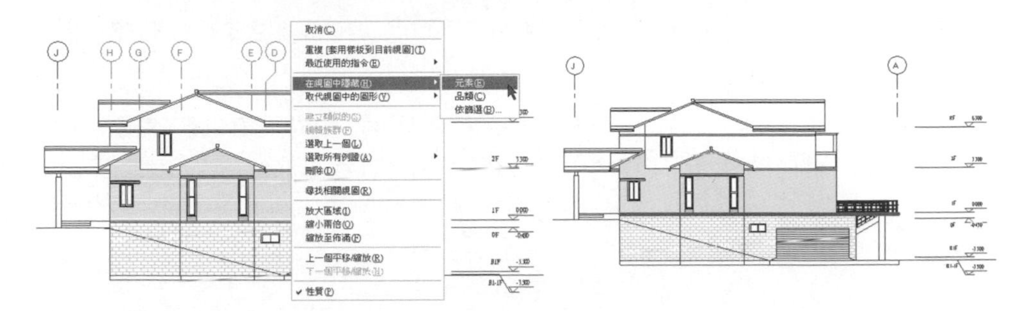

↑ 圖 12-10

注意

選擇「網格」點選右鍵，在彈出的快顯功能表中點選「在視圖中隱藏」-「類別」的操作，等同於在「立面：西的可見性/圖形取代」對話方塊之「標註品類」頁籤中取消勾選「柱線(網格)」，這兩種操作都可隱藏視圖中的所有網格。

- 依同樣的方法，分別開啟「東」、「北」、「南」各立面視圖，框選中間的軸線並隱藏，以符合我們的出圖要求。

注意

選擇元件，按右鍵在快顯功能表中點選「在視圖中隱藏」-「元素」指令，不僅適用於網格，同樣適用於標高、參照平面、牆、門、窗等幾乎所有的元件。

12.4 為立面添加標註

當自動生成的立、剖面圖不能完全滿足出圖要求時，需要在立面添加標註說明。

12.4.1 立面高程點標註

通常立面需要標註窗臺高度、窗頂高度、牆飾條高度等，下面我們使用「高程點標註」指令來完成這些標註。

- 接續 12.3 節練習，展開專案瀏覽器「立面（建築立面）」項目，在視圖名稱「西立面」點兩下，打開西立面視圖。
- 點選功能區「標註」頁籤 -「定點高程」指令，在類型選擇器中選擇「剖面和立面適用」類型。
- 於選項列取消勾選「支點」，移動游標至繪圖區域，點選西立面左端窗 C0915 頂部位置。此時游標上下移動可以確認高程點標註放置的位置。游標向左上方移動，點選放置一個向上的高程點標註，標註值為「2400」，如圖 12-11 所示。

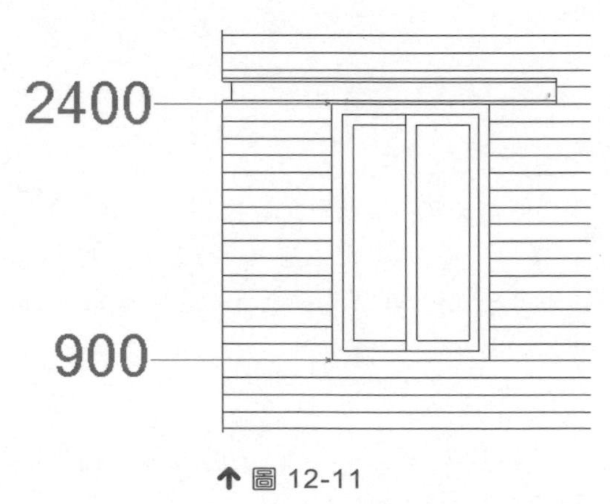

↑ 圖 12-11

- 繼續添加高程點標註，移動游標點選窗臺位置，游標向左下方移動並點選，放置一個向下的高程點標註。
- 此時高程點數值「900」位置較高，點選並按住高程值「900」下方的藍色夾點向下拖曳，調整數值至合適位置鬆開滑鼠，如圖 12-11 所示。

注意

滑鼠點選高程值「2400」下方的藍色控制點拖曳可調整數值位置。

12.4.2 添加材質標記

- 接續 12.4.1 節練習，展開專案瀏覽器「立面（建築立面）」項目，在視圖名稱「西立面」點兩下，打開西立面視圖。
- 點選功能區「標註」頁籤 -「材料標籤」指令，並在類型選取器中選取「材料名稱」，移動游標至繪圖區域中要標記材質的一樓平面中部左邊的窗 C0625 下的機刨橫紋灰白色花崗石內部，此時游標處會出現該元件材質「機刨橫紋灰白色花崗石 2」的預覽。
- 點選放置引線起點，將游標水平向左移動，再次點選第一段引線終點，垂直向上移動游標，再次點選第二段引線終點，並放置材質標記文字，結果如圖 12-12 所示。

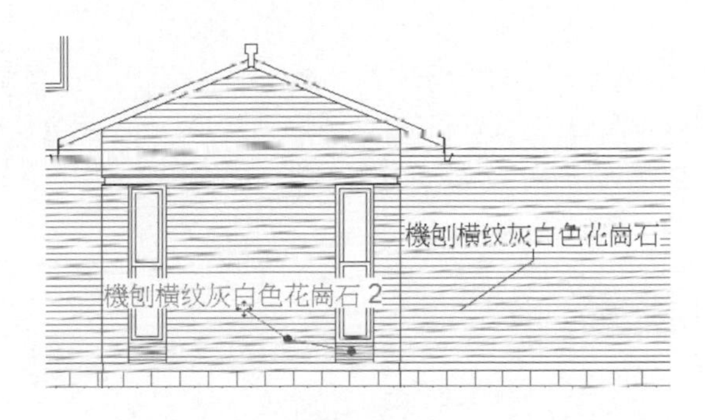

↑ 圖 12-12

注意

如圖 12-12 中，按住材料標記「再造木飾面」文字下的移動圖示 並拖曳，可調整文字位置，向下拖曳至第一段引線位置再向左，點選即可顯示為單段無折彎引線。

- 依同樣方法標記西立面地下一樓牆體、一樓牆體等元件的材質，如圖 12-13 所示。

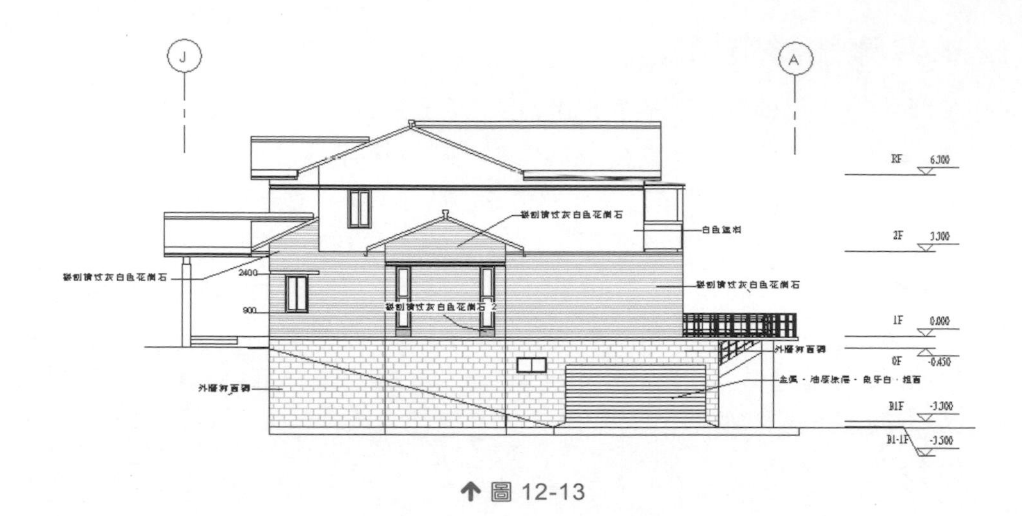

↑ 圖 12-13

- 再依同樣的方法，分別打開「東」、「北」、「南」各立面視圖，標記各立面上各元件的材料標記，完成後的結果請參考「REVIT 練習文件\第 12 章\高山御花園別墅_12_1.rvt」檔案。

12.5 剖面視圖

12.5.1 建立剖面視圖

在 Revit Architecture 無須手工繪製剖面視圖，系統可以自動建立。自動生成的剖面視圖必須像前面的立面視圖一樣，調整其可見性等視圖性質、調整軸線與標高、建立標註與標註等。

- 接續 12.4 節練習，或打開「REVIT 練習文件\第 12 章\高山御花園別墅_12_1.rvt」檔案。
- 在專案瀏覽器中展開「樓板平面」項目，在視圖名稱「RFL」點兩下進入 RF 平面視圖。
- 點選功能區「視圖」頁籤 -「剖面」指令，在類型選擇器中選擇「剖面」類型。
- 當游標變成十字繪圖的圖示，移動游標至 3 軸和 5 軸之間，在建築上方點選確定剖面線上端點，再將游標向下移動超過 A 軸後點選確定剖面線下端點，繪製剖面線如圖 12-14 所示。

- 此時專案瀏覽器中增加「剖面（建築剖面）」項目，展開看到剛剛建立的「剖面 1」。

注意 在專案瀏覽器「剖面（建築剖面）」-「剖面 1」上點選滑鼠右鍵，可在彈出的快顯功能表中點選「重新命名」，並在彈出的「重新命名視圖」對話方塊中輸入新的名稱，按「確定」後即可重新命名剖面視圖。

- 選擇剖面線，剖面標頭位置會出現雙向箭頭標記 ，點選可改變剖切線方向，剖面圖即自動更新。
- 然後再選擇剖面線，點選功能區右方的「分割區段」指令，在剖面線上 E 軸和 F 軸之間點選，在此處打斷剖面線，移動游標到下面一段剖面線上再向左移動游標一段距離後，點選放置剖面線，即建立了轉折剖面線，如圖 12-15 所示，剖面圖會自動更新。

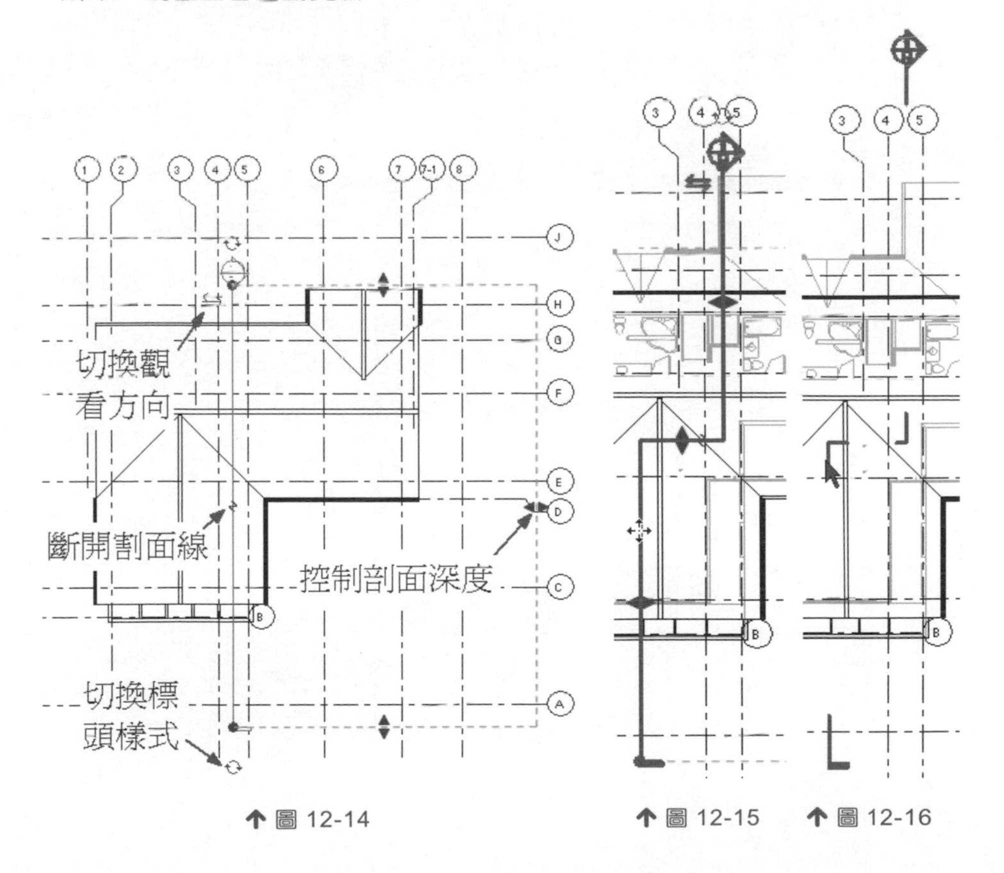

↑ 圖 12-14　↑ 圖 12-15　↑ 圖 12-16

- 點選剖面線上的折斷標記 ，斷開剖面線，分別拖曳斷開處的藍色夾點至適當位置，如圖 12-16 所示。
- 在專案瀏覽器中展開「剖面」項目，在視圖名稱「剖面 1」點兩下進入剖面 1 視圖。剖面 1 視圖會如圖 12-17 所示。
- 依同樣的方法在 E 軸和 F 軸之間繪製橫向剖面 2，剖切方向向上，如圖 12-18 所示。

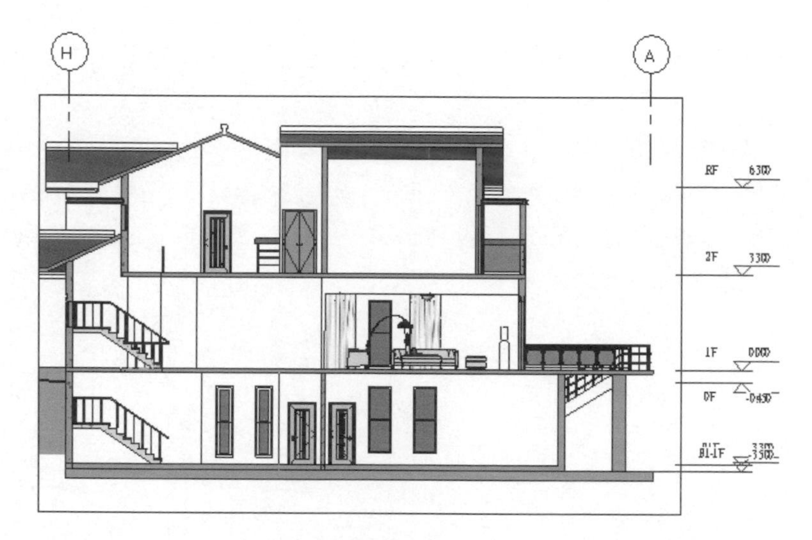

↑ 圖 12-17

↑ 圖 12-18

12.5.2 編輯剖面視圖

- 接續 12.5.1 節練習，在專案瀏覽器中展開「剖面」項目，在視圖名稱「剖面 1」點兩下，進入剖面 1 視圖。
- 按出圖要求屋頂的截面在剖面圖需要黑色實體填滿顯示。選擇屋頂，點選「性質」對話方塊，點選「編輯類型」打開「類型性質」對話方塊。
- 點選參數「粗糙比例填滿樣式」後的空格，再點選右側出現的「瀏覽」圖示，打開「填滿樣式」對話方塊。
- 如圖 12-19 所示選擇「單色填滿」樣式，點選「確定」關閉所有對話方塊完成設定。

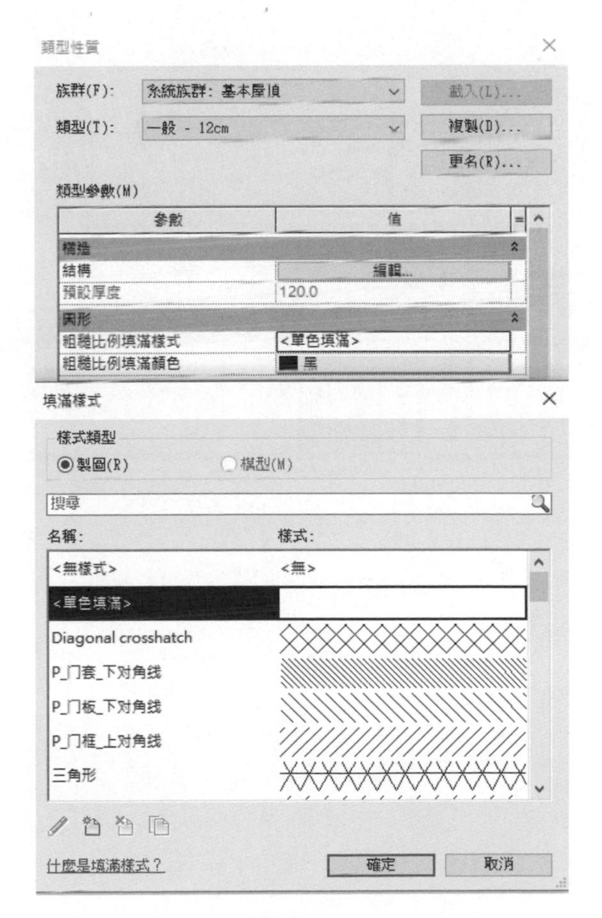

↑ 圖 12-19

- 接著同樣選擇樓板，點選「性質」對話方塊，再點選「編輯類型」打開「類型性質」對話方塊。
- 點選參數「粗糙比例填滿樣式」右側的「瀏覽」圖示，打開「填滿樣式」對話方塊，選擇「單色填滿」，點選「確定」關閉所有對話方塊完成設定。結果如圖 12-20 所示，樓板和屋頂截面即填滿了黑色實體。

注意

「粗糙比例填滿樣式」工具只有在視圖的「詳細等級」為「粗糙」時，才有效。

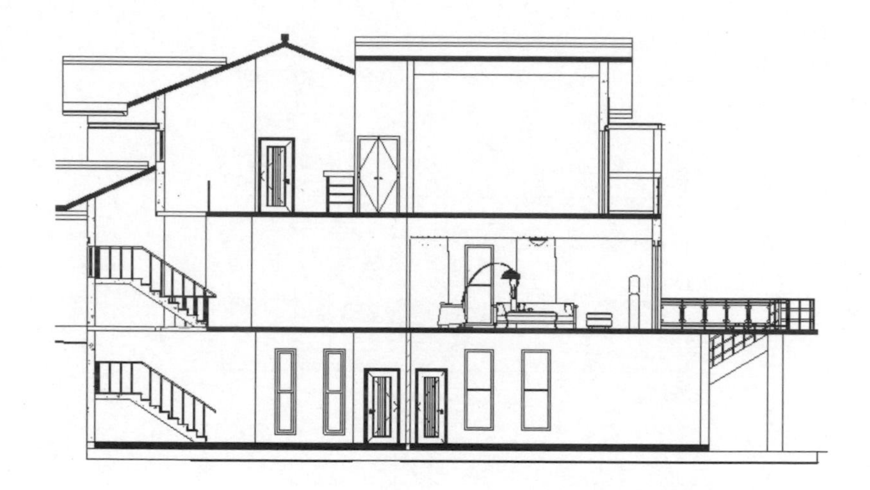

↑ 圖 12-20

- 使用視圖工具列中「放大」工具 ，放大地下一樓樓梯部分，觀察樓梯缺少梯間樑。如圖 12-21 所示。

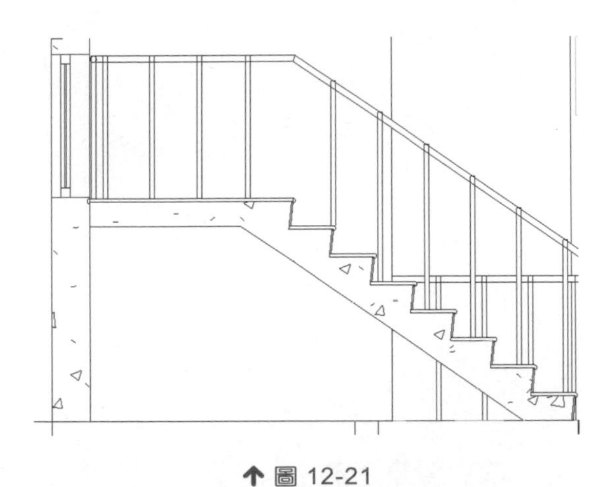

↑ 圖 12-21

- 點選功能區「標註」頁籤「區域 - 填滿區域」指令，將游標移動至樓梯剖面上，點選樓梯剖面，進入草圖編輯模式，如圖 12-22 繪製封閉矩形線。點選功能區「完成繪製」，梯間樑結果如圖 12-23。

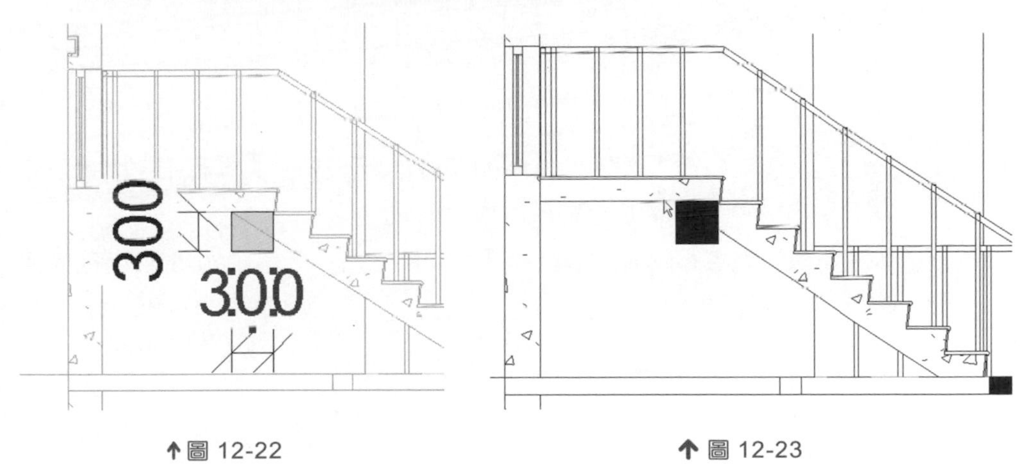

↑ 圖 12-22　　↑ 圖 12-23

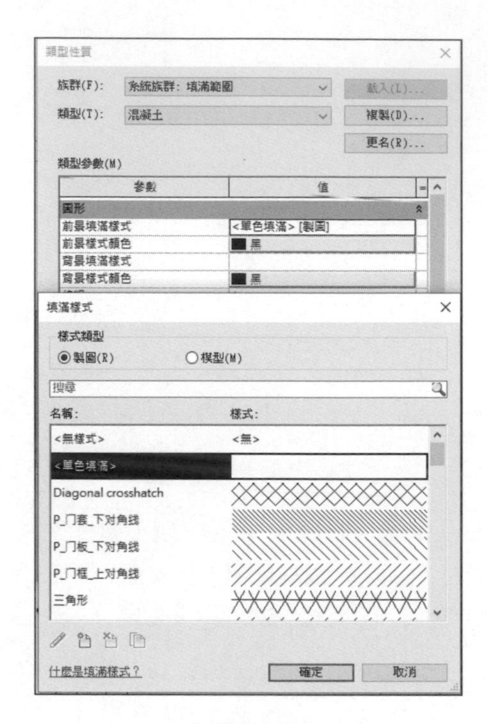

↑ 圖 12-24

- 接著，點選填滿區域在「性質」-「編輯類型」-「性質」交談框中，設定填滿樣式為「單色填滿」如圖 12-24 中所示。
- 再依同樣方法，為每層屋頂、樓板與牆的連接處添加高為 280 的樑，結果如圖 12-25。

↑ 圖 12-25

- 接著點選功能區「標註」-「尺寸標註」指令為剖面添加尺寸標註。尺寸標註方法在第 11 章已經詳細講解過，此處不再詳述。
- 至此我們完成了剖面視圖的建立和編輯，完成後的剖面如圖 12-26 所示，結果請參考「REVIT 練習文件\第 12 章\高山御花園別墅_12.rvt」檔案。

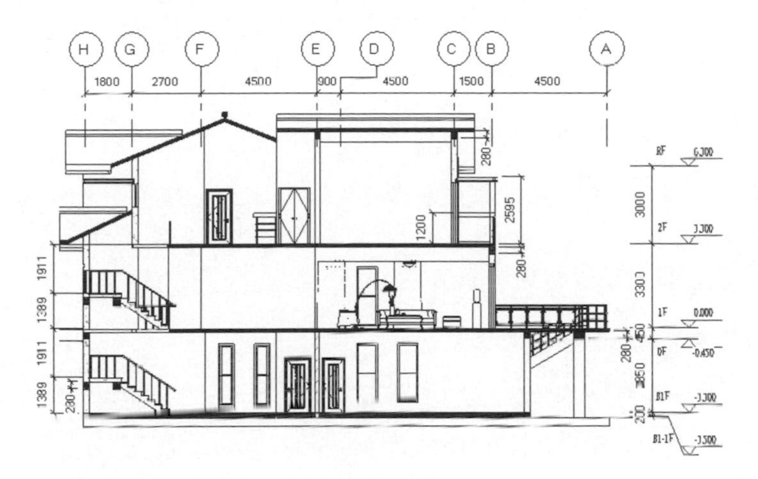

↑ 圖 12-26

模擬試題

本章我們學習了利用視圖性質、視圖樣板、裁剪視圖等工具處理各立面視圖的顯示問題，以及剖面圖的建立和編輯，從第 13 章開始，我們將學習在 Revit 中建立和導入大樣與節點詳圖的方法。

由下面練習題，同學們可評量本章學習效益。

1. 請開啟「REVIT 練習文件\模擬試題\M_Gallery.rvt」檔案，並導覽至「專案瀏覽器」中內部（Interior Elevation）立面視圖-辦公室（office）。執行複製視圖-複製，新視圖牆上顯示的文字為何？______________

2. 填滿區域可定義其下列哪項？
   (A)功能　(B)樓層平移量　(C)階段　(D)邊界

3. 請開啟「REVIT 練習文件\模擬試題\M_Gallery.rvt」檔案，並導覽至樓板平面圖-樓層 1（Level1）。在 Level1 的每個房間放置房間標籤（含面積）族群。則房間標籤名為 Mail Gallery（主長廊）的面積為何？（請四捨五入至整數）______________

4. 若要關閉牆面在某一視圖中的可見性，要修改下列哪一項視圖設定？
   (A)視覺型式　(B)可見性/圖形取代　(C)物件型式　(D)顯示型式

5. 若要變更專案中某一類元素的整體顯示設定（如線粗、線條型式、線條顏色及材料），需修改元素種類的哪一項設定？
   (A)視覺型式　(B)可見性/圖形取代　(C)物件型式　(D)顯示型式

6. 欲點選控制剖面視角的翻轉符號為何？（請輸入提示編號）

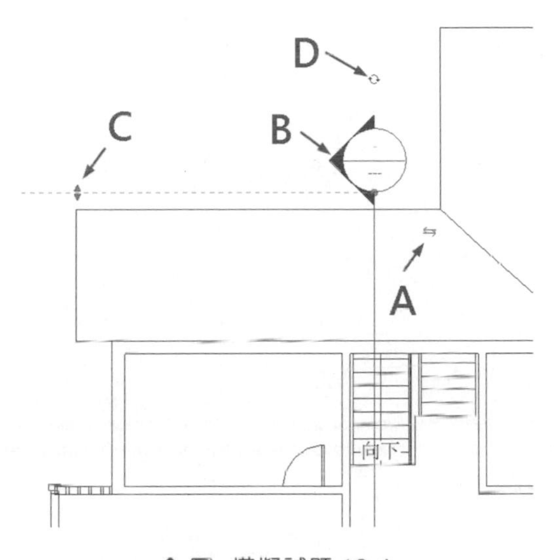

圖 模擬試題 12-1

7. 請開啟「Office_m.rvt」檔案。

(1) 開啟樓板平面圖（Floor Plan）- Break Room。

(2) 如圖所示，在 Break Rom 中建立指向壁櫃的內部立面視圖（Interior Elevation）。

(3) 開啟此立面視圖。

請問此立面圖中，洗手台上方牆面會顯示什麼文字訊息？

(A) AUTODESK REVIT

(B) PLEASE CLEAN UP

(C) BREAK ROOM SINK

(D) HOME SWEET HOME

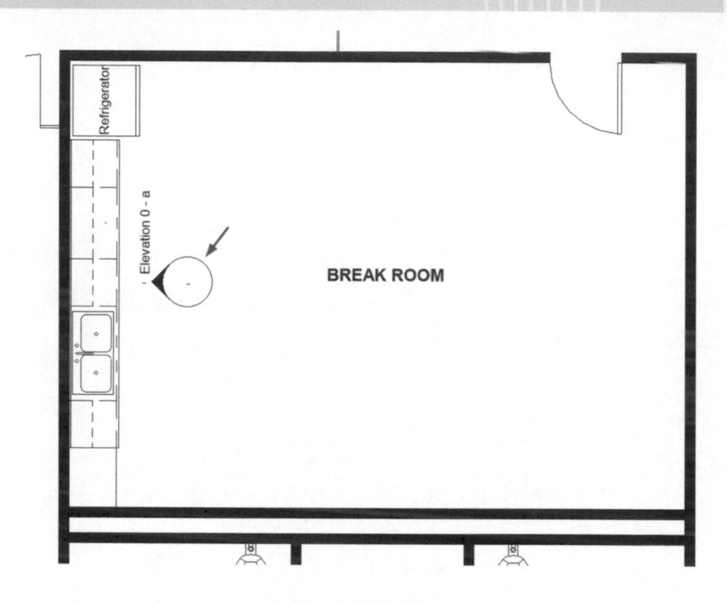

↑ 圖 模擬試題 12-2

8. 一個視圖的可見性/圖形取代性質功能，在模型品類選項頁籤上，使用者可以取代或顯示關閉以下哪個元素？

(A) 所有模型元素

(B) 只有使用者定義的模型元素

(C) 沒有取代

(D) 只有非必要的模型元素

9. 請開啟「Starter_m.rvt」檔案。

   (1) 啟用樓板平面圖（Floor Plan）- First。

   (2) 建立如圖所示的剖面視圖。

   (3) 開啟此剖面視圖。

   請問視圖中可以看到多少個電器安裝置：M_Switch_Single？

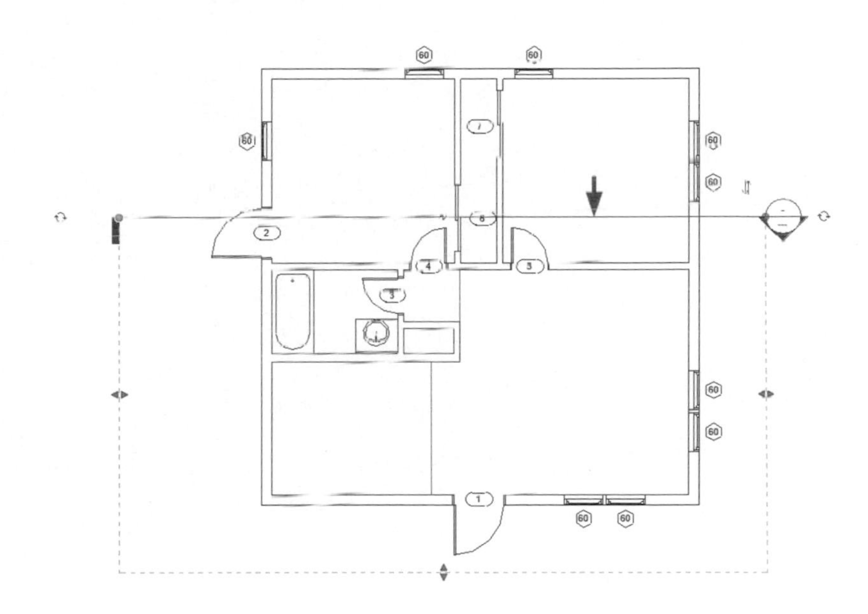

↑圖 模擬試題 12-3

NOTE

CHAPTER 13

大樣與局部詳圖

課程概要

除了第 11 章和第 12 章兩章的平面、立面和剖面設計之外，大樣與局部詳圖設計是施工圖設計階段重要的工作內容。當設計發生變更時，傳統方法上設計的詳圖大部分都需要重新繪製，設計成效很低。

而 Revit 則可以在前述的平面、立面和剖面視圖中直接建立圖說和詳圖剖面，從而快速建立大樣和局部詳圖的基礎圖形，因此只需要在這些基礎圖形上進行尺寸標註及細節補充後，即可完成詳圖設計。如此建立的詳圖和原始的視圖之間會保持相互關聯的設計關係，當設計一變更時，詳圖也會隨著原始視圖的變更而局部或全部更新，極大地提高了設計效率。

本章將詳細講解在 Revit 中建立各種詳圖的方法以及自訂詳圖。

課程目標

透過本章的操作學習，您將實際掌握：

- 牆身大樣 — 視圖性質設定、編輯切割輪廓、遮罩區域、詳圖線和詳圖元件等
- 局部詳圖 — 圖說的建立方法
- 製圖視圖 — 導入 DWG 詳圖及編輯方法
- 門窗樣式表 — 圖例視圖與圖例元件的使用方法
- 門窗明細表 — 各種統計表的設定流程

13.1 建立詳圖

Revit 有兩種主要視圖類型可用於建立詳圖：即詳圖視圖和製圖視圖。

詳圖視圖是從其他的模型視圖中索引得來，其中包含了建築資訊模型中的圖元；而製圖視圖則是與建築資訊模型沒有直接關係的視圖。下面打開「\REVIT 練習文件\第 12 章\高山御花園別墅_12.rvt」檔案，開始進入本章的練習。

13.1.1 牆身大樣

本案例中繪製的牆身大樣屬於包含了模型圖元的視圖，並在此基礎上使用詳圖元件、詳圖線等圖元以及一些輔助元件繪製而成。

牆身大樣詳圖使用「剖面」指令建立，以建立和編輯方法建立剖面視圖。牆身剖面標頭和建築剖面略有不同，其帶有索引符號。步驟如下：

(1) 調整視圖性質

- 進入「1FL」樓層平面視圖，點選功能區「視圖」頁籤 -「剖面」指令，在類型選取器中選擇類型「牆剖面」，並在「選項列 - 比例」的下拉清單中選擇需要的詳圖比例值為「1:50」。
- 移動游標在內外牆面附近，分別點選滑鼠左鍵繪製牆剖面線如圖 13-1，完成後，在專案瀏覽器的「剖面（牆剖面）」列表下即自動建立了「牆剖面」視圖的名稱，接著在專案瀏覽器中的視圖名稱或剖面線的藍色索引標頭點兩下，進入牆身大樣視圖。
- 選取剖面視圖中的裁剪邊界，用滑鼠拖曳藍色雙三角，按照圖 13-2 中所示調整裁剪範圍。
- 將視圖的「詳細等級」切換為「細緻」模式，然後使用「右鍵功能表 - 在視圖中隱藏 - 圖元」隱藏不需要的網格及參照平面，調整網格標題的位置，標高標頭的位置；並逐一修改屋頂和外牆「1F 外牆－機刨橫纹灰白色花崗石牆面」的編輯類型的「營造」-「結構」中的「結構-材料」，分別為「預設屋頂(2)」和「預設牆」的「圖形－切割樣式」，參考下圖 13-3 中的圖面效果。

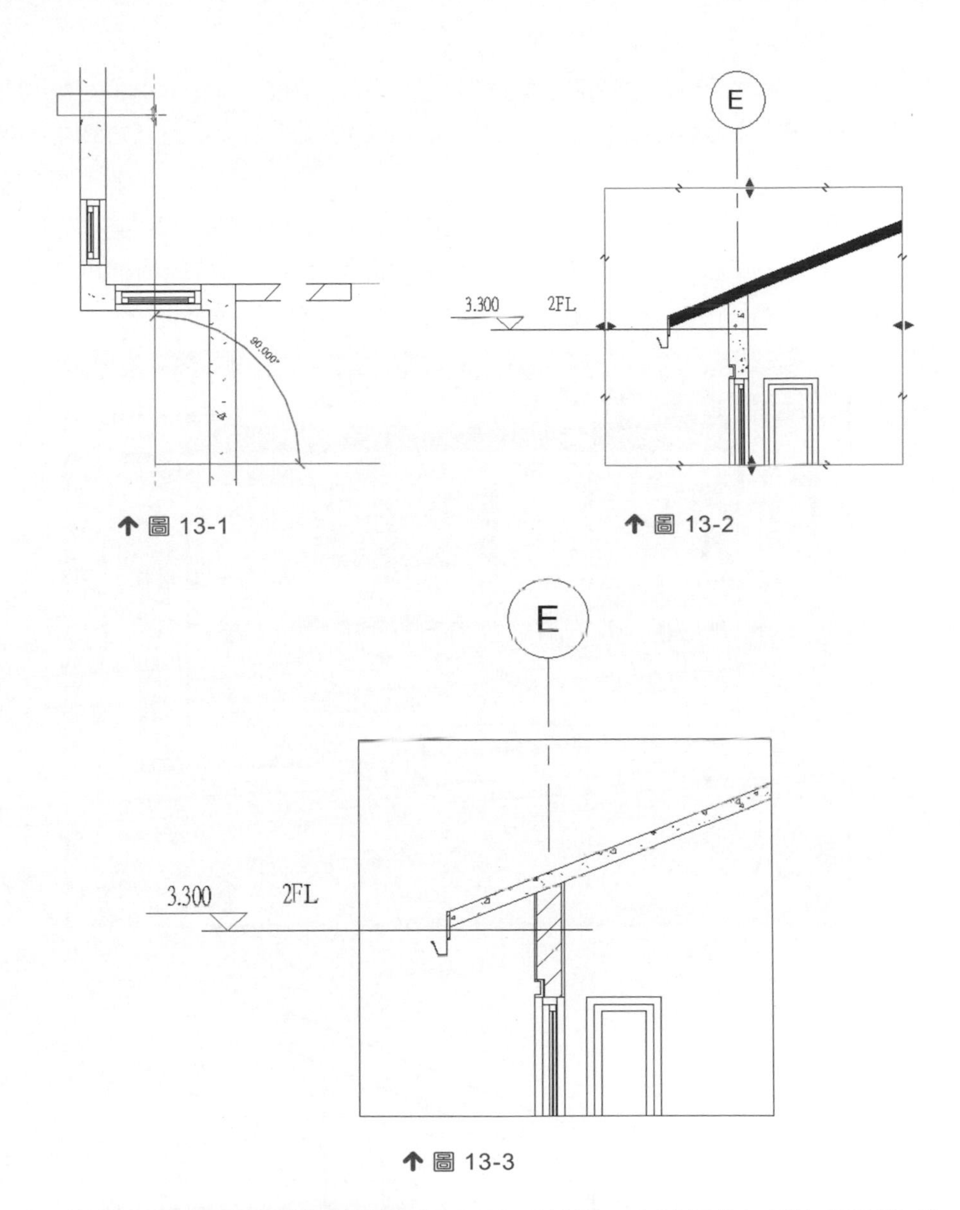

↑ 圖 13-1

↑ 圖 13-2

↑ 圖 13-3

- 為了使圖面線的粗細滿足詳圖要求，可在「性質」交談框「可見性/圖形取代」打開剖面視圖的「可見性/圖形取代」對話方塊。

- 選取右下角的「取代主體層」勾選「切割線型」選項，點選右側的「編輯」按鈕，打開「主體層線型」對話方塊；按如圖 13-4 所示設定對話方塊中的各項參數。
- 逐一確定之後，根據視圖要求，調整視圖比例為 1:20，視圖外觀變化為圖 13-5 中的樣式。注意，若調整後線條粗細未能表現出來，則切換粗細線展示模式 ☰ 。

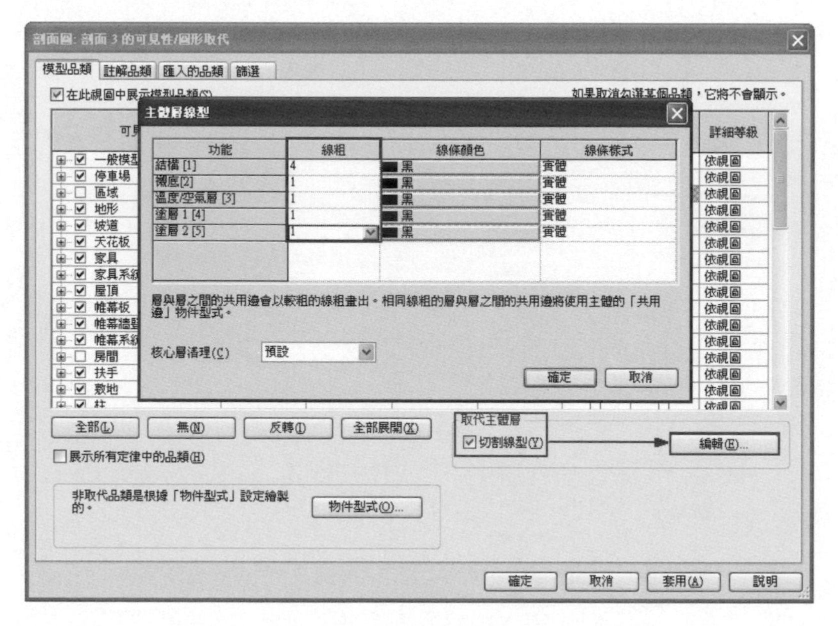

↑ 圖 13-4

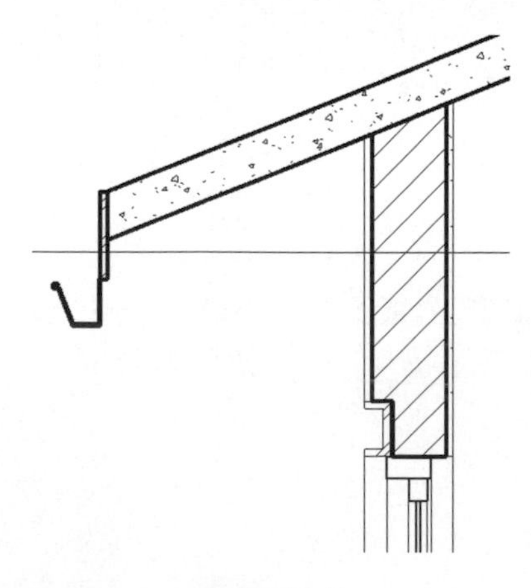

↑ 圖 13-5

(2) 編輯切割輪廓

- 點選功能區「視圖」頁籤「圖形」面板「切割輪廓」指令，維持切割輪廓選項中的編輯「面」選項 編輯: ⊙面 ○面之間的邊界 ，使用滑鼠點選屋頂剖面的鋼筋混凝土核心層，使功能區進入「繪製草圖」狀態，使用「線」指令，依圖 13-6 中的位置繪製三條輪廓線延伸至外牆，並確保其中的藍色箭頭指向輪廓線內側為合理範圍。
- 點選功能區「完成草圖」後得到圖 13-7 中的效果。

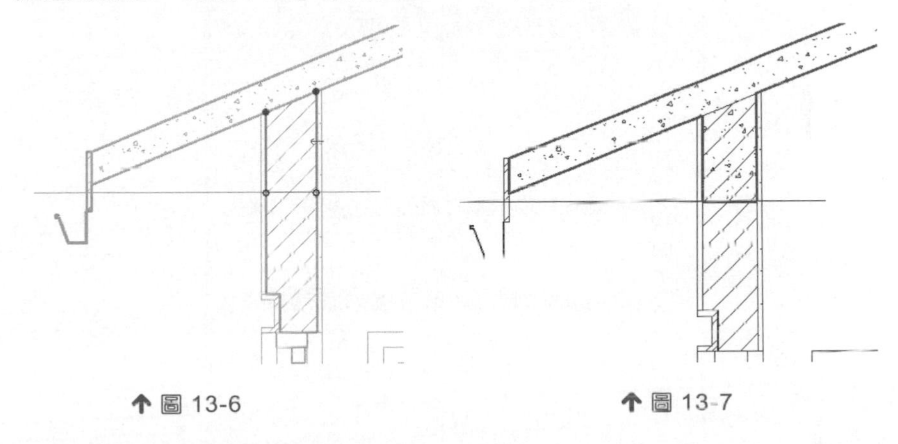

↑圖 13-6　　↑圖 13-7

- 最後使用同樣方法，點選牆體並在屋面樑底位置繪製一條輪廓線，使藍色箭頭朝下，如圖 13-8 所示。
- 點選功能區「完成草圖」後得到圖 13-9 中的效果。要注意的是，屋頂和外牆剖面有各自的封閉剖面區域，所以需分別定義切割輪廓來完成工作。

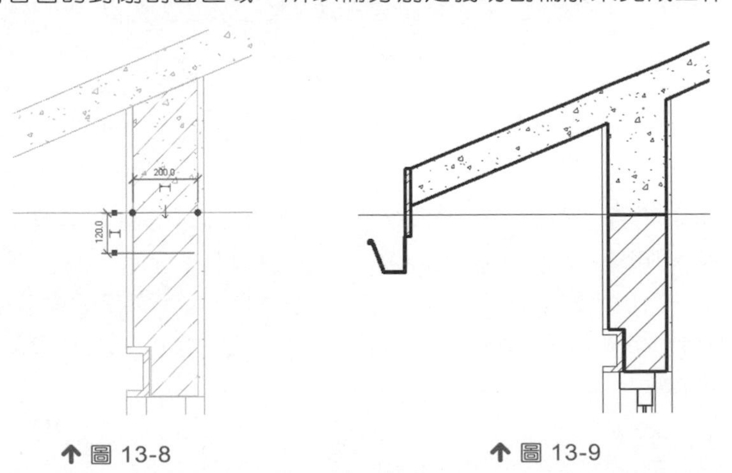

↑圖 13-8　　↑圖 13-9

(3) 填滿區域

接下來使用「填滿區域」工具來繪製窗口橫樑的剖面。

- 在「專案瀏覽器」-「族群」-「詳圖項目」-「填滿區域」中複製一個名為「混凝土 2」的新類型。
- 對詳圖項目「混凝土 2」快點兩下開啟其類型性質，按照圖 13-10 來設定新類型的類型性質。

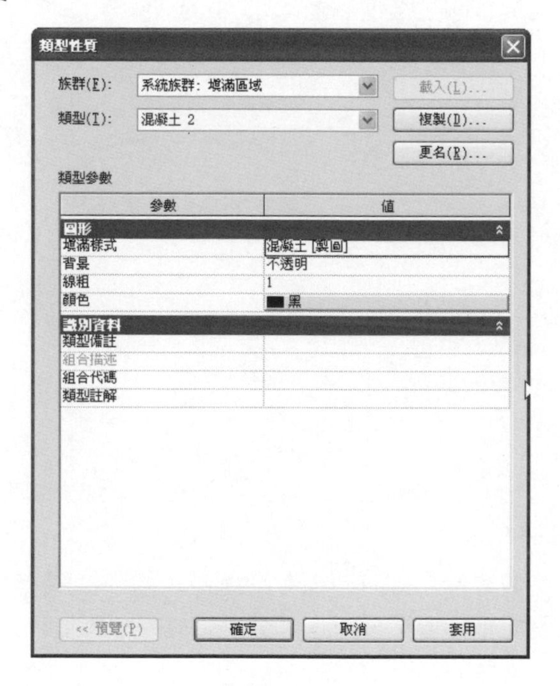

↑ 圖 13-10

- 點選功能區「標註」頁籤「詳圖」面板，區域 -「填滿區域」指令，使功能區進入「草圖」狀態。
- 接著點選功能區「線」指令，在功能區右側「線型」面板中選擇「中粗線」線型式為線條類型，繪製一個 150 高的矩形填滿區域範圍，點選「性質」編輯類型指令，打開「類型性質」對話方塊，選擇填滿區域族群的類型為「混凝土 2」，則圖形參數的「填滿樣式」為「混凝土(製圖)」，完成草圖後會得到圖 13-11 的效果。

- 同樣新建一種名為「木紋」的填滿區域類型，並按照圖 13-12 中的位置繪製一個填滿區域。

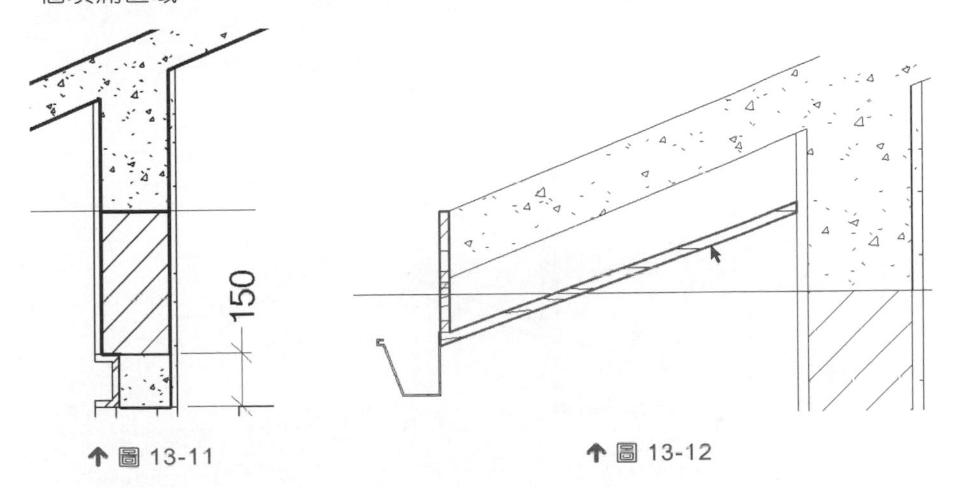

↑ 圖 13-11

↑ 圖 13-12

(4) 遮罩區域

遮罩區域的效果類似於白色填充的填滿區域，接下來使用「遮罩區域」工具來修補簷口端部缺少的粉刷層。

- 點選功能區「標註」頁籤「詳圖」面板在「區域」右側下拉選單點選「遮罩區域」指令，進入繪製草圖狀態。
- 再點選「線」指令，在功能區右側「線型」面板選擇類型「<不可見的線>」，按照圖 13-13 來繪製區域範圍。

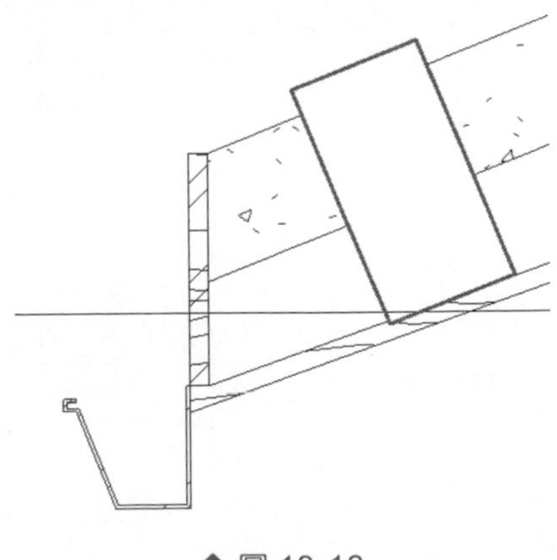

↑ 圖 13-13

- 點選「完成草圖」後得到圖 13-14 中的視圖效果。
- 了解遮罩區域指令用法後，請刪除剖面圖中的遮罩區域。

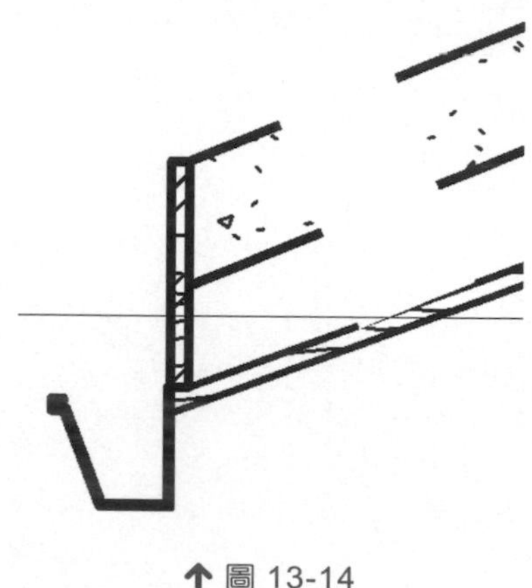

↑ 圖 13-14

(5) 詳圖線

接下來使用功能區「標註」頁籤「(詳圖)細部線」指令來繪製其他沒有用重複詳圖及詳圖元件圖元來完成的詳圖細節，繪製中應根據設計要求位置準確，為下一步放置詳圖元件和重複詳圖搭好整體的框架，完成後的詳圖線內容如圖 13-15。

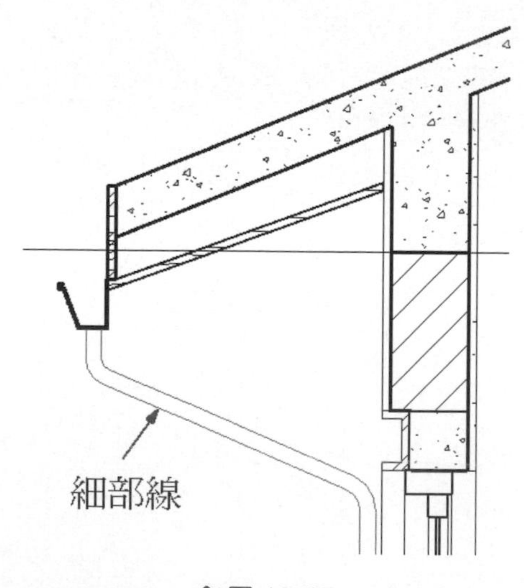

↑ 圖 13-15

(6) 重複詳圖

重複詳圖能夠將詳圖元件按一定規則沿直線排列，例如屋頂面可以用這種方法來繪製大樣中的瓦等元件。

- 首先載入詳圖元件族群：「RoofTile LHS.rfa」、「瓦.rfa」、「木龍骨.rfa」及「木飾面.rfa」。
- 點選功能區「標註」頁籤「重複詳圖元件」指令 。
- 在「性質」交談框點選「編輯類型」按鈕進入「類型性質」對話方塊，點選「複製」按鈕複製一個名為「Roofing Tiles Laid to Left」的新類型，並按照圖 13-16、圖 13-17 對話方塊進行參數設定。
- 逐級確認後，在視圖中於重複詳圖的起點和終點，點選滑鼠來繪製重複詳圖，如圖 13-18 所示。
- 同樣新建其他 3 種類型的重複詳圖，其類型參數設定及名稱分別詳見圖 13-19 ~圖 13-21。

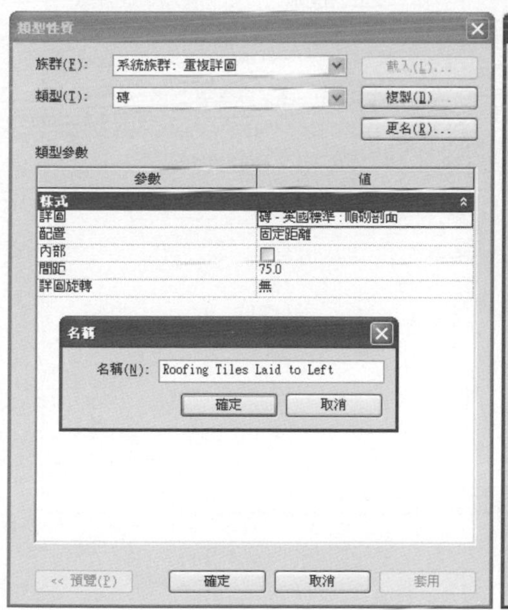

↑ 圖 13-16

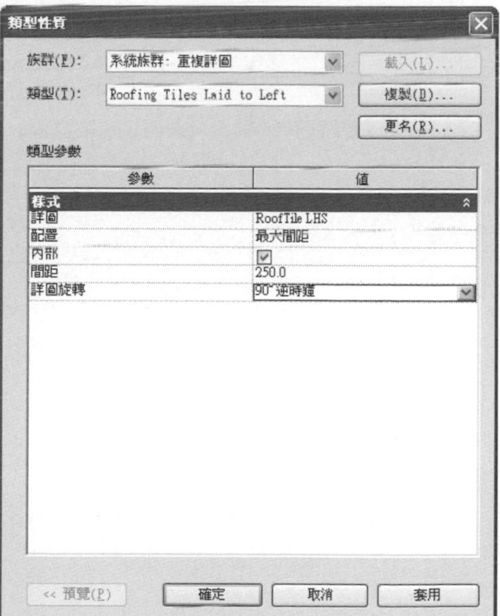

↑ 圖 13-17

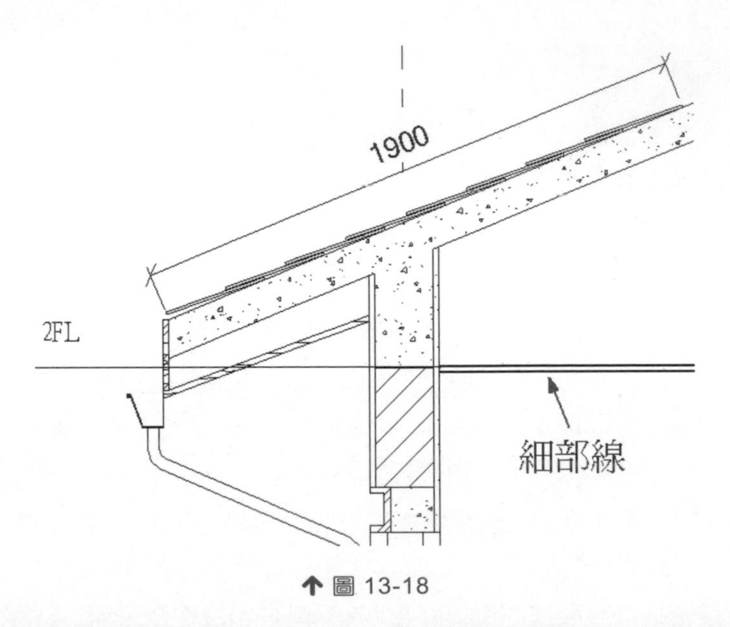

↑ 圖 13-18

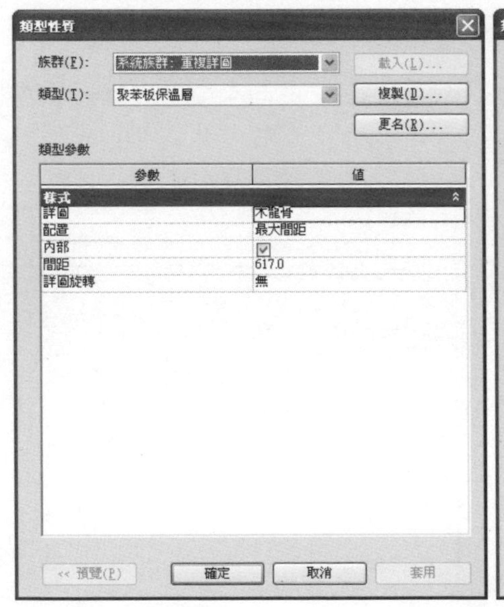

↑ 圖 13-19

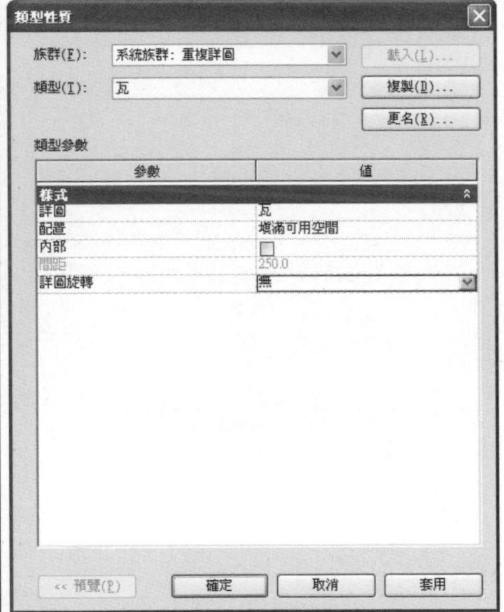

↑ 圖 13-20

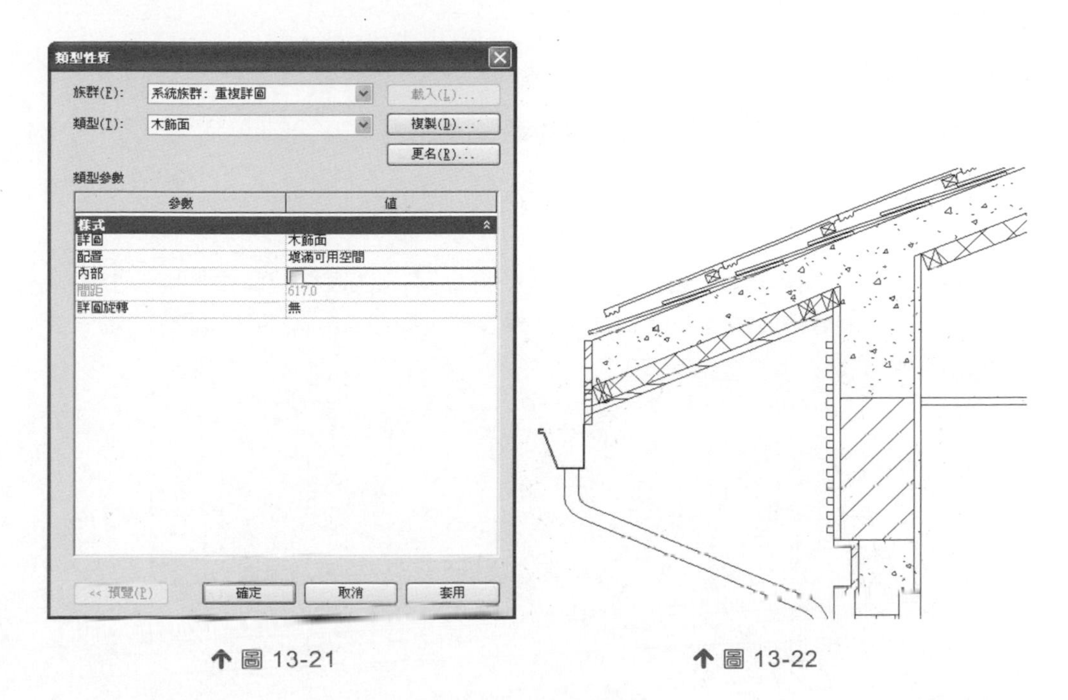

↑ 圖 13-21　　　　↑ 圖 13-22

- 然後分別在構造部位繪製對應的重複詳圖，圖 13-22 為繪製的所有重複詳圖的內容，如果有需要，請編輯填滿區域的邊界。

注意

配置參數中「填滿可用空間」是將基礎圖元連續無間隙排列；「固定距離」是按固定「間距」參數值排列；「最大間距」是在起點和終點間平均分佈，間距值≤最大間距；而「固定數量」則是在起點和終點間按數量平均分佈；而例證「性質」中標註參數「編號」為實例詳圖數量。

(7) 詳圖元件

接下來使用「詳圖元件」，在大樣視圖中放置詳細的設計元件。

- 首先載入詳圖元件族群：「剖斷線.rfa」、「螺釘 1-側邊.rfa」、「方頭木螺釘-側邊.rfa」及「連接件.rfa」。
- 點選功能區「標註」頁籤「詳圖元件」指令，在大樣視圖中按照設計要求的部位及旋轉角度放置對應的詳圖元件族群，圖 13-23 為繪製的所有詳圖元件的內容。

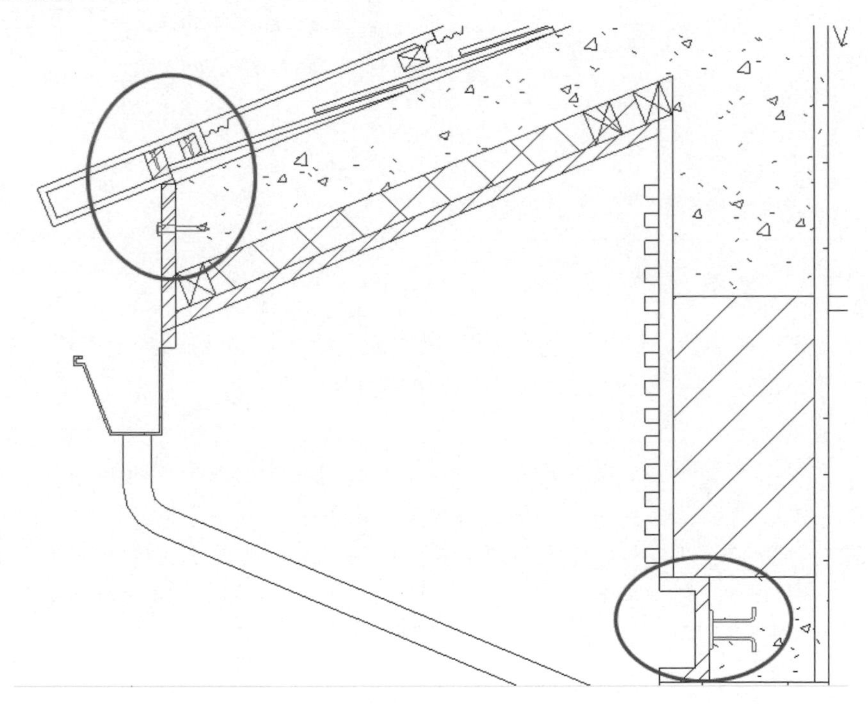

↑ 圖 13-23

(8) 標註尺寸、文字註釋及圖元標記

除了標註相關尺寸之外，在註釋方面，則使用了文字註釋及詳圖專案標記兩種方式。其中詳圖專案標記使用的是圖元的「註釋」參數資料，可以在添加標記後，修改對應的參數值即可。在圖 13-24 中被選取的圖元為詳圖專案標記，其他的文字內容則為文字註釋。

最後在視圖中的右側和下側放置詳圖元件的「剖斷線」，如圖 13-24 所示，關閉視圖裁剪框的可見性以完成牆身大樣的繪製。

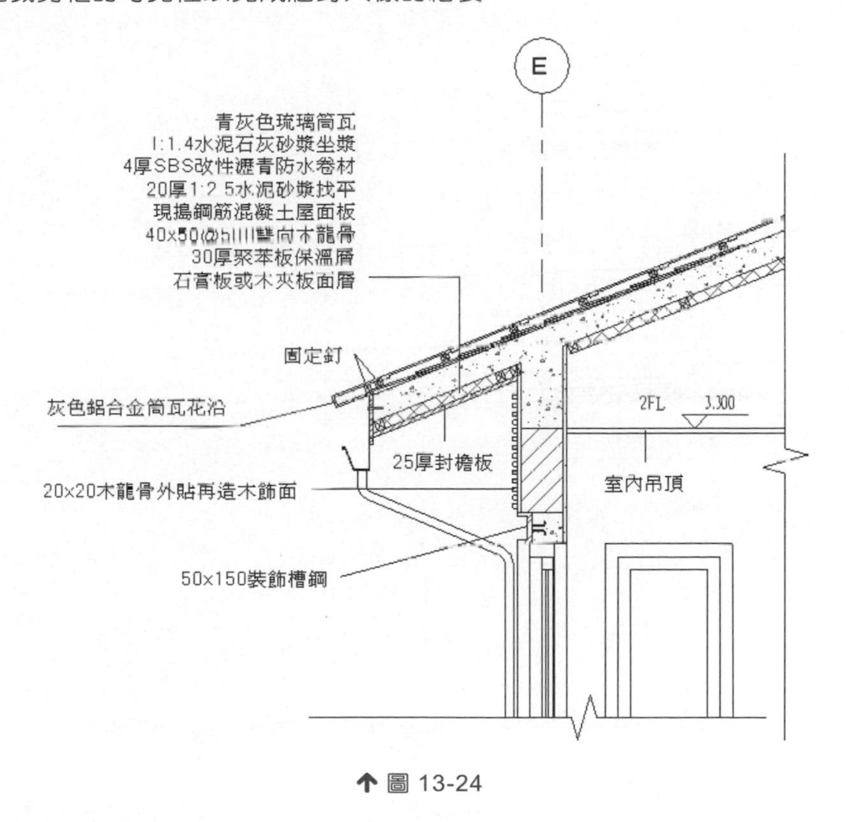

↑ 圖 13-24

(9) 詳圖圖元順序

如果詳圖圖元之間相互重疊時，可以選擇圖元對其進行上下排序：選擇一個或多個詳圖圖元，點選選項列出現的「最上層顯示」、「最下層顯示」、「上推一層」、「後推一層」等 4 個按鈕，即可調整圖元的上下位置。

13.1.2 局部詳圖

局部詳圖用「圖說」指令建立，繪製方式與繪製「牆身大樣」相近，步驟如下：

- 進入「剖面 1」視圖，點選功能區「視圖」頁籤「圖說」指令，在類型選取器中選擇類型為「詳圖：詳圖」，於選項列中設定比例為「1:20」。
- 在剖面視圖中繪製一個矩形框來截取局部詳圖範圍，如圖 13-25 所示。
- 然後再進入生成的視圖重新命名為「A 部詳圖」並進入此視圖。
- 設定視圖的「詳細等級」切換為「細緻」模式，並按照圖 13-26 設定本視圖，會得到較佳的視圖效果。

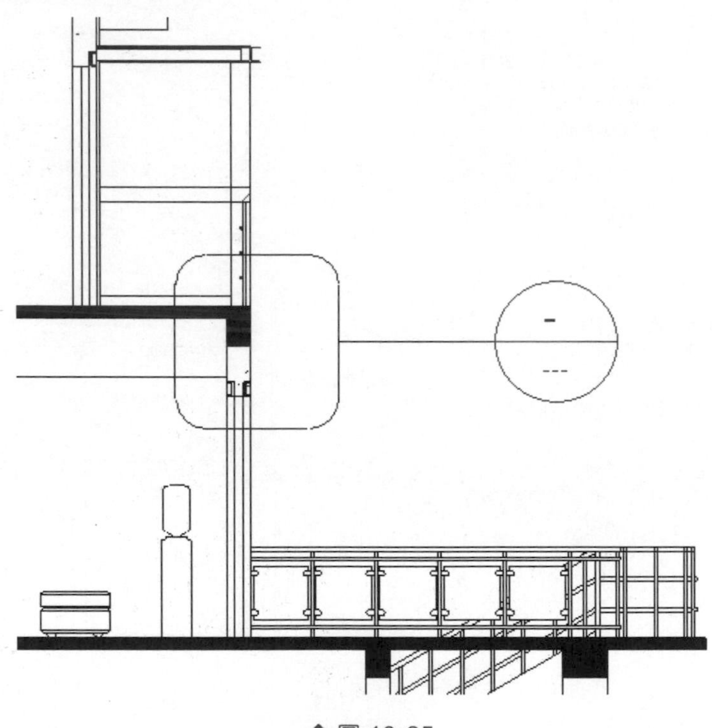

↑ 圖 13-25

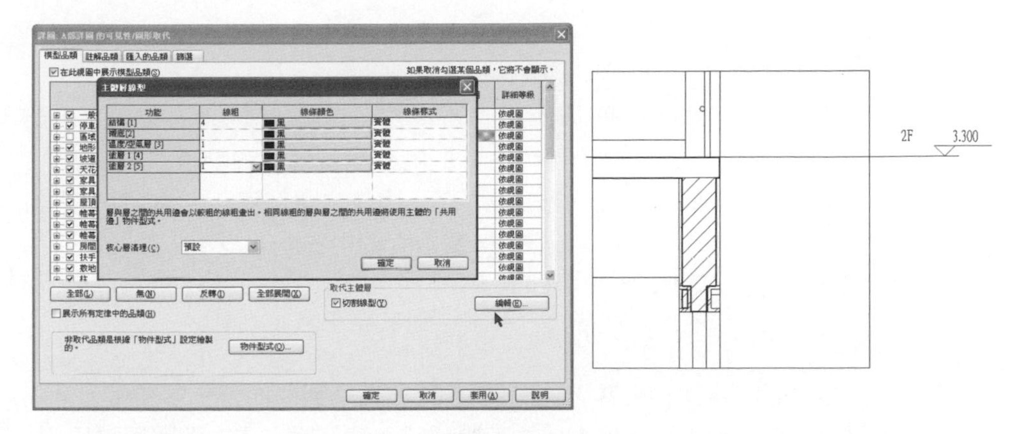

↑ 圖 13-26

- 接著繪製標註「填滿區域」，繪製時使用「混凝土 2」類型，而在邊框線使用「中粗線」類型，完成如圖 13-27 所示主體邊框線。
- 接著使用粗線的類型為「細線」，繪製向外偏移 20 的細部線，完成草圖後即得到圖 13-28 的花台效果。

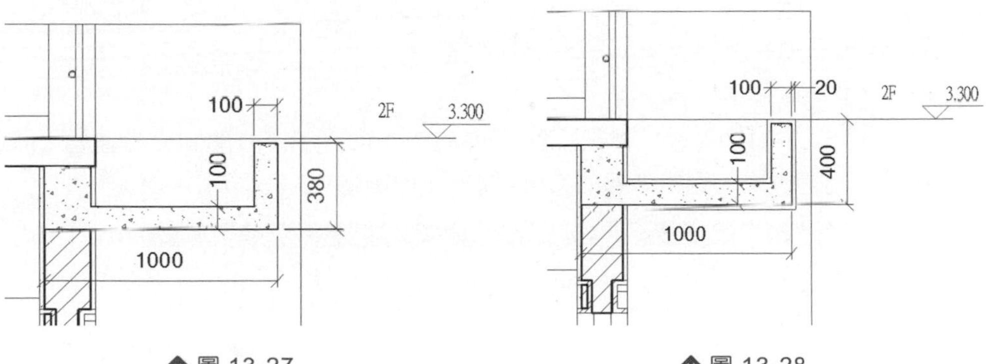

↑ 圖 13-27　　↑ 圖 13-28

13.1.3 製圖視圖

在專案建立期間，可能會需要在視圖中建立與模型無關的詳圖，而這類詳圖可以用「製圖視圖」來繪製。在製圖視圖當中，我們同樣可以使用詳圖線、詳圖元件、重複詳圖、填滿區域等這些 2D 圖元來繪製詳圖，同樣也可以導入 CAD 檔案中的詳圖圖形，並進行適當編輯之後來生成詳圖。在本案例中的屋面泛水大樣圖就使用了匯入 CAD 圖形的方式來繪製，步驟如下：

- 首先打開 CAD 局部詳圖檔案，瞭解其繪製特點。
- 在圖 13-29 中的 CAD 圖形繪製比例為 1:20，其中圖形部分放置在模型空間中，按照放大 5 倍的比例來繪製，並在標註尺寸時即設定了「測量單位比例」的「比例因素」為「0.2」。

  回到專案設計檔案中，點選功能區「視圖」頁籤「製圖視圖」指令，在彈出的「新圖紙視圖」對話方塊中輸入視圖名稱為「屋面泛水大樣」，選擇視圖比例為「1:20」，再點選「確定」便進入一個空白的製圖視圖，同時在專案瀏覽器中的「圖紙視圖（詳圖）」節點下會出現新視圖名稱。

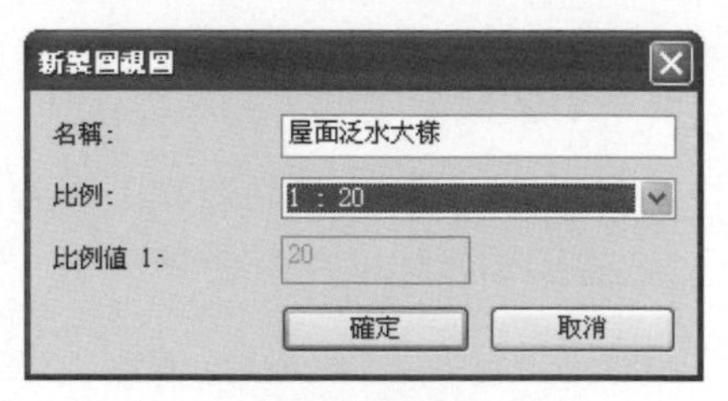

↑ 圖 13-29

- 接著使用「下拉功能表 - 檔案 - 匯入/連結 - CAD 格式」打開「匯入/連結 CAD 格式」對話方塊，選擇外部的 CAD 檔，並按照圖 13-30 設定選項。

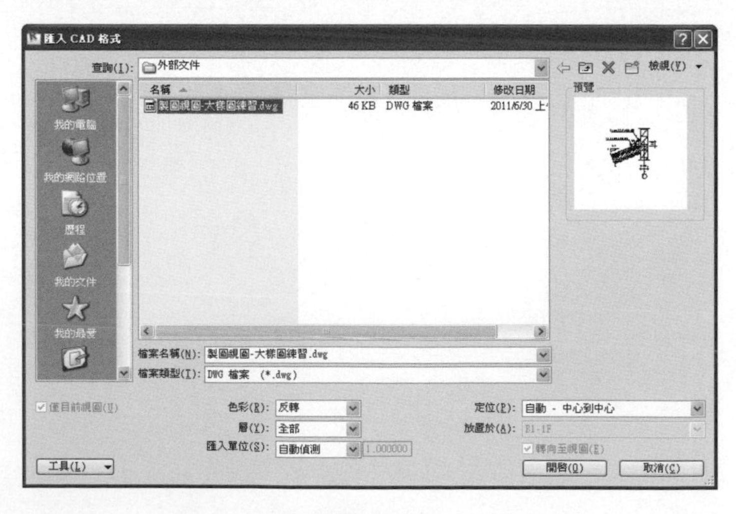

↑ 圖 13-30

- 接著點選「開啟」按鈕進入到製圖視圖中，點選滑鼠放置匯入的圖形；如圖 13-31 所示。
- 在視圖中選取匯入的圖形（圖形目前是一個整體），點選功能區右側的「分解」指令，分解匯入圖形。

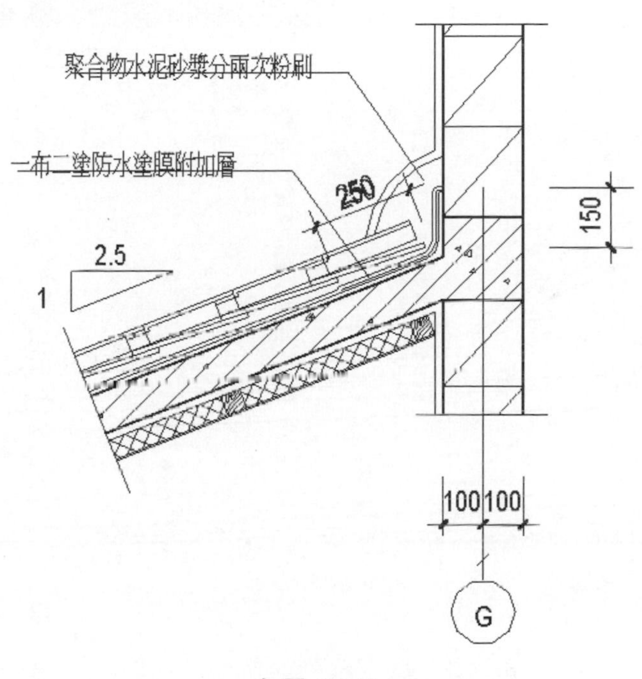

↑ 圖 13-31

- 再點選功能區「管理」頁籤在「其他設定」下拉指令選單中點選「線型式」指令，打開「線型式」對話方塊，可以看到匯入並分解之後的圖元線型按照原有圖層的名稱出現在列表中，修改其中的「A-----NPP」及「A-----DIP-20」線條顏色為「黑色」，如圖 13-32 所示，會得到如圖 13-33 的視圖效果。

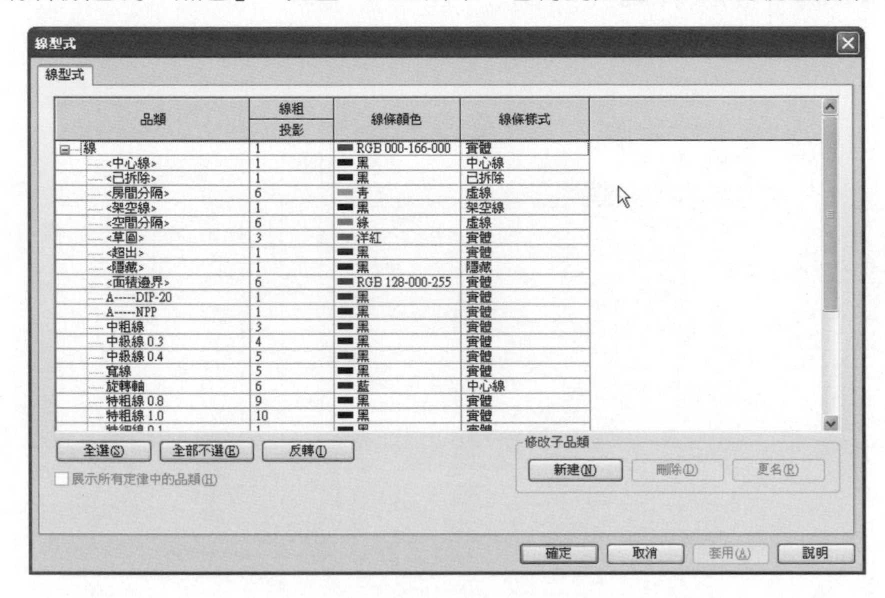

↑ 圖 13-32

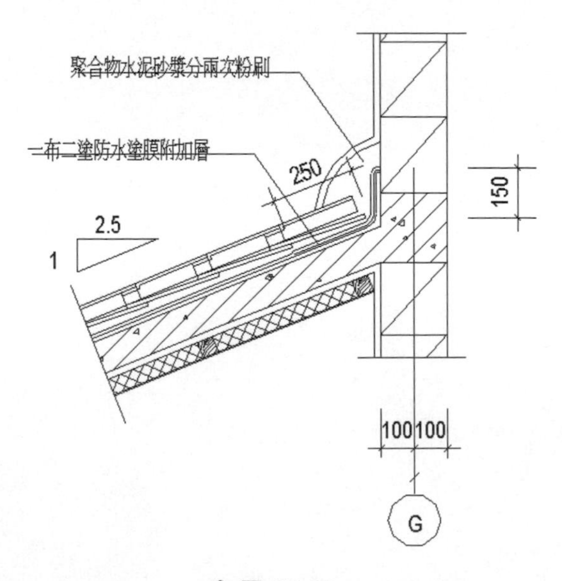

↑ 圖 13-33

- 然後進入「剖面 1」視圖，點選功能區「 - 視圖 - 圖說」，並按照圖 13-34 來設定選項列，及按照圖 13-35 中的範圍來繪製圖說的範圍（範圍的區域與匯入 CAD 圖形所反映的區域大小保持基本吻合），至此完成了對大樣圖的繪製。

修改 | 圖說 | 比例: 1 : 20 | ☑參考其他視圖: 製圖視圖: 屋面泛水大樣

↑ 圖 13-34

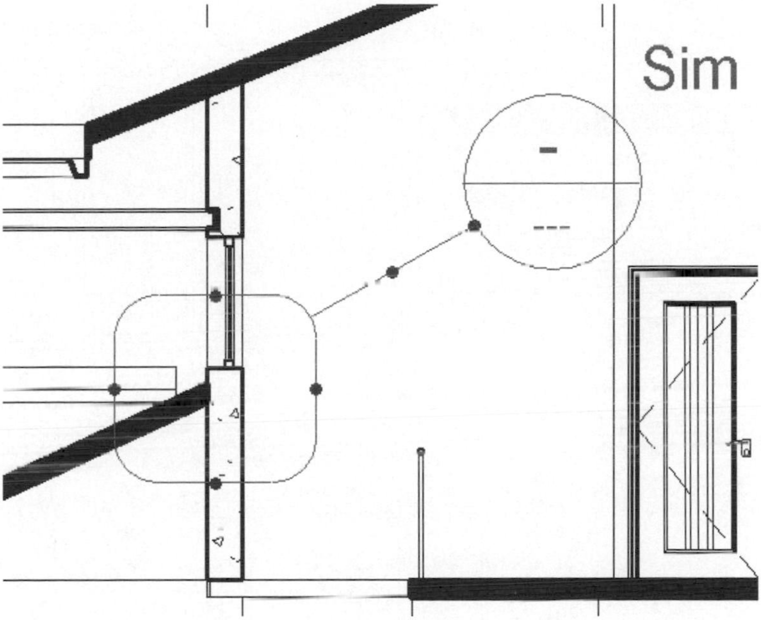

↑ 圖 13-35

13.2 門窗樣式表

你可以使用「圖例」和「圖例元件」指令建立門窗樣式表（門窗訂貨圖）、元件樣式表（元件大樣圖）等圖例視圖。而圖例視圖中的門窗等元件不會在門窗等元件明細表中來統計。下面以建立一個窗訂貨圖為例，說明其建立流程。

- 點選功能區「視圖」頁籤「圖例」指令，在「新圖例視圖」對話方塊中輸入圖例視圖名稱為「四開窗 340 × 230 cm 訂貨圖」，並設定視圖「比例」為「1:50」，點選「確定」進入建立的空白視圖。

- 接著點選功能區「標註」頁籤「圖例元件」指令，在選項列中從「族群」下拉清單中選擇需要的元件族群名稱「四開窗(1) 340 × 230 cm」，並從「視圖」下拉清單中選擇元件圖例的視圖方向為「立面：前」，在圖例視圖中點選滑鼠放置一個圖例的實例；如圖 13-36 所示。
- 給圖例標註尺寸，並添加細部線表示開窗方向和文字註釋完成圖例視圖繪製。如圖 13-37 所示。

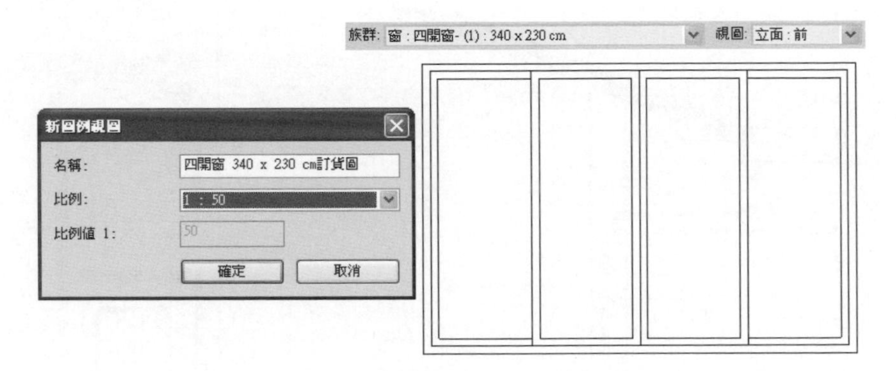

圖 13-36

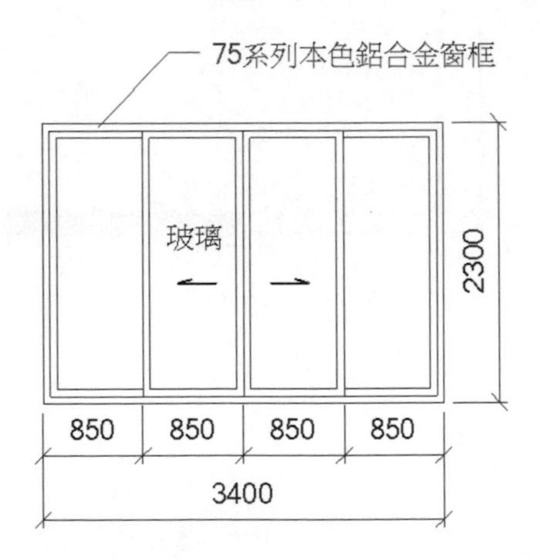

圖 13-37

注意

圖例元件在放置後，除了預設為「從視圖」（From View）外，仍然可以在性質交談框設定其詳細等級。共分四等級：「從視圖（From View）」、「粗糙（Coarse）」、中等（Medium）、「詳細（Fine）」。

13.3 建立門窗明細表

我們可以透過「明細表」功能來建立門窗表，在 Revit 中，門窗表將會按照門和窗分別建立明細表，兩者建立的內容和步驟一致，在此我們以建立窗明細表為例進行說明。

- 首先點選功能區「視圖」頁籤「明細表/數量」指令，打開「新明細表」對話方塊。
- 在「品類」列表中選擇窗，並在「名稱」下面文字方塊中輸入自訂的窗明細表名稱或直接使用預設的名稱，保留預設的「明細表構成元件」，如圖 13-38 所示。

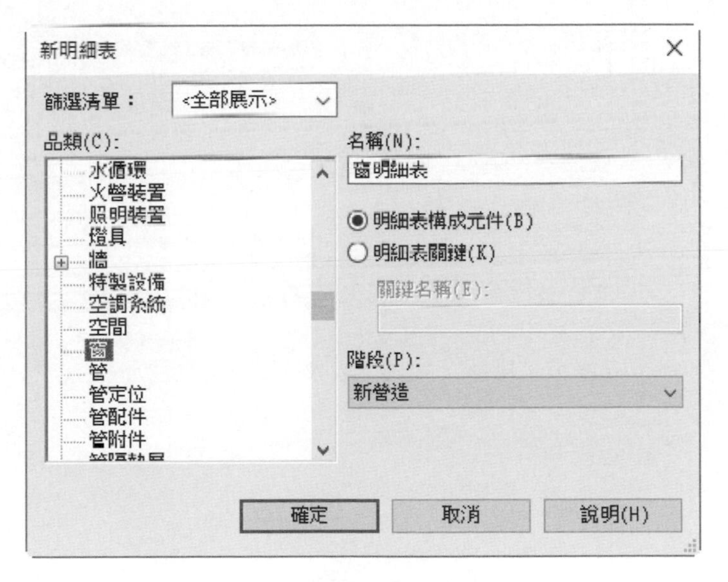

↑ 圖 13-38

- 點選「確定」進入「明細表性質」對話方塊的「欄位」頁籤，依次將左側「可用欄位」中的「類型」、「寬度」、「高度」、「窗台高度」、「類型備註」、「類型標記(註)」、「數量」、「樓層」、「描述」和「族群」等加入到右側的「明細表欄位」中，如圖 13-39 所示。

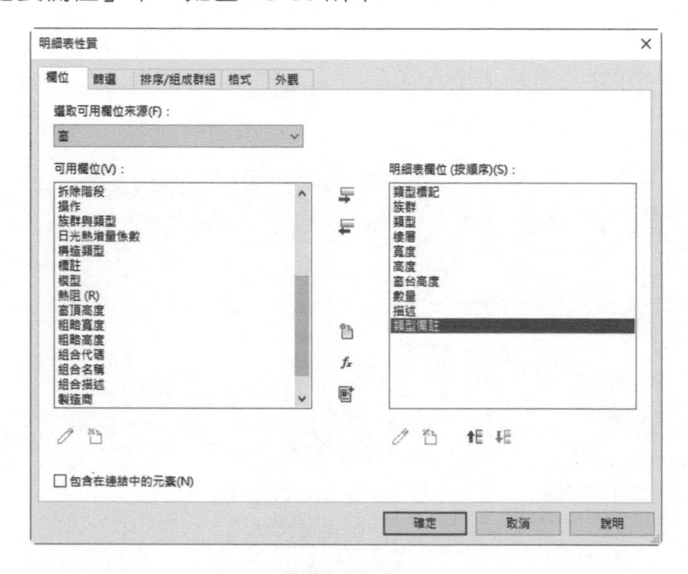

↑ 圖 13-39

- 點選「排序/組成群組」頁籤，如圖 13-40 所示勾選總計。

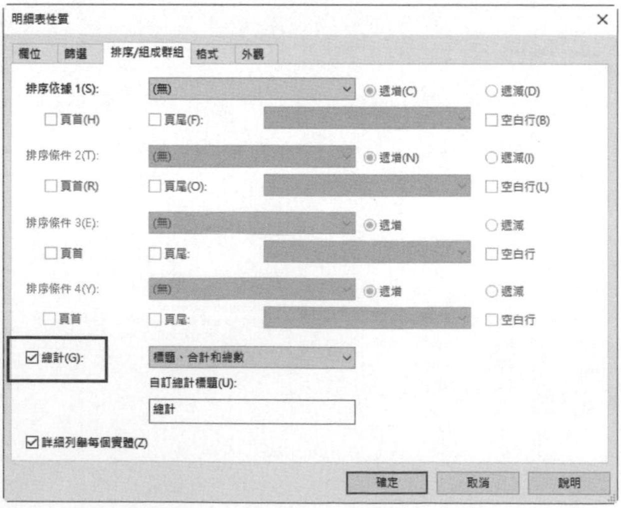

↑ 圖 13-40

- 點選「格式」頁籤，逐一選取左邊的欄位名稱，可以在右邊對每個欄位在明細表中顯示的名稱（標題）重新命名，設定標題文字是水平排列還是垂直排列，以及在表格中的對齊方式，如圖 13-41 所示。

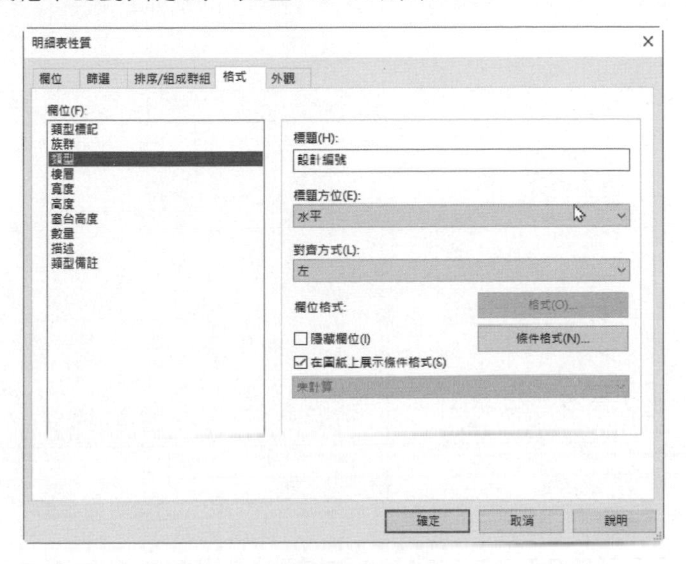

↑ 圖 13-41

- 並在「數量」欄位的欄位格式勾選「計算總數」，如圖 13-42 所示。

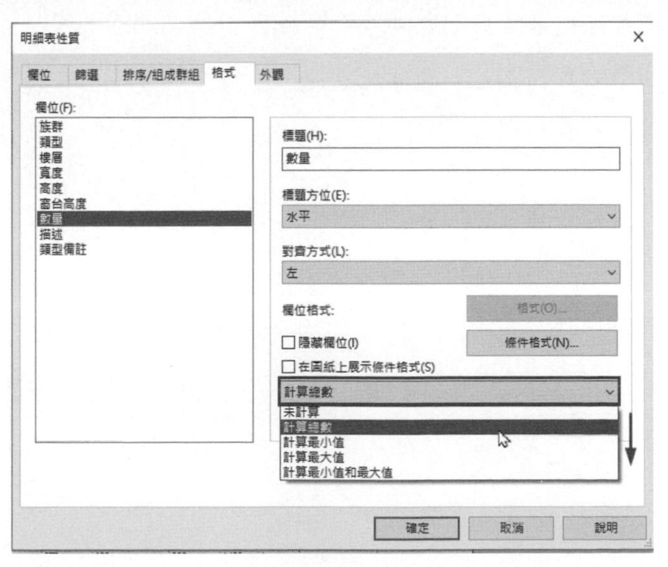

↑ 圖 13-42

- 最後，可依需求修改明細表「外觀」設定，確定後即得到如圖 13-43 的窗明細表。
- 另外，可採用「篩選」頁籤對明細表作進一步分類定。

<窗明細表>

A	B	C	D	E	F	G	H	I	J
類型標記	族群	設計編號	樓層	寬度	高度	窗台高	數量	描述	類型備註
38	固定窗-矩形-(2)	120 x 60 cm	B1FL	1200	600	1900	1		
40	固定窗-矩形-(10)	80 x 230 cm	B1FL	800	2300	400	1		
40	固定窗-矩形-(10)	80 x 230 cm	B1FL	800	2300	400	1		
42	四開窗-(1)	340 x 150 cm	B1FL	3400	1500	900	1		
45	雙開窗-上下開-(1)	60 x 245 cm	B1FL	600	2450	250	1		
45	雙開窗-上下開-(1)	60 x 245 cm	B1FL	600	2450	250	1		
45	雙開窗-上下開-(1)	60 x 245 cm	B1FL	600	2450	250	1		
40	固定窗-矩形-(10)	80 x 230 cm	1FL	800	2300	100	1		
40	固定窗-矩形-(10)	80 x 230 cm	1FL	800	2300	100	1		
40	固定窗-矩形-(10)	80 x 230 cm	1FL	800	2300	100	1		
46	四開窗-(1)	340 x 230 cm	1FL	3400	2300	100	1		
45	雙開窗-上下開-(1)	60 x 245 cm	1FL	600	2450	300	1		
45	雙開窗-上下開-(1)	60 x 245 cm	1FL	600	2450	300	1		
47	雙開窗-上下開-(1)	80 x 245 cm	1FL	800	2450	300	1		
49	雙開窗-(1)	90 x 150 cm	1FL	900	1500	900	1		
53	雙開窗-(1)	240 x 60 cm	1FL	2400	600	1200	1		
51	固定窗-矩形-(1)	60 x 90 cm	1FL	600	900	1400	1		
49	雙開窗-(1)	90 x 150 cm	1FL	900	1500	900	1		
52	固定窗-矩形-(1)	60 x 150 cm	1FL	600	1500	900	1		
54	固定窗-矩形-(10)	100 x 230 cm	2FL	1000	2300	100	1		
55	推拉窗C0923	推拉窗C0923	2FL	900	2300	100	1	断热铝合金中	參照03J603-2制作
55	推拉窗C0923	推拉窗C0923	2FL	900	2300	100	1	断热铝合金中	參照03J603-2制作
49	雙開窗-(1)	90 x 150 cm	2FL	900	1500	900	1		
52	固定窗-矩形-(1)	60 x 150 cm	2FL	600	1500	850	1		
51	固定窗-矩形-(1)	60 x 90 cm	2FL	600	900	1450	1		
51	固定窗-矩形-(1)	60 x 90 cm	2FL	600	900	1450	1		
51	固定窗-矩形-(1)	60 x 90 cm	2FL	600	900	1450	1		
51	固定窗-矩形-(1)	60 x 90 cm	2FL	600	900	1450	1		
51	固定窗-矩形-(1)	60 x 90 cm	2FL	600	900	1450	1		
總計: 29							29		

↑ 圖 13-43

- 同理，讀者可自行建立其他元件族群明細表，例如門明細表。
- 至此完成本節的學習內容，將檔案儲存為「高山御花園別墅_13.rvt」。

模擬試題

本章學習了如何建立和處理詳圖視圖，以達到出圖的要求，同時介紹了建立圖例視圖和門窗明細表的設定方法。下一章將學習如何在 Revit 中設定專案正北、靜止狀態的陰影設定和一天、多天的陰影變化研究的設定及匯出。

由下面練習題，同學們可評量本章學習效益。

1. 請開啟「Small Home_m.rvt」檔案。

   依下列條件建立門明細表：

   (1) 欄位：

   - 族群和類型
   - 樓層
   - 高度
   - 寬度

   (2) 依族群和類型排序

   (3) 在頁尾新增標題、合計和總數

   (4) 詳細列舉每個實體

   請問明細表中列出多少個 IntSgl(1): 900 x 2000mm 類型的門？

   ____________________#

2. 可以使用「填滿可用空間」方式放置元件的功能是下列哪項？
   (A)放置元件　(B)內建模型　(C)重複詳圖元件　(D)詳圖元件

3. 對匯入的 AutoCAD 物件作分解後，想要調整圖面線條品質，除了可見性設定外，還可調整下列哪項設定？
   (A)圖形顯示選項　(B)詳細級　(C)線型式　(D)視圖範圍

4. 明細表是下列哪項，可用表格形式顯示建築專案的相關資訊？
   (A)圖形　(B)視圖　(C)圖表　(D)圖面

5. 需建立下列哪項才能計算出明細表中的材料總成本？
   (A)專案參數　(B)共用參數　(C)計算數值　(D)專案篩選

6. 請開啟「House_m.rvt」檔案。

   (1) 點選明細表/數量（all）- Casework Schedule。
   (2) 篩選明細表，讓明細表只顯示組合描述等於 Cabinets 的櫥櫃。

   請問明細表中列出 Cabinets 的櫃子總數為何？

   A. ______________________##

   另外，再篩選明細表，讓明細表只顯示組合描述等於 Fabricated Cabinets & Counters 的櫥櫃。請問明細表中列出 Fabricated Cabinets & Counters 的櫃子總數又為何？

   A. ______________________#

7. 請開啟「REVIT 練習文件\模擬試題\圖例練習.rvt」檔案。
   由專案瀏覽器切換到「門窗圖例」視圖，將視圖的「詳細等級」設為「細緻」，請問，圖例元件「雙開門－矩形(1)180×220cm」的詳細等級為何（請用英文作答）？______________________________
   另外，「鋼構圖例」視圖中，圖例元件「結構柱 H 型鋼柱 H100×100」的詳細等級為何（請用英文作答）？______________________________

8. 請開啟「REVIT 練習文件\模擬試題\圖例練習.rvt」檔案。
   由專案瀏覽器切換到「樓層 1」平面圖，將性質交談框中階段篩選設為「全部展示」，如圖模擬試題 13-1 所示，請問，已拆除的 A 牆防火等級為何？
   ____

   又，已拆除的 B 牆防火等級為何？______________________________

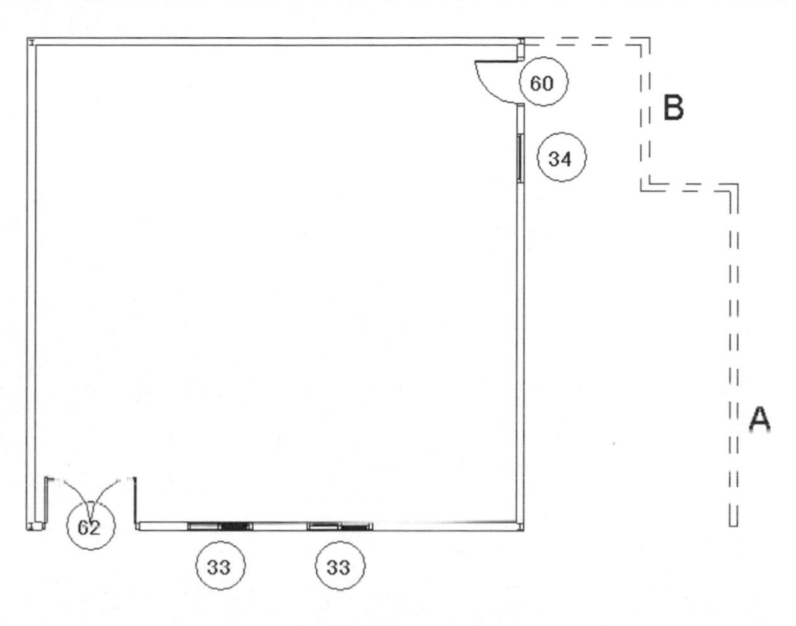

↑圖 模擬試題 13-1

9. 請開啟「REVIT 練習文件\模擬試題\Summit Hotel_m.rvt」檔案。
   依下列條件建立門明細表欄位：

   (1) 族群、樓層和類型。

   (2) 按族群排序，並勾選頁尾且顯現標題、合計和總數。

   (3) 詳細列舉每個實體。

   這明細表有多少個雙拉門 YM1824？

10. 請點選視圖工具列上，能夠變更視圖詳細等級的位置。

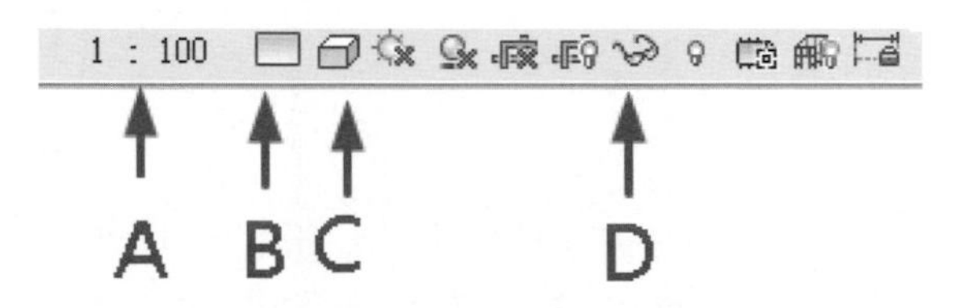

↑圖 模擬試題 13-2

11. 更改視圖詳細等級時，哪個選項可以顯示視圖中元素的最詳細內容？
(A)中等
(B)粗糙
(C)細緻
(D)欲查看詳細內容由所選視圖設定

12. 請開啟「Mobile_m.rvt」檔案。
(1) 啟用樓板平面圖（Floor Plan）- First。
(2) 建立圖說視圖，如圖所示。
(3) 啟用此新圖說視圖。
請問以下哪張影像正確顯示該圖說視圖中的洗衣機/烘乾機？

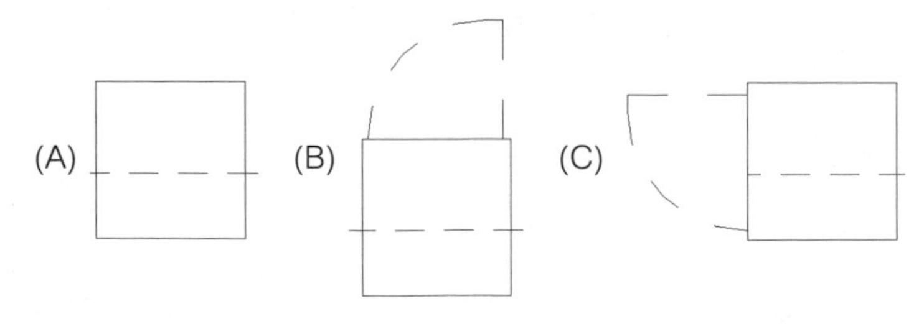

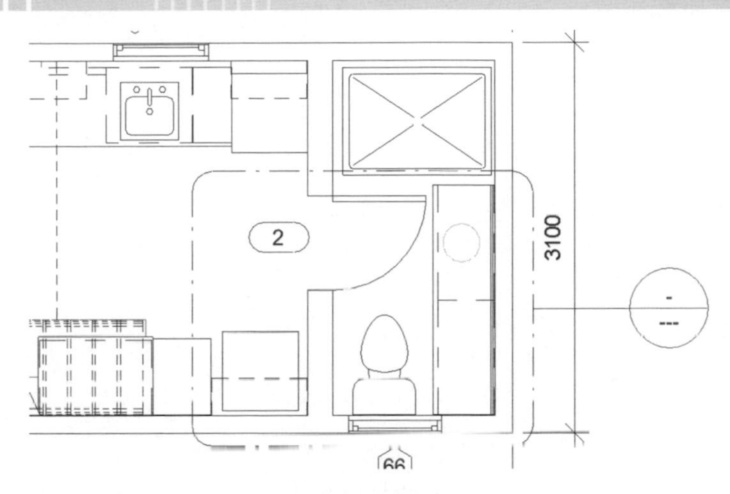

↑圖 模擬試題 13-3

13. 請開啟「Small Home_m.rvt」檔案。

(1) 啟用立面圖（12mm Circle）- Eaves Callout。

(2) 如圖所示，使用「詳圖元件」工具放置 Gutter：Standard 詳圖元件 1。

請問尺寸 2 的值為何？A.________________ ## mm

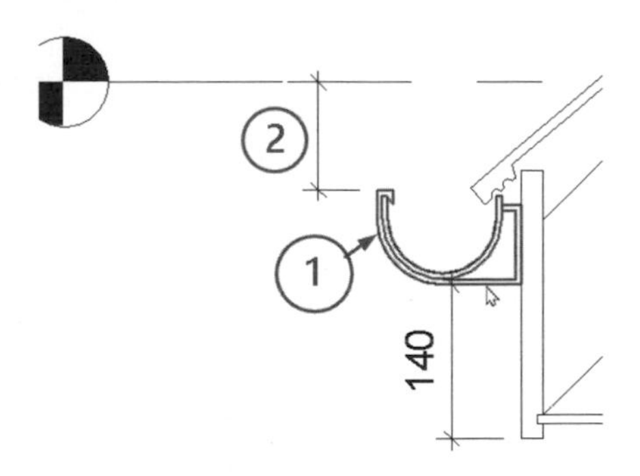

↑圖 模擬試題 13-4

14. 請開啟「Small Home_m.rvt」檔案。

(1) 啟用剖面圖（Building Section）- Internal Wall 。

(2) 如圖所示，使用「詳圖元件」工具放置 Stud：70x70mm 1。

請問尺寸 2 的值為何？A.________________### mm

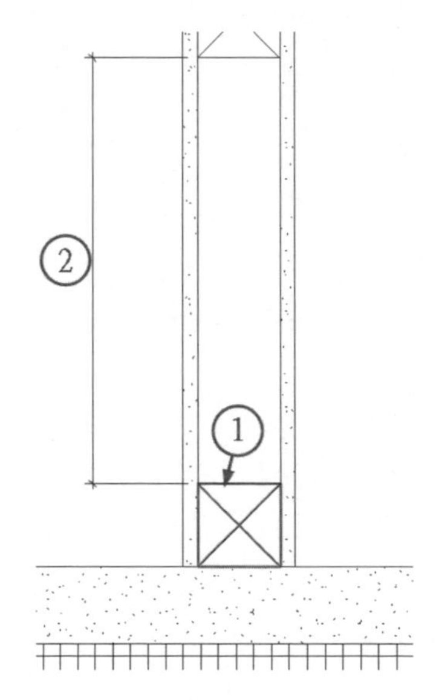

↑圖 模擬試題 13-5

CHAPTER 14

配置圖面與列印

課程概要

到上一章為止，已經完成了別墅專案的模型、各種視圖及建築表現等各項內容的設計，本章將要完成別墅的最後一項設計內容：佈圖與列印。重點放在說明配置圖面與列印的相關內容，包括：在 Revit 專案內建立施工圖圖紙、設置專案資訊、佈置視圖及視圖設定、多視圖配置，以及將 Revit 視圖匯出為 DWG 檔、匯出 CAD 時的圖層設定等。

課程目標

透過本章的操作學習，您將實際掌握：

- 建立圖紙與專案資訊的設定方法
- 配置圖面和視圖標題的設定方法、多視圖配置方法
- 門窗表圖紙的建立方法
- 列印指令及其設定方法
- 匯出 DWG 圖紙及匯出圖層設定方法

14.1 建立圖紙與專案資訊

14.1.1 建立圖紙

在列印出圖之前，需要先建立施工圖圖紙。Revit 在視圖工具中提供了專門的圖紙工具，來生成專案的施工圖紙。每個圖紙視圖都可以放置多個圖形視埠和明細表。

- 打開「\REVIT 練習文件 \第 17 章\高山御花園別墅_17_04.rvt」檔案，準備建立圖紙。
- 點選「功能區」中，選取「視圖」下的「圖紙」指令，彈出「新圖紙」對話方塊，如圖 14-1。此時專案檔中並沒有標題欄可供使用，點選「載入」按鈕，會彈出「開啟」對話方塊，如圖 14-2 所示。
- 在該對話方塊中，定位到「\REVIT 練習文件 \第 14 章」目錄中，選擇檔案「自訂標題欄.rfa」，點選「開啟」按鈕，返回到「新圖紙」對話方塊。將「自訂標題欄.rfa」檔案載入到專案中。
- 此時在「選取標題欄框」對話方塊中的「選取標題欄框」列表中，已有自訂標題欄 A0、A1、A2、A3 可供選擇。選擇「自訂標題欄：A2」，點選「確定」按鈕關閉對話方塊。

↑ 圖 14-1

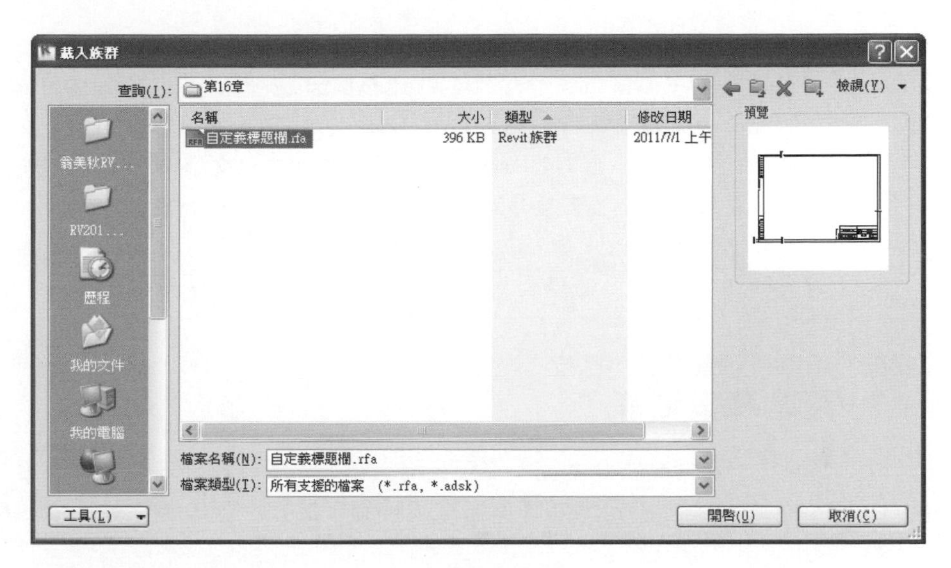

↑ 圖 14-2

- 此時製圖區域開啟了一張我們剛剛建立的圖紙，如圖 14-3 所示，建立圖紙後，在「專案瀏覽器」中「圖紙」項目下會自動增加了圖紙「A101–未命名」。

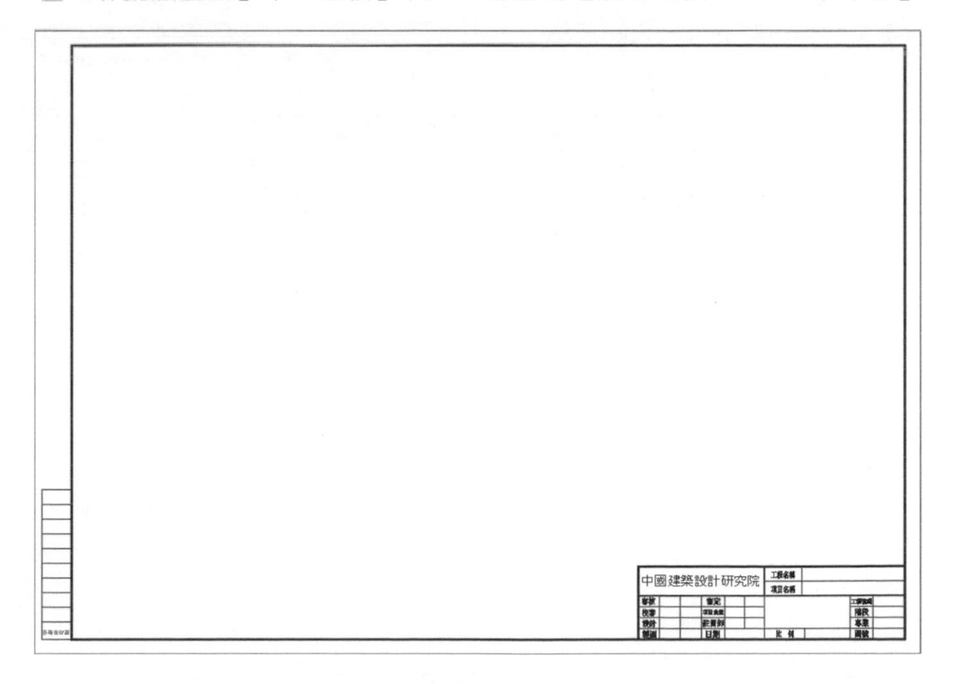

↑ 圖 14-3

注意

我們只載入了一個圖框族群檔「自訂標題欄.rfa」，但在「選取標題欄框」列表中卻出現了自訂標題欄 A0、A1、A2、A3 等四種不同大小的標題欄，這是因為「自訂標題欄.rfa」族群檔中已經定義好了多種標題欄樣式。載入後，在製圖區域選擇標題欄，在「類型選擇器」中也會出現「自訂標題欄 A0」、「自訂標題欄 A1」、「自訂標題欄 A2」、「自訂標題欄 A3」，即可隨時在「類型選擇器」中切換圖紙大小。

14.1.2 設定專案資訊

建立完圖紙後，圖紙標題欄上的「工程名稱」和「專案名稱」等公共專案資訊都為空白。Revit 可以一次設定這些專案資訊，後面新建立的圖紙將自動提取，無須逐一設定。

- 接續上一節練習，點選「功能區」-「管理」頁籤下 -「專案資訊」指令，開啟了「專案資訊」的「例証性質」對話方塊，該對話方塊中包含了「識別資料」中的「作者」，「能源分析」中的「能源設定」，還有「其他」項目下的「專案發佈日期」、「專案狀態」、「客戶名稱」、「專案名稱」、「專案編號」等資訊參數，如圖 14-4 所示。

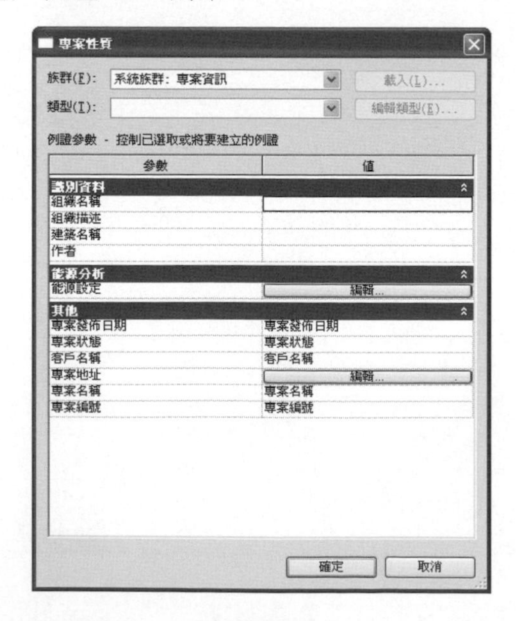

↑ 圖 14-4

- 點選「專案發佈日期」的值「發佈日期」，輸入新的日期如「2021-1-1」；點選「客戶名稱」的值為「所有者」，輸入客戶名稱如「高山御花園」；點選「專案位址」旁的「編輯」按鈕，打開「編輯文字」對話方塊，輸入位址資訊如「中國 江蘇 無錫」，再點選「確定」；點選「專案名稱」的值為「項目名稱」，輸入項目名稱如「N2 別墅」；最後點選「專案編號」的值，輸入如「06AXXX-1」。
- 設定完成後，點選「確定」。觀察圖紙標題欄部分，「工程名稱」和「專案名稱」等訊息已自動更新，如圖 14-5 所示。

注意

標題欄中有的專案資訊，如圖 14-5 中的「工程名稱」和「專案名稱」，可以直接點選名稱值，在標題欄中直接修改該資訊。此操作同使用功能表的「設定」-「項目資訊」，在開啓的「元素性質」對話方塊中的設定結果相同。

中國建築設計研究院				工程名稱	高山御花園		
				項目名稱	N2別墅		
審核		審定		未命名		工程號碼	
校審		項目負責				階段	
設計		註冊師				專業	
製圖		日期	04/20/2021	比 例		圖號	A101

↑ 圖 14-5

- 至此完成了圖紙的添加和專案資訊的設定，結果參考「\REVIT 練習文件 \第 14 章\高山御花園別墅_14_01.rvt」檔案。

14.2 配置視圖

建立了圖紙後，即可在圖紙中添加建築的一個或多個視圖，包括樓層平面、敷地平面、天花板平面、立面、3D 視圖、剖面、詳圖視圖、製圖視圖、彩現視圖及明細表等。將視圖添加到圖紙後還需要對圖紙位置、名稱等視圖標題資訊進行設定。

14.2.1 配置視圖

在 14.1 節內容中，我們已經建立了空白的圖紙，下面我們要為圖紙配置視圖。

- 接續上一節練習，或打開「\REVIT 練習文件 \第 14 章\高山御花園別墅_14_01.rvt」檔案，在「專案瀏覽器」中展開「圖紙」項目，點選圖紙「A101–未命名」，打開圖紙。
- 點選「功能區」-「視圖」頁籤>「圖紙組成」區域中>「放置視圖」 指令，打開「視圖」對話方塊，如圖 14-6 所示。

↑ 圖 14-6

- 選擇「樓板平面圖：B1FL」，然後點選「加入視圖至圖紙」按鈕將對話方塊關閉。此時游標周圍會出現矩形視埠以代表視圖邊界，移動游標到圖紙中心位置，點選滑鼠左鍵，在圖紙上放置 B1FL 平面圖，如圖 14-7 所示。

注意 也可以在「專案瀏覽器」中展開「樓層平面」視圖列表，選擇「B1FL」視圖，按住左鍵不放，並移動游標到圖紙中放開滑鼠，在圖紙中心位置點選放置 B1FL 視圖。此拖曳的方法等同於設計欄「視圖」-「加入視圖」的方法。

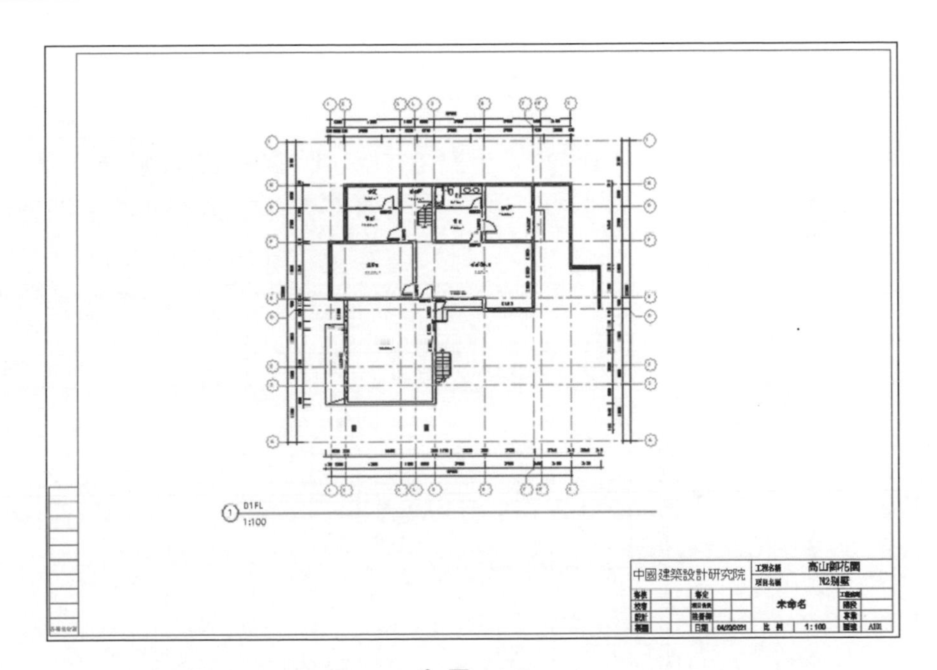

↑ 圖 14-7

14.2.2 視圖標題設定

完成圖紙配置視圖後，要設定視圖標題名稱、調整標題位置及圖紙名稱。

- 接續上一節練習，在「專案瀏覽器」中展開「圖紙」項目，點選圖紙「A101–未命名」打開圖紙。
- 使用滑鼠滾輪，放大圖紙上的視埠標題，觀察其樣式如圖 14-8 所示。

↑ 圖 14-8

- 選擇視埠邊界，此時「性質」已變為「視埠」選項，按下「編輯類型」按鈕，啟動「類型性質」視窗。於視窗中，點選「標題」參數下，值「M_視圖標題」後面的下拉箭頭，選擇「圖名樣式」。然後取消勾選「展示延伸線」參數，點選「確定」按鈕關閉視窗。觀察視圖標題，其樣式被替換為如圖 14-9 所示。

B1FL　　　　1 : 100

↑ 圖 14-9

- 視圖標題的預設位置在視圖左下角。點選如圖 14-9 的視圖標題，按住滑鼠左鍵不放，拖曳視圖標題至視圖中間正下方後放開滑鼠。視圖標題即如圖 14-10 所示。

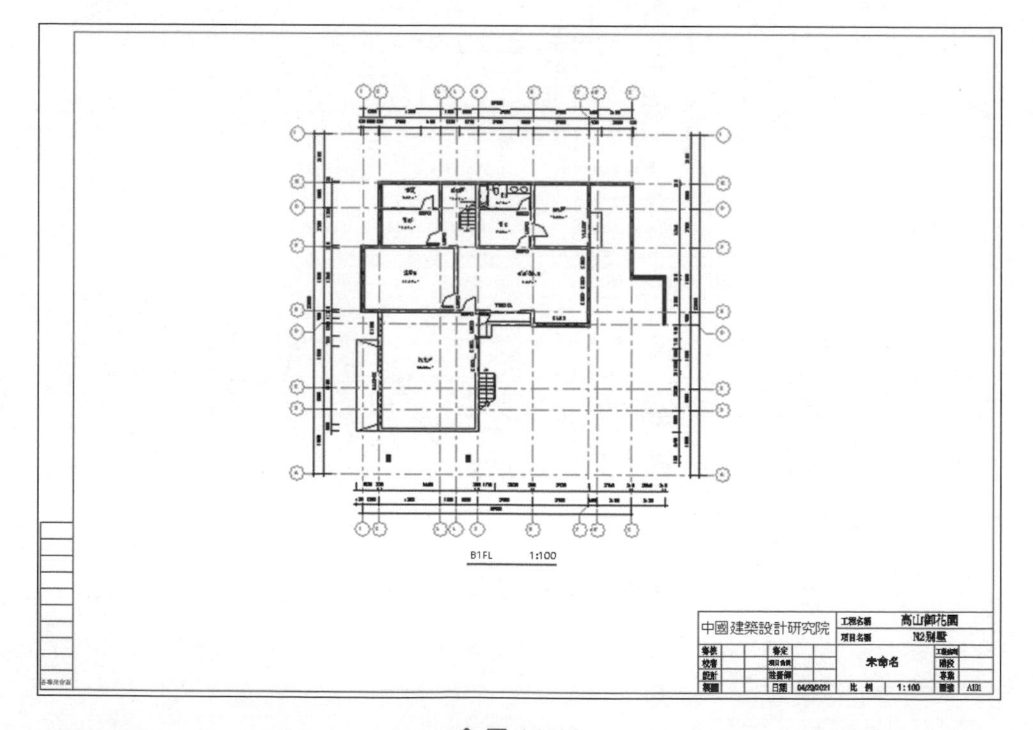

↑ 圖 14-10

- 使用視圖工具「放大」-「區域放大」工具放大標題欄，點選圖紙標題欄，並點選預設的圖紙標題「未命名」，輸入新值「地下一層平面圖」後按 Enter 鍵確認。再點選「圖號」的值「A101」，輸入新值「建施 01」後按 Enter 鍵確認。結果如圖 14-11。

中國建築設計研究院						工程名稱	高山御花園		
						項目名稱	N2別墅		
審核			審定			地下一層平面圖		工程號碼	
校審			項目負責					階段	
設計			註冊師					專業	
製圖			日期	04/20/2021		比　例	1 : 100	圖號	建施01

↑ 圖 14-11

注意

圖 14-11 中藍色字體的標題欄資訊，可以透過前述的方法點選後輸入新值，而其他空格亦可使用「功能區」中的「標註」下的 -「文字」**A** 指令，直接輸入。

- 如需修改視埠比例，請在圖紙中選擇 –1F 視圖並點選滑鼠右鍵，在「快顯功能表」中選擇「啟用視圖」。此時圖紙標題欄呈灰色顯示，點選製圖區域左下角視圖控制列的第一項「1:100」，彈出比例列表，如圖 14-12。你可選擇列表中的任意比例值，也可點選第一項「自訂」，在彈出的「自訂比例」對話方塊中，將「100」設定為新值後單擊「確定」按鈕，如圖 14-13（本案例中不需重新設定比例）。比例設定完成後，在視圖中點選滑鼠右鍵，於「快顯功能表」中點選「停用視圖」以完成比例的設定。

自訂...
1 : 1
1 : 2
1 : 5
1 : 10
1 : 20
1 : 50
1 : 100
1 : 200
1 : 500
1 : 1000
1 : 2000
1 : 5000
1 : 100

↑ 圖 14-12

↑ 圖 14-13

注意

啓用視圖後，不僅可以重新設定視埠比例，且目前視圖也可以和「專案瀏覽器」中「樓層平面」下面的「B1FL」視圖一樣，進行繪製的操作和修改。修改完成後在視圖中點按右鍵選取「停用視圖」即可。

14.2.3 添加多個圖紙和視埠

在上一節我們建立了一張圖紙和一個施工圖「建施 01–地下一層平面圖」，接下來還是使用同樣方法建立其他圖紙，並實現一張圖紙多視埠出圖。

- 點選設計欄「視圖」-「圖紙」指令，在「選取標題欄框」對話方塊中選擇「自訂標題欄–A2」，點選「確定」按鈕建立 A2 圖紙。從「專案瀏覽器」的「樓層平面」下方，拖曳「1FL」和「2FL」視圖至圖紙中左右佈置。利用前述方法調整視圖標題位置至視圖正下方，並設定圖紙名稱「未命名」為「一層平面圖 二層平面圖」。結果如圖 14-14 所示。

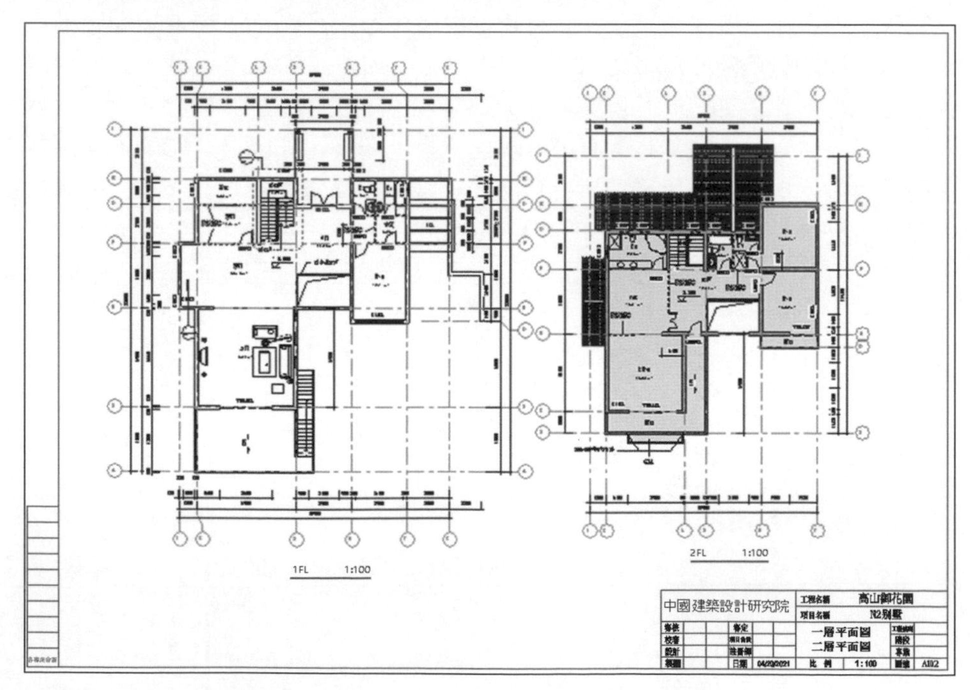

↑ 圖 14-14

注意 在上一張圖紙中，我們將圖號修改為「建施 01」，Revit 可以對圖號自動排序，因此，新的圖紙無須再次設定「圖號」，而會自動以「建施 02」、「建施 03」……依次排序。

注意 每張圖紙可配置多個視圖，但每個視圖僅可以放置到一個圖紙上。要在項目的多個圖紙中添加特定視圖，請在「專案瀏覽器」中該視圖名稱上點按右鍵，選取「複製視圖」-「複製」建立視圖副本，可將副本佈置於不同圖紙上。

- 依同樣的方法建立 A2 圖紙，從「專案瀏覽器」的「樓層平面」下方，拖曳「RF」至圖紙中合適位置。調整視圖標題位置至視圖正下方，並設定圖紙名稱「未命名」為「屋頂平面圖」。
- 再依同樣的方法建立 A2 圖紙，從「專案瀏覽器」的「立面（建築立面）」下方，拖曳「東立面」和「北立面」至圖紙中合適位置。調整視圖標題位置至視圖正下方，設定圖紙名稱「未命名」為「東立面圖 北立面圖」。
- 還是依同樣的方法建立 A2 圖紙，從「專案瀏覽器」的「立面（建築立面）」下方，拖曳「南立面」和「西立面」至圖紙中合適位置。調整視圖標題位置至視圖正下方，設定圖紙名稱「未命名」為「南立面圖 西立面圖」。
- 依同樣的方法建立 A2 圖紙，從「專案瀏覽器」的「剖面（建築剖面）」下方，拖曳「剖面 1」至圖紙左上方位置點選放置，並拖曳「剖面 2」放置於圖紙左下方位置點選放置；拖曳「詳圖索引 2」放置於圖紙右上方位置點選放置；以及拖曳「剖面（牆剖面）」下方的「剖面 5」置於圖框右下方位置點選放置。調整各個視圖標題位置至視圖正下方，並設定圖紙名稱「未命名」為「剖面圖 大樣圖」，結果如圖 14-15 所示。

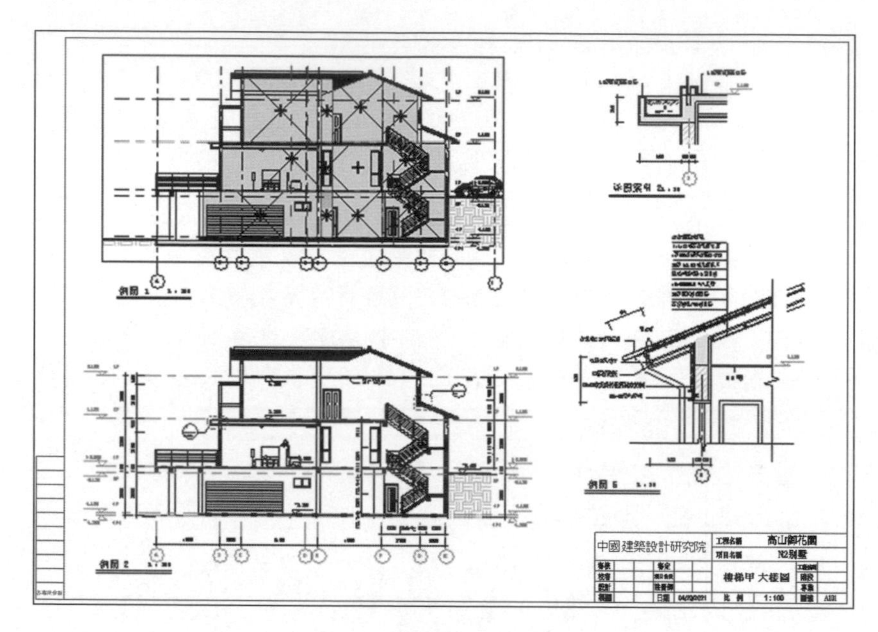

↑ 圖 14-15

- 依同樣的方法建立 A2 圖紙，從「專案瀏覽器」的「樓層平面」下方，拖曳「樓梯甲地下一層平面」至圖紙左上方位置點選放置；拖曳「樓梯甲一層平面」、「樓梯甲二層平面」，及「專案瀏覽器」「剖面（建築剖面）」下方的「樓梯甲剖面」至圖紙中合適位置。調整各個視圖標題位置至視圖正下方，設定圖紙名稱「未命名」為「樓梯甲大樣圖」，並儲存檔案。

注意

如需建立建築做法說明，可用同樣的方法建立 A2 圖紙，使用「功能區」-「標註」-「文字」工具，直接輸入文字。

14.2.4 建立門窗表圖紙

除圖紙視圖外，明細表視圖、彩現視圖、3D 視圖等也可以直接拖曳到圖紙中，下面就以門窗表為例作簡要說明。

- 接續上一節練習，點選設計欄「視圖」-「圖紙」指令，在「選取標題欄框」對話方塊中點選「自訂標題欄–A2」，點選「確定」按鈕建立 A2 圖紙。

- 展開「專案瀏覽器」「明細表/數量」項目，選擇「窗明細表」，按住滑鼠左鍵不放，移動游標至圖紙中適當位置點選以放置表格視圖。
- 點選「窗明細表」，按住滑鼠左鍵不放，移動游標至圖框適當位置，點選放置。
- 展開「專案瀏覽器」「圖例」項目，選擇「圖例 1」，按住滑鼠左鍵不放，移動游標至圖框適當位置，點選放置。
- 然後放大圖紙標題欄，選擇標題欄，點選圖紙名稱「未命名」，輸入新的名稱為「門窗表」，按 Enter 鍵確認，如圖 14-16。

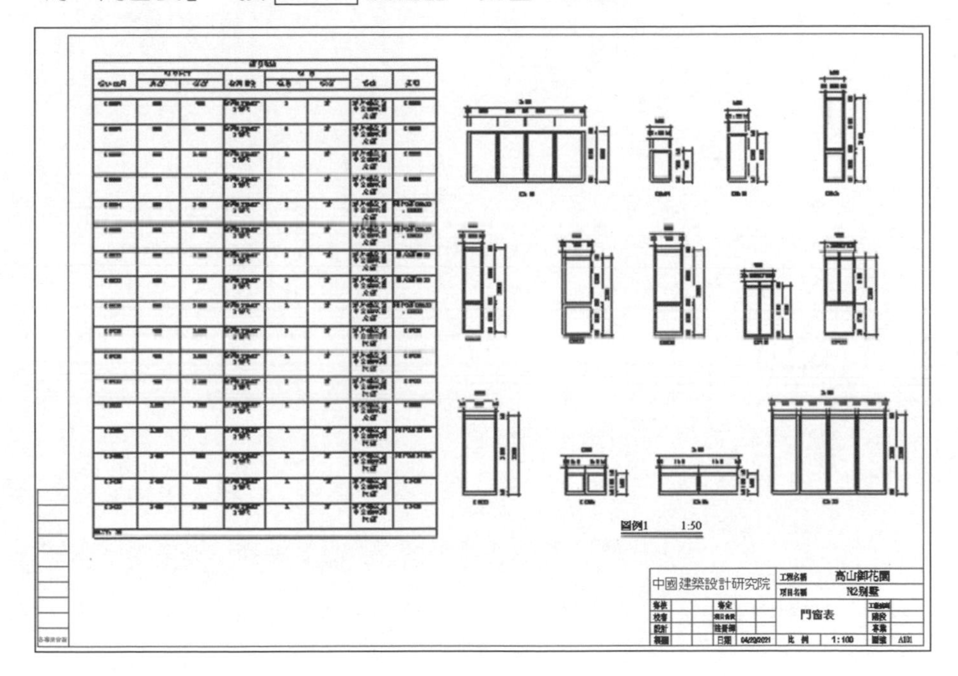

↑ 圖 14-16

注意

視圖對齊部分可利用「視圖」頁籤「定向網格」指令，於性質中設定導引網格間距，然後移動視圖柱位到導引網格交點，這樣將使 2 個視圖整齊對正，如圖 14-17~圖 14-18 所示。

↑ 圖 14-17

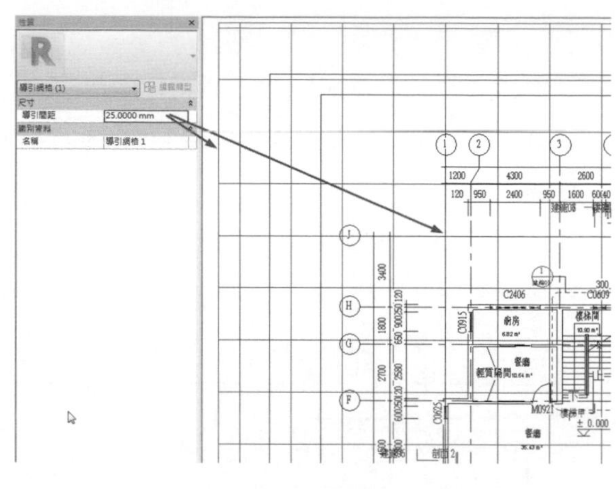

↑ 圖 14-18

- 至此完成了所有專案資訊設定及施工圖圖紙的建立與佈置，完成後的結果請參考「\REVIT 練習文件\第 14 章\高山御花園別墅_14_02.rvt」檔案。

14.3 列印

建立圖紙之後，可以直接列印出圖。

- 接續上一節練習，或打開「\REVIT 練習文件 \第 14 章\高山御花園別墅_14_02.rvt」檔案。
- 點選「應用程式按鈕」 下 -「列印」指令，會彈出「列印」對話方塊，如圖 14-19 所示。

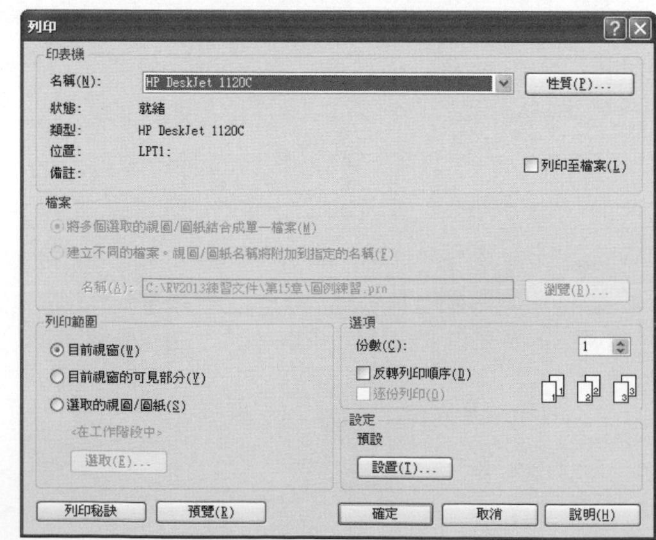

↑ 圖 14-19

- 點選「印表機」-「名稱」右側的下拉箭頭，選擇可用的印表機名稱。
- 再點選「名稱」旁的「性質」按鈕，打開印表機「文件內容」對話方塊。如圖 14-20 所示選擇方向為「橫印」，並點選「進階」按鈕，打開「進階選項」對話方塊，如圖 14-21 所示。

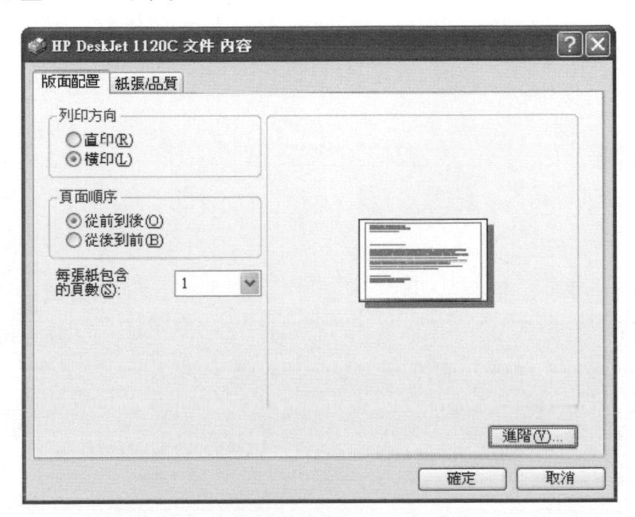

圖 14-20

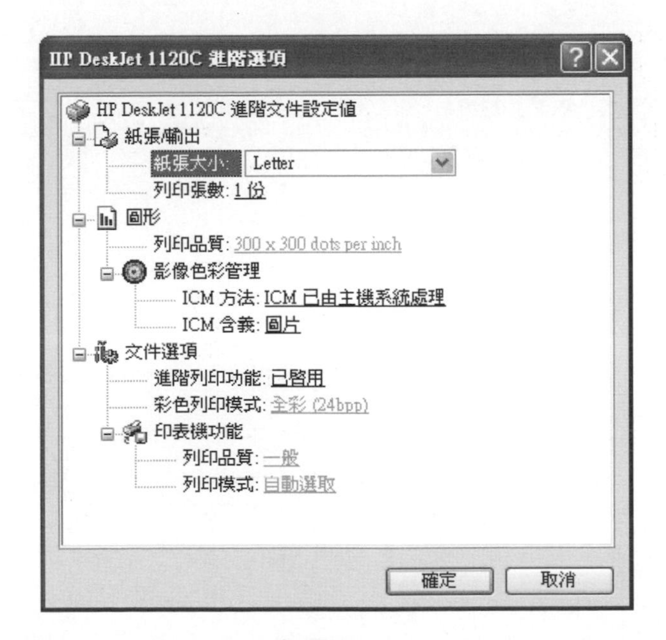

圖 14-21

- 點選「紙張大小：Letter」旁的下拉箭頭，在下拉清單中選擇紙張「A2」，再點選兩次「確定」按鈕返回「列印」對話方塊。

注意　勾選「列印」對話方塊中的「列印至檔案」，可以把圖紙虛擬列印成 PLT 檔。然後點選「檔案」項目中的「瀏覽」按鈕，可以設定檔案名稱和路徑。

- 在「列印範圍」中選擇「選取的視圖/圖紙」項目，下面的「選取」按鈕即由灰色變為可選項顯示。點選「選取」按鈕，打開「視圖/圖紙集」對話方塊，如圖 14-22 所示。
- 勾選對話方塊底部「展示」項目下面的「圖紙」，取消勾選「視圖」，對話方塊中將只顯示所有圖紙。再點選右邊按鈕「全部勾選」即會自動勾選所有施工圖圖紙，再點選「確定」回到「列印」對話方塊。

↑ 圖 14-22

- 點選「確定」，即可自動列印圖紙。

注意

在「列印」對話方塊中，選擇「目前視埠」選項，即可列印 Revit 製圖區域目前所打開的視圖；選擇「目前視埠的可見部分」，則可列印 Revit 製圖區域目前所顯示的內容。此時可點選「預覽」按鈕預視，當選擇「選取的視圖/圖紙」選項時，則無法使用「預覽」功能。

14.4 匯出 DWG 與匯出設定

Revit 所有的平、立、剖面、3D 視圖及圖紙等，都可以匯出為 DWG 等 CAD 格式圖形，而且匯出後的圖層、線形、顏色等可以根據需要在 Revit Architecture 中自行設定。

- 打開「\REVIT 練習文件 \第 14 章\高山御花園別墅_14_02.rvt」檔案。
- 打開要「匯出」的視圖，如在「專案瀏覽器」中展開「圖紙（全部）」項目，點選圖紙名稱「建施 02–一層平面圖 二層平面圖」並打開圖紙。
- 接著點選「應用程式按鈕」 -「匯出」-「CAD 格式」指令，選取「DWG 檔案」，如圖 14-23 所示。「DWG 匯出」視窗如圖 14-24。

↑ 圖 14-23

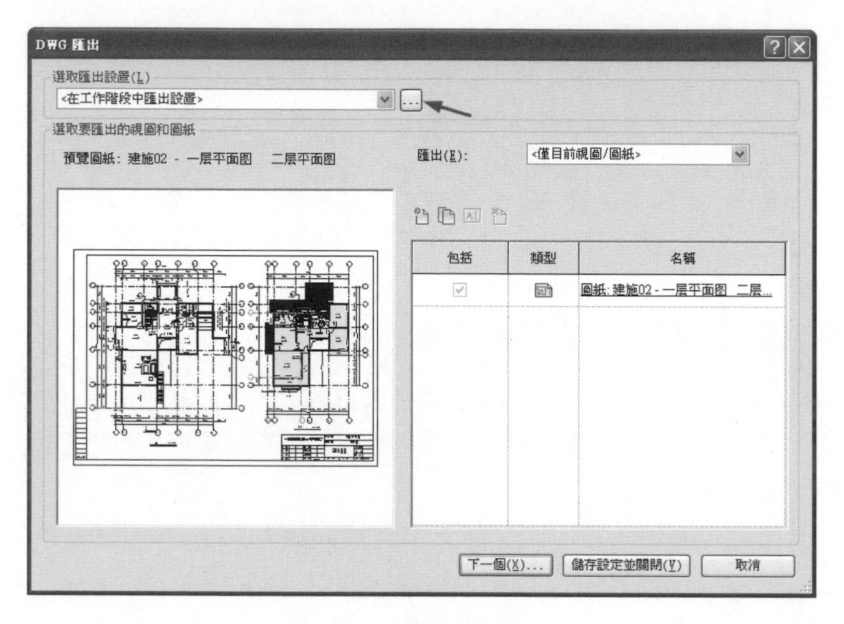

↑ 圖 14-24

- 在「DWG 匯出」對話方塊中點選「圖層匯出設定」項目，點選「選取匯出設置」項目，後方的 ▭ 按鈕，出現「修改 DWG/DXF 匯出設定」對話方塊，右半邊出現「層」、「線」、「樣式」、「文字和字體」、「顏色」、「實體」、「單位和座標」及「一般」等八個匯出設定值標準可調整，見圖 14-25、圖 14-26。需特別注意的是，REVIT 匯出單位的正確選項。

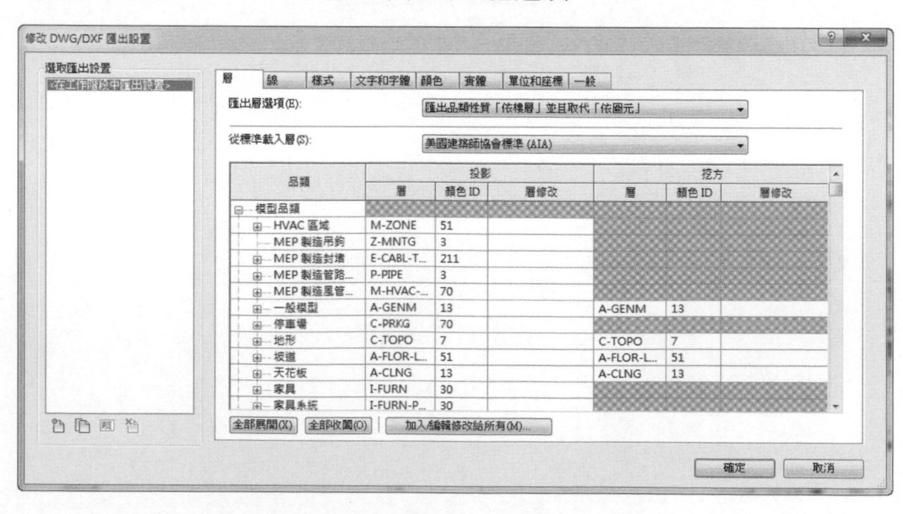

↑ 圖 14-25

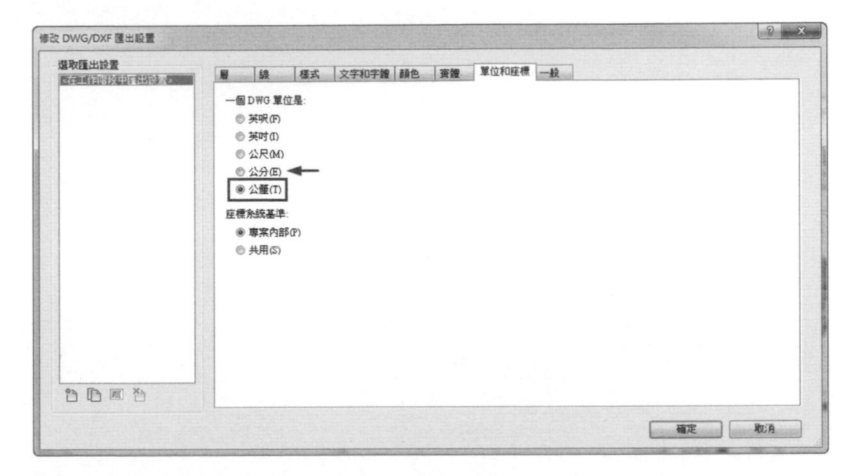

↑ 圖 14-26

注意

將平面、立面等 2D 視圖匯出到 DWG 檔時，線的處理方式如下所示：

- 如果圖形中有兩條線重疊，將保留較粗的那條線，較細的線則會被縮短或被刪除。
- 如果一條粗線比細線短，且其起點和終點位於該細線上，則無任何操作發生。
- 如果兩條具有相同視覺參數的共線重疊，則將它們會合併為一條。
- 在 DWG 檔中，當牆變成線時，將不生成短共線。
- 設定完匯出設定標準後，「修改 DWG/DXF 匯出設定」對話方塊下方按下確定鈕。即跳出如下圖 14-27 所示之「匯出 CAD 格式-儲存至目標資料夾」視窗。

↑ 圖 14-27

- 在對話方塊上面的「儲存位置」下拉清單中，設定儲存路徑。
- 點選「檔案類型」，REVIT2017 預設為「AutoCAD 2013 DWG 檔案（*.dwg）」，在「檔案名稱/首碼」欄位輸入檔案名稱。

注意

預設「範圍」為「目前視圖」，如果要匯出多個視圖和圖紙，可在「範圍」下方選擇「選取的視圖/圖紙」。方法與選擇列印範圍相同。

模擬試題

本章講解了建立圖紙、設定專案資訊、在圖紙上佈置視圖、編輯視埠以及如何列印和匯出 CAD 格式檔的方法，下一章，我們將學習 Revit 的量體分析工具。

由下面練習題，同學們可評量本章學習效益。

1. 下列哪項有助於在圖紙內及圖紙之間對齊元素？
   (A)導引網格　(B)對齊　(C)參考底圖　(D)對齊的標註

2. 「專案瀏覽器」會顯示下列何種項目的所有視圖、明細表、圖紙、族群、群組、Revit 連結模型及其他元件的架構組織？
   (A)目前的專案　(B)使用者介面　(C)性質選項板　(D)視圖控制列

3. 將剖面視圖置放在圖紙之後，其剖面標籤會顯示下列哪項？
   (A)視圖比例　(B)視圖名稱　(C)圖紙號碼　(D)所有圖紙參考

4. 圖例是一種可放置在下列哪項上的視圖？
   (A)平面視圖　(B)製圖視圖　(C)多重平行圖區域　(D)多張圖紙

5. 下列哪項可讓圖紙上的視圖標題從視埠的視圖部份單獨移動？
   (A)只選取視圖標題
   (B)勾選「性質選項板」中的「單獨移動標題」
   (C)不勾選「性質選項板」中的「與視圖一起移動標題」
   (D)修改視埠的「類型」參數

6. 欲更改視圖比例的最有效方法為何？
   (A)在視圖工具列選擇適當比例，來更改目前的視圖比例
   (B)按滑鼠右鍵並選擇放大區域，來重新縮放目前的視圖比例
   (C)找到並選擇視圖標籤，然後更改視圖樣板
   (D)關閉所有額外的工作視窗，以顯示工程圖的真實大小

模擬試題

7. 請開啟「REVIT 練習文件\模擬試題\Summit Hotel_m.rvt」檔案。
   使用標題欄框 A0 metric Logo 建立新圖紙，此新圖紙左上角的文字符號為何？

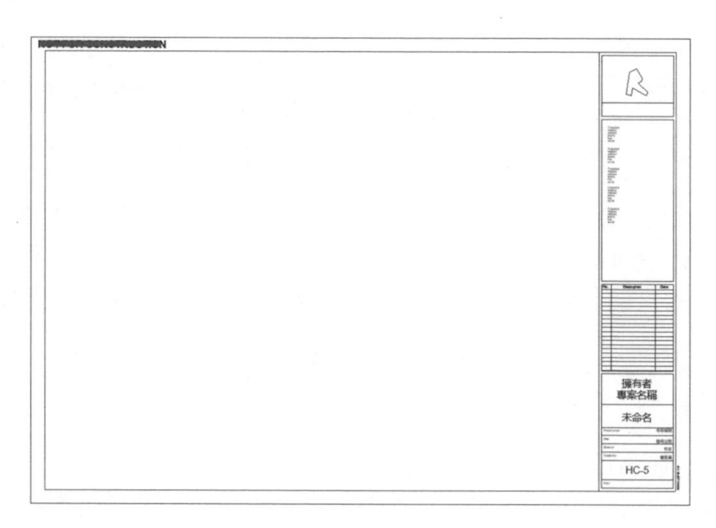

↑ 圖 模擬試題 14-1

8. 請開啟「REVIT 練習文件\模擬試題\Summit Hotel_m.rvt」檔案。
   使用標題欄框 A0 metric 建立新圖紙，將樓層 Level 2 樓板平面圖放在新圖紙上。此圖紙標題欄中列出的最後一個修訂版（No. 5）的日期為何？

   ______________________ #-##-####

No.	Description	Date

↑ 圖 模擬試題 14-2

9. 請開啟「Medical_m.rvt」檔案。

(1) 以 E1 Horizontal 圖框建立新圖紙。

(2) 將下列兩個視圖放置在圖紙上：

- 製圖視圖（Drafting View）：Foundation Detail
- 立面圖（Building Elevation）- South

請問圖框 Scale 1 中顯示的值為何？

(A) 1:10　(B) 1:100　(C) 不符合實際比例　(D) 作為指示

Owner

Project Name

未命名

Project Number　Project Number

Date　Issue Date

Drawn By　作者

Checked By　審圖員

A101

Scale　1

↑ 圖　模擬試題 14-3

10. 請開啟「House_m.rvt」檔案。

(1) 點選並查看圖紙（all）- A3- Elevations。

請問立面圖 West 應套用哪一種比例尺，才能顯示如圖大小？

(A) 1:25　(B) 1:50　(C) 1:100　(D) 1:150

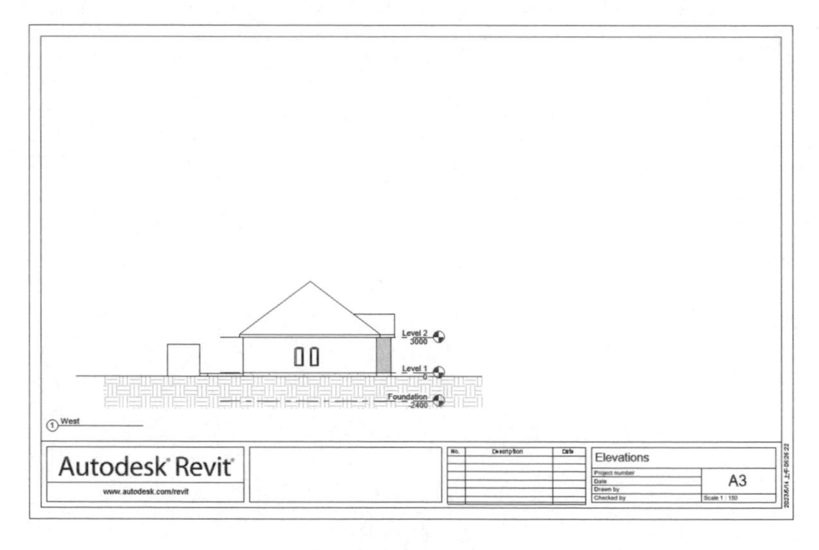

↑ 圖　模擬試題 14-4

Autodesk Revit 建模與建築設計(適用 Revit 2021~2024，含國際認證模擬試題)

作　　者：翁美秋
企劃編輯：石辰蓁
文字編輯：江雅鈴
設計裝幀：張寶莉
發 行 人：廖文良

發 行 所：碁峰資訊股份有限公司
地　　址：台北市南港區三重路 66 號 7 樓之 6
電　　話：(02)2788-2408
傳　　真：(02)8192-4433
網　　站：www.gotop.com.tw
書　　號：AER060200
版　　次：2024 年 02 月初版
建議售價：NT$580

國家圖書館出版品預行編目資料

Autodesk Revit 建模與建築設計(適用 Revit 2021~2024，含國際認證模擬試題) / 翁美秋著. -- 初版. -- 臺北市：碁峰資訊, 2024.02
面；　公分
ISBN 978-626-324-746-8(平裝)
1.CST：建築工程　2.CST：電腦繪圖　3.CST：電腦輔助設計
441.3029　　113000850

本書是根據寫作當時的資料撰寫而成，日後若因資料更新導致與書籍內容有所差異，敬請見諒。若是軟、硬體問題，請您直接與軟、硬體廠商聯絡。